"十二五"普通高等教育本科国家级规划教材
高等院校园林与风景园林专业规划教材

园林植物病虫害防治

（第3版）

武三安　主编

中国林业出版社

内容简介

本书包括园林植物病害和虫害两部分。病害部分介绍了园林植物病害的基本概念、侵染性病原和非侵染性病原、病害的诊断和防治技术，以及叶部病害、枝干病害和根部病害。虫害部分介绍了昆虫的外部形态、生物学、分类学、生态学和害虫的防治原理与方法，以及食叶害虫、钻蛀性害虫、刺吸式害虫和根部害虫。全书涉及园林植物主要病害 52 种，主要害虫 89 种，共附插图 203 幅。所附光盘收录了主要园林植物病虫害的症状图片。书后还有我国主要市树、市花主要病虫害名录。

本书力求帮助读者系统地认识和了解园林植物病虫害的基本概念和基础知识，掌握主要病虫害类群的诊断和防治技术。

本书为高等农林院校园林、观赏园艺类专业教材，也可作为园林技术推广及园林植物栽培和管理者的参考用书。

图书在版编目（CIP）数据

园林植物病虫害防治/武三安主编 - 3 版 . —北京：中国林业出版社，2015. 10（2024. 12 重印）
“十二五”普通高等教育本科国家级规划教材　高等院校园林与风景园林专业规划教材
ISBN 978-7-5038-8102-2

Ⅰ. ①园…　Ⅱ. ①武…　Ⅲ. ①园林植物—病虫害防治—高等学校—教材　Ⅳ. ①S436. 8

中国版本图书馆 CIP 数据核字（2015）第 189097 号

策划、责任编辑：康红梅、杜建玲
电话：83143551　　**传真**：83143516

出版发行　中国林业出版社（100009　北京市西城区德内大街刘海胡同 7 号）
E-mail：jiaocaipublic@163. com　电话：（010）83143500
网址：http://www. cfph. net
经　销　新华书店
印　刷　北京中科印刷有限公司
版　次　1993 年 5 月第 1 版
2007 年 1 月第 2 版（共印 10 次）
2015 年 10 月第 3 版
印　次　2024 年 12 月第 11 次印刷
开　本　850mm × 1168mm　1/16
印　张　26. 25
字　数　623 千字
定　价　62. 00 元（含光盘）

数字资源

《园林植物病虫害防治》（第3版）编写人员

主　　编　武三安

副 主 编　王　军　刘红霞

编写人员　（按姓氏笔画排序）

王　军（华南农业大学）

刘红霞（北京林业大学）

宋瑞清（东北林业大学）

张志勇（北京农学院）

李奕震（华南农业大学）

武三安（北京林业大学）

贺　虹（西北农林科技大学）

韩正敏（南京林业大学）

第 3 版前言

《园林植物病虫害防治》（第 2 版）自 2007 年问世，已过去了七八年。期间共计印刷 10 次，累计印数 5 万余册，不仅为国内许多农林院校园林及相关专业所选用，而且被广大园林养护与管理从业者作为入门参考书，甚至一些省份将其列为园林工程师资格证书考试的指定参考书，对我国园林植物保护知识的普及尽了一份绵薄之力。2012 年，该教材入选教育部普通高等教育"十二五"本科国家级规划教材。

本次修订在第 2 版基本格局的基础上，尽可能地吸收国内外的先进成果，修改、补充和完善相关内容。如修改了森林植物检疫对象，订正了部分昆虫和病原菌学名，补充了一些新的害虫种类，更换了部分农药的种类，完善了一些名词概念等。但菌物最新分类系统改动较大，考虑到未被国内教材普遍采用，本教材仍沿用较为传统的分类体系。读者在阅读本教材时应予以注意。

本次修订由北京林业大学武三安和刘红霞完成。刘红霞负责园林植物病害部分，武三安负责园林植物虫害部分及其他内容。

由于时间仓促，加之编者水平所限，虽然修订成书，但定有不足之处，欢迎广大师生和专业科技人员继续提出宝贵的批评和修改意见。

编 者

2015 年 6 月

第 2 版前言

20 世纪 80 年代末，在林业部森林保护教材编审委员会的建议下，受园林专业教材指导委员会的委托，由徐明慧先生任主编，苏星教授为副主编，雷增普教授、陈学英教授和张九能教授参加编写了我国第一部园林植物保护全国高等林业院校试用教材——《园林植物病虫害防治》，于 1990 年编写完成，1993 年出版，至今已印刷 14 次，印数达 7 万余册。该教材不仅被全国各农林院校的园林及相关专业作为指定教材，并获得一致好评，而且被广大园林管理工作者作为入门参考书，为我国园林植物保护培养了一大批专门人才，对我国园林植物病虫害知识的传播起到了很大的促进作用。

该教材自出版至今，已长达 10 余年，其内容已不能满足当前园林类本科生教学的需要。理由有三：一是随着我国经济腾飞，城市绿化和小城镇建设，园林事业有了空前的发展。随之而来的是出现了许多新病害、新虫害，或者原来居于次要地位的害虫成为主要害虫；同时，园林病虫害研究工作取得了很大进展，出现了许多新成果、新方法和新技术。这些新资料和新内容需要补充进去。二是某些内容已经过时，如许多农药品种已被禁用，需要更换或删去；一些病原和害虫的拉丁学名需要更正。三是该课程的教学时数由 100 学时降到 60 学时，甚至更少，第 1 版教材 70 余万字的内容就显得过于庞大，需要缩减字数，精简内容。

基于上述理由，在中国林业出版社的建议下，我们组成由 6 所农林院校讲授《园林植物病虫害防治》课程的 8 位教师组成修订小组，对《园林植物病虫害防治》一书进行了全面修订。

此次修订由武三安任主编，负责全书统稿工作；王军和刘红霞任副主编，负责园林植物病害部分的统稿及附录编写工作。各章节的编写分工如下：王军编写第 1、4、5、6 章；刘红霞编写第 2 章真菌部分和第 7 章；宋瑞清编写第 3、9 章；张志勇编写第 14、18 章；李奕震编写第 13、16 章；武三安编写绪论和第 12、15 章；贺虹编写第 10、11、17 章；韩正敏编写第 2 章病原真菌以后的部分和第 8 章。在编写过程中，承蒙第 1 版主编徐明慧教授的悉心指教；北京林业大学李镇宇教授、雷增普教授、陈学英教授提出了许多宝贵建议；北京林业大学教务处立项资助本教材的出版；编写中参考了许多作者的专著、教材、文献资料和插图。在此，一并表示衷心的感谢！

由于园林植物病虫害种类多，涉及面广，加之编者水平所限，错误和不当之处在所难免，敬请广大读者批评指正，以便今后修改、补充和完善。

编　者

2006 年 6 月

第 1 版前言

本书是在中华人民共和国林业部森林保护教材编审委员会建议下，由园林专业教材编审委员会（现均改为专业指导委员会）委托有关院校编写的。长期以来，园林植物病虫害均无统编教材，教学上甚感不便，有鉴于此，才组织编写这本教材。但是，园林植物病虫害这个领域在我国开展研究起步较晚，资料不全，加上我国地域辽阔，园林植物病虫种类繁多，编写这本教材，难度是相当大的。本想组织一些院校的老师参加编写，但出版单位对参加教材编写的人数有限制，故无法吸收更多的院校参加，特表歉意！

本书由徐明慧任主编（北京林业大学），苏星为副主编（华南农业大学）。参加编写的有北京林业大学雷增普、陈学英，南京林业大学张九能。本书分上、下两篇。上篇园林植物病害，由徐明慧编写绪言、第一、二、三、七章；雷增普编写第五、六章；张九能编写第四、八章；陈晞文绘制第一、三、七章插图；雷增普绘制第六章插图；田恒德绘制第四、八章插图。下篇园林植物虫害，由苏星编写第九、十二、十三、十七章；陈学英编写第十、十一、十五章；第十四、十六两章由苏星、陈学英共同编写；杨可四绘制第一、六、八章的大部分插图；徐旭红绘制第二、三、七章的大部分插图，其中部分插图由陈学英绘制，部分插图引用《花木病虫害防治》一书的图版。本书所用插图，均出自我们引用的参考书及文献，这里不一一注明，特表谢忱！

本书由于编写时间短促，加上编者水平所限，错误和不当之处在所难免，有待于今后在教学和科学研究的实践中不断修改补充，敬希专家及各位读者批评指正。

编　者

1990 年 10 月

目 录

下 篇

绪　论

1　园林植物病虫害防治的研究内容、性质和任务

园林植物病虫害防治是研究园林植物病虫害发生、流行规律及防治原理与方法的科学。属于应用科学范畴，直接服务于城市绿化、美化、香化和园林生产。内容涉及园林植物病理学和园林植物昆虫学两个方面，主要包括病虫的形态特征、生活（生理）特性，病虫害的分布、症状、发生发展规律、预测预报和防治等。通过学习和掌握本学科的基本概念、基础知识和实际操作技能，密切联系实际，利用一切现代技术，采取综合治理措施，安全、有效、经济地将病虫害控制在允许的水平以下，以避免、消除或减少病虫害对园林植物的危害，充分发挥园林植物的生态效益、美学效益、社会效益和经济效益。

园林植物病虫害防治的任务，首先是保护城市绿化面貌，保护园林植物免受或少受外界不良环境因素和有害生物的危害，使园林植物能正常生长、发育，充分发挥应有的绿化功能；其次是使花卉、果实、盆景、苗木等商品化园艺产品不因病虫的为害产量降低、质量受损，影响市场销售，保护园林生产者的经济利益；三是在引种驯化和种子种苗的交流过程中，防止危险性病虫以及其他有害生物的传播、蔓延；四是保护风景区、旅游点的固有特色和自然环境，促进旅游事业的发展。此外，控制某些病虫害，还能给人们提供良好的工作和生活环境。

2　园林植物病虫害防治与其他学科的关系

园林植物病虫害的防治是一个系统工程，涉及许多学科。园林植物正常的形态、组织结构和生理活动，是研究被害状和病理现象的理论基础。只有掌握了花卉和树木的形态学与生理学的知识，才能做出正确判断和研究其受病虫为害后的系列变化。同时，园林植物病虫害的发生和发展，是在园林生态环境的制约中进行的，而且其防治措施需要始终贯彻于栽培和养护管理的各个环节之中。因此，在研究病虫害的发展规律和防治措施时，还必须很好地应用栽培学、苗圃学、遗传育种学等有关的专业知识，以及土壤学、气象学和生态学等基础知识。此外，本学科还与许多其他新兴科学和技术有着密切联系，如电子显微技术、超薄切片和负染技术、酶联免疫吸附技术、以及分子生物学技术等学科的发展，促进了病毒学、植原体的研究。利用性外激素、激光等现代科学技术诱杀害虫，或利用基因工程、辐射、化学不育和遗传操纵使害虫产生遗传性的生理缺陷，导致雄虫不育，从而提高害虫的防治水平和效果。此外，遥感技术和计算机技术在病虫害流行和预测的研究上也有了初步应用，等等。这些现代科学和技术应用到园林植物病虫害防治科学中，极大地促进了该学科的发展。因此，在学习和研究园林植物病虫害时，必须注意与相关学科的联系，才能开拓思路，更好地指导病虫害的防治工作。

3 园林植物病虫害防治的重要性

园林绿化是城市现代化的重要组成部分。人们利用丰富的花卉资源对环境进行绿化、美化和香化，不仅创造了优美的生活环境，净化了空气、减少了噪音、改善了小区域气候，而且还能取得可观的经济效益。然而，这些园林植物在生长发育的过程当中，常因遭受病虫的为害而导致生长不良，叶、花、果、茎、根出现坏死斑，或发生畸形、凋萎、腐烂及形态残缺不全、落叶等现象，降低了花草树木的质量，失去观赏价值及绿化效果，甚至整株、成片衰败或死亡，从而造成重大经济损失。例如，驰名中外的北京香山红叶——黄栌，在20世纪80年代初，由于感染了白粉病，其叶片到期不能变红，致使秋季香山红叶的壮丽景观大为减色。天牛是我国杨柳树木的毁灭性蛀干害虫，在许多地区酿成了毁灭性的灾害，仅宁夏一地就因天牛灾害砍伐成材树木8 000余万株，经济损失达数亿元。南京钟山风景名胜区，20世纪30年代受到马尾松毛虫的猖獗为害，使松树大量成批死亡。近年来又遭受松材线虫的严重为害，已造成23万株黑松死亡。1986年，在哈尔滨市著名的风景游览区——太阳岛地区，黄褐天幕毛虫大发生，风景区周围柳树上的叶片全部被吃光，在每个柳树萌生枝条上，天幕毛虫幼虫最多达20头，且没有食物的幼虫到处爬行，昔日游人如织的江心岛上遍地是虫，严重影响了哈尔滨市的旅游业。1996年和1997年，春尺蛾在哈尔滨市大发生，将马家沟河沿岸的榆树叶片全部食光，幼虫由于食物不足，未达到老龄便开始四处迁移，使沟两侧治理马家沟河所用的水泥管中爬满了尺蛾幼虫，甚至有的幼虫爬到室内，不仅严重影响了榆树的生长和绿地景观的观赏价值，还严重地干扰了居民的正常生活。水仙病毒病在我国水仙栽培区普遍发生，并逐年加重，发生面积占栽培面积的70%～80%，鳞茎带毒率高达80%以上，产量损失7%～10%以上。其事例不胜枚举。

据报道，我国园林植物上的病害有5 508种，害虫和其他有害动物3 998种，且随着国际贸易的频繁进行，还会传入新的病虫害。这些病虫害将对城市绿化和美化构成直接或潜在威胁。因此，在进行园林建设时，只注重种植和造景是远远不够的，还要注重园林植物的有效管理，特别是园林植物病虫害的综合防控。

4 园林植物病虫害的特点

园林植物病虫害防治与农作物及林木病虫害防治，既有相同之处，又有其特殊性。

(1)园林植物种类及配置的多样性

园林植物资源丰富，品种繁多。在风景区、公园、庭院及街道的绿化中，为了达到四季花香、常年绿树成荫，园林工作者常常将花、草、树木和其他地被植物等巧妙而科学地配植在一起，形成了一个独特的园林生态系统。此系统的结构与层次复杂，生物多样性高，病虫害一般不易大规模暴发成灾。但如果植物品种搭配和布局不合理，也会给病虫害的发生和交互感染提供有利条件。如在我国北方园林中，常有将圆柏、侧柏与梨树或苹果、海棠等配植在一起；松树与栎树混交；松树、芍药邻近种植；红松与云杉混栽等，往往给梨桧锈病、松栎锈病和松芍药锈病及红松球蚜等转主寄生病虫害的发生、流行创造了条件。桑天牛成虫羽化后需到桑树、构树上补充营养后方能正常产卵，因而不可将毛白杨、苹果等主要寄主与之栽植在一起，以免引起桑天牛的大发生。因此，在配植园林植物时，需要将病虫害防治作为一个重要因素加以考虑。

(2)园林植物栽培方式多样，品种交换频繁

园林植物栽培方式多样，有露地栽培、温室栽培，还有供室内装饰的盆栽、无土栽培等多种方式，使许多病害和虫害互相传播、危害，或终年发生。如在我国北方，温室白粉虱的露地虫源均来自温室。树木、花卉和种苗的引进或输出，给一些地区性病虫害的传播与蔓延提供了各种渠道。近年来，国际贸易频繁，由植物材料携带传入了一些我国过去没有的病虫害，如松材线虫、美国白蛾、蔗扁蛾等。

(3)园林植物病虫害发生的特点

园林植物大多分布在城市或近郊区，其地上部分往往是空气污染严重，光照条件不佳，人为破坏频繁；地下部分往往是土壤坚实，透气性差，土质低劣，缺肥少水，生长空间狭窄。这些不良的环境条件直接危害着园林植物的健康生长，间接地影响到园林植物病虫害的发生。近年来，非侵染性病害在城市园林植物病害中数量上升；蚧虫、蚜虫、木虱、粉虱、螨类"五小"害虫因天敌种类少而成为城市园林中发生种类最多，且最难于防治的一类；植物生长衰弱，抵抗力降低，导致根腐病、腐烂病、溃疡病、双条杉天牛等弱寄生性病害和次期性害虫日益严重。

(4)园林植物病虫害防治的特殊性

园林植物病虫害防治的总体目标是"园林植物不因病虫的危害而影响正常生长及观赏效果"。但园林植物因用途不同，经济价值迥异，病虫害防治时应具有不同的防治目标。名贵花木和珍稀树种的防治目标应是不发生病虫害；重要观赏花木的防治目标应是不因病虫的危害而影响正常生长及观赏效果；一般观赏花木的防治目标应是病虫害不能显著影响园林植物的正常生长及观赏效果。

园林植物，不论在公园、风景区，还是街道、庭院，与人关系密切，接触频繁。本着以人为本的原则，我们在病虫害防治时，尽量选择对人体健康无影响、低毒、无异味、不污染环境的药物和技术措施。

5 园林植物病虫害防治研究的发展概况及趋势

园林植物病虫害防治作为一个独立的学科，与农业病虫害防治和林木病虫害防治相比较，较为年轻，大约创立于20世纪初。但三者的研究内容无本质区别，只是研究对象不同而已，因此，园林植物病虫害防治基本上是随着农业病虫害防治和林木病虫害防治的进步而发展的。

园林植物病虫害防治在世界各国的研究进程虽不尽相同，但最初均以描述观赏植物的病虫害种类、症状及危害程度的调查为主，然后逐步深入到研究主要病虫害的发生发展规律及防治措施。1943年，美国学者P. P. Prione出版了*Disease and Pests of Ornamental Plants*，书中详尽记述了约500个属的观赏植物病虫害的特征及防治方法。此后，在世界范围内还有多部专著、教材、手册、图鉴问世，大大地促进了园林病虫害防治的研究工作。

我国园林植物病虫害的研究起步较晚。虽然自20世纪三四十年代，我国的一些学者陆续对个别花卉和观赏植物的病虫害做过调查和研究，但系统而深入的研究还是在改革开放以后。特别值得一提的是，1984年，国家城乡建设环境保护部下达了“城市园林植物病虫害、天敌资源普查以及检疫对象研究”的一级课题，由上海市园林管理局牵头，组织了全国43个大中城市参加此项调查研究工作，历时3年，于1986年基本完成并鉴定验收。通过这次普查，基本摸清了我国园林植物病虫害的种类、分布及为害程度，天敌的种类及其生物学，并初步提出了我国园林植物病虫害的检疫对象，为今后进一步开展主要病虫害的防治研究奠定了良好的基础。此后，园林植保工作者针对生产上危害较严重的病虫害，立题专门研究，取得了丰硕成果，陆续发表了大量文章，出版了《园林植物病虫害防治原色图鉴》(徐公天，陆庆轩主编)、《中国花卉病虫原色图鉴》(吕佩珂等编)、《中国园林害虫》(徐公天，杨志华主编)、《园林绿色植保技术》(徐公天，庞建军，戴秋惠编)等专著10余部，许多研究课题如利用舞毒蛾病毒、蓑蛾病毒防治害虫；利用硫酰氟熏杀园林绿地蛀干害虫；研制并利用“毒笔”环涂大面积防治松林害虫；异色瓢虫的生物学特性、人工饲养及其应用研究；利用周氏啮小蜂防治美国白蛾；园林刺蛾防治研究等获得了国家级和省市级科技成果奖。为了培养园林病虫害防治的专门人才和普及病虫害知识，原北京林学院园林系最早将园林病虫害防治列为必修课，此后各农林院校的园林、植保和森保专业也开设了本课程。与此同时，编写了20余部教材和科普书籍，以满足不同层次教学和培训的需要。在机构设置方面，自20世纪50年代后期，陆续成立了一些园林植物保护研究部门。最早成立的有沈阳市园林科学研究所的园林植物保护研究室、杭州市植物园的园林植物保护研究室。后来全国各大中城市的园林研究单位和园林处都分别设立了园林植物保护的专门机构。中国风景园林学会亦于1992年下设了植物保护专业委员会，该委员会每年举办一次学术研讨会，交流园林植物生产和养护中存在的问题、管护的经验及园林病虫害控制新方法、新技术等，大大促进了我国园林植物保护水平的提高。总之，经过60多年的努力，我国已在园林植物病虫害防治、教学、科研各方面都有了较大的发展，并建立了一系列较完善的体系。

如今，园林植物病虫害研究和治理技术正在不断深入和提高，保护环境、维护生态平衡的可持续发展观念已引起广泛重视。在病虫害的防治策略上，园林植保工作者已不满足于生搬硬套生态特点不同的农林病虫害的防治方法，而要考虑城市园林生态系统的特殊性，提出以不污染环境为前提，且要兼顾绿化效果，应大力提倡"预防为主，综合防治"的防治策略，重点放在如何避免病虫害的大发生而不是放在病虫害产生后如何防治打药上。如何使园林植物合理布局，精细管理，确保园林植物健康，已经被提到越来越重要的位置。"相生植保"理论如何在园林上大力推广，已摆在园林植保工作者面前，利用植物之间相生相克的原理，合理安排植物种植格局，相互促进生长，共享天敌，减少化学农药的使用量，已渐渐成为目前园林植保的主流，但具体的实施还是一个较漫长的过程，需要各级植保工作者的共同努力。同时，保护天敌的植保策略也使园林植保手段更趋向于使用高效低毒和生物农药，以及人工向环境中释放天敌，以使园林生态系统尽快达到平衡。这种将植保"有虫治虫，无虫防虫"被动防治策略转向防范病虫害产生于未然的主动防治策略，已成为未来城市园林植保的一个发展方向。

上　篇

第1章 园林植物病害的基本概念

［本章提要］ 园林植物病害是指园林植物受到其他生物的侵袭或不良环境因素影响而呈现的局部或整体的不正常状态。引起园林植物病害的直接因素称为病原。园林植物病害一般根据病原进行分类。由生物性病原引起的病害称为侵染性病害；由非生物(环境)因素引起的病害称为非侵染性病害。侵染性病害的发生需要植物、病原和环境3个基本因素，它们之间的三元关系称为病害三角。感病植物外部形态上表现出的不正常特征称为症状；发病部位上的病原物称为病症。园林植物病害的症状可分为增生型、减生型和坏死型三大类型。病症则包括病原物的营养体、繁殖体及病害产物。

在长期的进化过程中，植物自身形成了一整套适应环境的生存策略，形成了抵御外界不良因子侵袭的防护系统和自身内部相对于环境变化而进行调节的机制。只有当它们的防护系统被击破以及内部调节机制受到干扰时，病害(disease)才可能成为一个问题。园林植物病害是植物病害的一个组成部分，研究园林植物病害的科学，叫作园林植物病理学(ornamental plant pathology)。园林植物病理学的研究一方面在理论上增进人们对园林植物病害发生的原因和发展规律等方面知识的了解，另一方面在实践上它能帮助人们预防、减轻和控制各种不利因素对园林植物造成的危害，保护它们正常的生长发育，形成优美的景观和良好的生态环境。

1.1 园林植物病害的定义

园林植物在生长发育过程中或其产品和繁殖材料在贮藏和运输过程中，遭受其他生物的侵袭或不适宜的环境条件影响，生理程序的正常功能受到干扰和破坏，从而导致植物生理上、组织上和形态上产生一系列不正常的状态，生长发育不良，甚至全株死亡，最终引起人类经济或其他损失的现象称为园林植物病害。

园林植物遭受其他生物侵袭或不适宜环境条件的影响后，首先是正常的生理程序发生改变，继而导致植物组织结构和外部形态产生一系列的变化，表现出病态。这一系列逐渐加深和持续发展的过程，称为病理变化过程，简称病理程序或病程。例如，月季受黑斑病菌侵染，首先是叶片呼吸作用短暂的不正常增强，随着色素及氨基酸含量下降，病部细胞组织遭到破坏，发生变色、坏死，最后叶片出现黑色坏死斑，病叶早落。因此，植物病害的发生必须经过一定的病理程序，有一段时间持续过程。如果植物在瞬间或极短的时间内因外界因素的突然袭击而受到伤害或破坏，如受到昆虫、其他动物或人为的器械损伤，以及冰雹、台风等袭击，受害植物在生理上没有发生病理程序，就不能称为病害，而称为损伤(injury)。

损伤和病害是两个不同的概念，不能等同视之。但在实际情况中，二者经常又有紧密的联系。损伤可削弱植物的生长活力，降低它们对病害的抗性；伤口还可提供一些微生物入侵的通道，成为病害发生的开端。此外，有的环境因素既能对园林植物造成损伤，也能造成病害。例如高浓度的有毒气体的集中排放，往往造成植物叶片的急性损伤，而低浓度的缓慢释放，对植物的影响则是慢性的，引起病害。而何种浓度在多长时间内引起的植物变化是属于损伤还是属于病害，并没有明确的界限。因此，损伤和病害虽然是两个不同的概念，但在实践中，有时还需要根据具体的情况来区别和判断。因此，研究和治理园林植物病害，同样不能忽视损伤对植物所产生的危害，损伤也属于研究范畴。

病害的概念包含了“病”(disease)和“害”(damage)两个方面。植物受到侵染和不利影响后所产生的不正常状态，是为“病”；而由病植物带来的对人类需求的损失称为“害”。病害是人类从自身的角度对植物不正常的表现所下的定义，人类其实并不真正关心植物的疾病，而是在意由于植物疾病所带来的危害。园林植物疾病所产生的危害包括以下几个方面：①花木及其产品的产量和品质下降，直接影响栽培者和经营者的经济收益；②由于病态引起植物观赏价值和园林景色的变劣，引起观赏者或游人心理的不悦，会间接地导致经济上的损失，如门票收入减少；③如果较大范围的园林植物，尤其是风景林带或林分被病害破坏或干扰，还有可能引起局部生态系统及环境的变化，产生难以用准确的经济价值来衡量的复杂影响。但是，如果园林植物的疾病发生轻微，并不足以造成上述那些危害，那么就不能称其为病害，即有“病”无“害”。另外，还有些园林植物，虽然受其他生物或不良环境因素的侵染和影响，表现出某些“病态”，但却增加了它们的经济和观赏价值，如碎锦郁金香、月季品种中的‘绿萼’是由病毒和植原体侵染引起的；羽衣甘蓝是食用甘蓝叶的变态。人们将这些“病态”植物视为观赏园艺中的名花或珍品，因此，不被当作病害。

1.2 园林植物病害发生的原因

园林植物病害必须要有植物和引起植物发病的因素，没有这两个基本因素的存在，病害也就无从发生。病害的发生可能是由某一因素或某些因素的作用结果，其中直接引起病害发生的因子称为病原(pathogen)，间接因素则称为诱因。病原按其性质可分为生物性病原(biotic pathogen)和非生物性病原(abiotic pathogen)两大类。

1.2.1 生物性病原

生物性病原是指以园林植物为寄生对象的一些有害生物，主要有真菌(fungus)、病毒(virus)、细菌(bacterium)、植原体(phytoplasma)、寄生性种子植物(parasitic higher plant)、线虫(nematode)、寄生藻(parasitic alga)和螨(mite)等。通常将这类病原称为病原物或寄生物(parasite)，属于菌类的(真菌及细菌)又称为病原菌。被病原物寄生的植物称为寄主(host)。凡由生物性病原引起的园林植物病害因其能相互传染，故称为传染性病害或侵染性病害(infectious disease)，也称寄生性病害。某些攀缘性藤本植物(如微苷菊)，以及附生在植物表面的真菌(如煤炱属真菌)，虽然不直接寄生于园林植物，但由于其攀附和绞缠寄主植物枝叶，或覆盖植物叶片表面，影响植物光合作用和枝叶的正常生长，从而造成植物生长发育不良，甚至死亡，这是一类非寄生性的侵染性病害，而不是寄生性病害。

1.2.2 非生物性病原

非生物性病原是指除了生物以外的，一切不利于园林植物正常生长发育的因素，包括气候、土壤和营养等多种因素。如温度过高引起叶片、树皮及果实的灼伤；低温引起冻害；土壤水分不足引起植物枯萎；营养元素不足引起各种缺素症；空气和土壤中的有毒化学物质以及人类的生产生活和休闲活动对于植物本身及其生长环境形成的压力和干扰，从而引起植物生长不良等。由非生物性病原引起的病害，是不能互相传染的，称为非侵染性病害(noninfectious disease)。

1.2.3 病害三角

园林植物侵染性病害的发生，除了植物和病原这两个基本因素以外，还受到环境条件的影响。在侵染性病害中，病原物的侵染和寄主的抗侵染活动，始终贯穿于植物病害的全过程。在这一过程中，病原物与寄主之间的相互作用无不受外界环境条件的制约。当环境条件有利于植物生长而不利于病原物的活动时，病害就难以发生或发展缓慢，甚至病害过程终止，植物仍保持健康状态，或受害轻微；反之，病害就能顺利发生或迅速发展，植物受害也重。如潮湿温暖有利于大多真菌病害的发生，而控制媒介昆虫则能减轻病毒和植原体病害的流行。因此，植物侵染性病害形成的过程，是寄主和病原物在外界条件影响下相互作用的过程。换言之，是寄主、病原物与外界环境条件3个基本因素相互作用的产物，它们之间的这种三元关系，就称为“病害三角”(disease triangle)。

非侵染性病害是各种不利的外界环境因子引起的植物病害，它仅是病原与植物之间的二元关系。不过，非侵染性病害可以作为侵染性病害的先导或与侵染性病害同时危害园林植物。

1.3 园林植物病害的症状

1.3.1 症状的概念

园林植物感病后，首先是生理程序发生变化，继而是内部细胞和组织发生相应的变化，最后导致外部形态病变。病植物在外部形态上表现出的不正常特征称为病害的症状(symptom)。症状是植物受到病原的侵染或影响后，由生理病变到组织结构病变的结果。植物感病初期一般表现为呼吸作用增强，通常可比健康组织高2~4倍，随后又急剧下降；细胞中酶活性改变；细胞渗透性增加，矿物质随着水分外漏；由于叶绿素的丧失或叶组织坏死，光合作用随之降低，以及氮化物和氨基酸含量改变，水分运输受到干扰等。这些生理机能的破坏和植物组织在超微结构上的病理变化，在外观上是难以察觉的。病植物生理机能的扰乱进一步会引起细胞和组织结构上的变化，最后在外部形态上表现出种种不正常的状态和特征。

对有些侵染性病害来说，病害症状包括寄主植物的病变特征和病原物在寄主植物发病部位上所产生的营养体和繁殖体等两方面的特征。前者称为病状，后者称为病症(sign)。如山茶花的炭疽病，在叶片上形成近圆形、中心灰白色、边缘紫褐色的病斑是病状，后期在病斑上由病原菌长出的小黑点是病症。所有的园林植物病害都有病状，但并非都有病症。真菌、细菌、寄生性种子植物和藻类等引起的病害，病症表现较明显；由病毒、植原体以及多数线虫引起的病害，在植物病部表面都不表现病症。非侵染性病害是因不适宜的环境因素引起的，所以也无病症。凡有病症的病害，通常都是病状先于病症出现。

园林植物病害的症状具有相对的稳定性，各种病害有其典型或特异症状，特定病害与其他病害在症状上不同。因此，症状是病害诊断的依据之一，又是病害命名的主要依据。根据症状特点，对有些症状可推知其病害和病原种类。但是，各类病害症状也会发生变异，有的随寄主发育期不同而表现多种症状，有时随侵染部位或环境条件的不同而产生变化，还有的因病害本身发展阶段或程度不同而产生变化。因此，对病害的症状观察要力求仔细全面，而病害诊断也不完全依赖于症状的原因也在于此。

1.3.2 症状的类型(图1-1)

根据病植物生理功能的加速或延缓或停止所导致的外部形态结构上的变化，园林植物病害症状通常划分为3种基本类型：增生型症状(hyperplastic symptom)、减生型症状(hypoplastic symptom)和坏死型症状(necrotic symptom)。

1.3.2.1 增生型症状

增生型症状表现为促进性的组织病变，即植物感病部分细胞数目增多，体积增大，细胞和组织过度生长。它又包括以下类型：

瘤肿(tumefaction)　细胞组织增生，病部膨大或形成瘤状物体。

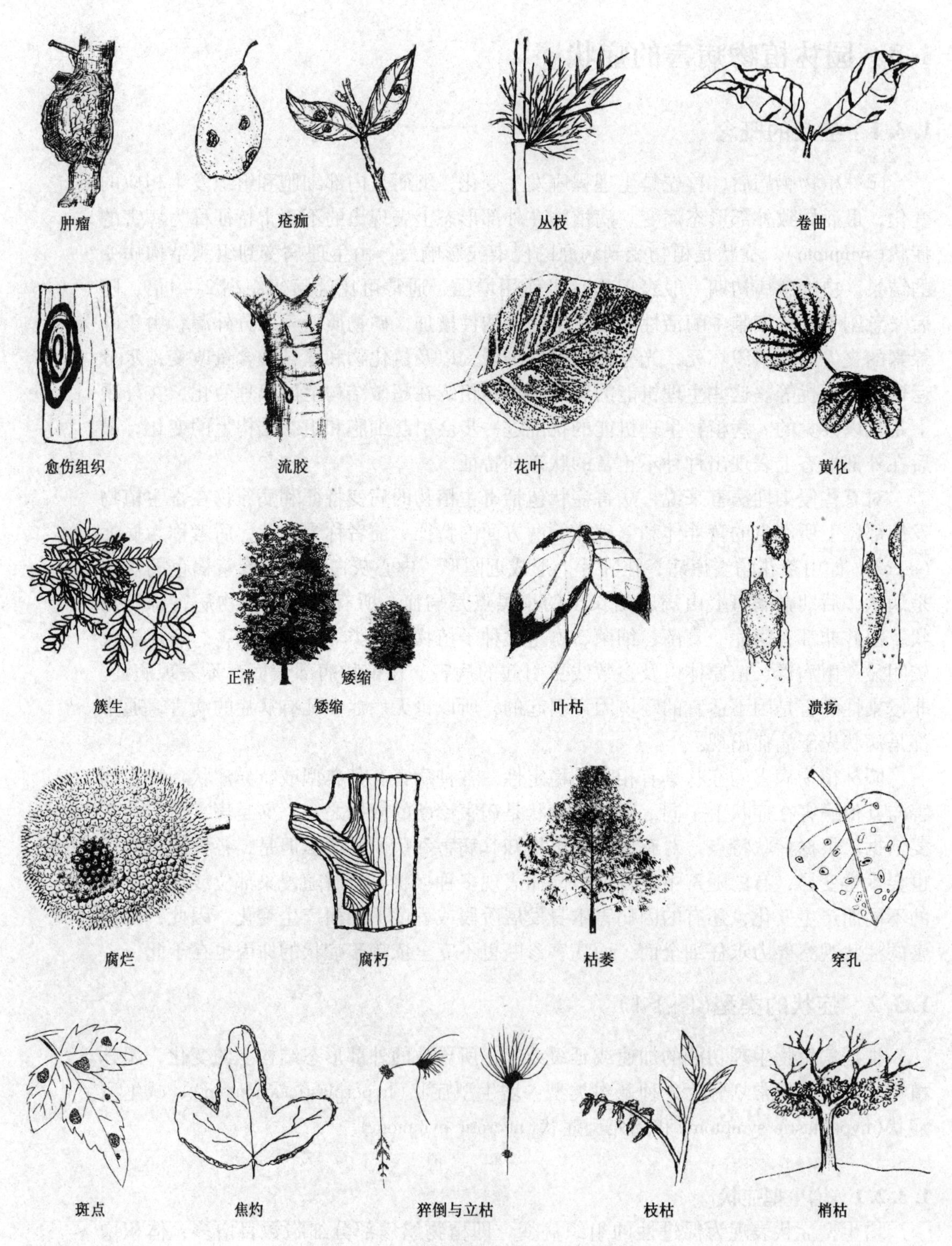

图1-1 园林植物病害症状的主要类型

疮痂(scab) 表面粗糙以及隆起的壳状斑块。

丛枝(fasciculation or witches' broom) 枝条不正常地增多，丛生在一起呈扫帚或鸟巢状。

叶卷曲(curl) 局部组织增生而引起的叶片卷曲或折叠。

愈伤组织(callus) 伤口和病部周围的组织增生。

流胶和流脂(gummosis and resinosis) 伤口边缘和病部组织产生过量的胶汁或树脂。

1.3.2.2 减生型症状

减生型症状表现为抑制性的组织病变，即感病部位细胞数目减少，体积缩小，导致植物生长发育不足。它又包括以下类型：

黄化(chlorosis) 叶绿素形成受阻，叶片均匀褪去正常的绿色或转黄。

花叶和斑驳(mosaic and mottling) 叶片不均匀变色，黄绿相间。交界清晰的为花叶，交界不清晰的为斑驳。

矮缩(dwarfing) 各器官的生长成比例地受到抑制，病株比健株小得多。

簇生(rosetting) 叶片聚集生长于节间较短的主轴上。

1.3.2.3 坏死型症状

坏死型症状表现为分解性的组织病变，即病原物将植物细胞壁或中胶层、细胞内含物分解和破坏，表现出局部或全部组织坏死。它又包括以下类型：

枝(叶)枯(blight) 小枝及叶片迅速枯死。

斑点和斑块(spot and blotch) 叶或幼茎上通常形成圆形或其他形状的坏死区。面积较小及轮廓清楚的为斑点，面积较大且形状不规则的为斑块。

溃疡(canker) 枝干或根部皮层坏死，常有下陷的病斑，轮廓清楚。病部周围的细胞有时增生或木栓化。如边界不清楚，皮层大面积坏死，则称为烂皮。

腐烂(rot) 活细胞组织受到破坏和分解，可发生在植物各个部位，但多在幼嫩多肉的组织上发生。如花腐、果腐、根腐、茎腐等。

腐朽(decay) 立木及木材死的细胞组织的分解崩溃。

顶枯或梢枯(dieback) 枝梢从顶部开始逐渐扩展到干部的枯死过程。

水渍(hydrosis) 由细胞液侵入细胞间隙引起的组织水浸状或透明状。

焦灼(scorch) 叶片边缘变褐枯死。

穿孔(shot hole) 叶片斑点中心坏死部分脱落，形成的一般为圆形的孔洞。

枯萎(wilt) 枝叶失去膨压而凋萎的现象，严重时死亡，典型的是由根部的维管束组织受到破坏或堵塞，水分输导受阻而引起。

猝倒(damping off) 幼苗近土表茎组织坏死腐烂，幼苗倒伏的现象。如幼苗茎部已木质化而直立枯死，称为立枯。

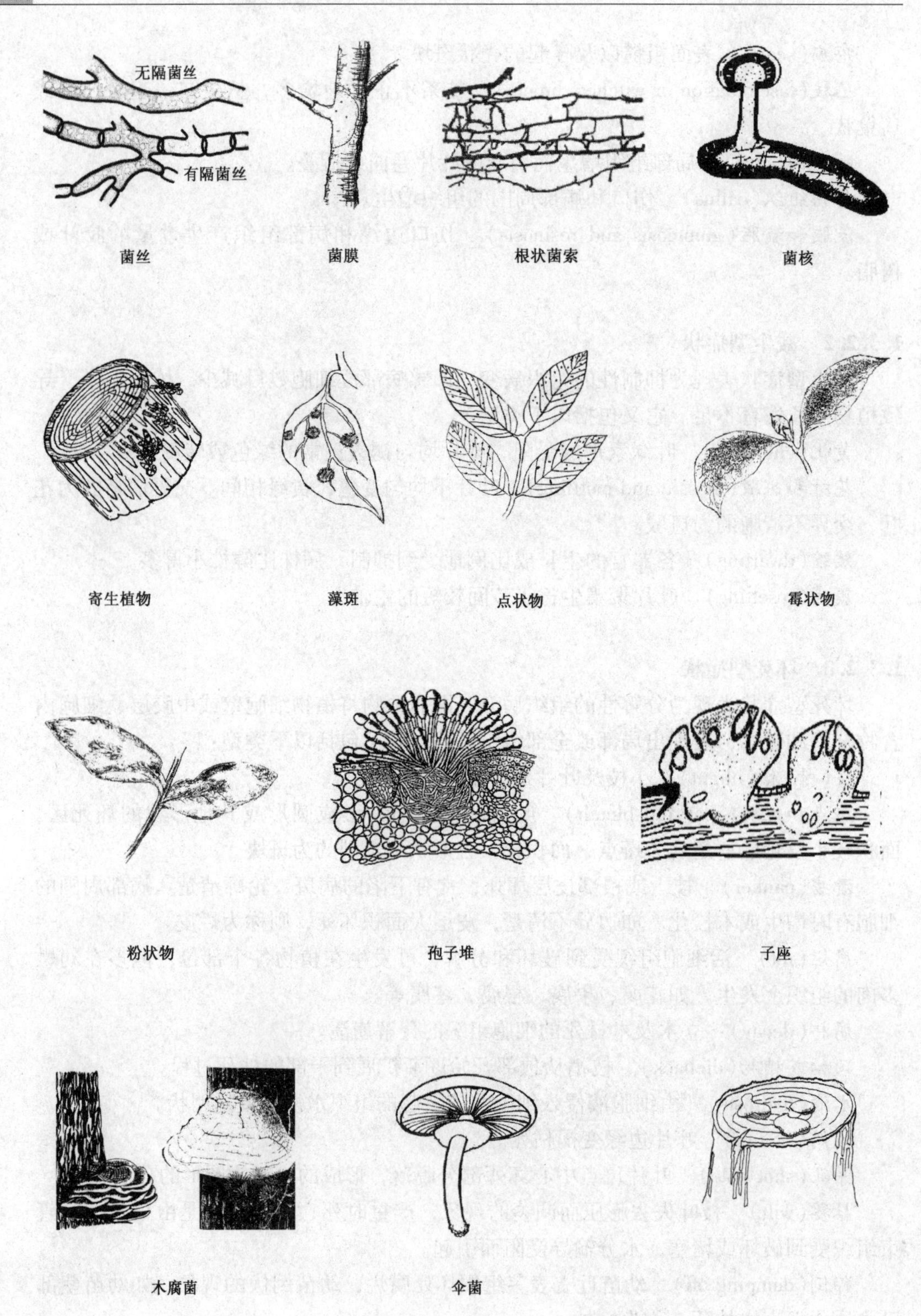

图 1-2　园林植物病害病症的主要类型

1.3.3 病症的类型（图 1-2）

病症一般可划分为 3 种类型：病原物的营养体（vegetative structure）、病原物的繁殖体（reproductive structure）和病害产物（disease product）。

1.3.3.1 营养体

菌丝体（mycelium） 真菌菌丝的聚合体，通常白色。

菌膜或菌毡（felt） 褐色、白色、灰色或其他颜色的菌丝交织在一起的菌丝层，薄的为菌膜，厚的为菌毡。

根状菌索（rhizomorph） 绳索状类似植物根系，结构紧密的真菌组织。

菌核（sclerotium） 深色坚硬的真菌休眠体，一般为块状或颗粒状。

植物体（vegetative plant） 寄生性种子植物的茎干和枝叶。

藻体（alga） 寄生藻在寄主植物上形成的藻斑，通常圆形，灰白色。

1.3.3.2 繁殖体

粉状物（powder） 白色、橙黄色或黑色粉层。

霉状物（mould） 毛状霉层，由菌丝体和孢子梗及孢子组成。

点状物（particle） 一般为黑色小颗粒，是许多真菌的繁殖体。

孢子堆（sorus） 大量真菌孢子的聚集体，可呈多种颜色。

子座（stroma） 一种紧密的营养结构，很像一个垫子，子实体常在其上或其中形成。

伞菌（mushroom） 伞状结构，是许多担子菌的繁殖特征。

木腐菌（conk） 木质檐状或块状结构，是许多木腐菌的繁殖体。

果实（fruit and seed） 寄生性种子植物所结的果实和种子。

1.3.3.3 病害产物

气味（ordor） 一些病害有特征性气（臭）味。

菌脓（ooze） 黏稠的脓状物，由植物汁液与病菌（细菌）细胞组成。

1.4 园林植物病害的分类

园林植物病害种类繁多。一种植物一般都可受多种病害的危害，而同一种病原也可侵染或影响一种或几种植物。为了便于研究，鉴定和控制园林植物病害，有必要对它们进行分门别类。

园林植物病害分类的标准有很多：①根据植物的类型，如花卉病害、观叶植物病害、木本植物病害、草坪病害、攀缘植物病害、水生植物病害、古树名木病害等；②根据病害发生的部位来分类，如根部病害、枝干病害、叶部病害、花果病害等；③根据病害的症状来分类，如根瘤病、溃疡病、枯萎病、叶斑病、锈病、花叶病、丛枝病等。而平常使用最多的是根据引起病害的病原物来分类，这样分类的优点是可以指示病害的病因、它们可能的发展和传播模式及控制措施。在这个标准下，园林植物病害首先分为侵染性病害和非侵染性病害。侵染性病害又可进一步分为真菌病害、病毒病害、细菌病害、植原体病害、寄生性植物病害、线虫病害等；非侵染性病害也可进一步分为温度失调、水分失调、营养失调、有毒物质影响等。

复习思考题

1. 为什么要学习园林植物病理学？
2. 病害和损伤有什么区别与联系？
3. 病害三角的含义是什么？
4. 根据病原对园林植物病害进行分类有什么优点？
5. 什么是坏死型症状？有无病症？

推荐阅读书目

Tree Disease Concepts. P D Manion. Prentice Hall, 1981.
园林植物病虫害防治．徐明慧．中国林业出版社，1990.
林木病理学．周仲铭．中国林业出版社，1981.
园艺植物病理学．李怀芳，刘凤权，郭小密．中国农业大学出版社，2001.
普通植物病理学(第4版)．许志刚．高等教育出版社，2009.

第 2 章
园林植物侵染性病害的病原

［**本章提要**］ 本章主要学习和了解引起植物病害的各类生物性病原或侵染性病原的特点。学习各类病原物的形态特点，生长和繁殖，生理和生态，生活史等特点；了解各类病原物的分类现状和主要类群，以及它们引起植物病害的特点。生物性病原有很多，主要包括植物病原真菌、植物病原细菌、植物病原病毒、植原体、植物病原线虫和寄生性种子植物等。在这些生物性病原中，以植物病原真菌最为重要，因植物病害有70%以上为真菌病害。

2.1 病原真菌

在园林植物侵染性病害中，病原真菌引起的病害种类和数量最多，约占植物病害种类的70%以上，如白粉病、锈病、灰霉病、炭疽病、溃疡病、根朽病等，都是生产上重要的病害，不仅对园林植物的生长和生存有影响，同时降低了园林植物的观赏性。

真菌(fungi)在自然界分布极为广泛，是一类庞大的生物类群。目前，世界上已描述的真菌逾1万属12万余种。大多数真菌是腐生的，少数真菌可以寄生在人类、动物或植物体上引起病害。

2.1.1 真菌的基本形态

真菌是一类有真正细胞核的异养生物。它的营养体常是丝状分支的菌丝体。细胞壁的主要成分为几丁质(chitin)，没有根、茎、叶等器官的分化，没有叶绿素，不能进行光合作用，通过吸收的方式获取营养，并通过产生各种类型的孢子(spore)进行有性生殖或无性繁殖。

真菌在其生长发育过程中会出现多种形态，一般先经过营养生长阶段，之后进行繁殖，产生各种类型的孢子。

2.1.1.1 真菌的营养体

典型的真菌营养体是极细小的丝状体，每一根丝状体称为菌丝(hypha)。菌丝通常呈圆管状，有分枝，粗细均匀，直径一般为5～6μm，最小为0.5μm，菌丝生长的

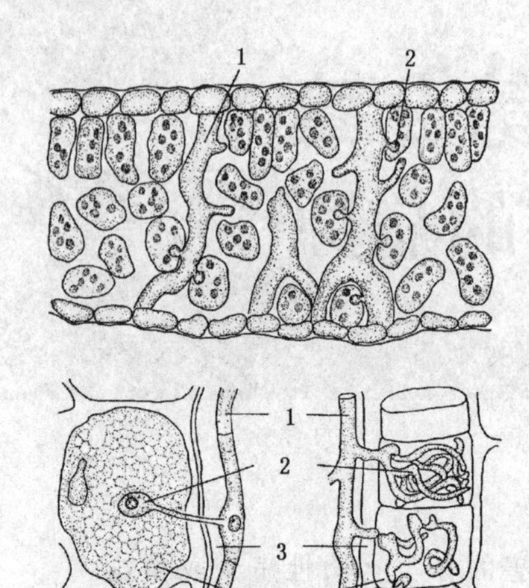

图 2-1 真菌的几种吸器

1. 菌丝 2. 吸器 3. 寄主细胞壁 4. 寄主原生质

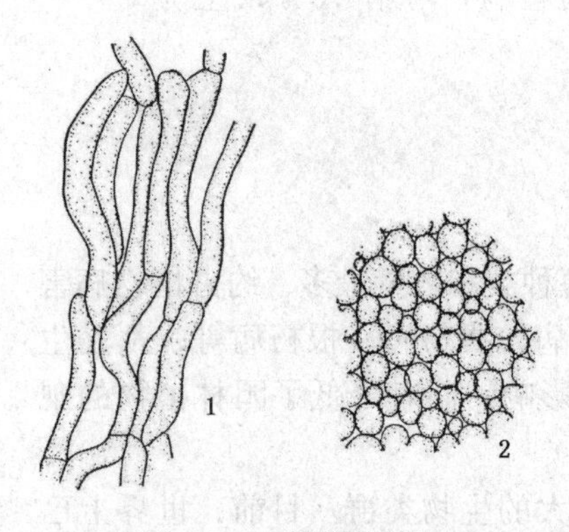

图 2-2 真菌的菌丝组织

1. 疏丝组织 2. 拟薄壁组织

长度是无限的。组成真菌菌体的一团菌丝称为菌丝体。真菌营养生长阶段的菌丝体称为营养体。菌丝内含原生质。菌丝细胞壁无色透明，有些真菌的细胞质中含有各种色素，色素不能进行光合作用，但使菌丝呈现不同的颜色。菌丝有两种类型，高等真菌的菌丝有隔膜(septum)，将菌丝分隔成多个细胞，称为有隔菌丝；低等真菌的菌丝一般无隔膜，称为无隔菌丝。菌丝一般是由孢子萌发后延伸生长形成，它以顶端伸长的方式生长，但它的每一部分都有潜在的生长能力，任何一段微小的片段都能生长并发展成新的个体。

菌丝体是真菌获得养分的结构。有些真菌以菌丝侵入寄主细胞后，常常从菌丝体上产生一种特殊结构——吸器(haustorium)(图 2-1)，伸入寄主细胞内吸收营养。吸器的形状因真菌种类的不同而异，如白锈菌的吸器为小球状，白粉菌的吸器为掌状，锈菌为指状。真菌的菌丝体在生长发育过程中一般是分散的，但有时也形成菌丝组织，一般有两种：菌丝体比较疏松的为疏丝组织(prosenchyma)，菌丝体组成比较紧密的为拟薄壁组织(pseudoparenchyma)(图 2-2)。真菌的菌丝体组织可以形成如菌核(sclerotium)、子座(stroma)和菌索(rhizomorph)等菌丝结构。

菌核是由菌丝紧密交织在一起而形成的一种休眠体，内层为疏丝组织，外层为拟薄壁组织。其形状和大小差异较大，初期颜色较浅，成熟时呈褐色或黑色，坚硬，表层细胞壁较厚，颜色较深。它是一种抗逆性结构，既是真菌的营养贮藏器官，又是度过不良环境的休眠体。当条件适宜时，可以萌发产生新的营养菌丝或形成新的产孢结构。

子座是由菌丝或由菌丝体与部分寄主组织形成的(此时称为假子座)，一般为垫状，也有球状或其他形状。子座的主要功能是形成产孢结构，同时具备提供营养和抵抗不良环境的能力。

菌索是高等真菌的菌丝体相互交织集结形成的绳索状物，外表形似植物的根，又称根状菌索。它有一个坚实的外层和一个生长的尖端。菌索粗细长短不一，能抵抗不良环境的影响，而且有远距离蔓延和侵染寄主的作用。

2.1.1.2 真菌的繁殖体

真菌在生长发育过程中，经过营养生长阶段后，即进入繁殖阶段，形成各种繁殖体。真菌的繁殖方式分为无性和有性两种。真菌繁殖的基本单位是孢子，其功能相当于高等植物的种子。无性繁殖产生无性孢子，有性生殖产生有性孢子。任何产生孢子的组织或结构统称为子实体(fruit body)，其功能相当于高等植物的果实。

(1) 无性繁殖及其孢子类型

无性繁殖(asexual reproduction)是真菌不经过核配和减数分裂，直接从营养体上或者其分化的特殊结构上产生孢子的繁殖方式。真菌的无性繁殖方式包括断裂、芽殖等，产生的孢子称为无性孢子。

断裂　指真菌的菌丝断裂成短的小片段或菌丝细胞相互脱离产生孢子的繁殖方式，如节孢子(arthropsore)。

芽殖　指单细胞的营养体、孢子或丝状真菌的产孢细胞以芽生的方式产生无性孢子，如酵母菌的出芽生殖、丝状真菌产生的芽殖型分生孢子等。

常见的无性孢子有以下几种(图 2-3)：

厚垣孢子(chlamydospore)　厚垣孢子产生在菌丝的顶端或中间，是菌丝细胞膨大、原生质浓缩、细胞壁加厚而形成的一种休眠孢子，具有一定的抗逆性。通常为球形或近球形，单生或多个串生在一起。

孢囊孢子(sporangiospore)　产生于菌丝或孢囊梗顶端膨大的孢子囊中的内生孢子。成熟的孢子囊内原生质分隔成若干小块，每小块原生质形成一个孢子，有细胞壁，无鞭毛。孢子成熟后，孢囊壁破裂散出孢囊孢子。有的孢子囊内产生的孢子无细胞壁，有 1 ~2 根鞭毛(flagellum)，能游动，称为游动孢子(zoospore)。

分生孢子(conidium)　产生于菌丝分化而形成的分生孢子梗(conidiophore)上，成熟后从孢子梗上脱落。分生孢子顶生、侧生或串生，大小、形状及颜色多种多样。分生孢子梗的分化程度也不同，有的散生，有的聚集在一起，有的着生分生孢子果内。分生孢子果主要有两种类型，即近球形具孔口的分生孢子器(pycnidium)和杯状或盘状开口的分生孢子盘(acervulus)。

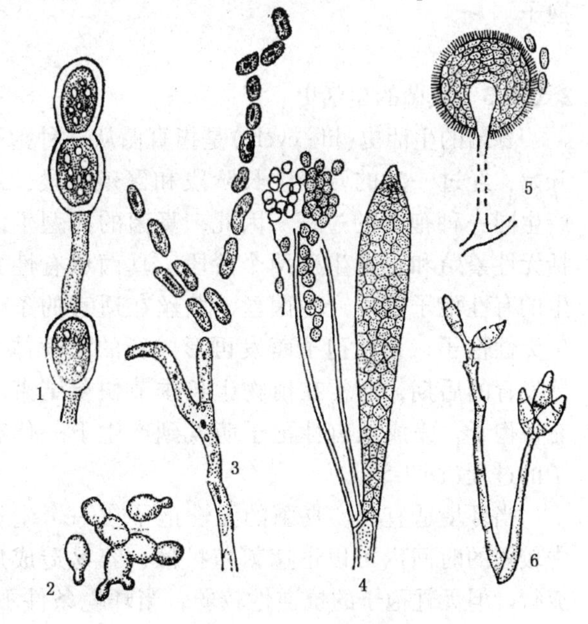

图 2-3　真菌的无性孢子类型(仿董元)

1. 厚垣孢子　2. 芽孢子　3. 粉孢子　4. 游动孢子囊和游动孢子　5. 孢子囊和孢囊孢子　6. 分生孢子

(2) 有性生殖及其孢子类型

真菌的有性生殖(sexual reproduction)是指通过两个性细胞(配子 gamete)或者两个性器官(配子囊 gametangium)结合而进行的一种生殖方式。其产生的孢子称为有性孢子。真菌的有性生殖过程可分为质配(plasmogamy)、核配(karyogamy)和

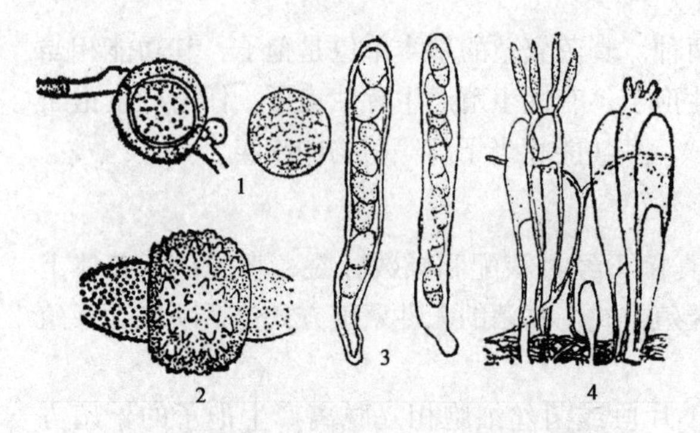

图2-4 真菌的有性孢子(仿《果树病理学》)
1. 卵孢子 2. 接合孢子 3. 子囊及子囊孢子 4. 担子及担孢子

减数分裂(meiosis)3个阶段。真菌有性生殖产生的孢子主要有以下几种(图2-4):

休眠孢子囊(resting sporangium) 通常是由两个游动配子配合形成的，为双核体或二倍体，孢壁比较厚，萌发时发生减数分裂释放出单倍体的游动孢子。

接合孢子(zygospore) 接合菌的有性孢子，由两个形态相似的配子囊交配，双方接触处细胞壁溶解，原生质和细胞核合成一个细胞，发育成厚壁二倍体的孢子。萌发时经减数分裂，接合孢子长出芽管，通常在顶端产生孢子囊，释放孢囊孢子，或可以直接形成菌丝。

子囊孢子(ascospore) 子囊菌的有性孢子。通过两个异型配子囊——雄器和产囊器的接触交配或体细胞结合等方式经质配、核配和减数分裂而形成的单倍体的孢子。质配后产生产囊丝，在产囊丝的顶端形成子囊(ascus)，子囊内通常形成8个子囊孢子。子囊一般产生在有包被的子囊果(ascocarp)内。

担孢子(basidiospore) 担子菌的有性孢子。通常由双核菌丝顶端细胞膨大呈棒状的担子(basidium)，经过核配和减数分裂生成4个单倍体细胞核，并在担子上生4个小梗，4个核分别进入小梗内，最后在小梗顶端形成4个外生的单倍体孢子，称为担孢子。

2.1.1.3 真菌的生活史

真菌的生活史(life cycle)是指真菌从一种孢子萌发开始，经过一定的营养生长阶段和繁殖阶段，最后又产生同一种孢子的过程。因此，真菌的典型生活史包括无性繁殖和有性生殖两个阶段。真菌从有性繁殖产生的有性孢子萌发产生菌丝，菌丝在适宜的条件下产生无性孢子，无性孢子萌发再形成新的菌丝体。在真菌发育的后期，通常在植物生长季节快要结束时产生有性孢子，完成从有性孢子萌发到产生下一代有性孢子的过程(图2-5)。

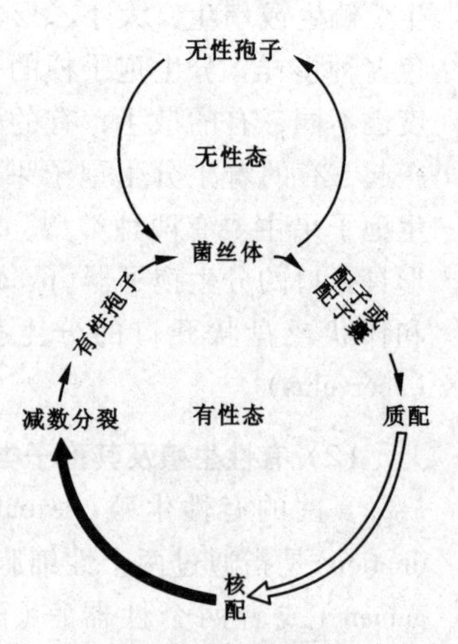

图2-5 真菌的生活史
——单倍体阶段 ══双核阶段
▬双倍体阶段

当环境适宜时，真菌的无性孢子在一个生长季节中较短的时间内可以迅速繁殖扩散，容易造成病害的流行。但无性孢子的抗逆性较弱，当环境条件不适时，大部分孢子常常失去活力。真菌的有性孢子通常一年只产生一次，但它具有较强的抗逆性，常成为第二年园林植物病害的初侵染来源。

2.1.2 真菌的分类与命名

2.1.2.1 真菌的分类

真菌分类学是研究园林植物真菌病害的基础。真菌分类的目的首先是根据国际上已经承认的一些分类系统给每一种真菌命名，从而便于相互交流有关真菌方面的资料；其次是尽可能地明确已知菌种之间的亲缘关系。真菌分类一般是根据真菌的形态学、细胞学特性及个体发育和系统发育的资料，采取自然系统分类法，其中有性生殖和有性孢子的形态特征是重要的依据。科学技术的发展，特别是近年来分子生物学技术，如核酸杂交、氨基酸序列测定等的应用，为真菌分类学的研究开辟了新的前景。

真菌的分类单位包括界(Kingdom)、门(Phylum)、纲(Class)、目(Order)、科(Family)、属(Genus)、种(Species)，必要时在两个分类单位之间还可以再加一级，如亚门(Subphylum)、亚种(Subspecies)等。界以下属以上的分类单位都有固定的词尾，如门(-mycota)、纲(-mycetes)、目(-ales)、科(-aceae)。

以禾柄锈菌为例，说明其分类地位：

真菌界 Fungi
　担子菌门 Basidiomycota
　　冬孢菌纲 Teliomycetes
　　　锈菌目 Uredinales
　　　　柄锈菌科 Puccaceae
　　　　　柄锈菌属 *Puccinia*
　　　　　　禾柄锈菌 *Puccinia graminis* Pers.

但是目前关于真菌的分类，学术界观点不一，因此有不同的分类系统。曾经分归为菌物的有机体现在被划分在3个不同的类群中，包括真菌界、假菌界和原生生物界。这个分类法承认了称为“菌物”的有机体并不都具有密切的亲缘关系，但它们确实在形态学、营养方式和生态学上形成了一个关系十分密切的群体。与园林植物病害相关的病原真菌就归属在这3个不同的类群中。

假菌界 Kingdom Stramenopila (Chromista)
　卵菌门(Oomycota)
　丝壶菌门(Hyphochytriomycota)
　网黏菌门(Labyrinthulomycota)
原生生物界 Kingdom Protists (Protoctists)
　根肿菌门(Plasmodiophoromycota)
　网柱黏菌门(Dictyosteliomycota)
　集孢黏菌门(Acrasiomycota)
　黏菌门(Myxomycota)
真菌界 Kingdom of Fungi
　壶菌门(Chytridiomycota)

接合菌门(Zygomycota)
子囊菌门(Ascomycota)
担子菌门(Basidiomycota)
半知菌门(Deuteromycota)

2.1.2.2 真菌的命名

真菌的学名(scientific name)与高等植物一样采用“拉丁双名制命名法”。第一个词是属名(第一个字母要大写)，第二个词是种加词(一律小写)，之后是定名人(通常是姓氏，可以缩写)。如刺槐叉丝壳 *Microsphaera robiniae* Lai。真菌的学名如需改动或者重新组合时，原命名人应置于括号中，在括号后再注明更改人的名字。如葡萄钩丝壳 *Uncinula necator* (Schwein.) Burr.。

2.1.3 病原真菌的主要类群

与园林植物病害密切相关的病原真菌类群主要有以下几类。

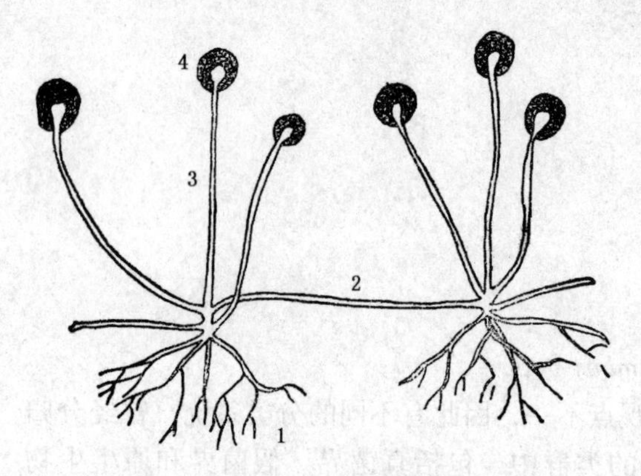

图 2-6 黑根霉，示接合菌纲无性繁殖
1. 假根 2. 匍匐丝 3. 孢子囊梗 4. 孢子囊

2.1.3.1 接合菌门

本门真菌有发达的菌丝体，菌丝多为无隔多核。无性繁殖在孢子囊内产生孢囊孢子，有性繁殖产生接合孢子。本门与园林植物病害有直接关系的是接合菌纲毛霉目中的毛霉菌(*Mucor*)和根霉菌(*Rhizopus*)(图 2-6)。常引起贮藏期种实、球根、鳞茎等器官的腐烂发霉，如百合鳞茎软腐病、花木种子霉烂。这类真菌多在种实生活力衰弱、湿度大、温度高的条件下造成危害。

2.1.3.2 子囊菌门

本门真菌菌体结构较复杂，形态和生活习性差异很大。除少数子囊菌如酵母菌的营养体是单细胞外，大多数子囊菌具有发达的菌丝体。菌丝有隔膜，菌丝体常可交织在一起形成菌核、子座等组织。无性繁殖产生各种类型的分生孢子，有性繁殖产生子囊和子囊孢子。多数子囊菌的子囊呈棍棒形或圆筒形，少数呈圆形或椭圆形。每个子囊内通常含有 8 个子囊孢子，但也有多于或少于 8 个的。子囊孢子的形状、大小、颜色等变化较大。大多数子囊菌的子囊由菌丝组成的包被包围着，形成具一定形状的子实体，称为子囊果。子囊果的形态有 4 种类型：子囊果完全封闭呈球形的称闭囊壳；子囊果瓶状或球形，顶端具孔口的称子囊壳；子囊果开口呈盘状或杯状的称子囊盘；子囊着生在子囊座内的空腔中，称子囊腔。也有的子囊菌不产生子囊果，子囊裸生(图 2-7)。是否形成子囊果及子囊果的类型，是子囊菌分类的依据。

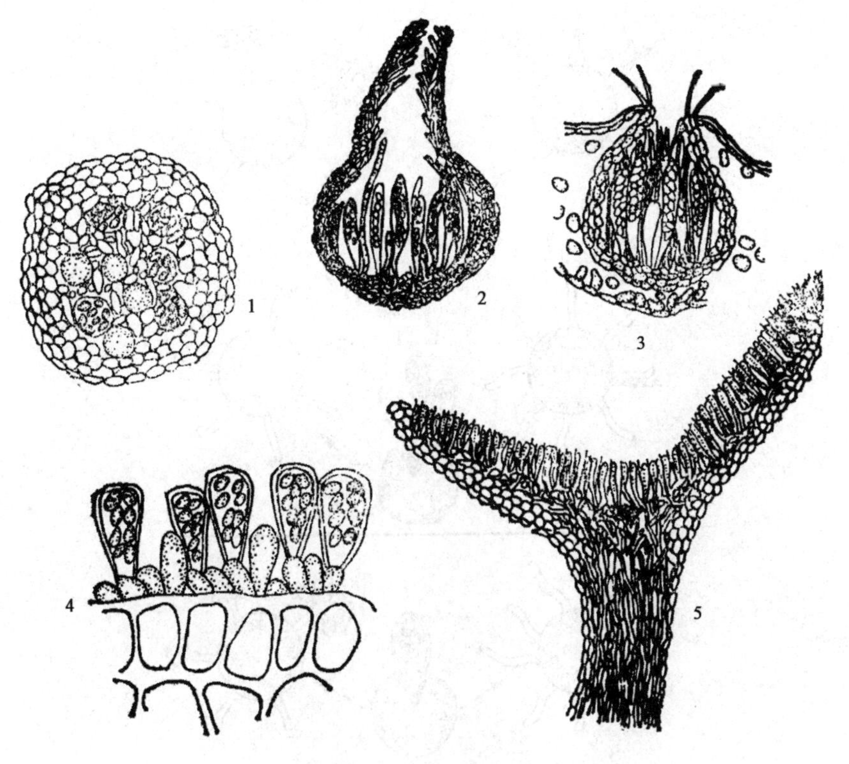

图 2-7 子囊果类型

1. 闭囊壳(横切面) 2. 子囊壳 3. 子囊腔 4. 裸生子囊层 5. 子囊盘

子囊菌都是陆生菌，有的为活养生物，有的为死养生物。有些寄生于植物、人体和动物体上引起病害。引起园林植物病害的重要病原有以下几类：

(1)外囊菌目(Taphrinales)

不形成子囊果，子囊裸生，在寄主表面呈栅栏状排列一层，称子实层。子囊一般为圆筒形，内含 8 个子囊孢子，单细胞，球形或椭圆形。子囊孢子可在子囊内或子囊外进行芽殖产生芽孢子。外囊菌为活养生物，寄生在多种园林植物上，引起叶片、枝梢及果实畸形，如桃缩叶病、樱桃丛枝病及李袋果病等。

(2)白粉菌目(Erysiphales)

营养体和繁殖体大都生在植物体表面，菌丝以吸器伸入寄主细胞内。无性繁殖极强，产生大量的分生孢子，串生或单生于分生孢子梗上。有性繁殖产生闭囊壳。闭囊壳外壁生有不同形状的附属丝，闭囊壳内含 1 至多个子囊。附属丝的形状和闭囊壳内子囊的数目是白粉菌分类的依据。白粉菌都是活养生物，寄生在植物的叶片、嫩梢、花器和果实上。由于菌丝体和分生孢子在植物体表，外观呈白粉状，故称白粉病。危害园林植物的白粉菌主要有白粉菌属(*Erysiphe*)、单囊壳属(*Sphaerotheca*)、叉丝单囊壳属(*Podosphaera*)、球针壳属(*Phyllactinia*)、钩丝壳属(*Uncinula*)和叉丝壳属(*Microsphaera*)等(图 2-8)，前 2 属是草本花卉上常见的病原，后 4 属为木本花卉及树木上常见的病原。普遍发生的有扁竹蓼、芍药、凤仙花、月季、黄栌、丁香、杨树等的

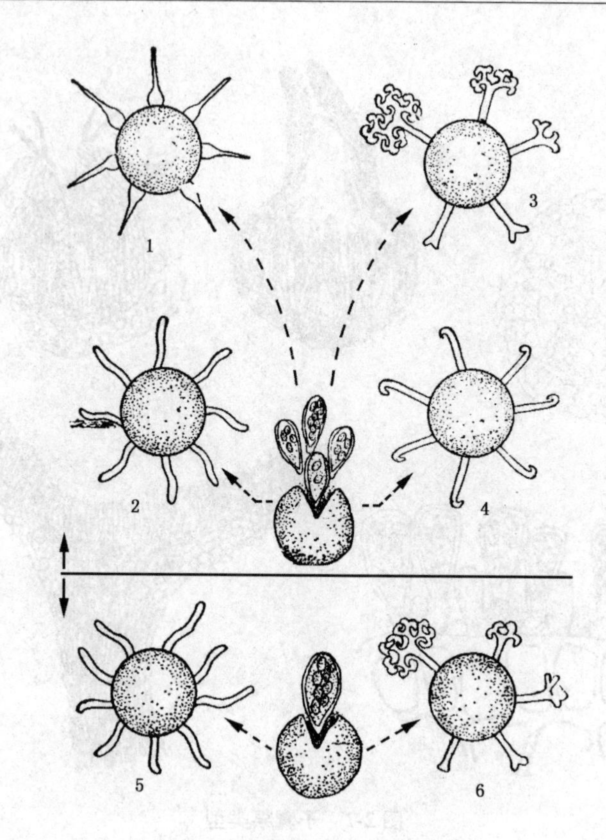

图2-8 白粉菌目常见属的形态

1. 球针壳属 2. 白粉菌属 3. 叉丝壳属 4. 钩丝壳属 5. 单囊壳属 6. 叉丝单囊壳属

白粉病。

(3)小煤炱目(Meliolales)

本目的性状与白粉菌相似，如菌体寄生在植物体表面，子囊果为闭囊壳类型。但其不同的是菌丝体及闭囊壳均为暗色似煤烟，故称煤污病或烟煤病。本目真菌引起多种植物的煤污病。其中，小煤炱属(*Meliola*)是山茶、柑橘及鸡血藤属植物上常见的煤污病病原菌。

(4)球壳菌目(Sphaeriales)

子囊果有球形、半球形或烧瓶状，属于子囊壳类型。有真正的壳壁，色鲜肉质，或暗色膜质或炭质。子囊壳有长颈或短颈。生在基物面或子座内。子囊多为棍棒状或圆筒形，平行排列成子实层或不规则地分布在子囊壳内，子囊之间有侧丝或无。子囊孢子单细胞至多细胞，形态、大小及颜色不一。许多球壳菌有发达的分生孢子阶段。本目真菌中的小丛壳属(*Glomerella*)、黑腐皮壳属(*Valsa*)、长喙壳属(*Ceratocystis*)、赤霉属(*Gibberella*)、丛赤壳属(*Nectria*)是园林植物重要的病原菌，引起叶斑、果腐、枝干(茎)烂皮和根腐等症状。常见的有山茶、兰花等炭疽病，杨树腐烂病，花木的芽腐及干癌等病害。

(5)星裂盘菌目(Phacidiales)和柔膜菌目(Helotiales)

两目共同的特征是子囊果为子囊盘类型，子囊和侧丝在子囊盘上平行排列成子实层。前者子囊盘生于子座内，多全部或部分埋在寄主组织内，极少生在基物表面。子座内形成1至数个子囊盘。其中，斑痣盘菌属(*Rhytisma*)与散斑壳属(*Lophodermium*)分别引起槭属和柳属植物黑痣病(漆斑病)与松属植物落针病；后者子囊盘有柄或无柄，表生或埋生于寄主组织内。其中，双包被盘菌属(*Diplocarpon*)和核盘菌属(*Sclerotinia*)是重要的园林植物病原菌，分别引起月季黑斑病和多种花卉与树木的菌核病。

2.1.3.3 担子菌门

担子菌的菌丝体很发达，有隔膜。菌丝有两种类型，即单核的初生菌丝和双核的次生菌丝。许多担子菌在双核菌丝上还形成一种锁状联合的结构。除锈菌和少数黑粉菌产生无性孢子外，大多数担子菌不产生无性孢子。有性繁殖产生担子和担孢子。担子棍棒状，多为单细胞，较低等的担子菌担子有分隔。每个担子上一般生4个担孢子。大多数担子菌的担子都着生在高度组织化的各种类型的子实体内，亦称担子果，形状多种多样，有伞状、贝壳状、马蹄状等。有的担子菌不形成担子果。担子菌中有些是营养丰富的食用菌，如香菇、口蘑、平菇等，有些有一定的药用价值。有些寄生在植物上引起多种病害。引起园林植物病害的重要病原有锈菌、黑粉菌和外担子菌等。

(1)锈菌目(Uredinales)

不形成担子果。生活史较复杂，典型的锈菌生活史可分为5个阶段，顺序产出5种类型的孢子，即性孢子、锈孢子、夏孢子、冬孢子和担孢子(图2-9)，这种现象称为锈菌的多型性。这5个发育阶段通常用以下代号来代替：

0：产生性孢子和受精丝的性孢子器。

Ⅰ：产生锈孢子的孢子器。

Ⅱ：产生夏孢子的夏孢子堆。

Ⅲ：产生冬孢子的冬孢子堆。

Ⅳ：产生担孢子的担子。

锈菌种类很多，并非所有锈菌都产生5种类型的孢子。因此，各种锈菌的生活史是不同的，一般可分3类：①5个发育阶段(5种孢子)都有的为全型锈菌，如松芍柱锈菌；②无夏孢子阶段的为半型锈菌，如梨胶锈菌、报春花单孢锈菌；③缺少锈孢子和夏孢子阶段，冬孢子是唯一的双核孢子的为短型锈菌，如锦葵柄锈菌。此外，有些锈菌在生活史中，未发现或缺少冬孢子，这类锈菌一般称为不完全锈菌，如女贞锈孢锈菌。除不完全锈菌外，所有的锈菌都产生冬孢子。

锈菌全是专性寄生，对寄主有高度的专化性。有的锈菌全部生活史可以在同一寄主上完成，也有不少锈菌必须在两种亲缘关系很远的寄主上完成全部生活史。前者称同主寄生或单主寄生，后者称转主寄生。转主寄生是锈菌特有的一种现象，如玫瑰多孢锈菌为单主寄生锈菌，松芍柱锈菌为转主寄生锈菌，其0、Ⅰ阶段在松树枝干上危

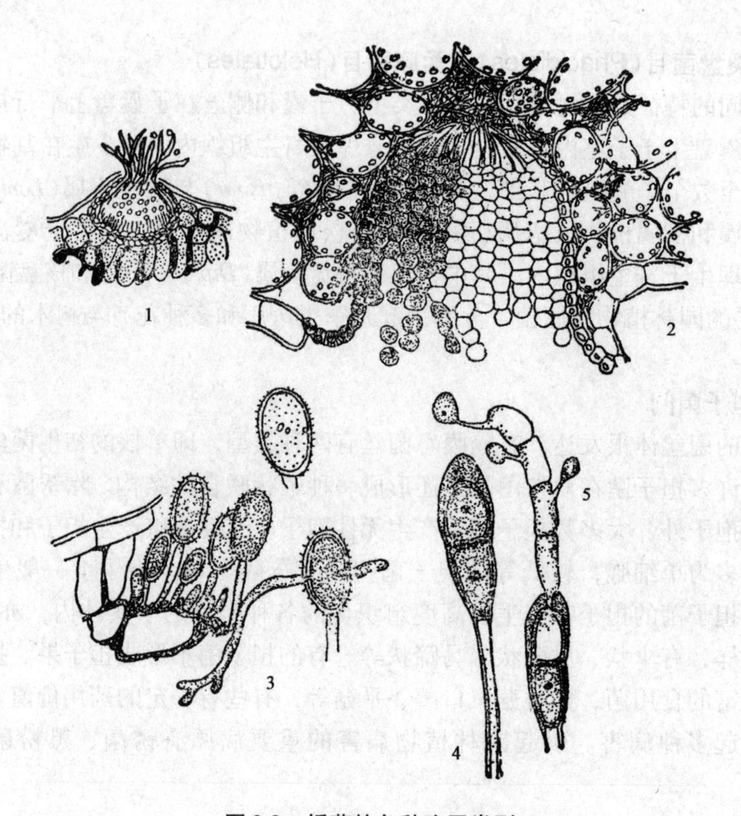

图 2-9 锈菌的各种孢子类型

1. 性孢子器及性孢子 2. 锈孢子器及锈孢子 3. 夏孢子堆及夏孢子
4. 冬孢子 5. 冬孢子萌发产生的担子及担孢子

害，Ⅱ、Ⅲ阶段危害芍药叶片。

锈菌寄生在植物的叶、果、枝干等部位，在受害部位表现出鲜黄色或锈色粉堆、疱状物、毛状物等显著的病症；引起叶片枯斑，甚至落叶，枝干形成肿瘤、丛枝、曲枝等畸形现象。因锈菌引起的病害病症多呈锈黄色粉堆，故称为锈病。

锈菌目的分类主要根据冬孢子的形态特征和排列方式。园林植物病害中最重要的锈菌有柄锈菌属(*Puccinia*)、多孢锈菌属(*Phragmidium*)、胶锈菌属(*Gymnosporangium*)、柱锈菌属(*Cronartium*)和栅锈菌属(*Melampsora*)等，它们分别引起菊花、蔷薇、贴梗海棠、海棠、松树、芍药、杨树和柳树等多种花卉和树木的锈病。

(2)黑粉菌目(Ustilaginales)

黑粉菌因其形成大量黑色的粉状孢子而得名。由黑粉菌引起的植物病害称黑粉病。黑粉菌的无性繁殖，通常由菌丝体上生出小孢子梗，其上着生分生孢子，或由担子和分生孢子以芽殖方式产生大量子细胞，它相当于无性孢子。有性繁殖产生圆形厚壁的冬孢子，冬孢子群集成团产生，可出现在寄主的花器、叶片、茎或根等部位。被黑粉菌寄生的植物均在受害部位出现黑粉堆或团。最常见的是寄生在花器上，使其不能授粉或不结实；植物幼嫩组织受害后形成菌瘿；叶片和茎受害后其上发生条斑和黑粉斑；少数黑粉菌能侵害植物根部使它膨大成块瘿或瘤。黑粉菌与锈菌一样，主要根据冬孢子性状进行分类。危害园林植物的重要病原有条黑粉菌属(*Urocystis*)及黑粉菌属(*Ustilago*)等。常见的黑粉病有银莲花条黑粉病及石竹科植物花药黑粉病等。

(3)外担子菌目(Exobasidiales)

不形成担子果，担子裸生在寄主表面，形成子实层，担孢子2~8枚生于小梗上(图2-10)。危害植物的叶、茎和果实，常常使被害部位发生膨肿症状，有时也引起组织坏死。其中，外担子菌属(*Exobasidium*)是园林植物的重要病原，常见病害如杜鹃花和山茶的饼病。

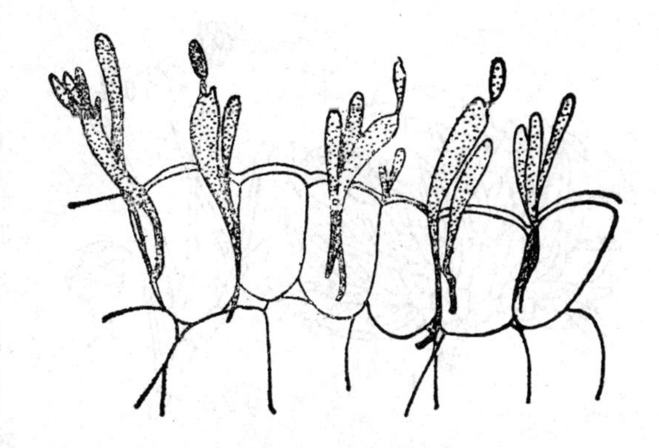

图2-10 外担子菌的子实层(仿蔡耀焯)

2.1.3.4 半知菌门(Deuteromycota)

真菌的分类，主要以其有性态的形态特点为根据。但在自然界中，有很多真菌在个体发育的过程中，只发现无性态，它们没有产生有性孢子的能力，或还没有发现它们的有性态，这类真菌通称为半知菌。已经发现的有性态，大多数属于子囊菌，极少数属于担子菌，个别属于接合菌。

半知菌的主要特征是：菌丝体很发达，有隔膜，有的能形成厚垣孢子、菌核和子座等结构；无性繁殖产生分生孢子。分生孢子着生在由菌丝体分化形成的分生孢子梗上，分生孢子梗及分生孢子的形状、颜色和组成细胞数变化极大。有些半知菌的分生孢子梗和分生孢子直接生在寄主表面；有的生在盘状或球状有孔口的子实体内，前者称分生孢子盘，后者称分生孢子器。此外，还有少数半知菌不产生分生孢子，菌丝体可以形成菌核或厚垣孢子。

植物病害的病原真菌，约有半数为半知菌。它们危害植物的叶、花、果、茎干和根部，引起局部坏死和腐烂、畸形及萎蔫等症状。园林植物病害中重要的半知菌有：

(1)无孢菌目(Agonormycetales)

菌丝体很发达，褐色或无色，有的能形成厚垣孢子，有的只能形成菌核。菌核无定形、条形或球形。不产生分生孢子。主要危害植物的根、茎基或果实等部位，引起立枯、根腐、茎腐和果腐等症状。重要的园林植物病害病原有丝核菌属(*Rhizoctonia*)和小菌核属(*Sclerotium*)，分别引起多种花卉、针阔叶树幼苗猝倒病和多种花木的白绢病。

(2)丝孢目(Hyphomycetales)

分生孢子梗散生或簇生，不分枝或上部分枝。分生孢子与分生孢子梗均无色或鲜色，或其中之一为暗色。重要的园林植物病害的病原有尾孢属(*Cercospora*)、葡萄孢属(*Botrytis*)、粉孢属(*Oidium*)、枝孢属(*Cladosporium*)、轮枝孢属(*Verticillium*)及链格孢属(*Alternaria*)等。常见的病害有樱花穿孔病、月季灰霉病、芍药(牡丹)红斑病、大丽花黄萎病、丁香轮斑病和香石竹黑斑病等。

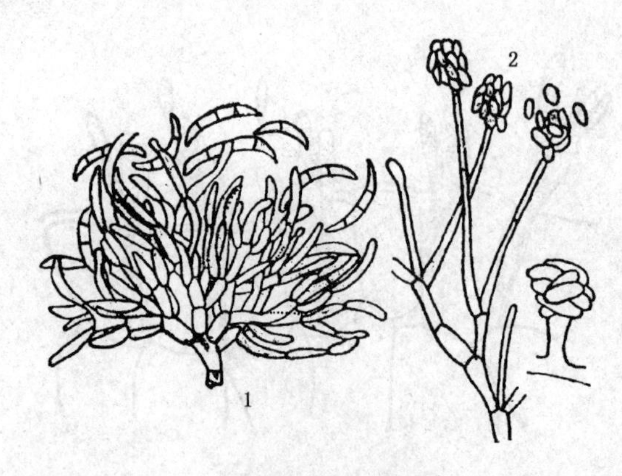

图 2-11 镰孢霉属
1. 分生孢子梗和大分生孢子 2. 小分生孢子

(3)瘤座孢目(Tuberculariales)

分生孢子梗集生在菌丝体纠结而成的分生孢子座上，分生孢子座呈球形、碟形或瘤状，鲜色或暗色。最重要的病原菌是镰孢霉属(*Fusarium*)(图 2-11)，常引起菊花等多种花木枯萎病。

(4)黑盘孢目(Melanconiales)

分生孢子生在分生孢子盘内。分生孢子梗很短，通常是单细胞，顶端着生分生孢子。其中，炭疽菌属(*Colletotrichum*)、射线孢属(*Actinonema*)、盘多毛孢属(*Pestalotia*)、盘单毛孢属(*Monochaetia*)及痂圆孢属(*Sphaceloma*)等为园林植物的重要病原菌。主要引起多种植物的炭疽病、叶斑、叶枯等症状。常见的有山茶炭疽病、月季黑斑病、杜鹃叶枯病、山茶和杨树灰斑病等。

(5)球壳孢目(Phaeropsidales)

分生孢子产生在分生孢子器内。常见的重要病原菌有叶点霉属(*Phyllosticta*)、壳针孢属(*Septoria*)、壳多孢属(*Stagonospora*)和壳小圆孢属(*Coniothyrium*)等，引起多种花卉和树木叶片斑点病、叶枯及枝枯等。常见的有栀子和白兰斑点病、菊花斑枯病、水仙叶大褐斑病及月季枝枯病等。

前面已经提到，半知菌中已经发现的有性态，大多数属于子囊菌，极少数属于担子菌。在有性态未被发现时，根据无性态的特征已有1个名称，发现有性态后，根据国际命名法规，应当以有性态的名称作为合法的学名，但考虑到分生孢子阶段的学名应用广泛而且方便，或因有些半知菌的有性态虽已发现，但不经常出现，所以无性态的学名仍被认为是合法的，于是，一个病菌往往有2个学名。如月季黑斑病菌是一种子囊菌，学名是蔷薇双壳(*Diplocarpon rosae* Wolf)，但是经常危害月季的是无性态，有性态很少出现，所以一般仍用无性态的学名，蔷薇放线孢[*Actinonema rosae* (Lib.) Fr.]。

除上述真菌类群外，与园林植物病害密切相关的病原菌还有假菌界的卵菌门(Oomycota)中的霜霉菌目(Peronosporales)的真菌。这类真菌多数生于水中，少数为两栖和陆生，潮湿环境有利于生长发育。其中引起花木病害的重要病原菌有腐霉菌(*Pythium*)、疫霉菌(*Phytophthora*)、白锈菌(*Albugo*)和霜霉菌(*Peronospora*)。

腐霉菌　菌丝发达，孢子囊生于菌丝的顶端或中间，圆筒形、近球形或不规则形并有分枝，孢囊梗与菌丝无明显区别(图 2-12)。多生存在水中或潮湿的土壤中，危害园林植物的幼根、幼茎

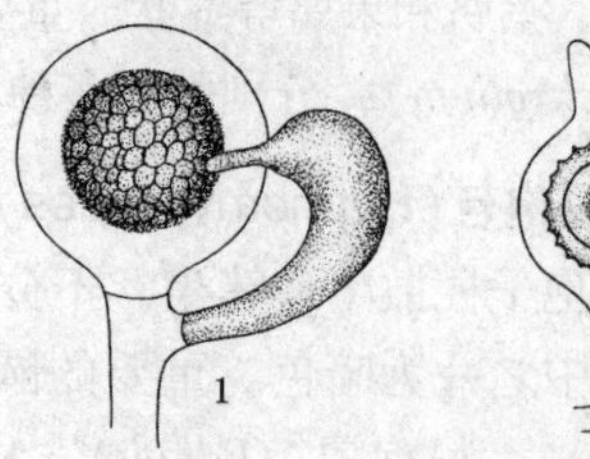

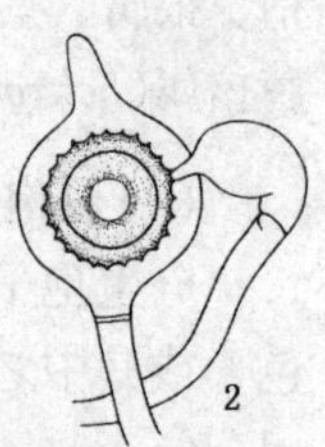

图 2-12 瓜果腐霉菌
1. 藏卵器和雄器结合 2. 卵孢子形成

基部或果实等，引起多种针、阔叶树及花卉幼苗的猝倒、根腐和果腐等症状。一般土壤潮湿、多雨的条件下对此类病害发生有利。

疫霉菌　孢子囊椭圆形或柠檬形，其他形态和习性基本与腐霉菌相同。危害花木的根、茎基部，少数危害地上部分，引起芽腐、叶枯等病害。如牡丹疫病引起茎部溃疡、山茶根腐病等。

白锈菌　孢囊梗发达，粗短，不分枝，棍棒状，在寄主表皮下排成栅栏状，孢子囊球形或椭圆形，呈短链状生于孢囊梗顶端(图 2-13)。危害植物叶片及嫩梢，引起白色疱状斑，茎和叶柄发生肿胀和弯曲。常见的有牵牛花、二月菊的白锈病。

霜霉菌　孢囊梗发达，具有不同形状的分枝，孢子囊卵圆形、椭圆形或柠檬形，单生于孢囊梗顶端(图 2-14)。危害植物叶片，引起叶斑藏卵器和雄器结合，叶背病斑处生一层白色霜状物。如葡萄霜霉病、菊花和月季霜霉病等。

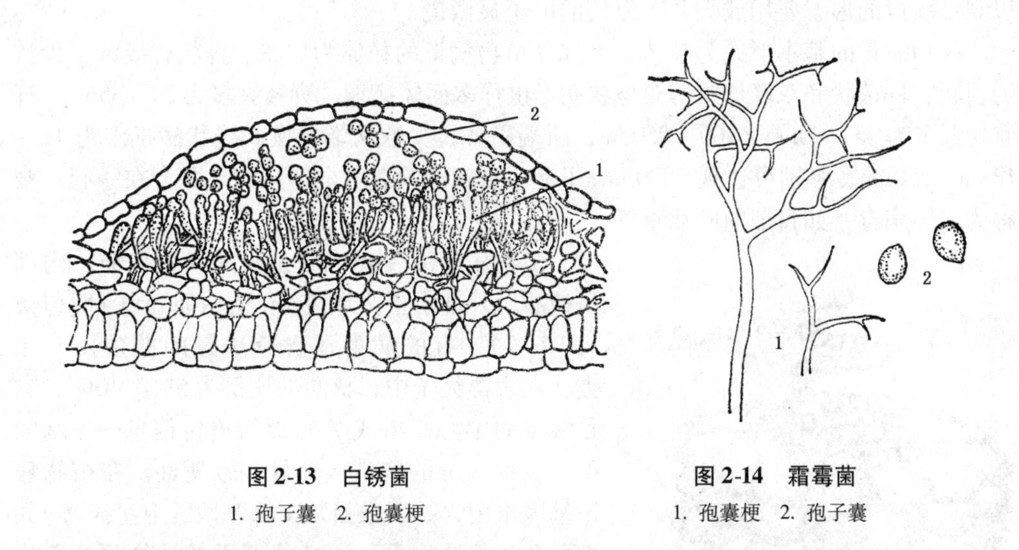

图 2-13　白锈菌

1. 孢子囊　2. 孢囊梗

图 2-14　霜霉菌

1. 孢囊梗　2. 孢子囊

白锈菌与霜霉菌是高等类型的卵菌，都为陆生，是专性寄生物。孢子囊内可产生游动孢子或直接萌发产生芽管。孢子囊借风雨传播，低温多雨、潮湿多雾及昼夜温差大的条件，有利于病害发生和流行。

2.1.4　病原真菌所致病害的主要症状类型

真菌引起的园林植物病害主要症状类型为坏死、腐烂和萎蔫，也有少数畸形。病斑上常常有霉状物、粉状物和颗粒状物等病症。这是真菌病害区别于其他病害的重要特征。接合菌门的真菌，常引起贮藏期种实、球根、鳞茎等器官的腐烂发霉。子囊菌和半知菌引起的病害，一般在叶片、茎干、果实上形成明显的病斑，后期上面产生各种颜色的霉状物或小黑点。这些真菌大多数为腐生性真菌。但是白粉菌是活体寄生物，常在植物表面形成粉状的白色或灰白色霉层，后期出现黑色的小颗粒，为闭囊壳。担子菌中的黑粉菌和锈菌都是专性寄生物，在病部形成黑色或锈色状物，表现为锈病和黑粉病。

2.2 植物病毒

病毒(virus)在自然界分布很广，动物、植物和微生物都可能受到病毒的侵染。由病毒侵染引起的植物病毒病害有近千种，仅次于真菌病害，排第二位。一些园林植物也容易感染病毒病害，如郁金香、香石竹、仙客来、唐菖蒲、菊花等。很多花卉植物由于感染了病毒病害，影响了观赏价值甚至毁种。

2.2.1 植物病毒的主要性状

植物病毒属于非细胞生物，结构非常简单，主要由核酸及保护性蛋白质外壳组成，分子量小于 3×10^8U。病毒非常小，常用 nm 作为度量病毒大小的尺度单位，所以观察病毒的形态要用放大几十万倍的电子显微镜。

植物病毒的基本形态为粒体，大部分植物病毒的粒体为球状、杆状、线状，少数为弹状、杆菌状和双联球状等。球状病毒也称多面体病毒，直径大多为 20～35nm。杆状病毒多为 15～80nm×100～250nm，两端平齐，少数两端钝圆。线状病毒多为 11～13nm×750nm，个别可达到2 000nm；还有一类病毒看似两个球状病毒联合在一起，被称为联体病毒，如番茄曲叶病毒等。

植物病毒的主要成分是核酸和蛋白质。内部是核酸，外部由蛋白质外壳(蛋白质亚基)所包被(图2-15)，有的病毒还含有少量的糖蛋白和脂类。在病毒粒子中，核酸的比例为5%～40%，它是病毒的中心，组成了病毒的遗传信息——基因组，决定病毒的增殖、变异和致病性。在植物病毒基因组中，基因数目从 1 个基因的卫星病毒(如烟草坏死卫星病毒)到 12 个基因的植物呼肠孤病毒。大部分病毒的基因组能编码 4～7 种蛋白。蛋白质为60%～95%。因病毒基因组很小，所以编码的蛋白也很少。

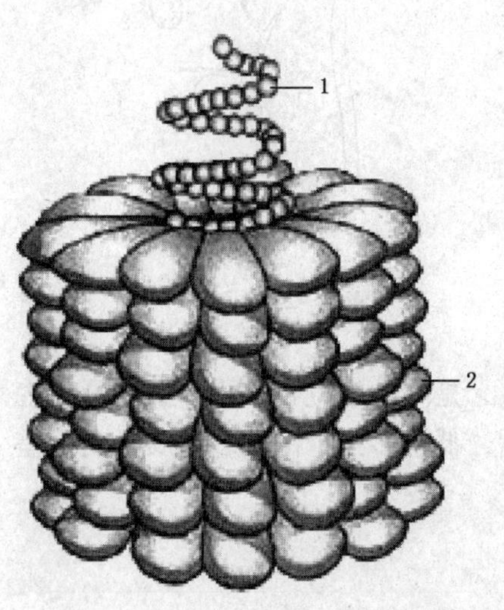

图 2-15 烟草花叶病毒结构模式图

1. 核酸 2. 蛋白质亚基

一般病毒粒体内只含有一种核酸(RNA，DNA)。植物病毒所含的核酸大多数为核糖核酸(RNA)，并且正链居多，负链较少，少数为脱氧核糖核酸(DNA)。按其复制过程中的功能不同，大体可分为5 种类型：正单链 RNA 病毒、负单链 RNA 病毒、双链 RNA 病毒、单链 DNA 病毒和双链 DNA 病毒。不同类型的病毒在进行核酸转录、蛋白质翻译时有不同的策略。如正单链 RNA 病毒，其单链 RNA 可以直接翻译蛋白，起 mRNA 的作用；负单链 RNA 病毒，单链 RNA 必须先转录成互补链，才能翻译蛋白；双链 RNA 病毒，由负链的 RNA 转录出正链的 RNA，才能翻译蛋白等。

植物病毒是一种严格的细胞内专性寄生物。不像真菌那样具有复杂的繁殖器官，也不像细菌那样进行裂殖，而是分别合成核酸和蛋白组分再组装成子代粒体，这种特殊的繁殖方式称为复制增殖(multiplication)。其过程分为3个阶段：①核酸脱去蛋白质衣壳，自粒体中释放出来；②核酸经过转录、翻译和复制过程，产生新的核酸，同时也合成新的病毒蛋白质；③蛋白质组成蛋白质亚基，再进一步形成衣壳，新复制成的核酸进入衣壳，装备成完整的病毒粒体。因为植物病毒只能在寄主细胞内生活和增殖，所以植物病毒都是专性寄生的，即在死的细胞中就不能存活，也不能通过人工培养基培养。

植物病毒一般从一株植物转移或者扩散到他株植物的过程称为传播(transmission)；而从植株的一个局部到另一局部的过程称为移动(movement)。因此，传播是病毒在植物群体中的转移，而移动是病毒在寄主个体内的位移。植物病毒的传播可分为介体(vector)传播和非介体传播两类。介体传播是指植物病毒依附在其他生物体上，借助于其他生物的活动而进行的传播与侵染，包括动物介体和植物介体两类。动物介体如蚜虫，植物介体如菟丝子等。大部分植物病毒的长距离移动是通过植物的韧皮部(phloem)进行的。病毒一旦进入韧皮部，移动是很快的。病毒在细胞间的转移主要通过胞间连丝而进行。传播试验是鉴定病毒的必要手段。要证实一种病害是有某种病毒引起的或证实在植株中存在某种病毒，必须要将该病毒接种到健康植株来进行观察和验证。

植物病毒的分类目前已经实现了按科、属、种分类的新方案。分类的主要依据有构成病毒基因组的核酸类型(DNA或RNA)，核酸是单链还是双链，病毒粒体是否存在脂蛋白包膜，病毒形态，核酸分段状况(即多分体现象)等。根据以上标准，2000年将977种植物病毒分在15科73属中(包括24个未定科的悬浮属)。其中，DNA病毒只有2科11属；RNA病毒有13科62属834种，占病毒总数的85.36%。

植物病毒种的命名，仍采用英文俗名法，常由“典型种的寄主名称+主要特点描述+virus”组成。如烟草花叶病毒的学名为Tobacco Mosaic Virus，缩写为TMV；黄瓜花叶病毒为Cucumber Mosaic Virus，缩写为CMV。正式名称一般用斜体书写或打印。

2.2.2 植物病毒所致病害的主要特点

植物病毒不具备酶或毒素之类的致病物质，尽管病毒繁殖可消耗寄主营养，但对植物影响不大。如有些植物，尽管其体内病毒含量很高，但无任何异常表现。病毒的致病作用主要是促进寄主细胞合成新的酶或毒素，干扰或破坏寄主植物的正常代谢活动。植物受病毒感染后，常常表现出一些减生性症状。病毒病常见的症状有：

(1) 花叶和碎锦

由于病毒的感染，影响了植物叶绿素或其他色素的合成和分布，在植物叶片上表现为深浅不同的褪色斑驳，称为花叶。如水仙、大丽花的花叶病。如果在花瓣上出现褪色斑驳，则称为碎锦。如郁金香碎锦病。花叶和碎锦症状是病毒病害的特有症状。

(2)畸形

许多病毒除花叶外，往往伴随有卷叶、缩叶、裂叶、小叶等症状出现。当病害严重时果实也会皱缩变小。

(3)生长停止

受病毒侵染的植物有时表现为植株矮小，开花、结果减少，有时甚至不开花结果。

(4)坏死

在叶、茎或叶柄等部位，有时可以产生坏死性的枯斑或坏死环。这是因为寄主植物受到病毒侵染之后产生的一种过敏性反应，这种坏死性的斑点可以阻止病毒的进一步扩展。

病毒是活细胞内寄生物。它既没有破坏植物细胞壁的能力，也不能在死亡的细胞组织上进行腐生生活。病毒侵入植物时，必须要求在植物的体表有一个轻微的伤口。这种伤口既能造成细胞壁的破坏，但又不能导致细胞的大量死亡。这样病毒便可以立即与活的细胞质直接接触，并进一步在细胞内扩展增殖。当病毒在细胞中时，只能依靠寄主的运输机制而被动地扩展。当它在薄壁组织中时，通过胞间连丝很缓慢地从一个细胞扩展到另一个细胞。但是当病毒一旦到达韧皮部后便能随着植物的液流迅速移动。

植物病毒在田间由各种介体传播。传播介体有昆虫、螨类、线虫和真菌等。昆虫是最主要的传播介体。刺吸式昆虫如蚜虫、叶蝉、飞虱、粉虱等均能传播病毒。目前已知的昆虫介体有400多种，其中，200种属于蚜虫类，130多种属于叶蝉类。昆虫吸食感病植株后再吸食健康植株，就可以把病毒传染到健康植株上。昆虫传播病毒的形式较为复杂。有的昆虫吸食病毒后，只能在短期内有传毒能力；有的病毒可以在昆虫体内增殖，昆虫终生携带病毒；有的昆虫除自身携带病毒外，还可以把病毒传染给卵，使下一代也具备传毒能力。

病毒的非介体传播主要是指机械传播、无性繁殖材料和嫁接传播、花粉和种子传播等。机械传播也称枝叶摩擦传播，田间的接触或室内的摩擦接种均可称为机械传播，主要是指植株间的接触、农事操作、修剪工具污染、人和动物活动等引起的传播。由于病毒系统侵染的特点，在植物体内除生长点外的各个部位均可带毒。所以在果园和种子园中，嫁接、扦插和根蘖繁殖等均是传播和接种病毒的重要方式，许多不能通过机械传播的病毒都可以通过这种方式完成。种子和花粉传播也是病毒传播的一个很重要方面，现在估计20%左右的已知病毒可以通过种子传播。而种子带毒更重要的危害表现在早期侵染和远距离传播。由花粉直接传播的病毒数量并不多，目前知道的只有十几种，但多数是木本植物，如危害樱桃的桃环斑病毒、樱桃卷叶病毒等。

2.2.3 植物类病毒

类病毒(viroid)是一类最小的植物寄生物，相对分子量为1×10^5U左右。它比病毒更简单，只有核酸链，没有蛋白质外壳。核酸为单链环状的RNA，由246~574个核苷酸组成。类病毒比病毒具有更高的耐热性，失活温度高于100℃。类病毒引起的植物病害症状主要有畸形、坏死、变色等类型。目前发现的类病毒病害有马铃薯纺锤块茎病、菊花矮化病、柑橘裂皮病、椰子死亡病、苹果锈果病、番茄束顶病等。类病毒可以通过节肢动物传播，也可以通过种子和机械传播。

2.3 植物病原细菌

很多植物可以受到细菌的侵染引起细菌病害。细菌(bacteria)作为园林植物病害的病原，其数量次于真菌和病毒，居第三位。如唐菖蒲、鸢尾、秋海棠等的叶斑病，樱花等植物的冠瘿病，君子兰的软腐病等均为细菌侵染所致。

2.3.1 概　述

细菌属于原核生物界的单细胞生物，有固定的细胞壁但没有定形的细胞核。细菌的形态有球状、杆状或螺旋状(图2-17)。球状细菌的直径为0.5～1.3μm，杆状的一般1～5μm×0.5～0.8μm。植物病原细菌大多是短杆状的，仅少数为球形。细菌的细胞核物质集中在细胞质的中央，形成一个近圆形的核质区，但没有核膜，这种结构的细胞称为原核细胞。细胞核的周围为细胞质，异染粒、中心体、核糖体等分散于其中。有的细菌细胞内还携带有质粒，质粒也含有遗传因子，控制细菌的抗药性、致病性等性状。有的细菌在其细胞外包有很厚的一层黏液物质，称为荚膜，但植物病原细菌一般不形成荚膜。有些细菌其原生质可以浓缩形成芽孢，以抵抗不良环境。植物病原细菌多不能形成芽孢，所以也不能忍耐较高的温度。能运动的细菌有细长的鞭毛，各种细菌鞭毛的数目和着生位置的不同在属的分类上有着重要的意义。着生在菌体一端或两端的称为极鞭；着生在菌体侧面或四周的称为周鞭。植物病原细菌大多具有鞭毛，鞭毛1根至多根，极生或周生(图2-16)。

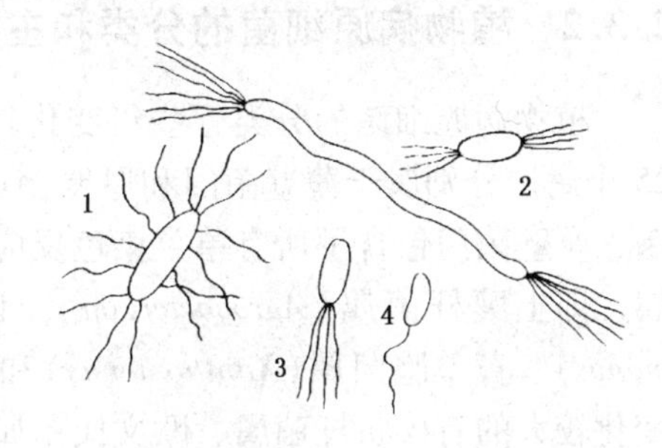

图2-16　细菌鞭毛的各种着生方式

1. 鞭毛周生　2. 鞭毛两端极生
3. 多根鞭毛一端极生　4. 鞭毛单生

革兰染色反应是细菌的重要属性。即先用结晶紫和碘液处理菌体，后用酒精或丙酮冲洗，洗后不褪色的为阳性反应；洗后褪色的为阴性反应。植物病原细菌中，薄壁菌门都是革兰阴性菌；而厚壁菌门都是革兰阳性菌。

细菌的繁殖为二均裂方式，一个细菌个体自中央分裂成两个基本相同的个体(图2-17：4)。

所有植物病原细菌都可以在人工培养基上生长，在培养基上形成各种形态的菌落。植物病原细菌一般都能利用无机盐作为氮源，少数需要有机氮。细菌一般喜欢中性偏碱的环境，所以在培养时培养基的酸碱度应调节到pH 7～8。植物病原细菌均能忍耐低温而不耐高温。一般在50～60℃下处理10min即可致死，但在低温下可保存很久。寄生在动物上的细菌的生长适温一般较高，为37℃；而植物病原细菌的生长适宜温度较低，一般为26～30℃。

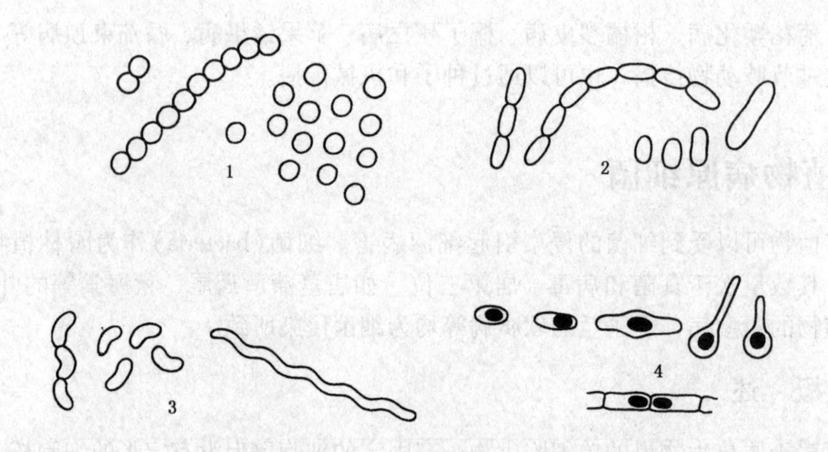

图 2-17 细菌的形态和繁殖

1. 球形 2、3. 杆状 4. 细菌的繁殖

2.3.2 植物病原细菌的分类和主要类群

植物病原细菌的分类近些年变化较大。到 2000 年为止，植物病原细菌共建立了 25 个属，分别属于薄壁菌门和厚壁菌门。薄壁菌门包含了所有革兰染色反应阴性细菌；厚壁菌门包含了所有革兰染色反应阳性细菌。以前植物病原细菌主要归属于 5 个属，即土壤杆菌属（*Agrobacterium*）、欧文氏菌属（*Erwinia*）、假单胞菌属（*Pseudomonas*）、黄单胞菌属（*Xanthomonas*）和棒状杆菌属（*Corynebacterium*）。目前分类地位变化较大的有棒状杆菌属、欧文氏菌属和假单胞菌属。原来的棒状杆菌属已取消，放在 5 个不同的属中，分别为节杆菌属（*Arthrobacter*）、棒形杆菌属（*Clavibacter*）、短杆菌属（*Curtobacterium*）、红球菌属（*Rhodococcus*）和拉氏菌属（*Rathayibacter*）。原欧文氏菌属中一些种迁出又形成 3 个属：肠杆菌属（*Enterobacter*）、泛生菌属（*Pantoea*）和沙雷氏菌属（*Serratia*）。原来的假单胞菌属中部分种迁出形成 2 个属：嗜酸菌属（*Acidovorax*）和布克氏菌属（*Burkholderia*）。

重要的植物病原细菌大多数在薄壁菌门内，其主要属的特性如下：

(1) 土壤杆菌属（*Agrobacterium*）

该属均为土壤习居菌。属内包含了 4 个种，有 3 个种为植物病原菌。根癌土壤杆菌（*A. tumenfaciens*）是本属最重要的种，其寄生范围很广，可侵染 90 多科 300 多种双子叶植物，在植物根部形成肿瘤，如樱花、桃、杏、月季等均可受害。

(2) 假单胞菌属（*Pseudomonas*）

多数为以前的荧光假单胞菌成员。典型的如丁香假单胞（*P. syringae*）可侵染多种木本植物和草本植物的枝、叶、花和果实，引起坏死性的斑点和溃疡症状。

(3) 布克氏菌属（*Burkholderia*）

该属是由假单胞菌属中的 rRNA 第二组独立出来的，属于以前的非荧光植物病原假单胞菌。引起植物斑点、腐烂等症状。

(4)劳尔氏菌属(*Ralstonia*)

该属也是从假单胞菌属新独立出来的一个属，为以前的植物青枯假单胞菌。多为土壤习居菌。可危害30余科100多种植物，引起植物枯萎症状。

(5)欧文氏菌属(*Erwinia*)

该属内包含了17个重要种，引起植物的腐烂、萎蔫、溃疡等症状，如梨疫病、君子兰叶斑病等。

(6)黄单胞菌属(*Xanthomonas*)

该属有20多种，均为植物病原菌。引起植物坏死、萎蔫、溃疡等症状。

(7)木质部小杆菌属(*Xylella*)

这是一个新属，原来认为引起葡萄皮尔氏病、苜蓿矮化病、桃伪果病等病害的类立克次体(RLO)或木质部难养菌(XLB)，现在均归入该属。该属细菌较难培养，但目前已经培养成功。在自然界的传播方式和其他细菌也不同，必须依赖叶蝉类昆虫媒介才能传染。该类细菌通常在植物木质部的导管中生存和蔓延，导致植物叶片边缘焦枯、叶灼、萎蔫、结果少和长势弱等症状。

(8)韧皮部杆菌属(*Liberobacter*)

这是一类过去被称为类细菌或韧皮部难养菌的病原物，现在均归入该属。通常在寄主的韧皮部中寄生，至今还不能在人工培养基上培养。引起柑橘黄龙病的细菌(*L. asiaticum*)是该属的代表种。

厚壁菌门的细菌较为次要，仅有少数种类和园林病害关系密切。表2-1和表2-2中，列出了植物病原细菌较为有代表性的14个属的主要性状。

表2-1 植物病原细菌薄壁菌门8个属的主要性状

属 名	菌落色泽	扩散色素	鞭 毛	好(厌)气性	代谢类型	主要症状	G+C (mol%)
土壤杆菌属 *Agrobacterium*	灰白、黄白	无或褐色	1~4，周生	好气	呼吸型	畸形	59~63
假单胞菌属 *Pseudomonas*	灰白	荧光或无色	1~4，极生	好气	呼吸型	坏死、溃疡	58~70
布克氏菌属 *Burkholderia*	灰白	无色	1~4，极生	好气	呼吸型	腐烂、坏死	58~65
劳尔氏菌属 *Ralstonia*	灰白	褐色	1~4，极生	好气	呼吸型	萎蔫	64~68
欧文氏菌属 *Erwinia*	灰白、黄白	无色	>4，周生	兼性	兼性型	腐烂、萎蔫	50~58
黄单胞菌属 *Xanthomonas*	黄白	无色	1，极生	好气	呼吸型	坏死	63~70
木质部小杆菌属 *Xylella*	黄白	无色	无	兼性	呼吸型	叶灼	50~53
韧皮部杆菌属 *Liberobacter*	?	?	无	?	?	黄化、枯萎	?

表2-2 植物病原细菌厚壁菌门6个属的主要性状

属名	菌体形态	孢子类型	鞭毛	革兰氏反应	好(厌)气性	代谢类型	过氧化酶反应	G+C (mol%)	典型病例
节杆菌属 *Arthrobacter*	球状至杆状	无	无	阳性	好气性	呼吸型	阳性	59~66	冬青叶疫病
棒形杆菌属 *Clavibacter*	棒形，不规则	无	无	阳性	好气性	呼吸型	阳性	67~78	马铃薯环腐病
短杆菌属 *Curtobacterium*	短杆状	无	数根，侧生	阳性	好气性	呼吸型	阳性	68~75	菜豆萎蔫病
红球菌属 *Rhodococcus*	球状、短杆状、分支丝状	无	无	阳性	好气性	呼吸型	阳性	60~69	甜豌豆带化病
芽孢杆菌属 *Bacillus*	短杆状	内生芽孢	周生多鞭毛	阳性	好气或厌气	呼吸或发酵型	大多为阳性	32~39	小麦白条斑病
链丝菌属 *Strepomyces*	霉菌状、丝状	外生分生孢子	无	阳性	好气性	呼吸型	阳性	69~73	马铃薯疮痂病

2.3.3 植物病原细菌所致病害的主要特点

植物的细菌病害主要发生在高等被子植物上，裸子植物和隐花植物上很少。植物病原细菌的寄生范围一般都比较狭窄，但也有的较宽，如引起冠瘿病的根癌土壤杆菌可以寄生在90多个科的植物上。

植物病原细菌可以引起坏死性的斑点和腐烂、萎蔫和肿瘤等症状。细菌引起的坏死性斑点症状往往在病害初期表现为水浸状的半透明斑，在坏死斑的周围一般形成黄色晕圈，这是细菌性斑点病的标志。病斑的形成一般为细菌分泌的毒素破坏了植物细胞膜的半透性，使细胞中的水分渗入细胞间隙的结果。病斑到了后期，在潮湿的环境条件下，常会在病斑上泌出白色细菌黏液。如天竺葵、栀子花的叶斑病、丁香疫病等。有的叶斑在后期，病斑中间的坏死组织会脱落而形成穿孔，如桃、梅花穿孔病。坏死性斑点症状主要由假单胞菌属(*Pseudomonas*)、黄单胞菌属(*Xanthomonas*)等细菌引起。

腐烂症状多发生在多汁的植物组织上，多是由细菌产生的果胶酶破坏了植物细胞的中胶层所致。一些花卉的鳞茎、球根和块根的腐烂病，多是由细菌侵染所致，如鸢尾的细菌性软腐病等。引起腐烂症状的主要是欧文氏菌属(*Erwinia*)和泛生菌属(*Pantoea*)的一些细菌。

萎蔫症状是细菌侵入植物维管束，并产生毒素破坏植物的输导系统。萎蔫型的病害，如果将茎基切断，从横截面上肉眼能看到菌脓从维管组织流出。如菊花、大丽花、木麻黄等植物的青枯病，均是由细菌引起的。棒形杆菌属(*Clavibacter*)、劳尔氏菌属(*Ralstonia*)和部分欧文氏菌属(*Erwinia*)的细菌常能引起萎蔫症状。

细菌引起的肿瘤症状，是细菌产生的激素类物质刺激寄主薄壁细胞的分裂所形成。土壤杆菌属(*Agrobacterium*)通常侵染植物的根，在根部形成肿瘤。假单胞菌属

(*Pseudomonas*)和红球菌属(*Rhodococcus*)的一些种常在植物枝干上形成肿瘤。

植物病原细菌一般从植物的自然孔口和伤口侵入植物。气孔、水孔、皮孔、蜜腺等自然孔口均是细菌侵染的门户。如丁香细菌性疫病的细菌是从气孔和皮孔侵入的，梨火疫病的细菌是从蜜腺侵入的。而大多数细菌只能从伤口侵入植物，如君子兰细菌性叶斑病、鸢尾叶斑病、根癌病等。一般情况下，引起叶斑和叶枯症状的病原细菌，大都可以从自然孔口侵入，如假单胞菌属和黄单胞菌属的细菌；而引起萎蔫、腐烂和肿瘤症状的病原细菌则多半从伤口侵入，如土壤杆菌属、棒形杆菌属和欧文氏菌属等的细菌均以伤口侵入为主。

植物细菌病害的侵染源是多方面的，活植株、病残体、繁殖材料、土壤等均可以作为细菌的初侵染来源。多年生的木本植物，其枝干、芽鳞等均能作为细菌的越冬场所，一些细菌也可以在病株残余组织中长期存活，所以病残体是许多细菌病害的重要侵染来源。许多植物病原细菌可以在种子或无性繁殖器官内外越冬，不但可以作为初次侵染来源，也可以进行长距离传播。一般情况下，大多数细菌不能在土壤内存活很久，但引起青枯病和根癌病的细菌可以在土壤中存活较长时间。

雨水是植物病原细菌最主要的传播途径。植物表面或菌脓中的细菌，在干燥条件下很难随气流传播，要通过雨露和水滴的稀释和飞溅才能传播开来。另外，昆虫和线虫等介体也能传播细菌，如蜜蜂传播梨火疫病，橄榄蝇传播油橄榄肿瘤病，小麦粒线虫传播小麦蜜穗棒形杆菌等。

2.4 植原体

植原体也叫植物菌原体(Phytoplasma)，原来称为类菌质体(Mycoplasma-Like-Organisms，MLO)。很多木本植物、花卉和粮食作物能被植原体感染，造成巨大损失。目前世界各地报道的植原体病害有300多种，我国报道的有70多种。比较重要的有翠菊黄化病、泡桐丛枝病、樱桃坏死性黄化病和梨衰退病等。

2.4.1 概　述

植原体属于原核生物界的软壁菌门。为单细胞生物，外层无细胞壁，只有单位膜组成的原生质膜包围，厚7～8nm，菌体大小为100～1 000nm。其基本形态为球形，但由于没有细胞壁，在植物的特定部位或受到外力挤压时，会变成椭圆形、梨形、哑铃形、蘑菇形、长杆形或不规则状等(图2-18)。

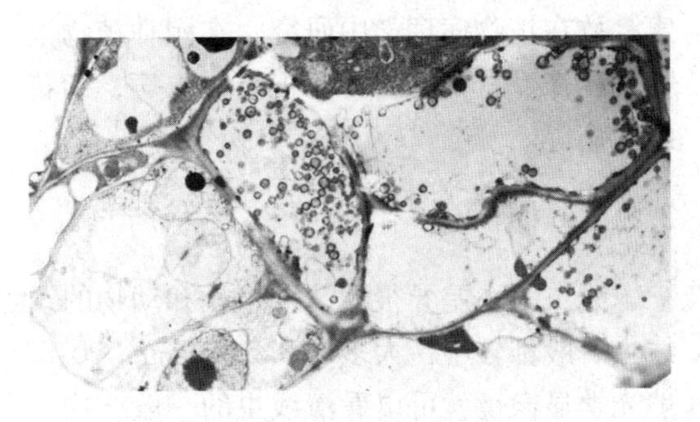

图2-18　植物细胞内的植原体形态

植原体基因组较小，为600～1 200kb，DNA和G+C含量较低，仅23%～30%。大多植原体只能在植物体内繁殖，目前还不能人工培养，属于专性寄生物。

植原体对四环素族抗菌素较敏感，即四环素族抗菌素对这类病害有一定疗效，能抑制和缓和病害的症状。四环素族抗菌素包括四环素、金霉素、氯霉素、土霉素等。

由于四环素族抗菌素对病毒病害不起作用，所以可以利用这一点对植物菌原体或病毒病害进行诊断。

在分类上，植原体隶属于细菌界(Bacteria)硬壁菌门(Firmicutes)柔膜菌纲(Mollicutes)(又称软球菌纲)非固醇菌原体目(Acholeplasmatales)非固醇菌原体科(Acholeplasmataceae)。由于植原体多不能在离体条件下培养，许多性状不能进行测定。对植原体属以下的分类目前主要根据16S rRNA序列同源性分析以及症状特征的差异来确定。目前把植原体或植原体病害分成了15个组，但这种划分还没有得到完全肯定。

2.4.2 植原体所致病害的主要特点

植原体侵染植物后，主要在植物韧皮部的筛管和管胞细胞中繁殖，偶尔也出现在韧皮部的薄壁细胞中。植原体在植物体内产生激素类代谢产物，扰乱寄主植物的正常生理功能，刺激叶、芽丛生，反季开花等反常表现。所以植原体病害常表现的症状多为丛枝和萎缩等现象。丛枝上的叶片常表现为失绿、变小、发脆；丛枝上的花有时发育成叶，后期果实往往变形。有些植物感染后节间缩短、叶片皱缩，表现萎缩症状，如翠菊和长春花的黄化病，天竺葵、金鱼草、泡桐、荷包牡丹的丛枝病等。

植原体在自然界主要是通过叶蝉、飞虱、蝽等刺吸式口器昆虫传播。叶蝉、飞虱传播植原体的方式与持久性传播病毒的方式相似，昆虫在病株上吸食后不能立即传播，必须经过10~45d的循回期，植原体由消化道经血液再进入唾液腺以后才能开始传染。大多数带菌介体在一生中都可传病，但不能经卵传染。植原体可以和病毒一样在介质昆虫体内增殖。另外，嫁接也是传播和接种植原体的有效方法。

2.5 植物病原线虫

线虫(nematodes)又称为蠕虫，是一类低等的无脊椎动物。线虫在自然界分布很广，种类很多，通常生活在土壤、淡水、海水中，其中有很多种可寄生在人、动物和植物体内，引起病害。植物上寄生的有2 000多种。由于线虫的危害，被害植物往往有病理变化过程，引起的症状也同某些植物病害相似，所以把线虫引起的危害看作病害，放在植物病理学中研究。在园林植物上，线虫病害并不算多，但危害非常严重。如仙客来、月季、牡丹的根结线虫病；菊花、珠兰叶枯线虫病；水仙茎线虫病和松材线虫病等。

2.5.1 概　述

线虫大小差异很大，寄生人和动物的线虫有的很大，如蛔虫；但寄生在植物上的线虫一般都较小，大多为0.5~2 mm×0.03~0.05mm，用肉眼不易观察到，但用一般光学显微镜就可以看清线虫的一般结构。大多数植物病原线虫为雌雄同型，即雌线虫和雄线虫均为线形的。但有部分植物线虫，其雌成虫膨大成柠檬形或梨形，如引起多种植物根瘤的根结线虫（*Meloidogyne* spp.）（图 2-19、图 2-20）。

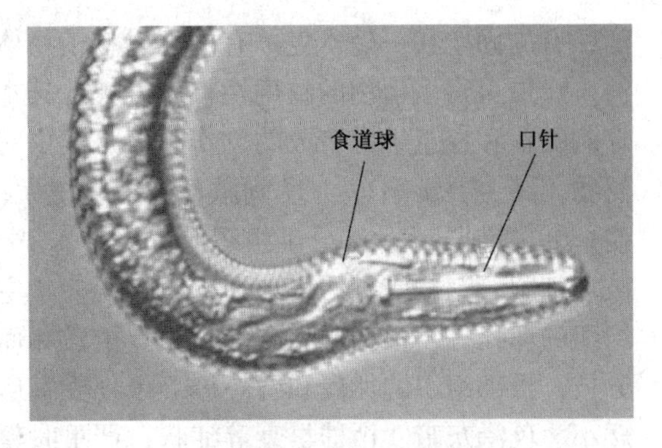

图 2-19　线虫的口针和食道球

线虫的头部有唇和口腔，口腔中有口针。口针为管状，其基部与食道相连。口针能穿刺植物的细胞和组织，并且向植物组织分泌消化酶，消化寄主细胞中的物质，然后吸入食道。因此，口针是植物寄生线虫最主要的标志（图 2-19）。

线虫的体腔中没有呼吸系统和循环系统，而以体液代替其作用。消化系统由口腔、食道、肠组成，肠的末端是肛门。雌虫的肛门单独位于虫体的后部，雄虫的肛门则与生殖孔开口于同一腔中称为泄殖腔。线虫的生殖系统非常发达，有的占据了体腔的很大部分。雌虫的生殖系统包括 2 条卵巢、输卵管和子宫，通过阴道开口于阴门。雄虫的生殖系统由精巢、输精管和 1 对交合刺组成。

线虫肛门以后的末端为尾部，有些线虫尾部的侧面有感觉孔，称为侧尾腺口，侧尾腺口的有无是线虫分类的重要依据。

线虫的生活史分为卵、幼虫和成虫 3 个阶段。卵孵化为幼虫。幼虫经 4 次蜕皮后发育成成虫。1 龄幼虫是在卵内发育的，因此自卵内出来的幼虫已经是 2 龄幼虫。幼虫很难区分雌雄，等发育成成虫后才能分辨。雄虫交配后不久即死亡，但有的线虫雌虫不经交配也能进行孤雌生殖。线虫的繁殖能力很强，一般一头雌虫可产卵 500 ~ 3 000头。大多数线虫一年可繁殖多代，代数因环境条件而定。但个别线虫一年繁殖 1 代。

图 2-20　根结线虫形态

1. 雌成虫　2. 雄成虫

植物病原线虫大多是专性寄生的，只能在活的植物细胞或组织内取食和繁殖，在植物体外就只能依靠体内储存的养分存活或休眠。但有一些线虫可以在真菌上培养，线虫以真菌的菌丝为食。还有个别种可以在人工培养基上培养，如松材线虫（*Bursaphelenchus xylophilus*），可以在大豆蛋白培养基上很好生长。

线虫可以寄生植物的各个部位，植物的地下部分，如根、鳞茎和块茎等最容易受侵染；地上的茎、叶、芽、花等部位也可以受到线虫的危害。线虫的寄生方式有内寄生和外寄生两种。外寄生的线虫在植物体外生活，不进入植物体内，仅用口针从植物内取食；内寄生的线虫大部分时间在植物内生活，有的固定在一处寄生，有的可以在植物体内移动。

线虫对寄主植物的致病性首先表现在其本身通过口针对寄主的细胞或组织的直接穿刺吸食和在组织内造成的创伤。但是线虫对寄主植物破坏作用最大的是食道腺的分泌物。其主要影响有：① 刺激寄主细胞增大；② 刺激细胞分裂形成各种畸形，如肿瘤；③ 抑制根茎顶端分生组织的分裂；④ 融解中胶层使细胞离析；⑤ 融解细胞壁和破坏细胞。植物受害后，地上部分表现症状主要为顶芽和花芽的坏死，茎叶的卷曲或组织的坏死等。根部受害有的生长点被破坏而停止生长或卷曲，根上形成肿瘤或过度分枝，根部组织的坏死和腐烂等。根部受害后，其地上部分也受到影响，表现为植株矮小、色泽灰暗、植株早衰等症状，严重时整株死亡。

2.5.2 植物寄生线虫的分类和主要类群

根据新的分类系统，线虫已独立为一个门——线虫门(Nematoda)。线虫门下再根据侧尾腺口的有无，分为2个纲：侧尾腺口纲(Secernentea)和无侧尾腺口纲(Adenophorea)。植物病原线虫主要分布在以下4个目中，分别为侧尾腺口纲的垫刃目(Tylenchida)和滑刃目(Aphelenchida)，无侧尾腺口纲的矛线目(Dorylaimida)和三矛目(Triplonchida)。园林植物上常见的线虫有以下几个属：

(1)根结线虫属(*Meloidogyne*)

本属线虫均为雌雄异形，雌虫成熟以后膨大呈梨形，双卵巢，阴门和肛门在身体后部(图2-20)。卵产于尾部的卵囊中。阴门周围有一些特征性的花纹，称为会阴花纹，是属内种的主要鉴定依据。雄成虫蠕虫状，尾短，交合刺粗壮，无交合伞。在世界上分布很广，危害单子叶和双子叶植物。以2龄幼虫侵入植物根部，取食植物的同时，刺激寄主组织形成巨型细胞，使细胞过度分裂膨大，形成肿瘤(图2-21)。感染根结线虫的植株，不但在其根部遍布肿瘤，地上部分也生长衰弱，甚至枯萎死亡。比较容易感染根结线虫的园林植物有仙客来、四季海棠、牡丹、月季、楸树、梓树等。

图2-21 根结线虫病的危害状

(2)茎线虫属(*Ditylenchus*)

雌雄成虫均为蠕虫状。雌成虫单卵巢，尾端尖细；雄成虫体较雌虫小，交合伞仅包至尾长的3/4。大多为内寄生线虫，可危害植物地上部分的茎叶，也能危害地下部分的根、鳞茎和块根等。引起植物组织的坏死、糠心腐烂或变形扭曲等。常见的有水仙、郁金香等线虫病。

(3)滑刃线虫属(*Aphelenchoides*)

雌雄成虫也均为蠕虫状。中食道球粗大，雌成虫卵囊前伸，后阴子宫囊较长。雄虫无交合伞，交合刺粗大，弯曲。大多为内寄生，少数为外寄生。内寄生型主要侵染植物的芽和叶片，造成组织变色和坏死，形成枯斑和凋萎。菊花叶线虫(*A. ritzemabosi*)可导致菊花叶片坏死，是菊花最重要病害之一。另外，该属的一些线虫还能侵染大丽花、水仙、唐菖蒲等花卉。

(4)伞滑刃线虫属(*Bursaphelenchus*)

雌雄同形，雌成虫和雄成虫均为蠕虫状。口针较发达，口针基部略膨大。雌虫单卵巢，尾尖指状并有一尾尖突。雄虫尾部明显向腹部弯曲，有一端生的交合伞包至尾尖。大多以昆虫(主要是天牛类)为媒介在自然界传播。常寄生在木本植物上。该属大多数种在其生活史中均有一特殊的3龄幼虫阶段，或称为休眠幼虫，有极强的抗不良环境的能力，可以在干燥的木材中存活很长时间。近年来，在我国大面积扩展并危害松树的松材线虫(*B. xylophilus*)是本属最主要种之一，可在短期内造成松树萎蔫。

2.6 寄生性种子植物

植物大多数都是自养的，能够进行光合作用，合成自身所需的有机物。但是有一部分高等植物和少数低等植物，由于根系、叶片退化或缺乏足够的叶绿素，只能寄生在其他的植物上营寄生生活。能营寄生生活的植物大多是高等植物中的双子叶植物，能开花结籽，俗称寄生性高等植物或寄生性种子植物。最重要的是菟丝子科、桑寄生科、列当科、玄参科的植物。还有少数低等的藻类植物，也能寄生在高等植物上，引起藻斑病等。

2.6.1 概　述

寄生性种子植物(parasitic plant)从寄主植物上获得生活物质的方式和成分各有不同。按寄生物对寄主的依赖程度或获取寄主营养成分的不同可分为全寄生和半寄生两类。

从寄主植物上夺取它自身所需要的所有生活物质的寄生方式称为全寄生。这类寄生植物的叶片退化，叶绿素消失，根系也退变成吸根。其吸根中的导管和筛管分别与寄主的导管和筛管相连。它们有发达的茎和花，扩展迅速，对寄主植物的损坏非常严重，常使寄主植物枯萎。菟丝子科和列当科都为全寄生类型。

寄生物对寄主的依赖关系只是水分和矿物质的寄生方式称为半寄生，或称水寄生，如桑寄生和槲寄生等植物。其茎叶内有叶绿素，自己能够制造碳水化合物，但根系退化，以吸根的导管与寄主植物的导管相连，吸取寄主植物的水分和无机盐。这类寄生植物不但影响寄主植物的生长，也常导致寄主植物的枝条断裂或倒伏。

寄生性种子植物的传播方式和动力各有不同。大多数是依靠风力和鸟类介体传播的，有的则与寄主种子一起随调运而传播。桑寄生科植物的果实为肉质浆果，成熟时颜色鲜艳，可引诱鸟类取食，并随鸟的活动而传播。由于这类种子表面有一种生物碱保护，在鸟的消化道内不易受到破坏，种子随鸟类粪便排出时可粘在树枝上。一旦温度、湿度合适，便可萌发，侵入寄主。列当的种子极小，成熟时果实开裂，种子随风飞散传播，一般可达数十米远。松杉寄生的果实成熟时，常吸水膨胀爆裂，将种子弹射出去，弹射的距离一般为4～5m。弹射出去的种子表面有黏液，容易粘在别的寄主植物表面，遇到合适条件即可萌发侵入。菟丝子的种子常随寄主种子的收获与调运而得以传播。

2.6.2 寄生性种子植物的主要类群

能够营寄生生活的植物种类大约有2 500种。除了少部分低等植物，大多分布在被子植物的12个科中。与园林植物或林木关系密切的有桑寄生科、菟丝子科、樟科和一些低等的藻类植物。

(1)桑寄生和槲寄生

桑寄生科种类最多，约占寄生性植物的1/2。包括桑寄生和槲寄生2个亚科，共有65个属约1 300种。我国有11属59种，主要分布在长江流域以南。其体内一般有叶绿素，营半寄生生活。多为多年生常绿小灌木，稀为草本。大多是茎寄生，少数为根寄生。寄主全都是木本植物，包括裸子植物的松杉类和被子植物的栗、杨、桑、樟等植物。主要有桑寄生属(*Loranthus*)、槲寄生属(*Viscum*)、松杉寄生属(*Arceuthobium*)等(图2-22)。

(2)菟丝子

菟丝子为1年生攀缘草本植物，叶退化成鳞片状，茎丝状，黄色，不具叶绿体，缠绕在寄主植物的茎上，产生吸器与寄主植物维管束系统相连，吸收寄主植物的水分和养分。寄主主要有豆科、菊科、杨柳科、茄科、百合科等木本和草本植物。菟丝子科仅有1属——菟丝子属(*Cuscuta*)。在世界上分布很广，我国有10余种，主要有中国菟丝子(*C. chinensis*)和日本菟丝子(*C. japonica*)(图2-23)。

(3)无根藤

无根藤是全寄生性的攀缘草本植物，属于樟科的无根藤属(*Cassytha*)。形态和菟

图2-22 桑寄生和槲寄生

1. 桑寄生 2. 槲寄生

图 2-23　日本菟丝子

丝子相似，叶片也退化为鳞片，但茎为绿色，区别于菟丝子黄色的茎。我国华南地区有 1 种无根藤(*C. filiformis*)，多分布于山地丛林中，寄主范围十分广泛。

(4)寄生性藻类

寄生性藻类属于低等植物，可在高等植物体表面营附生或寄生生活。常寄生在树干或叶片上，引起“藻斑病”或“红藻病”。常见的为绿藻门的头孢藻属(*Cephaleuros*)的一些种类。头孢藻的营养体为二叉分枝的丝状，在寄主表面蔓延呈稠密细致的丝网；丝状的营养体顶端产生圆形的孢子囊，内生游动孢子。头孢藻的寄主范围很广，茶、柑橘、荔枝、杧果、玉兰、冬青、梧桐、樟树等阔叶树均可被寄生，发生藻斑病。

复习思考题

1. 真菌的营养体和繁殖体是什么？简述它们的作用和类型。
2. 什么叫子实体？举出几种典型的子实体并说明它们的孢子类型。
3. 何为无性繁殖和有性生殖？无性孢子的类型有几种？有性孢子的类型有几种？
4. 子囊果有几种类型？
5. 典型的锈菌产生的孢子类型有哪些？
6. 真菌引起的病害症状类型有哪些？
7. 比较白粉菌属与白锈菌属的异同。
8. 植物病原病毒的基本特点如何？它们所引起的植物病害症状有哪些类型？病毒病害的传播特性如何？
9. 植物病原细菌和其他细菌比较有哪些特点？植物病原细菌的新老分类系统各有何特点？植

物病原细菌的传播、侵染和致病特性如何？

10. 植原体的基本特性如何？植原体病害可以以哪些途径进行传播？

11. 植物病原线虫的生活史如何？危害观赏植物的线虫主要有哪些？各有何特点？

12. 哪些寄生性植物的寄生方式为全寄生，哪些为半寄生？它们各有哪些特点？

推荐阅读书目

菌物学概论(第4版). C. J. 阿历索保罗，C. W. 明斯，M. 布莱克韦尔，著. 姚一建，李玉，主译. 中国农业出版社，2002.

真菌分类学. 邵力平，沈瑞祥，张素轩，等. 中国林业出版社，1984.

普通真菌学. 邢来君，李明春. 高等教育出版社，1999.

园林植物病理学. 朱天辉. 中国农业出版社，2003.

园艺植物病理学. 李怀方，刘凤权，郭小密. 中国农业大学出版社，2001.

观赏植物真菌病害. 张中义. 四川科学技术出版社，1988.

园林植物病虫害防治. 徐明慧. 中国林业出版社，1993.

菌物学基础. 喻璋，任国兰. 气象出版社，1999.

植物病原真菌学. 陆家云. 中国农业出版社，2001.

普通植物病理学(第4版). 许志刚. 高等教育出版社，2009.

农业植物病理学. 赖传雅. 科学出版社，2003.

植物病毒种类分子鉴定. 陈炯，陈剑平. 科学出版社，2003.

第3章 侵染性病害的发生与发展

[本章提要] 园林植物侵染性病害的发生与发展是寄主植物和病原物在一定环境条件下相互作用的过程。包括病原物的寄生性和致病性、寄主植物的抗病性、病原物的侵染过程、寄主植物的抗病过程、病害侵染循环等内容。病原物的寄生性是指病原物从寄主获得活体营养的能力。病原物的致病性是病原物所具有的破坏寄主而后引起病害的能力。寄主植物的抗病性同病原物的致病性同时存在于寄主-病原物体系中，抗病性是植物对病原物侵染的反应。侵染循环就是在一定时期内(通常为1年)植物侵染性病害连续发生的过程。

3.1 病原物的寄生性和致病性

3.1.1 病原物的寄生性

生物根据其合成主要代谢物质的能力，可分为自养生物和异养生物。植物及少数细菌体内含有叶绿素，可利用光能将无机物合成自身生长所需的有机物，为典型的自养生物。而异养生物则不能将无机物合成自身生长所需的有机物，只能从其他有机体吸取养分，如病毒、植原体、细菌、真菌及少数种子植物、动物界。因此，植物的各种病原物均为异养生物。

病原物的寄生性(parasitism)是指病原物从寄主获得活体营养的能力。这种能力对于不同的病原物是不同的。有些病原物只能从活的有机体中获得生活所需要的营养物质，有些病原物只能从死的有机体中获取生活所需要的营养物质，而有的病原物的营养方式介于上述二者之间。按病原物从寄主获得活体营养能力的大小，将其分为4种类型。

(1)专性寄生物(obligate parasite)

该类病原物又称为严格寄生物或绝对寄生物，寄生能力最强。它们只能从活的有机体吸收营养，因此又称作活体寄生物。当寄主植物的细胞和组织死亡后，病原物即停止生长和发育。该类病原物一般不能在人工培养基上生长。专性寄生物包括植物病毒、寄生性种子植物、大部分植物病原线虫及某些真菌(白粉菌、锈菌、霜霉菌等)。

(2) 兼性腐生物(facultative saprophyte)

该类病原物又称为强寄生物，其寄生性次于专性寄生物。以营寄生生活为主，但具有一定的腐生能力。在某种条件下，可以营腐生生活。该类病原物能人工培养，但在人工培养基上生长不良。如真菌中的外囊菌、外担子菌、黑粉菌等。许多引起叶斑病的病原菌，如黑星菌(*Venturia*)、尾孢菌(*Cercospora*)、黄单孢杆菌(*Xanthomoas*)等也属此类。

(3) 兼性寄生物(facultative parasite)

该类病原物又称为弱寄生物，其寄生性较弱。以腐生生活为主，在特定条件下，也能侵害活的寄主组织。该类病原物可侵染生活力弱的活体寄主植物或处于休眠状态的植物组织或器官。它们在人工培养基上生长较好。如引起松树烂皮病的铁锈薄盘菌(*Cenangium ferruginosms*)，引起杨树烂皮病的污黑腐皮壳菌(*Valsa sordida*)等，还包括立枯病菌(*Rhizoctonia*)、镰刀菌(*Fusarium*)以及许多立木腐朽菌。

(4) 专性腐生物(obligate saprophyte)

该类病原物又称为严格腐生物或绝对腐生物。它们只能从无生命的有机体上吸取营养，不能侵染活的有机体。如木腐菌、食品上的霉菌，林地上的马勃、鬼笔、地星等。

专性寄生物和强寄生物属于活体寄生物，而兼性寄生物和专性腐生物则是死体营养物。一般认为，寄生生活方式是比较进化的，而腐生生活方式则是较原始的。生物在获得寄生能力的过程中，逐渐减弱或丧失它的腐生能力。分析一种病原物的寄生性是非常重要的，因为这与病害的防治关系密切。例如，培育抗病品种是很有效的防治措施，但大多是针对寄生性较强的病原物所引起的病害，对于许多弱寄生物引起的病害一般来说就很难得到理想的抗病品种。对于这类病害的防治，应着重于提高植物抗病性。

3.1.2 寄生专化性与生理小种

任何寄生物都只能适应一定种类的寄主植物，或者说它们对寄主有“选择性”。寄主范围指的是病原物所能适应的植物种类，或称为寄主谱。

不同寄生物寄主范围不一，有宽有窄。如灰霉 (*Botrytis cinerea*)寄主范围很宽，可侵害从裸子植物到被子植物的几千种毫无内在联系的植物。在不通风的苗床上，几乎可以侵害所有的园艺作物幼苗。茄丝核菌(*Rhizoctonia solani*)可侵染200多种植物。相反，有的病原物寄主范围却很窄。如山杨黑星霉 (*Fusicladium tremulae*) 仅寄生在少数几种杨树上。

生理小种 (physiological race)或系 (strain)是指病原物的种或变种内形态上相似，而某些培养性状、生理生化特征、致病性或其他方面有所不同的生物型或生物型群。从理论上说，很难找到两个完全一致的个体，俗话说“一母生九子，九子各有不同”。

后代中与双亲特征不同的个体称为变体(variant)。一个新变体出现后，如不能适应周围环境，特别是不能适应寄主植物，就将死亡。若相反，能适应环境，克服植物的抗性而定殖下来，并繁衍后代，将成为一个在遗传上一致的群体，称为生物型(biotype)。若干个具有某些共同特性的生物型组成的群体则为生理小种或系。不同的生理小种具有不同的毒性基因，分别适应于不同的寄主品种。寄生专化性是指病原物对寄主的特殊适应性或选择性。

3.1.3 病原物的致病性

病原物的致病性(pathogenicity)是病原物所具有的破坏寄主而后引起病害的能力。寄生物从寄主吸取水分和营养物质，起着一定的破坏作用。但是，一种病原物的致病性并不能完全从寄生关系来说明，它的致病作用是多方面的。不是所有的寄生物都是病原物。例如，豆科植物的根瘤细菌和许多植物的菌根真菌都是寄生物，但并不是病原物。病原物的致病性表现在以下几个方面：

(1)酶的致病作用

病原物能分泌各种酶类，消解和破坏植物组织和细胞，侵入寄主并引起病害。如真菌或细菌能分泌果胶水解酶和裂解酶，以分解植物细胞壁中的果胶聚合物。木腐菌能分泌分解木素、纤维素的酶。在酶作用下，细胞渗透压增强，细胞内物质外渗，最后引起原生质膜破裂。

(2)生长调节素的致病作用

病原物能分泌如植物生长素、赤霉素、细胞分裂素和乙烯等植物生长调节物质，或干扰植物的正常激素代谢，引起生长畸形，如肿瘤、丛枝、过度生长等。

(3)毒素的致病作用

有些病原物可分泌毒素，使植物组织中毒，引起褪绿、坏死、萎蔫等不同症状。

(4)争夺营养

病原物夺取寄主的营养物质和水分，如寄生性种子植物和线虫，靠吸收寄主的营养使寄主生长衰弱。不同的病原物往往有不同的致病方式，有的病原物同时具有上述两种或多种致病方式，也有的病原物在不同的阶段具有不同的致病方式。

3.1.4 病原物的寄生性与致病性的关系

绝大多数寄生物都具有某种致病性，但致病性也必须以具有寄生性为前提。寄生性与致病性紧密相连，但寄生性的强弱和致病性的强弱没有一定的相关性。寄生性强的病原物致病性不一定很强，如专性寄生的锈菌的致病性并不比非专性寄生的强。相反，低级寄生物多具较强的致病性。如兼性寄生菌立枯丝核菌(*Rhizoctonia solani*)，菌丝接触寄主幼嫩根部，便紧附其上分泌毒素，寄主细胞受毒素影响迅速死亡，然后菌丝进入死亡表皮组织内部。引起腐烂病的病原物大都是非专性寄生的，有的寄生性很弱，但是它们的破坏作用却很大。而柱锈菌(*Cronartium*)侵染松树后，在寄主枝、干中扩展，但寄主皮层经多年侵染仍保持生命力。植物病毒侵染，很少立即把植株杀死，这是因为它们的生存严格依赖寄主，没有了活寄主也就没有病毒存在的可能，这是病原—寄主长期协同进化的结果。

病原物的寄生性和致病性像其他生物学特性一样具有相对稳定性。但在一定的内、外因素影响下又经常处于某种程度的变动之中。病原物的寄生性和致病性变化的一般规律是：①病原物在人工培养基上长期生长和繁殖会使致病性降低；而反复在活寄主上接种则利于增强致病性。②病原菌在抗病种和品种上寄生以后，会增强它的致病性；而通过感病品种则使其致病性减退。病毒则有所不同，通过寄生感病的寄主后，致病性反而增强。

3.2 寄主植物的抗病性

寄主植物的抗病性同病原物的致病性同时存在于寄主—病原物体系中，抗病性是植物对病原物侵染的反应，没有病原物就没有抗病性。

3.2.1 植物抗病性的定义

所谓植物的抗病性就是植物对病原物所表现的不易亲和或不易感染的特性，也就是寄主植物抑制或延缓病原物活动的能力，是寄主植物的一种属性。这种能力是由植物的遗传特性决定的。植物抗病性具有明显的专化性，不同植物对病原物表现出不同程度的抗病能力。如对这一病害抗病的植物，对另一种病害可能是感病的。按照植物抗病能力的大小，将寄主植物划分为免疫寄主、抗病寄主、耐病寄主、感病寄主等几种类型。

(1)免疫寄主(immune host)

寄主植物对病原物侵染的反应表现为完全不发病，或观察不到可见的症状。

(2)抗病寄主(resistant host)

寄主植物对病原物侵染的反应表现为发病较轻。发病很轻的称为高抗寄主。

(3)耐病寄主(tolerant host)

寄主植物对病原物侵染的反应表现为发病较重，但产量损失较小。即外观上发病程度类似感病，但植物的忍耐性较高。对此有人称为抗损害性寄主或耐害性寄主。

(4)感病寄主(susceptible host)

寄主植物对病原物侵染的反应表现为发病较重，产量损失较大。发病很重的称为严重感病寄主。

有的寄主植物本身是感病的，但在某种条件下可避免发病或可避免病害大发生，该种情况称为避病(escape)。如寄主感病期与病害盛发期错开，从而避免病害大发生。

3.2.2 植物抗病性的类型

3.2.2.1 被动抗病性和自动抗病性

植物的抗病性可分为被动抗病性和自动抗病性两类。

病原物侵入之前，植物就已具备的抗病特性为被动抗病性，包括组织结构和生理生化方面的特性。如角质层厚度、气孔结构、厚壁组织分化，生物碱、酚、单宁等抑菌物质或杀菌物质的存在等。自动抗病性则是在病原物侵入后，植物由于受侵染的刺激而产生的抗病特性。如过敏性坏死反应、分生组织和木栓细胞的再生、愈伤组织形成、植物保卫素的产生等。有人认为植物的自动抗病性虽然是在受到病原物侵染之后才表现出来，但植物这种抗病反应的潜在能力在受侵染之前就具备了。因此，被动抗病性和自动抗病性的划分不能绝对化。

3.2.2.2 垂直抗病性和水平抗病性

Vandenplank(1963)最先提出把植物抗病性分为垂直抗病性和水平抗病性两种类型，这两种类型的抗病性反映出寄主植物的抗病性和病原物小种的致病性的相互关系。

(1)垂直抗病性

垂直抗病性是只对病原物种群的某一小种或某几个小种起作用的抗病性，对其他小种无效。当病原物种群的优势小种发生变化或有新的小种形成时，寄主植物就丧失了抗病能力。即寄主植物的抗病性和病原物小种的致病性之间有特异的相互作用。这种抗病性常以过敏反应的形式表现出来，阻止病原物建立寄生关系，因而抗病效果非常显著。从遗传学来说，这种抗病性是受单基因或寡基因控制，因而是不稳定的。有些人称这种抗病性为小种专化抗病性、特殊抗病性或单基因抗病性等。图 3-1 中(0，1，2，3，4，5 表示感病程度由低到高)，A 寄主种群对 a 病原物品系是严重感病的，而对其他病原物品系则不感病；c 病原物品系对 C 寄主种群致病，而对其他寄主种群则不致病。因此，同一种寄主植物的不同感病种群与同一种病原物的不同致病品系之间的关系是垂直的。

(2)水平抗病性

水平抗病性是对病原物种群的所有小种都起作用的抗病性，即寄主植物的抗病性和病原物小种的致病性之间没有特异的相互作用。水平抗病性受多基因控制，其抗病作用是阻止或延缓病原物在寄主体中生长、扩展和繁殖，因而只能延缓病害进程、减轻病害的程度，效果不及垂直抗病性。但它是比较持久的，不会因为病原物小种的改变而全部丧失作用。有人称这种抗病性为小种非专化抗病性、一般抗病性或多基因抗病性等。在图 3-2 中，不论何种寄主种群对所有病原菌品系都是感病的，只是感病程度上有差异；而不论何种病原菌品系对所有寄主种群都是致病的，只是致病程度上的差异。因此，寄主植物的不同感病种群与病原物的不同致病品系之间的关系是水平的。

病原物致病品系	寄主感病种群		
	A	B	C
a	5	0	0
b	0	5	0
c	0	0	5

图 3-1 垂直抗病性图示

病原物致病品系	寄主感病种群		
	D	E	F
d	1	2	3
e	2	3	4
f	3	4	5

图 3-2 水平抗病性图示

3.2.3 植物抗病的机制

植物的抗病性与感病性是同一事物的两个方面。从遗传学的观点来看，抗病性同致病性是互相联系的，没有病原物的侵染就无所谓寄主的抗病。抗病性是寄主植物对病原物侵染和定殖的抵抗反应。在病害的发生发展过程中，寄主植物始终在与病原物进行着斗争。按照抗病的机制可以分为结构抗病性和生物化学抗病性。前者有时称为物理抗病性或机械抗病性。

3.2.3.1 结构抗病性

植物利用组织和结构的特点阻止病原物的接触、侵入与在体内的扩展、破坏，为植物的结构抗病性。

(1)先天性的防御结构

某些植物具有先天性的防御结构。例如，植物表面密生的茸毛，或很厚的蜡质层，形成隔离屏障，使病原物难以接触表皮细胞或很难穿透侵入。有的植物气孔密闭或孔隙很小，使病原菌不易侵入。

(2)后天性的防御结构

某些植物具有后天性的防御结构。在病原物接触或侵入后，诱导寄主组织结构发生变化，如在病部形成木栓层、离层、侵填体和树胶等组织结构的改变，或细胞坏死等细胞水平的反应，来抵制病原物的扩展或增殖。这些后天性的防御结构的变化往往与寄主的生物化学代谢有关。

3.2.3.2 生化抗病性

植物的细胞或组织中发生一系列的生理生化反应，产生对病原物有毒害作用的物质，来抑制或抵抗病原物的活动，为植物的生化抗病性。

病原物接触并侵入植物时，也会受到植物很强烈的生化反应的抵抗。一种病原物只能侵害特定的寄主种类，而不能侵染其他种类的植物，很多是由于这些物种体内发生很强烈的生化反应的抵抗而不能建立寄生关系。在病原物的寄主范围内，不同的种或品种也有程度不同的抵抗反应。

(1)先天的固有生化抗性

包括植物向体外分泌的抑菌物质，如葱蒜类、松柏类植物向外分泌的具有杀菌或抑菌活性的挥发性物质，许多微生物都能被这些分泌的生化物质(多为酚、萜、萘类)所钝化或失活。有些植物之所以不能成为某种病原物的寄主，可能是由于体内缺乏该病原物识别反应所需的生化物质，从而不能建立寄生关系。

病原物与寄主接触或侵入后，会诱导寄主植物发生很强烈的生理生化反应，设法抵制或反抗病原物的侵染。最明显的是细胞自杀而形成过敏性的坏死反应，细胞死亡使病原物难以得到活体营养，从而限制了病原物的扩展(仅对专性寄生物如锈菌、白粉菌、霜霉菌而言。而对兼性寄生菌引起的病害，并不具有保护意义，组织的死亡正是病菌获取营养物质的有利条件）。也有的寄主在病菌侵入点周围的细胞内沉积了大量抑菌性物质，如植物保卫素（phytoalexin）、病程相关蛋白等。

（2）后天的诱导生化抗性

诱导的生化抗性是指在寄主细胞内发生的有利于抗病的生理代谢途径的改变，如磷酸戊糖支路的活化等，从而产生更多的抗菌或抑菌物质；核酸转录和蛋白翻译加快，一些对病原物有抑制或破坏作用的酶系产生，它们在防御病原物的活动中发挥着十分重要的作用。

3.3 侵染性病害的侵染循环

3.3.1 侵染循环的概念

侵染循环就是在一定时期内（通常为 1 年），植物侵染性病害连续发生的过程。这个过程以病原物的活动为主线，包括几个互相连锁的环节，故又称为侵染链。它包括病原物的越冬（或越夏）、病原物的传播、初侵染源、再侵染源以及病程。病程是病害侵染循环的主要环节，而病原物的传播、病原物的越冬，初侵染源、再侵染源等则是连接病程的纽带。

3.3.1.1 病原物的越冬或越夏

当寄主植物生长季结束，其上的病原物也将停止活动。病原物的越冬或越夏是指病原物在一定的场所度过寄主植物的休眠期而保存自己的过程。病原物越冬（或越复）的场所往往比较集中，且处于相对静止状态，所以在防治上是一个关键时期。病原物越冬或越夏的场所主要有以下几种。

（1）有病植物

病原物可在多年生的寄主植物上越冬或越夏，成为下一生长季的初侵染来源。如枝干锈病、溃疡病、根癌病、腐朽病等，病原真菌可以营养体或繁殖体在寄主植物体内越冬。由于园林植物栽种方式的多样化，使得有些植物病害周年发生。温室花卉病害，常是次年露地栽培花卉的重要侵染来源，如花卉病毒病和白粉病等。

（2）病植物残体

病植物残体包括寄主植物的枯枝、落叶、落果和死根等各种形式的残余组织。绝大多数的弱寄生物，如多数病原真菌和细菌都能在病植物残体中存活，或以腐生的方式在残体上生活一段时间。病毒也可随病株残体休眠。病株残体对病原物既可起到一定的保护作用，增强对恶劣环境的抵抗力，也可提供营养条件，作为形成繁殖体的能源。当残体分解和腐烂的时候，其中的病原物往往也逐渐死亡和消失。常见的许多叶斑病菌都可以在落叶中越冬。病原物在病株残体上存活的时间与病株残体腐烂的速度有密切关系，腐解的速度越快，存活的时间就越短。当然，这与病原物同腐生物竞争能力，并与病原物越冬的状态有关，竞争力强的或已形成子实体休眠越冬的，存活率就要高些。

(3)种苗及其他繁殖材料

其他繁殖材料是指除种子以外的各种繁殖材料，如块根、块茎、鳞茎和苗木等。它们携带病原物的方式各有区别。有的混杂在种子间，如菟丝子的种子；真菌和细菌可附着在种实表面或潜伏在内部；病毒和植原体可在苗木、块根、鳞茎、球茎、插穗、接穗和砧木上越冬。如百日菊黑斑病、百日菊细菌性叶斑病、瓜叶菊病毒病、天竺葵碎锦病毒病等，带病种子均可成为初侵染来源。带病的球茎、鳞茎、块根、插条等成为初侵染来源，在园林植物病害中更属常见。

(4)土壤和肥料

土壤是许多病原物越冬或越夏的重要场所。各种病原物常以休眠体的形式存在于土壤内，也可以腐生的方式在土壤中存活。卵菌以卵孢子、黑粉菌以冬孢子或线虫以胞囊等在土中生存。存活时间的长短与土壤湿度有关，一般干燥土壤中存活时间较长。在土壤中腐生的病原菌可分土壤寄居菌和土壤习居菌两类。土壤寄居菌是在土壤中随病株残体生存的病原物，当病残体腐败分解后它们不能单独在土壤中存活。多数强寄生的真菌、细菌属于这一类，如各种叶斑病菌、软腐病菌等；土壤习居菌对土壤适应性强，可独立在土壤中长期存活并能繁殖，如腐霉属、丝核菌属和镰孢霉属真菌等，在土壤中广泛分布，常引起多种苗木的幼苗死亡和植株萎蔫等症状。病菌经常随各种病残体混入肥料进行越冬或越夏，另外，在肥料中尚混有未经腐熟的病株残体，都可成为多种病害的侵染来源。

(5)昆虫等传播介体

昆虫等是病毒、植原体和细菌等病原物的传播介体，也是它们的越冬场所之一。

3.3.1.2 初侵染和再侵染

病原物从越冬(或越夏)场所出来，所进行的第一次侵染称为初侵染。受到初侵染的植株在同一个生长季节内完成发病过程，产生了大量的繁殖体并又被传播到健康植物上，在一个生长季节内进行重复的侵染称为再侵染。有些病害只有初侵染，而无再侵染，如梨—桧锈病。但很多的病害具有再侵染，如月季黑斑病、菊花斑枯病、各种白粉病等。再侵染的次数与潜育期的长短是紧密相关的，如月季黑斑病的潜育期大约7~10天，因此，在一个生长季节有多次再侵染；而芍药红斑病潜育期约1个月，再侵染次数就少。如果只有初侵染，在防治上应强调减少或消灭越冬(或越夏)的病原物。对于有再侵染的病害，除了减少或消灭越冬(或越夏)的病原物外，还要根据再侵染次数的多少，相应地增加防治次数，才能达到防治病害的目的。

3.3.1.3 病原物的传播

病原物从越冬场所或从发病植株到达新的侵染点，都要通过一定的传播途径。病原物传播的方式很多，主要分为自然动力传播、主动传播和人为传播三大类。

(1) 自然动力传播

自然界中风、雨、流水、昆虫和动物活动都是病原物传播的主要动力。它们可以把病原物从越冬或越夏场所传到健康植株上，也可将病株上的病原体传到其他的健康植株上，使病害扩展、蔓延和流行。

气流传播 真菌孢子大多是借气流传播的。真菌孢子数量多、体积小、质量轻，最适合气流传送。锈菌、白粉菌、霜霉菌及各类叶斑病菌的孢子都是借气流传播的。气流传播的距离较远，有时在10 km以上的高空和远离海岸的海洋上空都可发现真菌的孢子。但传播的有效距离还是有限的，如梨—桧锈病孢子传播的有效距离是5km左右，红松疱锈病孢子传播的有效距离只有几十米。附在尘土或病组织碎片内的细菌、病毒、线虫的胞囊和卵囊也可随风传播。传播的有效距离与病原传播体的耐久力、寄主的抗病性、风向、风速、温湿度及光照等多种因素有关。

雨水传播 某些真菌、细菌和线虫可以通过雨水传播。雨水和流水的传播作用是使混在胶质物质中的真菌孢子和细菌得以溶化，并随水流和雨溅的作用来传播。如真菌中黑盘孢目和球壳孢目的分生孢子，多数粘聚在胶质物质中，在干燥条件下不易传播；而雨水能把胶质物质溶解，使分生孢子散入水中，随水流或雨滴飞溅进行传播。根瘤病的病原物可以通过灌溉水来传播。一些低等鞭毛菌的游动孢子，只能在水滴中产生并保持它们的活动性。许多细菌病害产生的菌脓，也只有靠雨水传播。此外，雨水还可以把病株上部的病原菌冲洗到下部或土壤内，或者借雨滴的飞溅作用，把水中与土表的病原菌传播到距地面较近的寄主体上。因此风雨交加的气候条件有利于病害的传播蔓延。

在土壤中生存的一些病原菌，如腐霉病菌、立枯病菌和软腐病菌等，均可随地面雨水或灌溉水的流动进行传播。雨水传播的病害，一般传播距离较短。

昆虫和其他动物传播 多数植物病毒、类病毒、植原体等都可借助昆虫传播，其中尤以蚜虫、叶蝉、飞虱和木虱等昆虫传播为多。某些真菌和细菌也靠昆虫传播。

(2) 主动传播

有些病原物可依靠自身的能力做短距离的传播，称为主动传播。如鞭毛菌亚门的游动孢子能游动，担子菌亚门的根状菌索可以主动延伸，细菌的游动，线虫的爬行等。但病原物主动传播的能力是极其有限的。病原物远距离的传播主要依靠自然因素和人为因素被动地传播。

(3) 人为传播

人为传播是通过园艺操作和运输等方式，尤其是通过种苗、接穗及其他繁殖材料的交换调拨。这种传播方式数量大、距离远，常为某些病害开辟了新病区，使园林植物受到严重的损失。

各种病害都有一定的传播方式，研究并掌握病原物的传播途径和传播方式，对病害防治具有重要的指导意义。

3.3.1.4 病程

植物侵染性病害发生发展的过程称为病程。从病原物角度，病程从病原物同寄主接触开始到它的侵染活动停止为止，包括一系列的环节，故又称为侵染程序。从寄主角度，受侵染的寄主也产生相应的抗病或感病的反应，并且在生理上、组织上和形态上产生一系列的变化，逐渐由健康到感病或最终死亡。这一过程，植物同病原物构成一个体系——植物病害体系（phytosystem）。研究植物病害体系的寄主—病原物相互关系，特别是研究病原物的致病生理和寄主的抗病生理，是近代植物病理学的主要内容之一。

病程是一个连续的过程，各阶段之间没有明显的界限。为便于认识和说明这个过程，人为地划分为4个阶段。以真菌病害为例，将病程分为4个不同阶段：

(1)接触期

从孢子同寄主接触到孢子开始萌发为止称为接触期。病原物只有接触到植物的感病部位才有可能侵入到寄主植物体内。接触期能否顺利完成，受到外界各种复杂因素的影响，如大气的温度、湿度、光照，叶面的温湿度及渗出物，由气孔排出的挥发性物质，还有叶面微生物群落对病原物的颉颃作用和刺激作用等因子的影响。只有克服了各种不利的因素，病原物才能侵入到寄主体内。病毒、植原体和类病毒的接触和侵入是同时完成的。细菌从接触到侵入几乎是同时完成。真菌接触期的长短不一，一般说来，从孢子接触到萌发侵入，在适宜的环境条件下，几小时就可以完成。

(2)侵入期

侵入期指从孢子萌发到同寄主建立寄生关系为止的阶段。病原物顺利地完成接触期并通过一定的途径侵入到寄主植物体内。病原物的侵入途径因其种类不同而有差异。

真菌侵入的途径，包括直接侵入、自然孔口侵入和伤口侵入3种方式。典型的入侵过程是：真菌孢子萌发产生芽管，芽管接触到寄主表面，先端有时膨大形成附着器固着在寄主表面，从附着器上产生较细的侵染丝，直接穿过寄主表皮角质层和表皮细胞外壁。侵染丝穿过角质层主要是机械压力的作用；而穿过表皮细胞壁主要是分解酶的作用。侵染丝进入体内后发育形成菌丝。真菌可以通过植物体表的各种伤口侵入，如嫁接伤、修剪伤、冻伤、虫伤等，还可通过各种自然孔口，包括气孔、皮孔、水孔、蜜腺等途径侵入。

细菌侵入途径只包括自然孔口和伤口两种方式。从自然孔口侵入的病原细菌，都具有较强的寄生性，而从伤口侵入的细菌寄生性都比较弱。病毒只能从微伤侵入，而且接触与侵入几乎同时进行。病毒是一类专性寄生物，只有从寄主植物的微伤入侵，立即与活细胞质直接接触，才能在细胞内增殖扩展。内寄生植物线虫，多从植物的伤口和裂口侵入，也有少数从自然孔口侵入或从表皮直接侵入。寄生性种子植物的桑寄生、槲寄生和菟丝子都是直接侵入的。

侵入期能顺利地完成，需要有适宜的环境条件的配合。环境条件既对寄主植物的抗病性有一定的影响，同时也影响着病原物的侵入活动。环境条件中影响最大的因素是湿度和温度。大多数真菌孢子都必须在水滴中才能萌发。一般说来，白粉菌在低湿度的条件下也能萌发，但在园林植物上，高湿度的条件对白粉菌孢子的萌发仍然是有利的。如蔷薇白粉病菌在相对湿度95%～98%时，萌发率为99.2%，而相对湿度在28%～30%时，萌发率只有53.5%，若在水滴中，白粉菌孢子则萌发不好。南方的梅雨季节和北方的雨季，病害发生普遍而严重；少雨干旱季节发病轻或不发病，这也说明了病原物在入侵寄主之前是需要有较高的湿度条件的。适宜的温度可以促进真菌孢子的萌发，并缩短入侵所需的时间。在生长季节或冬季在温室中，一般温度都能满足孢子萌发的要求，因此，温度不成为限制入侵的因素。此外，光照、营养物质对病原物的侵入也有一定影响。

病原物入侵所需要的时间，因病原物种类的不同而有差异。在适宜的条件下，引起叶部病害的病原物往往只需几个小时就能侵入到植物体内。防止病原物的入侵，在防治策略上是至关重要的。目前常用的保护剂只是预防病原物的入侵，病原物一旦入侵后就失去了保护作用。改善生态条件，加强养护管理，防止机械损伤和保护伤口，在防止病原物入侵上也具有积极意义。

(3)潜育期

潜育期是从病原物与寄主建立寄生关系开始，到寄主开始表现症状为止。潜育期是病原物从寄主体内夺取营养、进行扩展、发育的时期，也是病原物与寄主进行激烈斗争和相互适应的时期。病原物只有克服了寄主的反抗力，建立起稳定的寄生关系，症状才逐渐地表现出来。对病原物来说，寄生关系实质上就是营养关系，它们以不同方式自寄主体中吸取营养，并以它们的代谢产物(酶类、毒素等)影响寄主的生活。

对大多数真菌和细菌来说，在寄主体内的扩展只限于侵染点附近，称为局部侵染，如常见的各种叶斑病。而病毒、植原体、少数真菌和细菌侵入后能扩展到整个植株或植株的绝大部分，称为系统侵染，如翠菊黄化病、丁香花叶病等。

各种病害潜育期的长短差异很大，主要决定于病原物的生物学特性。此外，环境条件和寄主的抗病性也有一定的影响。常见的叶斑病潜育期一般为7～15天，枝干病害约十几天至数十天。系统性侵染病害，特别是丛枝病类，潜育期要长些。树木腐朽病的潜育期有时长达十数年或数十年，直到树干中心已腐烂形成空洞，外表尚难察觉出来。环境条件对病害潜育期的影响主要是温度，在一定范围内，温度升高，潜育期缩短。如毛白杨锈病，在13℃以下潜育期为18天，15～17℃为13天，20℃为7天。寄主本身的抗病能力也影响到潜育期的长短。毛白杨锈病病原菌侵染易感病的幼叶时，潜育期约为10天，而侵染较抗病的老叶，潜育期可延缓到17天。通过对环境条件的调节，并加强对园林植物的养护管理，使植物抗病力增强，可中止或延缓潜育期的进程。

值得注意的是，由死养生物所致的植物病害中，当病原物侵入寄主植物后，由于寄主和环境条件的限制，暂时停止生长活动，寄主植物不表现症状，待环境条件削弱寄主植物的生长势时，潜伏的病菌就开始生长和扩展，使寄主植物表现症状，这种现象称为潜伏浸染。认识这一规律，在防治上是有现实指导意义的。

(4)发病期

发病期是指从寄主表现症状开始到症状停止发展为止的阶段。症状的呈现是寄主生理病变和组织解剖病变的必然结果，并标志着一个侵染程序的结束。真菌性病害随着症状的发展，在受害部位或迟或早都会产生各种各样的病症。在外界环境条件中，温度、湿度、光照等对真菌孢子的产生都有一定的影响。孢子产生的最适温度一般在25℃左右，高湿度能促进孢子的产生，光照对许多真菌产生各种繁殖器官都是必需的，但对某些真菌却有抑制作用。

综上所述，典型的侵染性病害的侵染循环大致如下：病原菌以某种方式越冬(或越夏)后，从越冬(或越夏)场所传播出来，在一个生长季节开始后的第一轮侵染称为初侵染。初侵染完成后，病部产生的病原物经传播到达新的侵染点后进行再侵染，再侵染可以反复进行若干次，于生长季节的末期，寄主进入休眠期，病原物也随之进入越冬(或越夏)状态。侵染性病害的侵染循环模式见图3-3。

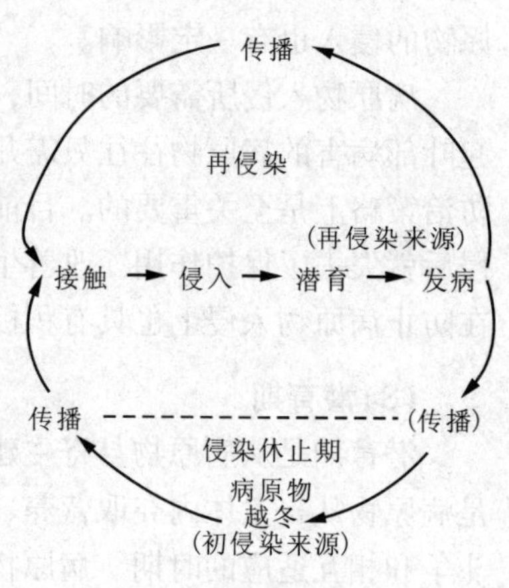

图3-3 侵染循环模式

应该说明的是，侵染循环这一术语，绝不意味着病害年复一年地、不变地重复发生。由于环境条件、植物本身和病原物每年都在不断地变化、演替，因此，每一种病害在不同的年份，它的侵染循环的规律还会有些差异。

复习思考题

1. 解释下列名词和术语

病害循环　病原物的初侵染和再侵染　病程　接触期　侵入期　潜育期　发病期　专性寄生物　兼性腐生物　兼性寄生物　专性腐生物

2. 为什么说病原物的寄生性和致病性是其最基本的两个属性？二者之间有何关系？
3. 简述各类病原物的越冬(越夏)方式。
4. 病原物侵入寄主有哪些途径和方式？影响病原物侵入的环境因素有哪些？
5. 在接触期病原物有哪些活动？环境对病原物的活动有哪些影响？
6. 试述各类病原物传播的方式和方法。

推荐阅读书目

普通植物病理学(第4版). 许志刚. 高等教育出版社, 2009.

园艺植物病理学. 李怀方, 刘凤权, 郭小密. 中国农业大学出版社, 2001.

分子植物病理学. 王金生. 中国农业出版社, 1999.

普通植物病理学. 谢联辉. 科学出版社, 2006.

第 4 章
园林植物非侵染性病原

[本章提要] 非侵染性病原是指引起园林植物非侵染性病害的各种不良或不适宜的环境因素。这些环境因素既有自然的，也有人为的，包括营养失调、温度与光照失调、水分失调、大气和土壤被有毒物质污染等诸多种类。植物的生长发育需要多种营养元素，营养元素的缺乏和过量都会干扰植物正常的生理机能，引起病害；自然环境中温度、光照和水分等因素总在不停地变化，如果其变化范围和变化速度超过了植物能够承受的限度，也会引起植物生长不适；大气污染及其他由人类各种活动产生的对环境的改变和压力正成为日趋增多和重要的非侵染性病原。

园林植物都是在各种外界因素所组成的环境下生长和发育的。这些因素包括气象的、土壤的和人为的。由于植物自身有着一定的适应性，当这些因素的强度和浓度在一定的范围内波动时，园林植物可以正常生长，但当环境因素的强度或浓度超过了植物的适应范围时，如过量或不足，就会干扰和影响它们的正常生理程序而引起病害。由非生物因素引起的园林植物病害称为非侵染性病害，有时也称为生理性病害。非侵染性病害不但直接给园林植物造成严重的损害，削弱植物对某些侵染性病害的抵抗力，同时也为许多病原生物开辟了侵入途径，容易诱发侵染性病害。如在氮肥过多、光照不足的条件下，月季常因组织嫩弱易发生白粉病。相反，侵染性病害也会削弱植物对外界环境的适应能力。如月季感染黑斑病后，由于叶片大量早落，影响了新抽嫩梢的木质化，致使冬季易受冻害，引起枯梢。引起非侵染性病害的环境因素称为非侵染性病原或非生物性病原。非侵染性病原是多种多样的，常见的有营养失调、温度与光照失调、水分失调、大气污染等因素。

4.1 营养失调

植物的生长发育需要多种营养物质，这些营养物质构成植物组织，同时又是植物体各种生化反应催化剂的基础物和渗透压的调节剂、缓冲剂。植物需要量较大的元素有氮、磷、钾、钙、镁和硫等，需要量微少的元素有铁、锰、锌、铜、硼和钼等，它们都对植物有着极为重要的作用。缺乏某些营养元素会影响植物正常的生理机能。反之，元素含量过多，对植物也会产生毒害作用。因此，这些营养元素在植物体内的存在状态及含量情况，往往影响植物的生长发育。

植物不但需要完全的营养物质，而且还要求各种元素在分量上的合理配合，某些元素过多就使另外的元素相对地减少，对植物也是有害的。有时土壤中并不缺少某些元素，但由于土壤条件不适(如酸碱度)而直接影响了植物根系对营养物质的吸收，从而引起缺素症。

4.1.1 元素缺乏

(1)缺氮

氮是形成蛋白质的基本成分，氮还存在于各种化合物中，如嘌呤和生物碱。植物一旦缺乏氮素，首先生长受阻，叶片小且色淡，叶片稀疏易落，影响光合作用，因而生长不良，植株矮小，分枝较少，结果少且小。在严重缺氮的情况下，植株最终死亡。如月季缺氮时叶片黄化，但不脱落，植株矮小，叶芽发育不良，花小、色淡。天竺葵缺氮时，幼叶呈淡绿色，在叶片中部具有红铜色的圆圈，老叶则呈亮红色，叶柄附近呈黄色，干枯叶片仍残留在茎上，植株瘦小，发育不良，不能开花。

(2)缺磷

磷是核蛋白及磷脂的组成成分，是植物高能磷酸键(ATP)的构成成分，对植物生长发育具有重要意义。植物缺磷时，生长受抑制，植株矮小，叶片变成深绿色，灰暗无光泽，具有紫色素，然后枯死脱落。如香石竹缺磷，基部叶片变成棕色而死亡，茎纤细柔弱，节间短，花较小；月季则表现为老叶凋落，但不发黄，茎瘦弱，芽发育缓慢，根系较小，影响花的质量。瓜叶菊缺磷时，叶片呈暗绿色，从老叶叶缘开始，逐渐向内部黄化，落叶较早，往往只剩顶端一些小叶，植株生长发育受阻。

(3)缺钾

钾是植物营养三要素之一，在植物灰分中是较多的元素，与原生质生命活动有密切关系，是有机体进行代谢的基础。钾在植物体内对碳水化合物的合成、转移和积累及蛋白质的合成有一定的促进作用。植物缺钾时，叶片往往出现棕色斑点，发生不正常的皱纹，叶缘卷曲，最后焦枯，似火烧过的。红壤中一般含钾较少，通常易发生缺钾症。如洋秋海棠缺钾时，叶缘焦枯乃至脱落。菊花缺钾时，叶片小呈灰绿色，叶缘呈现典型的棕色，并逐渐向内扩展，发生一些斑点，终至脱落。香石竹缺钾时，植株基部叶片变棕色而死亡，茎秆瘦弱，易罹病。

(4)缺钙

钙是细胞壁及胞间层的组成部分，并能调节植物体内细胞液的酸碱反应，与草酸结合成草酸钙，减少环境中过酸的毒害作用，加强植物对氮、磷的吸收，并能降低一价离子过多的毒性，同时在土壤中有一定的杀虫杀菌功能。当植物缺钙时，根系的生长受到抑制，根系多而短，细胞壁黏化，根尖细胞遭受破坏，以致腐烂。种子在萌发时如缺钙，植株柔弱，幼叶尖端多呈现钩状，新生的叶片很快枯死。如栀子缺钙后，叶片黄化，顶芽及幼叶的尖端死亡，植株上部叶片的边缘及尖端产生明显的坏死区，叶面皱缩，根部受害显著，在两星期内就可死亡，植株的生长受到严重的抑制。

(5) 缺镁

镁是叶绿素的主要构成物质，能调节原生质的物理化学状态。镁与钙有颉颃作用，过剩的钙有害时，只要加入镁即可消除钙的作用。植物缺镁时，主要引起缺绿病或称黄化病、白化病。缺镁的植物常从植株下部老叶片开始褪绿，出现黄化，逐渐向上部叶片蔓延，最初叶脉保持绿色，仅叶肉变黄色，不久下部叶片变褐枯死，最终脱落。枝条细长且脆弱，根系长，但须根稀少，开花受到抑制，花色较苍白。如栀子缺镁时出现叶片黄化，从叶缘开始向内坏死，从植株基部开始脱叶，逐渐向上扩展，根系不发展。八仙花对镁元素的缺乏特别敏感，缺镁时，基部叶片的叶脉间黄化，不久即死亡。

(6) 缺硫

硫是蛋白质的重要组成成分。植物缺硫时，也引起缺绿病，但它与缺镁和缺铁的症状有别。缺硫时叶脉发黄，叶肉组织却仍然保持绿色，从叶片基部开始出现红色枯斑。通常植株顶端幼叶受害较早，叶坚厚，枝细长，呈木质化。如一品红缺硫时，叶呈淡暗绿色，后黄化，在叶片的基部产生枯死组织，这种枯死组织沿主脉向外扩展。

(7) 缺铁

植物对铁的需求量虽然较少，但它是植物生长发育中所必需的元素，参与叶绿素的形成，并是构成许多氧化酶的必要元素，具有调节呼吸的作用。植物缺铁时引起黄化病，由于铁在植物体内不易转移，所以缺铁时首先是枝条上部的嫩叶受害，下部老叶仍保持绿色。缺铁轻微的，叶肉组织淡绿色，叶脉保持绿色，严重时，嫩叶全部呈黄白色，并出现枯斑，逐渐焦枯脱落。栀子缺铁引起的黄化病是极为普遍的，首先是由幼叶开始黄化，然后向下扩展到植株基部叶片，严重时全叶变白色，由叶尖发展到叶缘，逐渐枯死，植株生长受抑制。菊花、山茶花、海棠花、杜鹃花等多种花木均发生相似症状。在我国北方偏碱性土壤中缺铁症较为普遍，碱性或石灰含量高的土壤，可溶性的铁变为非溶性，植物就不能吸收利用。

(8) 缺锰

锰是植物体内氧化酶的辅酶基，它与植物光合作用及氧化作用有着密切关系。锰可抑制过多的铁毒害，又能增加土壤中硝酸态氮的含量，并在形成叶绿素及植物体内糖分积累和转运中起着重要作用。植物缺锰时，叶片先变苍白而带一些灰色，后在叶尖处产生褐色斑点，逐渐散布到叶片的其他部分，最后叶片迅速凋萎，植株生长变弱，花也不能形成。缺锰症一般发生在碱性土壤中。如洋秋海棠缺锰时，顶部叶片叶脉间失绿，随后枯腐，并呈水渍状，老叶则呈现灰绿色。菊花缺锰后，首先是叶尖表现症状，叶脉间变成枯黄色，叶缘及叶尖向下卷曲，以致叶片几乎卷缩起来，花呈紫色。

(9) 缺锌

锌是植物细胞中碳酸酐酶的组成元素，它直接影响植物的呼吸作用，也是还原氧化过程中酶的催化剂，并影响植物生长刺激剂的合成。在一定程度上，它又是维生素的活化剂，对光合作用有促进作用。植物缺锌时，体内生长素将受到破坏，植物生长受到抑制。桃树缺锌时，其典型症状为顶部簇生许多小叶片，因此称为"簇叶病"或"小叶病"。缺锌的桃树通常在夏末从植株基部到顶部的叶片均出现缺绿的斑点，病叶坚硬，无叶柄，有些枝条扭曲；春天发芽很迟缓，病害严重时常引起大面积死亡。

(10)缺硼

硼是植物细胞分裂和分化、茎尖和根尖发育所必需的元素，对于植物繁殖、糖类和钙质及植物生长调节剂的运输起着重要作用。缺硼的主要症状之一是顶梢枯死，幼嫩分生组织分解死亡，叶片增厚，卷曲并易碎。

(11)缺铜

铜对于植物的光合作用和呼吸作用及色素形成有重要作用。缺铜常引起叶片黄化，顶梢叶片出现坏死斑点或斑块，生长受阻，甚至枯梢。

(12)缺钼

钼在植物体内的氮代谢中起作用。缺钼表现为叶脉间缺绿，从老叶或中龄叶开始，叶缘枯焦或扭转，叶缩小，有时出现鞭状叶。另外，还可引起植物发育滞缓和不结果等症状。

4.1.2 元素过量

土壤经常含有植物必需或非必需的矿质元素，它们达到高浓度时就可能对植物产生危害。一般来说，大量元素如氮、磷、钾等存在过多的危害小于微量元素如锰、锌、硼等的过量。而在微量元素中，一些元素如镁和锰的安全浓度范围较一些元素如硼和锌的为高。此外，不仅各元素造成毒害的浓度范围不同，而且，不同种类的植物对特定元素在一定浓度水平上产生的毒害的忍耐性(敏感性)也不同。这种情况同样适用于那些植物非必需的元素，如铝、汞等。

元素过量的危害可轻可重，通常由这些元素直接对植物细胞的伤害引起。另外，还有间接的危害，即一种元素能干扰另一种元素的吸收或功能，从而导致被干扰元素的缺乏症。例如，过量的钠会引起植物缺钙，而铜、锰或锌的毒害既可以直接作用于植物，也可以引起植物缺铁。元素过量常见的是硼、锰和铜害。过量的锰可引起叶皱及树皮内部坏死等症状。过量铜、硼可使植物组织坏死。过量的钠和氧化铁可引起植物生长衰弱甚至衰退。过量的钠盐，尤其是氯化钠、硫酸钠、碳酸钠能提高土壤酸碱度，从而引起盐碱害，危害程度依植物而定，可造成黄化、矮化、叶灼、枯萎甚至植株死亡。

另外，当土壤酸性太强，一些植物的生长发育也会受到影响，而显示不良症状。酸度过大的危害主要在于增大矿物质盐的溶解性，从而使浓度提高，进而产生元素过量的毒害。铝害和铁害常发生在酸性土壤中。植物一般在土壤 pH 4～8 的范围内生长良好，但有些植物在酸性环境下比另外一些植物生长较好。

4.2 温度与光照失调

植物必须在适宜的温度范围内才能正常生长发育，温度过高或过低，超过了它们的适应能力，植物的代谢过程将受到阻碍，组织将受到伤害，严重时还会引起死亡。

植物能够忍受的最高和最低温度随不同植物种类和植物的生长期不同而变化很大。热带植物在高温下生长良好，而当温度降到0℃或接近0℃则会受害。大多数温带的多年生植物能够抵御0℃以下的低温而不致于受害。此外，较老和硬化的植物比幼苗更能抗寒，植物不同的器官或组织对低温的敏感性也不同，例如芽就比枝条怕冻。

突然的大幅度气温变化也可以造成植物组织的破坏和死亡，极端的温度最容易出现在大量沥青和水泥构成的城市环境中。

4.2.1 温度过高

高温常使花木的茎(干)、叶、果受到伤害，通常称为灼伤，如树皮的溃疡和皮焦，叶片上产生白斑、灼环等。花灌木及树木的日灼常发生在树干的南面或西南面。日灼造成的伤口往往给蛀干害虫和引起枝干病害的真菌大开方便之门。在苗圃，夏季的高温常使土壤表面温度过高而引起幼苗茎基部灼伤，如银杏苗木茎基部受到灼伤后，茎腐病菌便趁机而入，因而夏季高温使银杏苗木茎基腐病严重。针叶树幼苗受土壤高温的灼伤，茎基部出现白斑，幼苗即行倒伏，易与侵染性的猝倒病混淆。即使在荫处，当气温超过32℃时，新栽植的铁杉、紫藤和绣球花等花木，也容易受到高温的伤害。

高温使光合作用迅速下降，呼吸作用上升，因而消耗植物体内大部分碳水化合物，引起生长减退，伤害加强，植株即枯死。

4.2.2 温度过低

低温同样会使植物受到伤害。低温对植物造成危害的原因，首先是使植物细胞内含物结冰，从而引起细胞间隙脱水，或使细胞原生质受到破坏。通常温度下降愈快和结冰愈迅速，对植物产生的危害愈严重。

霜冻是常见的低温伤害。晚秋的早霜常使花木未木质化的枝梢及其他器官受到冻害，春天的晚霜易使幼芽、新叶和新梢冻死；花芽和花受害则引起落花，这对春季观赏花木危害甚大。而冬季的反常低温对一些常绿观赏植物及落叶花灌木等未充分木质化的嫩梢、叶片同样引起冻害。露地栽培的花木受霜冻后，常自叶尖或叶缘产生水渍状斑，有时叶脉间的组织也产生不规则的斑块，严重时全叶坏死，解冻后叶片变软下垂。温室花卉若因管理不善，偶然受到低温袭击也受到同样的伤害。针叶树受冻害，一般表现为针叶先端枯死并呈红褐色。树木干部受到冻害，常因外围收缩率大于内部而引起树干纵裂。这种现象多发生于树干中下部南面和西南面，主要是昼夜温差较大所致，如华北、山东一带普遍发生的毛白杨破腹病。

低温还能引起苗木冻害，尤以新栽植的苗木易受其害，其原因是土壤中的水分结冰，冰柱体积不断增大，将表层土壤抬起，苗木便随着土壤的抬起而上升，当结冰融化时表土下沉回复原状，苗木则不能随之复位，如经数次冻拔，苗木则可被拔出而与土壤分离遭受损害。这在我国南方和北方地势较高的山区都有发生。

4.2.3 光照不适

光照过强对植物的伤害往往与高温伤害伴随发生，使植物产生灼伤。光照不足会影响叶绿素的形成，植物生长纤细，叶色苍白，并且提早落叶落花。光照不足容易发生在当植物栽植过密或处于大树或其他高大物体下面的情况，以及室内的栽培植物。

不同植物对光照的要求不同。有的喜强光、不耐荫，属阳性植物，如梅花、桃花、仙人掌类、木兰、月季、荷花、菊花、茉莉、牡丹、美人蕉、长春花等；中性植物不喜强光，稍能耐荫，如桂花、夹竹桃、蜡梅、樱花等；阴性植物适于在光照不足或散射光条件下生长，不能忍受强光直射，如杜鹃、万年青、巴西铁树、兰花、绿巨人等。

4.3 水分失调

植物的正常生理活动，都需要在体内水分饱和的状态下进行。水是原生质的组成成分，在活跃生长的组织中占鲜重的80% ~90%，具有高度生理活性的部分含水量均很高，如植物的根部及茎尖。水是植物生长发育不可缺少的条件，因此，土壤中水分不足或过多以及供应失调，都会对园林植物产生不良影响。

4.3.1 水分过多

土壤水分过多，往往发生水涝现象，植物根系首先受到伤害。因土壤空隙中氧气减少，使植物根部呼吸受到阻碍，容易发生窒息引起腐烂。同时，在水分过多而缺氧的状态下，由于厌气性细菌活跃，而使土壤中一些有机物产生甲基化合物、醛和醇等有毒物质，直接毒害植物的根系，使之腐烂。根系受到损伤后，便引起地上部分叶片发黄和落叶，茎(干)生长受阻，严重时植株死亡。水涝对根系的损害程度，常因植物的种类、土壤因子、涝害的时间等条件而不同。女贞受水淹后，蒸腾作用立即下降，12天后植株便死亡。

一些植物适应在水湿环境中生长，如柳树、落羽杉等，但更多的植物则不耐水涝。一般草本花卉容易受到涝害；植物在幼苗期对水涝较敏感。木本植物中，悬铃木、合欢、女贞、梧桐、板栗、核桃等树木易受涝害，而枫杨、杨树、柳树、乌桕等树木及火炬松、短叶松的幼苗对水涝有很强的耐力和抗性。多种花木在土壤水分过多的情况下，容易发生叶色变黄、花色变浅、花的香味减退，引起落叶、落花，严重时根系腐烂，甚至全株死亡。

4.3.2 水分不足

在土壤干旱缺水的条件下，植物蒸腾作用消耗的水分多于根系吸收的水分时，一切代谢作用衰弱，产生脱水现象，即出现萎蔫。如印度橡胶树、梨、桃等植物缺水时，气孔关闭，二氧化碳进入细胞量减少，影响光合作用；茶树缺水时蔗糖合成下降，水解作用增高。长期处于干旱缺水状态下的植物，生长发育受到抑制，组织纤维化加强。较严重的干旱将引起植株矮小，叶片变小，叶尖、叶缘或叶脉间组织枯黄，这种现象常由基部叶片逐渐发展到顶梢，引起早期落叶、落花、落果，花芽分化也减少。在花木苗期或幼株移栽定植后，以及一些草本花卉，在严重干旱的条件下，往往会发生萎蔫或死亡。如杜鹃对干旱非常敏感，干旱缺水会使叶尖及叶缘变褐色坏死。北美黄杉的焦蔫病也因缺水所致。

空气干燥即相对湿度低通常不造成对植物的危害，但如果伴随着强风和高温，则易引起植物叶片过度失水变焦灼，造成暂时萎蔫，乃至永久萎蔫。

4.4 大气污染

大气污染物种类很多，主要由人类燃烧化石燃料如石油、煤以及工业副产物引起，包括硫化物、氟化物、氯化物、氮氧化合物、臭氧、粉尘及带有各种金属元素的气体等。它们对植物产生不良影响，严重时使植物死亡。

大气污染物质对植物的危害，是由多种因素所决定的。首先决定于有害气体的浓度及作用延续时间，同时也取决于污染物的种类、受害植物种类及不同发育时期、外界环境条件等。大气污染物除直接对植物生长有不良影响外，同时还降低植物的抗病力。

植物受大气污染危害主要有 3 种情况，即急性危害、慢性危害和不可见危害。急性危害的受害叶片，最初叶面呈水渍状，叶缘或叶脉间皱缩，随后叶片干枯。多数植物叶片褪绿为象牙色，但也有些植物叶片变为褐色或褐红色，受害严重时叶片逐渐枯萎脱落，造成植株死亡；慢性危害主要表现为叶片褪绿至近白色，这主要是叶片细胞中的叶绿素受破坏而引起的；不可见危害是在浓度较低的大气污染物影响下，植物受到轻度的危害，生理代谢受到干扰和抑制，如光合作用受到影响、合成作用下降、酶系统的活性下降、细胞液酸化，使植物体内组织变性，细胞产生质壁分离，色素下沉。

总之，大气污染物往往延迟植物抽芽发叶，结实少而小，叶片失绿变白或有坏死斑，严重时大量落叶、落果，甚至使植物死亡。当然，种类繁多的园林植物对不同的污染源忍受的程度是不同的，有的具有较强的抗烟毒特性，有的则容易受毒害。因此，可选择抗性较强的花卉和树木作为防止污染的植物材料，用于改善环境。

4.4.1 初级污染物

初级污染物包括硫化物和氮化物。

硫化物是我国大气污染物中较为主要的污染物。植物对二氧化硫(SO_2)很敏感，当受到二氧化硫危害时，叶脉间出现失绿的不规则形坏死斑，但有时也呈红棕色或深褐色。二氧化硫的伤害一般是局部性的，多发生在叶缘、叶尖等部位的叶脉间，伤区周围的绿色组织仍可保持正常功能，若受害严重时，全叶亦枯死；在低浓度时引起的为一般性黄化，高浓度可造成脉间白化、顶枯等。如百日草在二氧化硫浓度为1μg/mL时，经6h熏气，1周后，叶片大部分坏死，花瓣前端边缘也产生坏死斑。针叶树受害，常从针叶尖端开始，逐渐向下发展，呈红棕色或褐色坏死。美人蕉、香石竹、仙人掌类、丁香、山茶以及桂花、广玉兰、圆柏等对二氧化硫有较强抗性。一般而言，对二氧化硫的抗性，阔叶树种大于针叶树种，常绿树种大于落叶树种。

杜鹃花对氮化物很敏感，引起的症状类似二氧化硫，叶片白化或铜色，低浓度抑制生长。在二氧化氮浓度为10～250μg/mL时，往往在1h内，叶缘和叶脉间便出现坏死，叶片皱缩，随后叶面布满斑纹。欧洲夹竹桃、叶子花、木槿、球根秋海棠、金鱼草、蔷薇、翠菊等观赏花木对氮化物都是很敏感的。

酸雨是由大气的二氧化硫和二氧化氮溶于雨水中，转变成硫酸和硝酸，提高了酸度而形成。虽然纯水的pH值是7.0，但正常的雨水由于还溶解了一些二氧化碳(CO_2)、氨(NH_3)和阴离子，因此，其pH值为5.6，呈弱酸性。只有当雨(雪)的pH值低于5.6时，才真正被认为是酸雨(雪)。酸雨的酸度一般介于pH 4.0～4.5，但在个别地方，曾有pH 1.5的记录。酸雨可直接作用于植物，破坏植物表面蜡质层，使组织中钙、钾等元素淋溶而影响新陈代谢。酸雨还可引起植物叶片产生污斑、卷曲、发黑、落叶等症状。此外，酸雨还可使土壤的理化性质发生变化，从而对植物的生长产生间接的影响。

4.4.2 次级污染物

次级污染物由初级污染物经光化学反应而产生，包括臭氧和过氧乙酰硝酸盐(PAN)。

臭氧对植物的危害普遍表现为植株褪绿，可引起叶片表面斑驳、黄化，并形成小型、棕色到黑色的斑点，植物提早落叶、发育迟滞、顶枯等。美洲五针松对臭氧很敏感，在浓度为7μg/mL时延续4h就受害。对臭氧有抗性的园林植物有百日草、一品红、草莓和黑胡桃等。植物栅栏组织层是发生可见臭氧危害最多的部位。臭氧的危害使叶片出现坏死和褪绿斑，有时受害植物叶片在夏末即可落光。

PAN可引起植物的“银叶”症状，并在植物叶背形成白色或铜色斑点，叶片增厚。

4.4.3 工业副产物

工业副产物主要指氟化物、氯化物以及粉尘等。

氟化物危害的典型症状，是受害植物叶片顶端和叶缘处出现灼烧现象，这种伤害的颜色因植物种类而异。在叶的受害组织与健康组织之间有时有一条明显的红棕色带。尚未成熟的叶片容易受氟化物危害，使植物枝梢顶端常常枯死。唐菖蒲对氟化物很敏感，受污染后首先是叶尖产生灼烧现象，然后逐渐向下延伸，黄花品种更为敏感，很少剂量即对花产生危害。因此，有些国家利用它作为环境监测的植物材料。

氯化物如氯化氢对植物细胞杀伤力很强，能很快破坏叶绿素，使叶片产生褪色斑，严重时全叶漂白、枯卷，甚至脱落。伤斑多分布于叶脉间，但受害组织与正常组织间无明显界限。有些植物受氯化物危害后会出现其他颜色的伤斑，如枫杨和绣球呈棕褐色，广玉兰呈红棕色，女贞、杜仲呈深灰褐色。一般未充分伸展的幼叶不易受氯化物危害，而刚成熟已充分伸展的叶片最易受害，老叶次之。因此，植物受到氯化物危害后，枝条先端的幼叶仍然继续生长，这和氟化物的危害正相反。

各种植物对氯化物的敏感性是有差异的。在园林植物中，水杉、枫杨、木棉、樟子松、紫椴等对氯化物敏感；银杏、紫藤、刺槐、丁香、瓜子黄杨、无花果、蒲葵、山桃等抗性较强。

粉尘可影响各种园林植物，在植物表面形成粉层或壳状物，植物发生黄化并生长不良；一些粉尘有毒，在露水和雨水中直接破坏植物组织。

4.5 其　他

人类活动不断地向周围排放各种化学物质，如盐(氯化钠)、煤气泄漏、石油制品都会对植物造成危害。土壤中的水污染及土壤中有毒物质的残留物也引起植物的非侵染性病害，如土壤中残留的一些农药、石油、有机酸、酚、氰化物及重金属等，这些污染物往往使植物根系生长受到抑制，影响水分吸收，同时，叶片往往褪绿，影响生理代谢，植物即死亡。

化肥应对植物有利，但如施用不当，便会造成肥害。施肥过量会引起植物根系烧伤和土壤板结。

由农药使用不当而引起的植物损害称为药害。造成药害的原因可能是浓度过高，剂量过大，或者是将不能混合的药物互相混合，如波尔多液就不能与石硫合剂混合施用。急性药害表现为叶焦枯、变红褐、落叶。慢性症状一般在施药后间隔一段时间后出现，表现为叶畸形、茎叶硬化、根系异常分枝、肿大等。

对园林植物不适当的引种、移栽，尤其是大树移栽，经常由于植物水土不服或移栽过程中对树木影响过大，致使生长不良，而且还易遭受侵染性病害的侵染，甚至死亡。

现代城市每天都进行着大量的工程建设，比如修路、建房，挖埋下水管道、电缆、光缆、煤气管道等。植物附近的工程施工往往会侵占植物的生长空间。对于植物根围土壤的干扰可以伤害到植物根系，而对地表进行混凝土等物体的覆盖可以导致根系窒息。气体交换对根系的生存和功能发挥至关重要，如果根系周围的土壤被覆盖了一个不通透层，根系便不能呼吸而死亡。

当今社会，人类活动对于环境的影响日益增强，园林植物是伴随着城市发展由人类栽培和管护的一类植物，它们不像森林那样处于天然的生长环境，而是在一个喧闹多变的、旨在方便人类的、对植物来说并不友好的环境中生长，因此，最易遭受人类活动的影响和压力而导致生长不良，甚至死亡。由人类生产和生活等各种活动对植物产生的不利影响而导致的病害，统称为人类压力病害(population pressure diseases, PPD)。上述危害只是其中的一部分，这一类非侵染性病害，随着现代工业化和城市化的不断发展，有日益增多和加剧的趋势。

复习思考题

1. 植物有“营养不良”症吗？如果有，症状是怎样的？
2. 园林植物涝害产生的原理是什么？
3. 温度失调对植物的影响表现在哪几方面？
4. 大气污染对植物造成什么危害？
5. 为什么人类压力也属于非侵染性病害？

推荐阅读书目

树木花卉病害．吴光金．海洋出版社，1992.

园林植物病虫害防治．徐明慧．中国林业出版社，1990.

Plant Pathology. G. N. Agrios. Academic Press，2005.

第5章 园林植物病害的诊断

[**本章提要**] 正确诊断园林植物病害是对其进行合理控制的前提。园林植物病害的诊断需要遵循一些基本的原则和方法，包括现场或田间诊断，采集样本，区别侵染性病害与非侵染性病害，症状检查，病原物的显微观察以及应用柯赫法则进行病原性的确定等。对于涉及多种生物性和非生物性因素的园林病害的诊断，则必须做深入细致的调查研究和分析或通过必要的科学实验来加以确诊。

园林植物病害种类繁多，各种不同的病害有其不同的发生原因、发生条件和发生特点，防治方法也不尽相同。因此，正确诊断病害是对园林植物病害进行合理控制的前提，如果诊断出现错误，则必然会导致防治措施的偏差，不但不能奏效，反而还有可能延误和加重病情，造成更大的损失。

5.1 病害诊断的原则及方法

5.1.1 病害诊断的一般原则和程序

为了能准确有效地诊断和鉴定园林植物病害，园林工作者有必要遵循一些基本的原则和程序。

①在尽可能的情况下，应该在病害发生的地点或现场对病害进行调查或检查，亲自获得第一手材料。仅仅依靠检验送到实验室的病害样本，很多时候不一定能得到确切的答案。因为送来的样本不一定完整或典型，还有的可能因时间太久或运输中的问题已经变得干枯或被污染破坏。另外，单凭标本无法得知罹病植物的生长环境，从而漏掉有助于诊断的信息和线索。

②现场或田间诊断需要准备一些必要的工具和材料，如手持放大镜、刀具、枝剪、笔记本、照相机、标本袋等，以便于现场观察记录和采集样本。

③仔细观察发病的植物群体，向栽培者了解发病历史和以前及当前的处理方法，栽培植物的来历，栽培管理方式，发病当地的土壤、天气、昆虫活动以及被害植物的分布等情况。

④对于单个植株应该注意到所有的异常状态，如叶子、茎(干)上是否有病菌子实体？枝条可以剖开以检查内部是否有病变组织及真菌菌丝，地上部分黄化可以考虑挖根检验等。

最后，对于现场无法确定或还需要进一步核实的病害，应采集标本并将其带回实验室作进一步观察和检验。例如，组织切口上是否有菌脓涌出，将标本保湿培养促进真菌孢子的产生，或对病组织进行分离培养后再加以鉴定。

5.1.2 病害诊断的方法

(1)区别侵染性病害与非侵染性病害

一般来说，诊断植物病害时，在确定是病害而不是虫咬等损伤的前提下，需要首先判断这种病害是生物性的侵染性病害，还是环境不适引起的非侵染性病害。

园林植物的侵染性病害与非侵染性病害之间互为因果的复杂关系，有时给病害的诊断带来一些困难，不能及时确定病害的主要原因。而且，非侵染性病害和侵染性病害很多时候还会复合危害。如果一种植物病害涉及多种生物性和非生物性因素的复合影响，那么确定当中具体因子的相对重要性就会非常困难，甚至变得不可能。一般来说当植物由于环境不适而生长不良或衰弱时，它们也往往成为弱寄生性菌的侵染对象。许多病害，虽然在表面上是由生物性因素引起，但其实却是由另外一些环境因素引发的。因而要正确区别和判断是侵染性病害还是非侵染性病害，就必须对发病现场做深入细致的调查研究和分析，甚至通过实验手段来确诊。

区别侵染性病害与非侵染性病害可以从如下几个方面来进行：

①观察症状。不少侵染性病害产生特异性的病害症状，后期还有病症出现，而且侵染性病害在危害植物上的症状一般有一个渐进发展的过程或迹象，如病斑颜色的逐渐加深，病斑面积的不断增大等。而非侵染性病害的症状则一般不呈现一个渐进扩展的模式，也没有病症出现。

②侵染性病害在田间的分布往往有发病中心，并有从中心向周围扩展蔓延之势。有利于产生合适温度、湿度的地形病害往往发生较重，常呈零散分布。非侵染病害并无明显发病中心和蔓延趋势。病害发生往往与一些特殊的位置以及土壤条件或气象变化有一定关系，常成片发生。

③侵染性病害在一特定地点，通常发生在个别或少数种类的寄主植物上，而非侵染性病害的一个很明显的特征是在一个地方几种或多种而且在分类上互不相关的植物上发生类似症状。

(2)症状观察

症状对园林植物病害的诊断有很大意义，是诊断病害的重要依据之一。园林植物病害的症状种类很多，但一般而言，每一种园林植物病害的症状都具有一定的、相对稳定的特征，通常表现在发病部位病斑的形状、大小、颜色、纹理等方面。因此，根据症状一般可以做出初步诊断，这在野外调查和观察中，对病害的识别具有实用价值。

掌握各种病害的典型症状是迅速诊断植物病害的基础。症状一般可用肉眼和放大镜加以识别，方法简单易行，多用于常见病与多发病的鉴别。如白粉病、锈病、霜霉病、寄生性种子植物病害等。但是病害的症状并不是固定不变的。同一种病原物在不同的寄主上，或在同一寄主不同的器官或不同的发育阶段，或处在不同的环境条件下，都可能会表现出不同的症状，此现象称同原异症。如梨胶锈菌危害梨和海棠叶片产生叶斑，在松柏上使小枝肿胀并形成菌瘿；立枯丝核菌在幼苗木质化以前侵染，表现猝倒症状，在幼苗木质化后侵染，则表现立枯症状。不同的病原物也可能引起相同的症状，此现象称同症异原。如真菌、细菌甚至霜害都能引起李属植物穿孔病；植原体和真菌都能引起园林植物的丛枝症状；缺素症、植原体和病毒等都能引起园林植物黄化。因此，仅凭症状诊断病害，有时并不完全可靠。常常需要进一步分析发病原因或鉴定病原物才能确诊。

(3)病原物的显微观察

经过现场观察和症状观察，初步诊断为真菌病害的，可挑取、刮取或切取表生或埋藏在组织中的菌丝、孢子梗、孢子或子实体进行镜检。根据病原真菌的营养体、繁殖体的特征等，来决定该菌在分类上的地位。如果是细菌病害，其病组织边缘常有细菌呈云雾状溢出。线虫和螨类，均可在显微镜下看清其形态。植原体、病毒等在光学显微镜下看不见，需要在电子显微镜下才能观察清楚其形态，但某些病毒病可以通过检查受病细胞内含体来鉴定。生理性病害检查不到任何病原物，但可以通过镜检看到细胞形态和内部结构的变化。

(4)病原性的确定

由于植物病组织上出现的生物体(一般是微生物)不一定就是病原物，当通过症状观察和显微镜检验及查阅有关病害的文献后，仍不能确定一个病原时，那么该生物就有可能是一个腐生物，或是一个以前未有报道过的新病原。要证明一种生物的病原性，就必须应用柯赫法则(Koch's postulates)来检验，其步骤如下：

①病植物上都发现有这种生物；

②这种生物能够从植物组织上分离培养，并纯化得到纯培养；

③将纯培养接种到与原来发病植物同种的健康植株上，能够引起同样的病害症状；

④从接种发病的植物组织上能再分离出这种生物，其形态特征同(2)一样。

柯赫法则适用于可以分离培养，或可纯化然后进行接种的病原物。但有一些病原物如某些病毒、植原体等，培养和纯化还不可能，柯赫法则便不能实行。

5.2 侵染性病害的诊断

侵染性病害是由生物性因素引起，其特点是在植物表面或内部存在病原物，如真菌、病毒、细菌、植原体、寄生性植物、线虫等。这些病原物的活跃存在指示它们有可能是病害产生的原因。因此，可以通过肉眼、放大镜、显微镜观察发现和鉴别。如果病植物体表面没有发现病原物，还可解剖植物检查其内部是否存在病原物。

在侵染性病害中，一般由真菌、寄生性种子植物和寄生藻引起的病害，后期都会产生明显的病症，这些病症通常是病原物的营养体或繁殖体。借用显微镜或肉眼观察它们的形态，便可鉴别它们的类别和种。对专性寄生或强寄生物引起的真菌病害，以及藻斑病、寄生性种子植物病害等，这是比较可靠的诊断方法。但是由病毒、植原体等引起的病害不表现病症，多数细菌病害的病症不明显，另外，在病死组织上出现的真菌，也并非都是真正的病原菌。因此，就必须进行组织分离培养和人工接种试验，或借助电子显微镜、血清反应和酶联免疫反应等技术和方法，对病原进行分析和鉴定，才能做出正确的诊断。

5.2.1 真菌病害的诊断

真菌病害发生于植物的各个部位，一般到后期会在病组织上产生病症，它们多半是真菌的繁殖体，用肉眼或通过显微镜观察病原体的形态或患病组织的异常，即可识别诊断。对于专性寄生或强寄生的真菌，如锈菌、白粉菌、霜霉菌和外囊菌等所致的病害，根据病原物进行诊断是非常可靠的。但很多时候植物病组织上出现的子实体并非专性寄生或强寄生类型，它们可能是病原物，也可能是次生的或腐生的菌类，在这种情况下，可首先观察病原物的形态特征，查阅有关真菌学和植物病理学文献，确定它们是否是已报道过的病原物。如果病害症状及病原物特征与报道的非常吻合，则诊断基本上可以完成。如果查阅文献未有类似报道，则该病原物就有可能是腐生物，或者是还未报道过的新病害。那么，对该病害就必须作进一步的诊断和鉴定。

在很多情况下，植物病组织上并不出现子实体或病原物的其他结构，因此，直接的观察鉴定便不可能。在这种情况下，可通过将植物材料放在密闭的容器中保湿1～2天后再镜检。保湿能促进一些病原物产孢，或者分离培养病原真菌到特定的培养基上，并在一定的温度和光照条件下培养，也可促使它们产孢。

5.2.2 细菌病害的诊断

细菌病害的诊断主要依据病害的症状、病组织上大量细菌个体的存在以及缺乏其他病原物。植物病原细菌非常细小，在显微镜下也仅是微细的杆状，形态上很难区分病原物抑或腐生菌。解决的办法一个是采用只针对某细菌属或种的选择性培养基，但更准确的办法是分离培养纯化细菌得到单菌落，然后接种感病植物，观察引发的症状是否与已报道的某种细菌病害相符。更先进的诊断方法是用免疫诊断技术，如荧光抗体染色、酶联免疫吸附分析等来鉴定细菌。这些方法十分灵敏、专一和迅速。

5.2.3 植原体病害的诊断

植原体病害常引起植物矮缩、黄化、丛枝、花器异常及最终衰退死亡等症状。植原体是非常微小、具多型性、无细胞壁的原核生物，一般只能用电子显微镜才能观察到，且多不能人工培养。对于植原体病害的诊断，主要的依据是病害症状，嫁接和媒介昆虫的传染性，电子显微镜观察，对四环素的敏感性和对青霉素的非敏感性，对热处理的敏感性以及血清学反应等。另外还可用染色法，即用 Dienes（0.2%）染色植物组织，被植原体危害植株的韧皮部可被染成蓝色，而健康和其他类型病原侵染的韧皮部则不着色。

5.2.4 病毒病害的诊断

植物病毒病害的诊断可通过以下几个方法进行：①症状观察。病毒常引起花叶、黄化、碎色等症状。②内含体观察。一些病毒侵染常导致植物组织叶绿体破坏和形成内含体，内含体存在于寄主植物的细胞质及细胞核内，在光学显微镜下可以看到结晶状和无定型的内含体。③传染试验。病毒可以通过病毒汁液摩擦接种、嫁接及一些媒介昆虫(如蚜虫)传病。④电子显微镜观察病毒粒子。⑤血清学方法、酶联免疫吸附分析等。

5.2.5 线虫病害的诊断

植物寄生性线虫具有口针，如果在病植物体或根际土壤出现这些线虫，就指示它们可能是病原，或至少与病害发生有关。进一步可鉴定该线虫是否属于引起该病害的属或种。

5.2.6 其他侵染性病害的诊断

寄生性种子植物如桑寄生、菟丝子等，直接寄生在寄主植物体上，明显的病症表明了它们是病原。藻斑病和毛毡病典型而特异的症状也很明显地指示出它们的病原。

5.3 非侵染性病害的诊断

如果从罹病植物上不能发现、分离到病原物，那么就可以推测病害的原因为非生物因素。由非生物性病原引起的黄化、枯萎、斑点、落花、落果等症状，有些与生物性病原引起的病害症状相似，这就需要对发病现场进行认真的调查和观察，对发病原因进行分析并做出正确的判断。一般非侵染性病害的发生是受土壤、气候条件的影响或其他有毒物质的污染，它们的发生往往是比较成片的。如发生栀子花黄化病的栽培土壤一般是偏碱性，缺乏可利用态的铁，如给土壤施入铁的化合物，可使植株恢复绿色。

非侵染性病害的诊断是较为复杂的问题。首先要研究排除侵染性病害，然后再分别检查发病的症状(部位、特征、危害程度)，分析发病因素(发病时间、气候条件、地形、土壤、肥料、水分等)。例如，晚霜之害多在春季冷空气过后晴朗无风的夜间发生；永久萎焉一般发生在长期干旱或水涝情况下；空气污染往往发生在强大污染源(如工矿)周围的植物种植区；日灼病常发生在温差变化很大的季节；对缺乏某种元素所产生的缺素症，通常要观察其外部特征、叶片的颜色变化等，同时可进行缺素症的试验，从而确定其为某种缺素症。非侵染性病害有时也可能是由几种因素综合影响的结果，这种情况更为复杂，必须做每个影响因素及综合因素的试验研究，方能得出结论。

复习思考题

1. 诊断园林植物病害有必要遵循哪些基本原则和程序？
2. 怎样在田间区别侵染性病害与非侵染性病害？
3. 症状对园林植物病害的诊断有什么意义？
4. 怎样确定一个病害的病原是真菌还是细菌或其他病原物？
5. 为什么柯赫法则不适用于检验所有的病原物？

推荐阅读书目

园林花木病虫害识别与防治．金波．化学工业出版社，2004.
名贵花卉病虫害鉴别与防治．周成刚．山东科学技术出版社，2001.
花卉病虫害诊治图谱．雷增普．福建科学技术出版社，2002.
Plant Pathology. G N Agrios. Academic Press，2005.

第 6 章

园林植物病害的防治

[**本章提要**] 防治园林植物病害的基本方针是“预防为主，综合治理”。在制订任何防治计划或方案时，都必须考虑生物性因素即防治措施对病原物的有效杀灭或抑制、生态性因素即防治方法和材料应尽量避免造成对其他生物和环境的不利影响，以及经济因素即防治成本不能高于它所能挽回的损失。防治园林植物病害的方法多种多样，主要有植物检疫、抗病育种、栽培技术、生物防治、物理防治、外科治疗及化学防治等。每种方法各有其优缺点。进行病害防治应该根据实际情况，有机、灵活地运用各种防治手段，使其相互协调，取长补短，以达到理想的防治效果。

园林植物病害防治的基本方针是“预防为主，综合治理”。植物病害在很大程度上是一个群体性概念，一般单株价值较低，而且恢复力差，从经济上和技术上都不适于治疗，生产实践中也极少有靠治疗而控制住病害的例子。但如果采取的措施得当，植物病害一般都可以预防。即使局部区域发生了病害，还可以进行各种处理，防止病害的蔓延。鉴于园林植物的特点，病害的治疗(therapeutic measures)在防治中占有一定的地位。但是，病害给寄主造成的损失是无法补偿的，因此还是应强调预防为主。

防治园林植物病害的方法有许多种，各种方法各有优点和局限性，如果只采用某一种方法或措施就能够有效控制病害的发生或流行，那自然是最理想的情况。但实际情况往往要复杂得多，单一方法很难对植物病害进行有效控制，有时还会产生其他不良影响，必须考虑和应用各种防治手段，采取综合措施加以治理，方能达到较为满意的效果。

综合防治(integrated control)要求合理运用各种防治方法，使其相互协调，取长补短。它不是许多防治方法的机械拼凑和组合，而是在综合考虑各种因素的基础上，确定最佳防治方案。例如化学防治(chemical control)有见效快、效果好、功效高的优点，但药效往往仅限于一时，不能长期控制病害，且使用不当易使病菌产生抗性，杀伤天敌，污染环境。园林栽培技术防治(cultural methods)虽有预防作用和长效性，不需额外投资，但对已发生的病害无能为力。生物防治(biological control)虽有诸多优点，但当病害暴发成灾时，也未必能见效。因此，各种措施都不是万能的，必须有机地结合起来。

综合防治的概念是以生态学为基础，有机地运用各种防治手段，对物理环境(如温度、湿度、光照、土壤等)，各种生物和微生物区系，寄主的抗病性，以及病原物的生存、繁殖等方面进行适当的控制或调节，建立一个以栽培植物为主体的相对平稳的生态系，并力求保持其相对稳定性，把病害所造成的损失控制在经济容许的水平之下。

6.1 防治原则与策略

在制订任何园林植物病害的防治计划或方案时，必须考虑三方面的因素，即生物性因素、生态性因素和经济因素。生物、生态和经济是构成任何防治计划的三要素，又称为“防治三角”(control triangle)。

生物因素是指采取的防治措施能对病原物进行有效杀灭或抑制。但防治计划仅考虑这一点显然是不够的，因为在杀灭或抑制病原物的同时，采用的方法和材料可能造成对环境的污染或对其他生物包括天敌的不利影响。因此，生态因素必须被纳入考虑的范围。另外，任何防治计划或治理工程都是需要花钱的，必须对防治成本和可能获得的收益进行核算和评估。如果防治成本等于或多于防治所能挽回的损失，那么再好的防治计划也是行不通的。实际上经济因素是很多防治计划的限制因素。

植物病害的防治措施是在了解病害防治的原理或策略的基础上设计和制定的。感病植物、病原物和环境条件是园林植物侵染性病害发生发展的三要素。从理论上讲，只要能控制住三要素中的任何一个，就可以防止病害的发生或流行，使防治工作取得良好的结果。因此，防治措施的确定也应从这3个要素考虑。园林植物病害防治的策略主要有以下几个方面：

(1)杜绝和铲除(exclusion and eradication)

防止新侵染性病害进入无病区；或一旦进入，即就地封锁和消灭；或尽量减少或稀释病原物接种体的数量以使其不能成功侵染。

(2)免疫与抗病(immunity and resistance)

选育和栽培免疫或抗病的植物种、品种或品系；或增强树木的活力和生长势，提高抗病能力。

(3)保护(protection)

对感病的健康植物进行保护，为其设置一道保护层，以阻止或降低病原物的侵染。

(4)治疗(therapy)

对病株进行治疗，阻止病害的进一步扩展，或使其康复。

园林植物病害防治的具体方法包括植物检疫(plant quarantine)、抗病育种(breeding for disease resistance)、栽培技术、生物防治、物理防治(physical control)、外科治疗及化学防治等措施。

6.2 病害防治的技术措施

6.2.1 植物检疫

6.2.1.1 植物检疫的概念和意义

植物检疫是指一个国家或地方政府颁布法令，设立专门机构，禁止或限制危险性病、虫、杂草等人为地传入或传出，或者传入后为限制其继续扩展所采取的一系列措施。

在自然情况下，病、虫和杂草等虽然可以通过气流等自然动力和自身活动扩散，不断扩大其分布范围，但这种能力是有限的。再加上有高山、海洋、沙漠等天然障碍的阻隔，所以病虫害的分布有一定的地域性。但是，现代交通运输的发达，使病虫害分布的地域性很容易被突破。一旦借助人为因素，病、虫就可以附着在种实、苗木、接穗、插条及其他植物产品上跨越这些天然屏障，由一个地区传到另一个地区或由一个国家传播到另一个国家。当害虫和病原菌离开了原产地，到了一个新的地区后，原来制约病虫害发生发展的一些环境因素可能并不具备，条件适宜时，就会迅速扩展蔓延猖獗成灾。历史上，这样的教训也不少。榆枯萎病最初仅在欧洲个别地区流行，以后扩散到欧洲许多国家和北美，造成榆树大量死亡。因此，这些事件促使一些国家首先采取植物检疫的措施来保护本国农、林业免受危害。

6.2.1.2 植物检疫的实施

(1) 检疫对象的确定

病虫害及杂草的种类很多，不可能对所有的病、虫、杂草进行检疫，而是根据调查研究的结果，确定检疫对象名单。确定检疫对象的依据和原则是：①本国或本地区未发生的或分布不广，局部发生的病、虫及杂草。②危害严重，防治困难的病、虫。③可借助人为活动传播的病、虫及杂草，即可以随同种实、接穗、包装物等运往各地，适应性强的病、虫。主要林业检疫性病害有：

松材线虫 *Bursaphelenchus xylophilus* (Steiner et Buhrer) Nickle;

松疱锈病菌 *Cronartium ribicola* J. C. Fischer ex Rabenhorst;

落叶松枯梢病菌 *Botryosphaeria laricina* (Sawada) Y. Z. Shang。

检疫对象名单并不是固定不变的，应根据实际情况的变化及时修订或补充。同时，必须根据寄主范围和传播方式确定应该接受检疫的种苗、接穗及其他植物产品的种类和部位。

(2) 划分疫区和保护区

有检疫对象发生的地区划为疫区，对疫区要严加控制，禁止检疫对象传出，并采取积极的防治措施，逐步消灭检疫对象。未发生检疫对象，但有可能传播进检疫对象的地区划定为保护区。对保护区要严防检疫对象传入，充分做好预防工作。

(3) 对外检疫

对外检疫(国际检疫)是国家在对外口岸、港口、国际机场及国际交通要道设立检疫机构，对进出口货物、旅客携带的植物及邮件等进行检查。该措施的主要目的是防止国外输入新的，或在国内还是局部发生的危险性病、虫及杂草输出国外。出口检疫工作也可以在产地设立机构进行检验。

(4) 对内检疫

对内检疫主要是由各省、自治区、直辖市检疫机关，会同交通运输、邮电、供销及其他有关部门根据检疫条例，对所调运的物品进行检验和处理，将在国内局部地区已发生的危险性病、虫、杂草封锁，使它不能传到无病区，并在疫区把它消灭。我国对内检疫主要以产地检疫为主，道路检疫为辅。

6.2.1.3 植物检疫的程序和方法

(1) 检疫程序

以对内检疫为例，植物检疫包括下列程序：

报检　调运和邮寄种苗及其他应受检的植物产品时，应向调出地有关检疫机构报检。

检验　检疫机构人员对所报检的植物及其产品要进行严格的检验。到达现场后凭肉眼和放大镜对产品进行外部检查，并抽取一定数量的产品进行详细检查，必要时可进行显微镜检及诱发试验等。

检疫处理　经检疫如发现检疫对象，应按规定在检疫机构监督下进行处理。一般方法有禁止调运、就地销毁、消毒处理、限制使用地点等。

签发证书　经检验后，如不带有检疫对象，则检疫机构发给国内植物检疫证书放行；如发现检疫对象，经处理合格后，仍发证放行；无法进行消毒处理的，应停止调运。

另外，我国进出口检疫包括以下几个方面：进口检疫、出口检疫、旅客携带物检疫、国际邮包检疫、过境检疫等。这些检疫应严格执行《中华人民共和国进出口动植物检疫条例》及其实施细则的有关规定。

(2) 检疫方法

植物检疫的检验方法分为现场检验、实验室检验和栽培检验3种。具体方法多种多样。植物检疫工作一般由检疫机构进行，在此不再详述。

园林工作者应注意，无论是引进的还是输出的种苗，均需取得检疫机构的检疫证书方可放行。这是实现以预防为主策略的主要措施。

6.2.2 抗病育种

选育抗病品种是预防病虫害的重要一环，不同树木花草对于病害的受害程度并不一致。广义的植物抗病性包括3个方面：一是植物从时间上或空间上避开了病原物的侵染，即避病；二是耐病，即植物具有很强的忍耐或增殖补偿能力；三是真实的抗病性，即植物具有抗性基因并从形态结构到生理生化反应上都有抵制病害发生的特征。农业上抗病虫品种选育成功的例子较多，在园林上也培育出菊花、香石竹、金鱼草等抗锈病的新品种。我国园林植物资源丰富，应注意抗病品种的选育。选育抗病良种的方法除一般常规育种外，辐射育种、化学诱变、单倍体育种及遗传工程的研究，也为选育更多的抗病虫品种提供了可能性。

抗病性的鉴定是抗病育种工作的重要环节。鉴定方法有自然感染和人工感染两种。自然感染法是将初步选育出来的品系栽种在病害流行区，使植物自然发病。人工感染法是把病原物接种到选育出来的植株上，由感染发病的程序来判断寄主植物抗病性的强弱。

鉴定某种植物抗病与否，需要用一些指标来衡量，如发病状况、潜育期的长短、过敏性坏死反应和病斑扩展的速度、范围等因素。

(1)发病状况

该项指标包括叶、果、梢，乃至整株的发病率。系统性病害一般可用整株发病率表示病害的严重度，而局部性病害则需要计算病情指数来作比较。

(2)潜育期长短

一般地说，寄主抗病性强，潜育期较长，反之则较短。

(3)过敏性坏死反应

该项指标主要用于寄主对专性寄生物病害抗性的鉴定，包括坏死出现的速度及范围。寄主抗病力强，过敏反应出现得快。

(4)病斑扩展的速度、范围

该指标主要用于寄主对枝干(茎)腐烂病抗性的鉴定。抗病力弱的寄主，病斑扩展速度快，范围大。

除此之外，有的抗病性鉴定中，还要考虑病害对产量和生长量的影响等因素。

需要注意的是，培育出的抗病品种不是万能的、永远不变的，抗病性可以改变或丧失，其原因是多方面的。病原物的遗传组成可能因寄主抗病品种的出现发生相应的变化，如产生新的生理小种，使寄主原有的抗病性被克服。植物的个体发育和生活力以及环境条件对抗病性的表达也有着重要影响。因此，只有不断地选育新的抗病品种，注意利用多系品种并合理搭配，改进栽培管理措施，去劣存优，才能保障植物的健壮生长，才能使抗病性较长久地保持住。

6.2.3 栽培措施

园林栽培防治法就是通过改进栽培技术和管理措施，使环境条件有利于园林植物的生长发育，不利于病原物的滋生，直接和间接地消灭或抑制病害的发生。这种方法不需要额外投资，而且又有预防作用，可长期控制病虫害，因此，栽培措施是最基本的防治方法。

6.2.3.1 选用无病繁殖材料

不少园林病害是依靠种子、苗木和其他繁殖材料传播侵染的，如仙客来病毒病、百日菊白星病等。因此，建立无病留种区或留种田，培育健壮的树苗，从健康植株上采种，不但能提高栽培成活率，有利于苗木的生长发育，而且可以减轻或避免这类病害的发生。花木中病毒病害发生较普遍，很多苗木及繁殖材料都是带毒的，生产中只有使用脱毒的组培苗才能减少病毒病的发生。

6.2.3.2　培育健苗

地势低洼积水，土壤黏重，阳光过弱的地方不宜作苗圃地。另外，应注意选择无病的地块，对有病菌的地块要进行土壤处理；温室中的有病土壤及带病盆钵在未处理前不可继续使用；在无土栽培时，被污染的培养液要及时清除，不能继续使用。

要适时播种，把幼苗最易受害期与病害危害盛期错开，可避免或减轻某些病原的危害。必要时进行种苗消毒处理。如落叶松和杉木，以旬平均气温10℃以上时播种较宜，种子发芽快，苗木生长健壮，抗病性强。播种过早，苗木出土慢，种子在土壤内时间过长，易发生种芽腐烂；播种太迟，幼苗出土后正遇梅雨季节，易受幼苗猝倒病等的侵害。圃地播种后用草帘等覆盖地面，不仅有保温保湿作用，而且对病虫有隔离作用。适时浇水或排水，可减轻某些土传病害的发生，如圃地积水过多时，适当排水可减轻猝倒病的发生。

6.2.3.3　植物的合理配置与轮作

适地适树，合理密植，适当进行树种和花草的搭配，可相对地减轻某些病害的发生与危害。所谓适地适树，就是使造林树种的特性与造林地的立地条件相适应，以保证树木、花草健壮生长，增强抗病能力。如云杉等耐荫树种宜栽植在阴湿地段；油松、圆柏等喜光树种则宜栽植于较干燥向阳的地方。无论是露天栽培还是温室大棚栽植，种植密度、盆花摆放密度要适宜，以利于通风透气。

在观赏植物的栽植中，为了保证美化的效果，往往是许多植物混植。这样做忽视了植物病害的相互传染，人为地造成某些病害的发生和流行。如海棠和圆柏、龙柏、铅笔柏等树种的近距离配置栽培，造成了海棠锈病的大发生；又如烟草花叶病毒能侵染多种花卉，在园林配景中，多种花卉的混栽加重了病毒病的发生。因此，在园林设计工作中，植物的配置不仅要考虑景观的美化效果，而且要考虑病害的问题。新建庭园时，应避免将有共同病害的树种、花草搭配在一起。

一般情况下病菌都有一定的寄主范围。将某些常发病害的寄主植物与非寄主植物进行一定年限轮作，可避免或减轻某些病害的发生与危害。如杨树育苗不宜重茬，宜与刺槐、松杉等轮作；毛白杨锈病与根癌病通过轮作，发病率可明显降低。温室中香石竹的多年连作，加重了镰刀菌枯萎病的发生，轮作可减轻病害的发生。轮作时间视具体病害而定，如鸡冠花实行2年轮作即可有效防治鸡冠花褐斑病，而防治孢囊线虫病则轮作时间要长。观赏植物苗圃最好实行3～4年的轮作。轮作是古老而有效的防病措施，轮作植物为非寄主植物，使病土中的病原物因找不到食物“饥饿”而死，从而降低病原物的数量。

6.2.3.4 改善植物生长的环境条件

合理的肥水管理不但能使植物健壮地生长，而且能增强植物的抗病能力。观赏植物应使用充分腐熟而又无异味的有机肥，以免污染环境，影响观赏。若使用无机肥，氮、磷、钾等营养成分的比例要合理配合，以防止出现缺素症。一般来说，大量使用氮肥，促使植物幼嫩组织大量生长，往往导致白粉病、锈病、叶斑病等的发生；适量地增加磷、钾肥，能提高寄主的抗病性，是防治某些病害的有利措施。

观赏植物的灌溉技术，无论是灌水的方法，还是浇水量、浇水时间等都影响着病害的发生。喷灌往往容易引起叶部病害的发生，最好采用沟灌、滴灌或沿盆钵边缘浇水，且浇水要适量。浇水时间要有选择，叶部病害发生时，浇水时间最好选择晴天的上午，以便及时地降低叶片表面的湿度；收获前不宜大量浇水，以免推迟球茎等器官的成熟，或窖藏时因含水量大，造成烂窖等事故。多雨季节要及时做好排水工作。水分过大往往引起植物根部缺氧窒息，轻者植物生长不良，重则引起根部腐烂，尤其是肉质根等器官。

许多花卉是以球茎、鳞茎等器官越冬的，为了保障这些器官的健康贮存，要在晴天收获；在挖掘过程中尽量减少伤口；挖出后剔除有病的器官，并在阳光下曝晒几天方可入窖。贮窖必须预先清扫消毒，通风晾晒；入窖后要控制好温度和湿度，窖温一般控制在5℃左右，湿度控制在70%以下。球茎等器官最好单个装入尼龙网袋内悬挂在窖顶贮藏。

要注意合理调节栽植场圃中的温度和湿度，尤其是温室大棚内的栽培植物，要经常通风透气，降低湿度，以减少花卉灰霉病、叶斑病等常见病害的发生发展。种植密度、盆花摆放密度要适宜，以便通风透气。冬季温度、湿度要合适，不要忽冷忽热。

6.2.3.5 场圃卫生

场圃卫生是减少侵染来源的重要措施。要注意结合园林植物的抚育管理，合理修枝，及时剪除病、虫枝叶。场圃中的病残体或其他原因致死的植株要及时收集，并加以焚烧，或作深埋或化学药剂处理。生长季节中及时摘除有病枝叶，拔出病株，并对病土进行处理。园艺操作过程中要避免重复侵染，如摘心、切花时一定要防止工具和人手对病害的传带。

许多杂草是植物病害的野生寄主、贮主，如车前草等杂草是根结线虫的野生寄主。杂草寄主增加了某些病害病原物的来源；杂草丛生提高了植物小气候的湿度，有利于病原物的侵染。因此及时中耕除草可以减少病原。

6.2.4 生物防治

生物防治有广义和狭义之分。广义的生物防治是指利用一切生物手段防治病害，因而抗病育种也可以说是生物防治的一种方法。狭义的生物防治是指利用微生物防治植物病害，这是目前生物防治研究和讨论的范畴。生物防治现今多用于土壤传播的病害。生物防治不会破坏生态平衡，不污染环境，在园林植物病害防治中很有前途，应加强这方面的研究，将其用于生产。

6.2.4.1 生物防治的机制

生物防治的原理主要是利用微生物之间的颉颃作用而达到对病原物的杀灭或抑制。颉颃作用的机制是多方面的，主要包括竞争、抗生物质、重寄生、捕食及交叉保护等。

竞争　指益菌和病原物在养分及空间上的竞争。由于益菌的优先占领，使病原物得不到立足的空间和营养源。如大隔孢伏革菌(*Peniophora gigantea*)、放射野杆菌(*Agrobacterium radiobacter*)菌株84的防治机理。

抗生物质　一些真菌、细菌、放线菌等微生物，在它们的新陈代谢过程中分泌抗生素，杀死或抑制病原物。这是目前生物防治研究的主要内容。如哈茨木霉(*Trichoderma harsianum*)分泌抗生素或一些挥发性物质，杀死、抑制茉莉白绢病菌(*Sclerotinia rolfsii*)。又如菌根菌可分泌萜烯类等物质，对许多根部病害有颉颃作用。

重寄生　指有益微生物寄生在病原物上，从而抑制了病原物的生长发育，达到防病的目的。如园林植物上的白粉菌常被白粉寄生菌属[*Ampelomyces*(=*Cicinnobolus*)]中的真菌所寄生，立枯丝核菌(*Rhizoctonia solani*)、尖孢镰刀菌(*Fusarium oxysporum*)等病原菌常被木霉属真菌所寄生。

捕食　一些真菌、食肉线虫、原生动物能捕杀病原线虫；某些线虫也可以捕食植物病原真菌。

交叉保护　寄主植物被病毒或某些真菌的无毒品系或低毒品系感染后，可增强寄主对强毒品系侵染的抗性，或不被侵染。如花木的一些病毒病的防治，先将弱毒品系接种到寄主上后，就能抑制强毒株的侵染。

益菌颉颃作用往往是综合的，如外生菌根真菌既能寄生在病原物上，又能分泌抗生物质，或与病原物竞争营养等。

6.2.4.2 生物防治的应用

在园林植物病害防治中，生物防治的实例很多，效果亦佳。有些生物防治已在生产中大面积推广。当然，大多数还处在田间和实验室试验研究阶段。

用放射野杆菌菌株84防治细菌性根癌病(*Agrobacterium tumefaciens*)，是世界上有名的生物防治成功的事例，能防治12属植物中的上千种植物的根癌病。可用于种子、插条、裸根苗的处理。野杆菌放射菌株84是澳大利亚人Kerr于1972年发现的，4~6年内在全世界推广。用它防治月季细菌性根癌病，防治效果达78.5%~98.8%。用枯草芽孢杆菌(*Bacillus subtilis*)防治香石竹茎腐病(*Fusarium graminearum*)等也是成功的实例。枯草芽孢杆菌还可以用来防治立枯丝核菌(*Rhizoctonia solani*)、齐整小菌核菌(*Sclerotinia rolfsii*)、腐霉(*Pythium*)等病菌引起的病害。木霉属的真菌常用于病害的防治，如哈茨木霉用于茉莉白绢病的防治，取得了良好的结果。绿色木霉(*Tr. viride*)制剂经常用来防治多种植物根部病害。植物线虫病害也可以进行生物防治。其中，用少孢节丛孢(*Artrotrys oligospora*)制剂防治线虫有效，药效长达18个月。

该产品已商品化。此外，用细菌、线虫防治线虫病的实例也不少。当然，用大隔孢伏革菌防治松白腐病(*Heterobasidion annosum*)，也是世界闻名的生物防治实例。

6.2.5 物理防治

物理防治是通过热处理、机械阻隔、射线等方法防治植物病害。

6.2.5.1 种苗、土壤的热处理

任何生物，包括植物病原物都对热有一定的忍耐性，超过限度生物就要死亡。在园林植物病害防治中，热处理有干热及湿热两种。

有病苗木可用热风处理，温度为35～40℃，处理时间1～4周；也可用40～50℃的温水处理，浸泡时间为10min至3h。如唐菖蒲球茎在55℃水中浸泡30min，可以防治镰刀菌干腐病；有根结线虫病的植物在45～65℃的温水中处理(先在30～35℃的水中预热30min)可以防病，处理时间0.5～2h，处理后的植株用凉水淋洗。

一些花木的病毒病是种子传播的，带毒种子可进行热处理。在热处理过程中种子只能有低的含水量，否则会受灼伤。种苗热处理的关键是温度和时间的控制。做某种病植物的热处理事先要进行实验。热处理时要缓慢升温，切忌迅速升温，应使植物有个适应温热的锻炼，一般从25℃开始，每天升高2℃，6～7天后温度达到37℃±1℃的处理温度。湿热处理休眠器官较安全。

现代温室土壤热处理是使用热蒸汽(90～100℃)，处理时间为30min。蒸汽处理可大幅度降低香石竹镰刀菌枯萎病、菊花枯萎病的发生。在发达国家中，蒸汽热处理已成为常规管理。

进行太阳能热处理土壤也是有效的措施。在7～8月将土壤摊平做垄，垄向为南北向。浇水后覆盖塑料薄膜(25μm厚为宜)，在覆盖期间保证有10～15天的晴天。耕作层温度高达60～70℃，能基本上杀死土壤中的病原物。温室大棚中的土壤也可按此法处理。当夏季花木搬出温室后，将门窗全部关闭，土壤上覆盖塑料薄膜能较彻底地杀灭温室中的病原物。

6.2.5.2 机械阻隔

覆盖薄膜增产是有目共睹的，覆膜也能达到防病的目的。许多叶部病害的病原物是在植物残体上越冬的，花木栽培地早春覆膜可大幅度地减少叶病的发生，如芍药地覆膜后，芍药叶斑病成倍地减少。覆膜防病的原理是：膜对病原物的传播起了机械阻隔作用；覆膜后土壤温、湿度提高，加速病残体的腐烂，促进病原物的消亡，减少了侵染来源。

除此之外，人们也进行光生物学、超声波、辐射技术防病的研究，虽然都处在实验阶段，但都有开发价值。

6.2.6 外科治疗

部分园林植物，尤其是风景名胜区的古树名木，由于历经沧桑，多数树体遭到枝

干病虫害的危害已形成大大小小的树洞和疮痕，甚至有的破烂不堪，濒临死亡的边缘。而这些古树名木是重要的历史文化遗产和旅游资源，不能像对待其他普通林木一样，采取伐除烧毁减少病虫源的措施。因此，对受损伤的树体实施外科手术治疗，使其保持原有的观赏价值，并健康地生长是十分必要的。

6.2.6.1 外部化学治疗

对于树干病害可采用"外科手术"与化学药剂相结合的方法。先用刮皮刀将病部刮去，然后涂上保护剂或防水剂，但不要覆盖形成层，以利组织愈合。或划割病斑后，再喷涂双效灵、甲基托布津等杀菌剂。

伤口保护剂最常用的是波尔多液，其配比是硫酸铜1份，生石灰3份，兽油0.4份，水15份。配制时，先将水按7∶8分为2份，用7份水溶解硫酸铜，8份水化解生石灰，然后将两液同时倒入第三个容器中，充分搅拌，再加入兽油即成。其他伤口保护剂还有煤焦油和接蜡。煤焦油对树皮有药害，不宜用于薄皮树种上；接蜡能抑制伤口蒸发，帮助愈合，但无杀菌作用，而且易脱落，所以只能作临时保护剂，其配比是松脂4份，蜂蜡2份，兽油0.5~1份。配制时，先将兽油放在锅内熔化，再放入蜂蜡，熔化后，将研碎的松脂粉末慢慢加入搅匀即成。

6.2.6.2 表皮损伤和树洞的修补

表皮损伤修补是指树皮损伤面积直径在10cm以上的伤口的治疗。基本方法是用高分子化合物——聚硫密封剂封闭伤口。一般做法是：先对树体上的伤疤进行清洗，并用30倍的硫酸铜溶液喷涂2次(间隔30min)。晾干后密封(气温23℃ ±2℃时密封效果好)。最后在损伤处粘贴原树皮进行外表装饰。

树洞的修补主要包括清理、消毒和树洞的填充。首先把树洞内积存的杂物全部清除，并刮除洞壁上的腐烂层，用30倍的硫酸铜喷涂2遍(间隔30min)。如果洞壁上有虫孔，可向虫孔内注射杀虫剂，可用药剂有40%氧化乐果50倍液。树洞清理干净、消毒后，树洞边材完好时，使用假填充法修补，即先在洞口上固定钢板网，再在网上铺10~15cm厚的107水泥砂浆（砂∶水泥∶107胶∶水=4∶2∶0.5∶1.25)，外层再用聚硫密封剂密封，最后再粘贴上原树皮。如果树洞大，边材受损时，则采用实心填充，即在树洞中央立硬杂木树桩或用水泥柱作支撑物，在其周围固定填充物。填充物和洞壁之间的距离以5cm左右为宜，树洞灌入聚胺脂，把树洞内的填充物与洞壁粘连成一体，再用聚硫密封剂密封，最后粘贴树皮，修饰的基本原则是随坡就势，因树作形，修旧如故，古朴典雅。

6.2.7 化学防治

化学防治是指用各种有毒的化学药剂来防治病、虫、螨类、线虫、杂草及其他有害生物的一种方法。具有快速、高效，使用方法简单，不受地域限制，便于大面积机械化操作等优点。当病害大发生时，化学防治可能是唯一的有效方法。今后相当长时期内化学防治仍然会占重要的地位。但其缺点是容易引起人畜中毒，污染环境，杀伤天敌，引起病菌产生不同程度的抗药性等。对于这些缺点，未来可通过发展选择性强，高效、低毒、低残留的农药，改变施药方式，减少用药次数等逐步加以解决。

6.2.7.1 杀菌剂的基本知识

(1)杀菌剂的分类

杀菌剂(fungicide)的种类很多，按照不同的分类方式可有不同的分法，一般可按防治对象、化学成分、作用方式进行分类。

按防治对象可分为杀真菌剂、杀细菌剂、杀线虫剂、杀病毒剂等。

按化学成分可分为：①无机杀菌剂，即用矿物原料加工制成的农药；②有机杀菌剂，即有机合成的农药，如有机硫、有机磷、取代苯类、有机杂环类、氨基酸类等；③生物源杀菌剂，即抗菌素和植物杀菌素类；④混合杀菌剂，即由2种或2种以上杀菌剂混配而成。

按作用方式可分为：①保护剂，即覆盖在植物表面防止病原物入侵从而对植物起到保护作用的杀菌剂；②内吸剂，药剂易被植物组织吸收，并在植物体内运输，传导到植株的各部分，对病原物起到杀灭或抑制作用，这类药剂通常具有一定的治疗作用，又称为治疗剂；③铲除剂或消毒剂，这类药剂毒性较强，能直接杀死病原物，常用于土壤和容器等的消毒。

(2)杀菌剂的剂型

工厂生产出来的农药，未经加工成剂的叫作原药。原药是不能直接使用的，原因是原药大多是蜡质固体或脂溶性液体，其分散性能差，而且原药含量高，生产上单位面积用量很少，要想均匀分散到大面积上很困难。因此，必须把原药加工成各种制剂即剂型，提高农药的分散性，改善理化性状，才能应用于生产。常见的杀菌剂剂型有以下几种：

粉剂 是用原药加入一定量的惰性粉，如黏土、高岭石、滑石粉等，经机械加工成粉末状物，粉粒直径在100μm以下。粉剂不易被水湿润，不能兑水喷雾用，一般高浓度的粉剂用于拌种或土壤处理，低浓度的粉剂用作喷粉。

可湿性粉剂 在原药中加入一定量的湿润剂或填充剂，经机械加工成的粉末状物，粉粒直径在70μm以下。它不同于粉剂的是，加入一定量的湿润剂，如皂角、拉开粉等。可湿性粉剂可对水喷雾用，一般不用作喷粉，因为它分散性能差，浓度高，易产生药害，价格也比粉剂高。

乳剂 原药中加入一定量的乳化剂和有机溶剂制成的透明状液体。乳剂适于对水喷雾用。

颗粒剂 原药加入载体(黏土、煤渣、玉米芯等)制成的颗粒状物。粒径一般在250~600μm，主要用于土壤处理，残效长，用药量少。

烟雾剂 原药加入燃剂、氧化剂、消燃剂、引芯制成。点燃后燃烧均匀，成烟率高，无明火，原药受热气化，再遇冷凝结成漂浮的微粒作用于空间，一般用于防治林地及仓库、温室病害。

(3) 杀菌剂的毒性、规格和浓度

毒性 农药的毒性从广义上讲包括3个含义：对人畜的毒害作用称为毒性；对有害生物而言称为毒力；对植物而言称为药害。

不同的农药种类，其毒性大小不同，杀菌剂的毒性常用有效中量(ED_{50})和有效中浓度(EC_{50})来表示。有效中量是指抑制50%病菌孢子萌发时所需要的药剂量。如有效中量用浓度表示剂量称为有效中浓度。

规格和浓度 药剂中有效成分的含量称为农药的规格。如65%代森锌可湿性粉剂，65%就是规格。农药经稀释后，药液或药粉中有效成分的含量，称为农药的有效使用浓度。而单位面积内药剂的使用量，称为用量标准。如使用粉剂时以kg/hm^2表示；用乳剂时，用L/hm^2或kg/hm^2表示。

目前，我国生产上常用的药剂浓度表示法有倍数法、百分浓度(%)和摩尔浓度法(百万分浓度法)。

倍数法是指药液(药粉)中稀释剂(水和填料)的用量为原药剂用量的多少倍，或者是药剂稀释多少倍的表示法。生产上往往忽略农药和水的密度差异，即把农药的密度看作1，通常有内比法和外比法2种配法。用于稀释100倍(含100倍)以下时用内比法，即稀释时要扣除原药剂所占的1份。如稀释10倍液，即用原药剂1份加水9份。用于稀释100倍以上时，要用外比法，计算稀释量时不扣除原药剂所占的1份。如稀释1 000倍液，即可用原药剂1份加水1 000份。

百分浓度(%)是指100份药剂中含有多少份药剂的有效成分。百分浓度又分为重量百分浓度和容量百分浓度。固体与固体之间或固体与液体之间，常用重量百分浓度，液体与液体之间常用容量百分浓度。

6.2.7.2 杀菌剂的使用方法

杀菌剂的品种繁多，加工剂型也多种多样，防治对象的寄生部位、危害方式、环境条件也不尽相同，因此，使用方法也有多种。常用的方法有：

(1) 喷雾

喷雾是借助于喷雾器械将药液均匀地喷布于防治对象及被保护的寄主植物上，是目前生产上应用最广的一种方法。适合于喷雾的剂型有乳剂、可湿性粉剂、可溶性剂等。在进行喷雾时，雾滴大小可影响防治效果，一般地面喷雾直径最好在50~80μm之间，喷雾时要求均匀周到，使目标物上均匀地有一层雾滴，并且不形成水流从叶子上滴下为宜。喷雾时最好不要选择中午，以免发生药害和人体中毒现象。

(2) 喷粉

喷粉是利用喷粉器械产生的风力，将粉剂均匀地喷布在目标植物上的施药方法，此法最适于干旱缺水地区使用。适于喷粉的剂型为粉剂。此法的缺点是用药量大，粉剂黏附性差，效果不如同药剂的乳油和可湿性粉剂好，而且易被风吹失和雨水冲刷，污染环境。因此，喷粉时，宜在早晚叶面有露水或雨后叶面潮湿静风条件下进行，使粉剂在叶面易沉积附着，提高防治效果。

(3) 土壤处理

土壤处理是将药粉用细土、细沙、炉灰等混合均匀，撒施于地面，或将药液浇淋土表，然后进行耧耙翻耕等，主要用于土壤消毒及防治土传病害。

(4) 种苗处理

种苗处理有以下几种方法：

拌种　在播种前用一定量的药粉或药液与种子搅拌均匀，用以防治种子传染的病害。拌种用的药量，一般为种子重量的0.2%～0.5%。

浸种和浸苗　将种子或幼苗浸泡在一定浓度的药液里，用以消灭种子幼苗所带的病菌。

闷种　把种子摊在地上，把稀释好的药液均匀地喷洒在种子上，并搅拌均匀，然后堆起重闷并用麻袋等物覆盖，经1昼夜后，晾干即可。

(5) 熏蒸

熏蒸是利用有毒气体来杀死病菌的方法，一般应在密闭条件下进行。主要用于防治温室、仓库和种苗上的病菌。

(6) 注射

用注射机或兽用注射器将内吸性药剂注入树干内部，使其在树体内传导运输而防治病害。打孔法是用木钻、铁钎等利器在树干基部向下打一个45°的孔，深约5cm，然后将5～10mL的药液注入孔内，再用泥封口。对于树势衰弱的古树名木，也可用注射法给树体挂吊瓶，注入营养物质，以增强树势。

总之，农药的使用方法很多，在使用农药时可根据药剂的性能及病害的特点灵活运用。

6.2.7.3　农药的合理使用

农药的合理使用就是要贯彻“经济、安全、有效”的原则，从综合治理的角度出发，运用生态学的观点来使用农药。在生产中应注意以下几个问题：

(1) 对症下药

各种药剂都有一定的性能及防治范围，即使是广谱性杀菌剂也不可能对所有的病害都有效。因此，在施药前应正确诊断病害，根据实际情况选择合适的药剂品种、使用浓度及用量。切实做到对症下药，避免盲目用药。

(2) 适时用药

在调查研究和预测预报的基础上，掌握病害的发生发展规律，抓住有利时机用药。既可节约用药，又可提高防治效果，而且不易发生药害。防治病害时，可考虑在冬季消灭病原，或在生长季节初期孢子萌发阶段用药，同时还要注意气候条件及物候期。

(3) 交互用药

长期使用同一种农药防治一种病菌，易使病菌产生抗药性，降低防治效果。因此，应尽可能地轮回用药，所用农药品种应尽量选用不同作用机制的农药。

(4)混合用药

将2种或2种以上的对病虫害具有不同作用机制的农药混合使用，以达到同时兼治几种病虫，提高防治效果，扩大防治范围，节省劳动力的目的。农药之间能否混用，主要取决于农药本身的化学性质。农药混合后它们之间不产生化学和物理变化，才可以混用。

(5)安全用药

安全用药包括防止人畜中毒、环境污染和植物药害。生产上应准确掌握用药量、讲究施药方法，注意天气变化，施药者要做好防护措施并严格遵守农药使用规定。

6.2.7.4 常用的杀菌剂

农药种类繁多，园林绿化场所人为活动频繁，应尽量选择高效、低毒、低残留、无异味、无环境污染的药剂，以免影响观赏。

(1)无机杀菌剂

波尔多液 波尔多液是用硫酸铜、生石灰和水配成的天蓝色胶状悬液，呈碱性，有效成分是碱式硫酸铜，几乎不溶于水，应现配现用，不能贮存。波尔多液有多种配比，使用时可根据植物对铜或石灰的忍受力及防治对象选择配制(表6-1)。

表6-1 波尔多液的几种配比(质量)

原料	配合量				
	1%等量式	1%半量式	0.5%倍量式	0.5%等量式	0.5%半量式
硫酸铜	1	1	0.5	0.5	0.5
生石灰	1	0.5	1	0.5	0.25
水	100	100	100	100	100

波尔多液的质量与配制方法有关，最好的方法是在一容器中用80%的水溶解硫酸铜，在另一容器中用20%的水将生石灰调成浓石灰乳，然后将稀硫酸铜溶液慢慢倒入浓石灰乳中，并边倒边搅即可。另一种方法是取2个容器，分别用一半的水配成硫酸铜液和石灰水，然后同时倒入第三个容器中，边倒边搅。配制的容器最好选用陶瓷或木桶，不要用金属容器。

波尔多液是一种良好的保护剂，防治谱广，对鞭毛菌亚门的真菌效果较好，但对白粉病和锈病效果差。在使用时直接喷雾，一般药效为15天左右。对易受铜素药害的植物，如桃、李、梅、鸭梨、苹果等，可用石灰倍量式以减轻铜离子产生的药害。对于易受石灰药害的植物，可用石灰半量式。如葡萄上可用1:0.5:160～200的配比。在植物上使用波尔多液后一般要间隔20天才能使用石硫合剂，喷施石硫合剂后一般也要间隔10天才能喷施波尔多液，以防发生药害。

石硫合剂 石硫合剂是用生石灰、硫黄和水煮制成的红褐色透明液体，有臭鸡蛋气味，呈强碱性，有效成分为多硫化钙，溶于水，易被空气中的氧气和二氧化碳分

解，游离出硫和少量硫化氢。因此，必须贮存在密闭容器中，或在液面上加一层油，以防止氧化。

石硫合剂的理论配比是生石灰、硫黄、水按照1∶2∶10的比例，在实际熬制过程中，为了补充蒸发掉的水分，可按1∶2∶15的比例一次将水加足。熬制方法是：①先将水放入铁锅中加热，待水温达60～70℃时，从锅中取出部分水将硫黄搅成糊状，并用另一容器盛出部分水留作冲洗用；②再将优质生石灰放入铁锅中，调制成石灰乳，煮沸；③将硫黄糊慢慢倒入石灰乳中，边倒边搅，并用盛出的水冲洗，全部倒入锅中；④继续熬煮，并不断搅拌，开锅后继续煮沸40～60min。此过程颜色的变化是黄→橘黄→橘红→砖红→红褐。待药液变成红褐色，渣子变成黄绿色，并有臭鸡蛋气味时，即停火冷却，滤去渣滓，即为石硫合剂母液，一般浓度可达25°Be(波美度)左右。使用时直接对水稀释即可。

石硫合剂是一种良好的杀菌剂，是防治白粉病的特效药，也可防止锈病、炭疽病。高浓度为铲除剂，还可杀虫杀螨。但高温、高浓度易产生药害，宜单独使用。一般只用作喷雾，休眠季节可用3～5°Be。植物生长期可用0.1～0.3°Be。石硫合剂现已工厂化生产，常见剂型有29%水剂、20%膏剂、30%固体等。

白涂剂　白涂剂可以减轻观赏树木因冻害或日灼而发生的损伤，并能遮盖伤口，避免病菌侵入，减少天牛等害虫产卵机会等。白涂剂的配方很多，可根据用途加以改变，最主要的是石灰质量要好，加水消化要彻底。如果把消化不完全的硬粒石灰刷到树干上，就会烧伤树皮，特别是光皮、薄皮树木更应注意。常用的配方是：①生石灰5kg+石硫合剂0.5kg+盐0.5kg+兽油0.1kg+水20kg。先将生石灰和盐分别用水化开，然后将两液混合并充分搅拌，再加入兽油和石硫合剂原液搅匀即成；②生石灰5kg+食盐2.5kg+硫黄粉1.5kg+兽油0.2kg+大豆粉0.1kg+水36kg。制作方法同①。

白涂剂的涂刷时期，一般在10月中、下旬进行或在6月间涂刷1次防日灼。涂刷高度视树木大小而定，一般离地面1～2m。

高锰酸钾　为紫红至紫黑色结晶，易溶于水，是强氧化剂。常用作土壤消毒，也可用于工具、花盆及种苗消毒，常用浓度为0.3%～1%。用0.3%液浸苗；用0.5%液浸种可防种子霉烂；用0.5%水溶液喷苗防治立枯病，20min后喷清水洗净苗上药水。

(2)有机杀菌剂

代森锌　代森锌是有机硫杀菌剂，对人、畜毒性低，对植物安全。它是一种广谱性保护剂，具较强的触杀作用，残效期约7天。常见剂型有65%可湿性粉剂、85%可湿性粉剂。常用浓度分别为500倍液和800倍液。

疫霉灵(乙磷铝、疫霜灵)　为有机磷杀菌剂，对鞭毛菌亚门的真菌效果良好，具很强的内吸传导作用，在植物体内可以上、下双向传导。对新生的叶片有预防病害的作用；对已发病的植株，通过灌根和喷雾有治疗作用。常见剂型有30%胶悬剂、40%可湿性粉剂、80%可湿性粉剂、90%可溶性粉剂。一般使用浓度为40%可湿性粉剂稀释200倍喷雾，每隔10～15天喷药一次。

敌黄钠(敌克松) 取代苯类保护剂，具一定的内吸渗透作用，是较好的种子和土壤处理杀菌剂，也可喷雾使用，残效长；对腐霉菌特效，对丝核菌效果差。常见剂型有75%可湿性粉剂、95%可湿性粉剂。

甲基硫菌灵(甲基托布津) 取代苯类杀菌剂，对人、畜低毒。它是一种广谱性内吸杀菌剂，对多种植物病害有预防和治疗作用。残效期5～7天。常见剂型有50%可湿性粉剂、70%可湿性粉剂、40%胶悬剂。一般使用浓度为50%的可湿性粉剂稀释500倍或70%的可湿性粉剂稀释1 000倍。可与多种药剂混用，但不能与铜药剂混用。

甲霜灵(瑞毒霉、灭霜灵) 取代苯类杀菌剂，具内吸和触杀作用，在植物体内能双向传导，耐雨水冲刷，残效期10～14天，是一种高效、安全、低毒的杀菌剂。对卵菌纲真菌引起的病害有特效，如各种霜霉病、疫霉病、腐霉病等，对其他真菌和细菌病害无效。常见剂型有25%可湿性粉剂、40%乳剂、5%颗粒剂。使用浓度为25%可湿性粉剂500～800倍液喷雾；用5%颗粒剂20～40kg/hm^{2}作土壤处理。可与代森锌混合使用，提高防效。

多菌灵 属有机杂环类杀菌剂，是一种广谱性内吸杀菌剂，在酸性条件下(pH值2.5～3.0)防病效果好，残效期7～10天。常见剂型有25%可湿性粉剂、50%可湿性粉剂。一般使用浓度为50%可湿性粉剂稀释1 000～1 500倍液喷雾，可有效地防治子囊菌和半知菌中许多病原菌。

三唑酮(粉锈宁、百里通) 属有机杂环类杀菌剂，是一种高效内吸杀菌剂。对白粉病、锈病有特效。具有广谱、用量低、残效长的特点。并能被植物各部位吸收传导，具有预防和治疗作用。常见剂型有15%可湿性粉剂、25%可湿性粉剂、20%乳油。10%烟雾剂在温室内用。一般使用方法为15%粉锈宁可湿性粉剂稀释700～1 500倍喷雾，每隔15天喷药1次，共喷2～3次。该药可与多种杀虫剂、杀菌剂、除草剂混用。

世高 属有机杂环类杀菌剂，为一广谱性、内吸性杀菌剂，对人畜低毒。具有治疗效果好，持效期长的特点，可用于防治叶斑病、炭疽病、白粉病、锈病等。

菌毒清 为甘氨酸类杀菌剂，低毒，具有保护和治疗作用，可用于防治病毒病。常见剂型为5%水剂。该药剂不宜与其他农药混用。

双效灵 是一种混合氨基酸铜络混合物，广谱内吸杀菌剂，喷药4h就可全部被植物吸收。目前，在种子、蔬菜上应用较多，可进行种子处理，也可以叶面喷洒或灌根。常见剂型为10%水剂。据试验用10%水剂稀释200倍防治苹果炭疽病，每年4次，防效达99%。

(3)生物源杀菌剂

抗菌素402(大蒜素) 是一种广谱性杀菌剂，对植物病原菌有很强的抑制作用，可代替酮、汞作种子处理，常见剂型为80%乳油。一般使用方法为80%乳油稀释500～800倍液喷雾或200倍液加入0.1%平平加涂抹伤口消毒。

多抗霉素灭腐灵、多效霉素、保利霉素) 为低毒抗生素类杀菌剂，具有内吸性，可用于防治叶斑病、白粉病、霜霉病、枯萎病、灰霉病等多种病害。常见剂型为

2%和3%可湿性粉剂。

链霉素　属低毒抗生素类杀菌剂，对多种植物细菌病害、植原体病害和一些真菌病害有防治作用。常见剂型为72%农用链霉素可溶性粉剂。

(4)混合杀菌剂

杀毒矾(恶霜锰锌)　为恶霜灵与代森锰锌的混合物。它向顶传导能力强，具有优良的保护、治疗、铲除活性，残效期13~15天，其抗菌活性不仅限于卵菌，也能控制其他继发性病害。常见剂型有64%杀毒矾可湿性粉剂。一般使用方法为64%可湿性粉剂稀释300~500倍叶面喷雾，可防治多种植物病害。

丰米(复方硫菌灵)　由甲基硫菌灵和福美双混合配制而成，具有广谱、高效、低毒的特点，对白粉病、赤霉病、枯萎病等有良好的防治效果。

一熏灵Ⅱ号(烟熏灵Ⅱ号)　为温室内使用的一种高效烟雾杀菌剂，其有效成分为百菌清及速克灵，其余为发烟填充物，可防治灰霉病、霜霉病、白粉病等病害，尤其对灰霉病有特效，对人畜低毒。

病毒A(毒克星、盐酸吗啉胍铜)　盐酸吗啉双胍与醋酸铜混合配制而成，为广谱病毒防治剂，可用于防花叶病毒、条斑病毒等，对人畜低毒。常见剂型为20%可湿性粉剂。

(5)杀线虫剂

二氯异丙醚　是一种具有熏蒸作用的杀线虫剂，由于蒸汽压低，气体在土壤中挥发较慢，对植物安全，可在植物生长期使用，能防治多种线虫。残效期10天左右，但土温低于10℃时不宜使用。常见加工剂型有30%颗粒剂、80%乳油。可在播种前7~20天处理土壤，也可在播种后或植物生长期使用，在距根15cm处开沟，沟深10~15cm，或在树干四周穴施，穴深15~20cm，穴距30cm，施药后覆土。

克线磷(苯胺磷、力满库)　属有机磷杀线虫剂，具有触杀和内吸传导作用。可用于农作物、蔬菜、观赏植物的多种线虫病的防治，并对蓟马和粉虱有一定的控制作用。可在播种前、移栽时或生长期撒在沟、穴内或植株附近土中。常见剂型为10%克线磷颗粒剂，一般用量为45~75 kg/hm^2。

复习思考题

1. 为什么治疗在园林植物病害的防治中占有一定地位?
2. 防治方针与防治三角有什么区别与联系?
3. 植物检疫的目的是什么? 能完全达到吗?
4. 栽培管理措施对于预防病害发生有什么作用?
5. 进行病害的化学防治需要注意什么?

推荐阅读书目

园林植物病虫害防治．黄少彬．中国林业出版社，2000.
新农药使用手册．王青松．福建科学技术出版社，2001.
园林花木病虫害识别与防治．金波．化学工业出版社，2004.
花卉病虫害防治大全．蔡祝南．中国农业出版社，2003.
普通植物病理学(第 4 版)．许志刚．高等教育出版社，2009.

第7章 园林植物叶、花、果病害

［本章提要］ 本章在介绍叶、花、果病害一般规律的基础上，根据叶、花、果病原类型讲述了叶、花、果的主要真菌性病害、细菌性病害、植原体病害、病毒病害的发生规律及防治措施。

7.1 叶、花、果病害概述

园林植物叶、花、果病害种类繁多，已有的调查资料表明，园林植物叶、花、果病害的总数超过了枝干(茎)及根部病害的总和。虽然园林植物叶部病害很少引起植物的死亡，但它对园林植物的观赏效果影响较大，特别是观叶植物。叶部病害通常引起早期落叶，削弱植物的生长势。如月季黑斑病，在北京地区发病严重时，8月份叶片全部落光，不仅削弱了月季的生长，而且易受冻害，也会诱发白粉病。

7.1.1 叶、花、果病害病原及症状类型

叶、花、果病害的病原主要是真菌、细菌、病毒、植原体和线虫。但以真菌引起的叶部病害种类最多。

园林植物叶部病害的症状类型很多，主要有白粉病、锈病、灰霉病、各种叶斑病、煤污病、叶畸形、变色等症状。

7.1.2 叶、花、果病害侵染循环的特点

7.1.2.1 侵染来源

病落叶是初侵染的主要来源。温室内栽植的很多园林植物的有些叶部病害是周年发生的，这些感病植物成为次年露地栽培的同类寄主植物的重要初侵染来源。有病种苗及无性繁殖器官是重要的初侵染来源。此外，昆虫介体、转主寄主、野生寄主等都有可能成为次年的初侵染来源。

许多园林植物叶部病害，在整个生长季节都有多次的再侵染。再侵染来源单纯，初侵染形成的有病植物均可成为再侵染源。

潜育期的长短是决定再侵染次数的重要因素。一般来说，叶、花、果病害潜育期较短，如月季白粉病，在最适宜条件下潜育期只有3天，较长的约1个月。叶、花、果病害潜育期一般为7~15天。

7.1.2.2 病原物的传播

病原物的传播，主要依赖被动传播的方式到达新的侵染点。风、雨、昆虫等是叶病病原物传播的主要动力和媒介。人的行为在病害的传播中也起着至关重要的作用。多数叶部病害的病原物是由气流传播的。细菌或与胶状物混合的真菌则依靠雨水的淋洗、溅打等传播，只有雨水把病原菌分散后，才能靠风作远距离传播。如白粉病等由气流传播，牡丹炭疽病、菊花黑斑病等则由风雨传播。病毒病害、植原体病害等主要由昆虫介体传播，如唐菖蒲花叶病毒、美人蕉花叶病毒等由蚜虫等传播。人的行为，如运输、切花、打枝等均可传播病害。

7.1.2.3 叶部病害病程的特点

叶部病害病原物侵入的途径主要有直接侵入，气孔、水孔等自然孔口和伤口侵入。病原真菌、细菌、病原线虫等主要是直接侵入或从自然孔口侵入，如白粉病、锈病、秋海棠细菌性叶斑病、菊花叶线虫病等。有的病原物既能从伤口侵入也能直接侵入，如芍药褐斑病。病毒从微伤口侵入。

病原真菌侵入后在细胞间隙或细胞内扩展。由于叶片组织很薄，扩展往往横穿叶组织，因此叶片上下表面的叶斑都很明显。有些病原菌的定殖有选择性，如月季黑斑病主要在角质层下定殖，蔷薇白粉病等病菌的吸器主要分布在寄主植物的表皮细胞内。

叶斑病的扩展往往受限制，一般病斑都较小，多数叶斑病单个病斑直径在1cm以下。但园林植物的叶斑病，超过1cm的也不少，如牡丹炭疽病、芍药褐斑病等。一些病原菌的扩展常受到叶脉的限制，病斑呈多角形，如君迁子角斑病。

7.1.3 叶、花、果病害的防治原则

减少侵染来源和喷药保护，是防治园林植物叶、花、果病害的主要措施。减少侵染来源的基本方法，是园林栽培技术措施，并辅以化学防治。减少侵染来源的方法有：注意场圃卫生，如收集病落叶并处理，剪除有病部分等；使用无病的种苗、接穗等；在园林种植规划设计工作中，避免易感染某种病害的多种寄主植物的混植；有病地段秋季深翻，或覆盖塑料膜等。在生长季节及时摘除病叶等也能减少再侵染的来源。

生长季节一旦叶病发生严重，化学防治成为基本的措施。叶、花、果病害潜育期短、侵染次数多，病害发生时要求迅速扑灭，喷化学农药见效最快，如芍药褐斑病、月季黑斑病等。

改善环境条件控制病害发生，水肥的科学管理、通风透光等是主要的预防方法。

7.2 主要的叶、花、果病害

7.2.1 真菌性病害

7.2.1.1 白粉病类

白粉病是园林植物上发生很普遍的一类病害，除针叶树外，大部分的园林植物均有白粉病发生，有的危害比较严重。因为在发病部位产生白色粉状物(病原菌的分生孢子及菌丝)而得名。该病主要危害植物的叶片、叶柄、嫩茎、芽和花瓣，使病叶发黄、皱缩和早期落叶甚至不开花。发病严重时削弱植物的生长势，降低植物的观赏性、产量和质量。

白粉病是由子囊菌门(Ascomycota)核菌纲(Pyrenomycetes)白粉菌目(Erysiphales)，白粉菌科(Erysiphaceae)的真菌所致的一类病害。引起园林植物白粉病的常见病原菌主要有单丝壳属(*Sphaerotheca*)、叉丝壳属(*Microsphaera*)、叉丝单囊壳属(*Podosphaera*)、白粉菌属(*Erysiphe*)、球针壳属(*Phyllactinia*)和钩丝壳属(*Uncinula*)。白粉菌是一类专性寄生菌，体表寄生，菌丝体附着在植物体表，菌丝形成吸器从寄主细胞内吸收养分。病原菌以菌丝体、闭囊壳和分生孢子在发病部位越冬，通过风雨传播，白粉菌的无性阶段在植物的生长季节中有多次再侵染。湿度较大有利于病害发生，但是降雨过多则不利于病害发生。

白粉病的种类较多，寄主专化性很强，植物感病后的病状初期常不太明显，一般病症常先于病状。病症初为白粉状，在叶上初为褪绿斑，继而长出白色菌丝层，最明显的特征是由表生的菌丝体和粉孢子形成白色粉末状物。秋季时白粉层上出现许多由白而黄、最后变为黑色小颗粒——闭囊壳。少数白粉病晚夏即可形成闭囊壳。

不同的白粉病症虽然总体上相同，但也有某些差异。如桑、板栗等叶部都有2种白粉病，一种白粉层在叶背面，另一种生在叶正面。黄栌白粉病的白粉层主要在叶正面，臭椿白粉病在叶背。一般发生在叶正面的白粉层中的小黑点小而不太明显，生在叶背面白粉层中的小黑点大而明显。

白粉菌产生的白粉状分生孢子，在生长季节进行再侵染，严重时会抑制寄主植株生长，叶片不平整，以至卷曲，萎蔫苍白。幼嫩枝梢发育畸形，病芽不展开或产生畸形花，新梢生长停滞，使植株失去观赏价值。严重者可导致枝叶干枯，甚至可造成全株死亡。

白粉病的防治主要采取消灭初侵染源和化学防治相结合的方法。当叶片上出现病斑时喷药，每年喷1次基本上能控制住白粉病的发生。

化学防治常用的药剂为1 500～2 000倍的25%粉锈宁可湿性粉剂或1 000～1 500倍的50%苯来特可湿性粉剂或6 000～8 000倍的40%福星乳油。

温室中防治白粉病时，可在冬季夜间喷硫黄粉。将硫黄粉涂在取暖设备上任其挥发，能有效地防治白粉病。

在冬季休眠期，对病原菌在芽内、枝、果上越冬的落叶树木、花木等，可在发芽前喷洒0.3～0.5°Be的石硫合剂(包括地面落叶和枝干)。

清除初侵染源非常重要，大部分白粉病以其闭囊壳随病残体落入地面或表土中，及时清扫落叶残体并烧毁，同时进行翻土以减少侵染源。此外，选育和利用抗病品种也是防治白粉病的重要措施之一。

在生产实践中，通过合理密植，整形修剪，减少枝叶的郁闭度，尤其是在温室栽培中，要经常通风透光；合理施肥，开花前施用肥水、培植健壮植株，可提高抗白粉病的能力。日常管理中，尽量避免进行叶面淋水，以减少病菌孢子萌发侵入的条件。

月季白粉病

分布与危害 该病是世界性病害，在我国月季栽培地区均有发生，是温室和露地栽培月季的重要病害。引起早落叶、枯梢、花蕾畸形或完全不能开放。一般而言，温室发病比露地重。该病也危害蔷薇、玫瑰等植物。

症状 主要侵染月季的叶片、叶柄、花蕾及嫩梢。早春，病芽展开的叶片上下两面都布满了白粉层。叶片皱缩反卷，变厚，为紫绿色，逐渐干枯死亡，成为初侵染源。生长季节叶片受侵染，首先出现白色的小粉斑，逐渐扩大为圆形或不规则形的白粉斑，严重时白粉斑相互连接成片。嫩梢和叶柄发病时病斑略肿大，节间缩短，病梢有回枯现象。叶柄及皮刺上的白粉层很厚，难剥离。花蕾被满白粉层，萎缩干枯，病轻的花蕾开出畸形花朵。

病原 由毡毛单囊壳[*Sphaerotheca pannosa* (Wallr.) Lev.]和蔷薇单囊壳菌[*S. rosae* (Jacz) Z. Y. Zhao]引起。闭囊壳直径90～110μm，附属丝短，闭囊壳内含1个子囊；子囊75～100μm，椭圆形或长圆形，少数球形，无柄；子囊孢子8个，大小20～27μm×12～15μm。无性阶段为粉孢霉属真菌(*Oidium* sp.)(图7-1)，粉孢子椭圆形，无色，单胞，串生，大小20～29μm×13～17μm。月季上只有无性态。

病原菌生长温度范围为3～33℃，最适温度为21℃；粉孢子萌发最适湿度为97%～99%，水膜对孢子萌发不利。

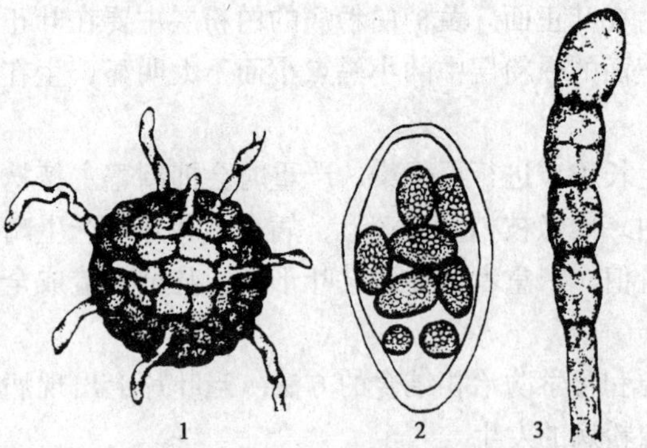

图7-1 月季白粉病病原形态

(仿徐明慧)

1. 子囊壳 2. 子囊和子囊孢子

3. 分生孢子梗和分生孢子

发病规律 病菌以菌丝体在芽、叶或枝上越冬。有些地区以闭囊壳越冬。翌年以子囊孢子作初次侵染。温暖潮湿的季节发病迅速，5、6月和9、10月是发病盛期。白天气温高(23～27℃)、湿度较低(40%～70%)则有利于孢子的形成与释放。土壤中氮肥过多、钾肥不足时易发病。一般夜间温度较低(15～16℃)、湿度较高(90%～99%)有利于孢子萌发及侵入。

防治方法 可参考白粉病类的防治方法。

黄栌白粉病

分布与危害 该病是黄栌上的重要病害。主要分布在北京、陕西、山东、河北、四川、辽宁等地，尤以北京、西安更为严重。白粉病对黄栌的主要危害是秋季红叶不红，变为灰黄色或污白色，失去观赏价值。

症状 主要危害叶片。发病初期叶片上出现白色小斑，逐渐扩大为圆形斑，表面生白色粉层。后期粉层上出现颗粒状物，初为黄色，颜色逐渐加深，最后变为黑褐色，为病菌的繁殖体(闭囊壳)。受害叶片布满白粉，叶片组织褪绿，干枯，提早落叶。8月底9月初，在叶片的白粉中出现小点粒，内含供传播和侵染的大量孢子。发病严重时嫩梢也会受害。

病原 为黄栌钩丝壳菌(*Uncinula verniciferae* P. Henn.)。闭囊壳球形、近圆形，黑色至黑褐色，直径112~126μm；附属丝顶端卷曲；闭囊壳内有多个子囊，子囊袋状、无色；子囊孢子5~8个，单胞，卵圆形，无色，大小18.7~23.7μm×9.5~12.6μm(图7-2)。

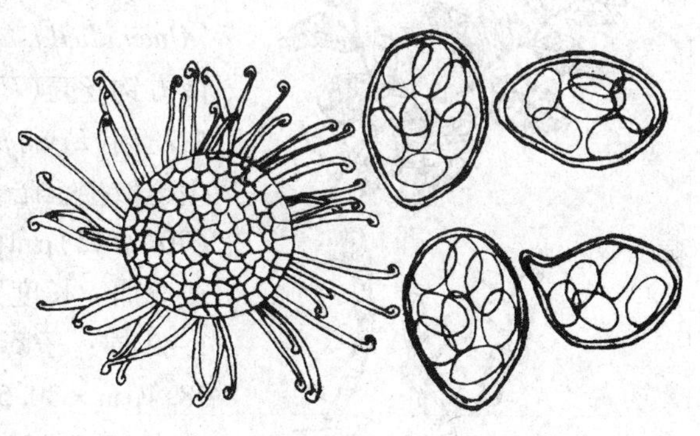

图7-2 黄栌白粉病闭囊壳、子囊及子囊孢子

发病规律 病原菌以闭囊壳在病枯落叶上越冬，也可以以菌丝在病枝条上越冬，在温湿度适宜条件下翌年春季直接产生分生孢子进行初侵染。孢子由风雨传播，雨水对闭囊壳胀发及子囊孢子的释放有重要作用；病原菌直接侵入。子囊孢子6月中、下旬释放。子囊孢子和粉孢子的萌发适温为25~30℃，要求相当高的空气湿度。6月底或7月初叶片上出现白色小粉点。潜育期10~15天。生长季节有多次再侵染。6月底7月初开始发病，8月中、下旬至9月上、中旬为发病高峰。山沟、山凹处发病重，山瘠发病轻；阴坡重，阳坡轻；纯林病重，混交林病轻。阴雨多，湿度大时发病重。

发病的早晚、严重程度与当年的降水量多少、早晚关系密切，尤其是7~8月的降雨量。从发病到8月上、中旬左右，白粉病发展很缓慢，这可能和7~8月上、中旬气温偏高有关，降水量大也是原因之一。8月中、下旬至9月上、中旬病害蔓延很迅速，这可能和昼夜温差大、日平均温度下降有关。

黄栌白粉病由下而上发生。病斑首先出现在1m以下枝条的叶片上，之后逐渐向树冠蔓延。据调查资料表明，植株下部气温比植株中部低1.5~2.0℃，而相对湿度却比中部高15%~20%；黄栌植株根部往往萌生许多分蘖，幼嫩组织多，下部叶片离越冬菌源最近。

植株密度大、通风不良发病重；山顶部分的树比窝风的山谷发病轻。黄栌生长不良发病重；黄栌和油松等树种混交比黄栌纯林发病轻；分蘖多的树发病重。

防治方法 栽植黄栌混交林；山谷窝风处要搭配针叶树种；杜绝纯林栽培。其他方法参考白粉病类的防治方法。

紫薇白粉病

分布与危害 该病是紫薇的一种重要病害。在我国普遍发生。白粉病使紫薇叶片枯黄、皱缩，嫩枝干枯，花蕾不开张，引起早落叶，影响树势和观赏性。

症状 主要侵害紫薇的叶片，嫩叶比老叶易感病。叶片展开即可受侵染。发病初期，叶片上出现白色小粉斑，扩大后为圆形病斑，白粉斑可相互连接成片，有时白粉层覆盖整个叶片。叶片扭曲变形，枯黄早落。发病后期白粉层上出现由白而黄，最后变为黑色的小点粒——闭囊壳。

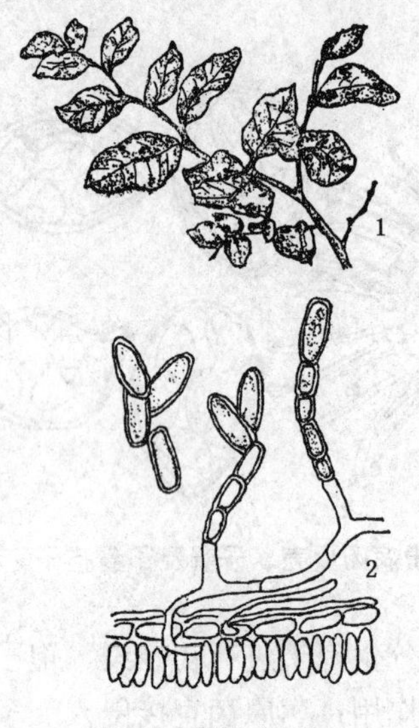

图7-3 紫薇白粉病

1. 白粉病症状 2. 白粉菌粉孢子

病原 病原菌的有性态为南方小钩丝壳菌[*Uncinuliella australiana* (Mcalp) Zheng & Chen]、南方钩丝壳(*Uncinula slna* Mcalp)和白粉菌属的紫薇白粉菌(*Erysiphe lagerstroemiae* West)3种。闭囊壳聚生至散生，暗褐色，球形至扁球形，直径90～125(70～142)μm；附属丝有长、短2种，长附属丝直或弯曲，长度为闭囊壳的1～2倍，顶端钩状或卷曲1～2周；子囊3～5个，卵形、近球形，大小48.3～58.4μm×30.5～40.6μm；子囊孢子5～7个，卵形，大小17.8～22.9μm×10.2～15.2μm(图7-3)。

发病规律 主要发生在春、秋季，秋季发病危害最为严重。病原菌以菌丝体在病芽、或以闭囊壳在病落叶上越冬，粉孢子由气流传播；生长季节有多次再侵染。粉孢子萌发最适宜的温度为19～25℃，温度范围为5～30℃，空气相对湿度为100%，自由水有利于粉孢子萌发。粉孢子的萌发力可以持续15天左右，侵染力维持13天。紫薇发生白粉病后，其光合作用强度显著降低，病叶组织蒸腾强度增加，从而加速叶片的衰老、死亡。

防治方法 参照白粉病类的防治方法。

7.2.1.2 叶锈病类

叶锈病是园林植物中的常发性病害。叶部锈病虽然不能使寄主植物致死，但也严重影响植物的生长，常造成早落叶、果实畸形，削弱生长势，降低产量及观赏性。如危害比较严重的玫瑰锈病。

园林植物上常见的叶锈病主要由担子菌门(Basidiomycota)冬孢菌纲(Teliomycetes)锈菌目(Uredinales)的真菌引起。主要的病原菌有柄锈菌属(*Puccinia*)、单胞锈菌属(*Uromyces*)、多胞锈菌属(*Phragmidium*)、胶锈菌属(*Gymnosporangium*)、层锈菌属(*Phakopsora*)和柱锈菌属(*Cronartium*)等。植物感病后的叶片上锈子器和夏孢子堆一般呈黄色，冬孢子堆为褐色，类似铁锈，所以称为锈病。其中有些锈菌是转主寄生的，防治比较困难。

锈病的病症一般先于病状出现。感病植株病状初期不太明显，黄色粉状锈斑是该病的典型病症。初期的症状是在叶片上产生褪绿、淡黄色或褐色斑，锈斑常较小，近圆形，有时呈泡状斑。发病严重时常在病部产生大量的锈色、橙色、黄色的粉状物。当幼嫩组织受到锈菌侵染时，病部常肿大。有些锈菌不仅危害叶部，还能危害果实、叶柄或嫩梢，甚至枝干。

叶锈病的防治措施主要有：

① 清除病残体，减少初侵染源。休眠期清除枯枝落叶，喷洒 0.3°Be 的石硫合剂，杀死芽内及病部的越冬菌丝体；生长季节及时摘除病芽或病叶。

② 栽培养护方面，对病菌的转主寄主如圆柏与海棠、杜鹃花与铁杉属植物等不要将 2 种植物种在一起或距离太近，在城市中一般距离需大于 3.5 ~ 5km。在酸性土壤中施入石灰等能提高寄主的抗病性。在温室中要重视控制温度(一般 20℃左右)和湿度。锈菌一般都有生理小种的分化，因此抗病育种是防治锈病的基本方法。

③ 药剂防治。生长季节喷洒 25% 的 1500 倍粉锈宁可湿性粉剂，或喷洒250 ~ 300 倍敌锈钠液，10 ~ 15 天喷一次，或喷 0.2 ~ 0.3°Be 的石硫合剂也有很好的防效。

④ 用茶籽饼(油茶树种子榨油后剩下的渣饼) 50g，加水少量，浸泡一昼夜，滤去渣滓后，加 5kg 水喷雾，可防治锈病。

圆柏 - 海棠锈病

分布与危害　该病是园林景区各种海棠及其他仁果类观赏植物上的常见病害。英国、美国、日本、朝鲜等国均有报道。我国该病发生相当普遍。使海棠叶片上布满病斑，严重时叶片枯黄早落。同时危害圆柏属、柏属中的树木，针叶及小枝枯死，使树冠稀疏，影响园林景区的观赏效果。

症状　该病主要危害海棠、苹果、梨树的叶片，也危害叶柄、嫩枝和果实。发病初期，叶片正面出现橙黄色、有光泽的圆形小病斑，扩大后病斑边缘有黄绿色的晕圈。病斑上着生有针头大小的褐黄色点粒，即病原菌的性孢子器。病部组织变厚，叶背病斑稍隆起，隆起的病斑上长出黄白色的毛状物，即病原菌的锈孢子器。病斑最后枯死，变黑褐色。发病严重时，叶片上斑痕累累，引起早落叶。叶柄及果实上的病斑明显隆起，多呈纺锤形，果实畸形，有时开裂。嫩梢发病时病斑凹陷，病部易折断。圆柏等针叶树受侵染，针叶和小枝上着生大大小小的瘤状物，即冬孢子角或称作菌瘿。菌瘿的直径相差很大，如圆柏上的小菌瘿直径为 1 ~ 2mm，大菌瘿直径达 20 ~ 25mm。菌瘿吸水胀发成橘黄色的胶状物，犹如针叶树开“花”。针叶和小枝生长衰弱，或枯死。

病原　病原菌主要有 2 种：山田胶锈菌(*Gymnosporangium yamadai* Myiabe)和梨胶锈菌(*G. Haraeanum* Syd.)，均属担子菌门冬孢菌纲锈菌目胶锈菌属。山田胶锈菌侵染西府海棠、白海棠、红海棠、垂丝海棠、白花垂丝海棠、三叶海棠、贴梗海棠等。梨胶锈菌侵染垂丝海棠、贴梗海棠等。山田胶锈菌的性孢子器生于叶片的上表皮下，丛生，蜡黄色，后变为黑色，直径 190 ~ 280μm；性孢子椭圆形或长圆形，大小

3～8μm×1.8～3.2μm。锈孢子器毛发状，多生于叶背肥厚的红褐色病斑上，丛生，大小5～12μm×0.2～0.5μm；包被黄色，细胞长圆形或披针形，65～120μm×18～25μm；锈孢子球形至椭圆形，淡黄色，有细瘤，直径15～25μm。冬孢子广椭圆形、长圆形或纺锤形，双细胞，分隔处稍缢缩或不缢缩，黄褐色，32～53μm×16～22μm；柄细长，无色。担孢子亚球形、卵形，12～16μm×11～17μm(图7-4)。该锈菌缺夏孢子阶段。担孢子萌发的温度范围是4～30℃，最适温度15～22℃；pH值3.0～9.0，最适pH值5.0～7.0。

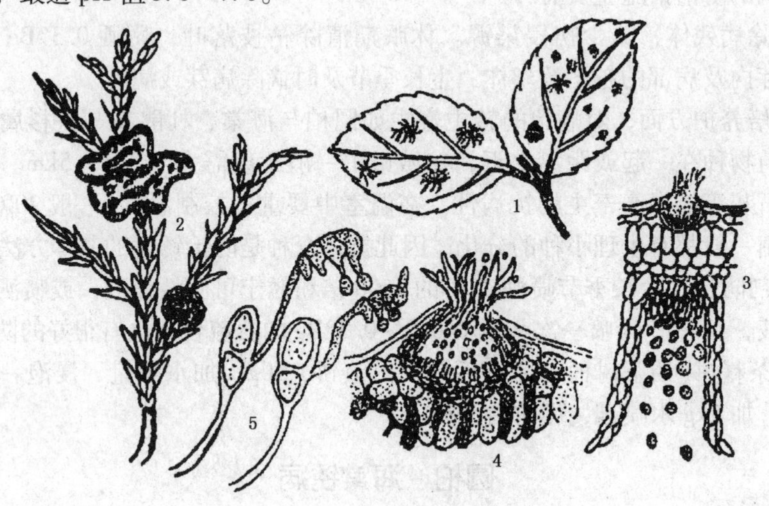

图7-4 圆柏－海棠锈病症状及病原

1. 海棠叶片症状 2. 圆柏上的症状 3. 锈孢子器
4. 性孢子器 5. 冬孢子萌发产生担孢子

发病规律 病原菌以菌丝体在针叶树寄主体内越冬，可存活多年。第二年3～4月冬孢子成熟，菌瘿吸水涨大，开裂。冬孢子形成的物候期是柳树发芽、山桃开花的时候。当旬平均气温为8.2～8.3℃以上，日平均气温为10.6～11.6℃以上，当又有适宜的降雨量时，冬孢子开始萌发。在适宜的温湿度条件下，冬孢子萌发5～6h后即产生大量的担孢子。据报道，在四川贴梗海棠上该病的潜育期为12～18天，垂丝海棠上则为14天。在贴梗海棠上，3月下旬产生性孢子器和性孢子，4月上旬产生锈孢子器，下旬产生锈孢子。在北京地区，4月下旬贴梗海棠上产生橘黄色病斑，5月上旬出现性孢子器，5月下旬产生锈孢子器。6月为发病高峰期。性孢子由风雨和昆虫传播，2～3周后锈孢子器出现，8～9月锈孢子成熟，由风传播到圆柏等针叶树上。因该锈菌没有夏孢子，故生长季节没有再侵染。该菌除了侵染圆柏外，还侵染龙柏、砂地柏、刺柏、铅笔柏、柱柏、翠柏等针叶树种。寄主种类很多，但各阶段所表现的症状基本相同。该病的发生、流行和气候条件密切相关。春季多雨而气温低，或早春干旱少雨发病则轻；春季多雨、气温偏高则发病重。如北京地区，病害发生的迟早、轻重取决于4月中、下旬和5月上旬的降水量和次数。该病的发生与寄主物候期的关系：若担孢子飞散高峰期与寄主大量展叶期相吻合，病害发生则重。

防治方法 春季当针叶树上的菌瘿开裂，即柳树发芽、桃树开花时，若降雨量为

4～10mm，应立即往针叶树上喷洒药剂1∶2∶100的波尔多液或0.5～0.8 °Be的石硫合剂。在担孢子飞散高峰，降雨量为10mm以上时，向海棠等阔叶树上喷洒1%石灰倍量式波尔多液，或25%粉锈宁可湿性粉剂1 500～2 000倍液。秋季8～9月锈孢子成熟时，往海棠上喷洒65%代森锌可湿性粉剂500倍液或粉锈宁。在风景区，应避免寄主的近距离混植。栽植时应考虑两种寄主的种植方位，把针叶树种在下风口，也能在某种程度上减轻病害的发生。

玫瑰锈病

分布与危害 该病是世界性病害。在我国发生很普遍。发病植株早落叶、生长衰弱，不仅影响观赏，而且影响玫瑰花的产量。

症状 该病侵染玫瑰植株地上部分的各个绿色器官，主要危害叶片和芽。早春展叶，从病芽展开的叶片布满鲜黄色的粉状物。叶片背面出现黄色稍隆起的小斑点即锈孢子器，初生于表皮下，成熟后突破表皮散出橘红色粉末，直径0.5～1.5mm，病斑外围往往有褪色环圈。叶正面的性孢子器不明显。随着病情的发展，叶背又出现近圆形的橘黄色粉堆即夏孢子堆，直径1.5～5.0mm，散生或聚生(图7-5)。生长季节末期，叶背出现大量的黑色小粉堆即冬孢子堆。嫩梢、叶柄、果实受害，病斑明显隆起。嫩梢、叶柄上的夏孢子堆呈长椭圆形；果实上的病斑为圆形，直径4～10mm，果实畸形。

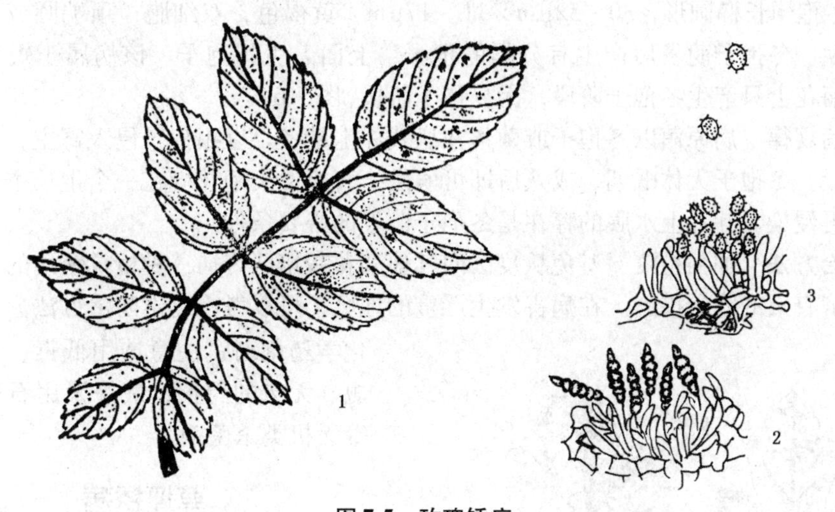

图7-5 玫瑰锈病

1. 症状 2. 冬孢子堆 3. 夏孢子堆和夏孢子

病原 该病害主要由多胞锈属(*Phragmidium*)的真菌引起。其中，短尖多胞锈菌[*Phragmidium mucronatum* (Pers.) Schlecht.]是分布最广的一种。性孢子器生于叶上表皮，往往不明显。锈孢子器橙黄色，周围侧丝很多；锈孢子亚球形或广椭圆形，25～32μm×16～24μm，壁厚为1～2μm，有瘤状刺，淡黄色。夏孢子堆橙黄色；夏孢子球形或椭圆形，18～28μm×15～21μm，孢壁密生细刺。冬孢子堆红褐色、黑色；冬孢子圆筒形，暗褐色，53～110μm×25～27μm，有3～7个横隔，不缢缩，顶端有乳头状突起，无色，孢壁密生无色瘤状突起；孢子柄永存，上部有色，下部无色，显著膨大，长60～77μm(图7-5)。

发病规律 病菌以菌丝体在芽内或在发病部位越冬或以冬孢子在枯枝落叶上越冬。玫瑰锈菌为单主寄生，夏孢子在生长季节有多次重复侵染。夏孢子由气孔侵入；风雨传播。发病最适温度为24～26℃，山东平阴每年6月下旬至7月中旬和8月下旬至9月上旬有2次发病高峰。四季温暖、多雨、多露、多雾的天气均有利于病害发生；偏施氮肥能加重病害的发生。

防治方法 生长季节喷洒25%粉锈宁可湿性粉剂1500倍液，或喷洒敌锈钠250～300倍液，或0.2～0.3°Be的石硫合剂等药物均有良好的防效。

菊花白锈病

分布与危害 该病开始发生在亚洲，18世纪在欧洲的英国发生，对当时的菊花栽培造成了很大损失，有人称为菊花的"癌症"。在日本及我国的台湾、南京、上海均有报道，是检疫性病害。该病主要影响叶片的绿色，使花期缩短，影响观赏。

症状 受害叶片叶面上产生淡黄色的病斑，叶背面处相应产生白色或灰白色的小疱，后期变为淡褐色，为病原菌的冬孢子堆。一片叶子上可以有多个病斑，形成明显的白疱状物，因此称为白锈病。

病原 为崛柄锈菌(*Puccinia horiana* P. Henn.)。冬孢子堆在叶背面，直径0.5～5mm。冬孢子长椭圆形，30～52μm×11～17μm，黄褐色，双细胞，顶端圆或尖，柄中等长度。冬孢子萌发后产生有分隔的担子，上面着生担孢子。该病属于短循环锈病，在菊花上只产生冬孢子阶段，无夏孢子阶段(图7-6)。

发病规律 病原菌以冬孢子或菌丝在病残体上越冬。以担孢子侵入寄主，在寄主体内扩展。冬孢子无休眠期，成熟后即可萌发，直接侵染菊花。在一个生长季节可以有多次再侵染。叶片上水膜的存在是冬孢子萌发的必要条件。

防治方法 加强检疫，避免从疫区向其他菊花栽培区传播；种植抗锈病的菊花品种是经济有效的防治措施。在病害发生严重的地区，可以考虑化学防治方法。在使用化学药剂时，注意选用低毒、残留期短、无味的药剂，最好采用石硫合剂等无机类杀菌剂。

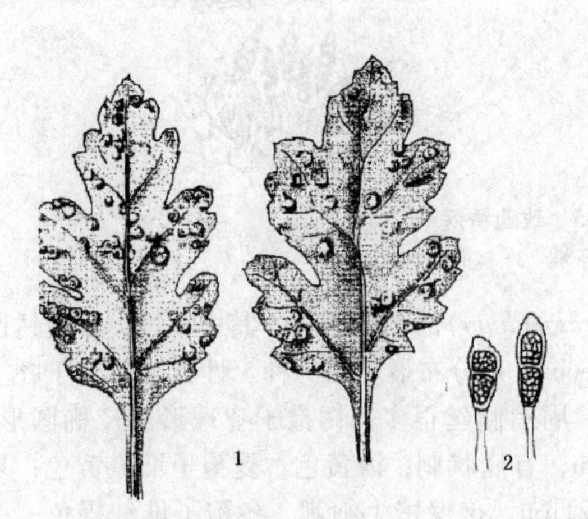

图7-6 菊花白锈病叶片症状及病原形态

1. 菊花叶片症状 2. 冬孢子

草坪锈病

分布与危害 该病分布广，遍及世界各地，我国以北方受害严重。据不完全统计，我国禾本科草坪草和牧草上有140多种锈病，约10～12种造成明显危害，其中最主要的有秆锈病、条锈病、叶锈病和冠锈病。以冷季型草坪草受害最重，尤其是多年生黑麦草、草地早熟禾和高羊茅等。

症状 该病症状的共同特点是：病斑主要出现在叶片、叶鞘或茎秆上，在发病部位生成鲜黄色至黄褐色夏孢子堆，并在后期出现暗黑色至深褐色的冬孢子堆。由于各种锈病夏孢子堆和冬孢子堆的形状、大小、色泽和着生部位等存在着差异，因此，可依此对其进行诊断。为便于识别，现将秆锈病、条锈病、叶锈病和冠锈病的症状比较列入表 7-1。

表 7-1 4 种常见草坪锈病症状比较

病害名称		条锈病	叶锈病	秆锈病	冠锈病
发病时间		最早	较晚	最晚	较晚
受害部位		叶片为主，其次是叶鞘、茎秆	叶片为主，其次是叶鞘，茎秆很少	茎秆为主，其次是叶鞘和叶片	叶片为主，叶鞘较少
夏孢子堆	大小	最小	中等	最大	中等
	形状	卵圆形至长椭圆形	圆形或近圆形	长椭圆形至长方形	长圆形疱斑，严重时病斑汇合，病叶枯死
	颜色	鲜黄色	橘黄色	褐黄色	橘黄色
	排列情况	沿叶脉成行排列，互不愈合，呈虚线状（针脚状）	散生，不规则	散生，常愈合成大块病斑	散生，不规则
	开裂情况	表皮开裂不明显	表皮开裂一圈	大块表皮破裂，呈窗口状两侧翻卷	中裂
冬孢子堆	大小	小	中	较大	小
	形状	条状较扁	卵圆形至长圆形	长椭圆形	稍隆起的丘斑
	颜色	暗黑色	黑色	黑褐色	锈色至黑色
	排列情况	基本成行排列	散生不规则	常愈合成大块病斑，散生	散生不规则
	表皮开裂情况	不开裂	不开裂	后期表皮开裂	后期表皮开裂

病原 条锈菌（*Puccinia striiformis* West.）（条形柄锈菌）引起条锈病。夏孢子单胞，球形、近球形、卵形，橙黄色，表面有细刺，大小 20.5 ~ 42μm × 19 ~ 34.5μm，壁厚 1 ~ 2μm，芽孔散生，7 ~ 11 个，间有菌丝状侧丝；冬孢子双胞，隔膜处稍有缢缩，棍棒状，暗褐色，顶端平切成圆形，大小 35 ~ 66μm × 12 ~ 28μm，壁厚 4 ~ 6μm，柄短，无色。偶见单胞冬孢子（图 5-7：6）。性孢子和锈孢子世代未发现。该菌对寄主的专化性很强，目前已发现多种专化型，如早熟禾专化型、冰草专化型等。

叶锈菌（*P. recondite* Rob. ex Desm.）（隐匿柄锈菌）引起叶锈病。夏孢子单胞，球形、宽椭圆形，表面有细刺，橙黄色，20 ~ 34μm × 17 ~ 26μm，壁厚1.5 ~ 2.5μm，芽孔散生，6 ~ 10 个；冬孢子双胞，隔膜处稍有缢缩，棍棒形，暗褐色，顶端平切，29 ~ 50μm × 12 ~ 27μm，壁栗褐色，柄短，无色（图 7-7：2，4）。该锈菌的转主寄主为唐松草属（*Thalictrum*）、乌头属（*Aconitum*）、翠雀属（*Delphinium*）、银莲花属（*Anemone*）等多属植物。该菌对寄主的专化性也很强，目前已发现多种专化型，如剪股颖专化型、冰草专化型、雀麦专化型等。

秆锈菌（*P. graminis* Pers.）（禾柄锈菌）引起秆锈病。夏孢子单胞，椭圆形，黄褐色，壁上有细刺，大小26～40μm×16～32μm，有芽孔4个，排列在赤道上；冬孢子双胞，棍棒形或纺锤形，暗褐色，大小40～60μm×16～23μm，在隔膜处稍有缢缩，顶端圆形或略尖，顶端胞壁较厚，达5～11μm，色深，侧壁厚1.5μm，色较淡。孢子柄与孢子等长或稍长，其上端黄褐色，下端近无色，冬孢子上部细胞的发芽孔在顶部，下部细胞的发芽孔在侧方(图7-7：1，3)。性孢子和锈孢子世代生于小檗属(*Berberis*)和十大功劳属(*Mahonia*)植物上。该菌具有高度的寄生专化性和很强的致病性分化现象，目前已发现多种专化型，如早熟禾专化型、剪股颖专化型和黑麦草专化型等。

冠锈菌(*P. coronata* Corda.)(禾冠柄锈菌)引起冠锈病。夏孢子单胞，圆形或椭圆形，大小15～25μm×19～25μm，淡黄色，壁深黄色，厚1～1.5μm，有细刺，有6～8芽孔，散生；冬孢子双胞，长圆形至棍棒形，12～23μm×36～67μm，有短而无分枝的角状突起3～10个，分节处无明显收缩，壁栗褐色，厚1～1.5μm，柄略带褐色，很短(图7-7：5)。性孢子和锈孢子世代在鼠李属(*Rhamnus*)植物上。

发病规律 锈菌是严格的专性寄生菌，夏孢子离开寄主仅能存活1个月左右，禾草锈菌都是以夏孢子世代不断侵染的方式在禾草寄主上存活，转主寄主在病害循环中不起作用或作用不大。在草坪禾草茎叶周年存活的地区，锈菌以菌丝体和夏孢子在病部越冬。夏季禾草正常生长的地区，除条锈菌外，一般均能越夏。锈菌夏孢子主要以气流进行远距离传播，此外，可通过雨水飞溅、人畜活动及机具携带等途径在草坪内和草坪间传播。影响锈病发生的因素很多，主要是温、湿度。秆锈病流行需要较高的温度和湿度，发病适温为20～25℃，条件适宜时潜育期一般为5～8天。夜间气温15.6～21.1℃，植株表面有液态水膜时最适宜夏孢子萌发和侵染，故在气温较高的

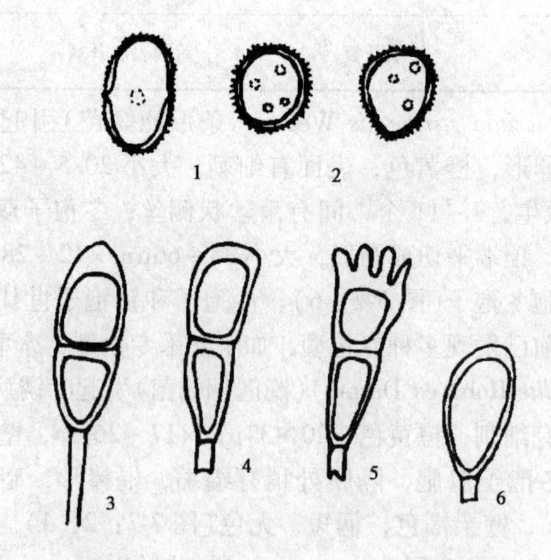

图7-7 草坪锈病病原形态(仿徐明慧)

1. 秆锈菌夏孢子 2. 叶锈菌夏孢子 3. 秆锈菌冬孢子
4. 叶锈菌冬孢子 5. 冠锈菌冬孢子 6. 单柄锈菌冬孢子

地区及降雨结露或灌溉频繁的草地易流行。条锈病的发生适温较低，一般为9～16℃，条件适宜时潜育期一般为6～8天。多于生育中前期就开始流行，且在早春和晚秋寒冷潮湿天气下发生。叶锈病的夏孢子萌发和侵入适温为15～22℃，条件适宜时潜育期一般为8～12天。萌发时相对湿度为100%且需有液态水膜，同时也必须有充足的光照，才能正常生长和发育。冠锈病夏孢子萌发侵入适温范围相对较宽，但在10～20℃时产孢最快。

防治方法 选育或引入抗病、耐病的草坪草属、种和品种，这是防治锈病最有效和经济的方法。选用多草种或多品种间植混播草坪。药剂防治时可试用萎锈灵、氧化萎锈灵、粉锈宁、羟锈宁、立克秀、放线酮、福美双、福星、硫酸锌、代森锰锌、代森锌、百菌清、吡锈灵、叶锈敌、麦锈灵、甲基托布津、速保利(特普唑)等拌种或喷雾。喷施间隔期依药剂种类而定，一般每7～14天施药一次。

7.2.1.3 炭疽病类

炭疽病是园林植物上常见的一大类病害。病害主要危害叶片，同时也在茎、花和叶柄上发生，降低观赏性。该病具有潜伏侵染的特性，常常会失去早期防治的机会，给引种造成损失。

炭疽病发生时会在感病部位形成各种形状、大小、颜色的坏死斑，比较典型的症状是常在叶片上产生界限分明、稍微下陷的圆斑或沿主脉纵向扩展的条斑，还可在幼嫩的枝条上引起小型的疮痂或溃疡，造成枯梢。炭疽病菌有时有潜伏侵染现象，繁殖少，无症状，花、叶尚能生长，但发育不良，叶片提前脱落。主要症状是产生明显的轮纹斑，后期在病斑处形成的子实体——分生孢子盘往往呈轮状排列，在潮湿条件下病斑上有粉红色的黏孢子团出现，这是诊断炭疽病的标志。

病原菌的菌丝在寄主表皮或角质层下形成分生孢子盘，孢子梗密集，孢子具有各种形状，当孢子成熟时，挤破寄主组织暴露于外。由于孢子产生的色素不同，病菌在具有特征性的小液滴中释放其分生孢子，这些小液滴可以是粉红色、橙黄色、白色、污白色、黑色或其他颜色，不同的颜色决定于孢子产生的色素。

炭疽病的防治措施：

① 加强经营管理措施，促使园林树木生长健壮。

② 清除树冠下的病落叶及病枝和其他感病材料，以减少侵染来源。

③ 利用和培育抗病树种和品种。

④ 化学防治。在侵染初期，可喷洒70%的代森锰锌500～600倍液，或1:0.4:100的波尔多液，或70%的甲基托布津可湿性粉剂1 000倍液。喷药次数可根据病情发展情况而定。

兰花炭疽病

分布与危害 该病是兰花上的重要病害，国内兰花栽植区都有分布。兰花素有观叶似观花的评价，但炭疽病使兰花细长的叶片上布满黑色的病斑，剪除病斑后的兰花叶片长短不一杂乱无章，使兰花叶片的观赏性大大降低。发病严重时兰花整株死亡。

症状 病斑主要出现在叶片上，有时茎和果实上也有。发生于叶缘时为平圆形斑，发生于叶中部时为圆形斑，发生于叶尖部时为部分叶段枯死，发生于叶基部时，许多病斑连成一片，也会造成整叶枯死。病斑初为红褐色，后变为黑褐色。初期病斑并不下陷，以后逐渐下陷。后期在病斑上可见轮生小黑点。新叶、老叶在发病时间上有差异。上半年一般为老叶发病时间，下半年为新叶发病时间。病斑大小相差较大，3～20mm 不等。发病叶片一段段枯死。发病严重时，植株枯萎。茎和果实受害时也出现不规则或长条状黑褐色病斑。

病原 一种为兰炭疽菌(*Colletotrichum orchidaerum* Allesch)，属半知菌门腔孢纲黑盘孢目炭疽菌属。分生孢子盘垫状，小(图7-8)；周围有刚毛，有数个隔，大小为50～100μm×3～5μm；分生孢子梗短细，不分枝；分生孢子圆筒状，12～20μm×4.5～5.9μm。危害春兰、建兰、婆兰等品种。另一种常见病原菌是兰叶炭疽菌(*C. orchidearum* f. *cymbidii* Allesch.)。分生孢子盘直径为342～500μm，周围有刚毛，褐色，1个分隔，刚毛大小为52～55μm×5～6μm；分生孢子梗短、束生；分生孢子圆筒形、单胞，14～15μm×5～6μm，无色，中央有一油球。危害寒兰、蕙兰、披刺叶兰、建兰、墨兰等兰花品种。

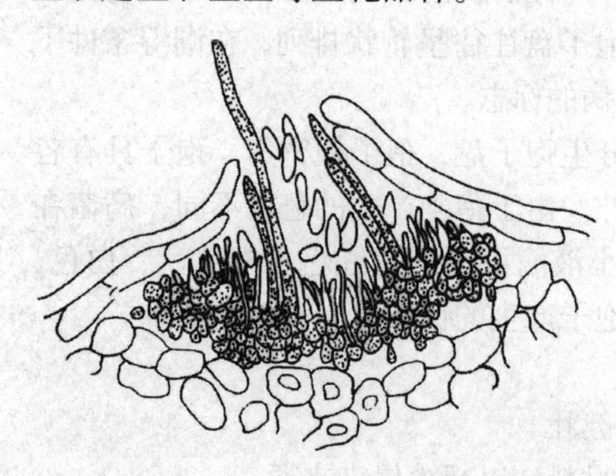

图7-8 兰花炭疽病病原分生孢子盘

发病规律 病原菌主要以菌丝体及分生孢子盘在病叶、病残体、假鳞茎上越冬；病菌借风雨和昆虫传播。一般自伤口侵入，在幼嫩叶片上可以直接侵入。若兰花叶片受伤，或高湿闷热、放置过密、通风不良、盆内积水，则易发病。高湿闷热，天气忽晴忽雨，通风不良，花盆内积水均加重病害的发生；株丛过密，叶片相互摩擦易造成伤口；蚧虫危害严重时也有利于该病的发生；喷灌提高环境湿度也是发病的重要因素。每年的3～11月均可发病。因病原菌的最适生长温度为25℃，故4～6月发病最重。老叶片4～8月发病，新叶片8～11月发病。不同品种抗病性差异明显。春兰、寒兰、风寒兰、报春兰、大富贵等品种感病；蕙兰、十元抗性中等；台兰、秋兰、墨兰、建兰中的铁梗素较为抗病。

防治方法 参见炭疽病类的防治方法。

牡丹(芍药)炭疽病

分布与危害 该病是北京牡丹上常见的三大病害之一。我国北京、上海、南京、郑州、西安等地均有发生；在西安，芍药受害比较严重。发病严重时，病茎扭曲畸形，幼茎受侵染后则迅速枯萎死亡。

症状 可危害牡丹(芍药)茎、叶、叶柄、芽鳞和花瓣等部位。对幼嫩的组织危害最大。茎部被侵染后，初期出现浅红褐色、长圆形、略下陷的小斑，后扩大呈不规则形大斑，中央略呈浅灰色，边缘为浅红褐色，病茎歪扭弯曲，严重时会引起折伏。幼茎被侵染后能快速枯萎死亡。叶片受侵染时，沿叶脉和脉间产生小而圆的病斑，颜色与茎上病斑相同，后期病斑可形成穿孔。幼叶受害后皱缩卷曲。芽鳞和花瓣受害常发生芽枯和畸形花。遇潮湿天气，病部表面出现粉红色略带黏性的分生孢子堆。

病原 为一种炭疽病菌(*Colletotrichum* sp.)。分生孢子盘生在寄主角质层或表皮下，通常有刚毛(有些种无刚毛)。刚毛褐色至暗褐色，光滑，由基部向顶端渐尖，有分隔。分生孢子圆柱形，单胞，无色。分生孢子萌发后产生褐色、厚壁的附着胞。附着胞的产生是鉴别炭疽病菌的重要特征。

发病规律 病菌以菌丝体在病叶、病茎上越冬。翌年分生孢子盘产生分生孢子；分生孢子借雨水传播，从伤口侵入。一般高温多雨的年份病害发生较多，通常于8～9月雨水多时发病严重。

防治方法 参见炭疽病的防治方法。

山茶炭疽病

分布与危害 该病是庭园及盆栽山茶上普遍发生的重要病害。分布很广，美、英、日本等国均有报道。我国四川、江苏、湖南、云南、广州、天津、北京、上海等地均有发生，其中福州、昆明等市该病发生严重。炭疽病常引起早落叶、落蕾、落花、落果和枝条的回枯，削弱树势，减少切花产量。

症状 该病侵害山茶花地上部分所有器官，主要侵染叶片和嫩枝梢。老叶片对该病最敏感。发病初期叶上出现浅褐色小斑点，逐渐扩大成为赤褐色或褐色病斑，近圆形，直径5～15mm，或更大。病斑上有深褐色与浅褐色相间的线纹。雪山茶品种叶片上的病斑小，病斑边缘稍隆起，暗褐色。叶缘部分有许多病斑，叶缘和叶尖的病斑为半圆形或不规则形。病斑后期变为灰白色，边缘为褐色。病斑上轮生或散生着许多红褐色至黑色的小点粒，即病原菌的分生孢子盘，在湿度大的条件下，从黑色点粒内溢出粉红色黏孢子团。枝梢发病时，叶片突然枯萎，但叶片不变色，数天后叶片逐渐变为暗绿色、橄榄色、棕绿色，最后枯死变成黑褐色。病叶常常留在枝条上，但容易破碎。主干和大枝条发病时，病斑迅速蔓延绕干一周，致使病斑以上的枝条变色和枯死。枝干上的溃疡斑卵形，其长度为6～25mm，大病斑同枝干是平行的。溃疡斑常具有同心轮纹。

花器受侵染，病斑在鳞片上，不规则，黄褐色或黑褐色，后期变为灰白色。分生孢子盘通常在鳞片的内侧。果皮上的病斑为黑色圆形，病斑后期轮生黑色的点粒，果实容易脱落。

病原 山茶炭疽菌有无性态及有性态之分。有性态为围小丛壳菌[*Glomerella cingulata* (Ston.) Spauld et Schtenk.]，比较少见。无性态为山茶炭疽菌(*Colletotrichum*

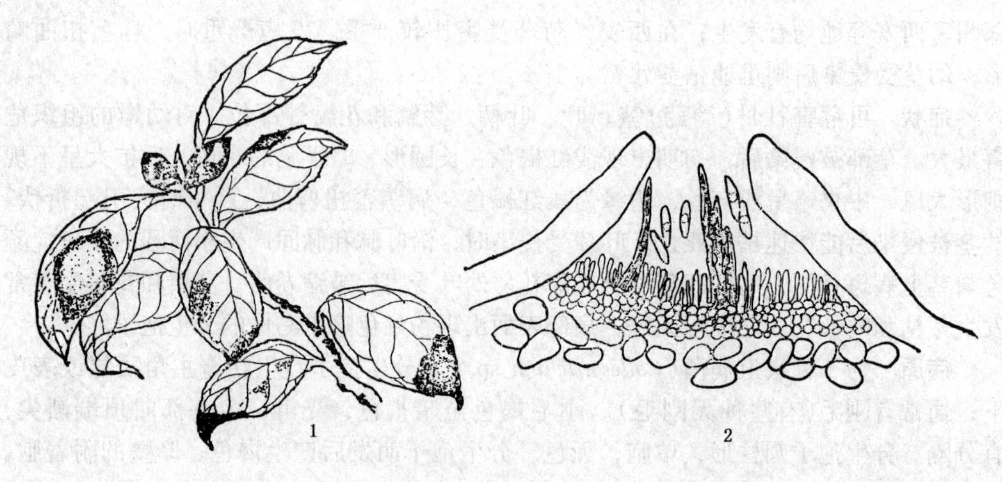

图7-9 山茶炭疽病

1. 症状图 2. 分生孢子盘

camelliae Mass.)，属半知菌门腔孢菌纲黑盘孢目炭疽菌属。分生孢子盘直径150～300μm；刚毛黑色，30～72μm×4～5.5μm，有1～3个分隔；分生孢子长椭圆形，两端钝，单细胞，无色，10～20μm×4～5.5μm(图7-9)。分生孢子萌发最适宜的温度为24℃(20～32℃)，最适pH值5.6～6.2；病原菌生长最适宜的温度为27～29℃。

发病规律 病原菌以菌丝体和分生孢子盘在病枯枝落叶内、叶芽、花芽鳞片基部、溃疡斑等处越冬。病原菌无性态在侵染中起着重要作用。该病有潜伏侵染的现象。分生孢子由风雨传播；自伤口侵入。但在自然界，病原菌可以从春季落叶的叶痕侵入，或从叶背茸毛处侵入。潜育期10～20天；从卷叶虫咬食的伤口侵入潜育期短，只有3～5天。据广州报道，山茶炭疽病5月开始发病，6～9月为发病高峰期；南京的报道和广州相似，5～11月均可发病。高温、高湿、多雨有利于炭疽病的发生。高温烈日后遇上暴雨，常引起病害的暴发。土壤贫瘠、黏重容易发病。施用氮、磷、钾的比例不当，通风不良，光照不足，均能加重炭疽病的发生。枝干上的病斑愈合后，如山茶生长在不良的条件下时，病害仍可复发。

防治方法 参见炭疽病类防治方法。

7.2.1.4 叶斑及叶枯病类

除去前面的几种特征性病害之外，叶斑病是园林植物上最常见、最普遍的一类病害。这里指的斑点病只是指半知菌中丝孢纲和腔孢纲球壳孢目及部分子囊菌的病菌所致的斑点病类。大部分斑点病主要发生在叶部，所以有叶斑病这一名称。叶斑的大小、形状多种多样，如圆斑、角斑、条形斑等；颜色也不同，如褐色斑、黑斑、红斑等；种类较多，但是有一部分既在叶上，也危害枝干、花和果实等部位。斑点聚集时引起叶枯、落叶或穿孔，以及枝枯或花腐等。

叶斑及叶枯病类防治措施：

①早期及时拔除病株，对一些发展迅速、病原繁殖很快的病害是有效的方法，如香石竹黑斑病。

②清除残枝败叶，烧毁或高温堆肥。

③实行2年以上的轮作，或更换新土，或土壤消毒，或加盖肥土进行阻隔，或铲除土表病原。种植前进行拌种或浸种，以防带入病菌；平时应注意晒种，保持种子干燥；从无病株上采种和采取插条或分枝。

④药剂防治对叶斑病是直接有效的措施，但应结合清除残株落叶，拔除病株，摘除病芽、病叶、枯枝，先在易发病害的种类或品种、低洼潮湿、通风透光差的地段进行。同时切花作业之后也应及时喷药。原则上要在发病初期开始，视病情发展，连续喷药2~3次或3~4次，每次间距10~15天。试验证明，交替用药、混合用药、加黏着剂等效果均比单独用药好。

⑤生态防治。除田园卫生外，还包括隔离带种植、混交林种植、分段种植，同时应注意通风透光。

⑥抗病育种，引用抗病品种，有计划地搭配抗病品种与感病品种的种植地段，也都是可利用的方法。培养健壮树势更是防病的最基本方法，并注意防虫伤、冻伤、创伤，促成伤口的迅速愈合，以减少伤口入侵的机会，从而得到防病的效果。

月季黑斑病

分布与危害 该病是世界性病害。1815年瑞典首次报道，1910年我国首次报道了蔷薇植物上的这一病害。目前我国各地均有发生，已成为月季生产中的一种主要病害。上海、北京、天津、沈阳、南京等城市发生严重。

症状 主要侵害月季的叶片，也侵害叶柄、叶脉、嫩梢等部位。发病初期，叶片正面出现褐色小斑点，逐渐扩展成为圆形、近圆形或不规则形病斑。直径为2~12mm，黑紫色，病斑边缘呈放射状，后期病斑中央组织变为灰白色，其上着生许多黑色小点粒，即为病原菌的分生孢子盘。有的月季品种病斑周围组织变黄，有的品种在黄色组织与病斑之间有绿色组织，称为"绿岛"。病斑之间相互连接使叶片变黄、脱落。嫩梢上的病斑为紫褐色的长椭圆形斑，之后变为黑色，病斑稍隆起。叶柄、叶脉上的病斑与嫩梢上的相似。花蕾上的病斑多为紫褐色的椭圆形斑。

病原 为蔷薇放线孢菌[*Actinonema rosae* (Lib.) Fr. = *Marssonina rosae* (Lib.) Lind.]，属半知菌门腔胞菌纲黑盘孢目放线孢属。分生孢子盘直径108~198μm，生于角质层下，盘下有放射状分枝的菌丝；分生孢子长卵圆形或椭圆形，无色，双细胞，分隔处略弯曲，大小为18~25.2μm×5.4~6.5μm，分生孢子梗很短，无色。

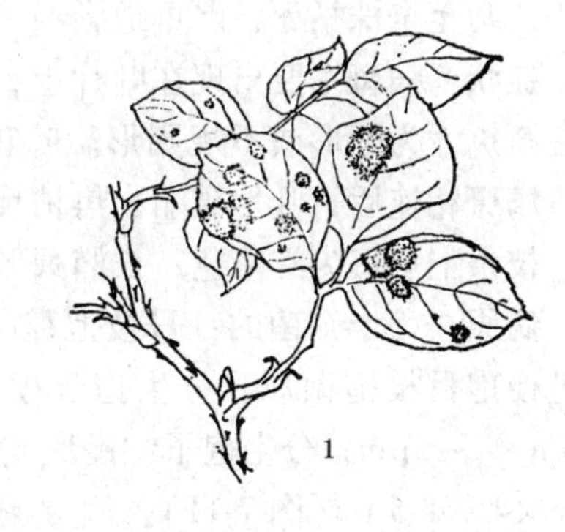

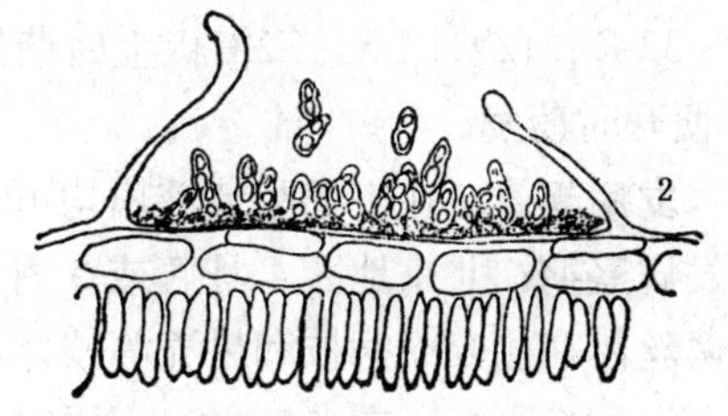

图7-10 月季黑斑病

1. 症状 2. 病原菌的分生孢子盘及分生孢子

该菌的有性态为蔷薇双壳菌(*Diplocarpan rosae Wolf.*)，一般罕见，仅美国、加拿大和英格兰曾有报道。子囊壳直径100～250μm，黑褐色，子囊70～80μm×15μm，子囊孢子8个，长椭圆形，双细胞，两细胞大小不等，无色，20～25μm×5～6μm(图7-10)。分生孢子的萌发适宜温度是20～25℃，温度范围是10～35℃，在适宜温度下36h萌发达到顶峰，萌发最适pH值7～8，生长最适温度为21℃，侵入最适温度为11～21℃。

发病规律 病原菌的越冬方式因栽植方法而异。露地栽培，病原菌以菌丝体在芽鳞、叶痕及枯枝落叶上越冬，翌春产生分生孢子进行初侵染；温室栽培则以孢子和菌丝体在病部越冬。分生孢子借雨水、灌溉水的喷溅传播。分生孢子由表皮直接侵入，在22～30℃以及其他适宜条件下，潜育期最短为3～4天，一般为10～11天，生长季节有多次再侵染。北京地区5～6月开始发病，7～9月为发病盛期；多雨、多雾、多露，雨后闷热，通风透气不良均有利于发病。露地栽培株丛密度大，或花盆摆放太挤，偏施氮肥，以及采用喷灌方式浇水，都加重病害的发生。

防治方法 药剂防治可在发病期间喷洒75%的百菌清可湿性粉剂500～700倍液，或70%的甲基托布津500～700倍液。7～10天喷1次，共3次。为避免产生抗药性，上述2种药剂交替使用效果较好。其他防治方法可参照叶斑病一般防治措施进行。

芍药褐斑病

分布与危害 又称芍药红斑病，是芍药上最常见的重要病害。国内芍药栽植区均有发生。褐斑病使芍药叶片早枯，连年发生则削弱植株的生长势，植株矮小，花少、花小，乃至全株枯死，严重地影响了切花产量和“白芍”的产量。该病还危害牡丹。

症状 病斑主要出现在叶片上，但枝条、花和果壳也受害。早春叶上出现小斑，后逐渐扩大为圆形或不规则形。叶正面病斑褐色或黄褐色，有不太明显的淡褐色轮纹，病斑相连后，叶片皱缩、焦枯且易碎。叶背面病斑在湿度大的时候产生墨绿色霉层。枝条上病斑为红褐色，长椭圆形；花瓣上病斑均为紫红色小点。

病原 为半知菌的牡丹枝孢霉(*Cladosporium paeoniae* Pass.)，属半知菌门丝孢菌纲丛梗孢目枝孢菌属。分生孢子梗3～7根丛生，黄褐色，有2～6个分隔，27～73μm×4～5μm；分生孢子纺锤形或卵形，1～2个细胞，多数为单细胞，大小为6～7μm×4～4.5μm(图7-11)。病原菌生长的最适宜温度为20～24℃。萌发温度范围12～32℃，12℃以下、32℃以上时萌发率很低。在适宜的温、湿度条件下，分生孢子6h便开时萌发。

发病规律 在生长季节该病均可发生。在南京地区，3月下旬开始发病，6～7月为发病盛期；北京地区4月底或5月初开始发病，7～8月为发病盛期。病原菌主要以菌丝体在病叶、病枝和果壳等残体上越冬。病原菌自伤口侵入或直接侵入，但伤口侵入发病率更高。在自然界，下雨时泥浆的反溅使茎基部产生微伤口，有利于病菌的侵入；叶片等处茸毛的脱落，也可以造成微伤口。潜育期短，一般6天左右，但病斑上子实层的形成时间很长，大约病斑出现1.5～2个月才出现子实层，因此再侵染次

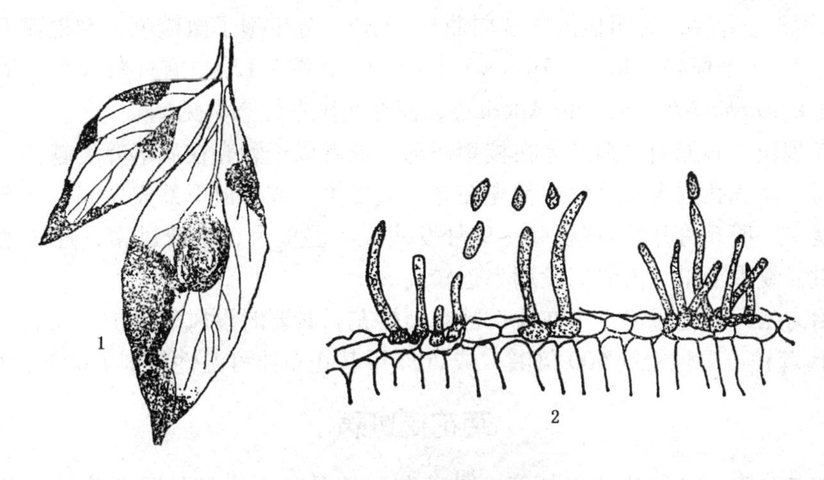

图 7-11　芍药褐斑病

1. 症状　2. 分生孢子梗和分生孢子

数极少。春雨早、降雨适中时，病害发生早，危害严重；植株栽植过密，或土壤贫瘠沙化有利于病害的发生。

防治方法　减少侵染来源，秋季彻底清除枯枝落叶，并结合冬季修剪，剪除有病的枝条；休眠期喷洒 2 000 倍五氯酚钠溶液或 1% 硫酸铜溶液杀死病残体上的越冬菌源。药剂防治可在越冬后月季萌芽之前，喷 3 ~ 5°Be 石硫合剂或 50% 的多菌灵 600 倍液；在发病初期喷 80% 代森锌可湿性粉剂 500 倍液或 70% 甲基托布津可湿性粉剂 1 000倍液，每隔 15 天喷 1 次，连续喷 2 ~ 3 次。

樱花褐斑病

分布与危害　该病发生普遍，日本等国早有报道。在我国的樱花栽植地也时常发生。褐斑病引起樱花叶片穿孔、早落，不仅影响观赏，而且使植株生长不良。该病还侵害樱桃、梅花、桃等核果类观赏树木。

症状　发病初期叶片上出现紫褐色小点，后扩展为近圆形的直径为 2 ~ 5mm 的褐色病斑，边缘为紫褐色，后期病叶片上出现灰褐色霉状物，病斑中央干枯脱落，形成穿孔。严重时，全叶穿孔，叶片脱落。

病原　此病害的病原无性阶段为半知菌的核果尾孢菌（*Cercospora cerasella* Sacc. = *C. padi* Bubak et Serdb.），属半知菌门丝孢菌纲丛梗孢目尾孢属。多根分生孢子梗丛生，有时密集成束，橄榄

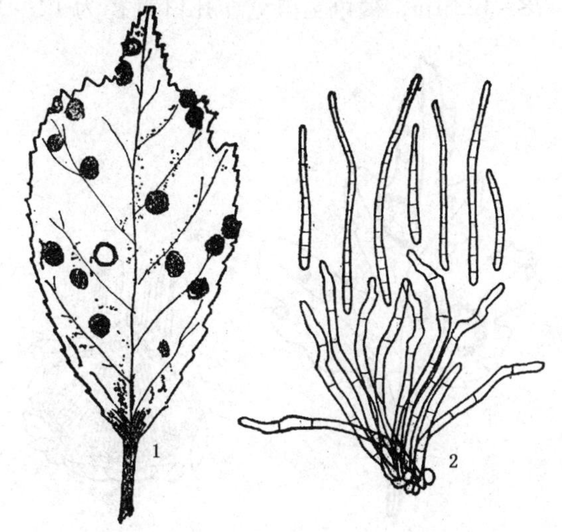

图 7-12　樱花褐斑病

1. 症状　2. 分生孢子及分生孢子梗

色，有1~3个分隔，有明显的膝状屈曲0~3处；分生孢子橄榄色，倒棍棒形，直或稍弯，有1~7个横隔，30~115μm×2.5~5.0μm(图7-12)。有性阶段为子囊菌樱桃球壳菌（*Mycosphaerella cerasella* Aderh.），但在我国有性态罕见。

发病规律 病原菌以菌丝体在枝梢病部，或者以子囊壳在病落叶上越冬。孢子由风雨传播，从气孔侵入。该病通常先在老叶上发生，或树冠下部先发病，逐渐向树冠上部扩展。一般6月开始发病，8~9月发病重。湿度大，植株过密，通风透光不好时发病重。夏季干旱，树势弱发病率也较高。

防治方法 适地适树，不在风口区栽植樱花，必要时设风障保护。在展叶前后喷洒65%代森锌可湿性粉剂500倍液，或70%甲基托布津可湿性粉剂1 000倍液。

菊花褐斑病

分布与危害 又称菊花斑枯病，是菊花栽培品种上常见的重要病害。英国、美国、日本等国均有报道。在我国的菊花适宜栽植区均有发生。该病削弱植株的生长，减少切花的产量，降低菊花的观赏性。还可危害野菊、杭白菊、除虫菊等多种菊科植物。

症状 发病初期叶片上出现褪绿斑或紫褐色小斑，病斑逐渐扩大为圆形或不规则形，中央灰白色，边缘黑色，直径3~12mm，病斑上有黑色小点。后期，病斑中央组织变为灰白色，病斑边缘为黑褐色，病斑上散生黑色的小点粒，即病原菌的分生孢子器。病斑的大小和颜色与菊花品种密切相关。发病严重时叶片上病斑相互连接，使整个叶片枯黄脱落，或倒挂于茎秆上。

病原 为菊壳针孢菌（*Septoria chrysanthemella* Sacc. = *S. chrysanthemi* Cav.，*S. chrysanthemi* Allesch.，*S. chrysanthemi* Rostrup.，*S. chrysanthemi indici* Bubak et Kabat.），属半知菌门腔孢菌纲球壳孢目壳针孢属。分生孢子器球形或近球形，直径78~123μm，褐色至黑色，孔口直径为12~17μm；分生孢子梗短，不明显；分生孢子丝状，36~65μm×1.5~2.5μm，无色，有4~9个分隔(图7-13)。

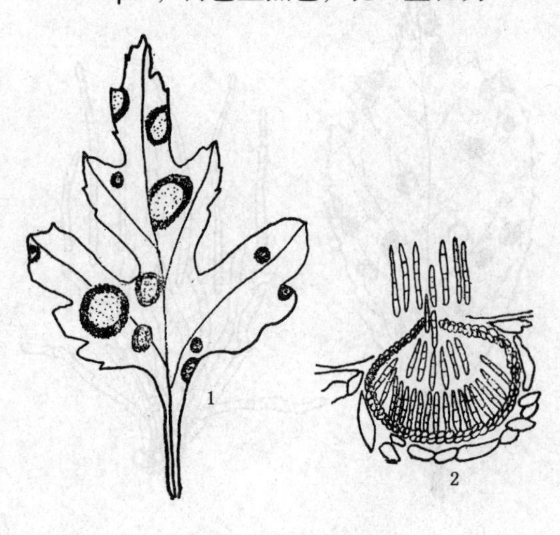

图7-13 菊花褐斑病
1. 症状 2. 分生孢子器

发病规律 病原菌以菌丝体和分生孢子器在病残体或土壤中的病残体上越冬，成为第二年的初侵染来源。分生孢子器吸水胀发溢出大量的分生孢子，由风雨传播，由气孔侵入，潜育期20~30天。潜育期长短与菊花品种的感病性和空气湿度有关。湿度高潜育期较短，抗病品种潜育期较长。病害发育适宜温度为24~28℃。褐斑病的发生期是4~11月，8~10月为发病盛期。秋雨连绵、种植密度或盆花摆放密度大、通风透光不良，均有利于该病的发生。

老根留种及多年栽培的菊花发病均比较严重。

防治方法 盆栽菊花每年要更新盆土；用无病母株进行分根繁殖；病株采条在扦插前应用 0.1% 多菌灵可湿性粉剂药液浸泡 30min 消毒，清水洗净后再扦插；幼苗移植时用 0.5% 的高锰酸钾溶液浸泡 30min。发病期间及时喷药，尤其是 8～10 月的防治很重要。常用药剂有 100～150 倍的波尔多液，或65% 代森锌可湿性粉剂500 倍液，或70%，甲基托布津可湿性粉剂1 000 倍液，或50% 代森铵600～800 倍液。7～10 天喷 1 次药，连续喷几次效果较好。

鸡冠花褐斑病

分布与危害 该病是鸡冠花上最常见的叶斑病，我国发生普遍。在鸡冠花叶片上造成很多叶斑，使叶片枯黄，降低观赏性，发病严重时使鸡冠花丧失使用价值，往往影响节日用花。

症状 主要侵染叶片，也侵染叶柄和茎等部位。发病初期，叶片上出现浅褐色小斑，后病斑扩展为近圆形或不规则的大病斑，直径 5～25mm，褐色至黑褐色，中央为灰白色或灰褐色，具轮纹。湿度大时，后期病斑背面着生有粉红色的霉层，即病原菌的分生孢子及分生孢子梗。发病严重时，病斑相互连接导致叶片枯黄。近地面的茎部先发病，病斑长条形，并逐渐腐烂。

病原 在我国该病有 2 种病原菌，即鸡冠砖红镰孢菌(*Fusarium lateritium* f. sp. *celosiae* Tassi)和硫色镰孢菌(*Fusarium sulphureum* Booth.)(图 7-14)，均属半知菌门丝孢菌纲丛梗孢目镰孢菌属。硫色镰刀菌的产孢细胞为单出瓶状小梗；分生孢子只有大型孢子，镰刀形，背腹明显，3～4 个分隔，明显，顶端细胞渐变细，足细胞不具梗，24.8～78.3μm×3.2～5.6μm。厚垣孢子顶生或间生，多为间生，壁光滑，串生为主。分生孢子萌发的适宜温度为 15～20℃(10～35℃)，40℃时分生孢子不萌发。分生孢子萌发需要饱和湿度，在水滴中萌发率最高。

发病规律 病原菌在病残体或病土中越冬，由水流、土壤、雨滴传播。据报道，北京地区从 8 月中旬开始发病，8 月底至 9 月下旬为发病盛期。病害发生早晚及危害程度，与当年的气象因素密切相关。气温 25℃左右，降雨多湿时，发病严重；土壤板结，透水性差时，易发病，而且蔓延迅速，危害严重。连年种植加重鸡冠花褐斑病的发生。

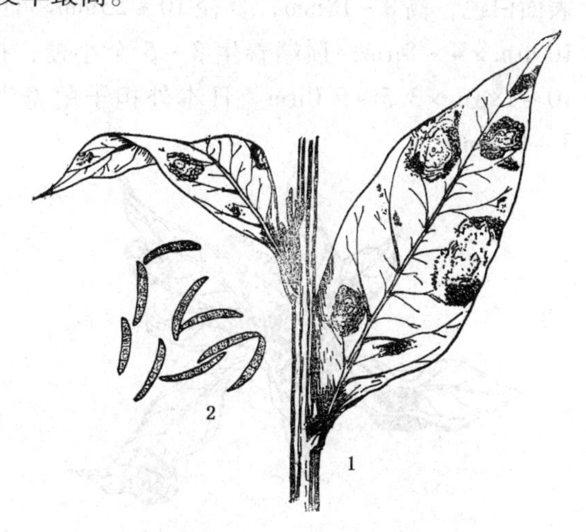

图 7-14 鸡冠花褐斑病

1. 症状 2. 分生孢子

防治方法 实行轮作，轮作期为 2～3 年；连续栽种时有病土壤必须灭菌后才能继续使用，热力灭菌效果最好。从病斑出现时开始喷药。常用药剂有25%多菌灵可湿性粉剂300～600倍液，每10天喷1次；25%粉锈宁可湿性粉剂2 000倍液，1个月喷1次，效果很好。此外，还可喷洒10%双效灵200倍液等药物，均有良好防效。

7.2.1.5 叶部畸形病

园林植物叶部畸形病主要是由子囊菌门的外囊菌和担子菌门的外担子菌引起的。由于病原物刺激寄主细胞增生或抑制细胞的分裂，使叶片组织局部或全部肿胀、变厚，或者是叶片变小皱缩，常见的如桃缩叶病、杜鹃叶肿病等。

杜鹃叶肿病

分布与危害 又名杜鹃饼病。在我国的云南、四川、江苏、广东、山东、安徽、辽宁、广西、云南、湖南等地发病较重。主要危害杜鹃科植物、山茶花、油茶等茶属及石楠科植物。杜鹃的叶片及幼嫩组织均可受害，使杜鹃叶、果及梢畸形，降低观赏性。

症状 叶片正面初为淡黄色半透明的圆形斑，后为黄色，下陷；叶背面淡红色，肥厚肿大，随后隆起呈瘿瘤，瘿瘤表面有厚厚的灰白色粉层，如饼干状，叶枯黄早落。严重时叶柄病斑连片，畸形肥厚。嫩梢发病时，顶端产生肉质莲状叶，或为瘤状，后干缩为囊状。花瓣感病后，异常肥厚，呈不规则的瘿瘤。

病原 为日本外担子菌（*Exobasidium japonicum* Shirai.）或杜鹃外担子菌（*E. rhododendri* Cram.）（图7-15）。均属担子菌门层菌纲外担菌目外担菌属。杜鹃外担菌的子实层白色，厚约80～90μm；担子棍棒状或圆筒形，直径约10μm，顶端着生4个小梗；担孢子纺锤形，稍弯曲，无色，单细胞，大小为13.5～19.5μm×3.5～5.0μm。杜鹃外担子菌侵害杜鹃的叶脉及叶柄等部位，产生半球形或扁球形的菌瘿，表面白色，高8～18mm，直径10～23mm。日本外担子菌担子棍棒状或圆柱形，32～100μm×4～8μm，顶端着生3～5个小梗；担孢子无色、单细胞、圆筒形，大小为10～18μm×3.5～5.0μm。日本外担子菌寄生在嫩叶上，产生较小的菌瘿，直径为3～10mm。

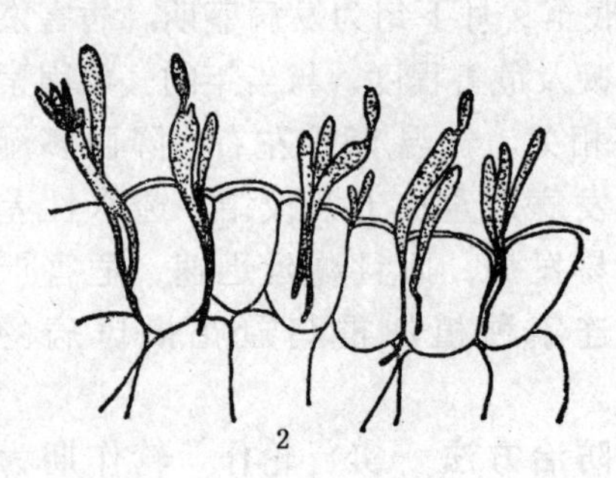

图7-15 杜鹃叶肿病

1. 症状图 2. 担子及担孢子

发病规律 此病害的发病盛期在春末夏初和夏末秋初。低温高湿病害容易发生。月平均气温为15～20℃，相对湿度为80%以上利于病害发生。

防治方法 发现病叶及时摘除；发芽前喷2～5°Be的石硫合剂；发病时喷洒65%的代森锌500倍液，或0.3～0.5°Be的石硫合剂3～5次。

桃缩叶病

分布与危害 该病在我国分布很广。可引起早落叶，减少新梢当年的生长量，影响当年及次年的结果量。发病严重时树势衰弱，容易受冻害。

症状 主要危害叶片，嫩梢、花、果也可受侵害。从芽鳞中长出的嫩叶即表现出症状。病叶呈波纹状皱缩卷曲，叶片由绿色变为黄色至紫红色，叶片加厚，质地变脆。春末、夏初季节，叶片正面出现一层灰白色粉层，即病原菌的子实层，有时叶背病部也出现白粉层。病叶逐渐干枯、脱落。嫩梢发病变为灰绿色或黄色，节间短，有些肿胀，病枝上的叶片多呈丛生状、卷曲，严重时病枝梢枯萎死亡。幼果发病，发病时幼果上有黄色或红色的斑点，稍隆起。病斑随着果实的长大逐渐变为褐色、龟裂，引起早落果。

病原 为畸形外囊菌[*Taphrina deformans*（Berk）Tul.]，属子囊菌门半子囊菌纲外子囊菌目外囊菌属。子囊直接从菌丝体上生出，裸生于寄主表皮外(图7-16)。子囊圆筒形，无色，顶端平截，大小为16.2～40.5μm×5.4～8.1μm。子囊基部有无色的足细胞，圆筒形，7.0～10.8μm×2.7～5.4μm。子囊内有8个子囊孢子，有时为4个。子囊孢子球形至卵形，无色，直径为1.9～5.4μm。子囊孢子在子囊内外均能进行芽殖，产生近球形的芽孢子。病原菌发育的最适温度为20℃，侵染的最适温度为13～17℃。

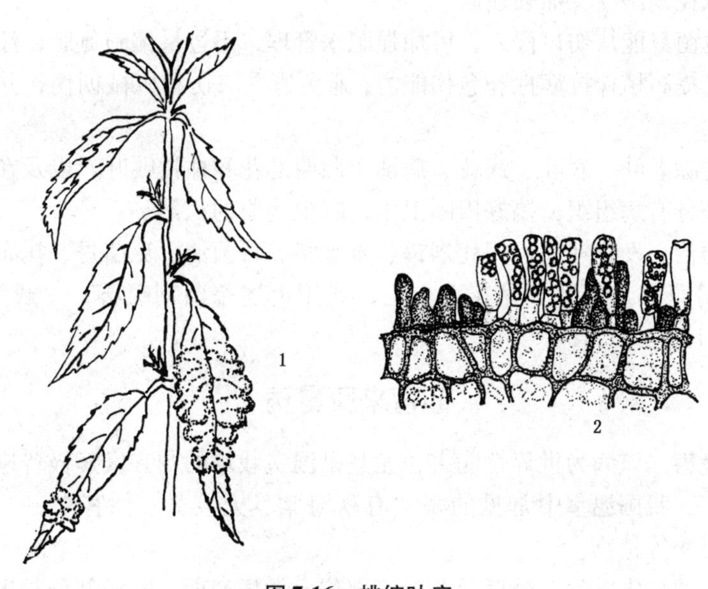

图7-16 桃缩叶病

1. 病叶症状 2. 病菌子囊及子囊孢子

发病规律 病原菌以厚壁芽殖孢子在树皮、芽鳞上或鳞缝内越冬或越夏，于第二年的春季侵入嫩叶，孢子由气流传播，从气孔侵入或从叶片的上下表皮直接侵入。病原菌菌丝体在寄主表皮下，或在栅栏组织的细胞间隙中蔓延，刺激寄主组织细胞大量分裂，胞壁加厚，使叶片呈现皱缩卷曲的症状。早春气温较低、湿度大的条件有利于病原菌的侵入。缩叶病发生的适宜温度为10～16℃，当气温上升到21℃以上时，病情减缓。一般来说，4～5月为发病盛期，6～7月后发病停滞。桃缩叶病没有再侵染现象。

防治方法 早春喷洒农药是防治桃缩叶病的关键时期。桃芽膨大抽叶前，喷洒3～5 °Be的石硫合剂，或160倍的等量式波尔多液。早春喷1次药基本上能控制住病害的发生，但要掌握好喷药时间，过早会降低药效，过晚容易发生药害。桃树落叶后喷洒3%的硫酸铜液，以便杀死芽上越夏、越冬的孢子。减少初侵染来源。发病初期，在子实层未产生前及时摘除病叶、剪除被害枝条，均有一定的防治效果。

7.2.1.6 灰霉病类

灰霉病主要是由半知菌门丝孢纲丝孢目葡萄孢属(*Botrytis*)的真菌侵染所引起的一类病害的总称，可危害多种园林植物，特别是草本观赏植物，尤其以在温室中栽培的花卉受害最严重。灰霉病的病症非常明显，潮湿的环境条件下在受害寄主组织上产生大量灰色霉层，通称为灰霉病。主要表现为花腐、叶斑和果实腐烂，但也能引起猝倒、茎部溃疡或腐烂，以及块茎、球茎、鳞茎和根的腐烂。灰霉病的防治比较困难，有时会造成毁灭性的危害。

灰霉病类的防治措施：

①要注意控制湿度，加强通风。

②此类真菌只能从伤口侵入，可加强肥水管理，不过量偏施氮肥，注意排水，培育健壮植株，提高植株抗病性和愈伤能力；避免遭受冻伤和机械创伤，并注意促进伤口的愈合。

③及时清除老叶、病叶、病花、病穗、凋谢的花和枯枝败叶，以及在木本植物上切除病茎或部分有病组织，搞好田园卫生，减少病原的积累。

④药剂防治。发病期间可用代森锌、苯来特、百菌清、克菌丹、托布津等杀菌剂1份，加50份草木灰，撒于盆花表土上，或用上述杀菌剂喷雾，一般为500倍液，每10～15天1次。

仙客来灰霉病

分布与危害 该病为世界性病害，尤其是温室栽培的花卉发病极普遍。灰葡萄孢霉寄主范围广，我国温室中常见的寄主有秋海棠、天竺葵、仙客来、一品红、瓜叶菊、芍药、月季等植物。

症状 主要危害叶片、叶柄及花冠等部位。发病初期，叶缘部分常出现暗绿色水渍状病斑。病斑扩展较快，很快蔓延至整个叶片，使叶片变为褐色，迅速干枯。在湿度大的条件下，腐烂部分长出密实的灰色霉层，即病原菌的分生孢子及分生孢子梗。

叶柄和花梗发病也出现水渍状腐烂，并生出灰色霉层。花瓣发病时，则出现变色，白色品种花瓣变成淡褐色，红色品种的花瓣褪色，并出现水渍状圆斑，病重时花瓣腐烂，密生灰色霉层。

病原 为灰葡萄孢(*Botrytis cinerea* Pers.)，属半知菌门丝孢菌纲丛梗孢目葡萄孢属。分生孢子梗丛生，大小为 280 ~ 550μm × 12 ~ 14μm，有横隔，由灰色转为褐色，分生孢子梗顶端为枝状分枝，分枝末端膨大；分生孢子葡萄状，聚生，卵形或椭圆形，少数球形，无色至淡色，单细胞，9 ~ 16μm × 6 ~ 10μm。有性态为富氏葡萄孢盘菌[*Botryotinia fuckeliana* (de Bary) Whetzel.]，菌核黑色，形状不规则，4 ~ 10mm × 0.1 ~ 0.5mm(图 7-17)。

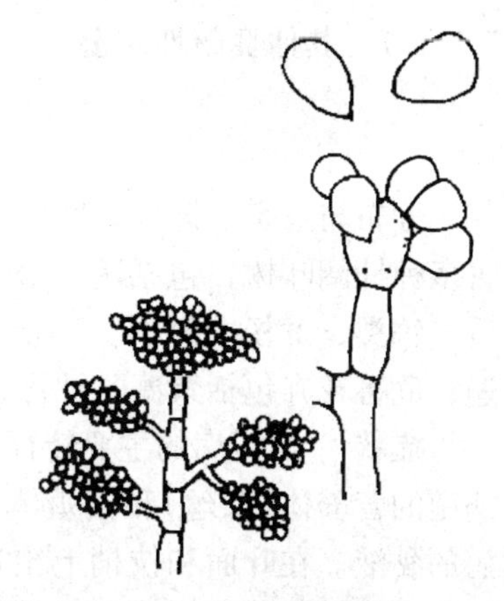

图 7-17 灰霉病病原形态

发病规律 病菌以分生孢子或菌核在病叶或其他病组织内越冬。在温暖、湿润的温室内该病可以周年发生。一般情况下，6 ~ 7 月梅雨季节，以及 10 月以后的开花期发病重。在 6 ~ 7 月梅雨期，病原菌由老叶上的伤口侵入；10 月后，植株外围生长衰弱的老叶易发病，随后腐烂，并向叶片扩展。湿度高、光照不足加重病害的发生。

防治方法 参见灰霉病类的防治方法。

四季海棠灰霉病

分布与危害 该病是温室中常见的病害，尤其是长江以南的多雨地区发生严重。引起秋海棠叶片、茎、花冠的腐烂坏死，降低观赏性。除四季海棠外，还能危害竹叶海棠、斑叶海棠。

症状 灰霉病侵害秋海棠的绿色器官。发病初期，叶缘部位先出现褐色的水渍状斑，萎蔫后变为褐色。在高湿度条件下发病部位着生有密集的灰褐色霉层，即病原菌的分生孢子及分生孢子梗。茎干发病往往是近地面茎基的分枝处先受侵染，病斑不规则，深褐色、水渍状。病斑也发生在茎节之间。病枝干上的叶片变褐下垂，发病部位容易折断。

病原 为半知菌的灰葡萄孢(*Botrytis cinerea* Pers.)。病部出现的灰色粉状物即病菌的分生孢子梗和分生孢子。

发病规律 病原菌以分生孢子、菌丝体在病残体及发病部位越冬。病菌由气孔、伤口侵入，也可以直接侵入，但以伤口侵入为主。病原菌能分泌分解细胞的酶和多糖类的毒素，导致寄主组织腐烂解体，或使寄主组织中毒坏死。病原菌分生孢子由风传播，雨滴滴溅也起重要作用。一般情况下，3 ~ 5 月温室花卉容易发生灰霉病。寒冷、多雨、潮湿的天气通常会诱发灰霉病的流行。这种条件有利于病原菌分生孢子的形成、释放和侵入。缺钙、多氮也能加重灰霉病的发生。

防治方法 参见灰霉病类的防治方法。

7.2.1.7 其他真菌性病害

花木煤污病

分布与危害 该病为世界各地温室或大棚及露天栽培园林植物上的常见病害。危害多种针阔叶树，包括毛白杨、华山松、柳、桦、椴、大叶锥栗、茶树、油茶、柑橘、竹类、黄杨、海桐、苏铁、樟树等，尤其毛白杨、海桐、华山松煤污病更为普遍；危害花卉包括紫薇、牡丹、山茶、米兰、桂花、菊花等。

症状 煤污病的主要特征是在树木的叶和嫩枝上覆盖一层黑色"煤烟层"，这是病菌的营养体(菌丝)和繁殖体(孢子)，表面还常伴有蚜虫、介壳虫和粉虱及它们分泌的黏液。在叶面和枝梢上出现黑色小霉斑，渐渐扩大连成片，霉层布满叶面及枝梢，有的呈黑色片状翘起，可剥离。此煤烟物可用手擦掉。严重危害时会使植物逐渐枯萎。

病原 主要是子囊菌的煤炱菌科和小煤炱菌科的一些真菌，如杨、柳煤污病(柳煤炱)(*Capnodium salicinum* Mont)、油茶煤污病(田中氏煤炱菌)(*C. tanakai* Skirai et Hara)、山茶小煤炱菌[*Meliola camelliae* (Catt.) Sacc](图7-18)。

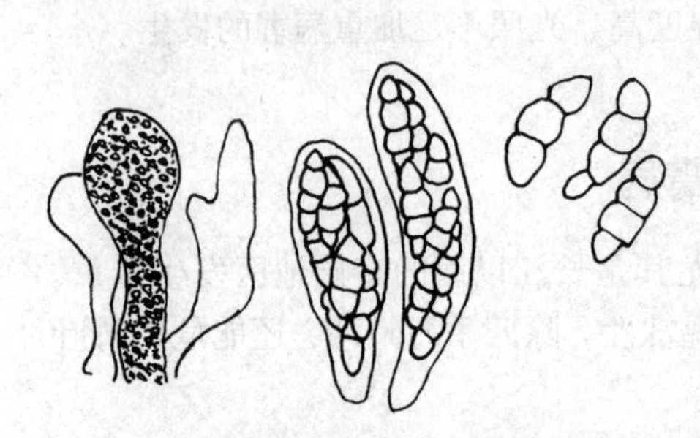

图7-18 煤污病病原形态
(仿《真菌鉴定手册》)

发病规律 每年有2次发病高峰，春夏4~6月，秋天8~10月。煤污菌由风雨、昆虫等传播，在蚜虫、介壳虫的分泌物及排泄物或植物自身分泌物上发育。高温高湿，通风不良，蚜虫、介壳虫等分泌蜜露的害虫发生多，均加重发病。夏季高温、干燥及多暴雨的地方病害较轻。

防治方法 植株种植不要过密，温室要通风透光，湿度不要太大；植物休眠期喷3~5°Be石硫合剂，消灭菌源；防治介壳虫、蚜虫、粉虱可有效地控制煤污病，防治方法见害虫的有关部分；发病期可喷代森铵500~800倍、灭菌丹400倍液。喷洒石硫合剂(冬季3°Be，春秋1°Be，夏季0.3~0.5 °Be)既可杀菌又可治虫。

7.2.2 细菌性病害

园林植物的细菌性病害中，最普遍的是在叶、茎、花和果实上表现各种形状大小不同的坏死斑点。其中有些发展迅速，众多侵染点相合并，最后导致整株萎蔫的斑点病，称为疫病。

几乎所有的细菌性斑点病都是由黄单胞杆菌属(*Xathomonas*)和假单胞杆菌属(*Pseudomonas*)所引起的，而真正的疫病则是由欧氏杆菌和假单胞杆菌的部分细菌所致，少数棒状杆菌可以引起斑点性溃疡。

斑点一般为圆形，在双子叶植物上有时受叶脉限制呈多角形、单子叶植物上则常呈条斑或条纹。该病有一个共同特点，即斑点为油渍状半透明，有的还有带黄色的晕圈，有的因病理反应成为穿孔。在潮湿条件下，斑点上常溢出大量细菌。

细菌性病害的防治：及时清除病叶、病枝、有病球茎等病残组织；要从无病地、无病母株上采无病繁殖材料，杜绝病源；对感病地实行轮作，温室或盆栽者可更换新土；控制种植密度，选择排水良好的地段，注意温室的通风，灌水应选在白天，不使晚间湿度过高，不使土壤过湿；不过多地偏施氮肥，防治枝叶徒长；有计划地隔离种植对一些斑点病也很有效；在发病初期喷洒杀菌剂。对细菌性病原以抗菌素喷雾效果较好，同时要注意避免在花期喷药，以防药害。

丁香细菌性疫病

分布与危害 分布于辽宁、黑龙江、青海等地。危害严重。在叶片上产生大枯斑，引起枝条枯死。削弱树势，使丁香树冠稀疏。

症状 叶片感病时，有4种类型的叶斑。第一种为褪绿小斑，后变褐，四周有黄色晕圈，后病斑中央为灰白色；第二种病斑边缘有放射状线纹，如星斗斑；第三种为花斑，具同心纹，中央灰白色，周围有波状线纹；第四种为枯焦，叶片褐色，干枯皱缩挂于枝条上，远看如火烧过一般，嫩叶感病后变黑，很快枯死，花序及花芽感病后变黑变软，严重时植株死亡。

病原 为丁香假单胞杆菌(*Pseudomonas syringae* Van Hall.)，属细菌纲真细菌目假单胞杆菌属。菌体杆状；鞭毛极生，1~2根(图7-19)；大小为0.7~1.2μm×1.5~3.0μm，呈长链状；革兰染色呈阴性反应。生长适温为25~30℃。在人工培养基上，特别是在缺铁的培养基上产生扩散性荧光色素。

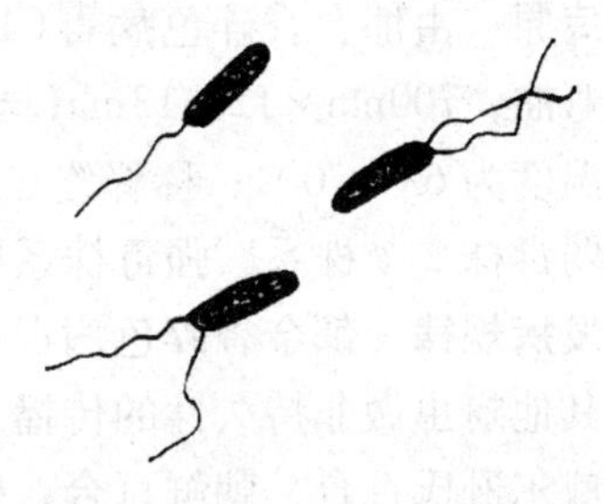

图7-19 丁香细菌性疫病病原菌

发病规律 病原细菌由雨水传播，由皮孔或气孔侵入。在春季或雨季，丁香抽新梢时有明显症状，幼苗和大苗易感病。温暖、潮湿、通风不良或圃地积水，植株生长衰弱有利于病害发生。一般来说，紫花丁香和白花丁香抗病，朝鲜丁香较感病。

防治方法 加强检疫，引种时对苗木进行消毒处理；种植时不要过密，土壤排水要良好，多施有机肥；发病时，喷1:1:120倍波尔多液，或在丁香株丛下施硫黄粉，每株100g左右。

7.2.3 病毒病害

植物病毒病害几乎都属于系统侵染的病害，先局部发病，或迟或早都在全株出现病变和症状。表现为花叶、斑驳和碎色花，褪绿和黄化，以及枝条和果实畸形等。有的可不表现症状，成为无症带毒者，有的在高温或低温下成为隐症。

病毒病在园林植物中不仅大量存在，而且危害也重。目前，无病毒病的花木基本上不存在。在自然界，一种花木常常受到几种、几十种病毒的侵染。病毒病发生后，使寄主叶色、花色异常，器官畸形，植株矮化；病重则不开花，甚至毁种。

病毒从机械的或传播介体所造成的伤口侵入。传播介体是蚜虫、叶蝉及其他昆虫；其次是土壤中的线虫和真菌。其他传播途径还有种子、菟丝子、花粉等。

病毒病防治较困难，主要措施有：加强检疫，繁殖无毒苗木；将有病种苗进行热处理；消灭传毒昆虫；选育抗病品种等。

郁金香碎锦病

分布与危害 该病是古老而闻名的世界性病毒病。1576 年已记述过该病的症状，随着郁金香栽植区的不断扩大，该病的发生区域也日益扩大。该病引起鳞茎退化，花变小，纯一的花色变成杂色。发病严重时有毁种的危险。

症状 病毒侵害郁金香的叶片及花冠。发病初期，叶片上出现淡绿色或灰白色的条斑；花瓣畸形，且由于病毒侵染影响花青素的形成，色彩纯一的花瓣上出现淡黄色、白色条纹，或不规则的斑点，称为“碎锦”。症状的发展受郁金香品种及病毒株系的影响，或因病株发病时间的长短、环境条件的变化而不同。白色花品系的花冠多数不变色，少数白色花变成粉红色或红色；粉色和浅红色品系的花冠色泽变化不大；黑色品系的郁金香花冠由黑色变成灰黑色。病鳞茎退化变小，植株生长不良、矮化；花变小或不开花。麝香百合品种受侵染后产生花叶症状或隐症现象。

病原 由郁金香碎色病毒(Tulip Breaking Virus，TBV)引起。病毒粒体线状，直至稍弯曲，700nm×12～13nm(国内报道为700nm×14nm)。内含体为束状或线圈状。钝化温度为65～70℃；稀释终点为10^{-5}；体外保毒期18℃时4～6天。该病毒有强毒株和弱毒株2个株系。强毒株系导致叶片和花梗上出现褪色斑驳。

发病规律 郁金香碎色病毒在病鳞茎内越冬，成为翌年的初侵染源。该病毒由桃蚜和其他蚜虫做非持久性的传播。寄主范围广，有福斯特氏郁金香、锐尖郁金香、山丹、威尔逊氏百合、朝鲜百合、好望角万年青等多种花卉寄主。

防治方法 加强检疫控制病害的发展。我国每年从荷兰等国购入许多组培苗，带毒率比较高，应加强入关检疫，控制病害的扩展蔓延。对留种地的植株经常检查，一旦发现病株立即拔除；栽种郁金香的地块要和百合栽培地块隔离，以免相互传染。防治传毒蚜虫。

仙客来病毒病

分布与危害 仙客来是一种国际性商品花卉，仙客来病毒病也成为世界性病害。我国仙客来病毒病十分普遍，仙客来的栽培品种几乎无一幸免。病毒病使仙客来种质退化，叶片变小、皱缩，花少花小，严重地影响仙客来盆花的销售。

症状 主要危害仙客来叶片，也侵染花冠等部位。有病的仙客来叶片皱缩、反卷，叶片变厚、质地脆，叶片黄化，有疱状斑；叶脉突起成棱。纯一色的花瓣上有褪色条纹，花畸形，花少、花小，有时抽不出花梗。植株矮化，球茎退化变小。

病原 在我国，初步调查发现了4种危害仙客来的病毒，主要是黄瓜花叶病毒(Cucumber Mosaic Virus，CMV)和烟草花叶病毒(Tobacco Mosaic Virus，TMV)，还有马铃薯X病毒(Potato Virus X, PVX)和一种未鉴定的丝状病毒。CMV隶属于雀麦花叶病毒科(Bromoviride)黄瓜花叶病毒属(*Cucumovirus*)。病毒粒体为等轴对称的二十面体，无胞膜，直径28～30nm；稀释终点为10^{-4}；致死温度为70℃；体外保毒期3～6天。TMV隶属于烟草花叶病毒属(*Tobamovirus*)，病毒粒子长杆状，长300～310nm，直径18nm，螺旋对称结构。致死温度88～93℃，稀释终点为10^{-6}，体外保毒期不同株系有差异，有的10天，有的30天以上，有的超过1年。

发病规律 黄瓜花叶病毒在病球茎、种子内越冬，成为翌年的初侵染来源。该病毒主要通过汁液、棉蚜、叶螨及种子传播。

防治方法 种子用70℃的高温进行干热处理脱毒率高。栽植土壤要进行灭菌消毒。肥土自然腐熟2年以上；素土经过夏天太阳能消毒，再用50%福美砷等药物处理。无土栽培发病率低，栽培基质有蛭石、珍珠岩、砂土等物质，营养液由无机盐配制。用球茎、叶尖、叶柄等组织作组培苗，其带毒率比实生苗低得多。

香石竹病毒病

分布与危害 在中国的北京、上海、江苏、湖北、云南等地以及世界各地其他香石竹栽植区均有发生。主要危害香石竹、中国石竹、美国石竹。

症状 香石竹病毒病主要包括香石竹叶脉斑驳病、香石竹无症状病毒病、香石竹蚀环病、香石竹坏死斑和香石竹斑驳病等5种，北京地区比较严重是香石竹叶脉斑驳病和香石竹斑驳病，但常有复合侵染现象。

香石竹叶脉斑驳病：花叶，花瓣成碎色，幼叶的叶脉有暗绿色的斑点，老叶无症状。夏季开花少。

香石竹无症状病毒病：轻微花叶或无症状。

香石竹蚀环病：叶片上有轮纹状、环状或宽条状坏死斑，严重时许多灰白色轮纹状斑连成大型病斑，叶片卷曲、畸形。幼苗期症状明显，温度较高时，无明显症状。

香石竹坏死斑：中部叶片上有浅灰白色、淡黄色坏死斑或条纹，下部叶片上为紫红色坏死斑或条纹。严重时，叶片枯萎坏死。

香石竹斑驳病：花叶或褪绿斑驳，有时产生坏死斑。

病原 香石竹病毒病的病原有10多种，在中国主要有香石竹叶脉斑驳病毒(CaVMV)、香石竹无症状病毒(CaLV)、香石竹蚀环病毒(CaERV)、香石竹坏死斑病毒(CaNFV)、香石竹斑驳病毒(CaMV)。

发病规律 除香石竹斑驳病毒外，上述几种病毒均可通过汁液和桃蚜传播，剥芽、摘花等园艺操作过程也可传播。香石竹斑驳病毒只经汁液传播，昆虫不能传毒。在自然情况下，香石竹病毒很容易发生复合侵染，其症状变异较大且危害也较单独侵染严重。蚜虫与病害的发生有密切关系；带毒的插条可使病毒进一步扩展。

防治方法 加强植物检疫，控制病害的传播；用无病插条进行繁殖或使用无毒苗；注意园艺操作卫生；在蚜虫尚未迁飞扩散前，及时杀灭蚜虫。

一串红花叶病毒病

分布与危害 一串红栽培地区均有发生。北京、湖北、浙江、上海、江西及河北等地发病严重。主要危害一串红及其他可感染黄瓜花叶病毒的植物。

症状 植株感病后，叶片主要表现为深浅绿色相间的花叶或斑驳，叶皱缩、细小，质地变脆，植株矮化、丛生，花穗变短。

病原 危害一串红的病毒北京地区主要有4种，其中主要病原为黄瓜花叶病毒(CMV)。

发病规律 蚜虫及木薯粉虱可传染病毒。由于一串红的生长季节和蚜虫的发生期相吻合，蚜虫与病害的发生有密切的关系。北京地区9、10月由于蚜虫的繁殖，病害大量传播和蔓延，危害严重。此外，嫁接也可以传毒。

防治方法 植株生长期认真防治蚜虫。可用40%乐果1 000倍液、50%马拉松1 000倍液或90%敌百虫1 000倍液防治；清除一串红栽培区的杂草，减少侵染源；发现病株及时销毁；发病初期喷20%病毒灵400倍液2~4次。

矮牵牛花叶病

分布与危害 矮牵牛是多年生草本植物，病毒病种类较多，在其生长期病毒病都有发生。最普遍的是花叶病。这种病害在矮牵牛的栽植地发生比较普遍。

症状 在矮牵牛的叶片上表现为花叶和斑驳症状。在某些杂交种上形成条形斑。

病原 引起矮牵牛花叶病的病原主要有3种：烟草花叶病毒(TMV)、黄瓜花叶病毒(CMV)、矮牵牛芫菁花叶病毒(Turnip Mosaic Virus，TuMV)。CMV和TMV的描述见仙客来病毒病。TuMV隶属于马铃薯Y病毒科(Potyvirudae)马铃薯Y病毒属(*Potyvirus*)。病毒粒子为弯曲线状，无胞膜，长750nm。致死温度60℃，稀释终点10^{-3}~10^{-4}，体外存活期4~7天(25~26℃)。

发病规律 田间残存的病株、杂草等以及种子、土壤都是病毒重要的越冬场所。初侵染源为土壤中的病残株、田间带毒杂草及带毒土壤；再侵染源主要是田间发病植株和带毒杂草。病毒可通过蚜虫、汁液和扦插枝条进行传播。CMV和TuMV由蚜虫作非持久性传播。TMV主要通过接触和汁液传播，TuMV也可通过此种方式传播。在栽培过程中，移苗、疏叶等均可传播病毒。用带病毒的植株扦插，进行无性繁殖，能让病毒广泛传播。

防治方法 培育无毒苗，加强栽培管理；在农事活动中注意对用具及手进行消毒，最简单的方法是用肥皂水清洗，或者用10%的漂白粉处理农具20min；严格控制传毒蚜虫，生长季节有蚜虫发生时，可用50%抗蚜威4 000~5 000倍液喷雾，5~7天1次，共2次。

7.2.4 线虫病害

线虫危害的植物种类很多。在我国园林植物病害中线虫病害有100多种。目前危害严重的主要发生在植物的根茎部，在叶上主要是菊花线虫叶枯病和珠兰叶枯线虫病。

菊花线虫叶枯病

分布与危害 世界性分布，在上海、江苏、安徽、广东、湖南、云南、浙江等地均有发生。为菊花的严重病害之一。被列为国内植物检疫对象。除菊花外，还危害百日菊、翠菊、金光菊等多种菊科植物，以及大丽花、百合、蒲包花、飞燕草、夹竹桃等草本花卉。

症状 菊花的叶片、幼芽和花均可受害。在叶片背面，初为浅黄褐色小斑点，后变为褐色或黑色。病斑逐渐扩展，由于叶脉的限制而呈现三角形或其他形状的坏死斑，产生叶脉间坏死。线虫沿着茎干向上爬行，叶片自下而上枯死，最后叶片卷缩、枯死、沿茎干下垂但不脱落。幼芽受害后枯死。花芽受害后花不发育。病株外形萎缩。茎受害后呈褐色斑，最后枯死。

病原 为菊花芽叶线虫［*Aphelenchoides ritzemabosi*（Schwartz）Steiner］（图 7-20），属线虫纲滑刃线虫目滑刃线虫属。虫体细长，尾端尖，其末端通常有 2～4 个微小的针状突起。侧区有侧线 4 条，口针基部球明显。雌虫体长 770～1 200μm，体宽20～25μm。雄虫比雌虫稍细小，稍加热时，其尾部往往向腹面呈 180°角弯曲，体长710～985μm。叶线虫发育最适温度为 20～28℃。在该温度条件下，叶线虫从卵发育成成虫只需 14 天左右。每条雌成虫在感病寄主内产卵 20～30 个。

发病规律 该线虫 1 年发生 10 代，以成虫或幼虫在叶芽、花芽、生长点内越冬。在干叶中能存活 2 年，在土壤中也可存活 1～2 个月。当温度在 22～25℃及湿度适宜时开始活动。线虫从气孔侵入，通过雨水和灌溉水以及有病的植株和土壤进行传播蔓延。菊花品种不同，发病程度也有差异。

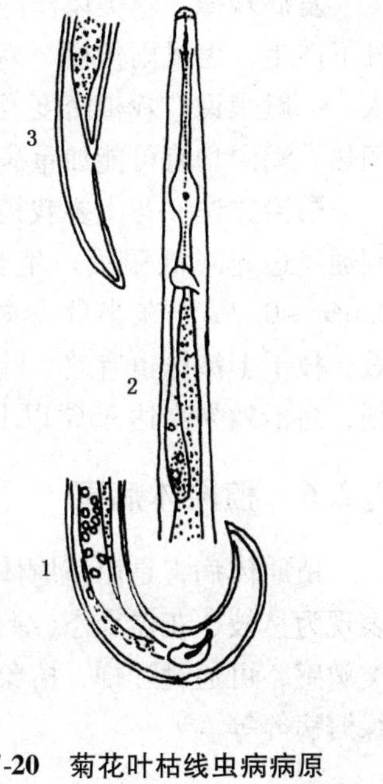

图 7-20 菊花叶枯线虫病病原

1. 雄虫尾部 2. 线虫头颈部 3. 雌虫尾部

防治方法 加强检疫，禁止病苗、病株从病区运出；从健康无病的植株上采条作繁殖材料；及时摘除病叶、病花及病芽，集中销毁；将插条用50℃的温水浸泡 10min 或者在 0.05% 碘液中浸泡 10min；用茎顶芽作繁殖材料。对被线虫污染的温室土壤、花盆土壤进行消毒，用氯化苦、安百亩、福尔马林等效果较好。药剂防治可用 48% 治线磷 1 200～1 500 倍液灌根，每 2 周灌 1 次，共灌 2 次，可有效防治该种线虫。也可用丰索磷处理宿根，可减少线虫侵染。

7.2.5 藻类病害

藻 斑 病

分布与危害 该病是我国南方花木上常见的一种病害，如山茶、白兰、玉兰、桂花、柑橘等的藻斑病。其危害主要是降低寄主植物的光合作用，植株生长不良；除叶片外，有时会造成植物枝干部皮层剥落，枯死。

症状 侵害叶片及嫩枝。藻斑病侵害叶片的上下表面，但以叶的上面为主。发病初期，叶片上出现针头大小的灰白色、灰绿色及黄褐色的圆斑；病斑逐渐扩大为圆形的或不规则形的隆起斑，病斑边缘为放射状或羽毛状，病斑上有纤维状细纹和绒毛；藻斑颜色为暗褐色、暗绿色或为橘褐色，直径1~15mm。藻斑的大小和颜色常因寄主植物的种类而异，如含笑上的藻斑直径1~2mm，暗绿色，而广玉兰上的藻斑直径为10mm；山茶上的藻斑直径2~15mm，灰绿色或橘黄色。

病原 多为头孢藻(*Cephaleuros virescens* Kunze.)，是一种寄生性的绿藻。营养体为叶状体，发病部位见到的毛毡状物是孢子囊和孢子囊梗。小梗顶端各生1个椭圆形或球形的孢子囊，大小14.5~20.3μm×16~23.5μm，成熟后释放出游动孢子。游动孢子椭圆形，双鞭毛，无色。

发病规律 藻类以丝网状营养体在寄主组织内越冬。孢子囊及游动孢子在潮湿条件下产生，由风雨传播。高温、高湿条件有利于游动孢子的产生、传播和萌发、侵入。一般来说，栽植密度及盆花摆放密度大，通风透光不良，土壤贫瘠、淹水，天气闷热、潮湿均有可能加重病害的发生。

防治方法 花木要栽植在地势开阔、排水良好、土壤肥沃的地块上；及时修剪以利通风透光降低湿度。生长季节喷洒50%多菌灵可湿性粉剂500~800倍液，或0.6%~0.7%石灰半量式波尔多液，或48%~53%碱式硫酸铜的0.25%的溶液均有效，枝干上涂抹也有效。叶片上喷洒2%尿素或2%氯化钾，之后再喷0.25%铜素制剂，防治效果高达95%以上。

7.2.6 植原体病害

植原体病害是由植原体(phytoplasma)引起的病害的总称。这一类病害的典型症状表现为丛枝、花器变态(绿萼或花变叶)、生长衰退。病原不能人工培养，对四环素类敏感，可通过叶蝉、椿象传播。很多植物均可受害，如泡桐丛枝病、枣疯病、月季绿瓣病等等。

月季绿瓣病

分布与危害 该病是近年来新发生的病害，在我国南北方均有零星分布。引起月季的退化，株形较矮小，花瓣变绿色，花小，或不开花。

症状 花冠变成绿色，或称花变叶，是月季绿瓣病的典型症状。发病植株比同一品种的植株矮小、叶片窄小；花小、花瓣窄小簇生。夏季高温时，花冠较易脱落。

病原 为植原体。月季花冠基部和幼嫩叶柄的韧皮部细胞中有大量的植原体细胞存在。

发病规律 染病植株一直被一些园艺业人士称为月季珍品或新品种，从而得以保存，并使该病扩散传播开来。植原体在有病种苗及有病植株内越冬，通过扦插育苗及嫁接传播，至今尚未发现传毒介体。从病株上采条扦插育苗，是造成月季绿瓣病逐年增加的主要原因。

防治方法 加强检疫，防止有病苗木传入无病地区；从没有任何症状的健株上采条或接穗进行育苗，可以原则上清除绿瓣病；生长季节勤调查，尤其是春季调查很重要，发现病株立即拔除并销毁。

翠菊黄化病

分布与危害 在世界上发生较普遍，国内少数地区有发生。该病为全株性病害。病株矮化、叶黄化，无商品价值。

症状 侵害翠菊整个植株。叶片变小，叶片与枝条夹角变小，成直立状，叶柄长，叶片黄化或白化。顶芽生长受抑制，侧芽、隐芽发出大量细枝条，呈丛枝状；花小，变为绿色，或根本无花形成。

病原 植原体。

发病规律 在多年生植物如天人菊以及野生寄主如大车前草等上越冬。这些带毒植物成为重要的侵染来源。翠菊叶蝉(*Macrosteles fuscifrons*)是主要的传播介体，此外，嫁接和菟丝子也能传播。翠菊叶蝉能在多种植物上取食传毒。叶蝉种群密度大加重翠菊黄化病的发生。一般而言，叶蝉发生高峰期后翠菊黄化病会大量发生。初夏，叶蝉从越冬病植株上吸取病汁液后即能传毒。叶蝉传毒时间长，一般10天或长达100天以上。翠菊黄化病潜育期长短与气温相关。气温25℃时潜育期为8～9天；20℃时为18天，气温低于10℃时，常常不出现症状。

防治方法 从健株上采种，生产中栽植实生苗，田间发现病株应立即拔除销毁；翠菊不能与其他寄主混栽或相邻种植；嫁接所用工具应用四环素等药物消毒；防治传毒叶蝉，常用药剂有50%马拉松乳油及25%西维因乳油800倍液，或40%乐果乳油1 500倍液等。因叶蝉传毒时间长，应多次喷洒药物。

复习思考题

1. 园林植物叶、花、果病害的主要症状有哪些？
2. 园林植物叶、花、果病害的主要防治措施有哪些？
3. 白粉病的主要症状及发生规律和防治对策是什么？
4. 炭疽病的主要识别特点是什么？应该如何进行控制？
5. 病毒病对园林植物的危害主要有哪些？在生产实践中应该注意什么？
6. 植原体病害与病毒病害的症状的区别？如何进行诊断？如何控制？
7. 草坪锈病的症状及主要病原类型有哪些？如何控制这种病害？
8. 结合所学知识，分析一下目前在园林植物中比较严重的病害类型是什么？为什么？如何应对？

推荐阅读书目

园林植物病理学．朱天辉．中国农业出版社，2003.

园艺植物病理学．李怀方，刘凤权，郭小密．中国农业大学出版社，2001.
园林植物病虫害防治图鉴．杨子琦，曹华国．中国林业出版社，2002.
观赏植物真菌病害．张中义．四川科学技术出版社，1988.
园林植物病虫害防治．赵怀谦，赵宏儒，杨志华．中国农业出版社，1994.
园林植物病虫害防治．徐明慧．中国林业出版社，1993.

第 8 章
园林植物茎干部病害

[**本章提要**] 本章列举了由真菌、细菌、病毒、植原体和线虫等引起的园林植物主要茎干部病害，包括腐烂病、溃疡病、干锈病、枯萎病、丛枝病等。讲述了这类病害的症状、病原、发生规律和防治方法等。

园林植物茎干部病害，主要指的是感病部位在枝干上的一类病害，如枝干或鳞茎的腐烂病、溃疡病、锈病、肿瘤病、流脂流胶病等。但为了论述方便，本章把枯萎病、丛枝病等一些系统性病害也归入了此类。

8.1 概 述

8.1.1 茎干病害的危害性

园林植物茎干病害虽不及叶部病害那么普遍，但危害非常严重。因为茎干是整个植物的“中心枢纽”，茎干一旦感病，会影响到整个植物的存活。无论是草本花卉的茎，还是木本花卉的枝条或主干，受病后往往直接引起枝枯或全株枯死。所以茎干病害在园林植物病害中占有相当重要的地位。如引起松树枯萎的松材线虫病，是园林和林业上的头号病害。菊花和香石竹的枯萎病，水仙、唐菖蒲、郁金香的茎线虫病等，均是世界性的花卉病害。另外，杨树的腐烂病、溃疡病，泡桐丛枝病等也都是园林、林业重要病害。

8.1.2 茎干病害的病原及其特点

8.1.2.1 茎干病害的病原种类

引起茎干病害的病原很多，包括了非生物性病原和生物性病原等各种因素。夏季高温引起的幼苗茎基部日灼伤和冬季低温引起的树干“破肚子病”等是常见的非侵染性病害。在生物性病原中，真菌、细菌、植原体、病毒、寄生性种子植物和线虫等均可导致茎干病害。这些病原物中，真菌占有最重要的位置。病原真菌大多导致植物茎干的腐烂和溃疡症状。

卵菌中的疫霉属(*Phytophthora*)，可以引起多种树木枝干溃疡和枯萎。如刺槐溃疡病、橡胶树条溃疡病、杜鹃枯萎病等均是由疫霉属真菌引起的。

子囊菌中引起植物溃疡和腐烂的种类很多。葡萄座腔菌属(*Botryosphaeria*)真菌可在杨、柳、榆、槐等50余种树木上引起溃疡病。黑腐皮壳菌属(*Valsa*)真菌可在多种针阔叶树树干上形成腐烂斑。另外引起枝干溃疡和腐烂的子囊菌还有隐赤壳菌属(*Cryphonectria*)、丛赤壳菌属(*Nectria*)、炭团菌属(*Hypoxylon*)、小毛杯菌属(*Lachnellula*)、薄盘菌属(*Cenangium*)等的一些种类。

半知菌能引起茎干病害的也很多。镰孢霉属(*Fusarium*)、疡壳孢属(*Dothichiza*)、壳梭孢属(*Fusicocuum*)、拟茎点属(*Phomopsis*)、黑盘孢属(*Melanconium*)、茎点属(*Phoma*)、色二孢属(*Diplodia*)等都是茎干溃疡病或腐烂病的病原物。

担子菌能引起茎干病害的相对较少。柱锈菌属(*Cronartium*)等能引起多种松树的干锈病，造成松树树干溃疡或肿大。另外还有引起树木心材或边材腐朽的高等担子菌等。

其他生物性病原中，能引起茎干病害的并不多。如细菌能引起树木和各种观赏植物的溃疡病和青枯病，病毒可引起树木和花卉的萎缩病，植原体引起丛枝病和线虫引起的枯萎病等。

8.1.2.2 两种类型病原物的特点

根据这些生物性病原物的寄生性，可以把它们分为两类，即寄生性强的病原物和寄生性弱的病原物。

病毒、植原体、线虫、锈菌和部分细菌属于寄生性强的类型。它们在自然界分布不很普遍，寄主范围也较窄。这类茎干病害的发生与病原物的存在有密切关系。

大多数真菌和部分细菌属于寄生性弱的类型。它们的专化性一般不强，寄主范围也比较广；它们在自然界普遍存在，一般在树干或树皮上营腐生或兼性寄生生活。植物生长健壮时不能造成危害，但当植物生长衰弱时，病菌就可以进一步扩展，形成溃疡或腐烂斑。所以这类病害的发生与植物的生长势和环境条件关系密切。

由于这两类病原物的特性截然不同，所以这两类病原物引起的病害在发生规律上和防治方法上都有很大差异。

8.1.3 茎干病害的发生特点

寄生性强的病原物引起的茎干病害，其发生特点因病原的种类而异，没有一定的规律。病毒和植原体病害，在自然界一般由昆虫传播，造成系统性侵染；干锈病在转主寄主上越冬，由气流传播；茎线虫由水流传播，而松材线虫由天牛传播等。

寄生性弱的病原物引起的茎干病害虽然种类很多，但在发生规律上却有一定的共性。表现在以下几个方面：

(1)病菌的侵染途径一般为伤口或自然孔口

修枝和嫁接伤口、日灼伤和冻伤、树干害虫造成的伤口等均可以成为这类病菌的侵染门户。如板栗疫病病菌通常从嫁接伤口侵入；落叶松癌肿病的发生多与冻害有关；一些溃疡病的发生与天牛的危害有关等。皮孔和叶痕也是一些病菌侵染的门户，如苹果轮纹病菌和杨树溃疡病菌多从树干上的皮孔侵入；千年桐溃疡病的发生是病菌先危害果实，再通过叶柄进入枝条，最后在枝条上表现溃疡症状。

(2)病菌大多有潜伏侵染特性

多数病菌在侵染以后，并不能马上表现症状。因为发病的条件不合适，病菌会潜伏一段时间甚至一直不表现症状。所以通常可以从一些看似健康的枝条上分离出这类病原物。

(3)病害的发生与植物生长势有关

由于病菌多有潜伏侵染特性，病菌扩展和表现症状一般是在植物生长势较弱的情况下。如杨树溃疡病多在早春表现症状，而当进入初夏，树木生长进入旺盛时期，病害即逐渐停止扩展。还有一些研究也表明，很多树木溃疡病的发生与树皮的相对含水量有关。

8.1.4　茎干病害的防治特点

根据两类病原物的特点和它们所引起的两类茎干病害的发生规律，现提出两类茎干病害的防治方法和策略。

对于寄生性强的病原物引起的茎干病害，可以主要采取以下措施进行防治：

(1)植物检疫

因为这类病害的病原物分布一般不普遍，可以通过植物检疫措施，把这些病原物限制在一定的区域以内，以免造成更大的损失。很多重要的茎干病害，都是通过这一手段来限制其扩展的。如松材线虫病、松疱锈病、杨树细菌性溃疡病、杨树大斑性溃疡病、榆树荷兰病、栎枯萎病等等，这些病害都是主要检疫的对象。

(2)建立无病苗圃

很多茎干病害的病原物在分布上虽然也较普遍，但远没有寄生性弱的病原物那么普遍，还可以通过限制病原物的进一步扩展来达到病害防治的目的。建立无病苗圃，可以控制花木在苗期或幼龄期不受病害感染，大大减少病害危害程度。如泡桐丛枝病、花卉茎线虫病和一些病毒病害的控制。

(3)选育和种植抗病品种

因为这类病原物寄生性较强，寄主范围较窄，对寄主有较强的选择性，所以可以通过选育和种植抗病品种来解决这类病害问题。如木麻黄青枯病的防治，松梭型锈病的防治均已开展了抗性选育工作。

对于寄生性弱的病原物引起的茎干病害，在防治上应重点抓以下两方面内容：

(1)加强管理，提高植物生命力

因为这类病害的病原物普遍存在，甚至早已潜伏在植物体内。病害的发生主要取决于是否能打破潜伏侵染或取决于植物的生活力强弱。所以改善管理和养护措施，增强植物生长势，提高植物抗病能力，是防治大多腐烂病和溃疡病的主要措施。

(2)加强管理，减少各种伤口

伤口是这类病原物侵染的门户，也是病害发生的诱发因素。因此，采取一切措施，减少植物茎干上的伤口，可以大大减轻很多溃疡病和腐烂病的发生。所以在冬季进行树干涂白，避免茎干冻伤；防治蛀干害虫，减少虫伤等措施均可以减少这类病害的发生。

除了以上提及的两类病害的防治方法，对于每一种特定的茎干病害，还可能需要采取一些其他特殊的防治措施，如清除初侵染来源、控制传播媒介昆虫、化学防治、生物防治的方法等，在这里不再一一列举。

8.2 主要茎干部病害

8.2.1 真菌引起的茎干病害

由真菌引起的园林植物茎干病害种类很多，除了常见的溃疡、腐烂和干锈病外，真菌还可以引起枯萎、丛枝等病害。

溃疡病和腐烂病大多是由子囊菌门和半知菌门的真菌引起的。这类真菌种类很多，寄生的植物也很杂，在上一节已经作了重点论述。假菌界卵菌门中的少数真菌也能引起溃疡病，如橡胶溃疡病是由一种疫霉引起的。

引起干锈病的种类也很多，但主要是柱锈菌属(*Cronartium*)，引起松类干锈病。另外，胶锈菌属(*Gymnosporangium*)、硬层锈菌属(*Stereostratum*)、单孢锈菌属(*Uromyces*)、内柱锈菌属(*Endocronartium*)等均能在枝干上引起锈病。

引起枯萎病的真菌不多，主要有长喙壳属(*Ceratocystis*)、轮枝孢属(*Verticillium*)、镰孢菌属(*Fusarium*)等。长喙壳属引起著名的榆树和栎类枯萎病。轮枝孢属和镰孢菌属在土壤中长期存活和扩展，可以侵染很多种植物，引起各种植物的枯萎病。轮枝孢属经常可侵染的有黄栌、槭树、梓树、栾树、椴树、鹅掌楸、刺槐等；镰孢菌属寄主范围很广，香石竹、水仙、郁金香、唐菖蒲、合欢等均可被寄生。

由真菌引起丛枝病的并不多。瘤座菌属(*Balansia*)引起的竹丛枝病，微座孢属(*Microstroma*)引起的枫杨丛枝病等均表现为典型的丛枝症状。其他真菌如外囊菌、锈菌、白粉菌等也能引起类似丛枝的症状，如外囊菌引起樱桃丛枝；锈菌引起冷杉丛枝，白粉菌引起栎丛枝等。

还有一些炭疽菌也可以在茎干上形成溃疡斑，但炭疽菌一般作为叶部病害来讨论。

因为真菌茎干病害种类很多，不可能进行全面论述。本章仅选择了一些比较重要的和有代表性的真菌茎干病害。

杨树腐烂病

分布与危害 该病是杨树主要枝干病害，几乎在所有杨树栽培区均有发生。病害可以感染大树，也可侵染1~2年生苗木。尤其在春季造林时，苗木失水过多，生活力下降，常导致病害大发生。

症状 病斑主要发生在树干或大的枝条上，表现干腐、枯梢和枯枝等症状。病斑初期水浸状，皮层组织腐烂变软，后失水下陷，有时龟裂，有明显边缘。后期在病斑上会长出许多黑色小突起，此为病菌的分生孢子器（图 8-1）。潮湿时或雨后自分生孢子器的孔口中挤出许多橘红色或黄色胶质物。最后病斑处皮层变暗，糟烂，纤维相互分离呈麻丝状，与木质部分离。在东北和华北一些地区，病斑上后期还会产生一些灰色粒状物，此为病菌子囊壳。如果病斑发展较快，包围树干或枝条一周，病斑上部就会枯死。

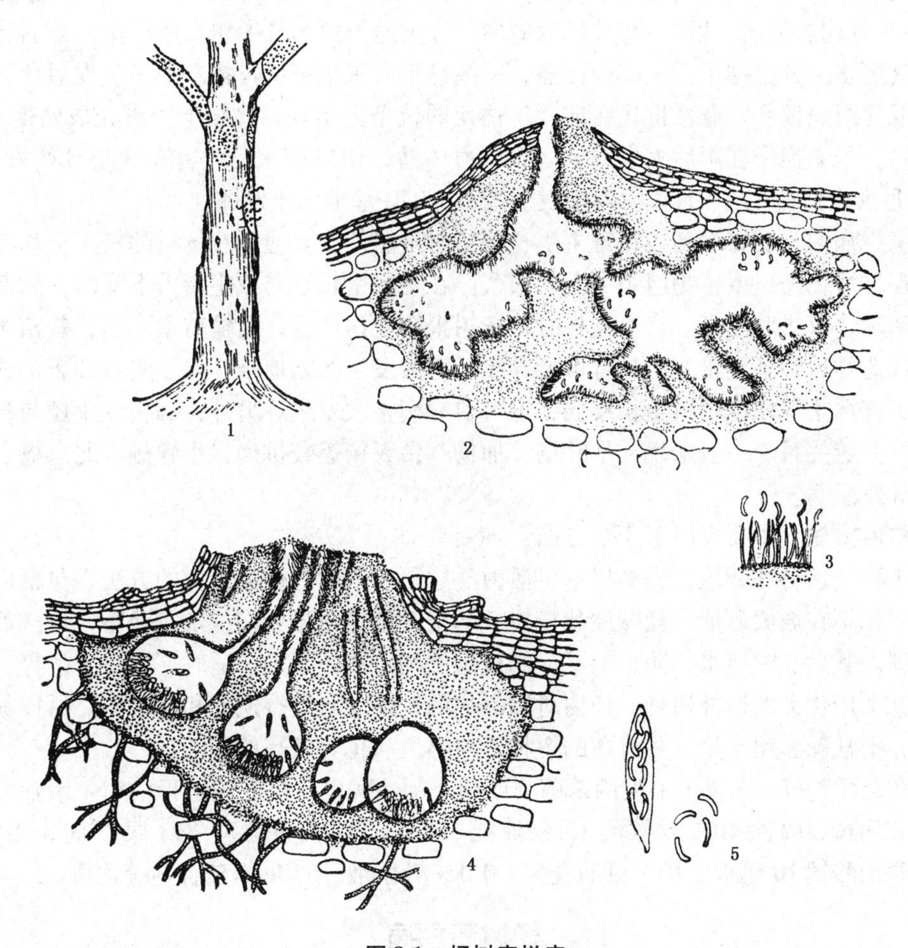

图 8-1 杨树腐烂病

1. 示病株上的干腐和枯枝型症状 2. 分生孢子器 3. 分生孢子梗和分生孢子
4. 子囊壳 5. 子囊及子囊孢子

如果病斑发生在苗木或幼树上，病斑会很快扩展一周，常会表现枯梢症状；如病斑发生在树皮较厚的老树干上，病斑表现不明显，看不到水浸状病斑及其边缘，只能在树皮裂缝中偶见分生孢子角。

病原 病菌的有性阶段是子囊菌的黑腐皮壳菌（*Valsa sordida* Nit），其无性阶段为金黄壳囊孢菌［*Cytospora chrysosperma*（Pers.）Fr.］。子囊壳多个埋生在子座内，呈长颈烧瓶状。子囊壳黑褐色，直径350～680μm，高580～890μm。子囊棍棒状，子囊孢子单细胞，无色，腊肠形，大小为2.5～3.5μm×10.1～19.5μm。分生孢子器也在子座内埋生，黑褐色，不规则形，多室或单室，具长颈并露于寄主表皮外，分生孢子器直径0.89～2.23mm，高0.79mm×1.19mm。分生孢子单细胞，无色，腊肠形，大小为0.68～1.36μm×3.74～6.80μm(图8-1)。病菌在人工条件下很容易培养，通常在PDA培养基上长出粉白色的菌落。该病菌除了危害杨树以外，还可侵染柳树、核桃、板栗、桑树、桃、樱桃等多种木本植物，也同样引起腐烂、枯枝或枯梢等。

发病规律 病菌以子囊壳、菌丝或分生孢子器在植物病部越冬。在河北分生孢子器4～9月均能形成，以5～6月产生最多。分生孢子角5月中旬大量产生，雨后或潮湿天气更多。分生孢子借风、雨传播，一些蛀干害虫也可以传播。孢子萌发后芽管自伤口或死组织侵入。有性世代在前一年枯死的枝条上出现。病枝上子囊壳成熟期在5月以后，子囊孢子在雨后大量散放，靠风力传播，伤口侵入。病害在春季开始发生，5～6月为发病盛期，7月以后病害发展缓和，9月基本停止发展。

腐烂病菌为弱寄生菌，在寄主生长旺盛时不能侵染。通常在杨树的枝干上均有病菌存在，可在伤口或植物组织中潜伏很久。在杨树生长衰弱或生活力下降时，病菌即开始活动，形成腐烂斑。春季造林时，杨树根系受伤严重，运输苗木不当，栽植不及时，或造林后管理不善等，均有可能导致病害大发生。立地条件差、受风沙袭击或其他病虫害严重等均使杨树生长衰弱，也可引起病害大发生。另外，病害发生还与杨树品种有一定关系。一般来说，小叶杨、加杨、钻天杨等较抗病，小青杨、北京杨、毛白杨等较感病。

防治方法 主要有以下3个方面：

①科学造林和管理，提高树木生活力。这是防治腐烂病最主要的方法，包括内容很多。如不在坡梁砂地、盐碱地栽杨树。起苗时避免根系受伤，及时栽植，造林后加强管理。栽后及时浇水，防止干旱。修枝做到勤、弱、合理、适时，剪口平滑等。

②选用优良的造林树种。杨树对腐烂病的抗性是与其抗逆性相联系的。所以具有抗寒，耐盐碱、耐干旱、耐瘠薄的树种，对腐烂病也有较高的抗性。

③化学治疗。在树干上喷洒杀菌剂或用刀刮除病斑后再涂药进行治疗。治疗时用刀划破病斑，喷涂10%双效灵10倍液或10%碱水(碳酸钠)、843康复剂3倍液、50%琥珀酸铜10倍液、10%蒽油乳剂、0.1%升汞液、5°Be石硫合剂等均可。

杨树溃疡病

分布与危害 杨树溃疡病也称杨树水泡型溃疡病，是分布最广、危害最严重的杨树枝干病害。在河南、山东、河北、陕西、山西、甘肃、辽宁等地均普遍发生。严重的地区，几乎每一株杨树均有溃疡斑；一株1～2年生的杨树苗，可以布满上百个溃疡斑，严重影响杨树造林后的成活及生长。

症状 病斑在幼树的主干上或大树的枝条上出现较多。春季感病植株的树皮上产生圆形或椭圆形的病斑，病斑在1mm左右，呈水泡状或水渍状(图8-2)。病部质地松软，压破水泡则有大量带腥臭的黏液流出。病部后期下陷，呈褐色，并很快扩展成长椭圆形或长条形，但边缘不明显。此时皮层腐烂，呈黑褐色。到5月下旬在病部产生许多黑色小点，并突破表皮外露，此即病菌的分生孢子器。11月在病部产生较大的黑色小点，即病菌的子座和子囊壳。如果是秋季形成的病斑，在第二年5月中旬子实体才成熟。水泡型症状多出现在光皮树种上，在粗皮树种上则以水渍状病斑为主。除水泡型和水浸型2种小病斑之外，还可见更大的病斑。大病斑通常2~3cm或更大，病斑深度可达木质部。当病部不断扩大，环绕树干一周时上部枝条坏死，病部后期可使树皮纵裂。

病原 该病由子囊菌门的茶藨子葡萄座腔菌[*Botryosphaeria ribis* (Tode) Gross. et Dugg.]所致，无性型为半知菌门的聚生小穴壳菌(*Dothiorella gregaria* Sacc.)。子座埋生在寄主表皮下，后突破表皮外露，黑色，炭质，近圆形或圆形，直径0.6~0.8cm，1至数个子囊壳集生其中。子囊壳扁圆形，黑色，大小为180~260μm ×210~250μm。子囊束生，棍棒状，具无色的双层壁。顶壁较厚，有拟侧丝。子囊孢子8个，单孢，无色，椭圆形，大小为19.2~22.3μm×6.1~8.0μm。分生孢子器1至数个聚生于黑色的子座内，近圆形，有明显的孔口。分生孢子梗和分生孢子无色，分生孢子单细胞，长椭圆形到纺锤形，20.4~27.2μm×4.8~6.8μm(图8-2)。

该菌生长温度为13~38℃，最适温度为25~30℃，在pH 3~9均能生长，但以pH 6生长最好。孢子萌发对温度的要求与菌丝生长的温度范围基本一致。

该病菌不但危害杨树，也能侵染榆树、核桃等多种木本植物的树皮。

发病规律 病菌主要以菌丝或没有成熟的子实体在病组织内越冬，5月病斑上产生分生孢子，由雨水稀释再加风的力量传播，经皮孔或者伤口侵入。病菌虽然可以产生有性的子囊孢子，但其侵染作用不如分生孢子重要。

该病在南方地区于3月下旬开始发病，4月中旬至5月上旬为发病盛期，5月中

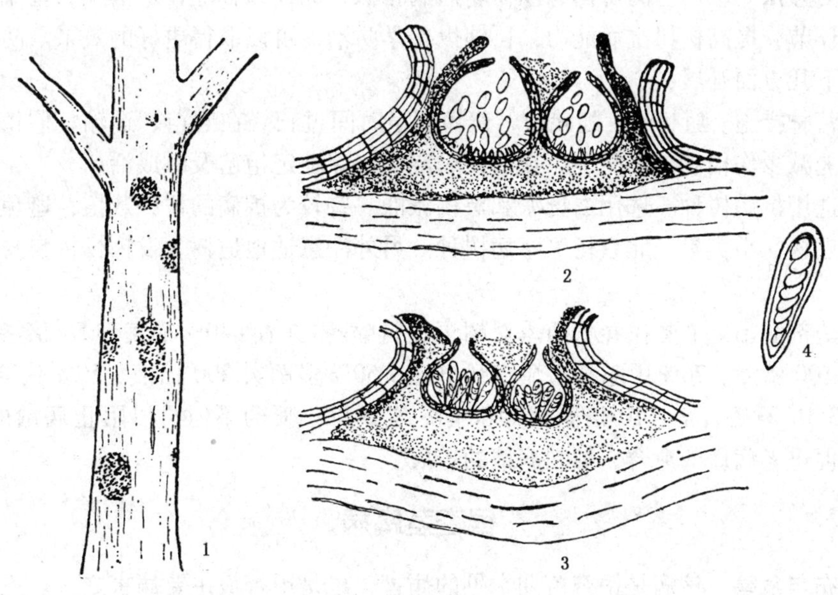

图8-2 杨树溃疡病

1. 树干受害症状 2. 分生孢子器 3. 子囊壳 4. 子囊及子囊孢子

旬以后病害逐渐缓慢，至6月初基本停止。10月后病害又稍有发生。在北方一些地区发病稍晚，通常4月上旬开始发病，5月下旬为发病高峰，7～8月病势减轻，9月后又有发展，以后逐渐停止。

溃疡病菌有潜伏侵染现象，造林苗本身带菌是普遍现象。在春季造林后病害的大量发生，就是由于此时苗木水分丧失，生理机能失调，抗病能力降低，诱发潜伏在皮下的病菌活动的结果。

该病菌为弱寄生菌，在树木生长旺盛时，病害基本不会发生；在树木生理机能下降时，就会诱发病害的发生。据研究，病害的发生与以下因素有关：

①树皮含水量。树皮含水量的变动与其对溃疡病的抗性有密切的关系。一般情况下，当树皮含水量不足时，对溃疡病的抗性就会降低，表现为发病率升高，病斑的扩展快，病斑的面积较大。树皮含水量因树种、季节、气候变化、立地条件、栽培措施而发生变动。

②杨树的不同品系。杨树的不同品系之间的感病程度也有差异。一般情况下，白杨派抗病力强，黑杨派抗病较强，青杨派树种则高度的感病。树皮光滑的北京杨、群众杨、大官杨等感病严重；沙兰杨、I-214、I-69等中等感病；毛白杨、健杨等感病较轻。但品种的抗病性与其适应性有一定关系，即同一个品种，在其适生区栽植是抗病的，而在其非适生区栽植则表现为感病。

③树皮中的化学成分。树皮中的有些化学成分的含量与溃疡病的发生有很大的关系。研究发现树皮中单宁含量高的树种对溃疡病的抗性也强。

④栽培和管理条件。老树林生长衰退、造林技术粗放、抚育管理不周、霜冻、土壤贫瘠、干旱、虫害等都可能成为诱发溃疡病的主要因素。

防治方法 该病害的防治和杨树腐烂病相似，同样以林业技术措施为基础，抓好营林各环节，提高杨树抗病能力，再辅以化学防治，可以取得更好的效果。防治工作应从以下几方面开展：

①营林措施。随起苗，随栽植，避免假植时间过长。在起苗、运输、假植、定植时尽可能减少伤根和碰伤树干。栽后及时浇水，保证定植苗及时成活。

②选用抗病树种。选用白杨派和黑杨派的一些较为抗病的树种栽植；避免使用群众杨、辽杨、小美旱、北京杨等感病树种。另外注意适地适树，发挥杨树自身的抗病能力。

③药剂防治。主要在春秋两季对树干进行喷药。喷洒40%福美砷50倍液、50%退菌特100倍液、70%甲基托布津100倍液、50%多菌灵200倍液、50%代森铵200倍液、3°Be石硫合剂、10倍碱液等都有一定效果。喷药不但可以阻止病菌的入侵，还可以促进老病斑的愈合，抑制病情的扩展。

银杏茎腐病

分布与危害 该病是银杏苗期常见的病害，也是银杏最主要病害之一。主要分布在淮河流域以南地区。1年生没有木质化的银杏苗，在夏季高温的年份，死亡率可以达到90%以上。随着苗木年龄的增长，木质化程度的增高，其抗病能力也随着提高。

症状 病害的发病部位在苗木茎基部接近地面的皮层组织。发病初期茎基部出现水渍状黑褐色病斑，随即包围全茎，并迅速向上扩展。此时叶片失去正常绿色，并稍向下垂，但不脱落。随着感病部位的迅速扩展，植株逐渐枯萎死亡。随后病苗基部皮层出现皱缩，皮内组织腐烂呈海绵状或粉末状，色灰白，并夹有许多细小的黑色菌核（图8-3）。

病菌也能侵入幼嫩的木质部，使木质部变褐变软，在髓部有时也见小菌核产生。此后病菌逐渐扩展至根，使根部皮层腐烂。如用手拔病苗，只能拔出木质部，根部皮层则留于土壤之中。但银杏当年生苗感病轻的，偶有根部不死的，并自根颈处萌发新芽。1 年生以上银杏苗上，此种现象更为多见。银杏扦插苗在高温或低温的条件下也能发生茎腐病，可使插穗表皮呈筒状套在木质部上，韧皮部薄壁组织则全部发黑腐烂。

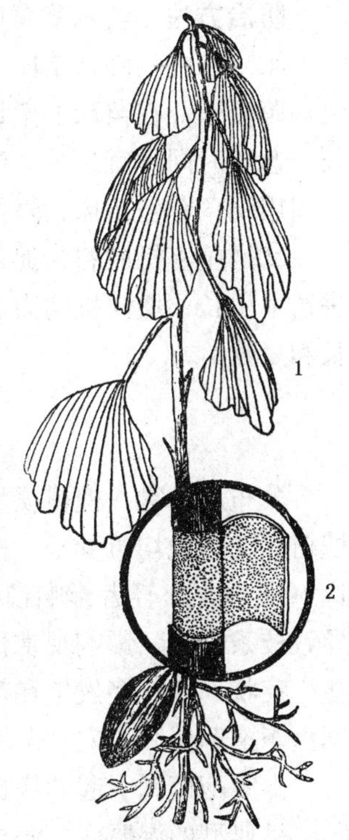

图 8-3 银杏茎腐病

1. 病苗症状
2. 病部放大示皮层下的菌核

病原 苗木茎腐病的病原菌是菜豆壳球孢菌［*Macrophomina phaseolina*（Tassi）Goid.］。但病菌不常产生分生孢子器，以菌丝体和菌核在土壤中生活和生存。它在半知菌无孢目中的名称又叫甘薯小菌核菌（*Sclerotium bataticola* Taub.）或甘薯丝核菌［*Rhizoctonia bataticola*（Taub.）Butler］。病菌在银杏等树苗上只产生菌核，一般不产生分生孢子器。菌核黑色，球形或椭圆形，细小而多如粉末状，表面光滑。在芝麻、桉树等病苗上常产生分生孢子器。分生孢子器生于病茎表皮的角质层下，暗褐色，近球形，直径 89 ~ 275μm。分生孢子长椭圆形，无色，单胞尖端稍弯曲，10 ~ 32μm × 5 ~ 10μm。该菌较喜高温，生长最适温度为 30 ~ 32℃，最适的酸碱度为 pH 4 ~ 7。

该病菌除危害银杏苗外，还可侵染香榧、金钱松、柳杉、杉木、水杉、马尾松、湿地松、火炬松、柏木、侧柏、扁柏、杜仲、板栗、臭椿、鸡爪槭、枫香、麻栎、刺槐、乌桕、槐树、大叶桉、细叶桉等 20 多种树苗，其中以银杏、香榧、杜仲、鸡爪槭等最易感染。

发病规律 银杏茎腐病病菌是一种土壤习居菌，平时在土壤中营腐生生活。一般不能侵染活的寄主组织，但当条件适宜时就可造成侵染。在高温季节，苗床土表温度升高，苗木幼嫩的茎基部容易受到高温而灼伤，伤口又为病菌的侵入创造了条件；另一方面，高温也有利于病菌的生长繁衍。病害一般在梅雨季结束后 10 天开始发生，7 ~ 8月进入高发期，9 月以后停止发展。病害严重程度取决于7 ~ 8 月的气温高低，也取决于高气温出现的早晚和持续时间。如果梅雨期早而短，6 月末即结束，7 月初气温逐渐上升，7 月中旬银杏即开始发病。由于发病早，苗茎尚未木质化，而且接着出现长时间高温，发病就比较严重。如果梅雨期至 7 月末结束，发病期较迟，高温持续期短，则发病就较轻。

防治方法 苗木茎腐病的防治可采取以下两方面的措施：

①夏秋之间降低苗床土壤表层的温度，防止灼伤苗木茎基部，以免出现伤口而导致病菌侵入。在苗床上架设荫棚可以降低苗床温度，但要管理到位，否则影响苗木生长。遮荫时间不宜过长，晴天10：00～16：00遮荫即可，雨天不遮荫。也可在苗木行间用稻草覆盖苗床，降低土温，防止土壤水分蒸发，可降低苗木发病率。

②增施有机肥料，促进幼苗生长，增强抗病能力。用有机肥料作基肥或追肥可促进苗木生长，增强抗病力。同时可影响土壤中颉颃微生物群体的变化，抑制病菌的生长和蔓延。

槐树溃疡病

分布与危害 槐树溃疡病又称腐烂病。河北、河南、安徽、江苏等地均有发生，槐树和龙爪槐均可受害。槐树幼苗、幼树最易感染。严重时苗圃中溃疡病的发病率可达50%以上。轻者影响苗木生长，重者引起幼苗、幼树枯死。大树感染溃疡病，常导致枝条枯死，影响观赏价值。

症状 病斑多发生在苗木的绿色主干或大树的绿色小枝上。病斑有两种类型，分别由镰孢菌属和小穴壳菌属引起。

由镰孢菌属引起的病斑，初期近圆形，褐色水渍状，渐发展为梭形，中央稍下陷，呈典型的湿腐状。病斑继续扩展可包围树干，使上部枝干枯死。后期病斑上出现橘红色的分生孢子堆。若病斑未能环绕枝干，则当年能愈合，且一般无再发生现象。个别病斑由于愈合组织很弱，翌年春季可自老斑边缘向四周扩展。

由小穴壳菌属引起的病斑初为圆形，黄褐色，较前者稍深，边缘为紫黑色。后病斑逐渐扩展为椭圆形，长径可达20cm以上，并可环绕枝干。后期病斑上出现许多小黑点即溃疡菌的分生孢子器。最后病部逐渐干枯下陷或开裂，一般不再扩展。

病原 病原菌之一为半知菌门三隔镰孢菌[*Fusarium tricinctum* (Corda) Sacc.]。分生孢子有大小2种。大孢子镰刀形，无色，具2～5个分隔，多数3个分隔，大小25～36μm×3～5μm；小孢子椭圆形，单胞，无色，7～12μm×3.5～5.3μm。另一种病菌为半知菌门的小穴壳菌(*Dothiorella ribis* Gross et Duggar.)。子座暗褐色，埋于寄主皮层组织内，分生孢子器圆形或椭圆形，有孔口，直径166～360μm，数个聚生于一个子座内。分生孢子单胞，无色，鞋底形，大小14.0～19.4μm×4.2～6.0μm(图8-4)。小穴壳菌的有性型为葡萄座腔菌属(*Botrosphaeria* sp.)真菌。

发病规律 两种类型的病害都在3～4月发生，以早春到初夏时发展最快。小穴壳菌多自皮孔侵入，镰孢菌多自叶痕侵入。此外，二者均可从断枝、修剪伤口、害虫危害伤口或死亡的芽等处侵入。在雨天或雾天等潮湿天气排出孢子角，孢子借风、雨水和昆虫传播、传染。

防治方法

①加强管理，提高树木自体抗病能力。抓好起苗、运输、假植和栽种等各个环节。避免苗木失水，栽植后及时灌水。

②树干涂白，防止冻害和日灼。常用涂白剂配方是：生石灰12～13kg，石硫合

剂（2°Be 左右）2kg，食盐 2kg，清水 10kg。

③保护伤口。修剪伤口可涂 5°Be 石硫合剂保护。

④药剂治疗。对已发病的枝干，可刮去病斑，然后在刮皮处用 70% 甲基托布津 1 份加植物油 25 份，或 50% 多菌灵可湿性粉剂 1 份加植物油 15 份混合均匀涂抹病部。也可涂抹 40% 福美砷 50 倍液，以防止病疤复发。

⑤截干处理。苗木发病重者，可及早进行截干，使其自根颈处重新萌发。

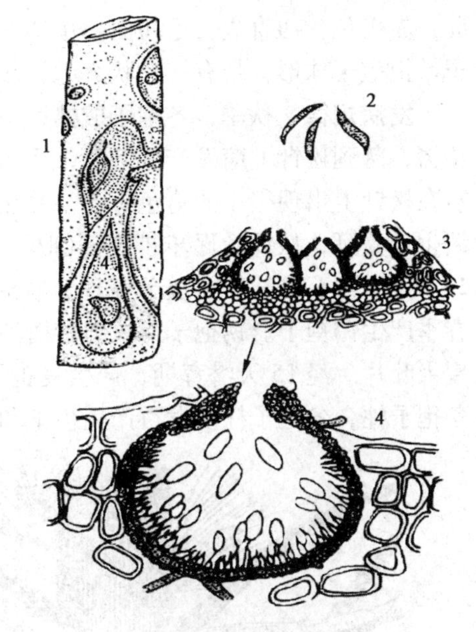

图 8-4 槐树溃疡病

1. 小穴壳菌引起的症状 2. 三隔镰刀菌的大孢子 3. 小穴壳菌子座和集生的分生孢子器 4. 小穴壳菌分生孢子器和分生孢子

松疱锈病

分布与危害 该病是世界著名的危险性病害。我国已发现数种疱锈病，主要发生在五针松和二针松上。国内主要分布黑龙江、辽宁、吉林、内蒙古、河南、陕西、四川、湖北、贵州、安徽等地。主要危害红松、华山松、樟子松、油松、赤松、马尾松等多种松树。主要危害幼苗和 20 年生以内的幼树。感病松树当年松针长度减少 30%；主梢生长量减少 90%；树高生长量是健康株的 3/5。3～5 年后干枯死亡。发病严重的林分，病株率高达 70% 以上。

症状 主要危害松树幼苗主干和大树的枝条，在主干和枝条上形成带有疱状的溃疡斑。发病初期，在枝干部出现淡黄色的病斑，并逐渐扩展出现裂缝。到秋季枝干上出现初为白色、后变成橘黄色的泪滴状蜜滴，是性孢子与黏液的混合物。蜜滴消失后皮下可见血迹斑。翌年春季，在同样的感病部位长出橘黄色的疱囊，即为病菌的锈孢子器，锈孢子器可散出锈黄色的锈孢子。4～5 年后，老病皮不再产生锈孢子器，仅留下粗糙黑色的病皮，并流出树脂。

在转主寄主上，夏季在叶背见带油脂光泽的黄色丘形夏孢子堆，夏孢子堆初为带光泽的橘红色疹状，裂后呈橘红色的粉堆，秋季在夏孢子堆或新叶组织处还可见刺毛状红褐色的冬孢子柱。

病原 由担子菌门锈菌目柱锈菌属（*Cronartium*）的一些真菌引起。

引起疱锈病的病菌在我国有 2 种，一种为茶藨生柱锈菌（*C. ribicola* Fischer），其寄主主要为红松和华山松，转主寄主主要为茶藨子、马先蒿。另一种为柔软柱锈菌[*C. flaccidum*（Alb. et Schw.）Winter]，寄主主要为二针松，如樟子松、黄山松、云南松、马尾松等；转主寄主为芍药、山芍药、阴行草、松蒿等植物。

在松树上的性孢子器扁平，生于皮层下，性孢子单孢，无色，梨形。锈孢子器初为黄白色，后为橘黄色，具无色囊状包被。锈孢子球形至卵形，淡黄色。在转主寄主上的夏孢子球形至椭圆形，表面有细刺，鲜黄色。冬孢子堆柱形，密生在寄主叶背面，赤褐色，初直立，后扭曲。单个冬孢子梭形，褐色，成熟后萌发产生担子和担孢子。担孢子球形，带有一嘴状突起，浅黄色(图8-5)。

发病规律 秋季，冬孢子成熟后不经休眠即萌发产生担子和担孢子。担孢子借风传播，落到松针上萌发产生芽管，大多数由气孔，少数从嫩枝侵入。侵入后15天左右在松针上出现很小的褪色斑点，并在叶肉中产生初生菌丝越冬。翌年，初生菌丝继续生长蔓延，从针叶逐步扩展到细枝、侧枝直至树干皮部或树干基部，此过程需要2～4年，甚至更长。在枝干表现症状后的2～3年内，在病部每年秋季产生性孢子，春季产生锈孢子。锈孢子借风力传播到转主寄主的叶片上，萌发后产生芽管，由气孔侵入叶片。经15天潜育期，产生夏孢子堆，夏孢子可重复侵染转主寄主。秋季产生冬孢子柱，冬孢子柱萌发再产生担子和担孢子，重复以上循环。

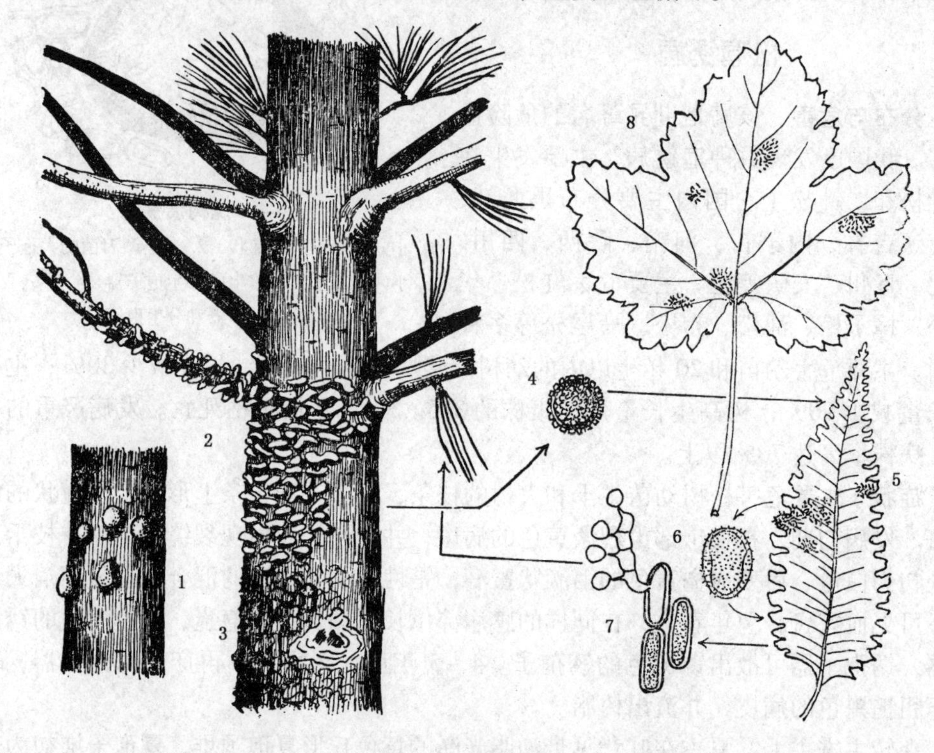

图8-5 红松疱锈病

1. 发生在红松上的蜜滴 2. 生在红松干皮上的锈孢子器 3. 老病皮 4. 锈孢子
5. 叶上的冬孢子柱 6. 夏孢子 7. 冬孢子萌发产生担子及担孢子的状态
8. 东北茶藨子叶上的冬孢子柱

松疱锈病多发生于松树树干薄皮处，因而刚定植的幼苗和20年生以内的幼树容易感病。在杂草丛生的幼林内、林缘、荒坡、沟渠旁的松树易感病。转主寄主多的林地病害也严重。

防治方法

①加强检疫。严格实行检疫，防止病害蔓延。由疫区输出苗木时要进行检疫，另外在病区附近尽量不设苗圃。

②铲除转主寄主。用除草剂杀灭林内的转主寄主和杂草。

③修枝。修除2m以下的松树枝条，可减低林分病害程度。

④化学治疗。春季在锈孢子飞散之前，用松焦油涂抹松树溃疡部位，可使大部分溃疡治愈或减少对转主寄主传播的侵染来源。

松瘤锈病

分布与危害 在我国主要分布黑龙江、河南、江苏、浙江、江西、贵州、安徽、云南、广西、四川等地，主要危害松属的二针松和三针松以及壳斗科的树种，如樟子松、云南松、黄山松、麻栎、槲栎、白栎、蒙古栎、波罗栎等。病害主要发生在松属植物的枝干部和壳斗科植物的叶上。在松树枝干部形成肿瘤。肿瘤大的直径可达60 cm，一株树上结瘤最多的可达几百个。不但影响松树生长，也可造成整株枯死。但病害对栎类影响不大。

症状 在松树枝干上，感病部位的皮层和木质部由于受到病原菌的刺激，形成圆形或半圆形的木瘤。每年早春从木瘤的裂缝处溢出橘黄色的蜜滴，此为病菌的性孢子混合液(图8-6)。4~5月，瘤皮层下生出一层黄色粉末，此为病菌锈孢子。粉末初有被膜，后破裂散出黄色锈孢子。木瘤逐年增大，每年产生性孢子和锈孢子。在壳斗科类植物的叶背面初生黄色夏孢子堆，以后在夏孢子堆中长出毛状的冬孢子柱。

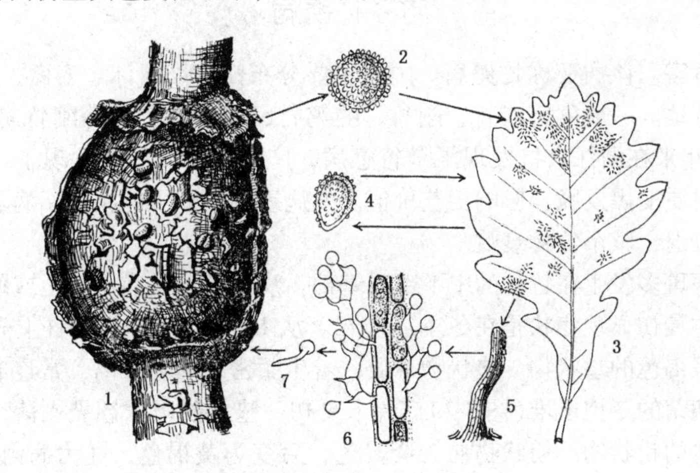

图8-6 樟子松瘤锈病

1. 病瘤上的疱囊 2. 锈孢子 3. 蒙古栎叶上的冬孢子柱 4. 夏孢子 5. 冬孢子柱的放大
6. 冬孢子萌发产生担子及担孢子 7. 担孢子萌发的状态

病原 松瘤锈病是由担子菌门的栎柱锈菌[*Cronartium quercuum*(Berk.) Miyabe]引起的。病菌的性孢子和锈孢子在松类的枝干上产生，性孢子器扁平，生于皮层中。性孢子单孢，无色，梨形。锈孢子器初为黄白色后为橘黄色，具无色囊状包被。锈孢子球形至卵形，每个孢子都有一个微小的凹陷部分，单个孢子鲜黄色，成堆是橘黄色。夏孢子和冬孢子则在壳斗科植物的叶片上产生。夏孢子球形至椭圆形，表面有细刺，鲜黄色，冬孢子堆柱形，密生在寄主叶背面，赤褐色。

发病规律 该病害的侵染循环和松疱锈病相类似。栎叶上的冬孢子当年萌发产生担子和担孢子。担孢子随风传播，落到松针上萌发产生芽管，由气孔侵入，并向枝条的皮层深处延伸。第2~3年在瘤的表面出现蜜滴，第3~4年产生锈孢子。1~2月产生性孢子，4~5月锈孢子开始飞散，当其落到栎树的叶面上时，由气孔侵入，5~6月产生夏孢子，6~8月产生冬孢子，9月左右冬孢子产生担子和担孢子，再侵入松针。木瘤中的菌丝是多年生的，每年都会产生性孢子和锈孢子，受病菌及其分泌物的刺激，木瘤每年都在增大。

夏季、秋季气温较低、空气湿度较大的地方容易发病。相反在气温高，相对湿度小的地方，即使松树与栎树相邻栽植病害也不是很严重。

防治方法

①在较易发病的地段上，不造松、栎混交林。

②在已经发病的地段，砍掉重病树，从而减少病原菌的繁殖基地。感病较轻的松树可剪去病枝。

③对于感病的松树幼林，在担孢子飞散期(8~9月)，用65%可湿性福美铁或65%可湿性福美锌的300倍液或65%代森锌500倍液喷洒保护。

④用0.025%~0.05%链霉素酮液对松树病部肿瘤进行喷洒也有较好的效果。

竹子秆锈病

分布与危害 该病又称竹褥病。国内主要分布江苏、浙江、安徽、山东、广西、贵州、四川等地。一般危害淡竹、刚竹、哺鸡竹、箭竹及刺竹等刚竹属(*Phyllostachys*)竹种。近年来在浙江余杭发现了早竹感病，广西的兴安等地发现了毛竹感病。竹秆被害后，材质变黑发脆，影响工艺价值。发病重的竹子可能枯死。病重竹林，发笋减少，生长衰退，整个竹林衰败。

症状 病斑多发生在竹秆的中下部或基部，病重的竹林在小枝上或跳鞭上也会产生病斑。新竹最初显现症状是在冬季或初春。从11月到翌春，竹秆上先出现褪色黄斑，后产生橙褐色的垫状物。垫状物革质，着生紧密，不易分离，常连成片，如天鹅绒状，此为病菌的冬抱子堆(图8-7)。春末夏初，垫状物吸水翘裂剥落，在剥落部位长出一层较薄的粉状物。粉状物初为紫褐色，后变为黄褐色，此为病菌的夏孢子堆。在没有冬孢子堆的部位，也不会出现夏孢子堆。待夏孢子脱落后，病斑部位的菌丝再向四周扩展，秋末或冬季在老病斑的周围又出现一层冬孢子堆。当病斑进一步扩展，最后包围一周，病斑发黑，整株枯死。

病原 病原菌为担子菌门的皮下硬层锈菌[*Stereostratum corticioides* (Berk. et Br.) Magnus]。病菌冬孢子堆常连成片。冬孢子椭圆形或近圆形，端部圆、双细胞，表面平滑，淡黄色或无色，大小为25~45μm×19~32μm，有细长柄，柄无色或淡色。冬孢子堆脱落后裸露出粉质的夏孢子堆。夏孢子单细胞，近球形至倒卵形，有刺，淡黄褐色至无色，大小9.0~11.7μm×4.5~6.5μm(图8-7)。

不同地区的病原菌可能存在分化现象，即各地的病原菌虽然是同一个种，但可能是不同的病原小种，所以各地的寄主感病性存在有一定的差异。如在江苏、安徽一带

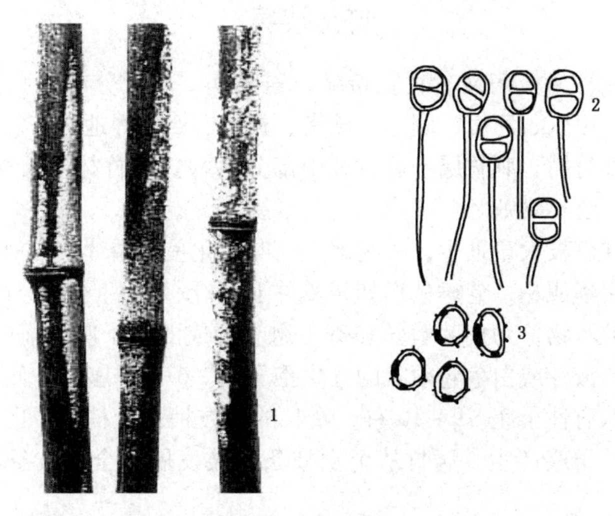

图8-7 竹子秆锈病症状及病菌形态

1. 竹秆上的症状 2. 冬孢子 3. 夏孢子

淡竹发病重，而刚竹、雅竹、早竹等不发病。用淡竹上的夏孢子接种早竹也不发病；但在浙江早竹发病重。在广西发现有毛竹发病，而其他地区毛竹不发病。所以各地不同竹子感病性的差异，取决于各地区的病原小种类型。但迄今为止，还没有人对我国各地竹秆锈病的病原小种进行系统研究。

发病规律 在南京感病部位的冬孢子自9月底出现后，逐渐扩大，1月气温低，停止扩展，2月底又逐渐增长，4月初终止。4月中、下旬，冬孢子堆遇雨吸水膨胀，翘起脱落，5月上、中旬脱落完毕。4月中、下旬后，夏孢子堆在冬孢子堆脱落处显露，以5月最多，呈粉质、毡状，铁锈色。4月底到6月下旬，晴天有风时夏孢子飞散，阴雨天飞散较少。以夏孢子直接侵染当年新竹，少数在有伤口时侵染老竹。潜育期7个月以上，11月后甚至翌年方显症状；无再侵染。病菌菌丝可以在寄主活组织中存活多年，菌丝和冬孢子均可越冬。越冬后的冬孢子虽能萌发产生担孢子，但未发现有侵染能力，也没有发现转主寄主。

病害的发生与地形和环境条件也有一定关系。同一个品种的竹林，凡地势较低、密度大、湿度大的竹林发病较重，地势高、湿度小的林分发病轻。

防治方法

①加强竹林抚育，保持竹林合理密度，提高竹林通风透光能力。

②冬季伐竹时，应先砍除发病严重的病株，减少病原。砍竹伐桩要低，以免留下根基病部。

③涂秆防治。在3月上旬，用20%粉锈宁乳油原液，或用1:1的煤焦油和柴油液涂刷竹秆上的病部，防止冬孢子吸水脱落及夏孢子形成，效果在90%以上。

竹丛枝病

分布与危害 竹丛枝病又名竹扫帚病、雀巢病。广泛分布于我国竹子产区，江苏、浙江、安徽、山东、河南、湖北、湖南、贵州、四川等地均有发生。危害刚竹属中各竹种以及短穗竹属、刺竹属、麻竹属中部分竹种。病竹林生长衰弱，出笋减少，严重者整株枯死，竹林衰败。

症状 发病株侧枝大量抽生，节间缩短，叶退化呈小鳞片，形似扫帚。以后丛生侧枝逐年增多，密集成丛，老病枝形如雀巢并下垂(图8-8)。4～6月，病枝梢端、叶鞘内产生白色米粒状物，为病菌菌丝和寄主组织形成的假子座。雨后或潮湿的天气，子座上可见乳状的液汁或白色卷须状的分生孢子角。6月子座的一侧又长出一层淡紫色或紫褐色的疣状有性子座。9～10月，新长的丛枝梢端叶梢内，也可产生白色米粒状物，但不见有性子座产生。病竹从个别枝条丛枝发展到全部枝条丛枝，致使整株枯死。

病原 该病由子囊菌门的竹瘤座菌[*Balansia take* (Miyake) Hara]引起。病菌的子座内有多个不规则的腔室，腔室内生有许多分子孢子。分生孢子无色，细长，长约38～57μm，有3个细胞，两端细胞较粗，中间细胞较细。有性子座3～6mm×2.0～2.5mm。子囊壳埋生于有性子座中，瓶状，大小380～480μm×120～160μm，成熟时露出乳头状孔口。子囊圆筒形，240～280μm×6μm。子囊孢子在子囊内束生，线形，无色，220～240μm ×1.5μm(图8-8)。

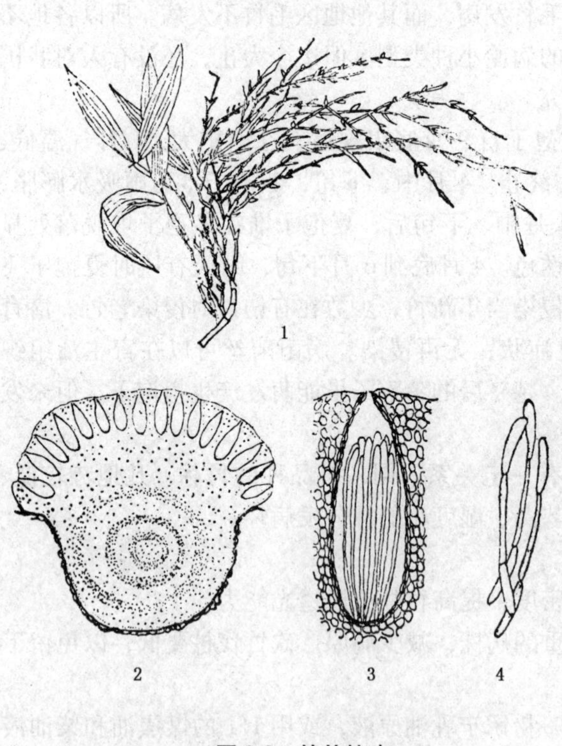

图8-8 竹丛枝病

1. 病枝(丛枝) 2. 假菌核和子座切面
3. 子囊壳和子囊 4. 子囊孢子

发病规律 病原菌在竹病枝内越冬。3月下旬病枝梢端开始膨大，4月露出白色米粒状的假子座。5～6月假子座内分生孢子随风雨传播，从新梢顶端嫩叶喇叭口侵入生长点。潜育期约1.5个月，到6～7月正常新梢都停止生长时，病梢开始生长，形成丛枝。5月下旬至7月，在叶鞘裂缝的部分假子座上形成病菌的有性子实体。有性的子囊孢子也具有侵染能力。分生孢子、子囊孢子萌发适温25℃左右，萌发湿度在90%以上。病害属于局部侵染，剪去老病枝，一般不会复发。

防治方法

①加强检疫。严禁将带病母竹引种到新竹区。

②加强竹林管理。保持竹林合理密度，改善竹林通风透光条件，增强竹株抵抗能力。

③剪除病枝。在4月病竹产生子实体前，彻底剪除竹林内病枝，可以取得非常好的效果。

枫杨丛枝病

分布与危害　该病是枫杨的主要病害。感病轻的植株局部枝条丛生，影响美观；重者整株衰弱，逐渐死亡。该病在江苏最为严重。江苏的南京、无锡、苏州等地很多景区道路两边的枫杨都感染了此病。另外，安徽、浙江、河南、山东等地也有此病发现。

症状　丛生枝一般发生在侧枝上，偶尔在幼树的主干或萌芽条上也可发现。丛生枝侧芽萌生，整个呈簇生状，枝条基部略显肿大。病枝上叶小并略带红色，边缘卷曲。每年5~6月，病叶背面产生很多白粉状物，此为病菌分生孢子梗和分生孢子。粉状物也能在叶正面产生，但较少。在没有发生丛生的正常叶上也能产生粉状物，但这种枝条第二年会发展成丛生枝。6月以后，感病叶片渐渐焦枯脱落，很快再萌发出新叶，到9~10月再产生白粉。病枝冬季容易受冻害而枯死，但春季又生出新的病枝。病枝逐年增多，如整个树冠都生丛枝，病树也就濒临死亡。

病原　该病菌为半知菌门的核桃微座孢菌[*Microstroma juglandis* (Bereng) Sacc.]。病菌在叶片的气孔下室形成子座。子座由疏松的菌丝组成，圆形或圆锥形，大小为45~60μm×25×35μm。分生孢子梗生于子座顶部，并伸出气孔。分生孢子梗棍棒形，无色，大小为12~18μm×5~7μm。每个孢子梗顶端又生6~8个小梗，每个小梗上生1个分生孢子。分生孢子单细胞，卵圆形，大小为6.5~8.2μm×3.3~4.0μm(图8-9)。

在吉林的核桃楸和云南、江苏、浙江、湖北等地的核桃叶片上，也发现有该病菌的寄生。病菌也能在叶片上形成白色粉层，但不引起丛枝。

发病规律　该病害的侵染和发生规律目前还不很清楚。野外观察发现，病菌在病枝内可存活多年，可以从小枝扩展到大枝上，但侵染好像还是局部性的。病菌在野外的传播速度也很慢，相邻的病健2株树，数年内健树仍然健康。

防治方法　因为对病害的侵染循环和发病规律不清楚，还不能提出比较有效的防治措施。但发病初期，在冬季砍除病枝及其相连的大枝可以控制病害的扩展。

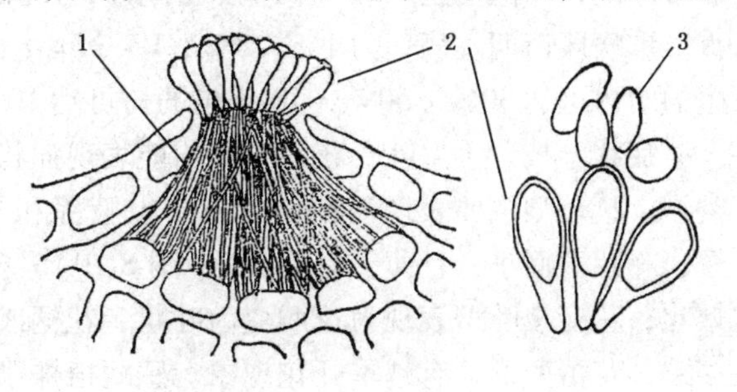

图8-9　枫杨丛枝病病原形态(仿李传道)

1. 子座　2. 分生孢子梗　3. 分生孢子

8.2.2 细菌引起的茎干病害

细菌引起的园林植物茎干病害不多，但有些病害还是非常重要的。细菌同样也可以使植物茎干出现溃疡、丛枝、枯萎和肿瘤等症状。

能引起溃疡和腐烂症状的主要是黄单胞杆菌属(*Xanthomonas*)和欧文氏菌属(*Erwinia*)的一些种，这两个属的细菌均可引起杨树细菌性溃疡病。由黄单胞杆菌属引起的杨树细菌性溃疡病曾在欧洲广泛流行，造成很大损失；由欧文氏菌属细菌引起的杨树细菌性溃疡病在我国的东北地区有发现。欧文氏菌属细菌还可侵染一些花卉的球茎或鳞茎造成腐烂，如鸢尾的球茎细菌性软腐病、君子兰假鳞茎的腐烂等。

细菌也能引起丛枝病，日本报道的茶树丛枝病是由假单胞杆菌属(*Pseudomonas*)的一个种引起；韧皮部杆菌属(*Liberobacter*)(以前称类细菌)也能使很多种植物出现丛枝症状。

由节杆菌属(*Arthrobacter*)和短杆菌属(*Curtobacterium*)等引起的枯萎病也很常见，在园林和林业方面非常重要。

在植物枝干上引起肿瘤症状的主要是假单胞菌属的一些细菌，如油橄榄肿瘤病、苦楝肿瘤病等。

8.2.3 植原体引起的茎干类病害

植原体病害为系统性病害，病原侵入植物的筛管细胞，随输导组织移动，所以，多产生枝条丛生、黄化、萎缩、变形等症状。植原体引起的植物病害越来越引起人们的重视，病害种类甚至比病毒病害还多。植原体病害在木本植物和草本花卉上均有发生。木本植物上主要有泡桐丛枝病、枣疯病、桑萎缩病、香樟小叶病、杉木丛枝病、重阳木丛枝病等。草本花卉上有翠菊黄化病、长春花丛枝病、金鱼草丛枝病等。下面仅以泡桐丛枝病来说明这类病害的特点。

泡桐丛枝病

分布与危害 又称扫帚病、鸟巢病、疯枝病、桐疯病、桐龙病。此病在我国分布非常广泛，以泡桐主产区的河南、山东、河北北部、安徽、陕西南部、台湾等地为重。重病区苗期发病率为1%～8%，1～3年生的幼树发病率为5%～10%，3～5年生的幼树可达30%～50%，10年生的树可达100%。

症状 枝、干、叶、花、根部均能表现症状。常见的有丛枝型和花变枝叶型两种类型。丛枝型主要表现为在个别枝条上腋芽和不定芽大量萌发，侧枝丛生，节间变短，叶片黄而小，且薄，有时皱缩(图8-10)。整个枝条呈扫帚状。幼苗发病则植株矮化；花变枝叶型表现为花瓣变为叶状，花柄或柱头生出小枝，花萼明显变薄，花托多裂，花蕾变形，有越季开花现象。感病植株第2年发芽早，萌芽密，大多集中在近根约10cm处，顶梢枯死。地下根系也呈丛生状。有时会有花叶，但有资料表明，泡桐丛枝病的花叶症状与病毒有关。

病原 为植原体。大多呈圆形或椭圆形，大小不一，直径为200～820nm。无细胞壁，具有一层界限明显的3层单位膜，厚度约为10nm，这一单位膜由两层蛋白中间夹一层类脂质构成，呈现出两暗一明的3层膜状结构，内含有核糖核蛋白体颗粒和脱氧核糖核酸的核质样纤维。

发病规律 4、5月开始发病，出现丛枝，6月底至7月初丛枝停止生长，叶片卷曲干枯，丛枝逐渐枯死。植原体大量存在于泡桐韧皮部输导组织的筛管中。在病株内植原体通过筛板孔移动而侵染到全株。据观察，植原体在寄主体内有秋季随树液流向根部，春季又随树液流向树体上部的规律。病害主要通过嫁接和介体昆虫如烟草盲蝽（*Cyrtopeltis tennuis* Reuter）、茶翅蝽［*Halyomorpha picus*（Fabricius）］、混茶翅蝽（*H. mista* Uhler）以及病根繁殖等进行传播。病害扩展蔓延的主要原因是种苗带病和介体昆虫传毒。泡桐各品种间抗病性有差异，白花泡桐、川泡桐较抗病；兰考泡桐、楸叶泡桐、绒毛泡桐较感病。无性系及杂交组合间的抗病性也有明显差异。育苗方式与发病有关，种子育苗的苗期和幼树未见发病报道；根繁苗、平茬苗发病率较高。环境因素中，干燥气候、过量降水加重病害的发生。海拔与病害发生可能有一定的关系。土壤的营养元素含量及相应比例与病害的发生程度有关。

图8-10 泡桐丛枝病症状

防治方法 主要通过消除侵染源，治虫防病，控制中间寄主，培育无毒苗木，培育抗病品种，加强栽培管理等防治。采用环状剥皮法有一定的作用。对已发病的幼树，用药剂注射抑制；1～2年生的发病树，用10 000单位的硫酸四环素或土霉素注射，但这种方法对大树效果较差。此外，截枝法、断根吸收法、500倍液的托布津或百菌清喷叶面和打针吸收法均有一定的效果。

8.2.4 线虫引起的茎干病害

危害观赏植物茎干的线虫病害种类虽然不多，但其重要性不亚于其他病原物。寄生在松树上的松材线虫（*Bursaphelenchus xylophilus*），危害多种花卉块茎、鳞茎和球茎的鳞球茎线虫（*Ditylenchus dipsaci*）等都是世界上著名的病原物，均能造成毁灭性的损失并被很多国家列为检疫对象。本节仅以这2种病害来说明茎干线虫病害的特点。

松材线虫病

分布与危害 松材线虫病是最重要的园林和林木病害之一，松树感病后在几个月内即可死亡。主要分布于日本、美国、加拿大、韩国、朝鲜、葡萄牙和中国。日本1905年就报道该病，经过一个世纪的发展，病害几乎摧毁了日本的所有松林。美国的36个州均有此病害分布，但危害不是很重，推断美国是该病害的原发地。我国1982年最先在南京中山陵发现该病，后迅速蔓延，目前江苏、安徽、浙江、广东、山东、广西、湖南、湖北、江西、福建等地均有分布。其传播之迅速，危害之严重实属罕见。

病害主要危害松属(*Pinus*)树种，高度感病的主要有赤松、黑松、硫球松等，但在我国则以黑松和马尾松受害最重。除松属树种之外，病害还危害云杉、冷杉等非松属树种。

症状 松树感病后，其输导组织被破坏，蒸腾作用明显减弱，针叶逐渐失去绿色并变为枯黄色，最终全株枯萎死亡。枯死的针叶鲜黄色，长时间不会脱落；病死树的木质部失水变轻并失去黏性。这两点是诊断该病害的主要依据。

根据病害的发展速度，可以把症状分为3种类型：①当年枯死型。病树从线虫侵入到枯死一般需要3个月左右，病树死亡的时间一般在9、10月，最迟到春节前死亡。这种类型占大多数。②越年枯死型。线虫侵入后，当年不表现症状或症状不明显，到翌年4~7月才出现枯死症状。这种类型可能是因为线虫侵入数量较少，或没有影响到树木的整个输导系统的缘故。③枝条枯死型。线虫侵入后，仅局限在枝条内，影响不到全株。松树仅部分枝条表现枯死症状，整个松树在几年或更长时间不会死亡。这种现象可能是松树抗病的表现。正是因为后两种症状类型的存在，在病害防治冬季清除枯死木时，很难彻底清除干净。

病原 该病害是由线虫纲垫刃目垫刃科伞滑刃属的松材线虫[*Bursaphelenchus xylophilus* (Steiner et Buhrer) Nickle.]侵染引起的。该线虫雌雄都呈蠕虫状，口针基部厚。雌成虫阴门位于虫体3/4处。雄成虫交合刺大，近端喙突明显。

寄生在松树上的还有另外一种线虫，称为拟松材线虫(*B. mucronatus*)。拟松材线虫和松材线虫同属一个属，但分布要比松材线虫广泛得多，致病性较弱。拟松材线虫在欧洲等很多有松树分布的地区都有分布，但不造成重大危害。拟松材线虫在形态上和松材线虫很相似，所以给病害检疫带来一定难度。二者的主要区别是，松材线虫雌成虫尾端宽圆呈指状，尾尖突2μm以下；交合伞卵形，透明，包括于尾端。拟松材线虫雌成虫尾端较尖细；尾尖突3~5μm；雄成虫交合伞呈方形或铲状，透明，包括于尾端(图8-11)。

发病规律 松材线虫的生活史要经卵、幼虫和成虫3个阶段，幼虫有4个龄期。每头雌成虫产卵100粒左右。发育温度为10~33℃。在25℃时，线虫完成一个生活周期仅需4~5天。所以在生长季节，线虫可以得到大量繁殖。到了秋季温度较低时，线虫即停止繁殖。秋冬季节一直以3龄幼虫存在于松树体内，并在松树体内到处扩散。这种3龄幼虫和繁殖季节的3龄幼虫不同，它们体表有很厚的角质层，具有耐低温和耐饥饿的能力，称为老3龄幼虫或分散型幼虫。到了初春，线虫经过蜕皮变为老4龄幼虫。4龄幼虫状态一直持续到5月底，所以这种幼虫也称为耐久型幼虫。耐久型幼虫往往集中在天牛蛹室，被天牛携带传播。

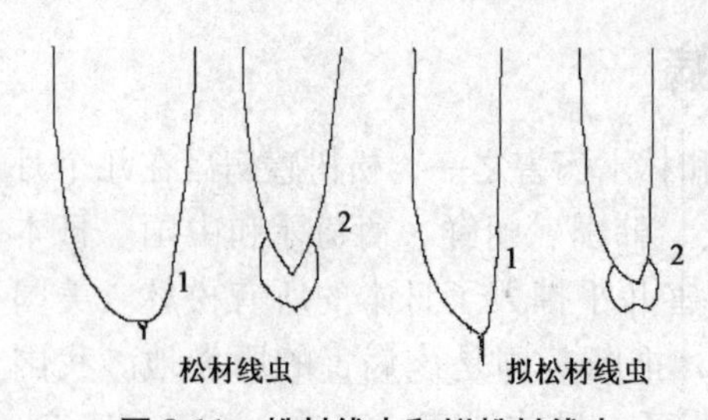

图8-11 松材线虫和拟松材线虫

1. 雌成虫尾尖突 2. 雄成虫交合伞

传播松材线虫的媒介主要为松墨天牛(*Monochamus alternatus*)，其他天牛和松树蛀干害虫也有一定的携带传播能力。每年5~7

月天牛羽化时，大量线虫即附着在天牛体上。当天牛的成虫进行补充营养，飞往松树嫩梢上取食时，线虫即从天牛咬伤的伤口处进入松树体内。补充营养后的天牛雌虫，再把卵产到感病且生长不良的松树上，翌年再行传播线虫。松墨天牛在林间的飞翔距离约为3～5 km。所以，在自然状态下，病害在林间的扩散或推进速度不超过10km。但松材线虫的传播往往是跳跃式的远距离传播。这些传播都是人为采伐感病松树，把感病原木或其制品运输到无病区而造成的。

防治方法 目前还没有很好的防治方法，只能采取一些措施，降低或延缓病害的扩展和蔓延速度。防治工作主要从以下几个方面进行：

①加强检疫，防止病木传入或传出。对于无病区，要严格检查输入的松木及其制品。对于疫区，要严格控制病死木材的输出。

②新发现的疫点，要及时彻底砍伐干净。不但要砍伐病死木，还要把疫点5～10 km之内的所有健康松树砍伐干净。

③老疫区的防治，采取的措施有：① 每年3月前，彻底清理林中病死松树，以减少天牛虫口密度。砍伐后要把树干和5cm以上的枝条清除下山并进行熏蒸处理；伐桩要尽量留低，残留树桩要进行剥皮并涂抹杀虫剂处理，以防止天牛产卵。清理工作一定要严格按照操作规程进行，如果工作存在疏漏，不但不能达到控制天牛的目的，还会造成病疫木的流失。② 在松褐天牛羽化取食的时期内，对健康松林喷洒3%杀螟松乳剂1～2次，以保护健康松树。③ 在林间释放天牛天敌肿腿蜂(*Scleroderma guani*)，降低天牛虫口密度。

水仙茎线虫病

分布与危害 该病是水仙鳞茎最严重的病害之一，在欧洲和亚洲分布广泛，尤其在温带地区尤为普遍。我国福建(漳州、崇明、福州)、广东(广州)、安徽(合肥)等地均有发现。被害水仙植株萎缩畸形，鳞茎腐烂，使水仙严重减产。

症状 该病主要危害水仙鳞茎，也能危害叶片和花茎。典型症状是在叶片上产生白黄色疱状肿大，轻度侵染时，用手指捏叶片，能感觉到有坚硬的结节；病株的花茎常缩短、畸形；鳞茎小，基盘腐烂，横切面可以看到黄褐色坏死环。

病原 为甘薯茎线虫[*Ditylenchus dipsaci* (kühn) Filipjev]，属于线虫纲垫刃目茎线虫属。雌雄成虫均为蠕虫状。体长0.9～1.8mm，体宽约30μm。该线虫除危害水仙外，还能侵染郁金香、唐菖蒲、风铃草、报春花等观赏植物，也能寄生于甘薯、马铃薯、燕麦、甜菜、洋葱、大蒜、大麦、小麦、烟草等其他作物上。但寄生在其他植物上的线虫和危害水仙的线虫可能不属于同一个生理宗。

发病规律 该线虫的生活史分为卵、幼虫、成虫3个发育阶段，适于侵染和繁殖的温度为10～15℃。完成一个生活周期需19～25天。线虫在鳞茎内可以连续繁殖，也可迁入土壤内越冬。以4龄幼虫侵染危害，自气孔侵入叶片，再进入鳞茎。其4龄幼虫对低温和干旱有较强的抵抗力，在植物体内和土壤内可长期存活。线虫可随有病鳞茎远距离传播。在大田内可借病土、灌溉水、雨水及园艺工具等传播。茎线虫对干燥有很大的忍受能力，在干燥条件下，能以假死状态存活几年。土壤湿度大、黏重有利于茎线虫发生。高温、干旱的条件，可降低线虫的活动，减少危害。

防治方法

①加强检疫 茎线虫常可随水仙种球远距离传播。在引种时必须严格检查，防止病害传出病区或输入无病区。留种时应选择无病鳞茎作为繁殖材料，以控制病害传播蔓延。

②土壤处理。田间发现病株及土壤中的病株残体，应及时清除并销毁，以免线虫转移进入土内。对于感病土壤，要进行消毒处理。土壤处理可用涕灭威，每平方米1.2～5.6g，加适量细土拌匀施入播种沟或种植穴内，或用80%棉隆可湿性粉剂500倍液浇灌。

③鳞茎处理。将有病的种球放在50～52℃热水中浸泡5～10min，或放在45～46℃温水中浸泡10～15min，可杀死种球内线虫。

④在病害严重的种植区，应实行与非寄主植物轮作，轮作期应不少于3年。也可选用万寿菊、菊花、蓖麻和猪屎豆等颉颃植物，种植这类植物可以降低土壤线虫的密度，起到防治作用。

复习思考题

1. 结合当地情况，分析以上各类病害的重要性。
2. 各类病害的主要症状特点和诊断要点是什么？
3. 各类病原的寄生性如何？各类病原的寄生性与病害的分布、与病害的防治方法有哪些联系？
4. 各类真菌病害的病原物特点如何？它们各以什么状态越冬？
5. 试分析病原真菌、细菌、植原体、线虫等的传播方式和途径。
6. 各类病害的主要防治方法是什么？

推荐阅读书目

园林植物病虫害防治．徐明慧．中国林业出版社，1993.
观赏花卉病虫害．王瑞灿．上海科学技术出版社，1987.
花卉病害与防治．李尚志．中国林业出版社，1989.
森林病理学．杨旺．中国林业出版社，1996.
中国乔灌木病害．袁嗣令．科学出版社，1997.
中国园林植物保护．夏宝池．江苏科学技术出版社，1992.
中国松材线虫病的流行与治理．杨宝君．中国林业出版社，1994.

第 9 章

园林植物根部病害

［本章提要］ 本章介绍了根部病害的发生规律和防治方法，以及真菌、细菌、线虫引起的各类根部病害。

9.1 概　述

园林植物根部病害的种类虽不如叶部、茎(枝)部病害的种类多，但所造成的危害常是毁灭性的。染病的幼苗几天内即可枯死，幼树在一个生长季节可造成枯萎。大树延续几年后也可枯死。

9.1.1 症状类型

根病的症状类型可分为根部及根颈部皮层腐烂，并产生特征性的白色菌丝、菌核和菌索；根部和根颈部出现瘤状突起；病原物从根部入侵，在维管束定殖引起植株枯萎；根部或干基部腐朽并可见有大型子实体等。根病的发生，在植物的地上部分也可反映出来，如叶色发黄、放叶迟缓、叶形变小、提早落叶、植株矮化等。

9.1.2 病　原

引起根病的病原，一类是属于非侵染性的，如积水、施肥不当、土壤酸碱度不适等；另一类是属于侵染性的，主要由真菌、细菌、线虫引起。根病病原物大多属土壤习居性或半习居性微生物，寄主范围广，腐生能力强，一旦在土壤中定殖下来就难以根除。如引起苗木猝倒病的丝核菌和引起苗木白绢病的齐整小核菌等。

根病的诊断有时是困难的，根病发生的初期不易发现，待地上部分出现明显症状时，病害已进入晚期。已死的根常被腐生菌占领取代了原生的病原菌。另外，根病的发生与土壤因素有着密切的关系，所以发病的直接原因有时难以确定。

9.1.3 侵染循环特点

引起根病的病原物主要在土壤、病残体和球根上越冬。病原物传播的途径是靠雨水、灌溉水、病根与健根之间的相互接触，根线虫及菌索的主动传播等方式。远距离传播主要是靠种苗的调拨，所以在进行苗木交换时，苗根应该是不带土的。病原物的侵入途径主要是通过根部的伤口或直接穿透表皮层而侵入根内。潜育期的长短不一，一般说来，1、2 年生的草本植物潜育期要短些，而多年生的木本植物潜育期则要长些。

9.1.4 防治原则

根病的防治较其他病害困难，因为早期不易发现，失去了早期防治的机会。另外，侵染性根病与生理性根病常易混淆。例如雪松根腐病，常因地面积水而引发。然而，在同样的条件下，由于樟疫霉菌的寄生也可造成雪松根腐。在这种情况下，要采取针对性的防治措施是有困难的。

根病的发生与土壤的理化性质密切相关，这些因素包括土壤积水、黏重板结、贫瘠、微量元素、pH 值等。由于某一方面的原因就可导致植物生长不良，有时还可加重侵染性病害的发生。因此，在根病的防治上，选择适宜于植物生长的立地条件，以及改良土壤的理化性状，是一项根本性的预防措施。

严格实施检疫、病土消毒、球根挖掘及栽植前的处理，是减少初侵染来源的重要措施；加强养护管理提高植物的抗病能力，对由死养生物引起的根病在防治效果上是明显的。开展生物防治成功的例子有利用菌根和木霉菌防治猝倒病、白绢病，利用细菌放射形土壤杆菌 84 菌系防治根癌病等。

9.2 主要的根部病害

9.2.1 真菌引起的根部病害

真菌引起的根部病害产生特征性的白色菌丝、菌核和菌索。病原菌从根部入侵，在维管束定殖引起植株枯萎；根部或干基部腐朽并可见有大型子实体等。植物的地上部分表现为叶色发黄、放叶迟缓、叶形变小、提早落叶、植株矮化等。引起根病的病原真菌主要在土壤、病残体和球根上越冬，传播的途径是靠雨水、灌溉水、病根与健根之间的相互接触，以及菌索的主动传播等方式；远距离传播主要是靠种苗的调拨。病原真菌的侵入途径主要是通过根部的伤口或直接穿透表皮层而侵入根内。

苗木立枯病

分布与危害 该病是园林植物常见病害之一。寄主范围很广，1、2 年生草本花卉如瓜叶菊、蒲包花、彩叶草、大岩桐、一串红等，球根花卉如秋海棠、唐菖蒲、鸢尾、香石竹等，木本植物如雪松、五针松、落叶松、油松、黑松、白皮松、华山松、马尾松、杉木、泡桐、刺槐、榆、枫杨等，苗期都可发生立枯病。针叶树育苗每年都有不同程度的发病，重病地块发病率可达 70% ~90% 。

症状 该病害多发生在 4 ~6 月，因为发病时期不同，可出现 4 种症状类型(图 9-1)。

①烂芽型(地中腐烂型)。播种后 7 ~10 天，生出胚根、胚轴时，被病菌侵染，破坏种芽组织而腐烂。

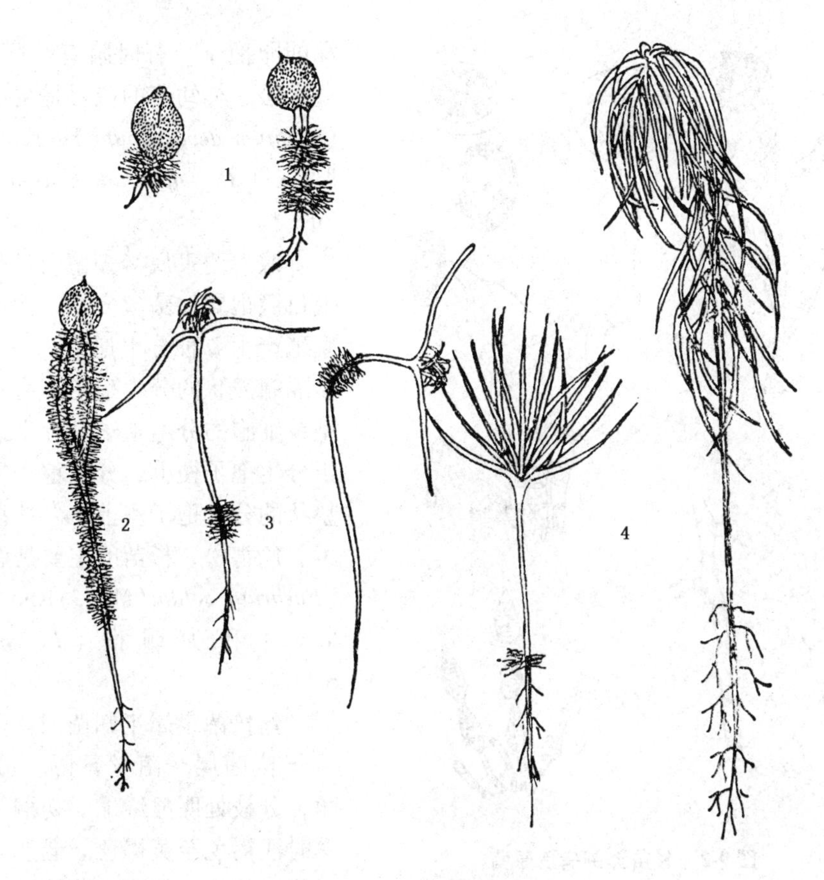

图 9-1　杉苗猝倒病症状

1. 种芽腐烂　2. 茎叶腐烂　3. 幼苗猝倒　4. 苗木立枯

②猝倒型(倒伏型)。幼苗出土后 60 天内，嫩茎尚未木质化，病菌自根茎处侵入，产生褐色斑点，迅速扩大呈水渍状腐烂，随后苗木倒伏。此时苗木嫩叶仍呈绿色，病部仍可向外扩展。猝倒型症状多发生在幼苗出土后的 1 个月内。

③茎叶腐烂型。幼苗 1～3 年生都可发生。幼苗出土期，若湿度过大、苗木密集或撤除覆盖物过迟，病菌侵染引起幼苗茎叶腐烂。在连雨天湿度大、苗密时，大苗也会发生此种类型。腐烂茎、叶上常有白色丝状物，干枯茎叶上有细小颗粒状块状菌核。

④立枯型(根腐型)。幼苗出土 60 天后，苗木已木质化。在发病条件下，病菌侵入根部，引起根部皮层变色腐烂，苗木枯死且不倒伏。

病原　引起本病的原因，可分非侵染性病原和侵染性病原两类。非侵染性病原包括以下因素：圃地积水，造成根系窒息；土壤干旱，表土板结；地表温度过高，根颈灼伤；还有农药污染等原因。侵染性病原，主要是腐霉菌(*Pythium* spp.)、丝核菌(*Rhizoctonia* spp.)和镰刀菌(*Fusarium* spp.)(图 9-2)。

腐霉菌隶属假菌界卵菌门霜霉目腐霉属。菌丝无隔，无性繁殖产生薄壁的游动孢子囊，囊内产生游动孢子，游动孢子借水游动侵染幼苗。有性繁殖产生厚壁、色泽较

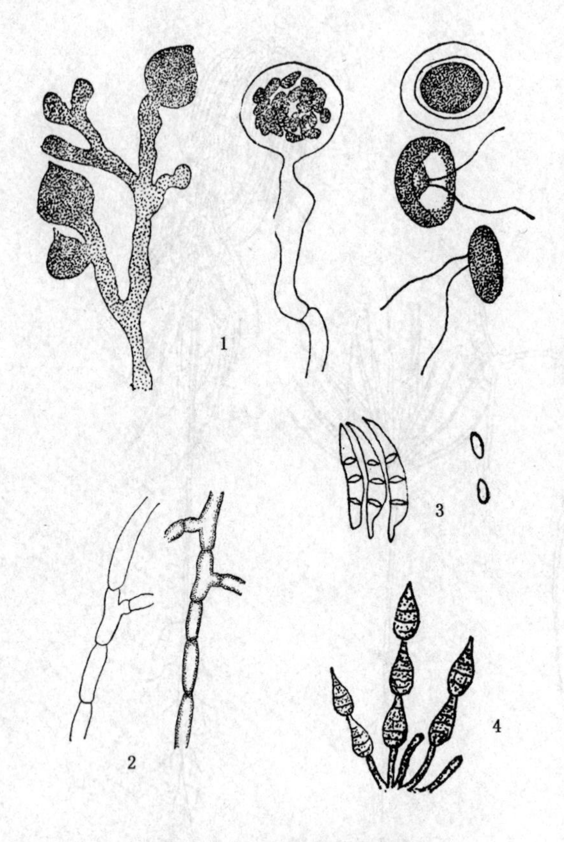

图9-2 杉苗猝倒病病原菌

1. 腐霉菌的孢囊梗、孢子囊、游动孢子和卵孢子
2. 丝核菌的幼、老菌丝 3. 镰刀菌的大、小分生孢子
4. 交链孢菌的分生孢子梗和分生孢子

深的卵孢子，有时附有空膜的雄器。危害松、杉幼苗的主要是德巴利腐霉(*Pythium debaryanum* Hesse.)和瓜果腐霉[*P. aphanidermatum* (Eds.) Fitz.]。

镰刀菌隶属半知菌门丝孢纲瘤座孢目镰孢属。菌丝多隔、无色，无性繁殖产生2种分生孢子：一种是大型多隔镰刀状的分生孢子；另一种是小型单细胞的分生孢子。分生孢子着生于分生孢子梗上，分生孢子梗集生于垫状的分生孢子座上。有性型很少产生。危害松、杉苗的主要是腐皮镰孢[*Fusarium solani*(Mart.)App. et Wollenw.]和尖镰孢(*F. oxysporum* Schl.)。

丝核菌隶属半知菌门丝孢纲无孢目丝核菌属。菌丝具隔，分枝近直角，分枝处明显缢缩。初期无色，老熟时浅褐色至黄褐色。老熟菌丝常呈一连串的桶形细胞，菌核即由桶形细胞菌丝交织而成。菌核黑褐色，质地疏松。危害松、杉苗木的主要是茄丝核菌(*Rhizoctonia solani* Kuhn.)。

腐霉菌、镰刀菌、丝核菌都有较强的腐生习性，平时能在土壤中的植物残体上腐生。它们分别以卵孢子、厚垣孢子和菌核度过不良环境，一旦遇到合适的寄主和潮湿的环境，即可萌发侵染危害苗木。茄丝核菌在pH 4.5~6.5条件下生长良好，对二氧化碳忍耐性低，菌丝生长适温为24~28℃，但在18~22℃时苗木容易发病。镰刀菌分布在土壤表层中，生长适温为25~30℃，以土温20~28℃时致病较多。腐霉菌喜水湿环境。能忍受二氧化碳，生长适温为26~28℃，但在土温12~23℃时危害苗木严重。

发病规律 该病害危害1~3年生幼苗，特别是出土1个月以内苗最易感病，发病后也易流行。引起幼苗猝倒和立枯病的病原菌腐生性很强，可在土壤中长期存活，所以土壤带菌是最重要的侵染来源。病原菌可借雨水、灌溉水传播，在适宜条件下进行再侵染。发病严重的原因，一般与以下因素有关：前作是棉花、瓜类及茄科等感病植物，土壤中病菌残体多，如果长期连作感病植物，病株繁殖快，积累也多；种子质量差，发芽势弱，发芽率低；幼苗出土后遇连阴雨，光照不足，幼苗木质化程度差，抗病力低；在栽培上播种迟、覆土深、揭草不适时、施用生肥等。

防治方法 立枯病的防治，应采取以栽培技术为主的综合防治措施，培育壮苗，提高抗病性。

不选用瓜菜地和土质黏重、排水不良的地作为圃地。精选种子，适时播种。推广高床育苗及营养钵育苗，加强苗期管理，培育壮苗。

播种时施用壳聚糖，用量为 30～75kg/hm^2，对于防治苗木立枯病，促进苗木的生长，具有一定的效果。壳聚糖对立枯病的防治作用，主要是非选择性地提高土壤放线菌的数量，从而通过提高颉颃放线菌的绝对数量而实现的。

立枯病的病原体主要存在于土壤内。在播种前对土壤杀菌消毒，可大大减少苗木立枯病的发生。土壤消毒可选用40%福尔马林，用量为50mL/m^2 加水 6～12L，在播种前半个月喷洒土中并用塑料薄膜覆盖 1 周后揭去薄膜，5 天后可播种。亦可采用多菌灵配成药土垫床和覆种。具体方法是：用 10% 可湿性粉剂，每亩用 5kg，与细土混合，药与土的比例为 1:200。多菌灵具有内吸作用，对丝核菌和镰刀菌的防效更为明显。此外，还可选用以五氯硝基苯为主的混合药剂处理土壤，如五氯硝基苯与代森锌或敌克松（比例为 3:1），4～6g/m^2，以药土沟施。或用 2%～3% 硫酸亚铁浇灌土壤。

种子消毒用 0.5% 高锰酸钾溶液（60℃）浸泡 2h。

幼苗出土后，可喷洒多菌灵 50% 可湿性粉剂 500～1 000 倍液、70% 敌克松可湿性粉剂 500 倍或喷 1:1:120 倍波尔多液，每隔 10～15 天喷洒 1 次。

苗木白绢病

分布与危害 白绢病又称菌核性根腐病，主要发生在热带和亚热带地区，危害苗木和幼树。我国长江流域以南地区发生较普遍，严重时苗木死亡率可达 40%～60%。白绢病的寄主范围很广，能侵害 62 科 200 多种植物。在园林植物上常见的寄主有大花君子兰、芍药、牡丹、凤仙花、吊兰、鸢尾、非洲菊、美人蕉、水仙、葡萄、麝香兰、玉簪、剪秋罗、风信子、郁金香、香石竹、菊、万寿菊、波斯菊、百日菊、福禄考、飞燕草、向日葵等，还有许多观赏乔灌木，如油茶、青桐、楸树、梓树、柑橘、苹果等。

症状 各种感病植物的症状大多相似。病害发生于接近地表的根颈部（或茎基部），初皮层变褐色坏死，在湿润的条件下，不久即表生白色绢丝状的菌丝体，并在根际土表作扇形扩展，而后产生菜籽状的菌核，初为白色，后渐变为淡黄色至黄棕色，最后成茶褐色。菌丝逐渐向下延伸及根部，引起根腐。病苗叶片逐渐发黄凋萎，最终全株枯死。病苗容易拔起，根部皮层已腐烂，表面也有白色菌丝体和菜籽状菌核。在土壤很干燥的条件下，见不到白色菌丝体和菌核时，可将苗木根部冲洗干净后保湿培养，2～3 日后即有白色菌丝体，并逐渐产生菌核（图 9-3）。

病原 引起该病的病原为齐整小核菌（*Sclerotium rolfsii* Sacc.），属半知菌门丝孢纲无孢目小核菌属。菌丝体白色，疏松或集结成扇状，外观如白色绢丝。菌核表生，球形或近球形，直径 1～3mm，平滑，有光泽，表面茶褐色，似菜籽状。内部灰白色。有性型为罗氏伏革菌[*Corticium rolfsii*（Sacc.）Curzi]，隶属担子菌门，一般情况下不产生，只有在湿热环境下才产生，担孢子的传病作用不大。

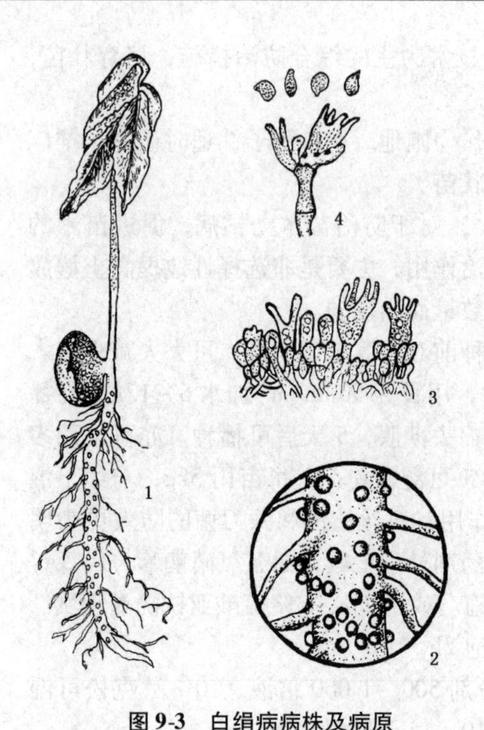

图 9-3 白绢病病株及病原

1. 病株症状 2. 病根放大示病部着生的病菌的菌核 3. 病菌的子实层 4. 病菌的担子和担孢子
（仿《园林植物病虫害防治》）

该病菌生长发育最适温度为30℃，最高约40℃，最低为10℃，pH 1.9～8.4之间均能生长，但以pH 5.9最为合适，光线能促进菌核产生。

病菌的代谢产物草酸和草酸盐对寄主组织有直接毒害作用，还能使寄主体内原有的抗菌成分（生物碱）失去作用，对寄主感病起重要作用。另外，病菌还能分泌一系列酶，这和病菌侵染寄主的活动可能有关。

发病规律 白绢病菌是一种根部习居菌，菌丝体只能在寄主残余组织上存活，但容易形成菌核。菌核在适宜的条件下就会萌发，无休眠期，在不良条件下可以休眠。菌核在土壤中能存活5～6年，在室内可存活10年以上。特别是在低温干燥的条件下菌核存活时间更长。

越冬后的菌丝体或菌核在适宜的条件下，产生新的菌丝体，侵染苗木的根颈部。病部菌丝可沿土壤间隙横向蔓延至邻近植株。在疏松的土壤中可进一步向下延伸危害根部。菌核在土壤中可随地表水流动而传播，但远距离传播主要通过苗木调运。

病菌偏喜高温，因而决定了病害的地理分布和发病季节。在长江流域，一般6～9月为发病期，7～8月气温上升至30℃左右时，是发病盛期。在酸性至中性的土壤和砂质土壤中较易发病；通常土壤湿度较高有利于病害的发生，特别是在连续干旱后遇雨可促进菌核萌发，增加对寄主侵染的机会。连作地由于土壤中积累病菌，发病也会较重。土壤中有机质丰富或多施有机肥，尤其是氮肥多，一方面可以使苗木生长旺盛，提高抗病力，另一方面可促使土壤中颉颃微生物的活动，从而减轻发病。在贫瘠缺肥和黏重板结的土壤中，苗木生长差也容易发病。介壳虫的危害可加重病害的发生。

防治方法 盆栽土壤要选用无菌土。病土需经热力或农药灭菌后方可使用。在生长期间，如发现病株应立即拔除，轻病株可选用苯来特、退菌特药液浇灌或用五氯硝基苯药土撒施。国外用萎锈灵或氧化萎锈灵来抑制病菌生长。生物防治采用哈茨木霉菌（*Trichoderma harzianum*）制剂与培养土混合后再栽种植物。苏州市用木霉菌制剂防治茉莉花白绢病，防治效果可达90%以上。

对于集约经营的地区，禁止在长期发生该病害的地区连续育苗，也不宜在长年育苗的圃地四周挖泥作装杯用土。

播种前进行土壤种子消毒。每年在育苗前必须用石灰粉撒布于畦面或用70%敌克松800倍液淋湿摆杯圃地面3cm左右深的土层，改变病菌滋生条件，消除病菌的入侵；用质量密度为1.82～1.84的工业硫酸40mL/m^2加到3～6kg水中喷浇土壤，7天后播种，勤浇水，每次少量，控制水分，以防止土壤表面板结。或用2%～3%硫酸亚铁消毒，用量为4.5kg/m^2。

苗期管理：①适当密植，在园艺操作时尽量减少伤口；②加强排水，防止潮湿；③增施有机肥料，促苗健壮，提高植株抗病力；④发病初期，可用50%托布津或50%多菌灵可湿性粉剂500倍液浇灌茎基，隔7天浇1次；易发病季节常规可用70%敌克松700倍每隔10～15天喷洒1次；⑤拔除重病株，并连同病残体和菌丝菌核一起烧毁；病穴可浇灌20%石灰乳；⑥刨土晾根，彻底刮除病组织，将刮下的病菌丝连同周围的病土一齐搬出园地处理。用1%硫酸铜液消毒伤口，覆盖无病土，再浇施50%代森铵500倍液，大花木每株浇施药液15kg，小花木酌减；⑦经运输后的苗木，多因挤压摩擦而受伤，容易感病，卸苗时不要将苗木堆积过密、过于大片集中，同时在卸苗的次日再喷50%可湿性退菌特700倍液或800～1 000倍甲基托布津等杀菌剂。

苗木紫纹羽病

分布与危害 苗木紫纹羽病又称紫色根腐病，是多种林木、果树和农作物上一种常见的根病。我国东北各省，河北、河南、安徽、江苏、浙江、广东、四川、云南等地都有发生。林木中如柏、松、杉、刺槐、柳、杨、栎、漆树等都易受害，南方栽培的橡胶、杧果等也常有发生。苗木受害后，由于病势发展迅速，很快就会枯死。大树受害后，树势渐趋衰弱，个别严重感病植株，由于根颈部腐烂而死亡。

症状 根部被害后，在病根表面缠绕紫红色的丝网状物，此为病原菌的根状菌索，还可见到紫红色的绒布状的菌丝膜(图9-4)。在菌丝体上还可产生细小紫红色的菌核。病根皮层腐烂，极易剥落。发病初期木质部黄褐色，湿腐；后期变为淡紫色。病害扩展到根颈部后，菌丝体继续向上延伸，包围干基，6～7月间，菌丝体上产生微薄白粉状的子实层。

病株地上部分表现为顶梢不抽芽或发芽很少，叶形短小、发黄、皱缩卷曲；随即变黑枯死，但叶片不脱落，枝条干枯，最后全株枯萎死亡。

病原 为紫卷担子菌[*Helicobasidium purpureum*(Tul.)Pat.]，属担子菌门层菌纲银耳目卷担子菌属。子实体膜质、扁平，紫色或紫红色。子实层向上，光滑。担子卷曲，担孢子单细胞，肾脏形，无色，大小为10～12μm×6～7μm。

病原菌在病根表面形成明显的紫色菌丝体和菌核，菌核直径1.0mm左右。在未发现它的有性型以前，曾以它的菌丝体阶段命名为紫纹羽丝核菌(*Rhizoctonia crocorum* Fr.)。

发病规律 病原菌利用它在病根上的菌丝体和菌核，潜伏在土壤内。菌核有抵抗不良环境条件的能力，能在土内长期存活，待环境条件适宜时，萌发侵入。病害还可以通过林木根部的相互接触而传染蔓延。担孢子在病害传播中不起重要作用。通过苗木调运可远距离传播。低洼潮湿、排水不良的地区，有利于病原菌的滋生，病害发生一般较重。

防治方法 选用健康苗木栽植，对可疑苗木进行消毒处理。在1%硫酸铜溶液中

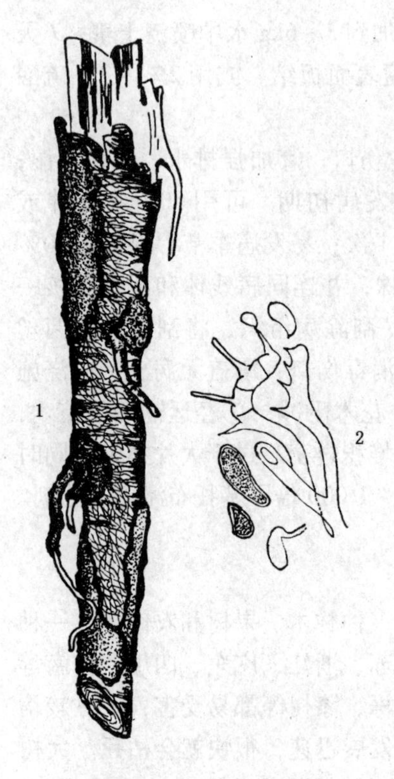

图9-4 苗木紫纹羽病

1. 病根症状 2. 病菌的担子和担孢子

浸泡3h，或在20%石灰水中浸泡0.5h。处理后用清水冲洗后再栽植。

在生长期间要加强管理，肥水要适宜，促进苗木健壮成长。发现病株应及时挖除并烧毁，周围土壤要进行消毒。

贵重观赏树木实行外科治疗。将病部切除，然后用波尔多液或其他药剂处理。周围病土最好移走，用无菌土填充。

花木白纹羽病

分布与危害 该病分布于我国辽宁、河北、山东、江苏、浙江、安徽、贵州、陕西、湖北、江西、四川、云南、海南等地。据记载，被害的寄主种类有栎类、板栗、榆、槭、云杉、冷杉、落叶松、银杏、苹果、泡桐、垂柳、蜡梅、雪松、五针松、大叶黄杨等，草本植物有芍药、风信子、马铃薯、蚕豆、大豆、芋等。常引起根部腐烂，造成整株枯死。

症状 该病发生在植物根部，最初须根腐烂，以后扩展到侧根和主根。从病根表面上可见，其菌丝膜系由很多菌丝纵横交叉形成的，菌丝膜内部的菌丝是薄壁菌丝，其外部的菌丝是厚壁菌丝。病菌的菌丝束从根的内部组织侵入后，使木栓层与木质部分离，皮层完全腐烂后，木质部产生块状不定形黑褐色菌核（自然条件下菌丝体及菌索常见、菌核少见）。在近土表根际处展布白色蛛网状的菌丝膜，有时形成小黑点，即病菌的子囊壳。植株的地上部分，叶片逐渐变黄、凋萎，直至全株枯死。

病原 为褐座坚壳［*Rosellinia necatrix*(Hart.) Berl.］，属子囊菌门核菌纲球壳菌目座坚壳属。病菌在病根表面形成密集交织的菌丝体，内有羽状的菌丝束，白色或浅灰色，并产生黑色细小的菌核（图9-5）。菌丝体裸露在空气中能形成厚垣孢子。菌核黑色，近圆形，直径约1mm，有的可达5mm。子囊壳只产生于早已枯死的病根上，单个或成丛地埋生于菌丝体间，球形或卵形，黑色，炭质，具乳头状突起的孔口。子囊圆柱形，周围有侧丝。子囊孢子8个单列于子囊内，稍弯，略呈纺锤形，单细胞，褐色或暗褐色，大小为42～44μm ×4～6.5μm。孢子成熟后侧丝溶解消失。病菌的无性型为半知菌门的 *Dematophora necatrix* Hara，从菌丝体上产生分生孢子梗束，有分枝，顶生或侧生1～3个分生孢子；分生孢子卵圆形，无色，单细胞，大小为2～3μm。

发病规律 病原菌以菌核和菌索在土壤中或病株残体上越冬。在生长季节，最先侵害植株的细根，使其腐朽，以至消失，以后逐渐侵染粗大的根。病菌可穿透根皮直接侵入危害，也可从各种伤口侵入危害。传播的主要方式是靠病健根的相互接触、病

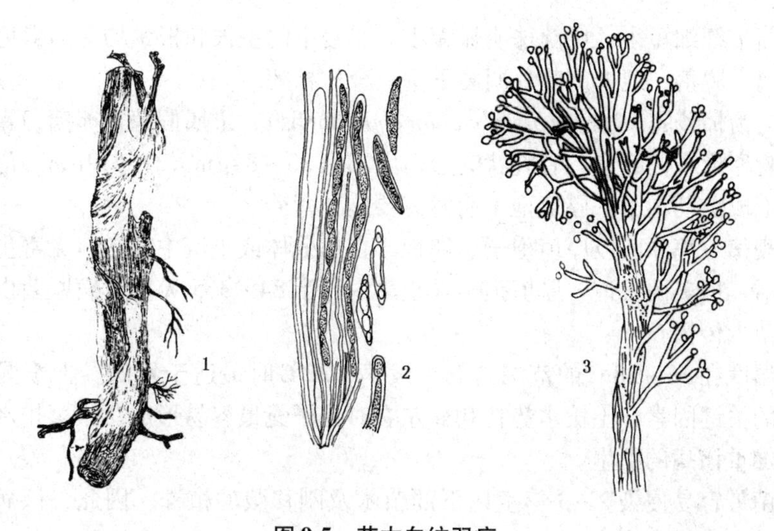

图 9-5 花木白纹羽病

1. 病根上羽纹状菌丝片 2. 病菌的子囊和子囊孢子 3. 病菌的分生孢子梗

残体及病土的移动。病原菌虽能产生孢子，但在病害传播中的作用不大。病菌在土壤湿度为80%以上时，菌丝生长快，土壤潮湿的环境条件对病害发生有利，病害常发生在低洼潮湿或排水不良的园地，高温季节有利于病害的发生和发展。该病常年发生，5~8月蔓延很快。此外，栽培管理不良，植株生长衰弱也有利于病害的发生。

防治方法 因白纹羽病是土传病害，在防治中应从苗圃的选择、药剂的选用适期和使用方法上着手，以达到减少病害的目的。在防治工作中，应在加强栽培管理措施，清除病枝和做好土壤消毒工作，清沟排渍，降低田间相对湿度着手。

选用无病苗木栽植。对可疑苗木要先经消毒处理后方可栽植。具体处理可用1%波尔多液浸根1h，或以1%硫酸铜浸根3h，或以2%石灰水浸根0.5h等。处理后用清水洗净根部，然后栽植。

改善立地条件。做好圃地的开沟排水工作，雨后及时排除积水；增施有机肥料，使植株生长旺盛，提高抗病力。

加强苗木管理，发现病株及早拔除焚烧。病穴及时用药液消毒处理；可选用五氯酚钠250~300倍液，70%甲基托布津1 000倍液或50%苯来特1 000~2 000倍液等。也可撒施石灰粉消毒。

疫霉根腐病

分布与危害 该病在国外发生较普遍，主要危害3年生以内的小苗及扦插苗。通常削弱寄主的生长势，发病严重时整株枯萎。病原菌寄主范围广，可侵害900种以上的植物，包括许多观赏植物，如杜鹃花属、马醉木属、紫杉属和日本山茶、雪松、山月桂、白松、圆柏等。

症状 疫霉根腐病侵染寄主的根系及根颈部。发病初期营养根先出现坏死，地上部分生长不良，展叶比正常植株迟，叶片变小，无光泽、发黄，老叶早衰脱落。发枝数量少，新梢纤细短小，比健株明显瘦小。受侵染的主根和根颈均变为褐色腐烂，表皮常常剥离、脱落，地上部叶片凋萎下垂，全株枯死。

病原 为樟疫霉(*Phythophtora cinnamomii* Rands)，隶属假菌界卵菌门霜霉目疫霉属。孢子囊卵形或椭圆形，有乳状突起，大小为38～84μm×27～39μm。孢子囊直接萌发，或形成游动孢子。厚垣孢子萌发需要体外营养。

发病规律 病原菌以厚垣孢子、卵孢子在病残体或土壤中越冬，无寄主时休眠体能长期存活。据美国报道，厚垣孢子在土壤中存活84～365天。该病原菌由水流、病土、有病苗木传播。

土壤温度在15～28℃的范围内均可发病，22℃时最适于发病。土壤湿度是该病发生轻重的关键因素。土壤水势在0Pa左右时孢子囊最容易形成。土壤排水不良或淹水时均能加重该病的发生。

病原菌最容易侵染2～3年生以下的苗木及刚移栽的植株。因此，该病主要发生在苗圃内。病植物残体多、连种发病重。

防治方法 减少侵染来源。彻底清除苗圃内的病残体；生长季节及时拔除病株，连同周围的土壤一起移走，之后进行消毒处理。

改善栽培条件，控制病害的发生。选择排水良好、肥沃的土壤栽植。搭棚栽培降低土壤温度；用硫酸铝和硫黄粉调节土壤pH值。重病地实行轮作。

土壤和栽培基质的消毒。土壤和基质可以用太阳能进行消毒，也可以用热蒸汽消毒；土壤也可以用农药处理，常用农药有敌克松、氯唑灵等，灌施或和土壤混施。

在不影响观赏的情况下，尽可能地栽种抗病品种，尤其是老苗圃。

有关文献报道 *Gliocladium virens* 和 *Trichoderma harzianum* 对 *Phytophthora* 有一定生防潜力；聚氨基葡萄糖(Chitosan)对 *Phytophthora* 有抑菌作用。

花木根朽病

分布与危害 该病是一种著名的根部病害，60多个国家曾先后作过报道。据记载，侵害的针阔叶树种达200种以上，樱桃、牡丹、芍药、杜鹃、香石竹等也能受害。在我国东北、华北地区及云南、四川、甘肃等地，也都有报道，主要危害红松、落叶松、白桦、蒙古栎、椴树、赤杨、柳、桑和梨等，导致根系和根颈部分的腐朽，直至全株枯萎死亡。

症状 根朽病发生在寄主植物根部和根颈部，引起皮层和木质部腐朽。针叶树被害后，在根颈处发生大量流脂现象，皮层和木质部间产生白色扇形的菌膜。在病根皮层内、病根表面及病根附近土壤内，可见深褐色或黑色扁圆形的根状菌索(图9-6)。秋季，在濒死或已经死亡的病株干茎和周围地面，常出现成丛的蜜环菌子实体。被害初期常呈现皮层和树皮的湿腐，具浓重的蘑菇味；黑色菌索包裹着根部并进入树皮；在紧靠土表的松散树皮下有白色菌扇；根系及根颈部腐烂，最终整株枯死。

病原 为小蜜环菌(假蜜环菌)[*Armillariella mellea*(Vahl. ex Fr.)Karst.]，属担子菌门层菌纲伞菌目小蜜环菌属。子实体伞状，多丛生，高5～10cm，菌盖淡蜜黄色，表面有淡褐色毛状小鳞片；菌柄位于菌盖中央，实心，黄褐色，上部有菌环；菌褶直生或延生；担孢子卵圆形、无色，大小为8～9μm×5～6μm。该菌可营腐生生活，与天麻植物共生或寄生在活立木上。菌丝在6～8℃开始生长，生长适宜温度20～25℃，超过30℃生长受抑制；所需土壤湿度为30%以上。子实体生长温度15～17℃，生长所需空气相对湿度为90%～95%，一般在雨后形成子实体。

发病规律 蜜环菌腐生性强，可以广泛地存留在土壤或树木残桩上。成熟的担孢子可随气流传播侵染伐桩及带伤的衰弱木。菌索可在表土内扩展延伸，当接触到健根时，可以机械和化学的方法直接侵入根内，或通过根部表面的伤口侵入。根部受伤是发病的主要条件，特别是施肥位置不当，施肥距寄主太近或施肥过量，造成根部肥害，皮层腐烂，根朽病病菌则侵入危害。土壤板结、积水，导致通气不良；缺乏有机肥，造成营养不良，降低其抗性，根朽病菌也会侵入危害。

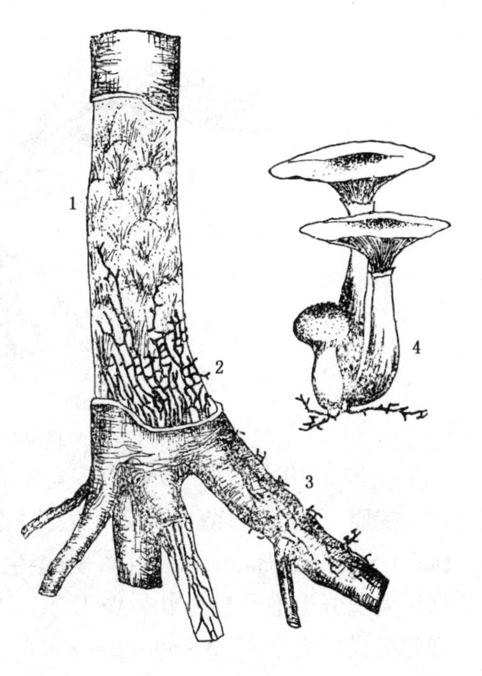

图9-6 花木根朽病

1. 皮下的菌扇 2. 皮下的菌索 3. 根皮表面的菌索 4. 子实体

防治方法 通过合理的养护管理，促进花木生长健壮，抵抗蜜环菌的侵染。发现病株及时拔除并烧毁；将病土移去，换上无病新土，栽植健康植株。

在幼林内，根朽病从发病中心扩展蔓延时，挖沟隔离中心病株或中心病区，并将病区内的所有林木加以清除；病土经热力或化学处理后，方可栽植。

在经济林区或果园内发现病株，可将病根切除并烧毁，伤口先经消毒，再用防水涂剂加以保护。病株周围土壤可用二硫化碳浇灌处理，既消毒土壤又促进绿色木霉菌(*Trichoderma viride*)的大量繁殖，以抑制蜜环菌的滋生。木霉对多种重要植物病原菌有颉颃作用，其中应用最多的是哈茨木霉(*T. harziarum*)。肯尼亚用木霉菌进行茶根朽病的生物防治，取得显著效果。

香石竹枯萎病

分布与危害 该病是一种世界性病害，几乎种植香石竹的地方都有该病害的发生。我国的上海、广州、天津、杭州等地均有发生。该病能危害多种石竹属植物。主要危害植株根部，造成枯萎死亡。

症状 植株下部叶片和茎干最先表现症状。下部茎节间首先褪绿，变为褐色，着生在附近的叶片也褪绿变枯。典型的病株初期只有植株的一面受到侵害，即叶和节间枯萎通常只在植株的一侧显现，感病植株通常出现“歪脖”症状(图9-7)。有时嫩枝生长扭曲，干枯的茎节出现纵裂。随着病情的加重，上面的叶片也相继枯萎，最后整株枯死。纵切病茎，可看到维管束中有暗褐色条纹，横切则可看到暗色环纹。

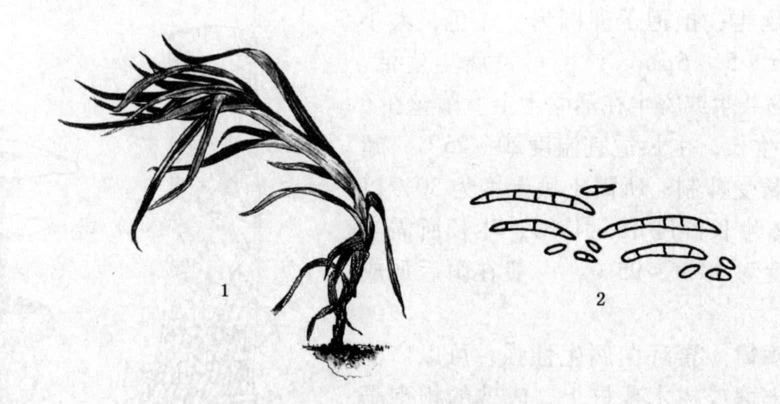

图9-7 香石竹枯萎病

1. 症状 2. 香石竹枯萎病病菌大型分生孢子

病原 为半知菌门的石竹尖镰孢[*Fusarium oxysporium* f. sp. *dianthi* (Prill. et Del.) Snyd. et Hans.]。病菌一般产生子座，子座苍白色至紫色。分生孢子分大小两型。大型分生孢子较粗壮，镰刀形，顶端略尖，一端较直，另一端弯曲。由3~5个细胞组成，大小25.0~34.5μm×3.8~4.0μm(图9-7)；小型分生孢子单细胞，无色，卵圆形或椭圆形，大小5~9μm×2~4μm；厚垣孢子球形，直径为6~11μm，顶生或间生。

发病规律 病原菌在病株残体或土壤中能以厚垣孢子的形式长期存活。遇到合适的环境，如春夏间的阴雨连绵，土温较高，土壤积水等，病菌就会产生大量分生孢子。孢子借气流、雨水或灌溉水的流动和溅散传播，通过根和茎基部的伤口侵入。在香石竹的整个生长周期内均可受到感染。病菌有潜伏侵染特性，病菌可能定殖在维管束系统而无症状表现，因此，繁殖材料是病害传播的重要来源。

品种之间感病力存在一定差异。一般情况下，红粉色花品种普遍较感病，红色花品种较抗病。白色花品种则反复不定。同一品种，生长幼嫩的较易感病。栽培中氮肥施用过多以及偏酸性的土壤，均有利于病害的发生。

防治方法

①加强检疫 禁止病苗及繁殖材料传入无病区。病区应从健康的无病母株上采取插条，最好是建立无病母本区，供采条用。

②更换土壤或土壤消毒 苗圃地的土壤或盆土如被污染，必须更换或消毒处理后再使用。用50%克菌丹，或50%多菌灵500倍液，或3%硫酸亚铁于种植前浇灌土壤均有一定防治效果。

9.2.2 细菌引起的根部病害

细菌引起的根部病害是一类重要的植物病害，通常侵染根部，引起寄主根部乃至全株性的病害，造成重大经济损失。

细菌引起的根部病害其症状表现为地下部分皮层腐烂，形成瘿瘤；地上部分通常表现为叶片色泽不正常，色淡而放叶延迟，叶形变小，植株矮化，容易发生枯萎现象，最后是全株枯死。整个发病过程往往是渐进的，从初现症状至枯死的时间随树龄而异，幼苗只需几天时间，幼树在一个生长季节便出现枯萎，大树可延续数年之久。病原细菌引起植物根病具传染性。这类病原物大多属土壤习居性或半习居性，寄主范围广，腐生能力强，一旦定殖下来便很难根除。

病原细菌主要在土壤、病残体和球根上越冬。侵入途径主要是通过根部的伤口侵入根内。潜育期的长短不一，1、2 年生的草本植物潜育期要短些，多年生木本植物潜育期要长些。在较小范围内，病原的主动传播和水流的传播起着决定性作用，根部相互接触也是根病传播的一种重要方式。因传播方式的限制，根病的传播速度与枝、叶病害比较起来很缓慢。

根 癌 病

分布与危害 植物根癌病亦称冠瘿病，在世界范围内普遍发生。病原菌寄主范围广泛，可侵染 93 科 331 属 643 种高等植物，主要为双子叶植物、裸子植物及少数单子叶植物，尤以蔷薇科植物感病普遍。我国的北京、河北、辽宁、吉林、山东、内蒙古、浙江和上海等地的农场、果园、苗圃和林场等种植的菊、石竹、天竺葵、啤酒花、樱花、桃、梨、苹果、李、杏、樱桃、葡萄、玫瑰、月季、蔷薇、梅、夹竹桃、柳、核桃、侧柏、圆柏、花柏、黄杉、南洋杉、银杏、罗汉松、金钟柏、毛白杨、海棠、山楂等多种植物根癌病均有不同程度的发生，受害较重的树种有桃树、樱桃、葡萄、梨、苹果，不同地区树种不同。该病主要发生在植物的根颈处，也可发生在主根、侧根以及地上部的主干和侧枝上，感病部位产生瘤状物。由于根系受到破坏，发病轻的造成植株树势衰弱、生长缓慢、产量减少、寿命缩短，重则引起全株死亡。

症状 发病初期，病植物的根颈处，或主根、侧根以及地上部的主干和侧枝上，出现膨大呈球形或扁球形的瘤状物。幼瘤初为白色，质地柔软，表面光滑。随着生长，瘤逐渐增大，质地变硬，颜色变为褐色或黑褐色，表面粗糙、龟裂，甚至溃烂。瘤的大小、形状各异，草本植物上的瘤小，木本植物及肉质根的瘤较大，严重时整个主根变成一个大瘤子(图 9-8)。发病轻的可造成植株叶色不正、树势衰弱、生长迟缓、产量减少、寿命缩短，影响苗圃苗木的质量和果园树体的整齐度，发病重者可导致全株死亡。

病原 该病由根癌土壤杆菌(根癌农杆菌)[*Agrobacterium tumefaciens* (Smith et Towns.) Conn.]引起。菌体细胞呈短杆状，大小为 1.2 ~ 5μm × 0.6 ~ 1μm ，以 1 ~ 6 根周生鞭毛进行活动，常有纤毛，严格好气，不形成芽孢。革兰氏染色阴性，在液体培养基上形成较厚的、白色或浅黄色的菌膜；在固体培养基上菌落圆而小，稍突起，光滑，白色至灰白色，半透明。在含碳水化合物的培养基上生长的菌株能产生胞外多糖黏液。菌落无色素，随着菌龄的增加，光滑的菌落逐渐变成有条纹，但也有许多菌株生成的菌落呈粗糙型。发育最适温度为 25 ~ 28℃，最高为 34℃，最低为 10℃，致死温度为 51℃(10min)。耐酸碱度范围为 pH 5.7 ~ 9.2，以 pH 7.3 为最适合。

发病规律 根癌病菌在肿癌皮层内，或随破裂的肿瘤残体落入土壤中越冬，可在病瘤内或土壤病株残体上生活 1 年以上，若 2 年得不到侵染机会，细菌则失去致病力

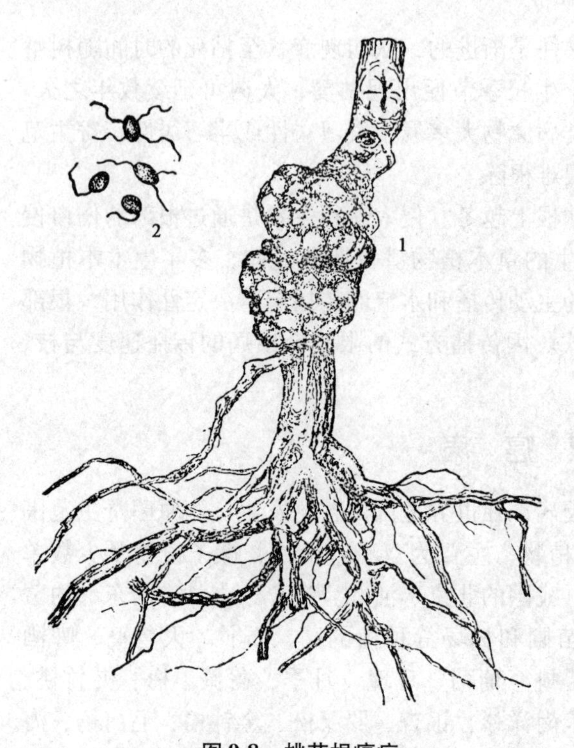

图 9-8　桃花根癌病

1. 根颈部被害症状　2. 病原细菌

和生活力。病原细菌传播的途径靠灌溉水和雨水、采条、嫁接、耕作农具、地下害虫等传播。带菌苗木和植株的调运是该病远距离传播的重要途径。

病原细菌从各种伤口侵入植株，或者作用在没有伤口的根上，使根形成枯斑，再由枯斑侵入植物体，经数周或 1 年以上就可出现症状。由于根癌杆菌具有特殊的致病机制，其致病性与病原细菌中转移性大质粒——Ti 质粒有关，致病原因就是寄主植物受伤后，伤口部位产生的酚类（如 AS，即乙酰丁香酮）、糖类等物质，对土壤杆菌有趋化作用。细菌受到这些物质的感应，在鞭毛逆时针转动的协助下，发生向寄主伤口部位的游动，然后附着到寄主细胞表面。通常土壤潮湿、积水，有机质丰富时发病严重，碱性土壤有利发病，本地品种抗病性强，引进品种易感病，成片栽植比零星种植发病重。连作有利于病害的发生。嫁接以切接比芽接发病率要高。苗木根部伤口多发病重。

防治方法

① 严格执行检疫制度　引进或调出苗木和植株时，发现带有根癌者坚决烧毁，这是控制病害侵入的重要措施。现行的病原菌检测技术有血清取样法、滑动凝集试验、单克隆抗体等。近几年来，以 PCR 为基础的分子技术，在病原菌的检测上也得到了很好的应用。在出圃或外来苗木中发现可疑苗木，应用 1% 硫酸铜液浸根 5min 再放入 2% 的石灰水中浸 1min，也可直接用链霉素溶液泡 30min 栽植观察。

② 加强栽培管理，防止土壤板结、积水　增施有机肥，提高土壤 pH 值，增强树势。选择无病菌污染的土壤育苗和移植，移植时避免造成伤口，注意防治地下害虫。按每亩 1 ~ 2kg 撒施噻唑膦 10% 颗粒剂，翻地 15 ~ 20cm 后浇透水杀灭根结线虫以及地老虎等害虫；嫁接应避免伤口接触土壤，嫁接工具可用 75% 的酒精或 1% 的甲醛液消毒。

③ 物理防治　第一，对植物材料进行热水处理：用 50℃ 的温水处理休眠阶段的葡萄插条 30 ~ 60min，插条中的土壤杆菌数量显著下降或者完全被杀除。第二，对带菌土壤进行热处理：在阳光充足、暖和的季节里，用塑料薄膜将无菌的园地覆盖起来，砂质土壤经 4 周处理后便可杀除病原菌；而黏重土经 2 个月处理后，病原菌的数量才显著降低。

④ 化学防治　迄今为止，尚未发现对根癌病防治具有特效的化学药剂。生产上应用的对根癌病防治略有效果的药剂有吉诺素、氯化苦、抗菌剂401和402、氯胺B、单宁、福美砷、石硫合剂、煤油、波尔多液、DT杀菌剂、硫酸铜、硫黄粉、链霉素、土霉素、代森锌等。

⑤生物防治　国内目前最广泛使用的生物菌株有K84（AR）、K1026、F2/5（AV）、HLB-2（AT）、E26（AV）。用放射土壤杆菌（在旧分类系统中属于放射土壤杆菌 *Agrobacterium radiobacter*，根据现在新分类系统则属于 *A. rhizogines*）处理种子、插条、裸根苗及接穗，浸泡或喷雾处理过的材料，可以有效地防治根癌病的发生，有效期可达2年。其中K84（现在被称为Agrocin84，简称A84）菌株，我国先后用于防治桃树、樱桃、梨、苹果、毛白杨、啤酒花、玫瑰和樱花等，取得显著成效。利用这种方法防治月季根癌病，防治效果可达90%，但对葡萄根癌病无效；放射土壤杆菌HLB-2、MI15和E26菌株防治葡萄根癌病效果较好，特别是用于处理葡萄苗成效显著。国内用K84菌株发酵产品制成的生物农药——根癌宁30倍稀释液浸核桃育苗、浸根定植、切瘤灌根等，防治效果可达90%以上；此外，一些假单胞杆菌菌株、荧光假单胞杆菌菌株也能起到生物防治的作用。

青 枯 病

分布与危害　青枯病是我国南方花木发生较为普遍的一种破坏寄主输导组织，引起全株枯死的细菌性病害。广东、福建、广西、海南等地均有该病发生。该病菌寄主范围很广，能侵染的花木寄主有菊花、美人蕉、木麻黄、桉树、桑树、油橄榄、柚木、蝴蝶果、木棉、黑荆树、油茶、腰果、观光木、广西木莲、火力楠和山桂花等多种树木。青枯菌入侵植物后，特别是一旦进入木质部导管便可随着蒸腾液流在导管及其邻近组织内繁殖并迅速扩散到植物全株，最终导致受侵植物的枯萎和死亡，危害极大。

症状　树木感染青枯病后的典型症状是部分枝叶或全株发黄枯萎，根系变黑腐烂，木质部局部或全部变褐色或黑褐色，主茎和侧枝横切面伤口有乳白色或淡黄色细菌浓液涌出。感病植株一般不易存活，林地上偶尔也有不枯死甚至恢复健康的现象。根据树种、树龄及感病程度的不同，植株从发病到枯死的时间可以从十几天到几年不等，一般苗木比成年大树快。人工水培法接种最快的只需48h便可引起小苗枯萎。

木麻黄重病株树干有黑褐色条斑，树皮常纵裂成溃疡状，木质部变褐色（图9-9）。有些病株显著矮化，茎基长出大量不定根。坏死根茎有水浸臭味，但成年树木则往往拖延4～5年后才枯死。桉树青枯病林间有急性和慢性两种症状类型。急性型感病植株叶片急性失水萎蔫，不脱落，远看“青”近看枯，从发病到枯死一般10～30天；慢性型病株下部叶片紫红色或淡黄色，叶片无光泽，呈失水状，逐渐干枯脱落，一些枝条和侧枝变褐干枯，最后整株枯死，从发病到枯死一般30～150天。

病原　本病的病原菌为 *Ralstonia solanacearum*（Smith）Yabuuchi，过去分类上一直属假单胞杆菌属（*Pseudomonas*）。青枯菌菌体短杆状，两端钝圆，大小为1.0～2.2μm×0.5～1.0μm。鞭毛1～3根，极生。革兰氏染色反应为阴性。用石炭酸复红染色，细

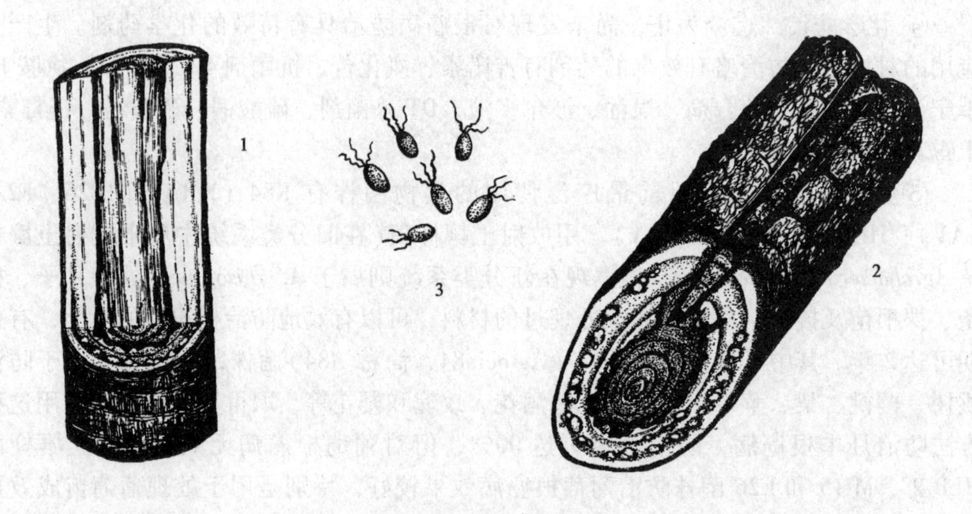

图9-9 木麻黄青枯病

1. 病茎纵剖面，示木质部变色 2. 病茎横断面，示成团的细菌黏液出现在受害的木质部上 3. 病原细菌

菌两端着色，中间不着色。在牛肉膏蛋白胨琼脂培养基上，菌落初为乳白色黏液状，后渐变褐色。在培养基中加入2,3,3－苯四唑氮(TTC)可以区别出菌落有无毒性。具毒性菌落，形状不规则，胶黏，中央淡粉红色；无毒性的菌落则小而圆，乳黄色和深红色，具薄而淡的边缘。本菌适宜的生长发育温度为32～35℃，致死温度为52℃下15min。酸碱度范围为pH5.7～8.8。

青枯菌是一个复合种，种内菌系分化非常明显。Hayward于1964年根据菌株利用三糖(乳糖、麦芽糖、纤维二糖)、三醇(甜醇、山梨醇、甘露醇)的能力和对硝酸盐还原作用的特点来划分生化型，研究表明我国花木上的青枯菌大多属于生化型Ⅲ，部分属于生化型Ⅳ。

发病规律 青枯菌在热带、亚热带土壤分布较广泛，其生活史包括了寄生和腐生两个阶段。在入侵寄主植物前，该菌可以长期宿存于土壤、杂草及一些非寄主植物中。其在林地存活时间的长短取决于组织上的菌体数量、植株残体的大小和腐败速度以及土壤环境和生物条件。有的病树在砍伐后一年，留在土中的病根仍有青枯菌浓液溢出。由于林木伐桩体积大，根系分布深远且残留时间久，因此病菌可以在林地土壤中长期存活。

在发生过青枯病的苗圃或病区10～100mm深度的土壤，均有病菌分布。因此，在发生过青枯病的地方育苗或重新种植，很易再度发病。种植木麻黄、桉树、桑树和番茄、茄子、辣椒、马铃薯、甘薯、烟草、蚕豆、丝瓜、菜豆等农作物的土壤以及同这些作物的花、果、茎、叶和根残体接触的土壤、垃圾肥料、水源都有可能存在和繁殖青枯病原体。即使土壤或混合物带菌量较少，但如用作苗床或杯土也会造成传病危险。当寄主苗木种植于带菌土壤，在条件适宜时，青枯菌便可从植株根或根茎部接触侵入，主要通过伤口，也可直接通过根表侵入。自然传播主要靠风雨和流水，远距离传播则主要通过苗木调运。

气候条件是影响青枯病发生和流行的重要因素。高温高湿有利于病原菌的生长繁殖。病害3~11月均有发生，以7~9月最严重，台风暴雨后，病害往往随之流行，造成大量树木死亡。一般保水能力差的沙丘地和低洼积水的地方病害均较重。不同树种及栽培品种对青枯菌侵染具有不同的敏感性。在木麻黄属中，粗枝木麻黄和细枝木麻黄较普通木麻黄抗病。在桉属中，尾叶桉、巨尾桉高度感病，巨桉、柳桉、赤桉、柳窿桉、刚果12号桉较感病，柠檬桉、窿缘桉较抗病。抗病性与桉树的树龄和生活力也有关，桉树幼龄易感病，大树较抗病，弱株易感病，壮株较抗病。

防治方法 使用不带病菌的土壤和土壤混合物，培养无病苗木及选择无菌地造林是防治青枯病发生的基本措施。育苗和造林前，对苗木和土壤是否带菌和含菌量多少进行检测是必要的。防治上应选好苗圃地，实行苗木检疫。避免在种过花生、西红柿、茄子、烟草和辣椒的地方育苗。如果必须在这些地方育苗时，播种前将土壤翻晒数次，或用药剂如漂白粉或福尔马林进行土壤消毒。出苗时严格进行苗木检疫，病苗不得出圃，应该烧毁。

积极寻求生态与栽培管理方面的防治措施很有必要。加强抚育管理，适量施人粪尿、土杂肥和化肥等，以改善病株生长条件，增强抗病能力。其他措施包括营造混交林，不在低洼积水处造林，清除病株并挖除树桩，幼林适度整枝，保护林地的枯枝落叶层等。

抗病育种目前被认为是防治青枯病的根本途径。近20年来，广东、福建对木麻黄无性系进行筛选，培育了一批生长优良的抗病无性系并已在生产中推广。近年来，各地也在不断筛选抗病的桉树品系。探讨和开展分子生物学技术及基因工程在青枯病防治上的应用将是未来的一个发展方向。

9.2.3 线虫引起的根部病害

植物寄生线虫分外寄生和内寄生两大类。外寄生线虫多数危害不固定，引起植物须根皮层坏死或生长停滞；内寄生线虫可危害植物各个器官，引起坏死、瘿瘤、枯萎等症状。重要的有根结线虫，引起植物根部形成大小不等的瘿瘤。

根结线虫病

分布与危害 根结线虫危害植物的根部，通常引起寄主根部形成瘿瘤或根结，因此称为根结线虫病。根结线虫能造成根系发育受阻和腐烂，植株地上部衰弱和枯死。由根结线虫引起的虫瘿大小和形状变化很大，感染的根通常腐烂。根结线虫可危害1700多种植物，分属于114个科，包括单子叶植物、双子叶植物，草本植物和木本植物。其中木本植物常见的有楸树、梓树、柳、泡桐、桑、茶、油橄榄、月季、栀子、黄杨、萝芙木等的苗木和大树，也危害杨、榆、赤杨、朴、山核桃、核桃、美登木、象耳豆、枣、水曲柳、槭树等，还可危害海棠、仙人掌、菊、大理菊、石竹、大戟、倒挂金钟、非洲菊、唐菖蒲、木槿、绣球花、鸢尾、香豌豆、天竺葵、矮牵牛、蔷薇、凤尾兰、旱金莲、堇菜、百日草、紫菀、凤仙花、马蹄莲、金盏花等花卉。病株生长缓慢、发育停滞，重病时会使苗木凋萎枯死，给生产造成很大损失。该病在我国南北许多地区都有发生。在热带地区根结线虫往往是农作物生产的限制因素，被感染的植株矮化，容易枯萎，并且易受其他根部病原的侵害，尤其是真菌。

症状 该病主要发生在幼嫩的支根和侧根上，小苗有时主根也可能被害。被害根上产生许多大小不等、圆形或不规则形的瘤状虫瘿，直径有的达 1 ~ 2cm，有的仅 2mm 左右。初期表面光滑，淡黄色，后粗糙，色加深，肉质，剖视可见瘤内有白色稍有发亮的小粒状物，镜检可观察到梨形的雌根结线虫。病株根系吸收功能减弱，生长衰弱，叶小，发黄，易脱落或枯萎，有时会发生枝枯，严重的整株枯死(图 9-10)。

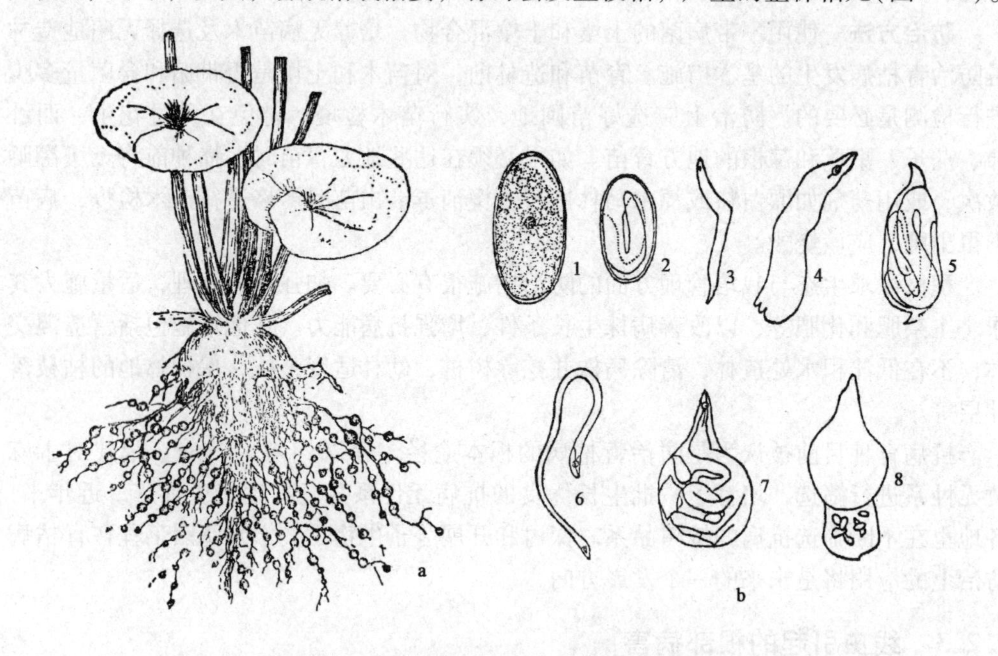

图 9-10 仙客来根结线虫病部被害状及生活史

a. 根部被害状 b. 生活史

1. 卵 2. 卵内孕育的幼虫 3. 性分化前的幼虫 4. 未成熟的雌虫 5. 在幼虫包皮内成熟的雄虫 6. 雄虫 7. 含有卵的雌虫 8. 产卵的雌虫

病原 该病由根结线虫(*Meloidogyne* spp.)侵染所致。已知的根结线虫至少有 36 个种，其中最常见、分布最广的有南方根结线虫(*M. incognita*)、爪哇根结线虫(*M. javanica*)、花生根结线虫(*M. arenaria*)和北方根结线虫(*M. hapla*)。不同的根结线虫有其不同的寄主范围和适宜的活动区域。前三者分布一般以热带和亚热带地区为多，北方根结线虫能适应较低的温度，分布在偏北方地区。据调查，仙客来、萝芙木和栀子根结线虫病是南方根结线虫所致；危害柳树的为爪哇根结线虫；泡桐上是花生根结线虫；月季上有花生根结线虫和北方根结线虫；美登木上有南方根结线虫和爪哇根结线虫；油橄榄上除有爪哇根结线虫、南方根结线虫和花生根结线虫外，还有尖形根结线虫(*M. acnia*)和青皮象耳豆根结线虫(*M. enterolobii*)；危害一球悬铃木的是悬铃木根结线虫(*M. platani*)。

根结线虫的生活史分为卵、幼虫、成虫 3 个阶段(图 9-10)。卵为椭圆形，产后几小时开始发育，逐渐发育成具有细长口针的卷曲在卵壳内的幼虫。幼虫蚯蚓状，无色透明，此时雌雄不易区分。幼虫经 3 次蜕皮变成成虫。成熟的虫体雌雄异形。雌虫乳白色，梨形，头尖，腹圆，有明显的颈，通常可见口针和食道球，成熟的雌虫平均长度 0.5 ~ 1.3mm，平均宽度为 0.4 ~ 7.0mm。雌虫既可交配后产卵，也可进行孤雌生殖。雌虫整体(有时部分)埋藏于寄主组织内，产卵于体外的胶质介质中(不形成坚硬的胞囊)。雄成虫线形，与幼虫相似，但较长，有发达的口针，前端圆锥形，后端钝圆，长约 1 ~ 1.5mm。雌成虫会阴部角质膜形成特殊的会阴花纹，是分种的主要依据，雄虫的体长作为分种的参考。另外，根结线虫有时还要通过对鉴别寄主(特定的寄主植物)的寄生情况来定种。

发病规律 根结线虫 1 年可发生多代，幼虫、成虫和卵都可在土壤中或病瘤内越冬。孵化不久的幼虫即离开病瘤钻入土中，在适宜的条件下侵入幼根。由于根结线虫口腔分泌的消化液通过口针的刺激作用，在刺吸点周围诱发形成数个巨形细胞，并在巨形细胞周围形成一些特殊导管，幼虫才能不断吸取营养，得以生长发育，同时继续刺激周围的细胞增生，形成虫瘿。有的植物如果在幼虫侵入时，在其周围不诱发巨型细胞和特殊导管，线虫就得不到营养而饿死。如马尾松、杉、紫穗槐、桃、柑橘、棉花和豌豆等，根结线虫虽能侵入，但不能寄生。

根结线虫可随苗木、土壤和灌溉水、雨水而传播，线虫本身移动范围仅在 30 ~ 70cm。大多数线虫在表土层中 5 ~ 30cm 处，1m 以下就很少了。但在种植多年生植物的土壤中，可深达 5m 或更深。土壤温度对根结线虫影响最大，北方根结线虫最适温度为 15 ~ 25℃，而爪哇根结线虫和南方根结线虫的最适温度为25 ~ 30℃；超过 40℃或低于 5℃时，任何根结线虫都缩短活动时间或失去侵染能力。土壤湿度与根结线虫的存活也有密切关系，当土壤很干燥时，卵和幼虫易死亡，当土壤中有足够水分，并在土粒上形成水膜时，卵就会迅速孵化和侵染植物的根。根结线虫一般在中性砂质土壤含水量 20% 左右时，活动最有利，寄主植物也最容易发病。

防治方法 加强植物检疫，防止疫区扩大。选育抗病优良品种，是经济有效的防治根结线虫的重要措施。

选择无病苗圃地育苗。在已发生根结线虫病的圃地，应避免连作感病寄生，可与松、杉、柏等苗木轮作 2 ~ 3 年。在一年或一个生长季，不种植寄主植物，可以大大降低线虫在土壤的群体数量。施肥可以提高植物的抗性，促进根系发育，减少损失。有机质含量高的土壤，天敌微生物往往比较活跃。

有条件的温室、保护地，或小面积园圃，可用蒸汽消毒，经铁管将蒸汽通入土内，土表用塑料薄膜覆盖。高温结合阳光曝晒土壤，夏季土壤翻耕后，晴天中午高温结合日晒，可杀死土表线虫，在保护地，第一季作物收获后，翻耕土壤，高温焖棚几日，室内温度更高，效果更好。

土壤深翻和淹水可减轻发病。必要时用药剂作土壤消毒处理，土壤处理可选用溴甲烷、二溴氯丙烷(80% 乳剂或 20% 颗粒剂)或克线磷(40% 乳剂)穴施或沟施于土壤中，或环施于植株周围，均有良好的防治效果。美国进口的 20% 丙线磷颗粒剂具有缓释、相容性好的特点，有胃毒、触杀和内吸三重功效，对根结线虫防治效果非常明显，并能兼治地下害虫。具体方法是在定植时穴施或条施20%丙线磷颗粒剂10～11kg/hm^2，也可在播种时开沟撒施。

对于球茎类植物，可将染病球茎在46.6℃水中浸泡60min或48.9℃浸泡30min。

复习思考题

1. 简述不同种类病原引起根病的特点。
2. 如何防治不同种类病原引起的根病?
3. 详述苗木立枯病症状特点。
4. 简述疫霉根腐病发生的特点。
5. 简述根结线虫病症状特点，与其他病原引起的病害有何不同?

推荐阅读书目

中国园林花卉病虫害防治．冯天哲．贵州人民出版社，1985.

盆栽花卉病虫害防治．孙企农，张能唐．河南科学技术出版社，1991.

观赏植物真菌病害．张中义．四川科学技术出版社，1992.

花卉病虫害防治．金波，余一涛．中国农业科学技术出版社，1994.

中国乔灌木病害．袁嗣令．科学出版社，1997.

下　篇

第 10 章

昆虫的外部形态与内部器官

[**本章提要**] 本章介绍了昆虫纲的基本特征及与其他节肢动物的区别；详细介绍了昆虫头、胸、腹部的结构及附肢的类型与构造；简要介绍了昆虫的体壁构造、内部器官系统的结构与功能，以及与害虫防治的关系等。

昆虫是动物界中最大的一个类群，种类繁多。历经漫长的演化过程，其外部形态发生了种种变异。不同的昆虫类群，其体形和构造差异很大。尽管如此，其基本结构是一致的，这就形成了昆虫区别于其他动物类群的特殊形态特征。

所有的昆虫组成了节肢动物门（Arthropoda）下的一个纲——昆虫纲（Insecta 或 Hexapoda），它们具有节肢动物的共同特征：身体左右对称；整个体躯被有几丁质的外骨骼；身体由一系列体节组成，有些体节具有分节的附肢；体腔就是血腔，循环系统位于身体背面，神经系统位于身体腹面。

昆虫除具有以上特征外，科学意义上的昆虫在成虫期还应具有下列特征：

①体躯分为头、胸、腹 3 个体段；

②头部有口器和 1 对触角，通常还有复眼和单眼；

③胸部有 3 对足，一般还有 2 对翅；

④腹部大多数由 9 ~ 11 个体节组成，末端具外生殖器；

⑤从卵中孵出到变成成虫，要经历一系列的外部形态和内部构造的变化，即变态（图 10-1）。

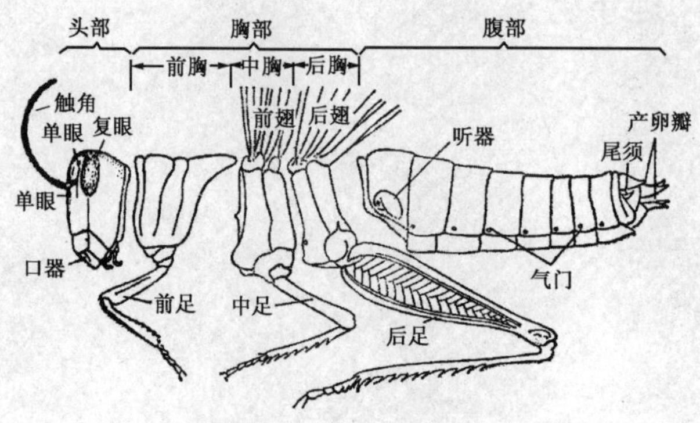

图 10-1 蝗虫体躯侧面图

昆虫与其他节肢动物(图 10-2)的区别见表 10-1。

表 10-1 节肢动物门主要纲的区别

纲名	体躯分段	眼	触角	足	翅	生活环境	代表种类
昆虫纲 Insecta	头、胸、腹 3 段	复眼 2 对,单眼 0 ~ 3 个	1 对	3 对	1 ~ 2 对	陆生或水生	蝴蝶
甲壳纲 Crustacea	头胸部和腹部 2 段	复眼 1 对	2 对	至少 5 对	无	水生(少数陆生)	虾、蟹
蛛形纲 Arachnida	头胸部和腹部 2 段	单眼 2 ~ 6 对	无	2 ~ 4 对	无	陆生	蜘蛛、螨
唇足纲 Chilopoda	头、体 2 部	复眼 1 对	1 对	每体节 1 对	无	陆生	蜈蚣
重足纲 Diplopoda	头、体 2 部	复眼 1 对	1 对	每体节 2 对	无	陆生	马陆

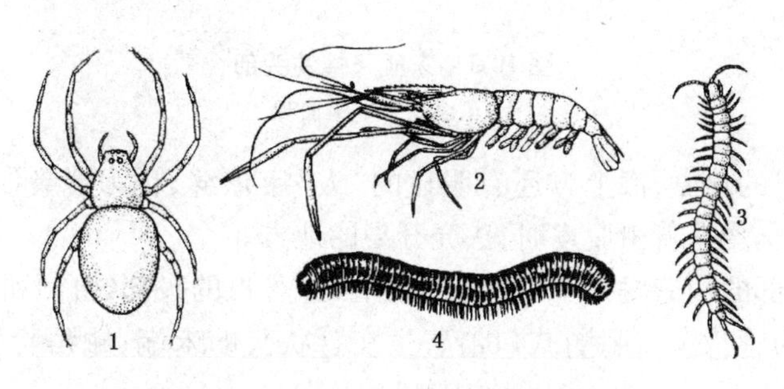

图 10-2 其他常见节肢动物形态特征

1. 蛛形纲 2. 甲壳纲 3. 唇足纲 4. 重足纲

10.1 昆虫体躯的一般构造

昆虫的体躯由坚硬的外壳和包藏的内部组织与器官组成,外壳由 18 ~ 21 个体节(somite)组成,大部分体节之间由柔韧的节间膜相连。这些体节由于附肢功能的演变,集合成头、胸、腹 3 个明显的体段。

10.2 昆虫的头部

头部是昆虫体躯最前面的一个体段,由数个体节愈合成一个坚硬的头壳。头壳表面着生有口器、触角、复眼及单眼等取食和感觉器官,因此,头部是昆虫取食和感觉的中心。

10.2.1 头壳的分区

大部分昆虫的头呈圆形或椭圆形,头壳高度骨化。在头壳的形成过程中,由于体壁的内陷,在表面形成许多沟缝,从而将头壳划分为若干小区,这些小区均有一定位置和名称(图 10-3)。通常分为头顶、额、唇基、颊和后头 5 个区:头壳前面最上方是头顶,后面的称后头,前面的称额或颜面,两侧称颊,额的下面是唇基,与上唇相连接。有些昆

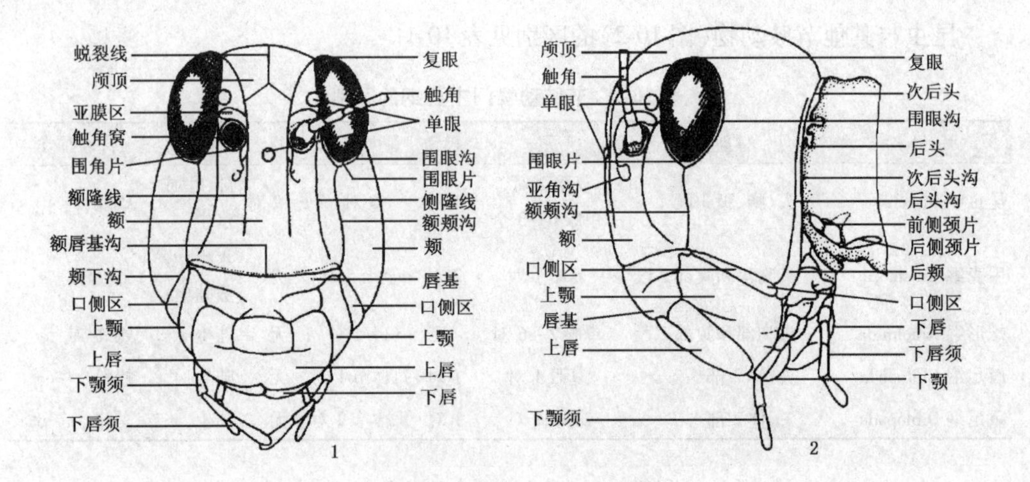

图 10-3　东亚飞蝗的头部

1. 正面观　2. 侧面观

虫,特别是鳞翅目的幼虫,额上方还有明显的“人”字形缝,称为蜕裂线或头颅缝,它是全变态幼虫或不全变态若虫脱皮时,头壳开裂的地方。

有些昆虫头部的构造发生了特殊的变化,如象鼻虫的头部,由额和唇基部分向前伸长呈象鼻状,称为管状头。咀嚼式口器着生在管状头的末端,触角着生在管状头的中部。

10.2.2　头部的形式

昆虫由于取食方式的不同,口器的形状和着生位置也发生了相应的变化。根据口器着生的方向,一般将头部的形式分为3类(图10-4)。

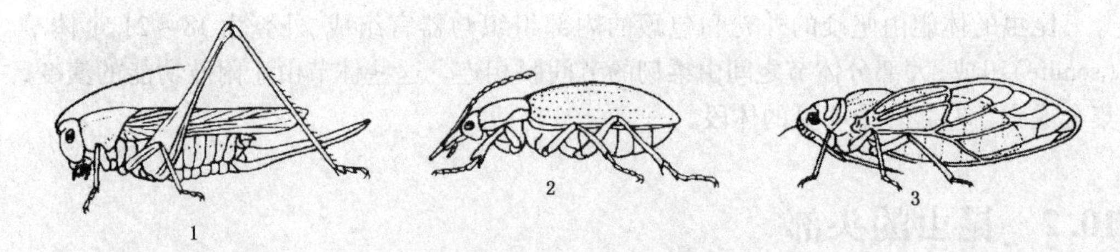

图 10-4　昆虫的头式

1. 下口式　2. 前口式　3. 后口式

①下口式(hypognathous type)。口器向下,头部和体躯纵轴差不多成直角。多见于植食性昆虫。如蝗虫、蟋蟀、蝶蛾类幼虫等。

②前口式(prognathous type)。口器向前,头部和体躯纵轴差不多平行。多见于捕食性昆虫和一些钻蛀性昆虫。如步行虫。

③后口式(opisthognathous type)。口器向后,头部和体躯纵轴成锐角,多为刺吸式口器的昆虫所具有,如蝉、蚜虫、椿象等。

10.2.3 头部的附器

昆虫的头部着生有主要的感觉器官,如触角、复眼、单眼,以及取食器官——口器。

10.2.3.1 触角

触角(antenna,复数 antennae)是昆虫头部的 1 对附肢,为绝大多数昆虫所具有,位于额的两侧,其上着生有许多的感觉器,能感受分子级的微小刺激,具有嗅觉和触觉功能,是昆虫觅食、求偶、避敌等重要生命活动的基础。

(1) 触角的基本构造

昆虫的触角由柄节、梗节和鞭节 3 节构成(图 10-5)。

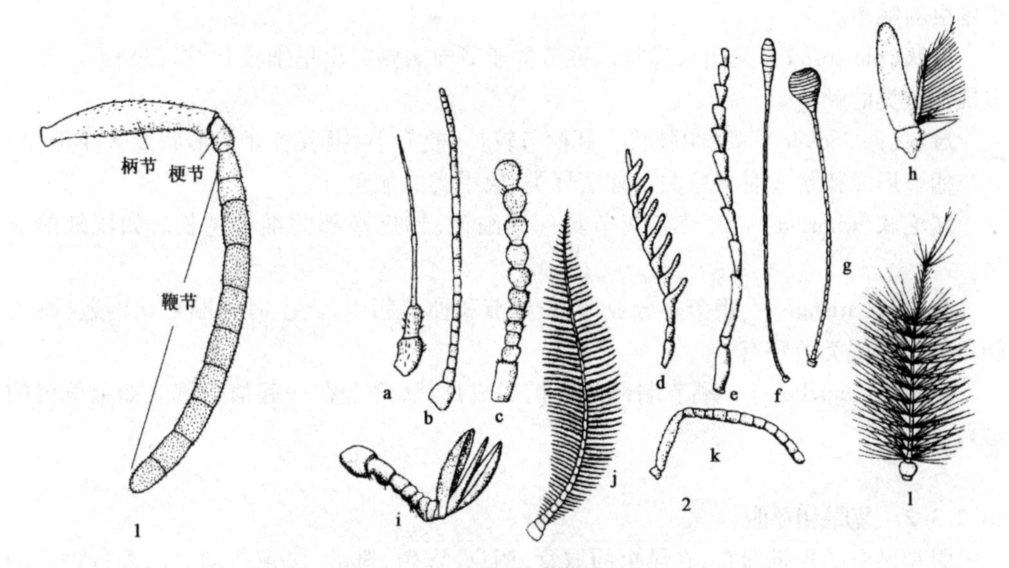

图 10-5 触角的基本构造和类型

1. 触角的基本构造 2. 触角的类型:a. 刚毛状 b. 线状 c. 念珠状 d. 栉齿状 e. 锯齿状 f. 球杆状 g. 锤状 h. 具芒状 i. 鳃状 j. 羽毛状 k. 膝状 l. 环毛状

柄节(scape) 最基部的一节,常较粗短。

梗节(pedicel) 从基部数第二节,较小。

鞭节(flagellum) 是触角的顶端一节,由多个亚节组成。亚节内无肌肉,易于发生变化,从而形成各种触角类型。

(2) 触角的类型

触角的形状、长短、节数和着生位置,在不同种类或不同性别的昆虫间变化很大,常作为识别昆虫种类和区分性别的依据。常见的昆虫触角有以下几类(图 10-5)。

线状(filiform) 又叫丝状。细长,圆筒形,除基节、梗节较粗外,其余各节大小、形状相似,向端部渐细。如螽蟖、椿象、天牛等的触角。

刚毛状(setaceous) 触角短,柄节与梗节较粗大,其余各节细似刚毛。如蜻蜓、蝉、叶蝉等的触角。

念珠状(moniliform) 柄节较长,梗节小,鞭节由多个近似圆球形、大小相近的小节组成,形似一串念珠。如白蚁的触角。

棒状(clavate) 又叫球杆状。细长,近端部数节逐渐膨大,形如棍棒或球杆。如蝶类的触角。

锤状(capitate) 似棒状,但较短,鞭节端部突然膨大,形似锤状。如小蠹虫、瓢虫等的触角。

锯齿状(serrate) 鞭节各亚节的端部向一边突出呈锯齿状。如部分叩头甲及芫菁雄虫的触角。

栉齿状(pectinate) 鞭节各亚节向一侧显著突出,状如梳子。如部分叩头甲及豆象雄虫的触角。

羽状(plumose) 又叫双栉状。鞭节各亚节向两侧突出呈细枝状,形似羽毛。如许多雄性蛾类的触角。

肘状(geniculate) 又叫膝状。其柄节较长,梗节小,鞭节各亚节形状及大小近似,并与柄节形成膝状或肘状弯曲。如蜜蜂类、象甲类的触角。

环毛状(whorled) 鞭节各亚节具一圈细毛,越近基部的细毛越长。如雄蚊的触角。

具芒状(aristate) 鞭节不分亚节,较柄节和梗节粗大,其上有一刚毛状构造(称为触角芒),为蝇类所特有。

鳃叶状(lamellate) 鞭节端部几节扩展成片状,叠合在一起似鱼鳃。如金龟甲的触角。

10.2.3.2 复眼和单眼

眼是昆虫的视觉器官,在昆虫的取食、栖息、繁殖、避敌、决定行动方向等各种活动中,起着很重要的作用。

昆虫的眼有两种:一种为复眼(compound eyes),1对,位于头的两侧,由许多小眼集合而成。外形较大,可在一定距离内感受光线及物体的影像,尤其对运动着的物体有很高的辨别能力,是昆虫的主要视觉器官。另一种为单眼(ocellus),由一个小眼组成,又可分为两类:背单眼和侧单眼。前者一般为成虫和不完全变态的若虫所具有,通常0~3个,位于两复眼之间,与复眼同时存在;后者为完全变态类昆虫的幼虫所拥有,位于头部两侧下方,数目为1~7对不等。单眼只能感受光线的强弱和方向,不能看清物体本身的形状。

一些昆虫的复眼对光的强度、波长和颜色等有较强的分辨能力,特别是对人眼所不能看到的波长在330~400nm的紫外光有很强的趋性,因此可以利用黑光灯、双色灯、卤素灯等诱集昆虫。一些昆虫具有趋绿或趋黄(如蚜虫)特性,因而可采用黄色粘虫板诱杀蚜虫和温室白粉虱。

10.2.3.3 口器

口器(mouthparts)是昆虫的取食器官。不同种类的昆虫由于其食性和取食方式分化,形成了各种不同的口器类型。危害园林植物的害虫,其口器主要有以下2种类型。

(1)咀嚼式口器(chewing mouthparts)

由上唇、上颚、下颚、下唇与舌5部分组成。其主要特点是具有发达而坚硬的上颚以咀嚼固体食物。这种口器在演化上是最原始的、最基本的构造,其他的口器类型都是由这种口器演变而来的。下面以蝗虫的口器为代表进行介绍(图10-6)。

上唇(labrum)　是悬在头壳前下方的一个薄片,形成口腔的上盖,可以防止食物外落。外面坚硬,里面柔软,具有味觉器官,称为内唇。

上颚(mandibles)　在上唇的下方,是1对坚硬的齿状物,具有切区和磨区,能切断和磨碎食物。

下颚(maxillae)　在上颚之后,左右成对,并可分成轴节、茎节、内颚叶、外颚叶和下颚须5个部分。下颚能够辅助上颚取食,下颚须还具有嗅觉和味觉功能。

下唇(labium)　构成口器的底部,由后颏、前颏 、侧唇舌、中唇舌和下唇须组成,具有托持食物和感觉作用。

舌(hypopharynx)　为一袋形构造,位于口腔中央,在基部有唾腺开口,唾液由此流出和食物混合。

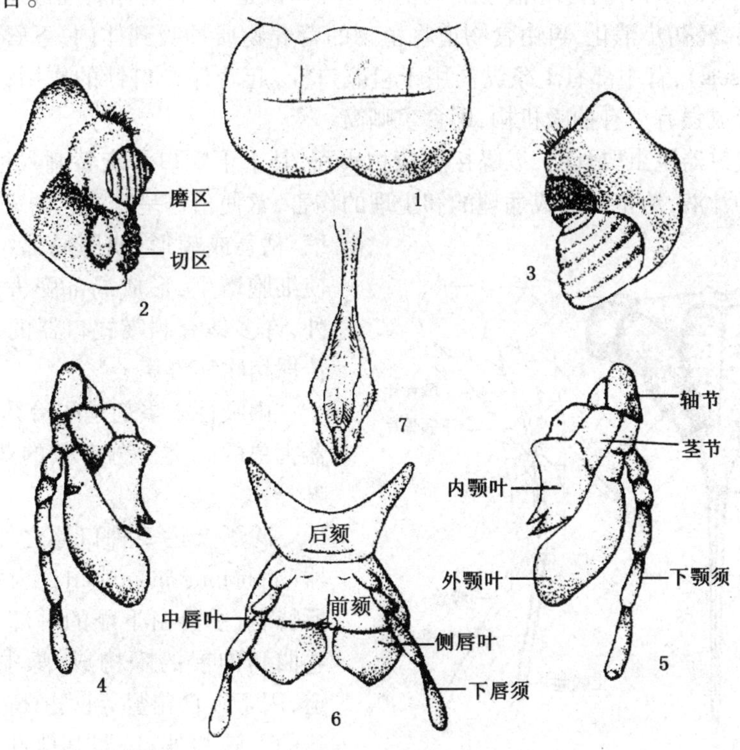

图10-6　蝗虫的咀嚼式口器

1. 上唇　2、3. 上颚　4、5. 下颚　6. 下唇　7. 舌

具有咀嚼式口器的昆虫有直翅类、鞘翅目的成虫和幼虫、脉翅目的成虫、膜翅目的成虫和叶蜂类的幼虫。鳞翅目(蝶蛾类)的幼虫,其口器也为咀嚼式,其上颚与上唇和一般咀嚼式口器相同,但下颚、下唇和舌则合并成一个复合体,两侧为下颚,中央为下唇和舌,端部具有 1 个突出的吐丝器。

咀嚼式口器的害虫取食固体食物,咬食植物的各部分组织,造成各种形式的机械损伤,有的能把植物叶片食成缺刻、穿孔或啃叶肉留叶脉,甚至把叶片全部吃光(如金龟子、叶蜂幼虫和一些鳞翅目幼虫);有的钻入叶中潜食叶肉(潜叶蛾);有的吐丝缀叶、卷叶(卷叶蛾、螟蛾);有的在枝干内或果实内钻蛀危害(天牛、木蠹蛾、球果螟);有的咬断幼苗根部或啃食皮层,使幼苗萎蔫枯死(蛴螬);有的咬断幼苗根颈部后将其拖走(大蟋蟀、地老虎)。

对于具有咀嚼式口器的害虫,在进行化学防治时,可用各种胃毒剂喷洒植物被害部位,或制成毒饵使用。

(2)刺吸式口器(piercing-sucking mouthparts)

为同翅目、半翅目、蚤目和双翅目蚊类等取食植物汁液或动物体液的昆虫所具有(图 10-7)。

与咀嚼式口器相比,其主要不同点是:上颚与下颚特化成细长的口针(stylets),1 对上颚口针较粗,末端有倒刺,在下颚口针的外面,主要起穿刺作用;1 对下颚口针较细,内壁各有 2 个沟槽,并且互相嵌合形成食物道和唾液道,取食时循着唾液道将唾液注入植物组织内,经初步消化,再由食物道将植物的营养物质抽吸到体内;下唇延伸成分节的喙(proboscis),背中部有 1 条纵沟用于包藏口针,起着保护口针的作用;食窦和咽喉的一部分形成强有力有抽吸机构,即食窦唧筒。

刺吸式口器昆虫取食时,以喙接触植物表面,其上下颚口针交替刺入植物组织内,吸取植物的汁液,给植物造成病理的和生理的伤害,常使植株呈现褪色的斑点、卷曲、皱缩、枯萎或畸形;或因局部组织受刺激,使细胞增生,形成局部膨大的虫瘿。此外,许多具有刺吸式口器的昆虫还可以传播植物病毒病。

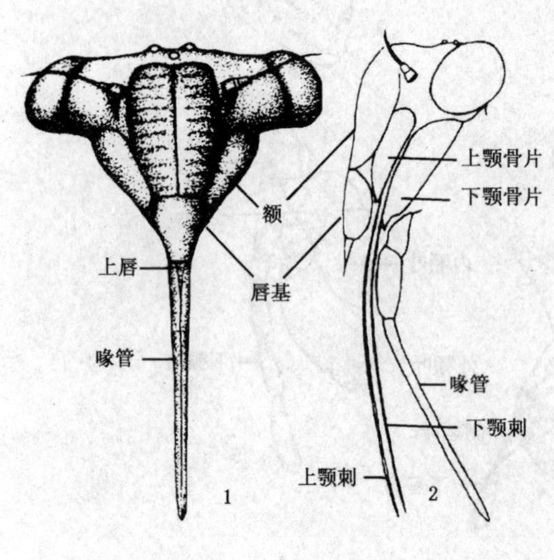

图 10-7 蝉的刺吸式口器

1. 正面观 2. 侧面观

内吸性杀虫剂是防治具有刺吸式口器害虫的一类十分有效的药剂,如吡虫啉等。

除了上述 2 种口器之外,虹吸式口器(siphoning mouthparts)为蝶蛾类成虫所特有,主要由下颚的一部分变成的能卷曲和伸展的喙构成,喙中空,为食物道,用于吸食花蜜等食物;除有片状的发达的下唇须外,口器其他部分退化。具有这类口器的昆虫,除一部分夜蛾能危害果实外,一般不造成危害。其他的口器类型还有嚼吸式口器（蜜蜂）、锉吸式口器（蓟马）、刮吸式口器（蝇蛆）、舐吸式口器（家蝇成虫）等。

了解昆虫口器的构造，在识别与防治害虫上均有很大的意义。我们可以根据口器类型判断不同被害状，同时亦可根据被害状来确定是哪一类害虫，为我们选择杀虫剂提供依据。

10.3 昆虫的胸部

胸部（thorax）是昆虫体躯的第二个体段，由3个体节组成，由前向后依次为前胸（prothorax）、中胸（mesothorax）和后胸（metathorax）。绝大多数昆虫每个胸节下侧方着生1对胸足（thoracic legs），分别称为前足（fore legs）、中足（middle legs）和后足（hind legs）。多数昆虫种类在中胸和后胸背侧方各着生1对翅（wings），分别称为前翅和后翅。前胸无翅，不受飞行机械制约，因而发生变异的可能性较大。胸部坚硬，3节连接紧密，内具发达的内骨骼和强大的肌肉，支撑足和翅的运动，所以是昆虫的运动中心。

10.3.1 胸部的基本构造

胸部的每一个胸节都是由4块骨板构成的。背面的称背板，左右两侧的称侧板，下面的称腹板。骨板的名称按其所在胸节而命名，如前胸的背板称前胸背板，中胸的背板称中胸背板等。各板又被若干沟划分成一些骨片，这些骨片又各有其名称，如中胸背板常有1块小形的骨片称为小盾片，其形状、大小常作为辨识昆虫种类的依据（图10-8）。

10.3.2 胸部的附肢

10.3.2.1 胸足的基本构造与类型

（1）胸足的基本构造

成虫的胸足一般由6节组成，节与节之间常有一两个关节相连，各节均可活动。自基部向端部依次为（图10-8）：

基节（coxa，复数coxae） 常短而粗。但螳螂等捕食性种类的前足基节却很长。

转节（trochanter） 常最短小，1节。但茧蜂等昆虫的转节为2节。

腿节（femur，复数femora） 又叫股节。长而粗，最为发达。

胫节（tibia，复数tibiae） 细而长，常具刺，端部常有距。

跗节（tarsus，复数tarsi） 通常由1～5个亚节组成，形态变化很大。跗节下方常有垫状构造，称跗垫。

前跗节（pretarsus，复数pretarsi） 为足的末端部分，常由爪、中垫、掣爪片组成，中垫有时变为爪间

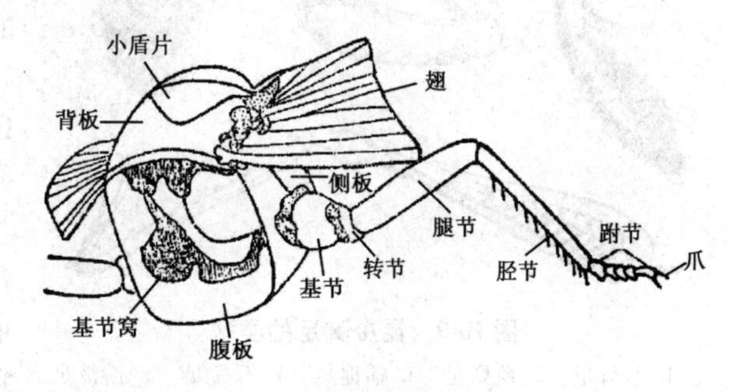

图10-8 具翅胸节和足的构造

突。用以握持和附着物体。爪的有无、形状、数目,各类昆虫间变异很大。

(2)胸足的类型

昆虫的足原本是适于行走的器官,但由于适应不同的生活环境,有些昆虫的胸足在形态和功能上发生了相应的变化。根据足的形态和功能,可以将胸足分为不同的类型。常见的类型有以下几种(图10-9):

步行足(walking legs) 为昆虫中最常见的一类足。一般较细长,无特化现象,适于行走。如步行甲的3对足。

跳跃足(jumping legs) 腿节特别发达,胫节细长,适于跳跃。如蝗虫、跳蚤的后足。

捕捉足(grasping legs) 基节延长,腿节腹面有槽,槽边有2排硬刺,胫节腹面也有2排刺。胫节弯折时,正好嵌合于腿节槽内,适于捕捉猎物。如螳螂的前足。

开掘足(digging legs) 胫节和跗节扁阔,外缘具齿,适于挖土开掘。如蝼蛄和一些金龟子的前足。

游泳足(swimming legs) 扁平似桨状,有较长的缘毛,适于划水。如龙虱的后足。

抱握足(clasping legs) 较短粗,跗节特别膨大,其上有吸盘状构造,在交配时用以抱握雌虫。如雄性龙虱的前足。

携粉足(pollen-carrying legs) 胫节宽扁,外侧凹陷,凹陷的边缘密生长毛,形成携带花粉的花粉篮。同时第一跗节特别膨大,内侧具有多排横列的刺毛,形成花粉刷,用以梳集花粉。如蜜蜂的后足。

攀握足(clinging legs) 又叫攀登足。各节较短粗,胫节端部具1指状突起,与跗节及呈弯爪状的前跗节构成一个钳状构造,能牢牢夹住人、畜的毛发等。如虱类的足。

了解胸足的基本构造和类型,可用以识别昆虫种类及推断其栖息环境和生活习性,为害虫的防治和益虫的利用提供参考。

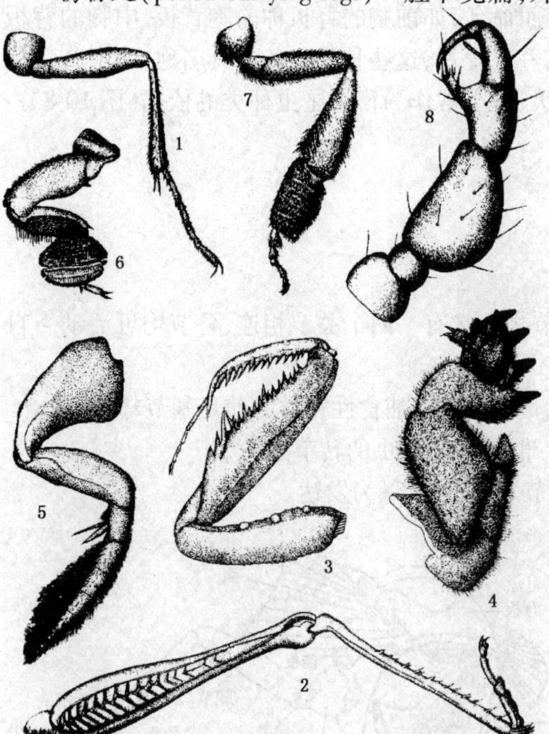

图10-9 昆虫胸足的类型

1. 步行足 2. 跳跃足 3. 捕捉足 4. 开掘足 5. 游泳足 6. 抱握足 7. 携粉足 8. 攀握足

10.3.2.2 翅的基本构造与类型

昆虫是惟一具翅的无脊椎动物。与鸟类不同,昆虫的翅是由胸部的侧背叶延伸演化而来。翅的获得,使昆虫大大地扩展了自身的活动范围,对它们的觅食、求偶和避敌等生命活动十分有利,增强了昆虫的生存竞争能力,对昆虫纲成为动物界中最繁荣的类群起到了极其重要的作用。

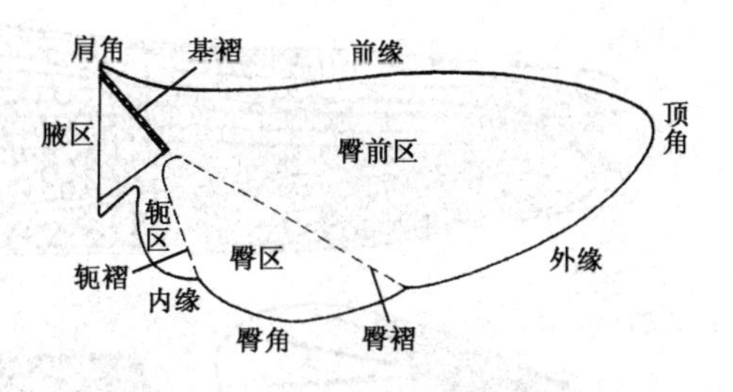

图 10-10 昆虫翅的基本结构

(1) 翅的分区

翅一般呈三角形,它的边和角都有一定的名称,前面一边称前缘,后面一边称后缘或内缘,两者之间的一边称外缘。前缘与外缘之间的角称顶角,前缘与胸部之间的角称肩角或基角,外缘与后缘之间的角为臀角。翅面还可分为若干区,如臀前区、臀区、腋区、轭区等(图 10-10)。

(2) 翅脉和翅室

翅一般为膜质,翅面在留有气管的部位加厚,形成明显的脉纹,称翅脉(veins)。翅面被翅脉划分成的小区,称为翅室(cells)。翅脉在翅面上的排列方式称作脉序或脉相(venation)。不同种类的昆虫具有独特而稳定的脉序形式,因此脉序是鉴别各类昆虫的重要依据。翅脉有纵脉和横脉之分,纵脉是由翅基部伸到边缘的脉;横脉是横列在纵脉间的短脉。

为了便于研究比较,人们对现代昆虫和化石昆虫的翅脉加以分析、比较和归纳,提出了假想原始脉序,并将各条翅脉给予命名,形成了昆虫的模式脉序图(图 10-11),作为一个标准,供人们在研究当代各种昆虫脉序时应用。

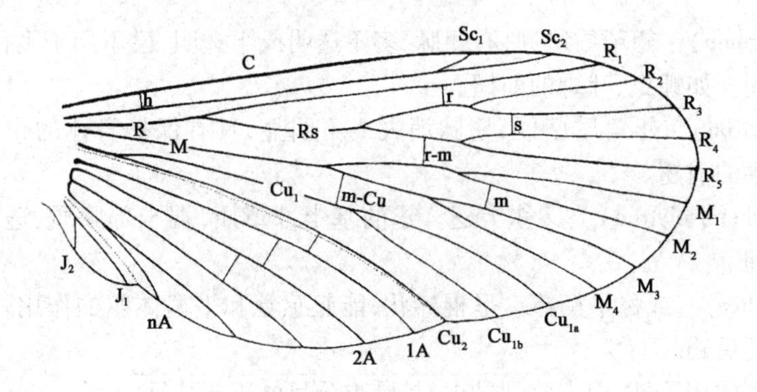

图 10-11 昆虫模式脉序图

C. 前缘脉 Sc. 亚前缘脉 R. 径脉 M. 中脉
Cu. 肘脉 A. 臀脉 J. 轭脉 h. 肩横脉 r. 径横脉
s. 分横脉 r-m. 径中横脉 m. 中横脉 m-Cu. 中肘横脉

(3) 翅的类型

根据翅的形状、质地和功能,可将昆虫的翅分为不同的类型,常见的类型有以下几种(图 10-12):

膜翅(membranous wing) 翅膜质,薄而透明,翅脉明显。如蜂、蜻蜓、蝇类的前翅,甲虫的后翅等。

鳞翅(lepidotic wing) 翅膜质,但翅面上密被鳞片,外观多不透明。如蝶、蛾类的翅。

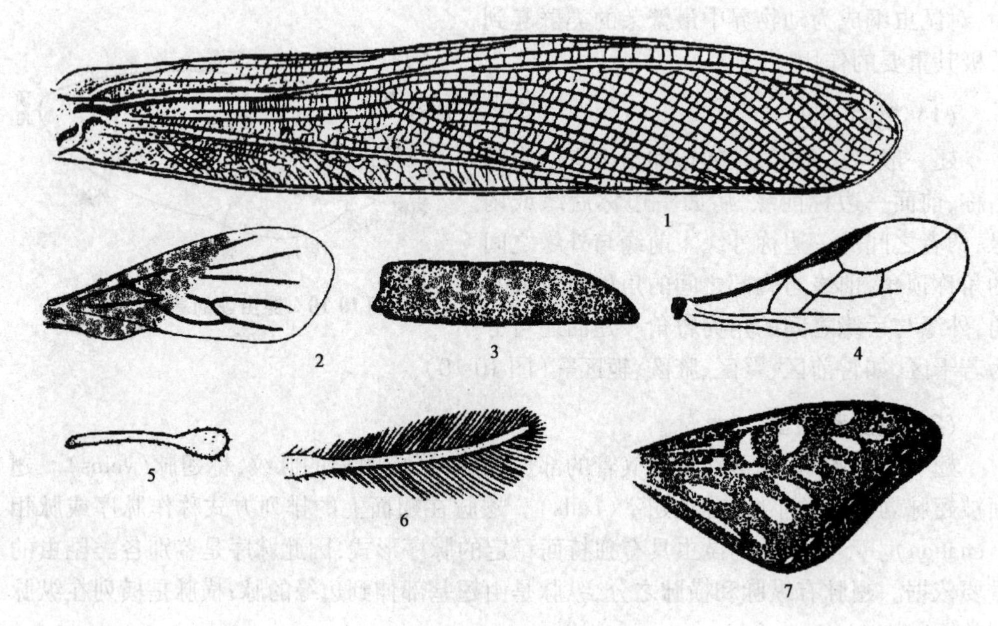

图 10-12　昆虫翅的类型

1. 覆翅　2. 半鞘翅　3. 鞘翅　4. 膜翅　5. 棒翅　6. 缨翅　7. 鳞翅

缨翅(fringed wing)　翅膜质狭长,边缘着生很多细长的缨毛,翅脉退化。如蓟马的翅。

覆翅(tegmen)　翅革质坚韧,有翅脉,多不透明或半透明,已不用于飞行,主要起保护后翅的作用。如蝗虫、叶蝉的前翅。

鞘翅(elytron)　翅角质坚硬,翅脉消失或不明显,具有保护身体的作用。如金龟子、叶甲、天牛的前翅。

半鞘翅(hemi-elytron)　又称半翅。翅的基半部革质,端半部膜质、透明,有翅脉。如蝽类的前翅。

棒翅(halter)　或称平衡棒。呈棍棒状,能起感觉和平衡体躯的作用。如蚊、蝇和雄性介壳虫的后翅。

不同类型的翅,可以用来鉴别昆虫,是昆虫分目的重要特征。

(4) 翅的连锁

那些前翅发达,并以前翅为主要飞翔器官的昆虫,在飞翔时,为了协调前后翅的飞行动作,产生了翅的连锁机构(wing-coupling apparatus)(图 10-13),主要有以下几种:

翅钩型　后翅前缘的一排小钩,钩在前翅后缘向下的卷褶中。如一些蜂类。

翅缰型　后翅前缘基部有 1 根(雄蛾)或数根(雌蛾)硬刚毛,称为翅缰,飞翔中伸在前翅反面一定部位的一丛毛或鳞片所形成的翅缰钩内,将前后翅连接在一起。如大多数蛾类。

翅抱型　蝶类和一些蛾类如枯叶蛾、天蚕蛾等,后翅肩角膨大,在飞行时伸到前翅下面,使前后翅连结起来,这种连锁结构称翅抱或贴接连锁。

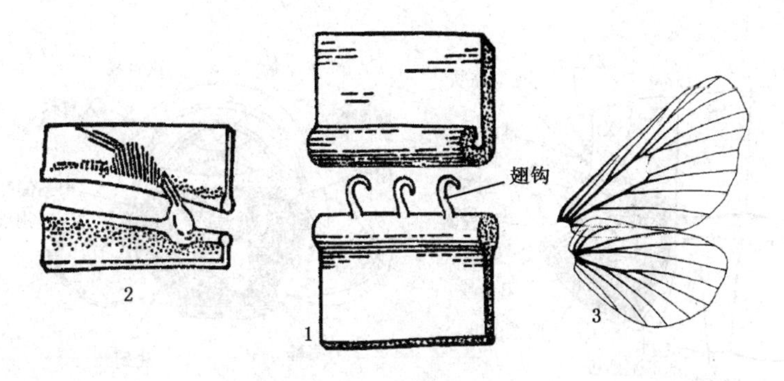

图 10-13　翅的连锁方式

1. 后翅的翅钩和前翅的卷褶　2. 翅缰和翅缰钩(反面)　3. 翅抱(反面)

10.4　昆虫的腹部

腹部(abdomen)是昆虫体躯的第三体段,通常由 9～11 节构成,节与节之间以节间膜相连。腹部内部有消化、排泄、呼吸、生殖等系统的大部分内脏器官,因而是昆虫新陈代谢和生殖的中心。

10.4.1　腹部的基本构造

腹节具背板和腹板,两侧均为膜质。由于背板下延,侧面的膜质部分常被盖住而看不见,相邻的 2 个腹节常相互套叠。节与节之间及背板与腹板之间有膜相连,所以腹部有较大的伸缩能力,有助于昆虫的呼吸、交配、产卵和释放性信息素等活动。在第 1～8 腹节两侧常各有气门 1 对。

10.4.2　腹部的附肢

腹部的末端着生外生殖器(genitalia),是昆虫用以交配、产卵的构造。有些昆虫在腹部末端着生 1 对尾须。鳞翅目和膜翅目叶蜂类的幼虫,腹部还具有腹足。

10.4.2.1　尾须

尾须(cerci)是着生于腹部第 11 节两侧的 1 对须状物,形态、构造变化很大。如蝗虫的尾须短刺状,小而不分节;蜉蝣、衣鱼的尾须很长,细且分多节。尾须上通常生有很多感觉毛,具有感觉的作用。

10.4.2.2　雄性外生殖器

雄性外生殖器官称交配器(copulatory organ),主要包括阳具和抱握器两部分。阳具起源于第 9 腹节后的节间膜,包括阳茎和一些辅助构造。阳茎包藏于由第 9 腹节后面的节间膜内陷而成的生殖腔内,交尾时伸出,射精孔(生殖孔)开口于其末端。抱握器为第 9 腹节附肢特化而成,形状多变,平时多缩入体内。不同种类的昆虫其雄性外生

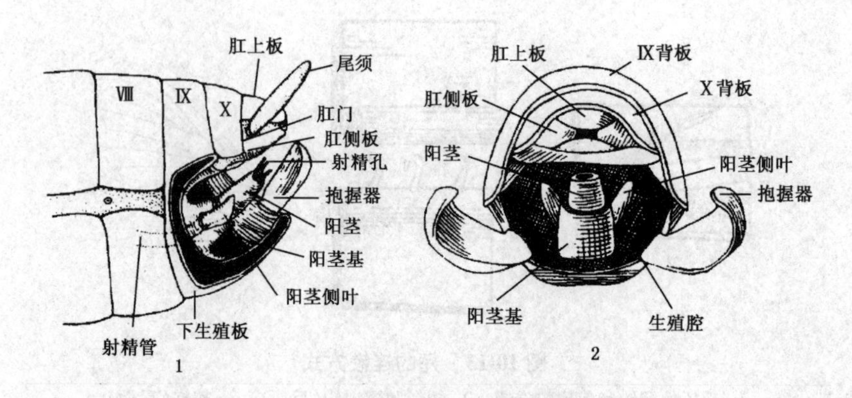

图 10-14　雄性外生殖器的基本构造

1. 侧面观　2. 后面观

殖器变异很大,而在同种个体间很稳定,因而是不少昆虫重要的分类特征(图 10-14)。

10.4.2.3　雌性外生殖器

雌虫的外生殖器官统称产卵器(ovipositor),着生于腹部第 8、9 节的腹面,一般由 3 对产卵瓣组成,第 8 腹节的称腹产卵瓣,第 9 腹节的称内产卵瓣和背产卵瓣。生殖孔开口于第 8、9 腹节之间的腹面(图 10-15)。

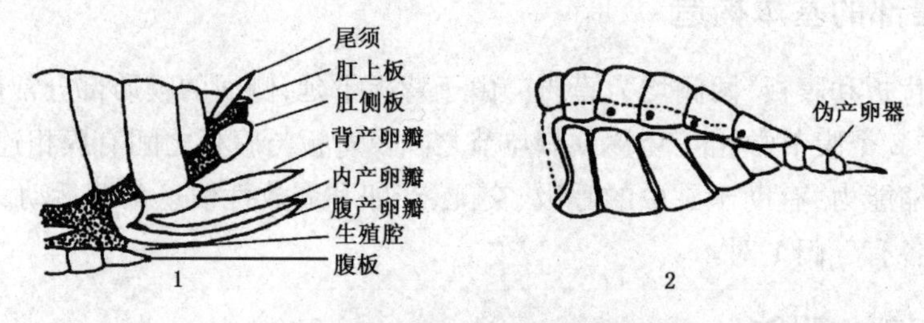

图 10-15　雌性外生殖器的构造

1. 雌虫产卵器　2. 雌天牛的伪产卵器

不同的昆虫种类,由于产卵环境与习性的不同,产卵器也发生了相应的变化。根据产卵器的形状和构造,可以了解害虫的产卵方式和产卵习性,从而采取针对性的防治措施。如用产卵器插入植物组织内产卵的昆虫,其产卵瓣往往呈锯齿状或刀状,产卵时将枝叶皮层刺伤,如蝉、木虱等。有些昆虫,如蝶、蛾、蝇类和甲虫,它们的腹部末端几节逐渐变细,互相套叠,形成能够伸缩的伪产卵器,它们只能把卵产在物体表面、裂缝和凹陷的地方。胡蜂、蜜蜂等昆虫,产卵器特化成能注射毒液的螫针,用于猎取食物和防御。

10.5　昆虫的体壁

体壁是昆虫身体最外层的组织,具有皮肤和骨骼两种功能,又称外骨骼,它既能保护内脏,防止失水和外物的侵入,又供肌肉和各种感觉器官着生,保证昆虫的正常生活。

10.5.1 体壁的构造和性能

体壁由底膜、皮细胞层和表皮层3部分组成(图10-16)。

底膜(basement membrane) 为紧贴于皮细胞层下的一层薄膜,由血细胞分泌的无定形颗粒所组成,起着将表皮细胞与血腔分隔开的作用。

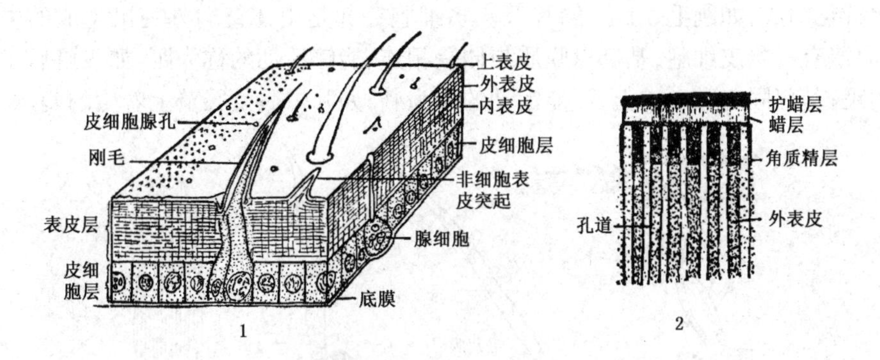

图10-16 昆虫体壁的构造

1. 体壁的纵切面 2. 上表皮的纵切面

皮细胞层(epidermis) 是圆柱形或立方形的单层细胞组织。其中有些细胞特化成腺体、鳞片、刚毛及感受细胞等。

表皮层(cuticula) 是由皮细胞层向外分泌而成的非细胞性组织,结构复杂,由内向外大致可分为3层,即内表皮、外表皮和上表皮,其间贯穿有许多细微的孔道。内表皮是表皮层最厚的一层,质地柔软而富延展性,主要含有蛋白质和几丁质,几丁质是节肢动物表皮的特征性成分;外表皮是由内表皮的外层硬化而来,坚硬,主要化学成分是几丁质、骨蛋白和脂类等;上表皮是表皮的最外层,也是最薄的一层,一般由内向外可分为角质精层、蜡层和护蜡层。有的在角质精层和蜡层间还有多元酚层。由于蜡层分子作紧密的定向排列,可以防止水分外逸和内渗,构成体壁的不透性。角质精层质硬而有色,主要成分是脂腈素。多元酚层的主要成分是多元酚。护蜡层在蜡层之外,极薄,含有拟脂类和蜡质,有保护蜡层的作用。

昆虫的体壁具有3种主要特性:延展性、坚硬性和不透性。前2个特性构成了既坚硬而又轻便的外骨骼,以提高对环境的适应性。不透性在昆虫演化中的作用亦很重要,它使昆虫有可能从水生生活向陆地上发展,并保证它们成功地生活在陆地上。同时能阻止病原微生物和杀虫剂的侵入。因此,在化学防治中,如何破坏体壁的理化性状以利于杀虫剂的渗入,就成为一个极重要的问题。不少试验证明,在杀虫剂中加入对脂肪及蜡层有溶解作用的溶剂,或在粉剂中选用对蜡层有破坏作用的惰性粉作为填充剂,都能破坏体壁的不透性,从而提高药剂的杀虫效果。

10.5.2 体壁的衍生物

昆虫由于适应各种特殊需要,体壁常向外突出形成各种外长物,或向内陷入形成内骨骼和各种腺体。

10.5.2.1 体壁的外长物

体壁的外长物(图10-17)按其构造特点可分为非细胞性的和细胞性的两大类。非细胞性突起全由表皮层向外突出所形成,没有皮细胞的参与,如棘和小疣等。细胞性突起则有皮细胞的参与形成,又可分为单细胞的和多细胞的两种。单细胞突起是由1个皮细胞特化而成,如刚毛、毒毛、鳞片等。多细胞突起是由体壁向外突出生成的中空刺状物,内壁有一层皮细胞,基部以膜质与体壁相连、能够活动的称为距,如飞虱后足胫节末端的距;基部固定在表皮上、不能活动的称为刺,如叶蝉后足胫节上着生的刺。

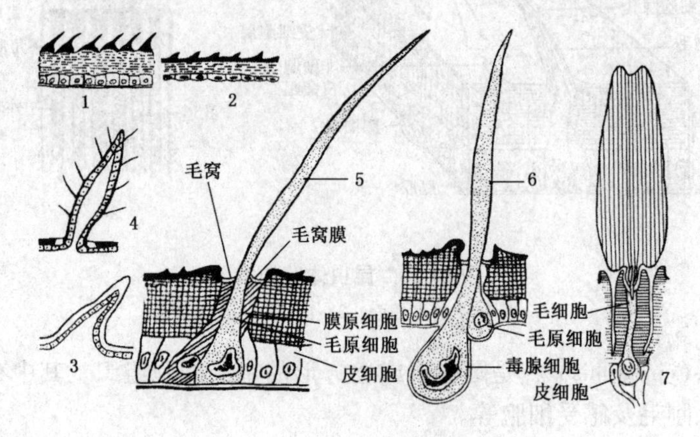

图10-17 昆虫体壁的外长物

1、2. 非细胞表皮突起 3. 刺 4. 距 5. 刚毛 6. 毒毛 7. 鳞片

10.5.2.2 体壁的内陷物

体壁常内陷形成各种内脊、内突和内骨,用于增加体壁的强度和肌肉的着生面积。此外,皮细胞层在某些特定的部位由1个或多个细胞特化成各种腺体,如唾腺、蜡腺、胶腺、性引诱腺等。这些腺体的分泌物不仅为昆虫生活所必需,而且有些是人类重要的工业原料。一些昆虫具有毒腺和臭腺,用来攻击和排攘外敌。有些昆虫腺体分泌各种激素。目前一些性引诱腺分泌物(即性信息素)的结构已搞清,并可人工合成,已广泛应用于害虫监测和防治中。

10.5.3 体壁的色彩

由于外界的光波与昆虫的体壁相互作用的结果,使昆虫的体壁通常具有不同的颜色和花纹。根据体色的性质可分为以下3种。

色素色(pigmentary color) 又称化学色。它是由于某种色素存在于体壁中或皮下组织内所产生的颜色。如许多黑色或褐色的昆虫,是由于外表皮内存在有黑色素;白粉蝶和黄粉蝶的白色和黄色是由于尿酸盐色素的存在;而许多幼虫的绿色,则是由于体内存在有吞入植物的叶绿素和花青素所致。色素大部分是代谢的产物或副产物,一般存在于皮细胞或脂肪细胞以及血液内,随着昆虫死亡,有机体腐败而色素也就消失。色素在体壁内的分布是有一定位置的,而且形成一定的图形,这在蛾蝶类的翅上表现得极为明显,因此常可以此来鉴定昆虫类别。色素可经漂白或热水处理而消失。

结构色(structural color)　又称物理色。这是由于昆虫体壁上有极薄的蜡层、刻点、沟缝或鳞片等细微结构,使光波发生折射、反射或干扰而产生的各种颜色。如甲虫体壁表面的金属光泽和闪亮等,是永久不褪的,也不能为化学药品或热水处理而消失。

结合色(combination color)　又称合成色。它是由色素色和结构色相混合而成。昆虫的体色大都属于此类。

10.6 昆虫的内部器官

昆虫的内部器官位于体壁所包成的体腔内。昆虫没有像高等动物一样的血管,血液充塞于体腔里,所以昆虫的体腔又叫血腔,各个器官系统都浸浴在血液中。

10.6.1 内部器官的位置

昆虫整个体腔由两层隔膜分隔成3个血窦,即背血窦、围脏窦和腹血窦(图10-18)。

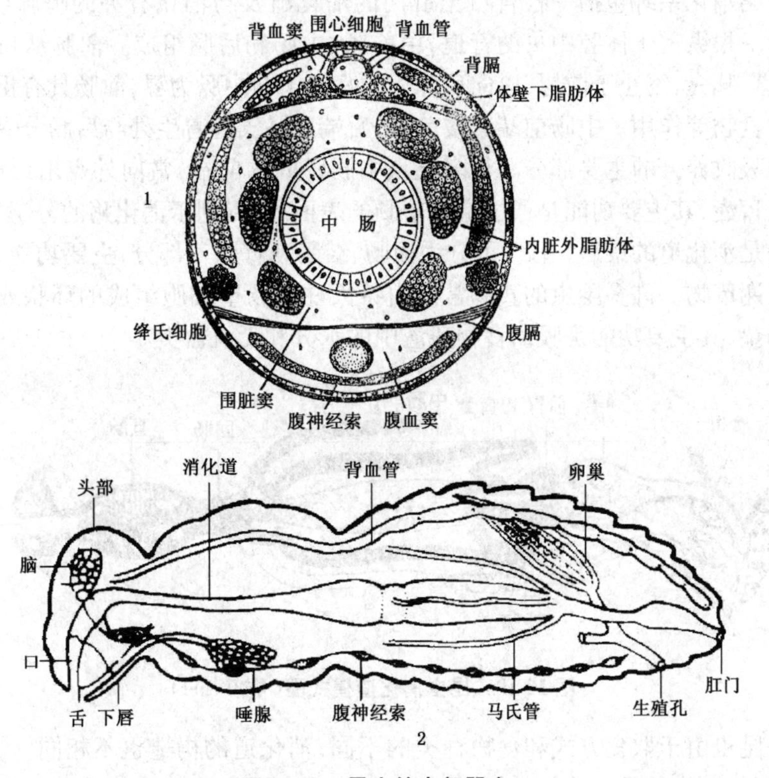

图10-18 昆虫的内部器官

1. 昆虫体躯的横切面　2. 昆虫体躯的纵切面

背隔膜着生在腹部(有时也在胸部)背板两侧,与背板一起围成背血窦,由心脏和大动脉构成的背血管纵贯其中;腹隔膜着生于腹板两侧,与腹板一起围成腹血窦,昆虫的中枢神经系统纵贯其中。背膈与腹膈之间的体腔最大,消化、排泄、生殖等器官系统纵贯其中,成为围脏窦。昆虫的体腔中央有消化道通过,与消化道相连的还有专司排泄的马氏管;消化道上方是主要的循环器官,即背血管;消化道下方是腹神经索。呼吸系统的侧纵干在身体两侧,以气门气管与身体两侧的气门相连,并有许多支气管和微气管分布在整个体腔内;生殖器官中的卵巢或睾丸在腹部消化道的背侧面,由1对生殖管(输卵管或输精管)伸到消化道腹面,合并成一个公共管道,以生殖孔开口于体外。此外,昆虫的体壁内方和内脏器官上着生许多肌肉,构成肌肉系统,专司昆虫的运动和内脏活动。

10.6.2 主要内部器官及功能

10.6.2.1 消化系统

昆虫的消化系统包括一根自口至肛门的消化道及与消化有关的唾腺(图10-19)。消化道是一根纵贯于体腔中央的管道,由前肠、中肠和后肠组成。前肠从口开始,经由咽喉、食道、嗉囊,终止于前胃,以向后伸入的贲门瓣与中肠为界,前肠具有摄食、磨碎和暂时贮存食物等作用。中肠前端紧接前胃,后端以马氏管着生处与后肠分界,是昆虫消化食物和吸收养分的主要部分。很多昆虫中肠肠壁的前端,常向外突出形成囊状的构造称作胃盲囊,其主要功能是通过增加中肠的表面积,以利于消化酶的分泌和养分的吸收。后肠是消化道的最后一段,可分为回肠、结肠和直肠三部分,主要功能是排除食物残渣和代谢废物。许多昆虫的直肠常有由特大柱状肠壁细胞组成的环状或垫状突起,称为直肠垫,其主要功能是吸回食物残渣中的水分和无机盐类。

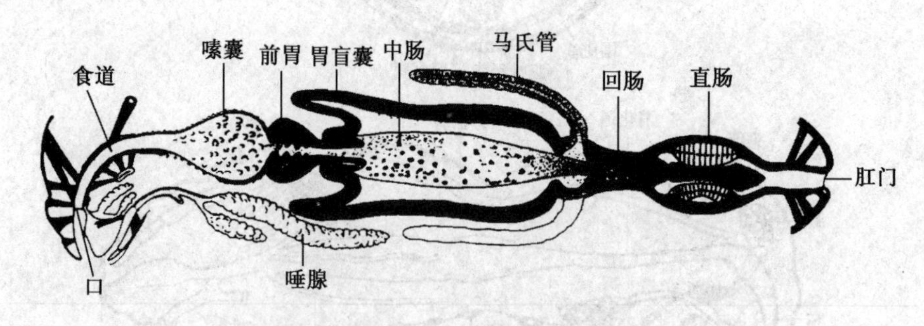

图10-19 昆虫消化道模式图(仿Weber)

各种昆虫由于取食方式和食物种类的不同,消化道的构造也不相同。一般咀嚼式口器,吃固体食物的昆虫消化道较为粗短,吸收式口器的昆虫其消化道比较细长,常形成一些特殊的结构,如滤室等。

中肠是昆虫主要的消化场所，不同昆虫种类的中肠液里常有各自稳定的酸碱度，一般在 pH 6～8 的范围内。胃毒剂对昆虫的杀伤作用与中肠液的 pH 值密切相关，碱性的农药对中肠液呈酸性的甲虫杀伤力大，而酸性农药对中肠液呈碱性的蝶蛾类幼虫杀伤力大。苏云金杆菌、杀螟杆菌、青虫菌使昆虫中毒的主要原因是这类细菌在碱性中肠液里，能释放有毒蛋白质——伴孢晶体，破坏昆虫中肠细胞，引起细菌进入血腔，导致昆虫产生败血症而死亡。

唾腺（salivary gland）是开口于口腔中的多细胞腺体，主要功能是分泌含有消化酶的唾液，用于润滑口器和溶解食物。

10.6.2.2 排泄系统

昆虫的排泄器官主要是马氏管（malpighian tube）。马氏管是许多细管子，游离在体腔内，基部开口于中肠与后肠连接处，末端封闭。其主要功能是吸收血液中的废物，经后肠排出体外。各种昆虫马氏管数目不一，如介壳虫只有 2 条，半翅目及双翅目的昆虫多为 4 条，鳞翅目大多为 6 条。

此外，在昆虫体内还有一些能将废物积聚起来的器官，如围心细胞和脂肪体内的尿盐细胞，也具有排泄作用。

10.6.2.3 呼吸系统

昆虫是靠气管系统进行呼吸的，也就是说，呼吸过程中的气体交换是由气管直接进行的，而不像高等动物那样，必须通过血液来传递。气管系统包括在体内作一定排列的管状气管，以及由这些气管分入各组织的微气管和气管在身体两侧的开口——气门（图 10-20）。此外，还包括由气管局部膨大而成的气囊等组织结构。气管是富有弹性的管道，有主干和分支，由粗到细，一再分支，当分支直径 2～5μm 时，便伸入到一个掌状细胞内，然后又分成直径 1μm 以下末端封闭的微气管。气门是气管在体壁上的开口，位于身体的两侧，一般 9～10 对。气门内具有开闭机构，通过控制气门的开闭，调节气流和水分的蒸发。

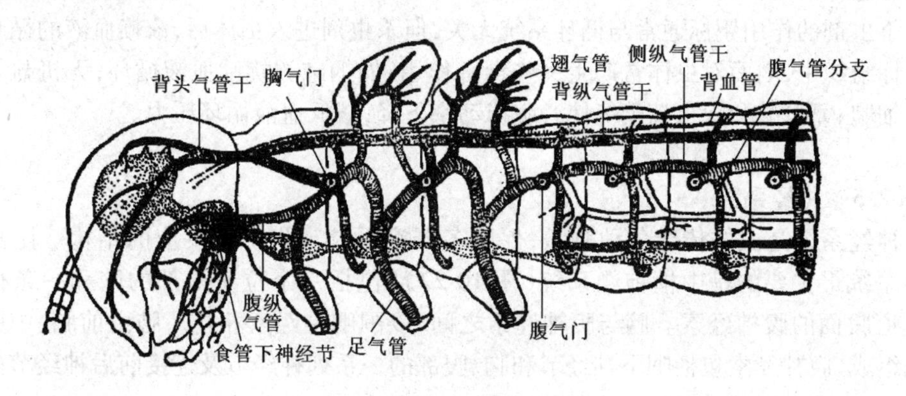

图 10-20 昆虫气管系统模式图

昆虫的呼吸主要是靠空气的扩散作用,其次是体壁有节奏的扩张和收缩引起的通风作用,使体内各组织直接吸取空气中的氧气和排出新陈代谢产生的二氧化碳。当空气中含有一定浓度的有毒气体时,毒气同样可随空气进入虫体,使其中毒而死,这就是熏蒸剂的作用机理。同时昆虫的气门是疏水性的,水滴本身的表面张力又较大,因此水滴不易进入气门,而油类制剂就比较容易渗入,油乳剂除能直接穿透体壁外,还能由气门进入虫体。肥皂水、面糊水等,能堵塞气门,使昆虫窒息而死。此外,杀虫剂通过影响控制呼吸运动的神经传导或呼吸的酶系活性,可使呼吸亢进或抑制。

10.6.2.4 循环系统

昆虫的循环器官称为背血管,分为两部分,前部是一根简单的管子,称为大动脉,后部是心脏。心脏通常分为8~12个心室。心脏、背膈和腹膈的运动,使血液在体腔内做定向的循环。由于它与高等动物的血液在血管内运行的情况完全不同,所以昆虫的循环方式又称为开放式循环。其功能是借助血液在体腔中的循环,将营养物质输送到各部分组织中去,并将废物带到排泄器官,排出体外(图10-21)。

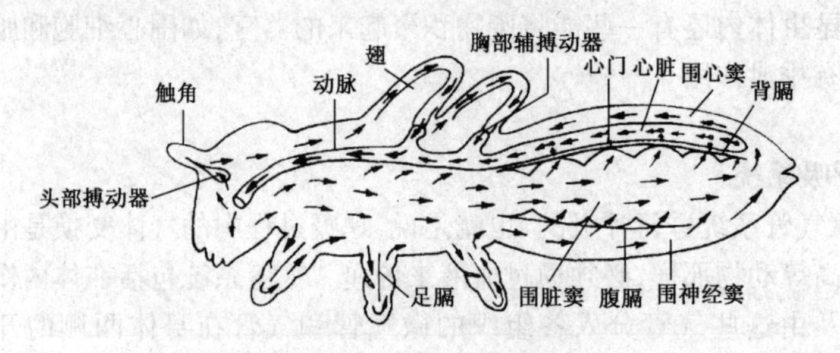

图10-21 昆虫的血液循环,具完全发育的搏动器

昆虫的血液(体液)包括血浆(血淋巴)和血细胞(无红细胞),除了运送养料及废物外,还具有吞噬作用、愈伤作用,可调节体内水分含量、传送压力,以助孵化、脱皮、羽化、展翅等生命活动。

杀虫剂的作用靶标通常与循环系统无关,但杀虫剂进入虫体后,依赖血液的循环到达目标组织中,因而对虫体常产生一些毒害作用,如烟碱类扰乱血液循环;无机盐类破坏血细胞;氰氢酸和除虫菊酯等使心脏搏动率下降,减低血液循环压力。

10.6.2.5 神经系统

神经系统是虫体传导各种刺激、保障各器官系统产生协调反应的结构。昆虫的神经系统最主要的是中枢神经系统(图10-22),包括一个位于头部的脑和一条位于消化道腹面的腹神经索。脑与腹神经索之间,以围咽神经索相连。脑由前脑、中脑和后脑组成,腹神经索包括咽下神经节和胸、腹部的一系列神经节及连接前后神经节的神经索。

神经系统的基本单元是神经原(图10-23)。神经原包括1个神经细胞和其生出的神经纤维。神经原按其功能可分为感觉神经原、运动神经原和联络神经原。神经节是神经细胞和神经纤维的集合体。

昆虫对外界的刺激,首先由感觉器接收,经感觉神经纤维将兴奋传导到中枢神经系统,再由运动神经纤维传导至反应器(肌肉或腺体)做出反应。

神经冲动的传导依靠乙酰胆碱的释放与分解而实现。目前用来防治害虫的大多数农药均为神经毒剂,如有机磷及氨基甲酸酯类杀虫剂的致毒作用就是因为抑制了胆碱酯酶的作用,使乙酰胆碱不能水解消失,神经长期过度兴奋,导致虫体过度疲劳而死亡。拟除虫菊酯类杀虫剂作用于神经纤维膜,改变膜的离子通透性,使中毒昆虫高度兴奋或产生痉挛,并进入麻痹状态。

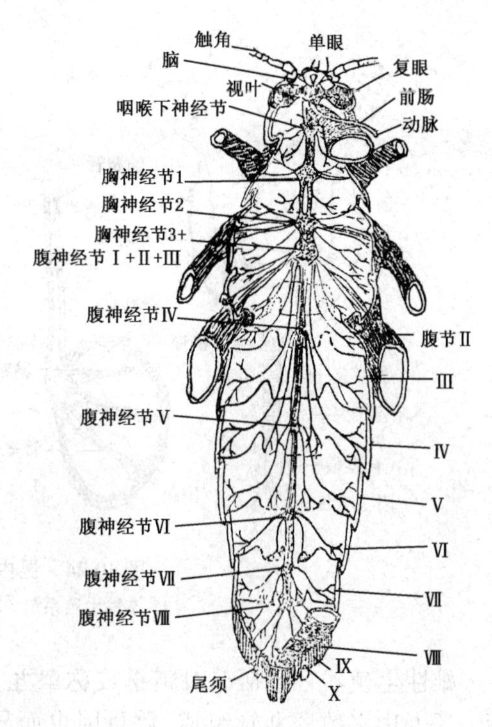

图 10-22　蝗虫的中枢神经系统

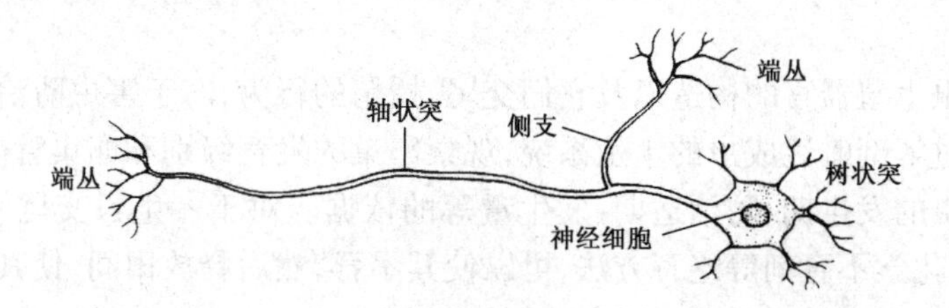

图 10-23　神经原模式图

10.6.2.6　生殖系统

生殖系统是昆虫用于产生卵子或精子,进行交配、繁殖后代的器官,位于腹部末端消化道两侧或背侧面,雌虫的开口位于腹部第8或第9节腹板后方,雄性的开口位于第9节腹板(图10-24)。

雌性生殖器官包括1对卵巢、1对侧输卵管以及由体壁内陷而成的中输卵管和生殖腔。卵巢由若干卵巢管构成,卵巢管是卵子生成的地方。卵巢管端部有一端丝,端丝集合成悬带,附着在体壁、背隔等处,以固定卵巢的位置。侧输卵管与卵巢相接,2个侧输卵管汇合成中输卵管,开口为生殖孔,再外即为生殖腔(或阴道)。生殖腔的开口,就是雌性的生殖孔或阴门。生殖腔的背面,有1对生殖附腺及1个受精囊。生殖附腺分泌黏性物质,将卵附在物体上或将卵粘在一起形成卵块;受精囊用以贮存精子。受精囊上常附有受精囊腺,其分泌物能保存精子的活力。

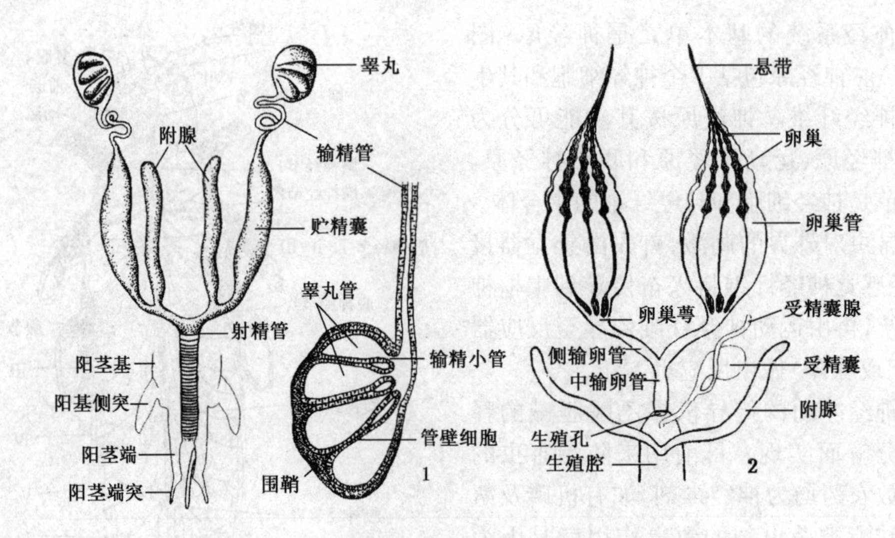

图 10-24 昆虫的生殖系统

1. 雄性生殖系统 2. 雌性生殖系统

雄性生殖器官包括1对精巢或称睾丸、1对输精管以及由体壁内陷而成的射精管。睾丸由多数睾丸管组成，数目因虫而异，是生成精子的地方。输精管与睾丸相通，基部往往膨大成贮精囊，是精子的贮存处。贮精囊末端与生殖附腺开口相通而合成统一的开口，汇合通入射精管。射精管是由第9腹节腹板后的体壁内陷而成，开口于阳茎端部。

研究昆虫生殖器官的构造以及它们交尾、授精的行为，对于害虫防治有着极其重要的作用。通过解剖雌性成虫的生殖系统，观察卵巢的发育级别和卵巢管内卵的数目，可作为预测害虫的发生期、防治适期、发生量等的依据。对于一生只交尾一次的昆虫，采用辐射不育、化学不育剂等绝育方法，可以使其不育，然后释放田间，使其与正常的个体交尾，便可造成害虫种群数量不断下降，甚至灭亡。

复习思考题

1. 昆虫纲的特征主要有哪些？与其他节肢动物的主要区别是什么？
2. 简述昆虫触角的基本构造及类型。
3. 比较咀嚼式口器与刺吸式口器构造上的特点，分析其危害症状以及施用药剂进行防治的不同之处。
4. 简述昆虫足的构造及类型。
5. 简述昆虫翅的构造和类型。
6. 试述昆虫体壁的构造和功能，以及它在害虫防治上有何意义？
7. 昆虫内部器官主要有哪些？各自的功能如何？

推荐阅读书目

昆虫学通论(上、下册)(第2版). 北京农业大学. 中国农业出版社,1999.
普通昆虫学(第2版). 彩万志,庞雄飞,花保祯,等. 中国农业大学出版社,2011.

第 11 章

昆虫的生物学

[本章提要] 昆虫生物学是害虫防治和益虫利用的前提和基础。本章介绍了昆虫的生殖方式、个体发育过程中各个虫态的生命特征、世代和生活史,以及昆虫的一些重要的习性和行为等。

昆虫的生物学是研究昆虫个体发育史的一门科学,包括昆虫从生殖、胚胎发育、胚后发育直至成虫各个阶段的生命特征。生物学特性是昆虫物种的特性之一,研究它,可为进行昆虫的分类以及演化规律的探讨提供重要的理论价值;可发现昆虫发生过程中的薄弱环节,或找出保护及人工繁育的途径,因而对害虫的治理与益虫的保护利用等具有十分重要的意义。

11.1 昆虫的生殖方式

绝大多数昆虫为雌雄异体,主要进行两性生殖,但也存在着其他特殊的生殖方式。现简述如下。

11.1.1 两性生殖

两性生殖(sexual reproduction)是最普遍和最常见的一种生殖方式。这种生殖方式需要经过雌雄交配,雄性个体产生的精子与雌性个体产生的卵结合(即受精)后,才能发育成新的个体。许多种类的昆虫未经交配就不产卵,即使产卵,卵也不能发育。

11.1.2 孤雌生殖

孤雌生殖(parthenogenesis)是指雌虫产生的卵可以不经过受精作用发育成新个体的生殖方式。又可分为 3 种类型:①偶发性的孤雌生殖(sporadic parthenogenesis),即在正常情况下进行两性生殖,但偶尔可能出现未受精卵发育成新个体的现象。如家蚕。②经常性的孤雌生殖(constant parthenogenesis),例如膜翅目昆虫(如蜜蜂)中,未经交配或没有受精的卵,发育为雄虫,受精卵发育为雌虫。还有一些昆虫如介壳虫、粉虱、蓟马、袋蛾、叶蜂、小蜂等,在自然情况下雄虫极少,有的甚至还没有发现过雄虫,所以经常进行孤雌生殖。③周期性的孤雌生殖(cyclical parthenogenesis),如一些蚜虫的生殖方式有季节性的变化,秋末随着气候变冷,产生雄蚜,进行雌雄交配,产生受精卵越冬;而从春季到秋季连续十余代都以孤雌生殖繁殖后代,在这段时期几乎没有雄蚜。这种孤雌生殖和两性生殖随季节的变化而交替进行的现象,又称为异态(世代)交替(heterogeny)。

孤雌生殖对昆虫的广泛分布起着重要作用,是昆虫对付恶劣环境和扩大分布的有利适应。

11.1.3 卵胎生和幼体生殖

卵胎生(ovoviviparity)是指某些昆虫可以从母体直接产生出幼体的生殖方式。该类昆虫在胚胎发育中所需要的营养仍然由卵供应,不需要母体另外供给营养,而胚胎发育在母体内完成,幼虫或若虫在母体内孵化,孵化后不久即从母体内产出,如梨圆盾蚧等。

另有少数昆虫在母体未达到成虫阶段,还处于幼虫期时就进行生殖,称为幼体生殖(paedogenesis)。这是一种特殊的、稀有的生殖方式。凡进行幼体生殖的昆虫,产出的不是卵,而是幼虫,故幼体生殖可以认为是胎生的一种形式。在双翅目瘿蚊科和鞘翅目中的部分种类可进行幼体生殖。

11.2 昆虫的生长、发育和变态

昆虫的个体发育(ontogenesis)大体上可分为胚胎发育(embryonic development)和胚后发育(postembryonic development)2 个阶段,伴随着生长发育出现了不同类型的变态现象。

11.2.1 胚胎发育阶段

从卵核开始分裂到孵化为幼体为止,称为昆虫的胚胎发育阶段。它是昆虫个体发育的第一阶段。

11.2.1.1 卵的构造

昆虫的卵(egg)是一个大型细胞,由卵壳、原生质、卵黄及卵核等构成。细胞壁即卵壳,卵壳下为一层很薄的卵黄膜,包藏着原生质及细胞核等(图 11-1)。在卵壳上具有 1 个或几个微小的受精孔,受精时精子由此进入卵内。成熟的卵核与精子结合,成为合核。然后合核又从卵的边缘向卵中央移动,并开始分裂,胚胎发育从此开始。

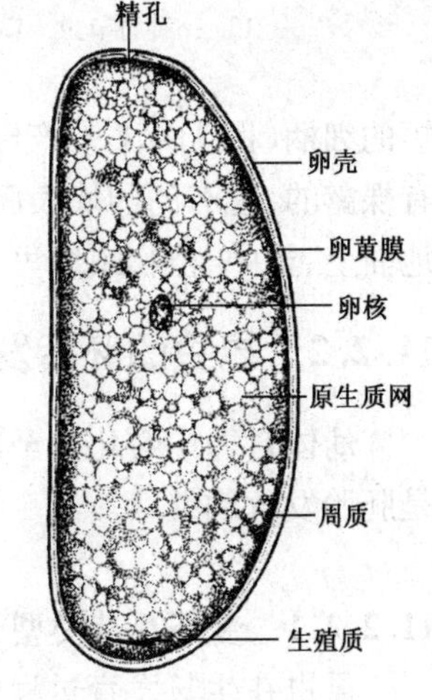

图 11-1 昆虫卵的构造

11.2.1.2 卵的类型及昆虫的产卵方式

昆虫的卵在外形上有很多变异,通常为长圆形、肾形,有的呈半球形、桶形、瓶形、纺锤形、球形,有的具有或长或

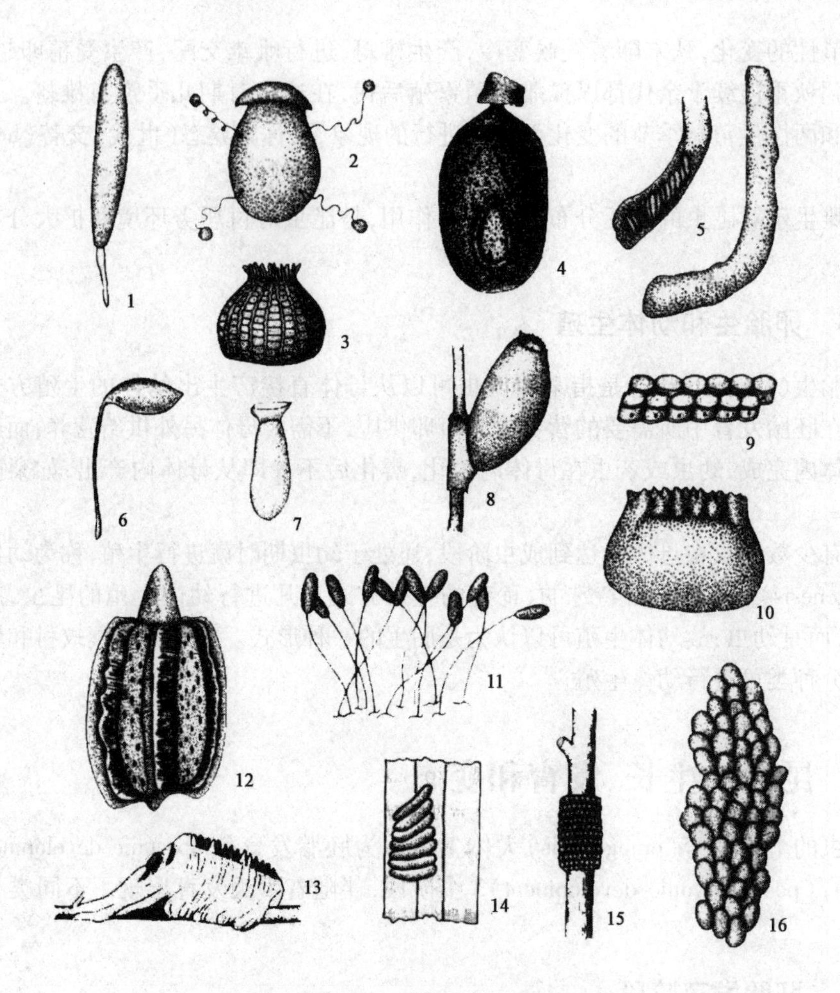

图 11-2 昆虫卵的类型

1. 高粱瘿蚊 2. 一种蜉蝣 3. 鼎点金刚钻 4. 一种竹节虫 5. 东亚飞蝗
6. 一种小蜂 7. 米象 8. 头虱 9. 一种椿象 10. 美洲蜚蠊 11. 一种草蛉
12. 一种竹节虫 13. 中华大刀螳 14. 灰飞虱 15. 天幕毛虫 16. 玉米螟

短的细柄(图 11-2)。产卵方式多样,有的散产(卵单个分散存在),有的聚集成卵块;有裸露的,也有的卵块表面被体毛、性腺分泌物等所覆盖。产卵场所各异,如植物表面、地面上、土中、植物组织里、水中、腐烂物中等。

11.2.2 昆虫的胚后发育

幼体自卵中孵化直至成虫羽化而出的整个发育过程，称为昆虫的胚后发育阶段，是胚胎发育的继续。

11.2.2.1 变态及其类型

昆虫在生长发育过程中，从幼体状态转变为成虫状态要经过外部形态、内部构造以及生活习性上的一系列变化，这种现象称为变态(metamorphosis)。常见的变态有以下两类。

(1) 不全变态

不全变态(incomplete metamorphosis)类昆虫只经历卵期、幼虫期和成虫期 3 个阶段(图 11-3：1)，翅在幼虫期体外发育，成虫的特征随着幼虫期虫态的生长发育而逐步显现，为有翅亚纲外翅部中除蜉蝣目以外的昆虫所具有的变态类型。又可分为 3 类。

渐变态(paurometamorphosis)　幼虫期和成虫期在体形、生境、食性等方面非常相似，所不同的是翅和生殖器官没有发育完全，其幼虫期通称为若虫(nymphs)。如蝗虫。

半变态(hemimetamorphosis)　成虫期陆生，幼虫期水生，其体形、呼吸器官、取食器官、行动器官及行为等与成虫有明显的分化，其幼虫期通称稚虫(naiads)。如蜻蜓。

过渐变态(hyperpaurometamorphosis)　在幼虫转变为成虫前，有一个不取食、类似蛹期的静止时期，这种变态介于不全变态和全变态之间。缨翅目、同翅目的粉虱类和介壳虫雄虫具有此种变态类型。

(2) 全变态

全变态(complete metamorphosis)类昆虫一生经历卵、幼虫、蛹、成虫 4 个不同虫态(图 11-3：2)，为有翅亚纲内翅部昆虫所具有。

全变态类昆虫的幼虫在外部形态、内部器官、生活习性上与成虫差异很大。在形态方面，成虫的触角、口器、眼、翅、足、外生殖器等构造，幼虫期以器官芽的形式隐藏在体壁下，同时还具有成虫所没有的附肢或附属物，如腹足、气管鳃、呼吸器等暂时性器官。在生活习性方面，如鳞翅目幼虫的口器是咀嚼式，取食植物，并以它们为栖息环境，而它们的成虫是虹吸式口器，吮吸花蜜等液体食物，有的完全不取食。又如双翅目、膜翅目中的大多数寄生性种类，幼虫寄生在寄生体内，成虫则营自由生活。因此，从幼虫到成虫必须经过一个将幼虫构造改为成虫构造的过渡虫期，即蛹期。

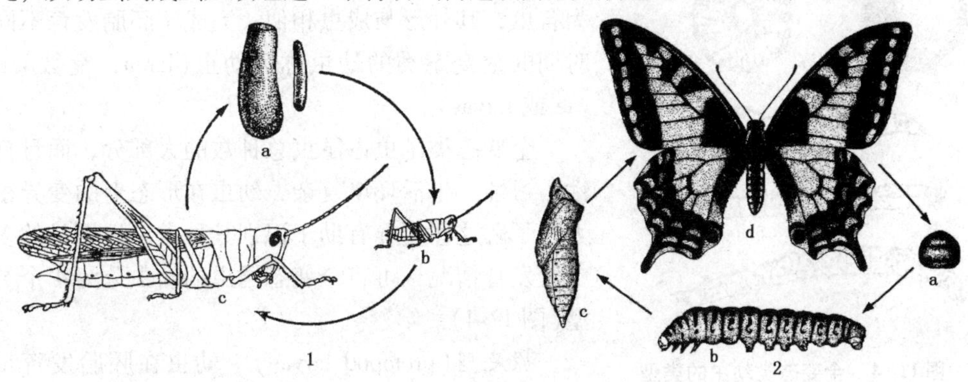

图 11-3　两种常见变态类型

1. 不全变态(蝗虫)：a. 卵　b. 若虫　c. 成虫

2. 全变态(金凤蝶 *Papilio machaon* L.)：a. 卵　b. 幼虫　c. 蛹　d. 成虫

11.2.2.2 幼虫期

大多数昆虫在胚胎发育完成后，幼虫即破卵壳而出，此过程称为孵化(hatching 或 ecosion)。昆虫孵化后即进入了幼虫发育阶段，直到变为蛹或成虫时幼虫期才结束。

(1) 幼虫的脱皮和虫龄

在幼虫期，随着虫体的生长，经过一定时间，要重新形成新表皮，而将旧表皮脱去，这种现象称为脱皮(moulting)。脱下的那层旧表皮称为蜕(exuvia)。脱皮的次数因种类而异，一般 4 ~ 12 次，同种昆虫的脱皮次数，有时在不同性别间也有差异。如在介壳虫、皮蠹等昆虫中，一般雄虫比雌虫多脱 1 ~ 2 次皮。温度变化，食物不足，往往会影响幼虫脱皮的间隔，从而增加或减少脱皮次数以适应环境的变化。每脱皮一次，虫体的体积显著增大，食量增加，形态上发生相应的变化。

幼虫的生长和脱皮交替进行。虫体的大小或生长的进程可用虫龄(instar)来表示。从卵中孵出的幼虫为第 1 龄，第一次脱皮后为第 2 龄，以后每脱皮 1 次增加 1 龄。相邻两次脱皮之间所经历的时间，称为龄期(stadium)。幼虫生长到最后一龄，称为“老熟幼虫”，若再脱皮，就变成蛹(全变态类)或成虫(不全变态类)。这样的脱皮并不伴随生长，而是同变态联系在一起，故称为变态脱皮；而前面所述幼期伴随着生长的脱皮，则称为生长脱皮。

幼虫期是一个伴随着脱皮的生长发育时期，大量取食，增加体积，积累营养，是危害最严重的时期。对于低龄幼虫(或若虫)，其表皮没有充分发育好，抵御不良环境条件和杀虫剂的能力弱，因而常作为防治的关键时期。

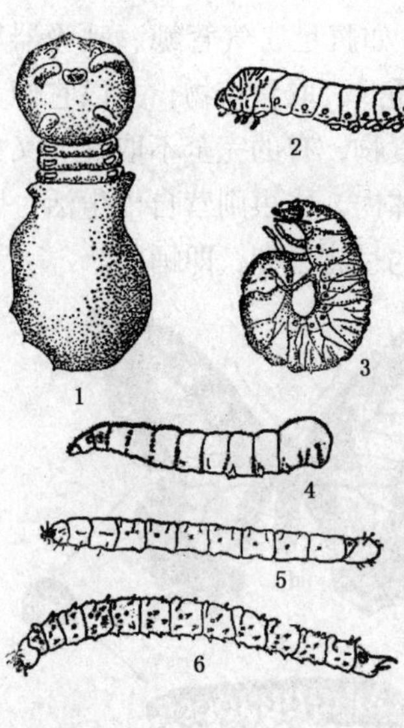

1 2 3 4 5 6

图 11-4 全变态类幼虫的类型

1. 原足型 2. 多足型 3. 寡足型
4. 无足型(无头) 5. 无足型(半头)
6. 无足型(全头)

(2) 幼虫的类型

昆虫的幼虫可分为两大类，即若虫和幼虫。多数完成于胚胎发育寡足期的不完全变态类的幼虫称为若虫，其外形与成虫相似；完成于胚胎发育不同时期的全变态类的幼虫称为幼虫(larva，复数 larvae 或 larvas)。

全变态类昆虫占昆虫总种数的大部分，而且食性、习性、生活环境复杂，幼虫在形态上的变异很大。了解这些变异有助于识别其种类。根据足的多少及发育情况，可将全变态昆虫的幼虫分为 4 个类型(图 11-4)。

原足型(protopod larvae) 幼虫在胚胎发育早期孵化，头部和胸部的附肢不发达，腹部不分节，呼吸系统和神经系统简单，器官发育不全；幼虫不能独立生活，浸浴在寄主体液或卵黄中，通过体壁

吸收寄主的营养继续发育。这一类型的代表是寄生性的膜翅目昆虫。

多足型(polypod larvae) 幼虫除3对胸足外，腹部还具有多对附肢，各节的两侧具有气门。又可分为蠋式：腹部第3~6节及第10节各有1对腹足，有时某些腹足退化，这些腹足端部都具有趾钩列，如蛾、蝶类幼虫；伪蠋式：除胸足外，还有6~8对腹足，腹足均无趾钩列，如膜翅目叶蜂类幼虫。

寡足型(oligopod larvae) 幼虫只具有胸足，没有腹足。常见于鞘翅目和部分脉翅目昆虫。典型的寡足型幼虫是捕食性的，通称为蛃型昆虫，如步甲幼虫。其他有蛴螬式幼虫，体粗壮，具3对胸足，无尾须，静止时体呈“C”形弯曲，如金龟子幼虫；蠕虫式幼虫，体细长，前后宽度相似，胸足较小，如叩头甲幼虫。

无足型(apod larvae) 幼虫身上没有任何附肢，既无胸足，又无腹足。按头部发达或骨化程度，分为全头无足式(如天牛、吉丁虫幼虫)，具有充分骨化的头部；半头无足式(如大蚊幼虫)，头部仅前半部骨化，后半部缩入胸内；无头无足式，或称蛆式(如蝇类幼虫)，头部十分退化，完全缩入胸部，或伸出口钩取食。

11.2.2.3 蛹期

蛹(pupa，复数 pupae 或 pupas)是全变态类昆虫由幼虫变为成虫时必须经历的一个虫态。从外表看，蛹是个不活动的虫期，不取食，也很少进行主动的移动，缺少防御和躲避敌害的能力，而内部则进行着激烈的幼虫组织的解离和成虫组织的发生等生理活动，要求相对稳定的环境来完成从幼虫到成虫的转变过程。因此老熟幼虫在化蛹前常要寻找适当的庇护场所，如潜藏于树皮下、砖石缝内、土中、地被物下，或包被于幼虫吐丝所结成的茧内。根据蛹体与附肢的关系可将蛹分为3类(图11-5)。

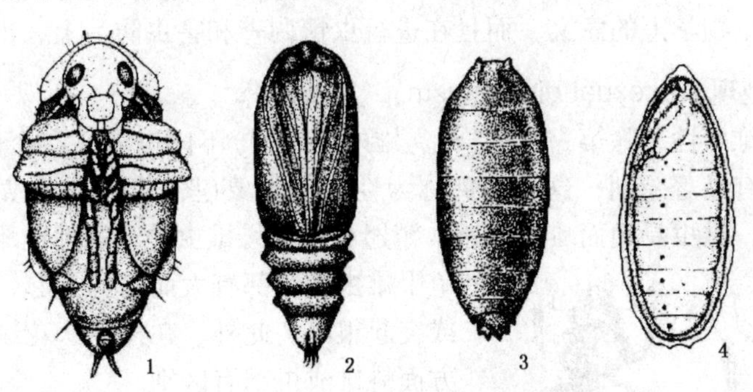

图11-5 全变态类蛹的类型

1. 离蛹 2. 被蛹 3. 围蛹 4. 围蛹的透视

离蛹(exarate pupa) 又称裸蛹。其特点是附肢和翅芽不贴附在身体上，可以活动，同时腹节间也可以自由活动。如鞘翅目昆虫的蛹。

被蛹(obtect pupa) 触角和附肢紧贴在蛹体上，不能活动，由坚硬而完全的蛹壳所包被，如鳞翅目蝶、蛾类的蛹。

围蛹(coarctate pupa) 蛹的本体为离蛹，但紧密包被于末龄幼虫的蜕皮壳内，即直接于末龄的皮壳内化蛹。如蝇类的蛹。

11.2.2.4 成虫期

(1) 羽化

不全变态的末龄若虫，全变态类的蛹，脱皮后都变为成虫，这个过程称为羽化(emergence)。昆虫进入成虫期，形态已固定，特征发育完全，是识别昆虫种类的主要虫期。成虫期的主要任务是交配、产卵，繁殖后代。一些成虫羽化后，性器官已充分发育成熟，即可进行交配产卵，成虫完成产卵“使命”后很快就死去。这类成虫口器不发达，完全不取食，如松毛虫、舞毒蛾等，其成虫的寿命很短，往往只有数天，甚至数小时。

(2) 补充营养

大多数昆虫在刚羽化时，性器官尚未成熟，需要经过一个时期(几天到几个月不等)的继续取食，以满足生殖细胞生长发育的要求，人们把这种成虫期再取食的现象称为“补充营养”。如桑天牛。

(3) 交配和产卵

成虫羽化后至第一次交配或产卵的间隔期，分别称为交配前期和产卵前期。各类昆虫的交配、产卵次数、产卵场所等有很大的不同，有的一生只交配一次，有的则可交配多次；有的卵在很短的时间内即可产完，有的则可延续很长时间；有的卵产在裸露的地方，有的则产在隐蔽物下或被雌虫体毛或分泌物所覆盖；有的单产，有的成堆产等。

交配、生殖、补充营养是成虫期的全部生活或生命活动，了解和掌握这些活动规律，不仅具有生物学上的意义，而且在进行虫情调查和害虫防治上，也十分必要。

(4)性二型现象(sexual dimorphism)

昆虫的雌雄两性，除第一性征(雌、雄外生殖器)不同以外，在个体大小、体形、颜色等方面常有显著差别，这种现象称为性二型现象(图11-6)。介壳虫、袋蛾及某些尺蛾、毒蛾，雄虫具翅而雌虫无翅；鞘翅目锹甲科雄虫的上颚远比雌虫发达；犀金龟甲雄虫的头部有大而长的突起，雌虫则无突起或突起很小。此外，在体色、花纹、触角类型等方面雌雄成虫都有区别。

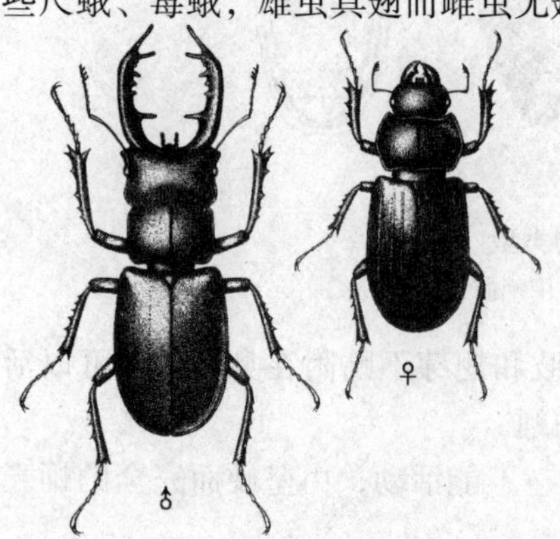

图11-6 锹型虫(*Lucanus cerves*)的性二型现象

(5)多型现象(polymorphism)

是指同种昆虫具有两种或更多类型个体的现象。这种多型性的形成并非完全由于性别不同，即使在同一性别的个体中也存在不同类型。

在一些社会性昆虫如蚂蚁、白蚁、蜜蜂中，多型现象更为明显。如蜜蜂，除了能生殖的蜂王、雄蜂外，还有不能生殖的全是雌性的工蜂。白蚁在同一群中包括蚁后、蚁王、工蚁、兵蚁等

(图11-7)。昆虫的多型现象常和群居性联系起来，不同类型的个体在群体中具有不同的作用。在鳞翅目昆虫中常存在因季节变化而出现“夏型”、“秋型”、“冬型”等变型。

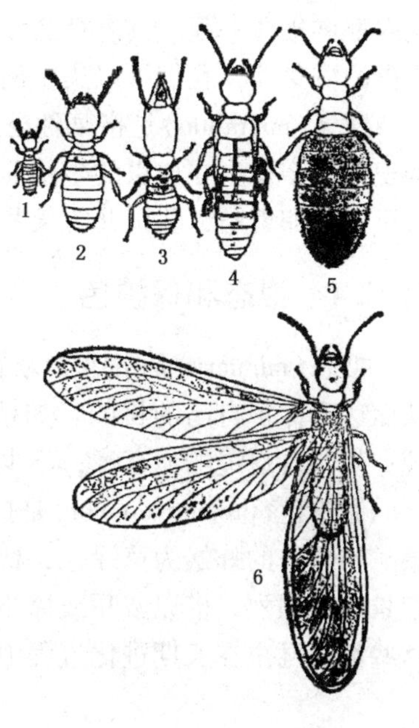

图11-7 白蚁的多型现象

1. 工蚁若虫 2. 工蚁 3. 兵蚁
4. 生殖蚁若虫 5. 蚁后 6. 有翅蚁

11.3 昆虫的习性和行为

昆虫的习性(habits)和行为(behavior)是指种或种群的生物学特性，是昆虫对各种刺激所产生的反应活动。这些反应活动或有利于它们找到食物和配偶，或有利于它们避开敌害或不良环境等。了解害虫的习性，对于采取正确的防治方法是很重要的。

11.3.1 假死性

假死(death feigning)是指昆虫在受到突然刺激时，身体卷缩，静止不动或从原停留处突然跌落下来呈“死亡”之状，稍停片刻又恢复常态而离去的现象。如金龟子、叶甲等许多甲虫的成虫和某些蝶、蛾的幼虫具有假死性。假死性是昆虫对外界刺激的防御性反应，许多昆虫凭借这一简单的反射来逃脱天敌的袭击。根据此习性，我们可以利用触动或震落法采集标本或进行害虫的测报与防治等。

11.3.2 趋性

趋性(taxis)是昆虫对某种刺激(如热、光、化学物质等)的趋向或背离的活动。根据刺激源可分为趋热性、趋光性、趋化性、趋湿性等。根据刺激物趋向或背离的反应，又有正趋性和负趋性之分。如大多数蛾类具有正趋光性；而蜚蠊类昆虫见光就躲，表现为负趋光性。许多种类对波长为300～400nm的紫外光最敏感；而蚜虫类则对550～600nm的黄色光反应最强烈，因此人们便设计出黑光灯或黄色盘来分别诱杀它们。趋化性是昆虫对某些化学物质的刺激所表现出的定向反应，通常与觅食、求偶、避敌、寻找产卵场所等有关。如一些蛾类对糖醋酒液有正趋性。利用昆虫的趋化性，我们可以通过食饵诱杀、性引诱剂诱杀等措施，达到监测害虫和防治害虫的目的。

11.3.3 群集和迁飞

群集性(aggregation)是同种昆虫的大量个体高密度地聚集在一起的习性。根据聚集时间的长短，可将群集分为两类：一种为暂时性的群集，是指昆虫仅在某一虫态或一段时间内群集在一起，过后就分散。如榆兰叶甲的越夏，瓢虫的越冬，天幕毛虫幼虫在树杈结网，并群集栖息于网内。另外一种是永久性群集，是指昆虫在整个生活时期内都群集在一起。具有社会性生活习性的蜜蜂、白蚁等为典型的永久性群集。利用害虫的群集性，我们可以集中消灭它。

迁飞(migration)是指某种昆虫成群地从一个发生地长距离地迁移到另一个发生地的现象。多发生在成虫的生殖前期，并常与一定的季节相关。如东亚飞蝗可迁飞数百公里去产卵繁殖，我国北方某些捕食性瓢虫也可从发生地转移到休眠地越冬等。

11.3.4 拟态和保护色

拟态(mimicry)是指昆虫为了躲避敌害，模仿环境中其他动、植物的形态或行为，从而达到保护自己的目的。如枯叶蝶停息时双翅竖立，翅反面极似枯叶，很难被发现；某些食蚜蝇酷似蜜蜂；不少尺蠖在树干上停留时很像一段枯枝等。

保护色(protective color)是指某些昆虫具有与其生活环境的背景相似的颜色的现象。如夏季的蚱蜢为草绿色，秋季则为枯黄色。相反，昆虫的体色与其生活环境中的背景对照强烈，借以威吓或惊吓袭击者保护自身的现象则称为警戒色(warning color)。这些都是昆虫在长期进化过程中对环境的一种适应。

11.4 昆虫的世代及年生活史

11.4.1 世代及年活史

一个新个体(不论是卵或是幼虫)从离开母体发育到性成熟并产生后代为止的个体发育史，称为1个世代(generation)。一种昆虫在一年内的发育史，或由当年的越冬虫态开始活动起，到第二年越冬结束止的发育经过，称为年生活史(annual life history)。

昆虫完成1个世代所需要的时间和一年内发生的世代数因种类的不同而不同。有的种类1年发生数代或数十代，而有的种类一年或数年甚至十数年才完成1代，如十七年蝉完成1个世代需要17年。昆虫的世代及年生活史也与环境因子(尤其是温度)具有密切的关系，表现为同种昆虫在不同的分布区每年发生的代数有差异，如小绿叶蝉在浙江1年发生9~11代，广东12~13代，海南17代。一般将1年完成1代的称为一化性，1年完成2代的称为二化性，1年完成2代以上的称为多化性，多年完成1代的称为多年性。

许多昆虫，特别是1年多代的昆虫，往往因各虫期延续时间长，造成各虫期参差不齐、上下世代间相互重叠、界限不清，甚至出现几代共存的现象，称为世代重叠(generation overlapping)。世代重叠现象给害虫的预测预报和防治增加了一定的难度。

在1个世代中，昆虫的各个个体发育有早有晚，不可能在同一时期开始发育或完成发育，通常总是少数个体发生较早或较迟。当这些发生早的个体出现时，称为这个世代的发生始期；当大量个体发生时，称为发生盛期；当少数发生迟的个体出现时，称为发生末期。了解这几个发生阶段，在害虫防治上是十分重要的。

11.4.2 年生活史的表示方法

昆虫年生活史包括的基本内容有：一年中发生的世代数，越冬虫态和场所，越冬后开始活动的时间，各代各虫态发生的时间和历期，发生与寄主植物发育阶段的配合等。年生活史，除可用文字记述外，也可以用年生活史图或年生活史表来表示（表 11-1）。

表 11-1 黄杨绢野螟 *Diaphania perspectalis*(Walker)的年生活史[①]

月份	4			5			6			7			8			9			10~3		
世代 \ 旬	上	中	下	上	中	下	上	中	下	上	中	下	上	中	下	上	中	下	上	中	下
越冬代	(-)	(-)	(-)																		
			△	△	△																
				+	+	+	+														
第一代					·	·	·														
						-	-	-	-												
								△	△	△											
									+	+	+										
第二代									·	·	·	·									
										-	-	-	-	-	-						
												△	△	△	△						
													+	+	+	+					
第三代														·	·	·	·				
															-	-	-	-	(-)	(-)	(-)

注：· 卵；- 幼虫；(-) 越冬幼虫；△蛹；+ 成虫。

①引自汪廉敏等《黄杨卷叶螟的为害及防治》，植物保护，1988。

11.4.3 休眠和滞育

在昆虫生活史的某一阶段，当遇到不良的环境条件时，其生长发育会出现停滞现象以安全地度过不良的环境条件。这种现象常和隆冬的低温及盛夏的高温密切相关，从而形成所谓的越冬或越夏。根据引起和解除生长发育停滞的条件，可将停滞现象分为两类，即休眠和滞育。

休眠(dormancy)是由不良的环境条件(如高温或低温)直接引起的，当不良环境消除时，就可恢复生长发育。不同种的昆虫，休眠越冬的虫态不同，有的需在一定的虫态休眠，如飞蝗、螽蟖、天幕毛虫等以卵越冬；凤蝶、粉蝶、尺蛾以蛹越冬；瓢虫以成虫越冬；有的则任何虫态(或虫龄)都可休眠，如小地老虎主要以蛹越冬，但也能以幼虫越冬。

滞育(diapause) 是由环境条件引起的，但通常不是由不良环境条件直接引起的。具有滞育特性的昆虫，在自然情况下，当不良的环境条件还远未到来之前，就进入滞育状态，即使给以最合适的条件，也不会马上恢复生长发育，所以滞育具有一定的遗传稳定性。例如天幕毛虫、舞毒蛾，在 6~7 月间卵进入滞育，这时胚胎发育虽已完成，但其幼虫并不孵化，越冬后到来年春天才孵出幼虫。

据研究，引起昆虫滞育的主要环境因子是光周期(photoperiod)，内在因子为内激素。诱导昆虫滞育和解除滞育的环境因子，经过内分泌的调节而发生作用。脑激素是最重要的，脑神经分泌细胞不活动，则昆虫处于完全滞育状态。冷冻能激发脑神经分泌细胞活动，因此滞育解除必须经过低温。

休眠与滞育相比对不良环境的抵抗能力较弱，如东亚飞蝗从秋天开始以卵休眠越冬，但如果某年秋天特别温暖，"越冬卵"则可继续孵化，而所孵出的若虫往往来不及完成一个生命周期就会遇到寒冬而冻死。从不休眠到休眠，从休眠到滞育似乎是昆虫生活史进化的必然。

多样的生活史是昆虫长期适应外界环境变化的产物，是昆虫抵御不良环境条件的重要生存对策之一。无论是世代重叠、局部世代，还是世代交替、休眠与滞育等，都对昆虫种群的繁盛与延续起着十分重要的作用。

复习思考题

1. 昆虫的生殖方式主要有哪些类型？它们各自有何特点？
2. 简述孤雌生殖的含义及其生物学意义。
3. 何谓变态？昆虫的变态类型主要有哪些？试举例说明。
4. 举例说明昆虫幼虫及蛹的各自类型。
5. 哪些昆虫有补充营养的习性？补充营养在生产上有何意义？
6. 昆虫的休眠和滞育有何不同？其生物学意义何在？
7. 昆虫的年生活史在害虫防治上有什么意义？
8. 昆虫的习性主要有哪些？了解各种昆虫的习性，在害虫防治中有哪些作用？
9. 名词解释：变态、孵化、羽化、龄期、世代、世代重叠、世代交替、休眠、滞育、补充营养、性二型现象、多型现象

推荐阅读书目

昆虫学通论(上、下册)(第2版)．北京农业大学．中国农业出版社，1999.

普通昆虫学(第2版)．彩万志，庞雄飞，花保祯，等．中国农业大学出版社，2011.

园林植物病虫害防治．徐明慧．中国林业出版社，1993.

第 12 章
园林植物昆虫分类

[**本章提要**] 昆虫分类学是昆虫学其他分支学科的基础。本章着重介绍了与园林植物有关的主要目及科昆虫的形态特征和生物学特点，并对分类阶元、物种及学名等分类学的基本概念及昆虫纲的分类系统进行了概述。

昆虫是动物界最昌盛的类群。据 Erwin(1983)估计，全世界昆虫可能多达3 000万种，已定名的种类约 110 万种，占整个动物界已定名种类的 60% 以上。如此繁多的昆虫，如何去识别和研究它们呢？进化论的学说表明，一切生物(包括昆虫在内)都是由低级到高级，由简单到复杂进化过来的，说明各种昆虫之间存在着或亲或疏的亲缘关系。亲缘关系相近的，其形态特征越相似，对环境的要求、生活习性、发生发展规律也越接近；反之，亲缘关系相远的，其形态特征和生活习性等方面相差越大。也就是说，这种相差和相似的程度，反映出昆虫之间不同程度的亲缘关系。根据这种相差和相似，运用对比分析和归纳的方法，可把全部昆虫分门别类，就是昆虫分类。学习昆虫的分类，可以帮助我们增加识别昆虫的能力，以便利用益虫和控制害虫。

12.1 昆虫分类的基本概念

12.1.1 分类阶元

分类阶元(taxonomic category)是生物分类的排序等级和水平。与其他生物一样，昆虫的分类体系亦采用界、门、纲、目、科、属、种 7 级分类阶元。但在实际应用时，这些等级常显不足，需在目、科之上加总目、总科，在纲、目、科、属之下加亚纲、亚目、亚科、亚属，有时在属与亚科间还要设族和亚族，以适应各类昆虫划分阶元的需要。现以桑白盾蚧 *Pseudaulacaspis pentagona* (Targioni-Tozzetti)为例，说明昆虫分类的一般分类阶元。

界：动物界 Animalia

门：节肢动物门 Arthropod

纲：昆虫纲 Insecta

亚纲：有翅亚纲 Pterygota

目：同翅目 Homoptera
亚目：胸喙亚目 Sternorrhyncha
总科：蚧总科 Coccoidea
科：盾蚧科 Diaspididae
亚科：盾蚧亚科 Diaspidinae
属：白盾蚧属 *Pseudaulacaspis*
种：桑白盾蚧*Pseudaulacaspis pentagona*（Targioni-Tozzetti）

12.1.2 物种的概念

物种(species)是生物分类的基本阶元，也是惟一客观存在的分类阶元。给物种下一个正确的定义，无论在理论上还是在实践上都是十分重要的。但由于人们研究的角度不同、认识不同，所下的定义亦不同，至今尚无统一的标准。目前人们普遍接受的是强调生物学特性的物种概念，即“物种是自然界能够交配、产生可育后代，并与其他种群存在有生殖隔离的群体”。例如，东方蝼蛄 *Gryllotalpa orientalis* Burmeister 就是一个物种。

12.1.3 学名

学名(scientific name)是物种的科学名称，它在全世界是通用的。每一个种只有一个学名。种的学名由两个拉丁词构成，第一个词为属名，第二个词为种名，种名的后面通常还要附上定名人的姓氏。属名的第一个字母必须大写，种名全部小写，定名人姓氏的第一个字母也要大写。属名和种名在印刷时用斜体，手写时常在学名下画线。亚种的学名由属名、种名和亚种名构成，即在种名后面加上一个亚种名，亚种名全部小写。例如：

吹绵蚧　*Icerya purchasi* Maskell
属名　种名　定名人

黄褐天幕毛虫　*Malacosoma neustria testacea* Motschulsky
属名　种名　亚种名　定名人

有时，定名人的姓氏放在圆括号内，表示该种的属发生过变动。如中华稻蝗的学名最初为 *Gryllus chinensis* Thunberg，后来该种被移入 *Oxya* 属，学名成为 *Oxya chinensis* (Thunberg)。因此，定名人的括号是不可随意添加或删去的。

12.2 昆虫纲的分目

昆虫纲的分目情况，各分类学家的观点并不一致。不仅分目的数目有所不同(最少7目，最多40目，一般为28～34目)，而且排列的顺序差别很大，至今尚无统一的定论。本书简要介绍为我国多数分类学者目前采用的2亚纲35目系统。

昆虫纲分目的依据，主要采用翅的有无、形状和质地，触角的类型，口器的构造，尾须的差异及变态类型等。

昆虫纲 Class Insecta

无翅亚纲 Apterygota

1. 原尾目 Protura　通称原尾虫。体微小，无眼、无触角。前足长且向前伸，代替触角的作用。跗节1节。增节变态。生活在土中。
2. 弹尾目 Collembola　通称跳虫。复眼退化，触角4～6节。腹部6节，第1节腹面有黏管，第3节腹面的握弹器和第4节腹面的弹器形成弹跳器官。无尾须。善跳跃。表变态。多生活于潮湿隐蔽环境中。
3. 双尾目 Diplura　通称双尾虫。口器内藏式。无单眼和复眼。尾须线状或铗状。多数腹部节上生有成对的刺突或泡囊。表变态。多生活于砖石下、落叶下或土中。
4. 石蛃目 Archeognatha　通称石蛃。体被鳞片。复眼发达。口器咀嚼式，上颚单关节，与头壳只有一个关节点。腹部第2～9节有成对的刺突和泡囊。尾须长，3根，多节。表变态。活泼、善跳。多生活于落叶中、树皮下、石头裂缝中。
5. 缨尾目 Thysanura　通称衣鱼。体被鳞片。腹部11节，第2～9腹节有成对的刺突和泡囊。尾须3根。表变态。多生活在土壤、朽木、落叶等环境中，有些在室内危害书籍和衣物。

有翅亚纲 Pterygota

外生翅群(翅在体外发育，不全变态类)

6. 蜉蝣目 Ephermeroptera　通称蜉蝣。体纤弱。触角刚毛状。口器咀嚼式。翅薄而柔，翅脉很多。前翅大，后翅小。尾须长，有时还有中尾丝。原变态。幼虫期水生。
7. 蜻蜓目 Odonata　包括蜻蜓、豆娘。头活动，触角刚毛状，口器咀嚼式。翅膜质，透明，翅脉多呈网状。腹部细长。半变态。幼虫期水生。
8. 襀翅目 Plecoptera　通称石蝇。体扁而柔软。口器咀嚼式。触角丝状。后翅臀区发达。尾须1对，丝状。半变态。幼虫期水生。
9. 丝目 Embioptera　俗称足丝蚁。口器咀嚼式。触角丝状。雄性有翅，前、后翅大小及脉纹均相似。前足第1跗节膨大，能泌丝结网。渐变态。生活在热带石块或树皮下。
10. 蜚蠊目 Blattaria　通称蜚蠊。体扁，口器咀嚼式。前胸大，盖住头部。前翅为覆翅，后翅膜质，臀区大。尾须1对。渐变态。多生活在阴暗处。
11. 等翅目 Isoptera　通称白蚁。
12. 直翅目 Orthoptera　包括蝗虫、蝼蛄、螽蜥、蟋蟀等。
13. 螳螂目 Mantodea　通称螳螂。头三角形，能活动。口器咀嚼式。前胸长。前足捕捉足。前翅覆翅，后翅膜质，臀区大。尾须有。渐变态。若虫和成虫均捕食性。
14. 竹节虫目 Phasmida　通称竹节虫、叶蛸。体细长似竹枝，或扁平如树叶。口器咀嚼式。前胸短，中胸长。有翅或无翅，有翅时翅短，呈鳞翅状。渐变态。多生活在热带和亚热带。
15. 革翅目 Dermaptera　通称蠼螋或蝠螋。体长而坚硬。口器咀嚼式。前翅短小，革质；后翅大，膜质，耳状。尾须1对，或硬化为钳状。渐变态。多夜间活动，白天藏于石块下、土中或树皮下。
16. 蛩蠊目 Grylloblattodea　通称蛩蠊。体扁而细长。口器咀嚼式。触角丝状。无翅。尾须长而分节。变态不明显。生活在高山上。
17. 螳䗛目 Mantophasmatodea　通称螳䗛。外形既像螳螂又似竹节虫。头下口式。口器咀嚼式。触角丝状。无翅。尾须短。渐变态。捕食性。常见于山顶草丛中。

18. 缺翅目 Zoraptera 通称缺翅虫。体小而柔软。口器咀嚼式。触角念珠状。有翅或无翅。有翅者翅膜质，脉简单。尾须1节。渐变态。主产于热带或亚热带。
19. 啮虫目 Psocoptera 通称啮虫。体小而柔软。口器咀嚼式。触角长，丝状。有翅或无翅，有翅者前翅显著大于后翅。尾须无。渐变态。多生活在树干、叶片或果实上，少数在室内危害书籍、面粉等。
20. 食毛目 Mallophaga 俗称鸟虱、嗜虱。体圆形而扁平，头大。口器咀嚼式。触角短。无翅、无尾须。足为攀登足。渐变态。寄生在鸟兽毛上。
21. 虱目 Anoplura 俗称虱子。体小而扁。头小，口器刺吸式。无翅、无尾须。足攀登式。渐变态。寄生于哺乳动物体外。
22. 缨翅目 Thysanoptera 通称蓟马。
23. 同翅目 Homoptera 包括蚜虫、介壳虫、木虱、粉虱、蝉等。
24. 半翅目 Hemiptera 俗称椿象。

内生翅群(翅在体内发育，完全变态类)

25. 广翅目 Megaloptera 包括齿蛉、泥蛉、鱼蛉等。中到大型。头前口式，口器咀嚼式。触角丝状。前胸方形。翅膜质，脉纹网状，后翅臀区大。全变态。幼虫水生。
26. 蛇蛉目 Raphidioptera 通称蛇蛉。头部延长，后部缩小如颈。前口式，咀嚼式口器。前胸细长。翅膜质，脉纹网状，前后翅形状相似。雌虫产卵器细长。全变态。幼虫和成虫均捕食性。
27. 脉翅目 Neuroptera 包括草蛉、蚁蛉等。
28. 鞘翅目 Coleoptera 通称甲虫。
29. 捻翅目 Strepsiptera 统称捻翅虫。体小型，雌雄异型。雄虫有翅、有足，能自由活动。触角栉齿状。后翅膜质，脉纹放射状，前翅变成平衡棒。雌虫无翅、无眼、无足。复变态。寄生在膜翅目、同翅目、直翅目昆虫体上。
30. 长翅目 Mecoptera 通称蝎蛉。头向下延伸成喙状，口器咀嚼式。触角丝状。前后翅形状、大小和脉序相似。雄虫腹末向上弯曲，末端膨大呈球状。全变态。成虫和幼虫均捕食性。多发生在潮湿林区。
31. 蚤目 Siphonaptera 俗称跳蚤。体小，侧扁。头小，口器刺吸式。无翅，后足为跳跃足。全变态。寄生在鸟类或哺乳动物体外。
32. 双翅目 Diptera 包括蚊、蝇、虻等。
33. 毛翅目 Trichoptera 成虫通称石蛾，幼虫通称石蚕。外形似蛾。触角丝状，口器为退化的咀嚼式。翅2对，膜质，被毛，为毛翅。全变态。幼虫水生。
34. 鳞翅目 Lepidoptera 包括蛾、蝶。
35. 膜翅目 Hymenoptera 包括蜂和蚁。

12.3 与园林植物有关的主要目科介绍

12.3.1 等翅目 Isoptera

通称白蚁。全世界已知3 000多种，我国已记录540多种。

体小至中型，白色柔软。触角念珠状。口器咀嚼式。多型性，有长翅、短翅和无翅类型。具翅者，翅膜质，2 对翅的大小、形状和脉序常相似，休息时平覆在腹部背面并向后远超过腹部末端；翅基有脱落缝，翅脱落后仅留下翅鳞。跗节 4 或 5 节。尾须短。

渐变态。营群体生活，为真正的社会性昆虫。一个巢穴内通常 1 对生殖蚁(即蚁王和蚁后)和大量工蚁和兵蚁(见图 10-7)。生殖蚁专司生殖，蚁后一生可产卵数百万粒；工蚁数量最多，其职能是觅食、开路、筑巢、饲喂蚁后和兵蚁、照顾幼蚁、搬运蚁卵和培育菌圃等；兵蚁体型较大，无翅，头部骨化，上颚强大，其职能主要是保卫巢穴，抵御入侵者。

(1) 白蚁科 Termitidae

头部有囱(额腺的开口)；左上颚有 2 个缘齿，后唇基大而隆起。前胸背板前中部隆起，窄于头部。前翅鳞小，稍大于后翅鳞，不与后翅鳞相重叠。跗节 4 节。尾须 1 ~ 2 节。地栖性。重要种类有危害水库、堤坝的黑翅土白蚁 *Odontotermes formosanus* (Shiraki)(见图 18-9)和黄翅大白蚁 *Macrotermes barneyi* Light。

(2) 鼻白蚁科 Rhinotermitidae

头部有囱；左上颚有 3 个缘齿。前胸背板平坦并窄于头部。前翅鳞一般远大于后翅鳞，并与后翅鳞重叠。尾须 2 节。土木栖。重要种类如台湾乳白蚁(家白蚁) *Coptotermes formosanus* Shiraki 在我国长江以南各省危害木材、房屋等。

12.3.2 直翅目 Orthoptera

此目全世界已知逾 23 600 种，我国已知逾 2 850 种，包括常见的蝗虫、蚱蜢、蝼蛄、蟋蟀、螽蟖等。

体小至大型。口器咀嚼式。复眼发达，单眼(有翅者有，无翅者无)2 ~ 3 个。触角多为丝状。前胸背板常向侧下方延伸，呈马鞍状。前翅狭长，加厚成皮革质，称作覆翅；后翅宽大，膜质，静止时似扇状折叠在前翅下。前足为步行足或开掘足；后足发达适于跳跃。腹末具尾须 1 对，雌虫产卵器多外露。

渐变态。卵圆柱形，或略弯曲，单产或成块。蝗虫产卵于土中，螽蟖产卵于植物组织中。若虫与成虫外形和生活习性均相似，陆生。多数植食性，取食植物叶片等，许多种类是农业和园林植物害虫；少数种类肉食性。很多种类的雄虫能发声，如蝈蝈；有的雄虫具好斗习性，如斗蟋；有的种类，如叶螽等拟态植物枝叶，具有观赏价值。

(1) 蝗科 Acrididae

俗称蚂蚱或蚱蜢。体粗壮。触角较体短，丝状、棒状或剑状。前胸背板呈马鞍形。多数种类有 2 对翅，亦有短翅或无翅的种类。后足为跳跃足。雄虫能以后足腿节摩擦前翅而发音，听器位于腹部第一节背板两侧。跗节 3 节，爪间有中垫。尾须短。产卵器呈短瓣状(见图 10-1)。植食性。多数种类 1 年发生 1 代，卵聚产于土中，外有卵囊保护。常见种类有东亚飞蝗 *Locusta migratoria manilensis* Meyen、短额负蝗 *Atractomorpha sinensis* Bolivar 等。

（2）蝼蛄科 Gryllotalpidae

俗称拉拉蛄。大型，黑色或黄色。触角比体短，但30节以上。前足为开掘足，跗节3节。前翅甚小；后翅宽，纵卷成尾状伸过腹末。前足胫节上的听器退化，呈裂缝状。尾须长。产卵器不外露。生活史长，通常栖息于土中，咬食植物种子或根部，常造成缺苗断垄，是重要的地下害虫类群之一。我国重要种类北方为华北蝼蛄 *Gryllotalpa unispina* Saussure，南方为东方蝼蛄 *G. orientalis* Burmeister（见图18-4）。

（3）蟋蟀科 Gryllidae

俗称蛐蛐。触角线状，长于体躯。跗节3节。前翅在身体侧面急剧下折；后翅发达，长过前翅。雄虫发音器在前翅近基部，听器在前足胫节上。尾须长，但不分节。产卵器细长，针状或长矛状。多杂食性，穴居，常发生在低洼、河边、沟边及杂草丛中。夜间活动，具趋光性。斗蟋 *Velarifictorus micado*（Saussure）性好斗，民间常以此娱乐。黄脸油葫芦 *Teleogryllus emma*（Ohmach et Matsumura）（图18-8）为习见苗圃害虫，危害植物近地面的柔嫩部分和幼苗。

（4）螽蟖科 Tettigoniidae

俗称蝈蝈。常为绿色或暗褐色。触角线状，30节以上，长于体躯。跗节4节。听器在前足胫节基部。尾须短。产卵器发达，刀状（图12-1）。多数为植食性，少数肉食性。卵椭圆形，产在植物组织内。园林植物上常见种类有危害柑橘及桑树枝条的绿螽蟖 *Holochlora nawae* Mats. et Shiraki、纺织娘 *Mecopoda elongata* L.。

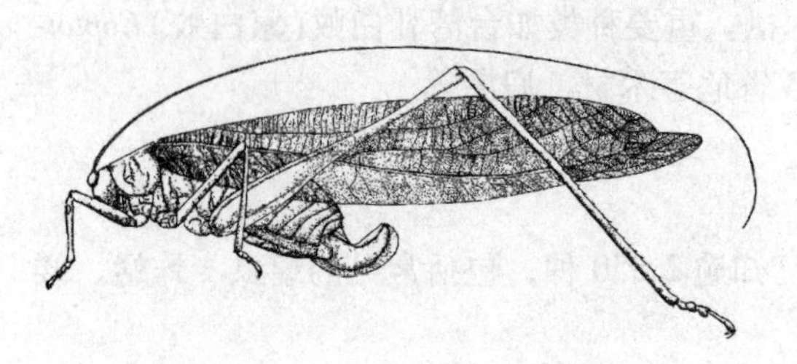

图12-1　螽蟖科（仿周尧）

12.3.3　缨翅目 Thysanoptera

俗称蓟马，全世界约6 000种，我国已记录逾580种。

体微小至小型，细长而略扁。头锥形，下口式。复眼发达。触角短，6～10节。口器锉吸式，左右不对称，左上颚口针发达，右上颚口针退化。前胸大，可活动。翅2对，膜质，狭长，翅脉少或无，边缘有长缨毛，因而称作缨翅。足短小，跗节1～2节，末端有1个能伸缩的泡状中垫。腹部圆筒形或纺锤形，尾须无。

过渐变态，其特点：1、2龄若虫无外生翅芽，翅在内部发育；3龄突然出现大的翅芽，相对不太活动，为前蛹；4龄不食不动，进入蛹期。成虫常见于花上。多数种类植食性，危害农作物、花卉及林果，少数捕食性，可捕食蚜虫、螨类等。

（1）管蓟马科 Phlaeothripidae

多数种类黑色或暗褐色。触角4～8节，有锥状感觉器。前翅面光滑无毛，翅脉无或仅有1条简单中脉。腹部末节管状，后端较狭，生有较长的刺毛。产卵器无（图12-2：3）。生活周期短，卵产于缝隙中。多数取食真菌孢子，少数植食性，如中华简

管蓟马 *Haplothrips chinensis* Prisner 和稻简管蓟马 *H. aculeatus*（Fabricius）。

（2）纹蓟马科 Aeolothripidae

体粗壮，褐色或黑色。翅白色，常有暗色斑纹。触角 9 节，第 3、4 节上有长形感觉器。翅较阔，前翅末端圆形，2 条纵脉从基部伸到翅缘，有横脉。产卵器锯状，从侧面观向上弯曲。常见重要种类如横纹蓟马 *Aeolothrips fasciatus*（L.）（图 12-2：1，2）。

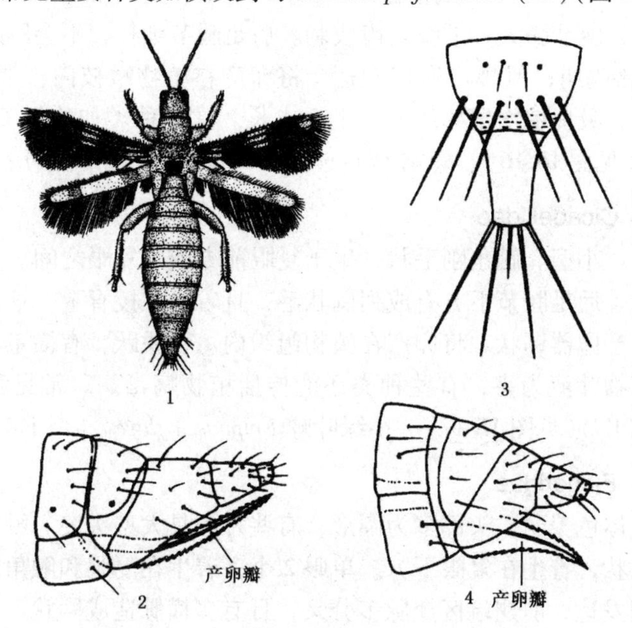

图 12-2　缨翅目常见科（仿黑泽等）

1. 纹蓟马科全图　2. 纹蓟马科腹末　3. 管蓟马科腹末　4. 蓟马科腹末

（3）蓟马科 Thripidae

体扁，触角 6～8 节，末端 1～2 节形成端刺，第 3～4 节上常有感觉器。翅狭长，末端尖。雌虫腹末圆锥形，产卵器锯状，侧面观向下弯曲（图 12-2：4），产卵于植物组织内。多数种类植食性，许多种类为园林植物的重要害虫，如烟蓟马 *Thrips tabaci* Lindeman、黄胸蓟马 *T. hawaiiensis*（Morgan）等。

12.3.4　同翅目 Homoptera

此目全世界已知约 50 000 种，我国已知逾 7 850 种。目前众多学者将这一类群合并到广义的半翅目，但本书仍作为单独的目来介绍。包括常见的蝉、叶蝉、蜡蝉、蚜虫、介壳虫（蚧虫）、木虱、粉虱等。

多数小型，少数大型。头后口式，刺吸式口器，喙从头的后部伸出。触角丝状或刚毛状。翅 2 对，前翅质地较一致，膜质或皮革质，静止时在体背呈屋脊状；有些种类短翅或无翅；雄性介壳虫仅有 1 对前翅，后翅退化成平衡棒。跗节 1～3 节。

多数为渐变态，若虫与成虫形态和生活习性相似。但蚧虫雄虫和粉虱生活史中有不食不动的蛹期，而翅芽为体外发育，因而称为过渐变态。繁殖方式多样，可卵生，胎生；可两性生殖，亦有孤雌生殖。植食性，以刺吸植物的汁液取食为害。蚜、蚧、粉虱等排泄大量的含糖物质，称为蜜露，能引起煤污病，影响植物的光合作用。少数种类还能传播植物的病毒病。

（1）蝉科 Cicadidae

俗称知了。中型至大型。触角刚毛状。单眼3个，呈三角形排列。前翅大，后翅小。前足开掘足，腿节膨大，下缘具齿或刺。后足腿节细长，不会跳跃。雄蝉腹部第1节有发音器，善鸣叫；雌蝉产卵器发达，将卵产在植物嫩枝内，常导致枝梢枯死。幼蝉生活在土中，吸食植物根部汁液。生活史长。常见种类如蚱蝉 *Cryptotympana atrata*（Fabricius）（见图15-16）、蟪蛄 *Platypleura kaempferi*（Fabricius）。

（2）叶蝉科 Cicadellidae

俗称浮尘子。小型。触角刚毛状，生于复眼前方或两复眼之间。单眼2个。前翅革质，后翅膜质。后足胫节下方有成列刺状毛，且着生在棱脊上，这是本科最显著的鉴别特征。雌虫产卵器锯状，将卵产在植物组织内。善跳跃，有横走习性。成虫、若虫主要以吸食植物汁液为害，有些种类还能传播植物病毒病。常见种类如大青叶蝉 *Cicadella viridis*（L.）（见图15-17）、小绿叶蝉 *Empoasca flavescens*（Fabricius）等。

（3）蜡蝉科 Fulgoridae

中至大型，体色美丽。头部多为圆形，有些种类具大型头突。触角短，基部2节膨大，鞭节刚毛状，着生在复眼下方。单眼2个，着生在复眼和触角之间。前翅基部一般有肩板。翅发达，前翅端区翅脉多分叉，且有多横脉造成网状，后翅臀区翅脉也呈网状。常见种类如斑衣蜡蝉 *Lycorma delicatula* White（见图15-18），危害臭椿、合欢等；碧蛾蜡蝉 *Ceisha distinctissima*（Walker）危害菊花、山茶花、广玉兰等。

（4）木虱科 Psyllidae

体小型。触角长，10节，末节顶端生有2根长短不一的刚毛。单眼3个。喙3节，出自前足基节间。前翅革质，从基部出来一条翅脉，到中途分为3支，翅端每支再2分叉。后足基节有疣状突起，胫节端部有刺，适于跳跃（图12-3：1）。卵有短柄。若虫体扁，常分泌白色蜡丝包被虫体。多数为木本植物害虫，常见种类有梧桐木虱 *Thysanogyna limbata* Enderlin、槐豆木虱 *Cyamophla willetti*（Wu）。

（5）粉虱科 Aleyrodidae

体小纤弱，表面被有白色蜡粉。触角7节。复眼的小眼分为上、下两群。两性均有翅，前翅翅脉最多3条，后翅只有1条翅脉。卵有短柄，附着在植物上。若虫4龄，从第2龄起足及触角退化，固定不动，发育至4龄后所脱下的硬皮，称为“蛹壳”，是鉴别种类的重要依据。园林植物上的重要种类有温室白粉虱 *Trialeurodes vaporariorum* Westwood、烟粉虱 *Bemisia tabaci*（Gennadius）（见图15-13）等。

（6）蚜总科 Aphidoidea

通称蚜虫。体微小而柔软。触角丝状，长，通常3~6节，末端3节上有圆形感觉孔。腹部第6节背面两侧常有1对腹管。末节肛上板之后有突出的圆锥形尾片。分

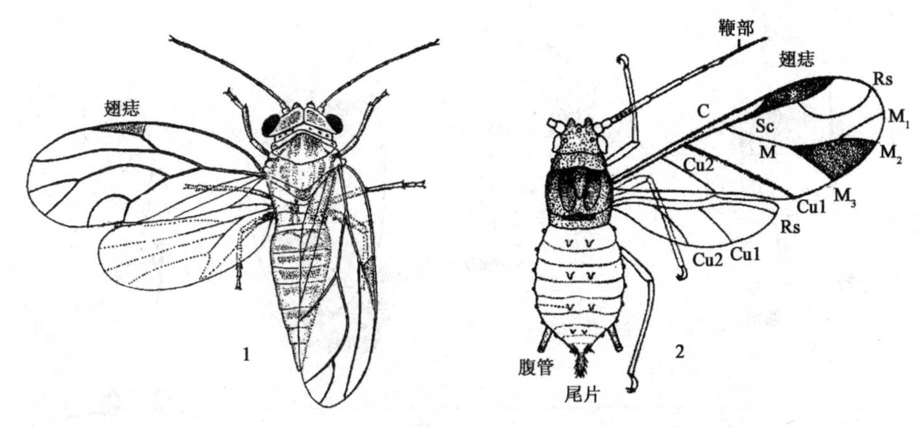

图 12-3　木虱(1) 和蚜虫(2) 的形态特征
(1. 仿周尧　2. 仿张广学)

有翅型和无翅型。前后翅膜质，前翅前缘翅痣明显，后翅远小于前翅(图 12-3：2)。生活史极其复杂，行周期性的孤雌生殖。1 年可发生 10 ~ 30 代。多生活在嫩芽、幼枝、叶片和花序上，少数在根部。以成虫、若虫刺吸植物汁液，并能传播植物病毒病。在园林植物上的种类很多，常见种类如菊小长管蚜 *Macrosiphniella sanborni* (Gillette)、紫薇长斑蚜 *Tinocallis kahawaluokalani* (Kirakaldy)、松大蚜 *Cinara punitabulaeformis* Zhang et Zhang、白毛蚜 *Chaitophorus populialbae* (Boyer_de Fonsc.)和秋四脉绵蚜 *Tetraneura akinire* Sasaki 等。

蚜总科常见科分科检索表

1. 无翅蚜复眼 3 个小眼面；前翅中脉至多分叉 1 次；常有发达蜡腺；在越冬寄主上常形成虫瘿或卷叶……………… 瘿绵蚜科 Pemphigidae
   无翅蚜复眼有多个小眼面；前翅中脉分叉 1 ~2 次；无蜡腺 …………… 2
2. 触角末节鞭部短，不显著；腹管孔状，位于多毛的圆锥体上；体较大 ……………… 大蚜科 Lachnidae
   触角末节鞭部长于基部；腹管不位于有毛的圆锥体上；体较小 …………… 3
3. 腹管截短形；尾片瘤状 …………… 4
   腹管长管形；尾片形状多样，但非瘤状 …………… 蚜科 Aphididae
4. 腹管无网纹；尾板末端微凹至分为 2 叶；缘瘤和背瘤发达 …………… 斑蚜科 Callasphididae
   腹管有网纹；尾板末端圆，有时微凹；缘瘤和背瘤常缺 …………… 毛蚜科 Chaitophoridae

(7) 蚧总科 Coccoidea

通称蚧虫或介壳虫，是一个非常奇特的类群(图 12-4)。体多微小，雌雄异型。雌虫幼虫形，无翅；3 个体段常愈合，头胸部分辨不清；复眼无，仅有 1 对单眼；口器发达；跗节 1 ~2 节，仅 1 爪，凭此可区别胸喙亚目的其他类群；体表常有蜡腺，分泌蜡粉或蜡块等覆盖虫体，起保护作用。雄成虫头、胸、腹分段明显；低等种类具复眼，高级种类有多对单眼；口器退化；前翅膜质，上有 1 条两分叉的翅脉；后翅退

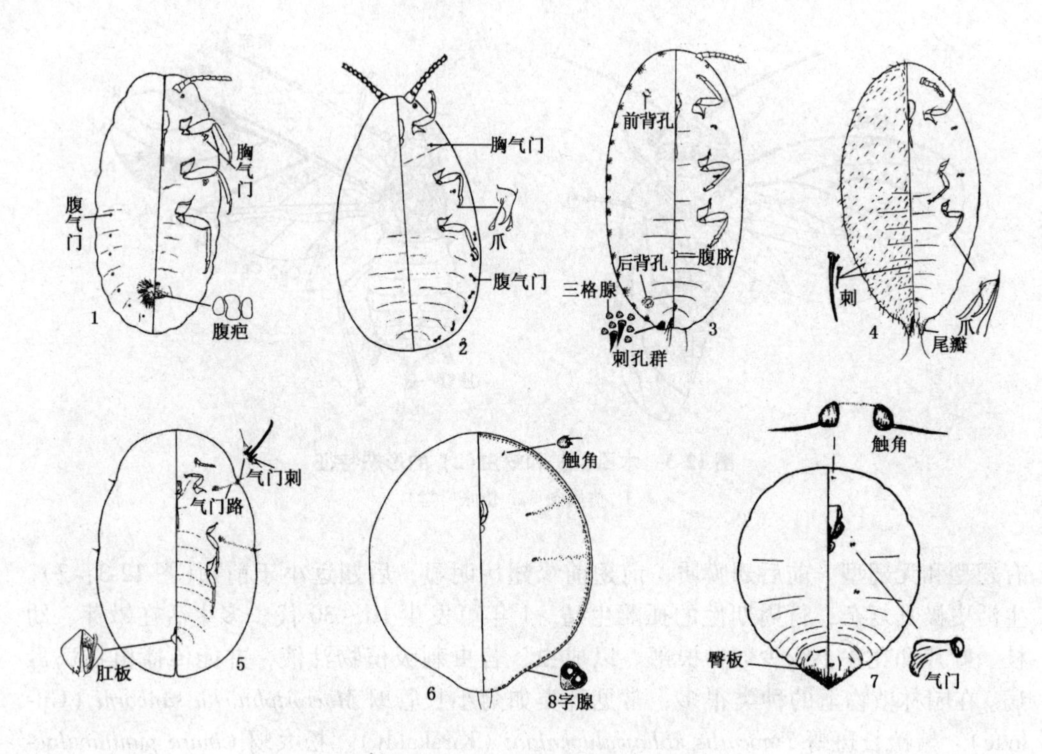

图 12-4 蚧总科常见科的形态特征

1. 绵蚧科 2. 珠蚧科 3. 粉蚧科 4. 毡蚧科 5. 蜡蚧科 6. 链蚧科 7. 盾蚧科

化成平衡棒。卵圆球形或卵圆形，产在雌成虫体腹面凹陷形成的孵化腔内、介壳下或体后的蜡质卵囊内。第 1 龄若虫触角、足发达，活泼，能够爬行，亦能靠风、动物等携带传播，为蚧虫一生中的主要或惟一扩散阶段，常将其称为爬虫(crawler)。他龄若虫形态似雌成虫，常固定吸汁取食。多寄生于木本植物或多年生草本植物，是重要的园林害虫。常见种类如草履蚧 *Drosicha corpulenta*（Kuwana）、日本松干蚧 *Matsucoccus matsumurae*（Kuwana）、康氏粉蚧 *Pseudococcus comstocki*（Kuwana）、紫薇毡蚧 *Eriococcus lagerstroemiae* Kuwana、水木坚蚧 *Parthenolecanium corni*（Bouchè）、半球竹链蚧 *Bambusaspis hemisphaerica*（Kuwana）、桑白盾蚧 *Pseudaulacaspis pentagona*（Targioni-Tozzetti）等。

蚧总科常见科分科检索表

1. 雌成虫有腹气门，通常无管状腺；雄成虫有复眼 ………………………………………… 2
   雌成虫无腹气门，常具有管状腺；雄成虫无复眼 ………………………………………… 3
2. 雌成虫具腹疤而无背疤；雄成虫在体末常有成对的肉质尾瘤；幼虫期没有无足的珠体阶段 ……………………………………………………………… 绵蚧科 Monophlebidae
   雌成虫具背疤而无腹疤；雄成虫常在背末中部有 1~2 群管腺，由此分泌成束蜡丝；幼虫期有无足的珠体阶段 ………………………………………………… 珠蚧科 Margarodidae
3. 雌成虫腹末有尾裂及 2 块肛板 ……………………………………………… 蜡蚧科 Coccidae
   雌成虫腹末无尾裂和肛板 ……………………………………………………………… 4

4. 8 字形腺常在背缘排成链带状；体表常被有透明或半透明的玻璃质蜡壳；触角退化成瘤状；足退化或缺 ………………………………………………………… 链蚧科 Asterolecaniidae
8 字形腺缺………………………………………………………………………………… 5
5. 雌成虫腹末几节愈合为臀板；触角退化，足消失；虫体被有由分泌物和若虫蜕皮形成的盾状介壳；雄虫腹末无蜡丝 ………………………………………………… 盾蚧科 Diaspididae
雌成虫腹末几节不愈合；体常被有蜡粉或裸露；雄虫腹末有 1 ~ 2 对蜡丝 ………………… 6
6. 背孔、刺孔群和三格腺通常存在；管状腺口不内陷；体表常被有白色蜡质粉粒 ……………………………………………………………………………………… 粉蚧科 Pseudococcidae
无背孔、刺孔群和三格腺；管状腺口内陷；雌成虫常潜伏在致密的毡囊内 ……………………………………………………………………………………… 毡蚧科 Eriococcidae

12.3.5　半翅目 Hemiptera

通称椿象，简称蝽。全世界约 40 000 种，我国已知逾 4 350 种。

体小至大型，扁平。刺吸式口器具分节的喙，从头的腹面前端伸出，不用时贴在头胸腹面。触角一般 4 ~ 5 节。复眼显著，单眼有或无。前胸背板很大，中胸小盾片发达。前翅为半鞘翅，基半部革质，可分成革片、爪片、楔片；端半部膜质，称作膜片，上面常具脉纹。静止时翅平放在身体背面，末端部分交叉重叠(图 12-5)。许多种类有臭腺，开口于胸部腹面两侧或腹部背面等处，能发出恶臭气味。

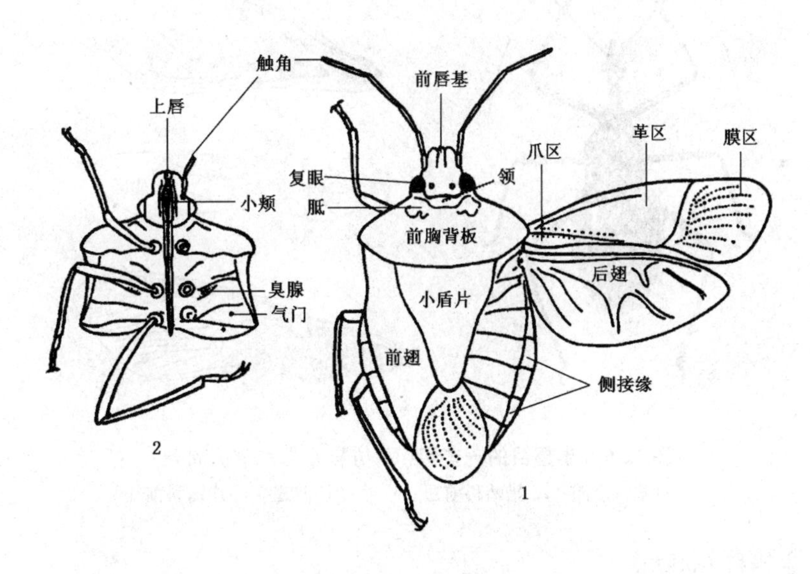

图 12-5　半翅目(蝽科)形态特征
1. 背面观　2. 腹面观(仿周尧)

渐变态。陆生或水生。多数为植食性，危害各种农作物、蔬菜、果树和林木；少数捕食性，对害虫的生物防治具有一定意义。

(1) 蝽科 Pentatomidae

小型至大型，常扁平而宽。头小，触角 5 节，单眼 2 个。喙 4 节。前翅分为革片、爪片和膜片3部分，膜片一般有5条纵脉，发自基部1根横脉上。中胸小盾片发达，三角形，至少超过爪片的长度。臭腺常有(图12-5：2)。多为植食性，少数为肉食性。卵桶形，聚产在植物叶片上。园林植物上常见的害虫有麻皮蝽 *Erthesina fullo* Thunberg、茶翅蝽 *Halyomorpha picus* (Fabricius)等。

(2) 缘蝽科 Coreidae

中型至大型。体常狭长，多为褐色或绿色。触角4节，着生在头部两侧上方。单眼存在。喙4节。前翅爪片长于中胸小盾片，结合缝明显。膜片上有多条平行纵脉，通常基部无翅室(图12-6：4)。植食性。园林植物上较常见的种类有危害小丽花及草坪的亚姬缘蝽 *Corizus albomarginatus* (Blöte)。

(3) 猎蝽科 Reduviidae

体小至大型。头部尖，长，在复眼后细缩如颈状。触角4~5节。喙3节，粗壮而弯曲。前翅革片脉纹发达，膜片上常有2个大翅室，端部伸出1长脉。腹部中段常膨大(图12-6：1，2)。部分种类栖息于植物上；部分种类喜躲藏于树洞、缝隙等暗处。捕食性，是农林害虫的重要天敌类群之一。常见种类如白带猎蝽 *Acanthaspis cincticrus* Stål、黑红赤猎蝽 *Haematoleocha nigrorufa* (Stål)。

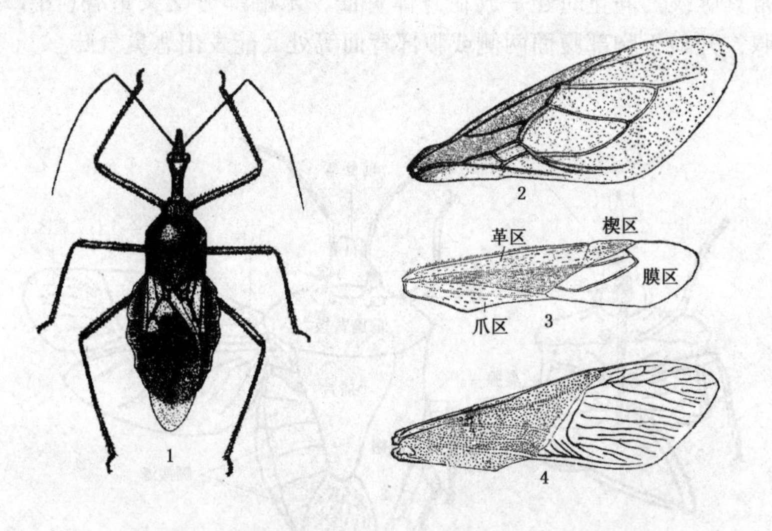

图12-6 半翅目的一些科(1. 仿彩万志；余仿周尧)

1. 猎蝽科全图 2. 猎蝽科前翅 3. 盲蝽科前翅 4. 缘蝽科前翅

(4) 盲蝽科 Miridae

体小型，纤弱，稍扁平。触角4节。无单眼。前翅分革片、爪片、楔片和膜片4部分，膜片仅1、2个小型翅室，其余纵脉消失(图12-6：3)。足细长。多数为植食性；少数为肉食性，捕食小虫及螨类。本科为半翅目中最大的科，全世界已知近万种，有些种类是农林业的重要害虫，如绿丽盲蝽 *Lygocoris lucorum* (Meyer-Dür.)(见图15-19)、牧草盲蝽 *Lygus pratensis* (L.)等。

（5）网蝽科 Tingidae

又称军配虫。体小型，多扁平。前胸背板和前翅上有许多网状花纹，极易辨认。头相对很小，无单眼。触角4节，第3节最长。前胸背板向后延伸盖住小盾片，向前盖住头部。跗节2节，无爪间突。植食性。常聚集在寄主叶背刺吸危害，被害处常残留褐色分泌物。常见种类有危害梨、苹果、海棠的梨冠网蝽 *Stephanitis nashi* Esaki et Takerya 和危害杜鹃的杜鹃冠网蝽 *S. pyrioides*（Scott.）(见图15-20)。

12.3.6 脉翅目 Neuroptera

此目全世界约5 700种，我国已知790余种，包括草蛉、蚁蛉、粉蛉、褐蛉等。

体小至大型。口器咀嚼式。触角细长，丝状、念珠状、棒状等。复眼发达，单眼3个或无。前后翅大小、形状和脉纹均相似；翅膜质透明，有许多纵脉和横脉成网状，且在翅缘处多2分叉。翅痣常有。休息时翅呈屋脊状覆盖在腹背上。跗节5节。尾须无。

完全变态。成虫、幼虫均肉食性，以蚜虫、蚂蚁、介壳虫、螨类等为食，是重要的天敌昆虫类群。

草蛉科 Chrysopidae

体中型，身体细长，纤弱。多呈绿色，少数为黄褐色或灰色。触角丝状，细长。复眼有金色光泽，相距较远；单眼无。前后翅的形状和脉相相似，或前翅略大。翅多无色透明，少数有褐斑。前缘横脉不分叉。卵长椭圆形，基部有1条丝质长柄(见图1-2：11)，多产在有蚜虫的植物上。幼虫称为蚜狮，长形，两头尖削。前口式，上、下颚合成的吸管长而尖，伸在头的前面。胸腹部两侧均生有具毛的疣状突起。某些蚜狮有背负杂物的习性，将猎物残骸等驮在背上，以保护自身。本科成虫、幼虫主要捕食蚜虫，也可捕食蚧虫、木虱、叶蝉、粉虱及螨类，为重要益虫，目前已有10余种用于生物防治中。常见种类如大草蛉 *Chrysopa pallens*（Ramber）(图12-7)、丽草蛉 *C. formosa* Brauer 和中华草蛉 *C. sinica* Tjeder 等。

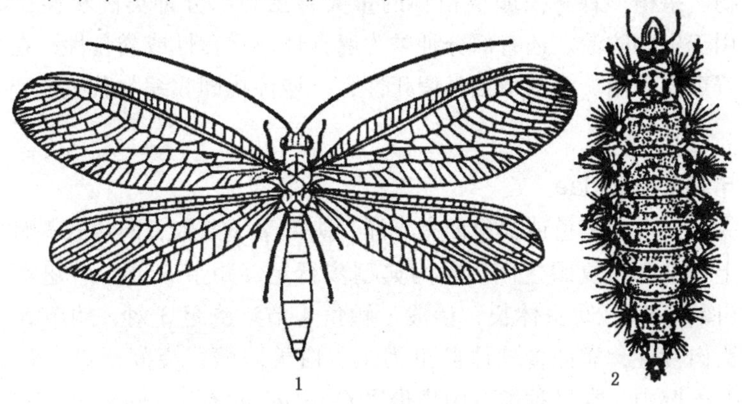

图12-7 草蛉科

1. 成虫 2. 幼虫(仿袁锋)

12.3.7 鞘翅目 Coleoptera

俗称甲虫。全世界逾36万种，我国记录28 300种，是昆虫纲中最大的目。

体微小至大型。口器咀嚼式，上颚发达。复眼有，单眼一般无。触角10～11节，有各种类型，是分类的重要特征。前胸发达，中胸仅露出三角形小盾片。前翅骨化、坚硬，无翅脉，称作鞘翅，静止时覆盖在背上，沿背中线会合呈一直线；后翅膜质，翅脉减少。尾须无(图12-8)。

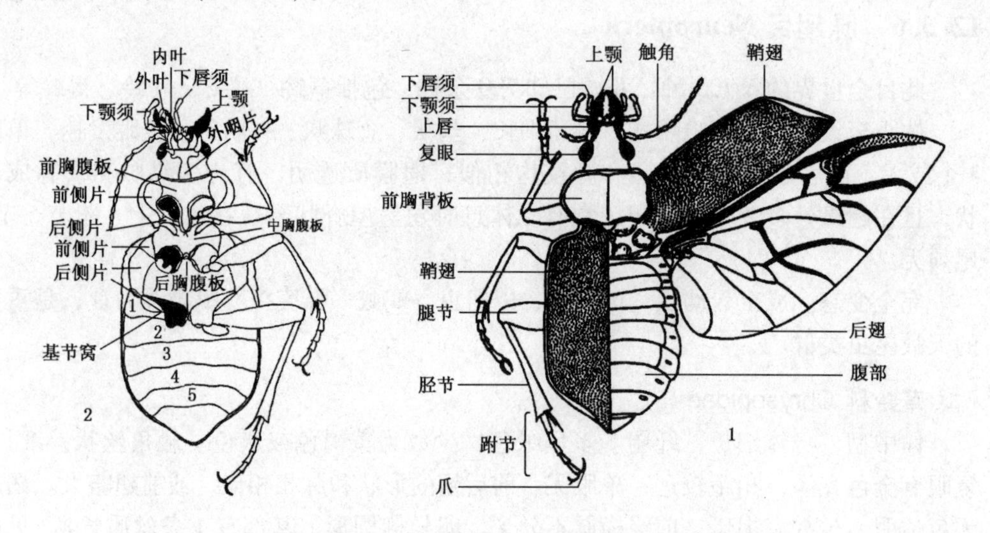

图12-8 鞘翅目(步甲)形态特征(1. 仿 Essig 2. 仿 Matheson)
1. 背面 2. 腹面

完全变态。幼虫寡足型，少数无足型。蛹为离蛹。多为陆生，少数水生。食性较杂。大多植食性，取食植物的不同部位，叶甲吃叶，天牛蛀食木质部，小蠹虫取食形成层，蛴螬(金龟甲幼虫)、金针虫(叩甲幼虫)取食根部，豆象取食豆科种子，许多种类是农作物、果树、森林及园林植物的重大害虫。部分种类肉食性，如瓢虫捕食蚜、蚧，可用于生物防治。还有部分种类为腐食性、尸食性或粪食性，在自然界物质循环方面起着重要作用。多数甲虫具假死性，一遇惊扰即收缩附肢坠地装死，以躲避敌害。

(1) 步甲科 Carabidae

体小至大型，多为黑色或褐色而有光泽。头部窄于前胸，前口式。触角细长，丝状，着生于上颚基部与复眼之间。足为典型步行足，跗节5节。后翅常不发达或无翅，不能飞(图12-8)。幼虫体长，活泼。触角4节。胸足3对，跗节5节具爪。成虫、幼虫均为肉食性，靠捕食软体昆虫为生。白天隐藏，夜间活动。常栖息于砖石块、落叶下及土壤中。常见种类有中华步甲 *Carabus maderae chinensis* Kirby 等。

(2) 金龟甲总科 Scarabaeoidea

通称金龟子。体小至大型，常壮而短。触角鳃叶状，即末端3～8节向一侧扩展成鳃叶状。前足胫节扁宽，外缘具齿和距，适于掘土，为开掘足。跗节5节。幼虫通称“蛴螬”。体乳白色，粗肥，休息时呈“C”字形弯曲。体壁柔软，多皱褶。胸足3对。腹部末节(臀节)圆形，腹板上着生有很多刚毛。刚毛的数量和分布情形，是幼虫鉴别的重要特征。本科习性复杂，有的为植食性，有的为粪食性。成虫多具趋光性，幼虫生活在土中，常将植物幼苗的根茎咬断，使植物枯死，为一类重要的农、林及草坪害虫。目前此总科有30 000余种，隶属22个科。常见的科有：

① 鳃金龟科 Melolonthidae　后足胫节有2个端距且相互靠近。爪有齿，大小相等。后气门位于骨化的腹板上。常见种类如华北大黑鳃金龟 *Holotrichia oblita* (Faldermann)(见图18-1)。

② 丽金龟科 Rutelidae　体色鲜艳且具金属光泽。后足胫节有端距2枚。爪不对称，后足特别明显。腹气门3个在背腹间膜上，3个在腹板上。重要害虫如铜绿异丽金龟 *Anomala corpulenta* Motschulsky(见图18-2)。

③ 花金龟科 Getoniidae　体常具金属光泽。上唇退化或膜质。鞘翅外缘凹入。中胸腹板有圆形向前突出物。成虫多在白天活动，常在花上取食花粉和花蜜，故有“花潜”之称。常见种类如小青花潜 *Oxycetonia jucunda* Faldermann。

(3) 吉丁甲科 Buprestidae

体较长，常具金属光泽。头下口式，嵌入前胸。触角多为锯齿状。前胸与中胸相接紧密不能活动，前胸腹板有1扁平突起嵌在中胸腹板上，后胸腹板上有1条明显的横沟。腹部第1、2节腹板常愈合(图12-9：1)。幼虫俗称“溜皮虫”，体扁平，无足。头小，前胸膨大，背腹面均骨化，体后部较细，使虫体呈棒状。幼虫钻蛀枝干或根部，生活在树木的形成层中，一些种类是园林植物和果树的重要害虫，如六星吉丁虫 *Chrysobothris succedanea* Saunders。

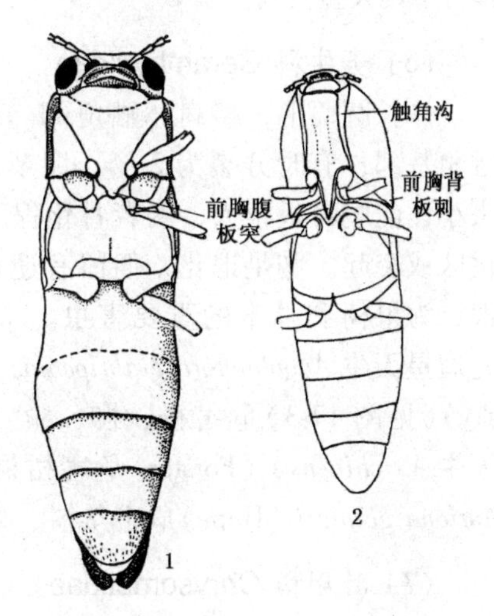

图12-9　吉丁甲科(1)和叩甲科(2)(仿周尧)

(4) 叩甲科 Elateridae

通称叩头虫。体小至中型，体色多暗淡。触角锯齿状或栉齿状，11～12节。前胸可活动，其背板二后侧角常呈尖锐突出，腹板后方中央有向后伸延的刺状物，插入中胸腹板前方的凹陷内，组成弹跃构造(图12-9：2)。当虫体仰卧时，则挺胸弯背，靠肌肉的强劲收缩，前胸向内收，背面击地而跃起。当体后部被抓住时，前胸不断上下活动，类似“叩头”。幼虫通称金针虫，寡足型，体金黄色或棕黄色，坚硬、光滑、细长。上唇无。腹气门各有2个裂孔。成虫白天活动，幼虫常栖息于土中，食害植物的种子、根部，为重要的地下害虫。常见种类有细胸叩甲 *Agriotes subvittatus* Motschulsky(见图18-5)和沟叩甲 *Pleonomus canaliculatus* (Faldermann)等。

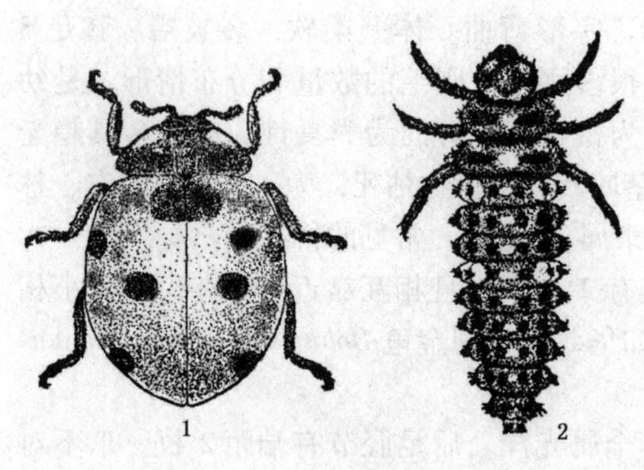

图12-10 瓢甲科

1. 成虫 2. 幼虫

(5) 瓢甲科 Coccinellidae

体半球形，腹面扁平，背面隆起。鞘翅上常具鲜艳的斑纹。头小。触角短棒状。跗节4节，第3节很小，包藏于第2节的凹陷中，看起来像3节，因而称作隐4节或伪3节。幼虫体长形，背面常有毛瘤或枝刺，有时被有蜡粉。成虫、幼虫食性相同，多数种类肉食性，可捕食蚜虫、蚧虫、粉虱和螨类等，如七星瓢虫 *Coccinella septempunctata* (Linnaeus)(图 12-10)和异色瓢虫 *Lewis axyridis* (Pallas)，此类成虫鞘翅多无毛，幼虫行动活泼，体背毛瘤多且柔软；少数种类为植食性，危害农作物，如马铃薯瓢虫 *Henosepilachna vigintiomaculata* (Motschulsky)，此类成虫背面多毛，幼虫多不活泼，体背多具大型枝刺。

(6) 天牛科 Cerambycidae

体长圆筒形，略扁。触角11节，特长，至少超过体长的1/2。眼肾脏形，环绕触角基部，有时分裂为2个。跗节为隐5节(图12-11)。幼虫体长，圆筒形，略扁。头小，前胸背板很大，两者骨化程度较强，颜色较深。胸、腹节的背腹面一般均有骨化区或突起。胸足退化，但留有遗痕。成虫多白天活动；幼虫钻蛀植物的茎、枝或根，为果树和林木的重要害虫。常见种类如光肩星天牛 *Anoplophora glabripennis* (Motschulsky)(见图17-3)危害杨、柳、榆、槭等；星天牛 *A. chinensis* (Forster)危害柑橘；桑天牛 *Apriona germari* (Hope)危害桑树、果树等。

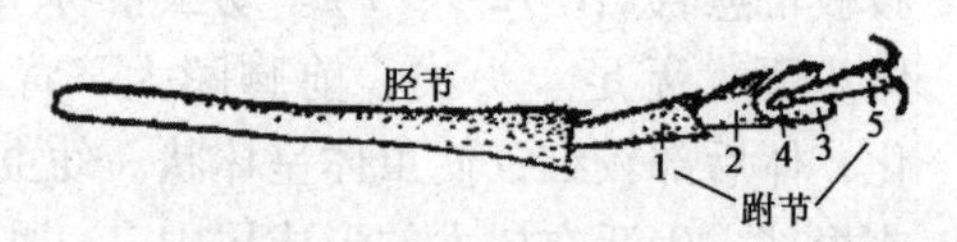

图12-11 天牛的足(示隐5节)

(7) 叶甲科 Chrysomelidae

俗称金花虫。体小型，椭圆形、圆形或长形，常具金属光泽。触角丝状，11节。复眼圆形。跗节隐5节。有些种类(跳甲)的后足发达，善跳。幼虫圆筒形，柔软，似鳞翅目幼虫，但腹足无趾钩。成虫、幼虫均植食性，多取食叶片，少数蛀茎和咬根。常见的种类有危害杨树的白杨叶甲 *Chrysomela populi* L.，危害榆树的榆毛胸萤叶甲 *Pyrrhalta aenescens* (Fairm.)(见图16-24)等。

(8) 象甲科 Curculionidae

通称象鼻虫。体小至大型。头部延伸成象鼻状，特称"喙"。咀嚼式口器位于喙的端部。触角多弯曲呈膝状，10～12节，端部3节呈锤状。跗节隐5节。幼虫体壁柔软，乳白色，肥胖而弯曲。头发达。足缺。本科为昆虫纲中最大的科，已知约60 000种。成虫、幼虫均植食性，许多种类为农林重大害虫。如沟眶象 *Eucryptorrhynchus chinensis* (Olivier)(见图17-8)、一字竹象 *Otidognathus davidis* Fabricius。

(9) 小蠹科 Scolytidae

体小，圆筒形，色暗，有毛鳞。头窄于前胸；触角膝状，末端3～4节呈锤状。无喙，上唇退化，上颚发达。前胸背板发达，有时向前盖住头部。足短粗，胫节常有齿。幼虫白色，无足，头部发达。成虫和幼虫多蛀食树木的韧皮部，形成各种图案的坑道系统。如危害侧柏和圆柏的柏肤小蠹 *Phloeosinus aubei* Perris(见图17-6)，危害多种松树的纵坑切梢小蠹 *Tomicus piniperda* L. 等。

12.3.8 双翅目 Diptera

本目约有15万种，我国已记录15 600余种。包括蚊、蠓、虻和蝇。

体微小至中型。头下口式，能活动。复眼发达，几乎占头的大部分，很多种类雄虫的2个复眼紧靠在一起或非常接近，称为合眼式；雌虫的2个复眼多远离，称为离眼式。触角形状和节数变化很大，有丝状、念珠状、短角状、具芒状等。口器刺吸式或舐吸式。仅具1对膜质前翅，后翅特化为平衡棒。有些种类的前翅，在后缘基部常分出1个小片，称为翅瓣；在翅的下方与胸部相连接处有1～2个不透明的小片，称为腋瓣。足跗节5节，爪垫存在，爪间突1个。

完全变态。幼虫一般无足，蠕虫状，称为蛆。蚊和虻的蛹为离蛹或被蛹，成虫羽化时从蛹背面纵裂；蝇类的蛹为围蛹，成虫羽化时蛹壳前端环状裂开。双翅目昆虫的生活习性比较复杂。成虫营自由生活，多以花蜜或腐败有机物为食，有些种类可刺吸人类或动物血液，传播疾病；有些则可捕食其他昆虫。幼虫多为腐食性或粪食性；有些为肉食性，可捕食(如食蚜蝇)或寄生(如寄蝇)其他昆虫；少数植食性，危害植物的根、茎、叶、果、种子等，是重要的农林害虫。

(1) 瘿蚊科 Cecidomyiidae

体小细弱。触角念珠状，雄性触角节上环生细毛。单眼无。足细长。翅宽而多毛，仅有3～5条纵脉(图12-12：1)。成虫多在早、晚活动。幼虫食性可分为捕食性、腐食性和植食性。植食性幼虫常形成虫瘿，故有"瘿蚊"之称。重要种类如菊艾瘿蚊 *Rhopalomyia chrysanthemi* (Ahlberg)等。

(2) 食虫虻科 Asilidae

又叫盗虻科。体中至大型。头胸大，腹部细长。头与前胸有细颈相连。复眼突出，单眼3个。触角3节，端部有1节芒。足细长，爪间突刺状。翅大且长(图12-12：2)。幼虫生活在土壤、垃圾或腐树中。成虫飞翔在空中，捕食小虫。常见种类如中华盗虻 *Cophinopoda chinensis* Fabricius。

(3) 食蚜蝇科 Syrphidae

中等大小，外形似蜂。体具鲜艳色斑，无刚毛。头大，触角3节，具芒状。眼大，雄性接眼式，雌性离眼式。翅大，外缘有和边缘平行的横脉。径脉和中脉之间有1条两端游离的褶状构造，称为伪脉，是本科的显著特征(图12-12：3)。成虫常在花上或空中悬飞，取食花蜜，传授花粉；幼虫蛆形，体侧具短而柔软的突起或后端有鼠尾状的呼吸管。多数为捕食性，可捕食蚜虫、蚧虫、粉虱、叶蝉、蓟马等。常见种类

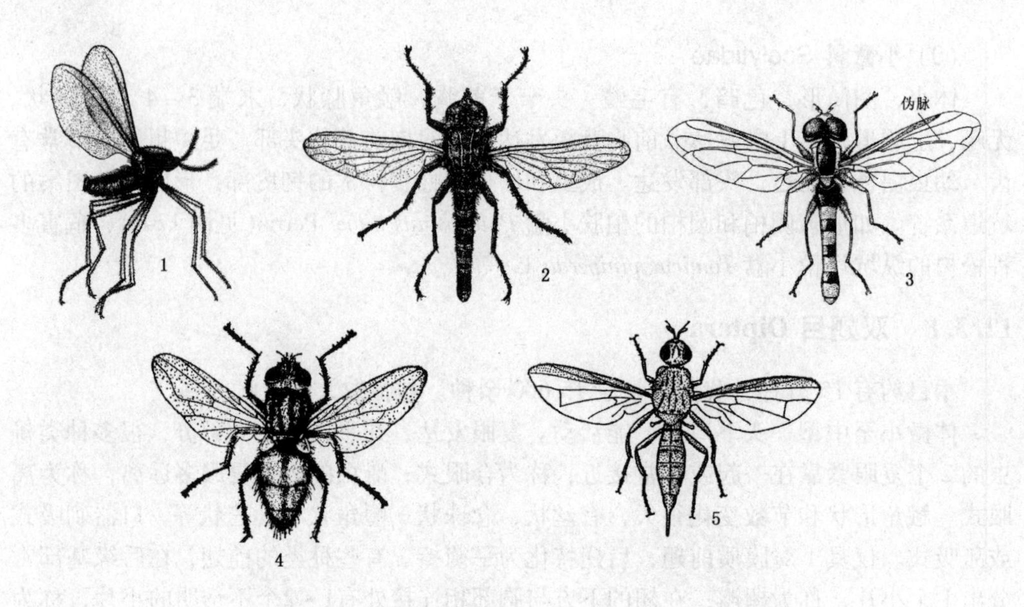

图 12-12 双翅目的一些科(1. 仿朱兴才，余仿周尧)

1. 瘿蚊科 2. 食虫虻科 3. 食蚜蝇科 4. 寄蝇科 5. 实蝇科

如黑带食蚜蝇 *Episyrphus balteatus*（De Geer）、细腰食蚜蝇 *Bacha maculata* Walker 等。

(4) 潜蝇科 Agromyzidae

体小型，多为黑色或黄色。单眼和口鬣存在。翅宽大，透明或具色斑。腋瓣无，前缘脉有一处中断，亚前缘脉退化。臀室小。幼虫潜食叶肉，形成各种形状的隧道。重要种类如美洲斑潜蝇 *Liriomyza sativae*（Blanchard）(见图 17-14)。

(5) 种蝇科 Anthomyiidae

又叫花蝇科。小至中型，体较细长，有鬃毛，多为黑色、灰色或暗黄色。触角芒裸或有毛。前翅后缘基部与身体连接处有一质地较厚的腋瓣。M_{1+2}不向前弯曲，Cu_2+2A 到达翅后缘。成虫常在花间飞舞。幼虫多为腐食性，取食腐败动、植物和动物粪便；少数危害植物种子及根，因而称为根蛆。常见种类如灰地种蝇 *Delia platura*（Meigen）(见图 18-7)。

(6) 寄蝇科 Tachinidae

小至中型，多毛，体常黑色、灰色或褐色，带有浅色斑纹。触角芒光裸。中胸后盾片发达，露在小盾片之外，侧面观更为明显。M_{1+2}脉向前弯向 R_{4+5}(图 12-12：4)。幼虫蛆形，具刚毛或刺。成虫白天活动，常见于花间。幼虫多寄生于鳞翅目幼虫、蛹及鞘翅目等其他昆虫的成虫、幼虫。本科昆虫多数是益虫，在生物防治中起一定作用。如日本追寄蝇 *Exorista japonica* Townsend 寄生于黏虫。

(7) 实蝇科 Tephritidae

体小至中型，色彩鲜艳，翅面上常有雾状的褐色斑纹。头大，有细颈；复眼大，闪绿光。雌虫产卵管细长，扁平，坚硬(图 12-12：5)。幼虫植食性，潜食茎、叶、花、果实和种子，不少种类是重要的果实害虫。如柑橘大实蝇 *Tetradacus citri*（Chen）在我国部分柑橘产区危害严重。

12.3.9 鳞翅目 Lepidoptera

本目通称蝶或蛾，包括蝶、蛾两类，全世界约16万种，是昆虫纲中仅次于鞘翅目的第二大目。

体小至大型。触角丝状、棍棒状或羽状。口器虹吸式。复眼1对，单眼通常2个。翅2对，膜质，其上密被鳞片，并常形成各种花纹(图12-13)。翅脉相对简单，横脉少，前翅纵脉一般多至15条，后翅多至10条。脉相和翅上花纹是分类和种类鉴定的重要依据。

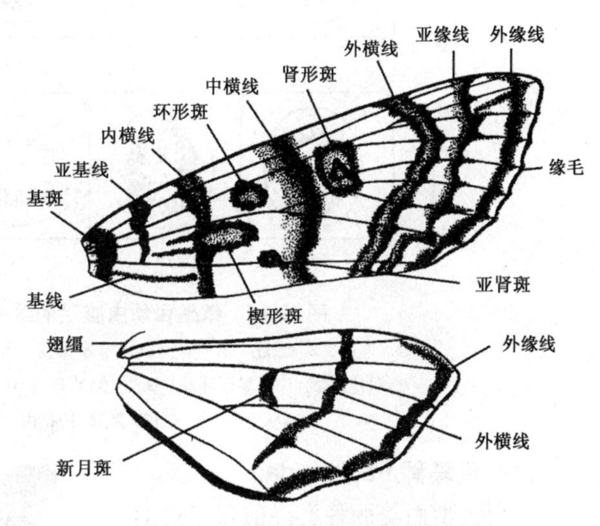

图12-13 鳞翅目翅面斑纹模式图
(仿Skinner)

完全变态。幼虫为多足型，体圆柱形，柔软，常有不同颜色的纵向线纹(图12-14)。头部坚硬，额狭窄，呈“人”字形，口器咀嚼式。胸足3对。腹足5对，着生在第3~6腹节和第10腹节上，最后1对腹足称为臀足。腹足末端有趾钩，其排列方式，按长短高低分为单序、双序或多序；按排列的形状分为环状、缺环状、中带或二横带式，是幼虫分类的重要特征(图12-15)。蛹常为被蛹。蝶类化蛹多不结茧，蛾类常在土室或丝茧等隐蔽环境中化蛹。蝶类成虫多在白天活动，在花间飞舞；蛾类多在夜间活动，许多种类具趋光性。

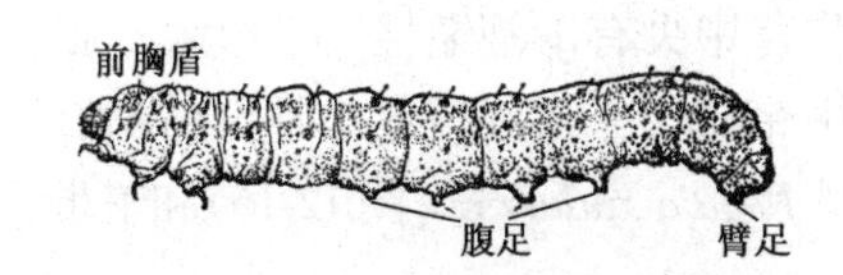

图12-14 鳞翅目幼虫的体形
(仿周尧)

鳞翅目昆虫幼虫绝大多数为植食性，许多种类为农林重大害虫。取食、危害方式多样，有自由取食的，卷叶、缀叶的，还有潜叶、蛀茎、蛀果的，少数形成虫瘿。桑蚕、柞蚕等能吐丝织绸，蝙蝠蛾的幼虫被虫草菌寄生后形成冬虫夏草，皆为重要的资源昆虫，为人类开发和利用。

12.3.9.1 蝶类

触角棍棒状。后翅肩区发达，翅缰无。静止时翅直立于体上。白昼活动。常见类群有粉蝶、蛱蝶、凤蝶、灰蝶、眼蝶、弄蝶等。

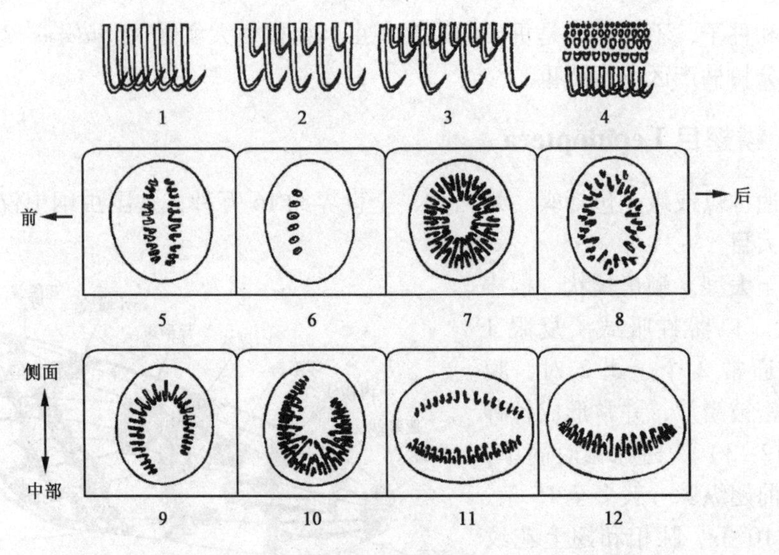

图 12-15　鳞翅目幼虫腹足的趾钩(仿 Peterson)

1. 单序　2. 二序　3. 三序　4. 单序多行　5. 二横带状　6. 单横带状　7. 双序环状　8. 多行环状　9. 内侧缺环　10. 外侧缺环　11. 二纵带状　12. 双序中带状

(1) 凤蝶科 Papilionidae

多为大型而美丽种类。前翅三角形，径脉 5 分支，臀脉 2 条；后翅臀脉 1 条，外缘波状，常有 1 尾状突起。幼虫体光滑，前胸背中央有 1 翻缩性"Y"形腺。腹足趾钩中带式，二序或三序。常见种类有柑橘凤蝶 *Popilio xuthus* L.(图 12-16)和玉带凤蝶 *P. polytes* L.。

图 12-16　凤蝶科

(2) 粉蝶科 Pieridae

中等大小。多白色或黄色，翅上有时具斑纹。前翅三角形，径脉 4 分支，臀脉 1 条；后翅卵圆形，臀脉 2 条。幼虫绿色或黄色，体表有许多小突起和次生毛。身体每节分为 4~6 个环。腹足趾钩中列式，二序或三序。常见种类如菜粉蝶 *Pieris rapae* L.、山楂粉蝶 *Aporia crataegi* L.。

图 12-17　蛱蝶科

(3) 蛱蝶科 Nymphalidae

中至大型。翅上有各种鲜艳的色斑。前足退化，无爪。后翅臀脉 2 条。幼虫体色深，头上常有突起，体上常有成对棘刺，趾钩多为三序中带。园林植物害虫有大红蛱蝶 *Vanessa indica* (Herbst)(图 12-17)、桂花蛱蝶 *Ki-*

ronga ranga Moore。

(4) 弄蝶科 Hesperiidae

头大。触角基部远离，末端弯曲呈钩状。前翅所有径脉均不共柄，单独从中室分出。后足胫节有2对距。幼虫纺锤形，头大，前胸细瘦呈颈状，腹足趾钩三序环式。常吐丝缀连数叶作苞，在里面危害。园林植物上常见的种类如蕉弄蝶 *Erionota torus* Evans(见图16-22)。

12.3.9.2 蛾类

触角非棍棒状。翅缰常有。静止时翅呈屋脊状或平放于体背。夜间活动。常见蛾类有夜蛾、螟蛾、尺蛾、舟蛾、毒蛾、刺蛾、天蛾等。

(1) 蝙蝠蛾科 Hepialidae

体小至极大。触角短，线状至栉齿状。单眼缺，喙退化。翅常暗褐或褐色，前、后翅脉序相同，中室内有中脉主干。幼虫钻蛀茎或根，腹足趾钩多序缺环。重要种类如柳蝙蛾 *Phassus excrescens* Butler，危害柳、榆、银杏等多种树木。

(2) 木蠹蛾科 Cossidae

体中至大型，粗壮。头小，喙消失。中脉主干在中室内分叉。幼虫通常红色，趾钩二或三序环式。幼虫钻蛀木本或草本植物的茎干、枝条和根。园林植物上常见的种类有芳香木蠹蛾 *Cossus cossus* L.、小线角木蠹蛾 *Holcocerus insularis* Staudinger(见图17-9)。

(3) 透翅蛾科 Sesiidae

小至中型，外形似蜂类。翅狭长，通常有无鳞片的透明区。腹部末端常有扇形鳞片簇。成虫白天活动，幼虫趾钩单序横带，主要蛀食树木的主干、枝条、根部等。常见种类有葡萄透翅蛾 *Parathrene regalis* Butler、白杨透翅蛾 *Paranthrene tabaniformis* Rottenberg(见图17-11)。

(4)蓑蛾科 Psychidae

又名袋蛾科。雌雄异型。雄虫具翅，触角栉齿状，无喙，翅缰异常大；雌虫无翅，形如幼虫。幼虫肥胖，趾钩单序缺环，能吐丝缀连叶片和小枝形成各种形状的袋囊，生活在其中。常见园林植物害虫有碧皑蓑蛾 *Acanthoecia bipars* Walker、大蓑蛾 *Clania variegata* (Snellen)(见图16-10)等。

(5) 刺蛾科 Limacodidae

体粗壮多毛。单眼无，喙退化。翅短而阔圆，中室内中脉主干常分叉；后翅 $Sc+R_1$ 与 Rs 基部分离或沿中室基半部短距离合并。幼虫短粗，蛞蝓型，长有毛疣或枝刺，无腹足，经常在卵圆形的石灰质的茧内化蛹。以幼虫取食叶片危害。常见种类有黄刺蛾 *Cnidocampa flavescens* (Walker)(见图16-1)、扁刺蛾 *Thosea sinensis*(Walker)等。

(6) 螟蛾科 Pyralidae

小至中型，体瘦长，腹部末端尖细。前翅三角形，后翅 $Sc+R_1$ 与 Rs 在中室外有一段极其接近或愈合，M_1 与 M_2 基部远离，各从中室两角伸出。幼虫体细长，腹足短，趾钩通常二序或三序，缺环状。幼虫常蛀茎或缀叶，营隐蔽生活。园林植物上常见种类有黄杨绢野螟 *Diaphania perpectalis* (Walker)、大丽花螟蛾 *Ostrinia fuanacalis* (Guenée)(见图 17-15)。

(7) 卷蛾科 Tortricidae

小至中型。前翅略呈长方形，外缘平直，肩角突出，休息时两翅合拢呈吊钟状。喙裸，下颚须退化或消失，下唇须前伸。幼虫圆筒形，趾钩环式，肛门上方常有臀栉。幼虫营隐蔽生活，可卷叶、缀叶、钻蛀等。常见种类有梨小食心虫 *Grapholitha molesta*(Busck)、苹褐卷蛾 *Pandemis heparana* (Schiffer-Müller)(见图 16-18)等。

(8) 斑蛾科 Zygaenidae

小至中型，色彩常艳丽。白天活动。喙发达。中室内有中脉主干存在，后翅$Sc+R_1$ 与 Rs 愈合到中室末端之前或以一横脉相连。幼虫短粗，体上常有毛瘤或毛簇，趾钩单序中带。常见种类有梨星毛虫 *Illiberis pruni* Dyar、朱红毛斑蛾 *Phauda flammans* Walker(见图 16-20)等。

(9) 尺蛾科 Geometridae

体细长，翅大而薄，有些雌虫无翅或翅退化。后翅 $Sc+R_1$ 在基部常强烈弯曲，与 Rs 靠近或愈合，造成一个小室。幼虫体细长，仅有腹足 2 对，着生在第 6 腹节和末节上，行动时一曲一伸，故称"尺蠖"、步曲或造桥虫。幼虫蚕食叶片，许多种类是林木、果树的重要害虫，如女贞尺蛾 *Naxa seriaria* Mots. 、槐尺蛾 *Semiothisa cinerearia* Bremer et Grey(见图 16-5)。

(10) 枯叶蛾科 Lasiocampidae

体粗壮多毛。喙和单眼退化。触角双栉齿状。后翅无翅缰，肩角扩大，常有 2 或数根肩脉。幼虫粗壮，密被长短不一的毛，趾钩双序中带。取食树木叶片，经常造成严重危害，重要种类如黄褐天幕毛虫 *Malacosoma neustria testacea* Motschulsky(见图 16-7)等。

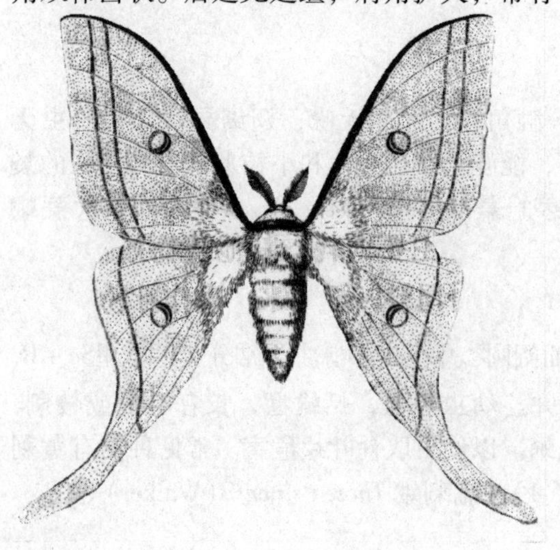

图 12-18 大蚕蛾科

(11) 大蚕蛾科 Saturniidae

大至极大型，体粗壮。触角双栉齿状。翅宽大，中室端部一般有不同形状的眼形斑或月形纹。前翅顶角大多向外突出，后翅肩角发达，无翅缰，$Sc+R_1$ 与中室分离或以横脉相连。幼虫粗大，体被枝刺、瘤突或粗毛，趾钩双序中带。常见种类有柞蚕 *Antheraea pernyi* Guerin-Meneville、绿尾大蚕蛾 *Actias selene* ningpoana Felder(图 12-18)。

(12) 天蛾科 Sphingidae

体大型，粗壮呈梭形。触角末端钩状，喙发达。前翅大而狭长，顶角尖，外缘斜直；后翅小，$Sc+R_1$ 与 Rs 在中室中部有一小横脉相连。幼虫肥大，光滑，多为绿色，体侧常有斜纹或眼状斑。第 8 腹节背中央有一向后上方伸出的角状突起，称为尾角。趾钩二序中带式。成虫飞翔能力强，幼虫食叶危害。常见种类如霜天蛾 *Psilogramma menephron* (Cramer)(见图 16-15)、桃六点天蛾 *Marumba gaschkewitschi* (Bremer et Grey)。

(13) 舟蛾科 Notodontidae

又叫天社蛾科。中等大小，体多褐色或暗色。前翅后缘亚基部常有后伸的鳞片簇，后翅 $Sc+R_1$ 与 Rs 靠近但不接触，或以短横脉相连。幼虫体形多变，臀足常退化或特化成细突起或刺状构造，不用于行走。受惊时常举起头尾两端似一叶小舟，故称为“舟形毛虫”。幼虫通常有群居性，食叶危害阔叶树。常见种类有苹掌舟蛾 *Phalera flavescens* Bremer et Grey、杨扇舟蛾 *Clostera anachoreta* (Fabricius)(见图 16-8)等。

(14) 毒蛾科 Lymantriidae

体粗壮多毛。触角双栉状。翅常宽圆，后翅 $Sc+R_1$ 与 Rs 在中室基部 1/3 处并接或接近，然后又分开。休息时多毛的前足常伸向前方，许多种类的雌虫腹末有毛丛。幼虫体被有长短不一的毛，在瘤上形成毛束或毛刷，第 6 和第 7 腹节背面各有一翻缩毒腺，趾钩单序中带式。幼虫食叶，许多种类为林果害虫，如舞毒蛾 *Lymantria dispar* (L.)(见图 16-3)、盗毒蛾 *Porthesia similis* (Fuszly)。

(15) 灯蛾科 Arctiidae

中等大小，色彩艳丽。$Sc+R_1$ 与 Rs 愈合至中室中央或以外。幼虫被有浓密的长毛，以毛丛形式着生在毛瘤上，背面无毒腺。幼虫食叶，幼期有群集性。美国白蛾 *Hyphantria cunea* Drury(见图 16-19)是著名的检疫害虫。

(16) 夜蛾科 Noctuidae

体多中型，粗壮，色常灰暗。前翅略狭窄，常具斑点和条纹；后翅色浅，$Sc+R_1$ 和 Rs 脉在基部分离，于近基部接触后又分开，造成一个小基室。幼虫多数体光滑，趾钩一般为单序中带，少数为双序中带。幼虫多数在植物表面取食叶片，少数蛀茎或营隐蔽生活。许多种类是园林植物的重要害虫，如斜纹夜蛾 *Spodoptera litura* (Fabricius)(见图 16-12)、小地老虎 *Agrotis ypsilon* (Rottemberg)、棉铃虫 *Helicoverpa armigera* (Hübner)(见图 17-17)等。

12.3.10 膜翅目 Hymenoptera

本目全世界已知 14.5 万种，为昆虫纲第三大目，包括常见的各种蜂类和蚂蚁等。我国已知近 12 500 种。

体微小至大型。口器咀嚼式或嚼吸式。触角形状多样。翅2对，膜质，前翅大于后翅，后翅前缘有1列小钩。腹部第1节并入后胸，称为并胸腹节。雌虫产卵器发达，锯状或针状，在高等类群中特化为螯刺。

完全变态。叶蜂类的幼虫为多足型，他类幼虫为无足型。多数为单栖性，少数为群栖性，营社会生活，如蜜蜂、蚂蚁等。食性复杂，很多种类为寄生性，如姬蜂、茧蜂、小蜂等；有些种类为捕食性，如胡蜂、泥蜂等，它们都是重要的天敌类群，在害虫生物防治中发挥着重要作用。有些种类传授植物花粉，如蜜蜂、熊蜂等，能提高农作物、果树等的产量和品质。也有一些为植食性，幼虫取食植物的叶片或蛀茎危害，是农作物、园林业的重要害虫。

(1) 叶蜂科 Tenthredinidae

中等大小，体粗壮。触角多为丝状。前胸背板后缘深凹，向后伸达翅基片(肩板)。前足胫节具2端距。胸、腹部连接处不缢缩。产卵器锯状。幼虫似鳞翅目幼虫，但头部额区非“人”字形；腹足6~8对，着生在第2~8腹节和第10腹节上，且末端无趾钩。成虫常见于叶片或花上，幼虫取食叶片。园林植物害虫有蔷薇三节叶蜂 *Arge pagana* Panzer(见图16-23)等。

(2) 茎蜂科 Cephidae

体纤细。触角丝状或棒状。前胸背板后缘平直。前足胫节端距1枚。幼虫无腹足，胸足退化，体弯曲成“S”或“C”字形。幼虫蛀食植物茎干。常见害虫如月季茎蜂 *Neosyrista similes* Moscary(见图17-12)。

(3) 姬蜂科 Ichneumonidae

体细长。触角丝状。前翅翅痣明显，端部第二列翅室中有1个特别小的四角形或五角形翅室，称为小室；小室下面所连的一条横脉叫作第二回脉，是姬蜂科的重要特征(图12-19)。腹部细长或侧扁，长于头、胸部之和。产卵管很长。卵多产于鳞翅目、鞘翅目、膜翅目幼虫和蛹的体内。幼虫内寄生，为最常见的寄生性昆虫。常见种类有舞毒蛾黑瘤姬蜂 *Coccygomimus disaprs* (Viereck)等。

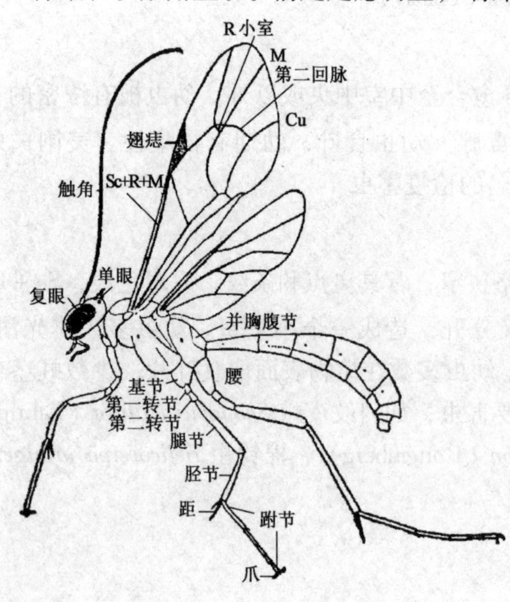

图12-19 姬蜂科(仿周尧)

(4) 茧蜂科 Braconidae

小至中型，与姬蜂科相似，但前翅只有1条回脉。腹部第2和第3节背板愈合。寄生性昆虫，幼虫老熟后在寄主体外结白色丝茧化蛹。常见种类有天幕毛虫绒茧蜂 *Apanteles gastropachae* (Bouche)等。

(5) 小蜂总科 Chalcidoidea

体微小，多数2～3mm。头部横形，复眼大。触角大多膝状，5～13节。前胸背板略呈方形，不向后伸达肩板。翅脉极退化，仅前缘有1～2条脉，无翅室。足转节2节。腹部腹板坚硬，无中褶(图12-20)。包括21个科。绝大多数种类为寄生性，少数植食性。为重要天敌昆虫类群之一，许多种类已成功地应用于生物防治，如我国从国外引进粉虱丽蚜小蜂 *Encarsia formosa* Gahan 用于控制温室白粉虱。

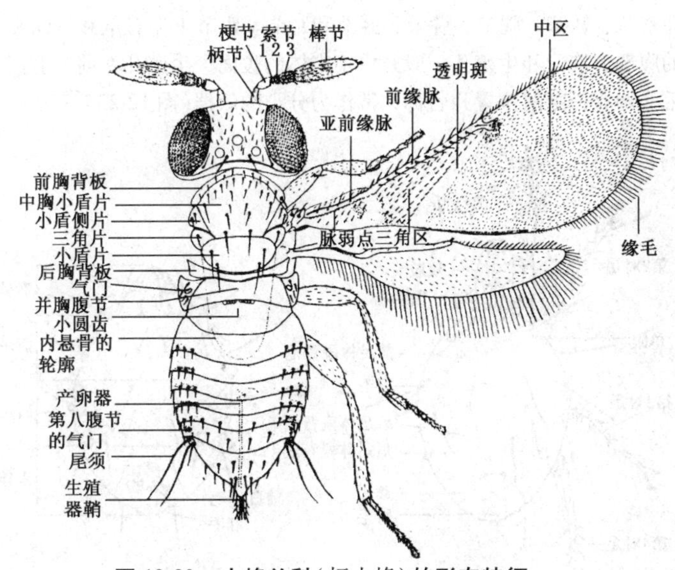

图12-20 小蜂总科(蚜小蜂)的形态特征

(6) 蚁科 Formicidae

通称蚂蚁。体小，光滑或有毛。触角膝状，末端膨大。上颚发达。翅脉简单。胫节有发达的距，前足的距呈梳状。腹部第1节或第1、第2节呈结节状，这是本科的重要特征。为多态型的社会昆虫，包括蚁后、雄蚁、工蚁、兵蚁等类型。雌雄生殖蚁有翅，工蚁和兵蚁无翅。常筑巢于地下、朽木中或树上。肉食性、植食性或杂食性。常见种类如小家蚁 *Monomorium phalaonis* (L.)、亮毛蚁 *Lasius fuliginosus* Latreille 等。

(7) 胡蜂科 Vespidae

中到大型。体黄色、红色而带有黑色斑纹。触角膝状。眼大，上颚发达。前胸背板后缘深凹，伸达翅基片。中足胫节有2个端距。翅狭长，休息时纵褶起(图12-21)。有简单的社会组织，多在树上或屋檐下作吊钟状的巢。成虫捕食鳞翅目幼虫，作为益虫看待。常见种类如金环胡蜂 *Vespa mandarina* Smith、普通长足胡蜂 *Polistes olivaceus* De Geer 等。

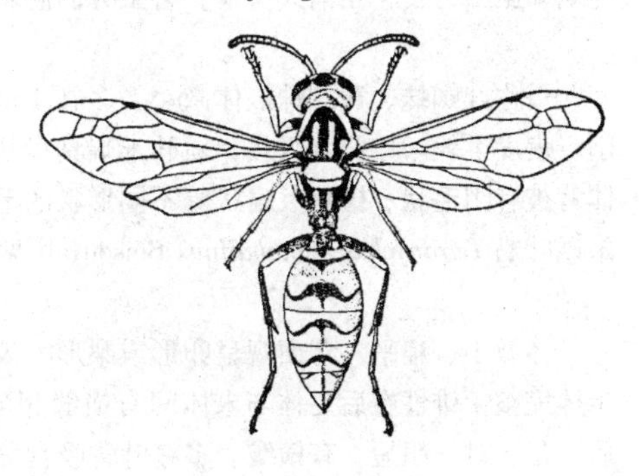

图12-21 胡蜂科

(仿周尧等)

附：真螨目 Acariformes

真螨目统称螨类，在分类上隶属于节肢动物门、蛛形纲 Arachnida 的蜱螨亚纲 Acari。

体微小，长0.1～2.0mm。通常圆形或椭圆形。足一般4对，少数2对。身体分区不太明显，通常分为前半体和后半体两部分。前半体包括颚体和前足体；后半体包括后足体和末体。颚体相当于昆虫的头部，其上有口器。口器由1对螯肢、1对须肢组成。螯肢通常2节，须肢5～6节。咀嚼式口器的螯肢呈钳状；刺吸式口器的螯肢端部特化为针状，称为"口针"。前足体和后足体相当于昆虫的胸部，分别着生前2对足和后2对足。眼和气门器(颈气管)位于前足体的背面两侧。足一般由6节组成，即基节、转节、腿节、膝节、胫节和跗节。跗节末端有爪和爪间突，其形状多样。末体类似于昆虫的腹部，肛门和生殖孔一般开口于末体的腹面，生殖孔在前，肛门在后。此外，身体上还有很多刚毛，均有一定的位置和名称，常作为分类的依据(图12-22)。

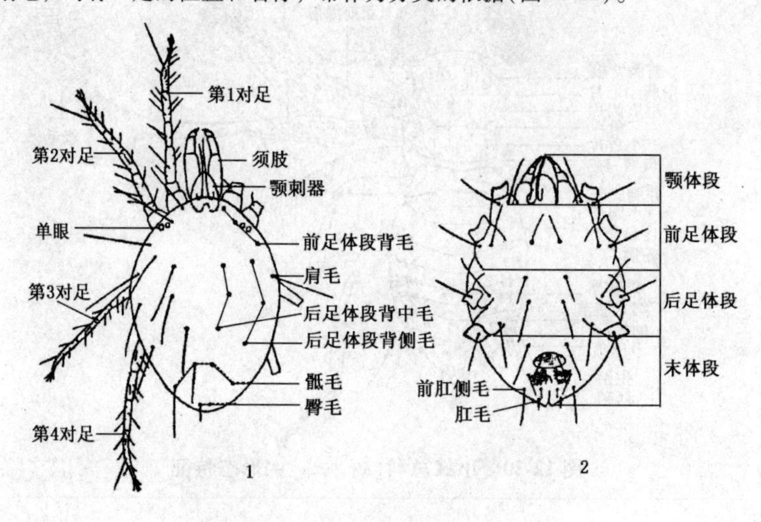

图12-22 螨类的体躯构造及分段

1. 雌螨背面(足及毛一半未画) 2. 腹面(足均未全画)

螨类多系两性卵生繁殖，发育过程雌雄有别。雌螨经历卵、幼螨、第一若螨、第二若螨、成螨5个阶段，而雄螨则无第二若螨。幼螨3对足，若螨和成螨4对足。食性比较复杂，有植食性、捕食性、寄生性等。植食性螨种类很多，是农作物和园林、果树的重要害虫；捕食性或寄生性螨以其他螨和昆虫为食，在消灭害螨、害虫方面起着重要作用。

俗称红蜘蛛、黄蜘蛛。体微小，多在1mm以下。圆形或椭圆形，雌性腹部圆钝，雄虫腹部尖削。表皮柔软。口器刺吸式，须肢末端具指状突复合体。气门器发达，末端有各种形状。足4对。体背被有刚毛状、棒状、扇状等不同形状的毛。植食性，多在叶上摄食。园林植物上种类很多，如朱砂叶螨 *Tetranychus cinnabarinus* Boisduval(见图15-22)、神泽叶螨 *T. kanzawai* Kishida 等。

体微小、扁平。背面观呈卵形或梨形。表皮骨化程度较强，背面常有纹饰。雌雄异型，雌性后半体完整，雄性在后足体与末体间有横缝相隔。须肢无爪和指状突复合体。前足体前缘多数有喙盾。足4对，粗短，有横皱。多在叶背吸食危害。园林植物上的重要种类有卵形短须螨 *Brecipalpus obovatus* Donnadieu(见图15-23)、刘氏短须螨 *B. lewisi* McGregor。

体长0.1～0.3mm，椭圆形，有分节的痕迹。螯肢针状，短小，须肢亦短小。本科突出的特点是雌螨第4对足端部具有2根长鞭状毛，而雄螨第4对足常粗大。除第1对足外，其他足爪间突为宽膜质垫。以植物、真菌及昆虫为食。有些种类是园林植物害虫，如侧多食跗线螨 *Polyphagotarsomemus latus*（Banks）（见图15-24）。

体白色或灰白色。口器咀嚼式，须肢小，3节。前半体和后半体间有一缢缝。足的基节因与身体腹面愈合，所以只有5节。雄螨肛门两侧及第4对足的跗节上有吸盘。通常为寄生性，少数在植物根部危害，如球根粉螨（刺足根螨）*Rhizoglyphus echinopus*（Fumouze et Robin）。

体极微小，长约0.1mm，蠕虫形，狭长。足仅有前2对。前半体背板呈盾状，其上有刚毛2对或无，后半体延长，表面有许多横向环纹（图12-23）。常发生在多年生植物上，因吸食造成寄主叶片或芽变色或畸形，常见种类如毛白杨瘿螨 *Eriophes dispar* Nal.。

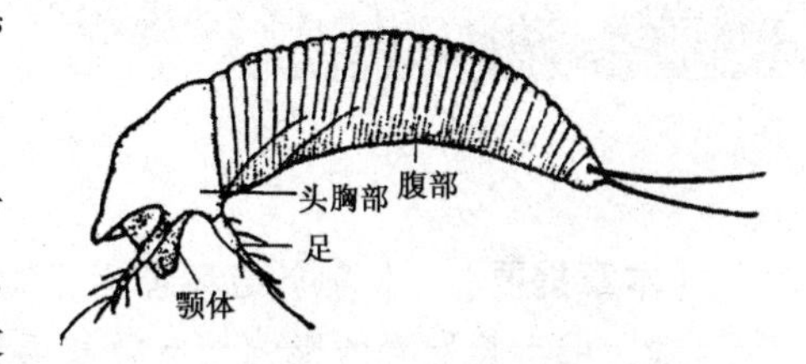

图12-23　瘿螨体躯侧面观

复习思考题

1. 物种的定义是什么？
2. 什么是学名？学名是如何构成的？
3. 园林昆虫主要包括哪几个目？各目的主要鉴别特征是什么？
4. 如何区别鳞翅目幼虫和膜翅目叶蜂类的幼虫？
5. 螨类的主要特征是什么？与昆虫有何不同？

推荐阅读书目

普通昆虫学(第2版). 彩万志，庞雄飞，花保祯，等. 中国农业大学出版社，2011.
园林植物昆虫学. 蔡平，祝树德. 中国农业出版社，2003.
森林昆虫学. 李成德. 中国林业出版社，2004.
昆虫分类学(第2版). 袁锋. 中国农业出版社，2006.

第13章

昆虫与环境条件的关系

[**本章提要**] 本章介绍环境因子对昆虫个体和种群的影响程度，包括温度对昆虫生长发育的影响，有效积温法则及其应用；湿度、光、风对昆虫的影响；食物对昆虫的影响及植物抗虫性机制；天敌因子、土壤因子、人为活动对昆虫影响等内容。学习本章有助于了解昆虫种群波动的原因，有的放矢地控制害虫和利用益虫。

昆虫的生长发育和种群数量变化与环境因素有着密切的关系。所谓环境(environment)就是指昆虫个体或群体以外的一切因素的总和。而构成环境的各个因素称为环境因子。在环境因子中，能对昆虫的生长发育和分布有影响作用的因子称为生态因子(ecological factor)，依其性质可分为非生物因子(气候因子、土壤因子)、生物因子(食物因子、天敌因子)以及人为因子等。

任何一种昆虫的生存环境都存在着许多生态因子，这些生态因子在作用性质和强度方面各有不同，但它们相互之间有着密切的联系，并对昆虫种群起着综合的生态作用。因此，揭示各生态因子对昆虫种群的影响规律，有助于为害虫预测预报和防治工作打下理论基础。

13.1 气候因子对昆虫的影响

气候因子包括温度、湿度、光、风等。这些气候因子与昆虫的生命活动有着极其密切的关系，尤其是温度和湿度。如果没有适宜的温度和湿度，昆虫的生长发育将会受到抑制，甚至引起整个昆虫种群消亡。

13.1.1 温度对昆虫生长发育的影响

在气候因子中，温度是影响昆虫生长发育的主要因子。昆虫是变温动物，其体温基本上决定于环境温度。当然，昆虫本身并不是没有调节体温的能力，当外界温度升高或降低时，昆虫自身对其体温作逆向的微调，即比外界温度稍低或高出一些，但这种调节毕竟非常有限。因此，环境温度直接影响昆虫体内的新陈代谢，即支配着昆虫的生命活动。

13.1.1.1 昆虫对温度的一般反应

任何一种昆虫的生长、发育、繁殖等生命活动，均要求在一定的温度范围内进行。根据昆虫在不同温度范围的生理反应的不同，将温度大概划分为 5 个温区，见表 13-1。

表 13-1 温区的划分及昆虫在各温区的不同反应

温度(℃)	温区		昆虫对温度的反应
60 50	致死高温区		酶系统被破坏，蛋白质也凝固失活，短时间内死亡
	亚致死高温区		热昏迷，死亡取决于高温强度和持续时间
40	高适温区	适温区 （有效温区）	随温度升高，发育变慢，死亡率上升
30	最适温区		能量消耗最小，死亡率最小，生殖力最大
20 10	低适温区		随温度下降，发育变慢，死亡率上升
0	亚致死低温区		冷昏迷，死亡取决于低温强度和持续时间
-10 -20 -30 -40	致死低温区		原生质结冰，组织或细胞受损，短时间内死亡

由于不同昆虫的生理特点有所不同，因而各种昆虫种群有着不完全一样的温区。如一些昆虫在度过严寒的冬季之前，生理状态产生变化，体液结冰点下降，承受体液结冰的生理机能增强，即使部分体液的水分结成冰晶而出现虫体僵硬的状态下，也能越冬并保持充沛的生命力。

13.1.1.2 适温区内温度与昆虫发育速度的关系

(1)表达形式

在不同温区，温度与昆虫发育速度的关系不同。在适温区(8～40℃)，它们的关系成正相关，即温度越高，发育速度越快。在生态学上常应用发育速率或发育历期作为生长发育速度的指标。发育速率是在单位时间(如“日”)内能完成一定发育阶段的情况；发育历期则是完成一定发育阶段(一个世代、一个虫期或一个龄期)所经历的时间。两者的关系可表示为

$$V = \frac{1}{N}$$

式中 V——发育速率；

N——发育历期(日)。

温度与发育速度的关系为一直线；温度与发育历期的关系为一曲线。但实际上温度与发育速度的关系并非这样简单，在偏低或偏高的温度范围内，发育速度增减缓慢，甚至会下降。为了更合理地表达温度与昆虫发育速度的关系，生态学家推出了许

多的表达模型，其中常用的有 Logistic 模型。这种模型的曲线近似于"S"形。它可以表达在适宜温度范围内，昆虫发育速度随温度升高而迅速提高，而在偏高或偏低温度范围内发育速度均减缓的现象。

Logistic 模型的数学表达式如下：

$$V = \frac{K}{1 + e^{a-bt}}$$

式中 t——温度；

K——最大的发育速率；

a，b——常数；

e——自然对数的底值。

(2)有效积温法则

昆虫完成一定发育阶段(1 个虫期或 1 个世代)需要一定的热量积累，亦即发育所需时间与该时间的温度乘积，理论上应为一个常数，即 $K = NT$(K 为积温常数，N 为发育日数，T 为温度)。由于昆虫启动生长发育所需要的最低温度往往不是 0℃，所以，有效积温的计算应是公式中的温度(T)减去发育起点温度(C)，则上面的公式应改为

$$K = N(T - C) \quad \text{或} \quad N = \frac{K}{T - C}$$

上面公式表达了温度与昆虫生长发育关系的有效积温法则(law of effective temperature accumulation)，即昆虫完成某一发育阶段所需要的发育起点以上温度的积加值是一个常数。

一般根据不同温度下昆虫完成某一发育阶段所需不同时间的观察值，运用统计学上的"最小二乘法"，就可求得发育起点温度 C 和有效积温 K 值。

有效积温法则可以应用在如下几个方面：

① 推测某昆虫在某一地区可能发生的世代数。在知道了一种昆虫完成 1 个世代的有效积温(K)，再利用某地区常年温度的记录，统计出 1 年内此地对该虫的有效积温总和(K_1)，则该地区每年可能发生的世代数 $N = K_1/K$。

② 预测昆虫发生期。知道了一种昆虫或 1 个虫期的有效积温与发育起点温度后，便可根据公式 $N = K/(T - C)$ 进行发生期预测。

③ 控制昆虫发育进度。人工繁殖利用天敌昆虫防治害虫，按释放日期的要求，可根据公式 $T = K/N + C$ 计算养虫室内饲养天敌昆虫所需要的温度，通过调节培养室温度来控制天敌昆虫的发育速度，在合适的日期释放出去。

④ 预测害虫在地理分布上的北限。只有全年有效积温之和大于害虫完成 1 个世代所需的总积温的地区，该害虫才有可能存在。因此，通过对各地区全年有效积温总和与害虫完成 1 个世代所需的总积温进行比较，可掌握害虫的地理分布。

由于积温模型的建立是以发育速率与温度呈线性关系为前提，昆虫的发育起点温度和有效积温常数多在室内恒温条件下测定，对生理上有滞育或高温下夏蛰的昆虫不适用。因此，积温模型在应用上有一定的局限性。

13.1.2 湿度对昆虫的影响

昆虫体内水分通常占其体重的50%左右，而蚜虫和蝶类幼虫可达90%以上。虫体水分主要来源于食物，少部分为体壁吸水、直接饮水及代谢水等。虫体水分通过排泄、呼吸、体壁蒸发而散失。

昆虫对湿度的要求依种类、发育阶段和生活方式不同而有差异。最适范围，一般为相对湿度70%~90%。湿度主要影响昆虫的存活，尤其在昆虫的变态过程中扮演着重要的角色，而对昆虫生长发育速度的影响是次要的。如果环境湿度偏低，昆虫失水过多，造成体内液压不够，就会影响产卵、孵化、脱皮、羽化和展翅的顺利进行，从而产生畸形，甚至死亡。如松干蚧的卵在相对湿度89%时孵化率为99.3%；相对湿度36%以下，绝大多数卵则不能孵化，而相对湿度100%时，卵虽然孵化，但若虫因不能钻出卵囊而死亡。

刺吸式口器昆虫，由于它们以植物汁液为食，从中可以取得充足的水分。因此，外界环境湿度除了有一些间接影响外，直接的影响相对较少。如天气干旱时，寄主植物汁液内水分含量较低，昆虫取食的营养成分相对提高，有利于昆虫繁殖，所以这类害虫往往在干旱时种群数量增加，危害严重。

降雨不仅影响环境湿度，也直接影响害虫的发生数量，其作用大小常因降雨时间、强度和次数而定。春季适当降雨有助于土壤中昆虫的顺利出土；而暴雨则对个体微小的昆虫有机械杀伤作用；阴雨连绵不但影响一些食叶害虫的取食活动，而且容易引发致病微生物的流行。

13.1.3 温湿度对昆虫的综合影响

温度和湿度对昆虫的影响各有不同，但两者的作用并不是孤立的，如昆虫的适温范围可因湿度改变而偏移。不同的温湿度组合，对昆虫的孵化、幼虫的存活、成虫的羽化、产卵及发育历期均有不同程度的影响。所以，在分析昆虫种群数量消长时，不能单依靠温度或湿度的某一项指标，而要注意温湿度变化的综合作用。目前常使用温湿系数(temperature-humidity index)或气候图(climatic graph)来表示。

13.1.3.1 温湿系数

相对湿度与平均温度的比值，或降水量与平均温度的比值，称温湿系数。公式为

$$Q = \frac{RH}{T} \quad 或 \quad Q = \frac{M}{T}$$

式中 Q——温湿系数；

RH——相对湿度；

M——降水量；

T——平均温度。

温湿系数可以作为一个指标，用于比较不同地区的气候特点，或用以表示不同年份或不同月份的气候特点，以便分析害虫发生与气候条件的关系。然而，不同地区或

不同时间的温湿组合得到相同温湿系数的可能性是存在的。因此，温湿系数的应用有一定的局限性，使用时应进行具体的分析研究。

13.1.3.2 气候图

气候图是利用 1 年或数年中的气象资料，以坐标上的纵轴代表月平均温度，横轴代表月降水量或平均相对湿度，找出各月的温湿度结合点，用线条按月顺序连接起来而成。

通过对一种害虫发生与非发生地区或年份的气候图进行比较，可以找出该害虫生存的温湿条件，以及使该虫猖獗的温湿条件在一年中出现的时间，以此判断害虫的地理分布及进行害虫发生量的预测预报。

13.1.4 光对昆虫的影响

光是一切生物赖以生存和繁殖的最基本的能量源泉。昆虫虽不能像植物那样直接吸收光能，但可通过取食植物或其他动物来摄取能量，以维持昆虫生命活动的运转。此外，昆虫的许多行为、习性都受到光的影响，这种影响依光的性质、强度和周期的不同而有差异。

13.1.4.1 光的性质

昆虫与人的视觉光区不完全相同。人眼可见的波长为 $4\times10^{-7}\sim8\times10^{-7}$ m，而昆虫可见的波长一般为 $2.5\times10^{-7}\sim7\times10^{-7}$ m。人眼可见的红光(波长 $7\times10^{-7}\sim8\times10^{-7}$ m)对大部分昆虫来说是不可见光，而人眼不可见的紫外光(波长 $<4\times10^{-7}$ m)则是许多昆虫可见光的一部分。不但如此，不同种类昆虫的视觉光区也有差异。如一些蚜虫对黄色光(波长 $5.5\times10^{-7}\sim6\times10^{-7}$ m)有反应，所以白天蚜虫活动飞翔时利用“黄色诱盘”可以诱其降落；而许多昆虫则对短波光线(波长 $3.3\times10^{-7}\sim4\times10^{-7}$ m)有较强的趋向性，因此，人们常常利用黑光灯(波长 $3.65\times10^{-7}\sim4\times10^{-7}$ m)来诱捕害虫。

13.1.4.2 光的强度

光的强度大小关系到环境的光亮度，直接影响昆虫的生活。对蛀干和地下昆虫，黑暗处是它们理想的栖息场所，而对大多数裸露生活昆虫，在光线较弱时会趋向光线较强的地方。此外，光强度还对昆虫的活动和行为有一定的影响，表现为昆虫的日出性、夜出性、趋光性和背光性等昼夜活动节律的不同。例如蝶类、蜂类、蚜虫喜欢白天活动；大多数蛾类、蚊虫、金龟子成虫等喜欢夜间活动；有些昆虫则昼夜均活动，如蚂蚁等。

13.1.4.3 光周期

光周期(photoperiod)是指昼夜交替时间在一年中的周期性变化。它影响昆虫的发育和繁殖，也是诱导昆虫进入滞育的重要环境因子。光周期的年变化有一定的规律性，即逐日地有规律地增加或减少。昆虫在生理上形成了与光周期变化相适应的节律，所以许多昆虫对光周期的年变化反应非常明显，具体表现在昆虫的世代交替、滞育特征等，如许多蚜虫能否产生两性个体取决于光周期的变化；有近百种昆虫被证实，它们的滞育与光周期变化有关。

13.1.5 风对昆虫的影响

风可通过影响环境的温湿度来影响昆虫的生长发育，而更重要的是影响昆虫的迁移和传播。如在园林植物上经常出现的蚜虫和介壳虫等微小的昆虫，极易随风漂移，蚜虫可借风力迁移 1 220 ~ 1 440km；松干蚧、湿地松粉蚧和松突圆蚧的初孵若虫可被气流带到高空，随风迁移。因此，风的强度、速度和方向，直接影响这些微小昆虫扩散和迁移的频度、方向和范围。

13.2 食物因子对昆虫的影响

食物是昆虫维持其新陈代谢所必需的营养和能量来源，是决定昆虫种群兴衰的重要生态因子之一。

13.2.1 昆虫的食性及食性专门化

(1) 昆虫的食性

昆虫的食性是指在自然情况下的取食习性，包括食物的种类、性质、来源和获取食物的方式等。根据食物的性质和来源不同，可将昆虫分为以下 4 类：

① 植食类昆虫(phytophagous insect) 以活体植物为食的昆虫。包括大部分农业、园林害虫。

② 肉食类昆虫(carnivorous insect) 以活体动物为食的昆虫。包括人畜卫生害虫和农业、园林害虫的天敌。

③ 腐食类昆虫(saprophagous insect) 取食已死亡或腐烂的动物性或植物性物质的昆虫。如埋葬虫、部分蝇类等。

④ 杂食类昆虫(omnivorous insect) 能以各种植物和动物为食的昆虫。如蜚蠊等。

(2) 昆虫食性专门化

昆虫在长期演化过程中，形成了对食物条件的一定要求，即食性专门化。根据不同昆虫食性专门化程度的不同，又可将昆虫划分为 3 类：

① 单食性昆虫(monophagous insect) 仅以 1 种或近缘的少数几种植物或动物为食的昆虫，属高度特化的食性。如杜鹃冠网蝽仅取食杜鹃。

② 寡食性昆虫(oligophagous insect) 取食少数属的植物(动物)或嗜好其中少数几种植物(动物)的昆虫。如灰白蚕蛾只取食桑科榕属、波罗蜜属的一些树种，其中嗜好小叶榕等几种园林树木。

③ 多食性昆虫(polyphagous insect) 以多种亲缘关系疏远的植物或动物为食的昆

虫。如烟粉虱可危害40多个科100多种植物，其中包括园林植物一品红、扶桑等。

昆虫的食性一般是比较稳定的，但并不是永恒不变的，当缺乏嗜好的食物时，昆虫的食性会作适当调整。如马尾松毛虫，在马尾松种植面积远远大于湿地松的时期，该虫嗜好取食马尾松针叶；但随着湿地松种植面积的扩大，马尾松毛虫开始嗜食湿地松针叶，即其食性随着不同树种种植面积的变化而产生适应性的改变。因此，在园林设计中，树种的选择不能单选某一种抗虫性较强的品种，而应搭配多树种或品种，增加园林树木的多样性，提高自然控制的效能。

13.2.2 食物对昆虫的影响

食物质量和数量直接影响昆虫的生长发育，如食物营养价值高，而数量又充足，则昆虫生长发育快，生殖力高，自然死亡率低，昆虫种群数量上升；反之，则生长发育和生殖受阻，甚至因饥饿而引起昆虫个体大量死亡，昆虫种群数量下降。这就是食叶害虫周期性发生的原因之一。不同的昆虫或同一昆虫不同的发育阶段，对食物的要求可能不同。如松突圆蚧嗜好刺吸马尾松针叶汁液，而湿地松粉蚧则喜欢刺吸湿地松等国外松嫩梢皮层的汁液。一般食叶害虫幼虫的幼龄阶段取食嫩叶，但到稍大虫期就开始取食老叶。大多数昆虫羽化后不再取食，但有些仍需取食以补充体内的营养，促使性腺成熟和延长寿命，以利于昆虫种群的延续。

13.2.3 植物抗虫性机制

无论是何种植食性昆虫，它对植物均有一定的选择，只不过是不同的昆虫选择寄主植物的范围有所不同而已；反之，任何一种植物体上寄生的昆虫也只是昆虫纲中的一小部分。也就是说，植物具有影响昆虫取食危害的遗传特性，即植物的抗虫性。

植物抗虫性机制主要包括3个方面：

(1) 不选择性

植物不具备引诱昆虫产卵或取食的化学物质或物理性状；或植物具有拒避产卵或抗拒取食的特殊化学物质或物理性状；或昆虫的发育期与植物的发育期不相适应，因而导致昆虫不产卵或不取食。

(2) 抗生性

植物含有对昆虫有毒的化学物质，或缺乏昆虫必需的营养物质，造成昆虫取食后发育不良、寿命缩短、生殖力减弱，甚至死亡。

(3) 耐害性

有些植物被害虫危害后，具有很强的生长能力以补偿或减轻被害的损失。如阔叶树被害后的再生能力往往比针叶树强，常可以忍受大量的失叶。

不同植物种类或品种具有不同的抗虫性，体现在抗虫机制表现方面的多少和强弱上的差异。因此，加强植物抗虫育种对害虫可持续控制具有重要的意义。

13.3 天敌因子对昆虫的影响

天敌因子是影响自然界昆虫种群变动的主要生态因子之一。昆虫天敌是指以昆虫为食的生物因子。它包括天敌昆虫、病原微生物、其他有益动物等。

13.3.1 天敌昆虫

以其他昆虫或动物为食的昆虫称为天敌昆虫。它包括捕食性和寄生性2类。

（1）捕食性

捕食是指捕食者的成虫、幼虫均自由生活，猎物在受害时往往被立即杀死，而且捕食者一生要杀死多个猎物。捕食性天敌昆虫的种类很多，常见的有螳螂、瓢虫、蜻蜓、胡蜂、蚂蚁、草蛉、猎蝽等。利用捕食性天敌昆虫有效地控制农林害虫的事例不少，如用澳洲瓢虫成功地控制了柑橘吹绵蚧。

（2）寄生性

一种生物生活于另一种生物的体表或体内，并从后者获得营养的情况，称为寄生。按其寄生部位可分为内寄生和外寄生。按被寄生的寄主发育的阶段，可分为卵寄生、幼虫寄生、蛹寄生、成虫寄生和跨期寄生。跨期寄生是指寄生性天敌昆虫的发育期占寄主2个以上发育阶段的寄生。按其寄生形式可分单寄生、多寄生、共寄生、重寄生等。单寄生是一个寄主体内只有1个寄生物；多寄生是一个寄主体内可寄生2个或2个以上同种的寄生物；共寄生是一种昆虫同时被2种或多种昆虫寄生的现象；重寄生是寄生昆虫又被另一昆虫寄生的现象。常见的寄生性天敌昆虫有姬蜂、茧蜂、小蜂、寄蝇等。

13.3.2 病原微生物

主要包括细菌、真菌、病毒、立克次体、线虫、原生动物等。一旦昆虫感染了病原微生物后，其食欲下降，行动迟缓，逐渐走向死亡。在生产实践中广泛应用的微生物杀虫剂主要是细菌类、真菌类和病毒类制剂。

13.3.3 其他捕食性天敌

包括蜘蛛、捕食螨、鸟类、两栖类和爬行类动物等，对害虫数量控制起着积极作用，可加以研究保护和利用。如保护和人工繁殖释放捕食螨控制柑橘红蜘蛛的技术逐渐得到了推广。

13.4 土壤环境对昆虫的影响

土壤的温湿度和理化性质可直接影响地下昆虫或某一虫态在土壤中度过的昆虫。

土壤温度对地下害虫栖息在土壤中的深度有一定的影响。地下害虫一般于冬、夏季由于表土层温度过低或太高向下潜移至深土层过冬、越夏，春、秋两季则上升至适温的表土层活动，取食为害。土壤湿度主要表现为土壤的含水量。许多金龟子幼虫要求土壤的含水量为 10% ~25%，过高或过低均影响它们的生长发育，甚至造成死亡。

土壤的理化性质，如土壤成分、机械组成、酸碱度等，决定着土壤中昆虫的种类和数量。如大云鳃金龟喜产卵于砂壤土和砂土中。在广东珠海市，土壤疏松且含沙量高的草坪，蛴螬危害较严重；种植时间长的草坪受蛴螬危害较为严重，这是因为老草根死后遗留地下，吸引金龟子产卵的缘故。又如华北蝼蛄在土质疏松的盐碱地、砂壤土地发生较多，而东方蝼蛄在轻盐碱地的虫口密度最大、壤土次之、黏土最少。

13.5 人类活动对昆虫的影响

人的活动可直接和间接影响昆虫种群的分布和数量消长。除人类采取各种防治措施直接消灭害虫外，归纳起来，还有如下几方面的原因。

（1）改变了昆虫生长发育的小气候环境

昆虫的实际生活环境是小气候环境，它的温度、湿度、光、风等与大气环境略有不同。在园林绿化过程中，树种搭配、种植密度、肥料施用及其他园林管理措施的不同均会营造出不同的小气候环境，对昆虫的生长发育造成不同的影响。如海桐树的种植密度过大，树冠浓密，造成树间通风透光不良，则吹绵蚧容易发生。减少其发生的有效方法就是通过疏伐或修剪枝条，提高林内或树间的通风和透光性。大气污染对昆虫的种群变动有一定的影响，据资料记载，空气受 SO_2 和 Pb 污染的程度和树体含污量与康氏粉蚧虫口密度呈正相关。

（2）改变昆虫的食料和天敌

昆虫种群数量上升的前提是有充足的食料。因此，城市绿地的树种应多样化，不能让每一昆虫种群有充足食料，以避免害虫大发生。园林设计的好坏直接影响昆虫天敌的生存。有些城市为了追求经济效益和快捷的绿化效果，绿化时铺设了许多草坪，而草坪里仅种植零星的几棵大树，这对昆虫天敌的保护和利用是非常不利的。为了让昆虫天敌有适合的栖息环境，适当种植连片的园林树木是必要的。

（3）改变昆虫异地传播的可能性及传播速度

随着中国加入世界贸易组织（WTO），中国与其他国家的贸易往来日益增多，国内不同地区间的货物运输也不断增加，这为昆虫的传播提供了许多机会。如巴西铁树从国外引种到广东，再从广东调引苗木到北京，就将该树的主要害虫——蔗扁蛾传播到广东、北京等地。又如危害棕榈科植物的椰心叶甲、甘蔗黑纹象甲、红棕象甲在频繁的苗木调运过程中，原来是小范围发生的这些害虫现已分布海南和广东的许多地区。相反地，有目的地引进和利用昆虫天敌，又可为控制害虫提供新的手段。如广东在 20 世纪八九十年代间，从日本引进的松突圆蚧花角蚜小蜂成功地控制了危害松树的松突圆蚧。因此，人类在调入种苗和有外包装的货物过程中，要加强检疫，减少或杜绝外来害虫的入侵。否则，一旦外来害虫被传入，由于缺乏有效的天敌对其进行控制，往往危害非常严重。如湿地松粉蚧由美国随优良无性系穗条传入广东台山市红岭种子园，其危害程度远远超过原产地。

复习思考题

1. 试解释同种昆虫在我国南方的世代数比北方多的原因。
2. 对于细小的昆虫，如介壳虫，通过砍伐森林设置隔离带来阻止它们的传播是否可行？
3. 如何理解温湿度对昆虫个体发育的综合影响作用？
4. 从昆虫生态的理论出发，分析种植大量草坪的绿化模式对害虫的自然控制的影响。
5. 如何理解气候因子、食物因子和天敌因子对昆虫种群数量波动的影响作用？

推荐阅读书目

普通昆虫学(第2版). 彩万志，庞雄飞，花保祯，等. 中国农业大学出版社，2011.
园林植物昆虫学. 蔡平，祝树德. 中国农业出版社，2003.
园林植物病虫害防治. 徐明慧. 中国林业出版社，1993.
森林昆虫学. 李成德. 中国林业出版社，2004.

第 14 章

园林植物害虫防治原理

[**本章提要**] 本章介绍了园林植物害虫防治的基本原理和方法。园林植物害虫防治的原则是在植物保护方针指导下，贯彻“以园林技术措施为基础，充分利用园林生物群落间相互依存、相互制约的客观规律，全面贯彻植物检疫法规制度，因地制宜地协调好生物、物理、化学等各种防治方法，以达到安全、有效、经济地控制害虫不成灾的目的。”

随着科学的进步和社会发展，人类在与害虫作斗争的过程中，逐渐认识到在生态系统中，所有生物都有其自身生态学价值和位置，都是生态系统不可或缺的成员。园林生态系统的成员，除了园林植物外，还有许多其他生物，占据着不同的生态位，它们之间互相依存、互相制约。对人类而言，园林“害虫”就是指那些危害园林植物，并能给人类造成显著经济损失，或影响园林观赏价值的昆虫、螨类以及其他节肢动物和软体动物。有些害虫虽然危害园林植物，但危害并不影响植物的生长发育和人类的利益，这些害虫被称为次要害虫(secondary or minor pests)。如许多乔木的叶片，被害虫少量取食后并不影响其观赏价值和经济价值，被害植物可以借助自身补偿而恢复。有些害虫仅是偶尔造成危害，被称为偶发性害虫(accidental pests)；而另一些则是经常造成严重危害，被称为常发性害虫(normal pests)；还有一些虽然是偶发性的，但一旦发生，就暴发成灾，这一类又被称为间歇暴发性害虫(intermittent pests)。

“害虫”的概念是人为的，“害虫”的危害是相对于人类的利益而言的，当某种“害虫”对人类的利益不构成危害时就不能视其为害虫，反而应该加以保护，以维持生态系统的平衡。基于这些认识，20 世纪 60 年代中期，一些国家的学者提出了“有害生物综合治理”(integrated pest management，IPM)的理论，其基本含义是：以生态学的原理和经济学的原则为依据，采用最优化的技术组配方案，把有害生物的种群数量比较长期地稳定在经济损失水平以下，以获得最佳的经济效益、生态效益和社会效益。我国于 1975 年确定的植物保护工作方针是“预防为主，综合防治”，其本质含义与“有害生物综合治理”是一致的。“有害生物综合治理”的内容可以归纳为以下几个方面：

①从生态学观点出发，全面考虑生态平衡、社会安全、经济利益和防治效果，提出最合理及最有效的防治措施。

②不着眼于害虫的彻底消灭，而是着眼于将害虫的数量调节到不造成损失的水平。对于城市园林植保工作，主要是确保树木、花卉、草坪等园林植物的美观，从而在城市生态效益中发挥最大的作用，因此，要将害虫的危害控制在观赏允许危害水平以下。

③强调各种防治措施的协调。各种防治措施都有它的优点，也有其局限性。害虫防治应采取适合于园林特点的有效方法，互相协调，以达到控制害虫危害和保护花木观赏价值的目的。

害虫防治可以通过控制园林生态系统中生物群落的物种组成、控制害虫种群数量和控制害虫的危害这 3 条基本途径达到防治的目的。基于这 3 条基本途径，人类已开发了一系列的园林害虫防治措施，按其性质大致可以归纳为植物检疫、园林技术防治、生物防治、物理机械防治和化学防治五大类。

14.1 植物检疫

植物检疫(plant quarantine)又叫法规防治，即一个国家或地区用法律形式，禁止某些危险的病、虫、杂草人为地传入或传出，或对已发生及传入的危险性病、虫、杂草，采取有效措施消灭或控制其蔓延。植物检疫是一项根本性的预防措施，是植物保护的主要手段之一，其特点是：具有法律的强制性，任何集体和个人不得违犯植物检疫法；具有宏观战略性，不计局部地区当时的利益得失，而主要考虑全局的长远利益；防治策略是对有害生物进行全种群控制，即采取一切必要手段，将危险性有害生物堵在国门之外或控制在局部地区，并力争彻底消灭。

植物检疫对保证园林生产安全具有重要意义。随着我国对外开放以及城市园林绿化建设事业的发展，引种和种苗调运日益频繁，人为传播园林植物害虫的机会也就随之增加，给我国城市园林绿化建设事业的发展带来了极大隐患。因此，搞好植物检疫工作对园林害虫的防治极为重要。但由于植物检疫仅针对人为传播的危险性有害生物，在园林害虫防治中也具有一定的局限性。

植物检疫分为对外检疫和对内检疫两部分。对外检疫的任务在于防止国外的危险性有害生物的输入以及按交往国要求控制国内发生的有害生物的向外传播，包括出口检疫、进口检疫及过境检疫。受检品查明不带检疫对象时，才能发证放行。对内检疫任务在于将国内局部地区发生的危险性害虫封锁在一定范围内，防止其扩散蔓延。对内检疫的工作内容主要有：开展虫情普查，明确检疫对象，划分疫区和保护区，加强防范，对疫区实行严格控制，禁止从疫区调运任何可能带有检疫对象的材料。

植物检疫法规的实施通常由法律授权的特定部门负责。出入境口岸植物检疫(外检)由海关总署领导下的国家出入境检疫检验局及下属的口岸检疫机构负责，国内检疫工作(内检)由农业部和国家林业局植物检疫处和地方植物检疫部门负责。一般而言，植物害虫检疫对象的确定应遵循如下原则：

①必须是我国尚未发生或局部发生的主要园林植物的危险性害虫。

②在各国或传播地区，必须是严重影响园林植物的生长和观赏价值，而防除又极

为困难的。

③必须是人为传播的，即容易随同植物材料、种子、苗木和所附泥土以及包装材料等传播的。

④根据交往国所提供的检疫对象名单。

我国的植物检疫对象是由国务院农业、林业行政主管部门制定的。现在实施的检疫对象：一是1995年农业部发布的全国植物检疫对象32种，其中包括美洲斑潜蝇 *Liriomyza sativae* Blanchard 、柑橘大实蝇 *Tetradacus citri* (Chen)、蜜柑大实蝇 *T. tsuneonis* (Miyake)、柑橘小实蝇 *Dacus dorsalis* (Hendel)、苹果蠹蛾 *Laspeyresia pomonella* (L.)、苹果绵蚜 *Eriosoma lanigerum* (Hausmann)、美国白蛾 *Hyphantria cunea*(Drury)、葡萄根瘤蚜 *Viteus vitifoliae* (Fitch)、杧果果肉象甲 *Sternochetus frigidus* (Fabricius)、杧果果实象甲 *Sternochetus olivieri* (Faust)、咖啡旋皮天牛 *Acalolepta cervinus* (Hope)等14种昆虫；二是2013年国家林业局公布的14种林业检疫性有害生物，其中包括红脂大小蠹 *Dendroctonus valens* Le Conte、锈色棕榈象 *Rhynchophorus ferrugineus*(Olivier)、扶桑绵粉蚧 *Phenacoccus solenopsis* Tinsley、杨干象 *Cryptorrhynchus lapathi* L.、苹果蠹蛾、双钩异翅长蠹 *Heterobostrychus aequalis* (Waterhouse)、红火蚁 *Solenopsis invicta* Buren、枣实蝇 *Carpomya vesuriana* Costa、青杨脊虎天牛 *Xylotrechus rusticus* (L.)、美国白蛾等10种昆虫。

14.2 园林技术防治

园林技术防治(garden-technical control)是利用一系列园林管理技术，降低害虫种群数量或减少其危害可能性，培育健壮植物，增强植物抗害、耐害和自身补偿能力，或避免有害生物危害的一种植物保护措施。其最大优点是不需要过多的额外投入，易与其他措施相配套，且具有预防作用。此外，推广有效的园林技术防治，常可在大范围内减轻有害生物的发生程度，甚至可以持续控制某些有害生物的大发生。园林技术防治也具有很大的局限性。首先，园林技术防治必须服从景观要求，不能单独从有害生物防治的角度去考虑问题。第二，园林技术防治措施往往在控制一些害虫的同时，引发另外一些害虫的大发生。因此，实施时必须针对当地主要害虫综合考虑，权衡利弊，因地制宜。第三，园林技术防治具有较强的地域性和季节性，且多为预防性措施，在害虫已经大发生时，防治效果不大。

园林技术防治措施通常结合园林管理进行。常用的方法有：①选择适宜圃地育苗，保证苗强、苗壮。②培育和选用抗虫品种。③适地适树，合理配置各种树木、花卉，避免某些害虫的嗜食植物相邻种植，阻止害虫的扩散蔓延。④合理施肥与灌溉。⑤加强对园林植物的抚育管理。结合整形修剪，剪除带虫枝、叶；通过冬耕深翻、及时清除枯枝落叶和杂草等措施，破坏害虫的越冬场所，从而降低害虫来年的虫口基数。

14.3 物理机械防治

物理机械防治(physical control)是采用物理的和人工的方法消灭害虫或改变其物理环境，创造对害虫有害或阻隔其侵入的一类防治方法。物理机械防治可以利用简单工具以及光、温度、湿度、热、电、放射能等来完成，见效快，常可把害虫控制在盛发期前，也可作为害虫大发生时的应急措施。这种技术对于一些用化学农药难以解决的害虫来说，往往是一种有效手段。目前常用的物理机械防治方法，主要有下列几类：

(1) 捕杀

利用人力或简单器械，捕杀有群集、假死习性的害虫。如用竹竿打树枝振落金龟子；组织人工摘除袋蛾越冬虫囊和挖除越冬虫茧；发动群众早晨到苗圃捕捉地老虎；顺着新鲜虫粪的虫蛀孔，用小刀、铁丝等工具人工钩除天牛幼虫等，都是行之有效的措施。

(2) 诱杀

利用害虫的趋性，设置灯光、潜所、毒饵、饵木等诱杀害虫。如利用害虫对光的趋性，采用黑光灯、双色灯或高压汞灯结合诱集箱、水坑或高压电网能诱杀许多鳞翅目和鞘翅目害虫。利用蚜虫对黄色的趋性，采用黄色粘胶板或黄色水皿诱杀有翅蚜。采用铺银灰色膜和田间及温室通风口处挂银灰色膜条的办法驱避蚜虫。利用糖醋液诱杀多种蛾类害虫。秋季在害虫越冬前，给树干束草或绑扎报纸等物，诱集害虫潜入越冬，翌年春季解下销毁，可以消灭在树皮裂缝中越冬的害虫。在林间设置新鲜柏树枝干，诱杀双条杉天牛成虫等。

(3) 阻杀

人为设置障碍，防止幼虫或不善飞行的成虫迁移扩散，如早春在树干基部绑扎薄膜环或涂粘虫胶环，可以有效地阻止枣尽蛾雌虫、草履蚧若虫上树产卵或危害；温室生产过程中采用防虫网阻碍一些害虫入侵。

(4) 高温杀虫

用热水浸种、烈日曝晒、红外线辐射，都可杀死种子、果品、木材中的害虫。例如对温室进行温蒸，能防治蚜虫、白粉虱等。

14.4 生物防治

生物防治(biological control)就是利用生物及其产物控制虫害的方法。生物防治法不仅能直接大量地消灭害虫，而且可以改变生物群落的组成成分，具有对人、畜、植物安全，不杀伤天敌和其他有益生物，不存在残留和环境污染问题，不会引起害虫的再猖獗和产生抗性，对一些害虫具有长期控制作用等优点。但生物防治也有其局限性，一般见效比较缓慢，人工繁殖技术较复杂，防治效果受使用技术和自然条件影响较大等。

害虫生物防治方法根据利用的资源对象不同有以虫治虫，以菌治虫，以鸟治虫，以及其他有益动物治虫等。随着生物工程技术的不断进展，微生物农药、生化农药、农用抗生素等新型生物农药的研制与应用，20 世纪 70 年代以来人们将不育技术、遗传防治和激素治虫等均列入生物防治的范畴，生物产品的开发与利用也纳入到了害虫生物防治工作中来。

14.4.1 以虫治虫

利用天敌昆虫或有益螨类控制害虫，称为以虫治虫。

14.4.1.1 天敌昆虫的主要作用方式

天敌昆虫按其取食害虫的方式可以分为捕食性天敌和寄生性天敌两大类。

捕食性天敌昆虫以害虫为食，直接杀死猎物。有些用它们的咀嚼式口器，直接取食虫体的一部分或全部；有些则用其刺吸式口器刺入害虫体内，同时放出一些毒素，使害虫很快麻痹，不能行动和反扑，然后吸食其体液使害虫死亡。

园林害虫的捕食性天敌昆虫很多，其中以瓢虫、食蚜蝇、草蛉、胡蜂、蚂蚁、食虫虻、猎蝽、花蝽、步甲、螳螂等最为常见。这类天敌在生态系统中抑制害虫的作用十分明显。例如松干蚧花蝽 *Elatophilus nipponensis* Hiura 等对抑制松干蚧危害起到了重要作用。此外其他如蜘蛛和益螨对防治某些害虫亦有很大作用，对它们的研究和利用亦日益受到广泛注意。

寄生性天敌昆虫寄生于害虫体内外，取食其体液或组织，使害虫生长发育受阻，进而死亡。目前了解较多的是寄生蜂和寄生蝇。

寄生蜂种类很多，其寄生习性亦十分复杂。有的寄生蜂将卵产在被寄生昆虫的卵内，寄生蜂卵孵化后即取食寄主卵内物质，并在卵内发育为成虫，然后咬破卵壳而出，再进行产卵寄生。有的寄生蜂将卵产在被寄生昆虫的幼虫和蛹内，被寄生的害虫幼体随着寄生蜂取食其内部器官而逐渐死亡。有时被寄生的幼虫虽然仍旧正常化蛹，但蛹体僵硬，腹部不能活动。有些被寄生的昆虫，在寄生蜂幼虫咬破它们的体壁出来之后，才会死亡。

寄生蝇多寄生在蝶蛾类的幼虫或蛹内。寄生的方式多种多样，通常是以成虫产卵于被寄生昆虫的幼虫或蛹上，卵孵化后，幼虫即钻入寄主体内取食。

14.4.1.2 天敌昆虫的利用途径

(1) 保护和利用当地自然天敌昆虫

当地自然天敌昆虫种类繁多，是各种害虫种群数量重要的限制因素，因此要善于保护，并加以利用。在实施方法上主要有：

① 慎用农药　尽量少用广谱性的剧毒农药和长残效农药，选用选择性强的农药品种或生物农药，选择适当的施药时期和方法，缩小施药面积，尽量减少对天敌的伤害。

② 保护天敌越冬　天敌昆虫常常由于冬天的不良环境条件而大量减少，采取措施使其安全过冬是非常有效的保护措施。如吉林在每年9~10月间把聚集于石洞等处越冬的异色瓢虫收集后带回室内进行保护，第二年释放，提高了对介壳虫类的捕食率。

③ 改善昆虫天敌的营养条件　一些寄生蜂、寄生蝇，在羽化后常需补充营养而取食花蜜，因而在栽植园林植物时要注意考虑天敌蜜源植物的配置；有些地方如天敌食料缺乏时(如缺乏寄主卵)，注意补充相关植物或豢养天敌的替代寄主等，有利于天敌昆虫的繁衍。

④ 人工助迁　把天敌昆虫从虫口密度大的地块，采集、运送到害虫危害严重的地块释放，从而达到利用自然界原有天敌，控制害虫的目的。

(2) 从外地或外国引进天敌昆虫

引进天敌昆虫防治害虫已成为生物防治中的一项十分重要的工作。100多年来，世界上通过引进天敌后消除害虫危害的有31种，基本消除危害的有73种。最著名的成功事例是1888年美国从大洋洲引进澳洲瓢虫 *Rodolia cardinalis* (Mulsant)防治柑橘吹绵蚧，到1889年底完全控制了吹绵蚧，并在美国建立了永久性的群落，直到现在，对吹绵蚧仍起着有效的控制作用。目前，我国已从国外引进各类天敌120余种，有的已发挥了控制害虫的作用。例如：1955年我国曾从苏联引入澳洲瓢虫，先在广东繁殖释放，后又引入四川，分别防治木麻黄吹绵蚧和柑橘吹绵蚧，防治效果十分显著。丽蚜小蜂 *Encarsia formosa* Gahan 于1978年底自英国引进之后，在我国北方一些省(自治区、直辖市)防治温室白粉虱，效果十分显著。广东在20世纪80年代中后期从日本引进松突圆蚧花角蚜小蜂 *Coccobius azumai* Tachikawa 防治松突圆蚧，害虫虫口数量下降了80%~90%。

引进天敌时要考虑天敌对害虫的控制能力、引入后在新环境下的生态适应和定殖能力以及生态安全性。因此，天敌引进必须在认真调查研究的基础上，制订引进方案，进行隔离饲养繁殖，以及必要的生态安全评估。

(3) 人工大量繁殖释放天敌昆虫

在自然环境中，天敌种类虽多，但数量较少，特别是在害虫数量迅速上升时，天敌总是尾随其后，很难控制其危害。采用人工大量繁殖，在害虫大发生前释放，就可以解决这种尾随效应，达到利用天敌有效控制害虫的目的。人工大量繁殖天敌昆虫，首先要有合适的、稳定的寄主来源，或者能够提供天敌昆虫的人工的或半人工的饲料食物，并且成本低，容易管理；其次，天敌及其寄主应都能在短期内大量繁殖，满足释放的需要；第三，在连续的大量繁殖过程中，天敌昆虫的生物学特性(寻找寄主的能力、对环境的抗逆性、遗传特性等)不致有重大不利的改变。目前，国外已通过人工或机械化大量繁殖技术实现了多种天敌商品化生产，并涌现出一大批天敌公司，国内利用制卵机制成的人工卵，为赤眼蜂(松毛虫赤眼蜂、玉米螟赤眼蜂)、草蛉(如中华草蛉、丽草蛉等)、瓢虫的大量繁殖和商品化创造了条件。草蛉已广泛地应用于防治园林植物上的山楂叶螨、橘全爪螨、温室白粉虱、桃蚜等；释放松毛虫赤眼蜂 *Tri-*

chograma dendrolimi Matsumura 防治松毛虫、荔枝卷叶蛾等也被广泛应用。此外，利用多种植物的花粉在室内繁殖钮氏钝绥螨、尼氏钝绥螨、东方钝绥螨、江原钝绥螨、真桑钝绥螨也获成功，这些益螨在园林害螨防治中发挥着积极的作用。

14. 4. 2 以菌治虫

以菌治虫，就是利用害虫的病原微生物防治害虫。使昆虫致病的病原微生物主要有细菌、真菌、病毒、立克次氏体、原生动物及线虫等。目前生产上应用较多者为前3类，或直接利用昆虫病原微生物，或利用其产生的生物活性物质(昆虫毒素)，其制剂统称为生物农药。

利用病原微生物防治害虫，具有繁殖快、用量少、不受园林植物生长阶段的限制、效果持久等优点，近年来使用范围日益扩大，在园林害虫防治中具有重要的推广应用价值。

14. 4. 2. 1 昆虫病原细菌的利用

昆虫病原细菌广泛存在于自然界，对昆虫种群数量起着重要的调节作用。自19世纪末期开始研究家蚕、蜜蜂细菌病害以来，已经发现并被描述的昆虫病原细菌有90多个种和亚种，它们大多属于真细菌纲的芽孢杆菌科、假单孢菌科和长杆菌科。昆虫病原细菌主要是通过消化道侵入昆虫体内，释放出毒素，导致败血病，或者由于细菌产生的毒素破坏昆虫的一些器官组织，致使昆虫死亡的。被细菌感染的昆虫，食欲减退，口腔和肛门具黏性排泄物，死后体色加深，虫体软化、组织溃烂，有恶臭，通称软化病。

在园林害虫防治中常用的昆虫病原细菌主要有苏芸金杆菌 *Bacillus thuringiensis* (简称 Bt)和日本金龟子芽孢杆菌 *B. popilliae*。苏芸金杆菌于1901年由 Ishiwata 首先发现，1915年由 Berliner 正式定名，目前已发现60多个变种，对包括鳞翅目、膜翅目、直翅目、双翅目和鞘翅目的32个科的182种昆虫有着不同的致病力，尤其是对鳞翅目昆虫幼虫有特效，可用于防治松毛虫、尺蛾、刺蛾、舟蛾、毒蛾和袋蛾等园林害虫。目前 Bt 已能进行大规模的工厂化生产，加工成粉剂、可湿性粉剂、水剂、悬浮剂等剂型供生产上使用。此外，Bt 作为基因工程的材料，用于抗虫植物品种的选育，也取得成功。日本金龟子芽孢杆菌主要对金龟子的幼虫有致病力，在美国已开发出商品制剂"Doom"，用于防治园林苗圃和草坪中严重危害的蛴螬。

14. 4. 2. 2 昆虫病原真菌的利用

昆虫病原真菌的发现和应用已经有100多年历史。在昆虫的疾病中，由真菌侵染引起的约占60%。据不完全统计，世界上已记载的虫生真菌约100属800多种，我国已报道约430种。最有潜力作为微生物杀虫剂用于害虫防治的真菌有白僵菌 *Beauveria*、绿僵菌 *Metarrhizium*、拟青霉 *Paecilomyces*、轮枝孢 *Verticilium*、多毛孢 *Hirsutella* 以及虫霉属 *Entomophthora* 等，其中以白僵菌最为常见且应用广泛。高效菌株的获得和应用技术的研究正在不断地拓宽昆虫病原真菌的应用范围，如利用白僵菌制剂防治鳞翅目幼虫，利用绿僵菌进行蝗虫和蛴螬的防治，利用蜡蚧轮枝菌控治温室白粉虱等，均有较好的防治效果。

昆虫病原真菌以其菌丝主动穿过体壁侵染寄主，受昆虫取食方式的制约较小。在虫体内，以各种组织和体液为营养繁殖大量菌丝体，破坏虫体组织，或产生毒素导致昆虫死亡。菌丝体产生的孢子，随风或水流在昆虫群体内进行再侵染。感病昆虫常出现食欲锐减，虫体萎缩，死后虫尸僵硬，体内布满菌丝和孢子。

大多数真菌可以在人工培养基上生长发育，便于大规模生产应用。但由于真菌孢子的萌发和菌丝的生长发育对气候条件都有比较严格的要求，因此，昆虫真菌病的自然流行和人工应用常常受到气候条件的限制，应用时机得当，才能收到较好的防治效果。

14.4.2.3 昆虫病毒的利用

利用昆虫病毒防治农林害虫的研究起步较晚，但发展十分迅速。目前已发现昆虫病毒约 1 690 种，有些种类已应用于害虫防治上，如使用大袋蛾核型多角体病毒防治大袋蛾，利用斜纹夜蛾核型多角体病毒（虫瘟 1 号）防治斜纹夜蛾等，均收到良好效果。病毒依其有无包涵体、包涵体的形状和在细胞中的寄生部位分为核型多角体病毒（NPV）、质型多角体病毒（CPV）、颗粒体病毒（GV）和无包涵体病毒（NIV）。NPV 是昆虫病毒中最常见的一类，已知 7 个目约 284 种昆虫可受感染。已知 NPV 侵染的主要途径是通过幼虫口服食入，多角体被食入易感昆虫体内后，能在中肠中溶解并释放出病毒粒子引起感染。被感染的鳞翅目等幼虫，行动迟缓，食欲减退，体色变淡或呈油光，血淋巴渐变为混浊的乳白色，病虫常爬向寄主植物高处，往往以臀足紧附枝叶倒挂而死。死虫体躯变软，体内组织液化。液化体液下坠，使躯体前部膨大。

利用病毒防治害虫，其主要优点是专化性强，在自然情况下，往往只寄生 1 种害虫，不存在污染与公害问题；在自然界中可长期保存，反复感染，有的还可遗传感染，造成害虫流行病。但是，昆虫病毒杀虫剂在生物防治中存在着杀虫范围较窄、作用速度较慢等不足之处。目前，科学家们正在利用基因工程手段对昆虫病毒进行改良，已经将一些昆虫特异性毒素、激素和酶基因导入病毒基因组中，形成新的毒力更高的基因工程病毒杀虫剂。

14.4.2.4 昆虫病原线虫的利用

线虫属线形动物门线虫纲，是一类小型的多细胞生物，形状一般细长，圆柱形。自 20 世纪 50 年代捷克斯洛伐克从苹果蠹蛾虫体发现苹果蠹蛾线虫后，有关学者对昆虫病原线虫及其应用进行了大量研究，取得了一定的成果。我国已经利用斯氏线虫防治小线角木蠹蛾、蝼蛄等，取得较好的防效。

14.4.3 以鸟治虫

在全世界已记录的 9 020 种鸟中，60% 以上是以昆虫为主要食料的。一窝家燕，一夏能吃掉 6.5 万只蝗虫；啄木鸟一冬可将附近 80% 的树干害虫掏出来，这是人类使用农药也不易得到的效果。我国有 1 100 多种鸟类，其中吃昆虫的约占半数，它们绝大多数捕食害虫，对抑制园林害虫的发生起到一定的作用。保护鸟类，严禁捕鸟、人工招引以及人工驯化，通过建立自然保护区，创造良好的鸟类栖息环境等都是以鸟治虫的主要措施。

园林是具有文化内涵的公益性事业，公园、风景名胜区和游园绿地是人流较多的公共场所，全社会共同参与爱鸟、护鸟活动相当重要。建立专门的野生动物保护机构和队伍，建设鸟站和鸟岛，制定法规，加强宣传，开展爱鸟活动都是很好的措施。在建设生态园林和旧区改造过程中，特别是在树种的配置上，切实根据鸟类栖息、宿夜、筑巢习性，多种植一些生长坚果、浆果的秋色、秋实植物，如金银木、君迁子、桑树、柿树、海棠、核桃、枸骨、火棘、海州常山等，这些植物往往是灰喜鹊、斑鸠、乌鸦、山雀、黄鹂等鸟类的“俱乐部”，能吸引鸟类栖息；城市污水处理也要尽量用生物方式，避免化学处理，为水生鸟类提供良好的安全环境。

除了种植适合于鸟类栖息、取食的植物外，人工投放食料也是人工招引鸟类的有效措施，特别是公园内食料短缺的冬季更要持之以恒，经常实施。1984年广州白云山管理处曾从安徽定远县引进灰喜鹊驯养，获得成功；近年来，广东郁南县在林区招引大山雀防治马尾松毛虫，招引率达60%，对抑制松毛虫大发生有一定意义；山东省泰安林业科学研究所等招引啄木鸟防治蛀干害虫，亦收到很好的防治效果。山东省日照市华山林场人工养育和驯化大量灰喜鹊消灭松毛虫，在专人驯养下，通过人为发出的口哨等特定信号，使灰喜鹊形成条件反射，每日定时释放出笼和飞回巢穴，每头灰喜鹊能控制约700m^2 的松林。

14.4.4 激素治虫

14.4.4.1 外激素

外激素(pheromone)是由一种昆虫个体的分泌腺体分泌到体外，能影响同种其他个体的行为、发育和生殖等的挥发性物质。现已发现的外激素有性外激素、聚集外激素、追踪外激素及告警外激素等，目前应用最广、研究最多的是性外激素。

性外激素(sex pheromone)是成虫分泌释放到体外借以引诱异性的挥发性化学物质。一般由雌虫所分泌，用以引诱雄虫进行交尾。有少数蝶类和其他昆虫则由雄性分泌性外激素，引诱雌性。这些分泌物具有很强的引诱力，空气中只需微量存在就能引诱昆虫飞来，在害虫防治及测报上有很大的应用价值。到目前为止，全世界合成的性信息素1 000余种，其中商品化的有280种。我国已进行化学结构鉴定、人工合成或商品化生产的性信息素有40余种，如舞毒蛾、杨干透翅蛾性诱剂等。商品化生产的性引诱剂多数是以天然橡胶为载体制成的小橡胶帽诱芯，也有用聚乙烯制成的塑料管诱芯，或用人工固化硅橡胶制成的硅橡胶块诱芯，还有开口纤维剂型、塑料膜片、夹层塑囊剂型以及微胶囊剂型等。

性外激素应用于害虫预测、预报，可以包括下列几个方面：①掌握害虫的发生期、发生量和危害范围。②指导适时施药，减少防治次数和施药范围。③指导释放天敌或绝育雄虫。④检查防治效果。⑤监测检疫害虫的迁入及其扩散。

利用性外激素进行害虫防治，一般有以下 3 种方法：①大量诱捕法。利用性引诱剂配合粘胶、水盆、毒药、高压电网或其他方法，大量诱杀雄虫。②迷向法。在林地内喷洒人工合成的性引诱剂或散布大量含有性引诱剂的小纸片，使雄虫迷失方向，无法找到真正的雌虫交尾，最终达到控制害虫的目的。③引诱绝育法。用性引诱剂将雄蛾诱来，使其接触绝育剂后返回原地，这种绝育雄蛾与雌蛾交配后，雌蛾就会产生不正常的卵，达到灭绝后代的作用。

14.4.4.2 内激素

这是昆虫分泌在体内的一类激素，用来调节昆虫的脱皮和变态等。昆虫内激素主要有保幼激素、脱皮激素和脑激素。当昆虫在某个发育阶段不需要某种激素时，如果人为地加进这种激素，就能干扰它的正常发育，造成畸形，甚至死亡。

(1) 脱皮激素

由前胸腺所分泌，主要调节昆虫的脱皮和变态。目前已从植物中分离出几十种具有脱皮激素效应的化合物，并可人工合成，这些物质可使昆虫发生反常现象而致死。

(2) 保幼激素

由咽侧体所分泌，主要起保持昆虫幼期特性的作用。保幼激素类似物已可人工合成，如双氧威等，已经在生产防治中大量使用。

14.5 化学防治

化学防治(chemical control)是指利用化学药剂(农药)防治害虫的一种防治方法。化学防治法具有防治害虫效果好、收效快、使用方法简单、受季节性限制较小、适宜于大面积使用等优点。其缺点是如使用不当能够引起人畜中毒、污染环境、杀伤天敌、造成植物药害；长期使用农药，可使某些害虫产生不同程度的抗性等。

14.5.1 杀虫剂的分类

杀虫剂(insecticides)是指用来防治各类害虫的化学药剂。其品种很多，且随着科学技术的发展，品种还在不断增加。由于杀虫剂的来源、成分、作用方式和作用机理的不同，杀虫剂的分类也不尽相同。

(1) 按来源、化学成分分类

① 无机杀虫剂　用矿物原料经加工制造而成，如砷酸钙、氟化钠、石硫合剂等。

② 有机杀虫剂　指有机合成的农药。种类最多。按成分又可分为以下几类：有机氯杀虫剂，如 DDT、666、艾氏剂等，各国基本停用；有机磷杀虫剂，如敌百虫、敌敌畏、辛硫磷、乐果和乐斯本等；氨基甲酸酯类杀虫剂，如西维因、抗蚜威等；拟除虫菊酯类杀虫剂，如溴氰菊酯、氰戊菊酯等；拟烟碱类杀虫剂，如吡虫啉、啶虫脒等；沙蚕毒素类杀虫剂，如杀虫双、巴丹等；苯甲酰苯脲类和嗪类杀虫剂，如氟苯脲、噻嗪酮等，是一类昆虫几丁质合成抑制剂；氯化烟酰类杀虫剂，如吡虫啉、腚虫

脒等。

③ 植物源菌源杀虫剂　用植物产品或从菌物发酵液分离得到的杀虫剂，其中所含有效成分为天然有机化合物。园艺植物害虫防治中应用较多的有苦参碱、烟碱、鱼藤酮、茶皂素、楝素、阿维菌素等。

(2) 按作用方式分类

根据杀虫剂对昆虫的毒性作用及其侵入害虫的途径不同，一般可分为：

① 触杀剂　通过昆虫的体壁进入体内，使昆虫中毒死亡的杀虫剂。它们大多数是脂溶性的，如有机磷、有机氟、有机氯等杀虫剂；也有在害虫体表形成一层薄膜封闭害虫气门使之窒息而死的，如松脂柴油乳剂、矿物油乳剂等。

② 胃毒剂　药剂随同食物一同进入害虫消化系统，经肠壁吸收进入血腔发挥其毒力作用，如敌百虫等。但大多数这类农药兼具触杀、胃毒作用。

③ 内吸剂　药剂被植物所吸收并可在体内传导至植株各部分，在害虫取食时使其中毒。这类毒剂适于防治蚜虫、蚧虫等刺吸式口器昆虫，如吡虫啉、乐果、灭蚜松等。

④ 熏蒸剂　药剂由固体或液体气化为气体，以气态分子充斥于作用空间，通过昆虫的呼吸系统进入虫体毒杀害虫。此类药剂在密闭情况下使用才能发挥更大作用，如溴甲烷、磷化铝等。

⑤ 绝育剂　作用于昆虫的生殖系统，使雄性或雌性或雌雄两性造成不育，进而产下不育的卵，如噻替派、六磷胺等。

⑥ 拒食剂与忌避剂　使昆虫在其作用下拒食沾染这些药物的植物或迫使害虫离开的药剂，如三苯基醋酸锡、樟脑、驱蚊油等。

⑦ 引诱剂　能引诱害虫的药剂，如糖醋酒液等。

14.5.2　农药的加工剂型

农药的有效成分称为原药。原药呈固体状态者叫原粉，呈液体状态者叫原液。原药除少数品种如敌百虫、杀虫双等外一般不溶于水，不能直接加水施用，通常必须加工成一定剂型的制剂，才能在生产上使用。农药原药与辅助剂混合调配，加工制成具有一定形态、组分和规格，适合各种用途的商品农药型式，称为农药剂型(pesticide formulation)。在加工过程中加入改进药剂性能和性状的物质，根据其主要作用，常被称为填充剂、辅助剂(溶剂、湿展剂、乳化剂等)。农药加工可以使之达到一定的分散度，便于储运和稀释使用，有利于发挥毒剂的效力。因此，农药加工对提高药效是十分重要的。杀虫剂常用剂型主要有以下几种：

(1) 粉剂(dustable powder)

由农药原药和填料(滑石粉、高岭土等)经过机械粉碎而制成的具有一定细度的粉状混合物。粉剂不易被水所湿润，不能分散和悬浮在水中，故不能加水喷雾使用。粉剂中有效成分含量低于10%为低浓度粉剂，主要供喷粉使用；含量高于10%的为高浓度粉剂，供拌种、制毒饵、毒谷和土壤处理用。粉剂具有使用方便、撒布较均匀、工效高、不用水，宜在水源缺乏的地方施用等优点，但也有用量大、黏着力差、容易脱落、污染环境等缺点。

(2) 可湿性粉剂(wettable powders)

由原药、填料、辅助剂，经机械粉碎而制成的粉状混合物。可湿性粉剂可被水湿润而悬浮在水中，成为悬浮液，供喷雾使用，也可用于制作毒土、毒饵等其他使用方法。其残效期较粉剂持久，附着力也比粉剂强。但因粉粒粗，易于沉淀，因此，使用时应现用现配，而且注意搅拌，使药液浓度一致，以保证药效和避免对植物造成药害。

(3) 乳油(emulsifiable concentrates)

由农药原药、溶剂和乳化剂经过溶化、混合等工艺制成的透明单相油状液体混合物。乳油加水稀释，可自行乳化，分散成为不透明的乳液(乳剂)。溶剂是用来溶解原药的。乳化剂的作用是使油和水能均匀地混合。对农药的乳油来讲，应当使溶解原药的溶剂均匀地分散在水中而成乳状液。乳油加水稀释后，主要用来喷雾，也可用来拌种、浸苗、涂抹等，其防治效果一般比其他剂型好，触杀效果好，而且残效期较长。

(4) 颗粒剂(granules)

用农药原药、辅助剂和载体制成的颗粒状物。主要用作土壤内撒施、穴施、沟施等。颗粒剂使用方便、工效高、药效期长、对环境污染少，使用安全，特别是通过加工手段使高毒农药低毒化，且还可控制农药的释放速度而具缓释效果。但颗粒剂使用范围有限，有效成分含量低，运输量大，成本较高。

(5) 可溶性粉剂(soluble powders)

由水溶性农药原药加水溶性填料及少量吸收剂制成的水溶性粉状物。要加水稀释后才能喷雾使用。这种剂型使用方便、分解损失小、包装和储运经济、安全，且无有机溶剂对环境污染。但不宜长期贮存，也不易附着于植物表面。

(6) 悬浮剂(suspensions)

又称胶悬剂。是用不溶于水或难溶于水的固体原药、分散剂、湿展剂、载体(硅胶)、消泡剂和水，进行超微粉碎后，制成的黏稠性具有流动性的糊状物。使用前用水稀释时便形成稳定的悬浮液，供地面或飞机常量、低量、超低量喷雾。悬浮剂兼有可湿性粉剂和乳油两种剂型的优点。

(7) 超低量喷雾剂(ultra low volume agents)

一般是含农药有效成分20% ~50%的油剂，不需稀释而直接喷洒。配制超低量喷雾剂的关键是选择好溶剂。有的制剂中需要加入少量助溶剂，以提高对原药的溶解度；有的还需加入一些化学稳定剂或降低对植物药害的物质等。国内目前使用的超低量农药有敌百虫、马拉硫磷、辛硫磷、杀螟松、乐果、乙酰甲胺磷等。

(8) 烟剂(smokes)

又称烟雾剂。用原药加燃料(锯末、木炭粉、尿素、硫黄、淀粉、糖等)、氧化剂(硝酸铵、硝酸钾、硝酸钠等)、消燃剂(氯化胺、硫胺、陶土、滑石粉等)制成。点燃后原药受热气化，再遇冷而凝结成飘浮的微粒作用于空间，起杀虫作用。一般适用于防治高大林木和温室等密闭空间内的害虫。如菊酯类烟剂。

(9) 胶体剂(colloids)

用农药原药和分散剂(如氯化钙、糖蜜、纸浆废液、茶枯浸出液等)经过融化、分散、干燥等过程制成的粉状制剂。药粒直径在1~2μm，加水稀释可成为胶体溶液或悬浮液。胶体硫就属于这一类。

(10) 微胶囊剂(microcapsules)

将原药包入到某种对人、畜无害的包囊材料(明胶、松脂、石蜡等天然物质和三硬脂精、聚乙烯、环氧树脂等合成聚合物)中形成的一种剂型，靠胶囊壁的厚度和空隙大小来控制药剂的释放速度。药剂的利用率高，持效期长，接触毒性、药害、刺激性气味和易燃性均有所降低，增加了安全性。如8%氯氰菊酯微胶囊剂。

(11) 水剂(solution agents)

又称液剂。是农药原药的水溶液制剂，如25%杀虫双水剂，使用时再加水稀释。该制剂含大量水，长期贮存易分解失效。

(12) 锭剂(pastlles)

又称片剂。是将农药原药、填料和辅助剂混合制成的片状制剂，如磷化铝片剂。

(13) 石油乳剂(petroleum oil emulision)

以石油、乳化剂和水按比例制成，能在虫体或卵壳上形成油膜，使昆虫及卵窒息死亡。一般来说，分子量越大的油，杀虫效力越高，对植物药害也越大。不饱和化合物成分越多，对植物越易产生药害。防治园艺植物害虫的油类多属于煤油、柴油和润滑油。

14.5.3 农药的使用方法

要使化学防治害虫取得满意的效果，必须重视农药的使用方法。正确的农药使用方法是根据保护对象的特点、防治对象的生物学特性、药剂的种类和剂型，以及施药地的环境条件确定的。园林植物害虫防治常用的使用方法主要有：

(1) 喷雾法

利用喷雾器械将药液雾化，均匀地喷洒到植物或害虫体上的过程。这是最常见、最广泛的一种方法。喷雾法按喷雾器械可分为航空喷雾(飞机喷雾)和地面喷雾(手动机械喷雾、机动机械喷雾、电动机械喷雾和静电喷雾)。按喷雾容量(即单位面积上所喷洒的液量)可分为超低容量喷雾(每公顷喷液量在5 000mL以下)、低容量喷雾(每公顷喷液量5 000~15 000mL)和常量喷雾(每公顷喷液量大于40 000mL)。喷雾法的特点是药剂黏着性好，持久性强，防效高，但常量喷雾工效低，防治不及时，且需要水源；低量和超低量喷雾受风影响很大，使用范围有限。

(2) 喷粉法

利用喷粉器械将农药粉末撒布在防治物表面的过程。要求喷粉均匀周到，使带虫的植物表面均匀地覆盖一层极薄的药粉。喷粉法所要求的剂型只粉剂一种。常犯的错误是用可湿性粉剂来喷粉，这样，不但浪费很大，而且极易对植物造成药害。

(3) 灌根法

将药剂加水稀释后，直接浇灌至植物根部的一种方法。其目的有二：一是浇灌一些内吸性药剂，如乐果等，利用植物的传导作用输送到植物各部分，以防治危害植物地上部的害虫；二是浇灌如辛硫磷等触杀剂和胃毒剂，以防治在根部危害的地下害虫。浇灌法在害虫危害期进行，用药量取决于害虫的种类、植物的种类和大小，以及气温等因素。

(4) 根施法

将毒土或颗粒剂埋于植物根际土壤中，用于防治害虫，特别是盆栽花卉或苗圃害虫的一种方法。毒土的制法很简单，即将药剂与一定数量的细土(或细沙)混拌而成。根施法的目的和用药量同灌根法。需要注意的是，施药覆土后必须浇水，保持土壤湿润，才能达到预期的效果。

(5) 毒饵法

将药剂与害虫喜食的饵料混拌在一起制成毒饵，撒施林间，诱杀害虫的一种方法。

(6) 熏蒸法

利用熏蒸剂或挥发性较强的药剂，以气态的药剂防治害虫的方法。主要用于防治仓库害虫或温室害虫。对已蛀入木质部的天牛幼虫可用竹签端部缠上药棉，再蘸上熏蒸性杀虫剂制成毒扦，插入新鲜排粪孔熏杀枝干内部的幼虫，效果很好，或用注射器向虫孔内注入敌敌畏等熏蒸剂，外面用湿泥封口，毒杀钻蛀性害虫，也可算是熏蒸法的一种。

(7) 种苗处理法

用药液或药粉混拌种子(拌种)，或用药液浸渍种子(浸种)，或苗木移栽前用药液蘸根(苗木处理)等均属种苗处理，主要用于防治地下害虫和苗期害虫。

(8) 注射法

直接将药液注射到树木体内用来防治害虫的一种方法。主要用于防治一些难治的钻蛀性害虫或高大树木不便于喷药防治的害虫。所使用的药剂必须是内吸性的杀虫剂或杀螨剂。此法具有药效期长、杀虫较彻底、不杀伤天敌、不污染环境等特点。

(9) 涂抹法

将药剂涂抹在植株一定部位防治害虫的方法。其目的有三：一是将药涂于害虫危害部位，触杀害虫；二是将内吸性药剂涂于树木茎干的一定位置，通过渗入植物输导组织消灭害虫；三是将药剂配制成油剂或毒胶，在树干上涂一圈，形成毒环，用于触杀从地面向树上爬行的害虫。

14.5.4 农药的合理使用

在进行害虫化学防治时，要想达到人类的目的，既防治效果好，对园林植物无药害，对人、畜、天敌等安全，又能预防害虫产生抗药性，就必须科学地、合理地使用农药。具体而言，主要需要注意以下几个方面。

(1) 正确选用农药

在了解农药性能、保护对象、掌握害虫发生规律的基础上，正确选用农药品种、剂型、浓度和用药量，做到对“症”施药，避免盲目乱用。任何农药产品都不得超出农药登记批准的使用范围。

(2) 适时用药、采用正确的施药方法

用药必须选择最有利的防治时机和最佳的施药方法，既可以有效地防治害虫，又不杀伤或少杀伤害虫的天敌。要做到这一点，需要综合考虑保护对象和防治对象的生物学特点、农药的特性以及当时的温度、湿度、风、人口等环境条件。

(3) 交替使用和合理混用农药

在同一地区长期地使用一种农药防治某一种害虫，此种害虫可能产生对该农药的抗性，几种性质不同的农药交替使用可克服或延缓害虫的抗药性。另外，在生产上往往需要同时防治多种害虫，可把 2 种以上不同性质的农药混合使用。一般认为农药混用可以扩大防治对象，减少用药次数，提高防治效果，延缓害虫抗药性的产生，节省工本，减少环境污染，但有些农药混用不当，反而会降低药效和产生药害。因此，农药混用要掌握以下原则：① 2 种药剂混用后不能影响原药剂的理化性质，不降低表面活性剂的活性，不降低药效。例如酸性或中性农药(如有机磷、氨基甲酸酯类、拟除虫菊酯类等含酯结构的农药)不宜与碱性农药混合；②农药之间不会产生复分解反应。例如波尔多液与石硫合剂虽然都是碱性药剂，但混合后会发生离子交换反应，使药剂失效甚至会产生药害。

(4) 避免产生药害

药害是指农药不恰当使用干扰了保护对象的正常新陈代谢的现象，受害植物表现局部失绿、坏死等症状。引起药害的原因主要有药剂种类(剂型)选用不当、过量使用、在植物敏感时期及高温条件下使用等。药害是药剂、植物、环境三者综合作用的结果，在实践中应加以注意。

不同种类的植物耐药力是不同的，如杏、梅、樱花等对使用常规浓度的敌敌畏和乐果较易产生药害。植物的不同发育阶段与生理状态对农药的反应也不一样，如苗期、花期或生长衰弱时易产生药害，休眠期种子抗药性强；一般生有茸毛、蜡质的叶子较光滑的叶子有较高的耐受能力。

药剂种类和理化性质不同，产生药害程度不一。过量使用农药，或使用质量差、含杂质较多、悬浮性差的药剂易产生药害。

高温时植物代谢作用比较旺盛，对农药较为敏感，此时使用农药易引起药害。因此，夏季应避免中午前后气温高时施药，或尽量采用低浓度药剂处理。

(5) 安全用药

在使用农药防治园林植物害虫时，尽量选择无毒或低毒的农药品种、准确的使用浓度、科学的使用方法，以及正确的用药时间，谨慎用药，确保人、畜安全，防止中毒事件发生。

复习思考题

1. 害虫防治有哪些基本途径?
2. 害虫防治主要方法有哪些?各有何优缺点?
3. 园林技术防治在害虫综合防治中的地位和作用如何?
4. 为什么要进行综合防治?
5. 根据你学过的知识，结合某一具体园林场所，查阅资料，试设计一套主要园林害虫初步防治方案，待课程结束时再补充修订，进行比较。

推荐阅读书目

植物化学保护(第4版). 徐汉虹. 中国农业出版社，2008.
园艺昆虫学. 韩召军，杜相革，徐志宏. 中国农业大学出版社，2001.
园林绿色植保技术. 徐公天，庞建军，戴秋惠. 中国农业大学出版社，2003.
森林昆虫学(第2版). 张执中. 中国林业出版社，1993.

第15章 刺吸性害虫及螨类

［本章提要］ 刺吸性害虫和螨类是园林植物上的一类重要害虫，其种类多，数量大，易成灾，难控制。本章着重介绍了蚧虫、蚜虫、木虱、粉虱、蓟马、蝉、蝽和螨等主要刺吸性类群及其代表种的形态特征、生物学特性及防治方法等。

刺吸性害虫和螨类是园林植物上的一类重要害虫，主要包括同翅目的蝉类、木虱类、粉虱类、蚜虫类、蚧虫类，缨翅目的蓟马类，半翅目的蝽类和真螨目的螨类。其中的蚧虫、蚜虫、粉虱、蓟马和螨类简称“五小”，其种类多，个体小，生活周期短，繁殖力强，扩散速度快，是目前常见、易成灾且难以控制的园林害虫。此类害虫，除蝉科昆虫和少数蚜虫、蚧虫在根部危害外，多聚集在植物的嫩梢、枝、叶、果等部位，以刺吸式口器吸取植物的汁液，给植物造成病理或生理伤害，使被害部位呈现褪色的斑点、卷曲、皱缩、枯萎或畸形；或因部分组织受唾液的刺激，使细胞增生，形成局部膨大的虫瘿。严重时，可使植物营养不良，树势衰弱，甚至整株死亡。同时，由于刺吸性害虫的危害，还给某些蛀干害虫的侵害创造了有利条件。

15.1 蚧虫类(scale insects)

15.1.1 概 述

蚧虫俗称介壳虫，隶属于同翅目蚧总科。园林植物上的蚧虫种类很多，在我国据估计约有700~800种，其中与园林植物关系密切的类群有绵蚧、粉蚧、蜡蚧、毡蚧和盾蚧。此类昆虫的胚后发育，雌虫为渐变态，即没有静止不动的蛹期；而雄虫则有不食不动的蛹期，为过渐变态。1龄若虫足发达，活动性强，称为“爬虫”，为扩散的主要虫态；他龄则很少移动，或完全营固着生活；雄成虫不取食，寿命短。营两性生殖和孤雌生殖，生活和产卵方式多样。天敌种类繁多，对蚧虫的发生具有控制作用，但空气污染及粉尘对寄生性天敌的影响很大。该类昆虫除以雌成虫和若虫在枝、干、叶、果上刺吸植物汁液对寄主造成直接危害外，还排泄大量蜜露诱发煤污病，影响寄主的光合作用。少数种类为植物病毒的传播媒介。常与蚂蚁形成共生关系。

15.1.2 重要种类介绍

15.1.2.1 绵蚧类(gaint scale insects)

属绵蚧科。体大型，表皮较厚，体上常被有少许蜡粉。若虫和成虫的足均发达，除蛹期外，均可爬行、活动。两性生殖，产卵于蜡质卵囊内。排泄蜜露。天敌主要为瓢虫。常见的园林害虫有草履蚧和吹绵蚧。

草履蚧 *Drosicha corpulenta* Kuwana（图 15-1）

国内分布于华北、华中、华东和西北东部。寄主包括杨、柿、核桃等30余种植物，受害花木有月季、大叶黄杨、广玉兰、樱桃、红叶李等。早春爬入居民家，干扰居民生活；排泄物使树体和树下地面一片污黑，对市容环境也有一定影响。

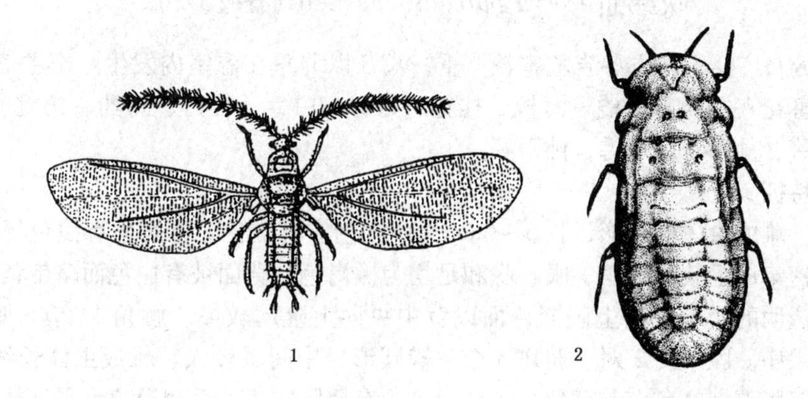

图 15-1 草履蚧(1. 仿周尧 2. 仿张翔)
1. 雄成虫 2. 雌成虫

形态特征

成虫 雌成虫无翅，扁平椭圆形，似草鞋状，被白色薄蜡粉。体长7~10mm，宽4~6mm。背面暗褐色，背中线淡褐色，周缘和腹面橘黄色至淡黄色，触角、口器和足均黑色。触角8节，丝状。胸气门2对，大；腹气门7对，较小。腹部腹面有脐斑3个。雄成虫紫红色，体长5~6mm。头、胸淡黑色至深红褐色。复眼黑色。触角10节，黑色，丝状，除基部2节外，其余各节各有2处缢缩，非缢缩处生有1圈刚毛。前翅紫蓝色，前缘脉深红色，其余脉白色；后翅为平衡棒，顶端具钩状毛2~9根。腹末有尾瘤2对，呈树根状突起。

卵 椭圆形，初产时淡黄色，后渐呈赤褐色，产于棉絮状卵囊内。

若虫 外形与雌成虫相似，但体较小，色较深。触角节数因虫龄而不同，1龄5节，2龄6节，3龄7节。

雄蛹 预蛹圆筒形，褐色，长约5mm。蛹体长4~6mm，触角可见10节，翅芽明显。茧长椭圆形，白色蜡质絮状。

生物学特性

1 年发生 1 代，以卵在卵囊内于树木附近建筑物缝隙里、砖石块下、草丛中、根颈处和 10 ~ 15cm 土层中越冬，极少数以初龄若虫过冬。在江苏北部地区，越冬卵于翌年 2 月上旬至 3 月上旬孵化，初孵若虫暂栖于卵囊内。2 月中旬，随着气温的升高，若虫开始活动，沿树干爬至嫩枝、幼芽等处取食。若虫于 4 月初第 1 次脱皮。4 月下旬第 2 次脱皮后，雄若虫不再取食，潜伏于树缝、树皮下、土缝或杂草等处，分泌大量蜡丝作茧化蛹。蛹期 10 天左右。5 月上、中旬，雄虫大量羽化。雄成虫不取食，有趋光性，傍晚群集飞舞，觅偶交尾。4 月底至 5 月中旬，雌若虫第 3 次脱皮变为成虫。雌、雄交尾盛期在 5 月中旬，交尾后雄虫即死去，雌虫继续吸食危害，此时危害最严重。6 月中、下旬，雌成虫开始下树，爬入表土等处，分泌卵囊，产卵于其中，越夏、越冬。每雌一般可产卵 40 ~ 60 粒。主要天敌为红环瓢虫 *Rodolia limbata*。

吹绵蚧 *Icerya purchasi* Maskell（图 15-2）

国内分布广泛，南方各省危害较严重，长江以北只在温室内发生。寄主植物 280 余种，受害花卉主要有金橘、海桐、桂花、冬青、白兰、牡丹、芍药、碧桃、含笑、玫瑰、蔷薇、月季、六月雪、佛手等。

形态特征

成虫　雌成虫体椭圆形，长 5 ~ 6mm，橘红色或暗红色。体表生有黑色短毛，在体缘明显密集成毛簇。触角、眼、喙和足均为黑褐色。背面被有白色而略带黄色的蜡粉及细长透明的蜡丝并向上隆起，而以背中央向上隆起较高。触角 11 节。眼发达，具硬化的眼座。腹气门 2 对。脐斑 3 个，椭圆形，中间者较大。雄成虫体长约 3mm。胸部黑色，腹部橘红色。前翅狭长，紫黑色，有翅脉 2 条；后翅退化为平衡棒。腹部末端有 2 个肉质突起，其上各生有 4 根刚毛。

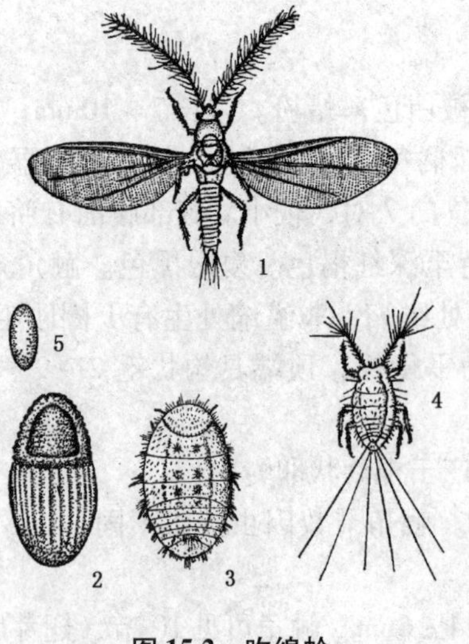

卵　长椭圆形，橘红色，密集产于白色蜡质卵囊内，囊面有明显的纵纹 15 条。

若虫　初龄若虫体椭圆形，橘红色，体背被有少量黄白色蜡粉。触角、眼、足黑色。触角 6 节，末节膨大，腹末有 6 根细长毛。2 龄若虫橙红色，体缘出现毛簇。3 龄雌若虫同雌成虫，但体较小，触角 9 节。

雄蛹　预蛹具有附肢和翅芽雏形。蛹椭圆形，橘红色，腹末凹入呈叉状。预蛹和蛹皆藏于白色椭圆形茧内。

图 15-2　吹绵蚧

1. 雄成虫　2. 雌成虫(带有卵囊)　3. 雌成虫(除去卵囊)　4. 1 龄若虫　5. 卵

生物学特性

年发生代数因地区而异。广东、四川南部 1 年发生 3 ~ 4 代，冬季可见各虫态；长江流域 2 ~ 3 代，以若虫和雌成虫越冬；北京温室 4 ~ 5 代，无越冬现象。在浙江黄岩 2 代区，世代重叠，在同一环境内往往同时存在多个虫态。第1代卵始见于3月上旬，若虫发生于5月上旬至6月下旬，成虫盛发于7月中旬。第2代卵盛产期在8月上旬，若虫发生于7月中旬至11月下旬，以8~9月最盛。雄成虫量少，多行孤雌生殖，每雌产卵200~679粒。初孵若虫很活跃，多寄生在新梢和叶背主脉两侧，2龄后向枝、干转移。成虫喜集居在小枝上，特别是阴面及枝杈处，并分泌卵囊产卵，不再移动。雄若虫2龄后常爬到枝干裂缝处作白色薄茧化蛹。主要天敌有澳洲瓢虫 *Rodolia cardinalis*、大红瓢虫 *R. rufopilosa*、红环瓢虫 *R. limbata* 及小草蛉 *Chrysopa* sp. 等。

15.1.2.2 粉蚧类(mealybugs)

属粉蚧科。体柔软，被有白色蜡粉，边缘常有蜡突或蜡丝。除少数种类外，多数种类在成虫、若虫阶段均有良好发育的足，但活动能力较弱。常分泌蜜露诱发煤污病。喜温暖、潮湿的环境，因而是温室植物的重要害虫。天敌主要有瓢虫、跳小蜂等。常见的园林害虫除康氏粉蚧和堆蜡粉蚧外，还有竹巢粉蚧 *Nesticoccus sinensis* Tang、扶桑绵粉蚧 *Phenacoccus solenopsis* Tinsley 、柑橘臀纹粉蚧 *Planococcus citri* (Risso)、槭树绵粉蚧 *Phenacoccus aceris* (Signoret)、长尾粉蚧 *Pseudococcus longispinus* (Targioni-Tozzetti)等。

康氏粉蚧 *Pseudococcus comstocki* Kuwana (图15-3)

国内分布广泛。寄主植物多，受害花卉主要有君子兰、一叶兰、栀子花、常春藤、朱顶红、夜来香、二色茉莉等。

形态特征

成虫 雌成虫体椭圆形，长约5mm，淡粉红色，被有白色蜡粉，虫体周围有17对白色蜡丝，末对显著长于他对。触角8节。腹脐1个，横椭圆形。体缘刺孔群17对。蕈状腺分布体背和腹面边缘。雄成虫体长1.1mm，紫褐色，触角和胸背中央色淡。前翅透明，后翅退化为平衡棒。尾丝1对。

卵 长椭圆形，淡黄色。

若虫 雌3龄，雄2龄。1龄若虫触角6节，淡黄色，刺孔群仅末对。2龄若虫刺孔群17对。3龄若虫触角7节。

雄蛹 淡紫色。茧长椭圆形，白色棉絮状。

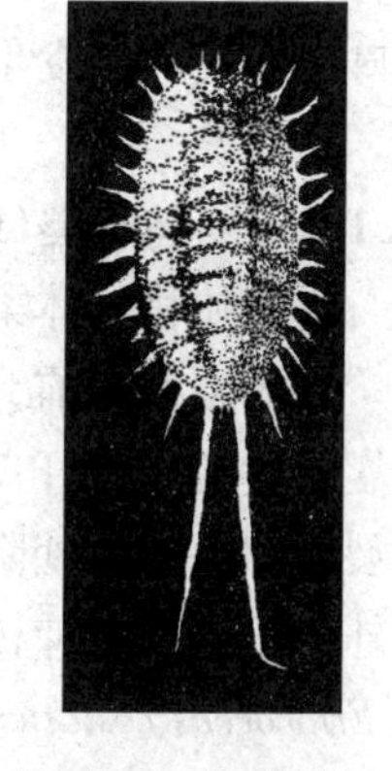

图15-3 康氏粉蚧

生物学特性

在北方1年发生3代，主要以卵在寄主枝干、老皮裂缝、伤口及剪锯口等隐蔽处越冬，少数以受精雌成虫、若虫越冬。翌年春天寄主发芽时，越冬卵孵化为若虫，爬到寄主枝叶幼嫩部分危害。在河北，各代若虫的发生盛期分别为5月中下旬、7月中下旬和8月下旬。雌成虫交配后一般需经取食补充营养，然后爬至各种缝隙及果实梗洼、萼洼处分泌白色棉絮状卵囊，产卵于其中，单雌产卵量200~400粒。性喜阴暗，因而常在隐蔽、潮湿处栖息危害。

堆蜡粉蚧 *Nipaecoccus viridis* (Newstead)(图 15-4)

我国以前以 *Nipaecoccus vastator* (Maskell)记载。分布于河北、江苏、浙江、山东、江西、台湾、湖北、湖南、广东、香港、澳门等地。寄主有金橘、扶桑、木槿、夹竹桃等。

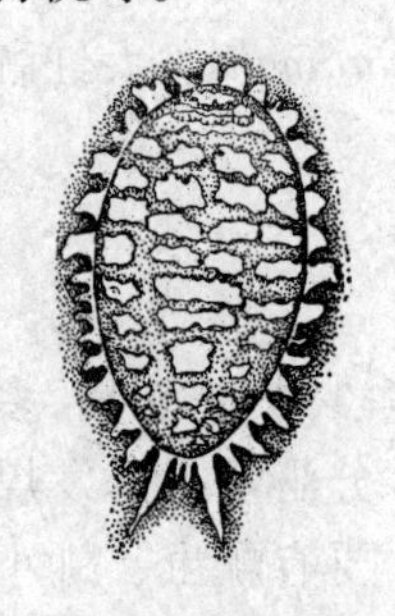

图 15-4 堆蜡粉蚧

形态特征

成虫 雌成虫椭圆形，灰紫色，体长 2.5 ~ 3.0mm，虫体背面被有较厚的白蜡粉，每节上横排成 4 堆，由前至后形成 4 行；虫体周缘有粗短的蜡质突出物，其中腹末 1 对较长。雄成虫紫褐色，体长约 1mm。前翅发达半透明，后翅成平衡棒。腹末有 1 对白色蜡质长尾丝。

卵 椭圆形，淡黄色，长 0.3mm，产于黄白色卵囊内。

若虫 体椭圆形，紫色，与雌成虫相似。初孵若虫体表无蜡质粉堆，到处爬动；固定取食后开始分泌白色蜡质物，并逐渐加厚。

生物学特性

在广州 1 年发生 5 ~ 6 代，世代重叠，以若虫和雌成虫在枝干皮缝及卷叶内越冬。翌年 2 月下旬开始活动，主要营孤雌生殖。3 月下旬产卵于蜡质棉絮状卵囊内。单雌产卵量 200 ~ 500 粒。若虫孵化后逐渐分散转移危害。各代若虫盛发期分别在 4 月上旬、5 月中旬、7 月中旬、9 月上旬、10 月上旬和 11 月中旬。以 4 ~ 5 月和 9 ~ 11 月虫口密度最大，发生危害最重。

15.1.2.3 毡蚧类(felted scale insects)

属毡蚧科。体柔软，常暗红色，被有少量蜡粉。成虫、若虫均有足，但活动能力弱。雌成虫产卵前，分泌白色毡状物形成椭圆形的卵囊，虫体躲在其中取食和产卵，毡囊的后端留有开口，用以排泄蜜露和若虫爬出。1 年 1 ~ 6 代，均以 2 龄若虫在树皮裂缝和芽鳞等处隐蔽过冬。天敌有瓢虫、草蛉和跳小蜂。常见的园林害虫除紫薇毡蚧外，还有危害柿树的柿白毡蚧 *Asiacornococcus kaki* (Kuwana)、危害榆树的沿海榆毡蚧 *Eriococcus costatus* (Danzig)等。

紫薇毡蚧 *Eriococcus lagerstroemiae* Kuwana (图 15-5)

又名石榴绒蚧。国内分布于华北、华中、华东、西南以及陕西、辽宁等地。寄主有紫薇、石榴、扁担木、百日红、含笑等。

形态特征

成虫 雌成虫体卵圆形，末端稍尖，长约 3mm，暗紫红色。体背被有少量蜡粉。触角 7 节，第 3 节最长。足 3 对，甚小。尾瓣发达，长锥状，突出于腹末。背面和腹面边缘有许多锥状刺。雄成虫紫色至暗红色，触角 10 节。前翅半透明，有翅脉 2 条。腹末有 1 对白色长蜡丝。

卵 椭圆形，粉红色。

若虫 椭圆形，1龄淡紫色，触角7节，足发达。2龄体缘有少量蜡丝，雄性较雌性体稍狭长。

雄蛹 长椭圆形，紫红色，包被于白色毡状茧中。

生物学特性

年发生代数和越冬虫态因地区和气候而异。在山西、陕西、北京、河北1年2代；山东、安徽1年3代；贵州1年3～4代；云南1年4代。越冬虫态在陕西西安和山西运城地区为1龄若虫后期，云南蒙自地区为成虫和若虫，贵州贵阳为卵、若虫和蛹，其余地区多为2龄若虫。越冬场所在枝条皮缝内、翘皮下、枝杈处或空蜡囊中。在安徽合肥，越冬若虫于翌年3月上、中旬开始取食发育，4月中旬雄若虫结茧化蛹，雌若虫发育到性成熟则分泌白色蜡丝形成毡状蜡囊。4月下旬雄虫羽化，觅雌交尾。雄虫有多次交尾特性，寿命1～3天。5月上旬雌虫开始产卵，卵产于体后蜡囊空腔中，每雌产卵113～309粒。7月上旬出现第1代成虫。9月上旬第2代成虫羽化，于9月下旬产出第3代卵。若虫于10月上旬孵化，取食至11月中旬越冬。

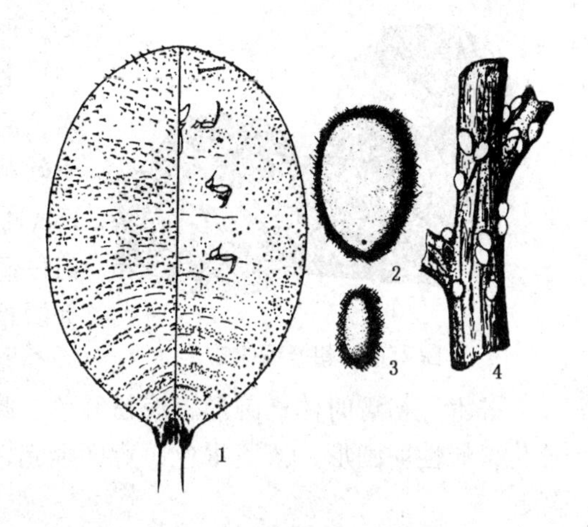

图15-5 紫薇毡蚧(仿胡兴平)

1. 雌成虫 2. 雌虫蜡囊 3. 雄茧 4. 被害状

15.1.2.4 蜡蚧类(soft scale insects)

属蜡蚧科。该科最显著的特征是雌虫腹部末端具有尾裂，并有2块肛板覆盖在肛门上方。体柔软，裸露(球蚧、棉蚧、盔蚧)或被有厚蜡(蜡蚧)。1龄若虫足发达，他龄若虫和成虫虽有足，但较小。雌虫一生中，除爬虫活动外，寄生在落叶树木的种类，在越冬前常由叶片爬回枝条。产卵方式和年生活史多样。蜡蚧、球蚧和盔蚧将卵产在母体的腹面，棉蚧则在体后形成长形卵囊。蜡蚧1年1代，以受精雌成虫在枝条上越冬；球蚧1年1代；棉蚧和盔蚧1～2代，均以若虫在枝条上过冬。天敌有瓢虫、跳小蜂、举肢蛾等。蜡蚧是园林植物的重要害虫，种类很多，常见种类除下述种类外，主要还有红蜡蚧 *Ceroplastes rubens* Maskell、角蜡蚧 *C. ceriferus* Anderson、柑橘绿棉蚧 *Chloropulvinaria aurantii* (Cockerell)、多角绿棉蚧 *Ch. polygonata* Cockerell、垫囊绿棉蚧 *Ch. psidii* (Maskell)、咖啡黑盔蚧 *Saissetia coffeae* (Walker)、橄榄黑盔蚧 *S. oleae* (Oliver)、水木坚蚧 *Parthenolecanium corni* Bouche、槐花球蚧 *Eulecanium kuwanai* (Kanda)、瘤坚大球蚧 *E. gigantea* (Shinji)等。

朝鲜毛球蚧 *Didesmococcus koreanus* Borchsenius(图15-6)

又名杏球坚蚧。分布全国各地。受害花木有梅花、海棠、红叶李、樱花、桃、杏等。以若虫和雌成虫刺吸枝、叶汁液，严重时枝条上布满虫体，导致枝条枯死。

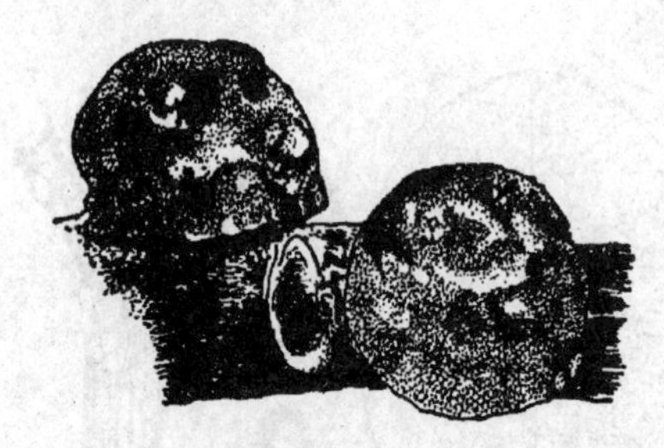

图 15-6 朝鲜毛球蚧

形态特征

成虫 雌成虫体近球形，前端和两侧下部凹入，后端垂直。直径约 3.0 ~ 4.5mm。初期介壳质软黄褐色，后期硬化黑褐色。背中线两侧各具 1 纵列不太规则的小刻点，腹面与枝条接合处有白色蜡粉。雄成虫体长约 2mm，头胸赤褐色，腹部淡黄褐色。前翅半透明，腹末有 1 对白蜡丝。

卵 椭圆形，粉红色。

若虫 初孵时体椭圆形，淡粉红色，腹末尾瓣突出，各生有 1 根长毛。2 龄雌雄分化，雌性卵圆形，淡黄褐色，背面隆起，有数条紫黑色横纹；雄性略瘦小，背面稍隆起。

雄蛹 赤褐色，腹部末端有 1 对黄褐色刺状突起。茧毛玻璃状，后端有 1 横缝，背面有 3 条纵沟和数条横脊。

生物学特性

1 年 1 代，以 2 龄若虫在枝条裂缝、伤口边缘及粗皮处越冬。翌年 3 月开始活动，爬到枝条上另找固定点取食，不久便雌、雄分化。雌若虫于 3 月底脱皮后，体背逐渐隆起成球形。雄若虫于 4 月上旬分泌蜡茧化蛹，4 月中旬羽化，4 月下旬至 5 月初交尾，5 月上旬雌虫开始产卵，每雌产卵 1 000 粒左右。5 月中旬为卵孵化盛期。初孵若虫分散到嫩枝、叶背固定寄生，体两侧分泌弯曲的白蜡丝覆盖虫体。落叶前，叶片上的若虫迁回枝条上。10 月进入越冬状态。

褐软蚧 *Coccus hesperidum* L.（图 15-7）

在国内分布广，南方户外和北方温室内普遍发生。寄主植物有 170 多种，受害花卉有米兰、君子兰、夹竹桃、龟背竹、吊兰、含笑、九里香、菊花、山茶、月季、广玉兰、万年青、仙客来等 60 余种。以雌成虫和若虫在叶片正面主脉两侧和嫩枝上吸食危害，严重时茎、叶上布满虫体，使花木生长缓慢或枝、叶枯萎。

形态特征

成虫 雌成虫体椭圆形，扁平，两侧不对称，背中央有 1 条纵脊，边缘薄，紧贴在植物表面，长 3 ~ 4mm。体色变化大，通常浅黄褐色、绿色、黄色和棕色，形成不规则的格子状图案。背面体壁柔软。触角 7 ~ 8 节。足细。雄成虫黄绿色，前翅白色透明。

若虫 初龄若虫黄绿色，足和触角发达，腹末有 2 根长毛。2 龄若虫黄绿色至浅褐色，背中纵脊稍现。

生物学特性

年发生代数因地而异，2 ~ 8 代。北京温室内 1 年 4 ~ 5 代，世代重叠，以雌成虫或若虫过冬。各代若虫的发生期分别为 2 月下旬、5 月下旬、7 月下旬和 9 月下旬。多行孤雌生殖，卵胎生。每雌可产仔 1 000 余头。初龄若虫

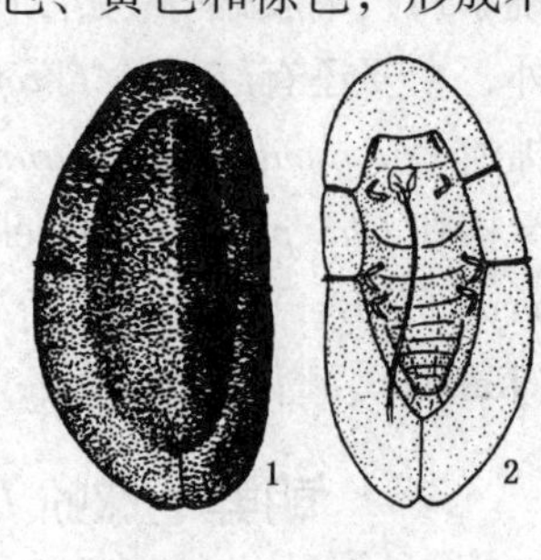

图 15-7 褐软蚧

1. 背面观 2. 腹面观

为扩散阶段，一旦固定便不再移动。温度高、湿度大，有利于其繁殖，植株密集则有利于其蔓延。大敌有黑色软蚧蚜小蜂 *Coccophagus yoshidae*、双斑唇瓢虫 *Chilocorus bipustulatus* 等。

日本龟蜡蚧 *Ceroplastes japonicus* Green（图 15-8）

全国各地均有分布，寄主植物众多，据记载有 41 科 103 种，受害园林植物有枣、柿、栀子花、石榴、茶花、夹竹桃、桂花、蜡梅、白兰、大叶黄杨、牡丹、紫薇等。

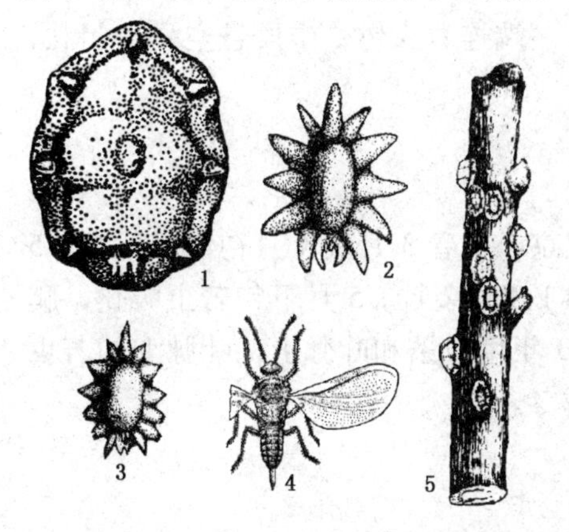

图 15-8　日本龟蜡蚧(仿胡兴平等)
1. 雌成虫蜡壳　2. 雄成虫蜡壳　3. 若虫蜡壳　4. 雄成虫　5. 被害状

形态特征

成虫　雌成虫体背被有白色龟甲状蜡壳，周缘蜡层厚而弯曲，内周缘有 8 组小角突。虫体椭圆形，紫红色。触角 6 节。足 3 对，细小。前期虫体表皮膜质，略隆起，体长约 2mm；后期背部隆起呈半球形，体长约 3mm。雄蜡壳星芒状，中间为一长椭圆形突起的蜡板，周缘有 13 个大蜡角。雄成虫体红褐色，长约 1.3mm。触角丝状，10 节。前翅膜质半透明，具 2 条明显脉纹。

卵　椭圆形，初产时浅黄褐色，后渐变深，至孵化时为紫红色。

若虫　初孵时扁椭圆形，淡红褐色。眼黑色，触角、足淡白色。腹末有尾裂，两侧各有 1 根长毛。1、2 龄蜡壳同雄蜡壳，为星芒状；3 龄雌若虫的蜡壳同雌蜡壳，呈龟甲状。

雄蛹　梭形，棕褐色，翅芽色稍淡。

生物学特性

1 年 1 代，以受精雌成虫在寄主 1～2 年生枝条上越冬。在山西南部，越冬雌成虫于翌年春天树木萌芽时开始取食，虫体迅速膨大隆起。5 月 10 日左右开始产卵，卵产在母体下，随着产卵，母体向上隆起，使腹壁贴近背壁。雌虫的产卵量为 500～3 000粒。卵期 20 天左右。6 月上旬若虫开始孵化，高峰期在 7 月上旬。若虫孵化出壳后，沿枝条爬向叶片正面，寻找适宜位置，固定取食。雄若虫经 3 次脱皮，于 8 月中旬开始化蛹，8 月底 9 月初为盛期。8 月下旬为雄虫羽化始期，9 月中旬达到高峰。雌若虫经 3 次脱皮变为成虫后，从叶片迁移至 1～2 年生枝条上固定，交尾受精后危害至 11 月越冬。该蚧主要分布于树冠的中、下部，上部枝条很少。

日本纽棉蚧 *Takahashia japonica* Cockerell（图 15-9）

国内分布于上海、福建、江苏、湖北、湖南、河南、河北、山西、四川等地，危害天竺葵、合欢、三角枫、重阳木、核桃、桑树等。

形态特征

成虫　雌成虫体长 3 ~ 7mm，卵圆形，黄白色，散生暗褐色斑点。体背有红褐色纵脊，被有少量蜡粉。触角 7 节。足小，爪无齿。体缘有锥刺密集成 1 列，气门刺 3 根。

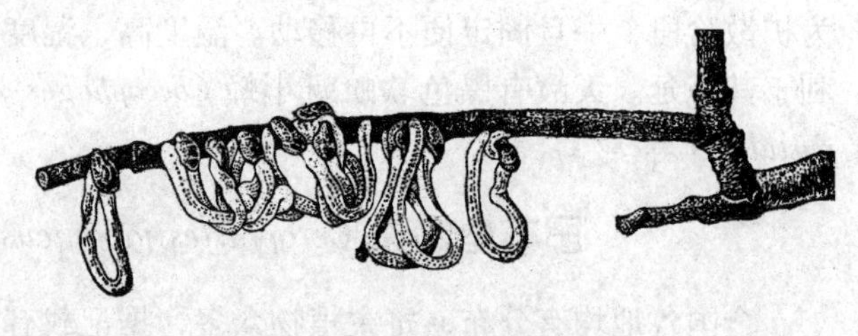

图 15-9　日本纽棉蚧的卵囊

卵　卵圆形。卵囊极长，一端固定于枝上，一端连着虫体，中段悬空呈拱门状，这是本种的重要识别特征。

若虫　长椭圆形，黄色。

生物学特性

1 年 1 代，以 2 龄若虫在枝条上越冬。在北京，翌春 3 月底 4 月初恢复取食，5 月上旬发育为成虫，并分泌卵囊产卵，每雌产卵 1 000 余粒。5 月下旬若虫孵化，爬行到枝条、叶背固定取食。若虫主要寄生在 2 ~ 3 年生枝条和叶脉上，叶脉上的若虫发育到 2 龄后即转移至枝条上。10 月开始陆续越冬。

15.1.2.5　盾蚧类(amored scale insects)

属盾蚧科。最明显的特征是雌成虫被有由蜡质分泌物和若虫的蜕皮组成的介壳。介壳的形状、色泽，以及蜕皮在介壳上的位置常是识别盾蚧种类的标志。盾蚧将卵(或若虫)产在介壳下，若虫孵化后自介壳边缘爬出。1 龄若虫触角、足发达，常在植株上活泼地爬动，当找到适宜的取食处后，将口针插入植物组织内，随后脱皮进入 2 龄，触角和足退化，从此不再活动，固定取食。不排泄蜜露。常以雌成虫在叶片或枝干上越冬。天敌主要有瓢虫、方头甲和蚜小蜂等。

盾蚧的种类很多，我国有 450 余种，其中多数种类寄生在园林植物上。常见的种类有桑白盾蚧、糠片盾蚧 *Parlatoria pergandii* Comstock、考氏白盾蚧 *Pseudaulacaspis cockerelli* (Cooley)、仙人掌白盾蚧 *Diaspis echinocacti* (Bouche)、矢尖盾蚧 *Unaspis yanonensis* (Kuwana)、黄杨并盾蚧 *Pinnaspis buxi* (Bouche)、蔷薇白轮盾蚧 *Aulacaspis rosae* (Borche)、拟蔷薇白轮盾蚧、红肾圆盾蚧 *Aonidiella aurantii* (Maskell)、常春藤圆盾蚧 *Aspidiotus hederae* (Vallot)、蛇眼臀网盾蚧 *Pseudaonidia duplex* (Cockerell)、黑褐圆盾蚧 *Chrysomphalus aonidum*(L.)、梨圆盾蚧 *Comstockaspis perniciosa* (Comstock)等。

桑白盾蚧 *Pseudaulacaspis pentagona* (Targioni-Tozzetti)(图 15-10)

国内见于南北各省(自治区、直辖市)，国外分布于亚洲、欧洲、美洲和大洋洲。寄主植物众多，受害园林植物主要有桃、杏、槐树、丁香、海棠、樱花、苏铁、枸骨、蔷薇、桂花、仙客来、木槿、芙蓉、绣球、月季、桂花等。

形态特征

成虫　雌介壳圆形或近圆形，略隆起，直径 1.8 ~ 2.5mm，白色或灰白色。蜕皮橘黄色，偏向一边。雌成虫体阔梨形，淡黄至橘黄色，臀板红褐色。触角瘤状，相互靠近，各生有1根弯毛。前气门腺有，后气门腺无。臀叶3对，中臀叶大，第2和第3臀叶双分。围阴腺5群。雄介壳细长，长约1.2mm，丝蜡质，背面有3条纵脊。蜕皮黄色，位于前端。雄成虫橙黄色，前翅膜质，灰白色。交尾器细长。

卵　椭圆形，初产时淡粉红色，渐变淡黄色，孵化前为橘红色。

若虫　初孵时扁椭圆形，淡黄褐色。足发达。腹末具臀叶和1对尾毛。2龄雌若虫橙褐色，触角、足和尾毛均退化消失。2龄雄若虫淡黄色，体较窄。

雄蛹　预蛹长椭圆形，具有触角、足、翅和交尾器的芽体，触角芽为体长的1/3。蛹橙黄色，芽体延长，触角芽为体长的1/2。

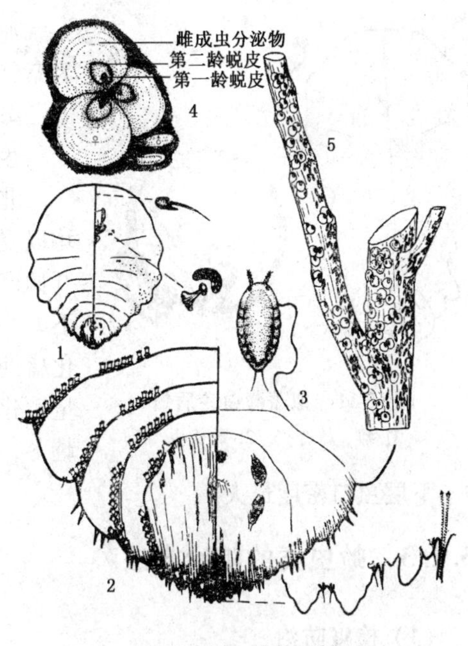

图15-10　桑白盾蚧

1. 雌成虫　2. 臀板放大　3. 1龄若虫　4. 雌、雄介壳　5. 被害状

生物学特性

年发生世代数因地理位置和气候不同而异，从北到南有增多趋势。陕西、宁夏、山西、北京2代，山东、江苏、浙江、湖北、四川3代，广东、台湾5代。各地均以末代受精雌成虫在枝条上越冬。在山西中部2代区，翌年3月越冬雌成虫恢复取食，4月下旬开始产第1代卵于介壳下，每雌产卵量54~183粒。卵于5月上旬开始孵化，5月中旬为孵化盛期。初孵若虫爬行，寻找芽、叶痕周围及2~5年生枝条的分杈处和阴面固定取食，约经5~7天后开始分泌绵状蜡被覆盖虫体。雄虫于6月中、下旬羽化，交配后死去，雌虫继续取食并于7月中旬产第2代卵，每雌产卵20~114粒。若虫于7月末孵化，经30~40天发育，于9月上旬羽化为第2代成虫。交尾后雌成虫继续危害至9月下旬进入越冬状态。该蚧喜阴暗潮湿环境，所以一般在地势低洼、地下水位高、通风透光差、密植郁闭的林间发生较重。

拟蔷薇白轮盾蚧 *Aucalaspis rosarum* Borchsenius（图15-11）

又名月季白轮盾蚧。国内分布于辽宁、北京、河北、内蒙古、河南、安徽、江苏、上海、浙江、贵州、广东、广西、四川、甘肃、陕西。主要危害月季、玫瑰、七里香、黄刺玫、白玉兰等花木。

形态特征

成虫　雌介壳近圆形，直径2.0~2.4mm，银灰色。1龄蜕皮淡褐色，叠于2龄蜕皮上；2龄蜕皮黑褐色，在介壳近边缘。雌成虫初期橙黄色，后期紫红色。前体部很膨大，前侧角明显，中胸处最宽。后胸及臀前腹节两侧呈瓣状突出。雄介壳长条状，两侧近平行，背面有3条纵脊。蜕皮黄色或黄褐色，位于最前端。

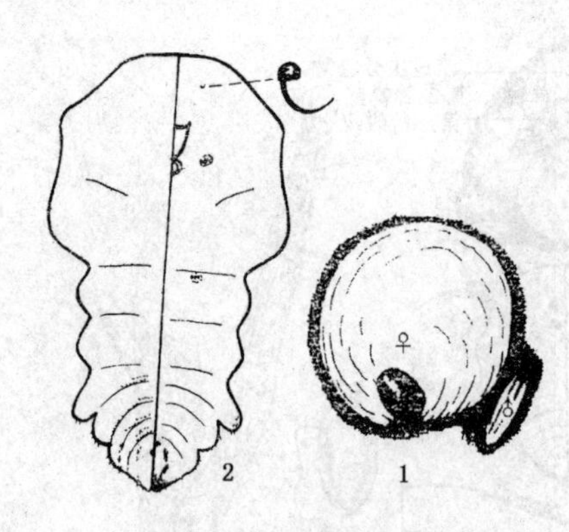

图 15-11 拟蔷薇白轮盾蚧

1. 雌、雄介壳 2. 雌成虫

卵 长椭圆形，初产时黄褐色，至孵化时变为紫红色。

若虫 1龄若虫长椭圆形，淡红至深红色。

生物学特性

北京1年发生2代，四川1年发生2～3代，均以受精雌成虫在枝干上越冬。翌春4月上中旬开始产卵，4月中下旬为产卵盛期。卵产于介壳下，每雌平均产卵132粒左右。5月中下旬为卵孵化盛期。8月上中旬为第2代产卵盛期，中下旬大量孵化。10月上旬出现成虫，多数交尾后取食至越冬，部分个体继续产卵发育至2龄若虫。树冠中、下层虫口密度最大。

15.1.3 蚧虫类的防治方法

(1) 检疫防治

在引进和调出苗木、接穗、果品等植物材料时，要严格执行植物检疫措施，防止松突圆蚧等检疫性蚧虫的传入或传出。对于带虫的植物材料，应立即进行消毒处理。常用的熏蒸剂有溴甲烷，用药量20～30g/m^3，熏蒸时间24h。

(2) 园林技术防治

通过栽植抗虫品种、施肥灌水等园艺措施，促进树木的健康生长，从而增强植物对蚧虫的抗性。

(3) 人工防治

在虫量少时，可结合修剪，剪除带虫枝条；或用麻布刷、钢刷等工具刷去虫体、卵囊。对草履蚧，可在秋冬季节挖除树干周围土中的卵囊，集中销毁；于早春若虫上树前，在树干离地约60cm处，缠绕1周30～40cm宽的光滑塑料薄膜带，或涂20cm宽的粘虫胶，阻止若虫上树。

(4) 生物防治

蚧虫天敌种类多，数量众，是抑制蚧虫大发生的主要因素。因此，减少或避免在天敌发生盛期使用农药，保护天敌的越冬场所，为天敌的生长和繁育创造良好的条件等是抑制蚧虫的一项重要措施。引进和释放蚧虫天敌亦是防治蚧虫的有效方法。如美国通过引进澳洲瓢虫成功地防治了柑橘上的吹绵蚧；广东从日本引进花角蚜小蜂防治松突圆蚧，取得了良好效果。

(5) 化学防治

① 涂干法 于幼龄若虫发生期，在树干上刮一宽20～30cm的树环，老皮见白，嫩皮见绿，然后涂上40%氧化乐果，或50%久效磷原液或2倍液。

② 喷雾法 在初孵若虫发生盛期，使用化学农药喷洒树冠1～3次。常用的药剂

有10%吡虫啉乳油1 000倍液、40%速扑杀乳油1 000～2 000倍液、0.9%爱福丁乳油4 000～6 000倍液、40%乐斯本乳油1 000倍液、20%速灭杀丁1500倍液、5%高效安绿宝4 000倍液、25%灭幼脲2 000倍液加害利平1 000倍液。对于在枝干上越冬的蚧虫，可在早春树液开始流动时，使用3～5°Be石硫合剂，或95%机油乳剂80倍液，或70%索利巴可湿性粉剂50～100倍液防治越冬蚧虫。

③ 注射法　于蚧虫危害期，使用40%氧化乐果乳油，或50%久效磷乳油打孔注入受害株基部，每株用药0.5～3.0mL，注入后用湿泥或胶带封住注孔。

④ 根施法　利用内吸性药液灌根或在寄主根部埋施内吸性颗粒剂如15%涕灭威颗粒剂等。

15.2　蚜虫类(aphis)

15.2.1　概　述

属同翅目蚜总科。体型微小，繁殖能力强，1年可发生数个世代。生殖方式特殊，常具有世代交替和转主寄生的习性；生活史复杂，有干母蚜、干雌蚜、迁移蚜、侨蚜、性母和性蚜等不同的生活型。以成虫和若虫群集在寄主的嫩梢、嫩叶上吸食危害，使芽梢枯萎卷缩，或组织增生，形成虫瘿，同时排泄大量蜜露，诱发煤污病。有些种类还是植物病毒的传播者。多以卵在树木的枝条上过冬。天敌种类多，捕食性天敌有瓢虫、草蛉、食蚜蝇等；寄生性天敌有蚜茧蜂、蚜小蜂等。常与蚂蚁形成共生关系。

蚜虫是园林植物的习见害虫，每种园林植物上均有蚜虫侵害。在我国，据报道有40余种蚜虫可对园林植物造成伤害。常见种类有蚜科的棉蚜 *Aphis gossypii* Glover、绣线菊蚜 *A. citricola* Van der Goot、桃蚜、桃瘤头蚜 *Tuberocephalus momonis* (Matsumura)、荷缢管蚜 *Rhopalosiphum nymphaeae* (L.)、月季长管蚜 *Macrosiphum rosivorum* Zhang、菊小长管蚜、桃粉蚜 *Hyalopterus amygdalis* Blamchard，斑蚜科的紫薇长斑蚜，大蚜科的松大蚜 *Cinara pinitabulaeformis* Zhang et Zhang、雪松长足大蚜 *Cinara cedri* Mimeur，毛蚜科的毛白杨蚜 *Chaitophorus populialbae* (Boyer de Fonscoloube)，瘿绵蚜科的秋四脉绵蚜 *Tetraneura akinire* Sasaki 等。

15.2.2　重要种类介绍

桃蚜 *Myzus persicae* (Sulzer)(图15-12)

分布全国各地。寄主植物广泛，受害园林植物有桃、李、夹竹桃、番石榴、兰花、菊花、蜀葵等。成虫和若虫在叶背吸食危害，严重时叶片变黄呈不规则卷曲。

形态特征

成虫　无翅胎生雌蚜体卵圆形，长约2mm。体色变异大，绿色、橘黄、赤褐色等。腹管长筒形，端部黑色。尾片黑褐色，圆锥形，近端部1/3收缩，有曲毛6～7

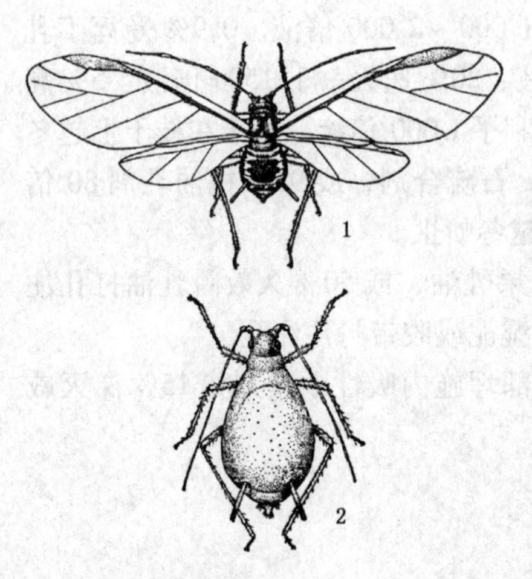

图 15-12 桃 蚜

1. 有翅胎生雌蚜 2. 无翅胎生雌蚜

根。有翅胎生雌蚜头胸部黑色，腹部绿、黄、褐、赤褐色，背面有黑斑。触角第3节有10~15个感觉圈排成1行。第1腹节有1行零星小横斑，第2、3腹节背中具窄横带，第4~6腹节背具1块融合的大斑，第2~6腹节各有大型缘斑。

卵 长椭圆形，有光泽，初产时绿色，后变为黑色。

若蚜 体较小，淡绿或淡红色。

生物学特性

1年发生10~30代，以卵在桃、李等树的芽腋、裂缝和小枝杈处越冬。生活史较复杂，属侨迁式。在北京，翌年4月初越冬卵孵化后先聚集在芽上取食，展叶后多群居在叶背危害，并不断行孤雌生殖，繁衍后代。5月上旬开始出现有翅胎生雌蚜，迁飞到一些花卉、农作物、蔬菜等夏寄主上繁殖和危害，至9~10月又产生有翅蚜迁回冬寄主，不久产生雌、雄性蚜，交配、产卵越冬。该蚜的发生与温、湿度关系密切，冬季温暖、早春雨水均匀，有利其发生；高温高湿则对其不利。

菊小长管蚜 *Macrosiphniella sanborni* (Gillette)

又名菊姬长管蚜。国内分布较广，北自吉林，南到广东、台湾均有发生。以成蚜、若蚜群居于独本菊、五色菊、矮小菊、九月菊、早小菊、金不雕等菊科植物的嫩梢、叶片、花蕾及花朵上刺吸危害，被害叶片常卷曲、皱缩，轻者生长缓慢，重者不能正常开花。此外，还能传播菊B病毒(CVB)、菊脉斑病毒(CVMV)等。

形态特征

成虫 无翅胎生雌蚜体纺锤形，长约1.5mm，赤褐色至黑褐色，有光泽。触角、喙、腹管、尾片均黑色。触角稍长于虫体，第3节有小圆形感觉圈15~20个。腹管圆筒形，端部3/5有网纹。尾片圆锥形，有曲毛11根。尾板半圆形，有毛10~12根。体表光滑。有翅胎生雌蚜长卵形，长约1.7mm，暗赤褐色。体表斑纹较无翅型显著，第1~3腹节各有中横带，第2~4腹节有缘斑，腹管前斑大于后斑。触角第3节有感觉圈16~26个，第4节有2~5个。

若蚜 形态与无翅胎生雌蚜相似，体稍小，赤褐色，体色随脱皮次数增加变深。

生物学特性

年发生代数因地区和环境不同而异。广东1年20代，上海1年10多代，温室内可终年繁殖。以无翅雌蚜在留种株叶腋或芽傍越冬。翌年3月开始活动，以胎生方式繁殖。在上海，平均气温15.7℃时，完成1代约需13.9天，20℃时，完成1代约需9.8天。一年中有2次繁殖危害高峰期，第1次在4月中、下旬至5月中旬，第二次在9月中旬至10月下旬。春天菊花发芽时，它危害新梢和嫩叶，开花时在花梗和花蕾上危害。11月中旬逐渐进入越冬状态。天敌有六斑瓢虫、食蚜蝇等。

紫薇长斑蚜 *Tinocallis kahawaluokalani*（Kirakaldy）

国内分布于北京、上海、江苏、浙江、福建、台湾、广东、贵州。仅危害紫薇。

形态特征

成虫　有翅胎生雌蚜体长2.1mm，黄绿色，头正中有1条黑纵带，两侧各有1不规则形斑。胸部具有斑纹。第1腹节有1对基部相连的背中瘤，第3~8腹节各有1对稍隆起的背中瘤，第1~3腹节各有侧斑，第1~5腹节各有缘瘤。腹管短筒状。尾片瘤状。尾板分裂为2片，各片有粗长毛1对，短毛5~6根。无翅胎生雌蚜体长约3mm，黄绿色，腹部背面布有灰绿色斑点。

若蚜　共5龄。有翅若蚜背毛钉状。

生物学特性

北京1年发生10余代，贵阳1年最多可发生26代，可能以无翅成蚜在树干基部越冬。翌年4月下旬，越冬无翅成蚜上树活动，产下第1代若虫，4月底或5月初出现第1代有翅成蚜。大多数世代历期5~7天。若虫羽化为成蚜后当天或次日即可产下若蚜，单雌产仔量因代而异，与温度成正相关，第25代最少，平均产仔7.6个，第15代最多，平均70.6个。一年中以8月发生危害最重，此时叶背常布满虫体。正常条件下成蚜均为有翅成蚜，只有当紫薇进入落叶休眠状态，气温明显下降时，才产生无翅成蚜，并以此过冬。

15.2.3　蚜虫类的防治方法

(1) 园林技术防治

加强园林植物的抚育管理。当蚜虫初侵染危害时，剪除带虫嫩芽或叶片，并予以消灭，防治其扩散蔓延。对于在转换寄主上越冬的蚜虫，清除其越冬寄主或在越冬寄主上集中防治，是降低虫口密度的有效方法。

(2) 物理防治

利用蚜虫对黄色的正趋性和对银灰色的负趋性，在林间设置黄皿或黄板诱杀有翅蚜，或在畦间张设铝箔条或覆盖塑料薄膜避蚜。

(3) 生物防治

注意保护天敌，避免在天敌高峰期使用广谱性农药。大量人工饲养瓢虫、草蛉等天敌并适时释放。将其他林木和农作物上的天敌助迁到园林植物上，控制上面发生的蚜害。

(4) 化学防治

在成蚜、若蚜发生期，特别是第1代若蚜期，使用40%乐果乳油、或50%马拉硫磷乳油、或25%亚胺硫磷1 000~2 000倍液、或20%氰戊菊酯乳油3 000倍液、或10%吡虫啉可湿性粉剂1 000倍液、或50%避蚜雾可湿性粉剂7 000倍液喷雾，均有良好防效。亦可在树干基部打孔注射、涂药或根施防治，具体方法可参照蚧类的防治。

15.3 粉虱类(whiteflies)

15.3.1 概 述

属同翅目粉虱科，是我国设施园艺的重要害虫类群之一。主要以若虫群集在叶背吸汁危害，使被害叶片发黄，严重时导致叶片凋萎、干枯。成虫、若虫能分泌蜜露，诱发煤污病。有的种类还能传播植物病毒病。粉虱 1 年可发生多代，常世代重叠。行两性生殖或孤雌生殖，孤雌生殖的后代皆为雄性。成虫白天活动，对黄色趋性强。卵有短柄，附着在叶背。若虫有 4 个龄期，第 1 龄触角 4 节，足发达，性活泼，孵化后先在叶背爬行数小时，待找到适宜场所后便固定刺吸危害。第 1 次脱皮后触角和足退化，再经 2 次脱皮后变为伪蛹。成虫羽化时从蛹壳背面近"T"形的蜕裂缝爬出。天敌主要有寄生性的小蜂和捕食性的瓢虫。

危害园林植物的粉虱，在我国除下述 3 种外，还有橘粉虱 *Dialeurodes citri* (Ashmead)和在福建主要危害茉莉的高氏瘤粉虱 *Aleurotuberculatus takahashi* David et Subramaniam。

15.3.2 重要种类介绍

温室白粉虱 *Trialeurodes vaporariorum* (Westwood) 和 烟粉虱 *Bemisia tabaci* Gennadius(图 15-13)

温室白粉虱又名白粉虱、小白蛾，烟粉虱又称棉粉虱、甘薯粉虱，均为世界性的重要害虫。前者在国内主要危害倒挂金钟、夜来香、杜鹃、牡丹、绣球、月季、菊花等多种园林植物；后者在国内除黑龙江、吉林、辽宁、内蒙古、宁夏、甘肃、贵州和西藏未发现外，其他各省(自治区、直辖市)均有报道，并且呈逐渐扩大之势。受害植物有一品红、扶桑、蜀葵、木槿、万寿菊、夹竹桃等 500 余种。

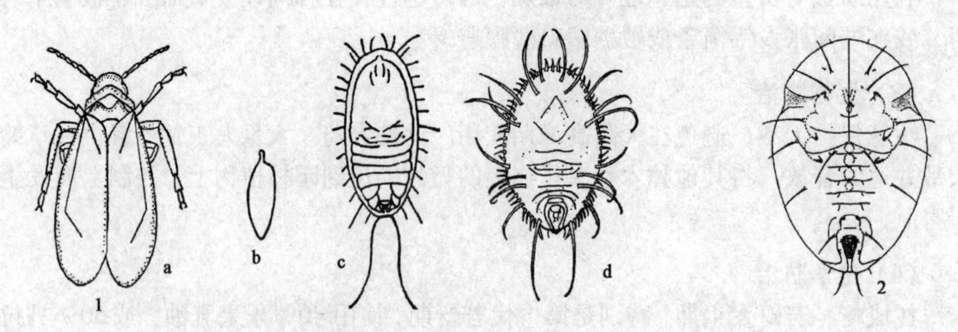

图 15-13 温室白粉虱和烟粉虱(a ~ d. 仿沈阳农学院 2. 仿林国光)

1. 温室白粉虱 a. 成虫 b. 卵 c. 若虫 d. 蛹壳 2. 烟粉虱蛹壳

形态特征

温室白粉虱和烟粉虱体皆淡黄色，翅面被有白色蜡粉，雌虫较雄虫大。卵均椭圆形，具卵柄，如不仔细观察，难于辨别。现将此2种粉虱的形态区别列入表15-1。

表15-1 温室白粉虱和烟粉虱的形态区别

	温室白粉虱	烟粉虱
成虫	体型较大。虫体黄色。前翅脉分叉，左右翅合拢平坦	体型较小。虫体淡黄色至白色。前翅脉1条不分叉，左右翅合拢呈屋脊状
卵	光滑叶片上的卵排列成半圆形或圆形，多毛叶片上的卵散产。卵色由白到黄，孵化前变为黑紫色	卵散产。卵色由白到黄或琥珀色，孵化前变为褐色
若虫	体缘一般具蜡丝	体缘无蜡丝
蛹壳	蛹壳较厚，为蜡层和蜡缘所包围。镜检背面有许多乳突，皿状孔心形，舌状突三叶草形	蛹壳平坦，无或有极少蜡质分泌物。镜检背面无乳突，皿状孔长三角形，舌状突长匙状

生物学特性

①温室白粉虱　北京地区1年发生9代，并有世代重叠现象，温室是该虫的主要越冬场所。翌春成虫逐渐从越冬场所向露地寄主转移。7～8月为发生盛期，9月底开始陆续迁入温室继续繁殖危害。在温室内1年可发生10余代。成虫多在清晨羽化，喜在植株上部嫩叶上栖息、活动、取食和产卵。不善飞翔。成虫交配后1～3天开始产卵。单雌产卵28～534粒。成虫寿命长达20～30天。天敌有丽蚜小蜂 *Encarsia formosa* 和草蛉等。

②烟粉虱　在热带和亚热带地区，1年可发生11～15代，世代重叠。在不同寄主植物上的发育时间各不相同。据报道，26～28℃为该虫的最适温度。在此温度下，卵期约5天，若虫期约15天，成虫寿命可达30～60天，完成1个世代仅需19～27天。北京地区，该虫的盛发期在8～9月。卵不规则散产于叶背面，单雌产卵30～300粒。捕食性天敌有18种，主要是瓢虫、草蛉和花蝽；寄生性天敌有19种，主要是蚜小蜂科的浆角蚜小蜂 *Erelmocerus* spp. 和恩蚜小蜂 *Encarsia* spp. 。此外，还有4种真菌病原菌。

黑刺粉虱 *Aleurocanthus spiniferus* (Quaintance)(图15-14)

国内分布广泛，长江以南危害露地植物，北方在温室内取食。寄主植物多，受害园林植物主要有月季、蔷薇、金橘、山茶、玫瑰、兰花、散尾葵、丁香、四季菊等。

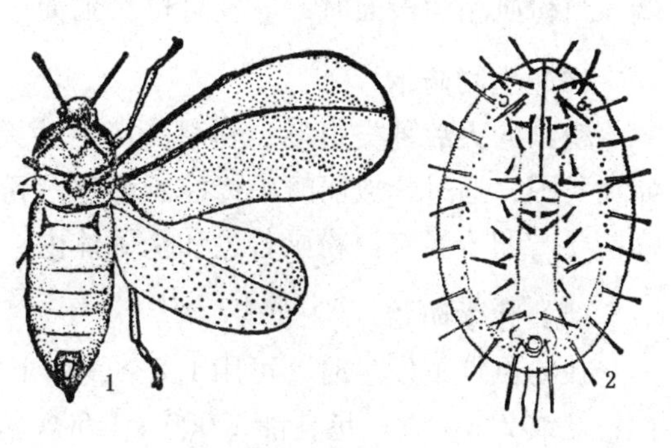

图15-14 黑刺粉虱

1. 成虫　2. 蛹壳

形态特征

成虫　体长0.9～1.3mm，橙黄色，覆盖有薄白粉。前翅紫褐色，有6～7个白斑；后翅小，淡紫褐色。

卵　杧果形，黄褐色，有短柄，附

着在叶上。

若虫　共4龄，黑色，有光泽，在体躯周围有1圈白色蜡质物。1龄若虫体背有6根浅色刺毛。2龄若虫胸部分节不明显，腹部分节明显，体背具长短刺毛9对。3龄若虫雌体大，雄略细小。腹部前半分节不明显，但胸节分界明显。体背具长短刺毛14对。4龄若虫近似3龄若虫。

蛹壳　近椭圆形，长0.7~1.1 mm，漆黑色，周围有较宽的白色蜡边，背面显著隆起，背盘区胸部有长短刺毛9对，腹部10对。边缘雌蛹有长短刺毛11对，雄蛹10对。

生物学特性

浙江、安徽、湖北1年发生4代，四川、福建、湖南1年发生4~5代，以若虫在叶背越冬。温室内无越冬现象。在湖北宜昌4代区，翌年2月越冬若虫化蛹，3月下旬至4月羽化为成虫。各代的发生时间分别是：4月中旬至6月中旬、6月下旬至8月上旬、8月上旬至9月下旬、10月上旬至翌年4月上旬。世代不整齐，从3月下旬至11月中旬田间可见各种虫态。成虫喜较阴暗的环境，因而常在树冠内幼嫩的枝叶上活动。具趋光性。营两性生殖和孤雌生殖，两性生殖后代为雌虫，孤雌生殖后代为雄性。卵产于叶背，散生或密集呈圆弧形，一般数粒或数十粒在一起，每雌可产卵数十粒至百余粒。

15.3.3　粉虱类的防治方法

(1) 加强植物检疫工作

严防烟粉虱随苗木和花卉的调动传入非疫区。

(2) 园林技术防治

清除大棚和温室周围的杂草，以减少温室白粉虱和烟粉虱的虫源；适当修枝，保持通风透光的环境，可以减轻黑刺粉虱和橘黄粉虱的危害。

(3) 物理防治

针对粉虱对黄色有强烈趋性，可在其危害场所设置黄板诱杀成虫。黄板可用油漆将1m×0.2m的纤维板或硬纸板涂为橙黄色，再涂上一层黏油(用10号机油加少许黄油调匀即可)。将黄板悬挂于植株上方，黄板底部与植株顶端相平或略高于植株顶端。当粉虱粘满板面时，应及时再涂黏油。

(4) 生物防治

粉虱的天敌种类很多。利用其寄生性天敌防治粉虱，在国内外均有成功的事例。如在我国，通过释放丽蚜小蜂控制温室白粉虱，已在许多温室取得明显效果。丽蚜小蜂主要产卵于温室白粉虱若虫和伪蛹体内，被寄生的白粉虱9~10天内变黑死亡。

(5) 化学防治

在粉虱严重发生时，可用1.8%爱福丁乳油2 000~3 000倍液、25%扑虱灵可湿性粉剂或2.5%天王星乳油1 000~1 500倍液、10%吡虫啉可湿性粉剂2 000倍液、50%锐劲特悬浮剂1 500倍液喷雾，均有良好的防治效果。

15.4 木虱类(jumping plant lices)

15.4.1 概 述

属同翅目木虱科。体小型，能飞善跳。若虫群栖，常分泌蜡质物包被虫体。以成虫、若虫刺吸嫩枝嫩叶危害，使其长势衰弱，枝干叶枯。有的种类形成虫瘿。有的种类产生蜜露，招致煤污病的发生。天敌有瓢虫、草蛉、盲蝽和寄生蜂等。危害园林植物的木虱，种类不多，主要有梧桐木虱、槐豆木虱、中国梨木虱 *Psylla chinensis* Yang et Li、蒲桃个木虱 *Trioza syzygii* Li et Yang 等。

15.4.2 重要种类介绍

梧桐木虱 *Thysanogyna limbata* Enderlein(图 15-15)

又名青桐木虱。国内分布于河北、山西、江苏、浙江、安徽、福建、山东、河南、湖南、贵州、陕西。为单食性害虫，仅危害梧桐。

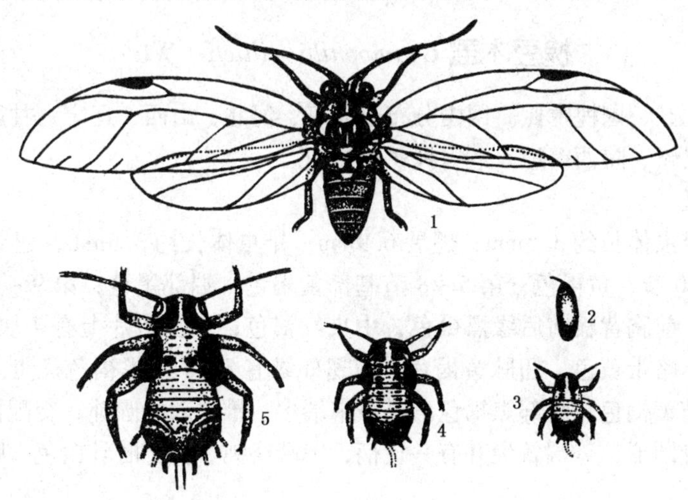

图 15-15 梧桐木虱(仿浙江农业大学)

1. 成虫 2. 卵 3～5. 1、2、3 龄若虫

形态特征

成虫 体黄色，具褐斑。体长 5.6～6.9mm，翅展 13mm。头端部明显下陷。复眼半球状突起，红褐色。单眼 3 个，橙黄色。触角 10 节，褐色，基部 3 节的基部黄色，端部 2 节则为黑色。前胸背板横条形，中央、后缘和凹陷处均为黑色。中胸隆起，前盾片有 1 对褐斑。盾片中央凹，有 6 条黑褐色纵纹，两侧有圆斑。小盾片黄色；后小盾片黑褐色，有 1 对突起。足黄色，胫节端部及跗节褐色。前翅透明，后缘有间断的褐纹。腹部褐色。雄虫第 3 腹节背板及腹端黄色；雌虫腹面及腹端黄色。

卵 略呈纺锤形，一端稍尖，长约0.7mm。初产时浅黄色或黄褐色，近孵化时为红黄色，并可见红色眼点。

若虫 共3龄。第1、2龄若虫身体扁平，略呈长方形，黄色或绿色。末龄若虫身体近圆筒形，茶黄色常带绿色，腹部有发达的蜡腺，分泌白色絮状物覆盖虫体。触角10节，翅芽发达，可见脉纹。

生物学特性

陕西武功1年2代，湖南零陵1年2~3代，贵州铜仁1年4代，均以卵越冬。在陕西关中地区，枝干上的越冬卵于翌年4月底5月初陆续孵化，多群集于嫩梢和叶背危害。若虫行动迅速，无跳跃能力，潜居在自身分泌的白色蜡质絮状物中。第1代成虫于6月上、中旬出现，经10天左右补充营养，待性成熟后，进行交尾、产卵。交尾以8：00前和17：00左右为最多。卵多产在叶背面。卵散产，每雌产卵约50粒。第2代若虫于7月中旬开始出现，8月上、中旬羽化为成虫，8月下旬开始产卵于主枝下面靠近主干处、侧枝下方和主侧枝表皮粗糙处，以备越冬。此虫发生极不整齐，在同一时期可见各种不同虫态。天敌在陕西有大草蛉、中华草蛉 *Chrysopa sinica*、绿姬蛉、深山姬蛉、赤星瓢虫 *Lemnia saucia* Mulsant、姬赤星瓢虫、黄条瓢虫 *Calria* sp.、食蚜蝇和2种寄生蜂，其中以2种赤星瓢虫和2种寄生蜂作用最大。

槐豆木虱 *Cyamophila willieti*（Wu）

又名槐木虱、国槐木虱。国内分布于北京、河北、山西、辽宁、甘肃、宁夏、湖北、湖南、贵州、陕西等地。危害槐树和怀槐。

形态特征

成虫 雌虫体长约3.5mm，翅展6.9mm；雄虫体长约3.3mm，翅展6.4mm。黑褐色。触角10节，黄褐色；第5~8节基部黄褐色，端部黑色；第9~10节黑褐色。复眼紫红色。前胸背板前后缘黑褐色，中央红褐色；中胸盾片上有4块红褐色长斑。翅膜质透明，略带黄色，翅脉黄褐色。前翅外缘有3、4个黑褐色斑点。足腿节黑褐色，胫、跗节黄褐色。腹部黑褐色。雌虫末端尖；雄虫末端圆钝，交配器弯向背面。

卵 长椭圆形，一端较尖并有一短柄，一端略钝。初产时乳白色，孵化前变为灰白色。

若虫 共6龄。体扁，长椭圆形，体长0.40~2.66mm。复眼红色。初孵若虫乳白色，后渐变为绿色。4龄以后翅芽明显。

生物学特性

辽宁抚顺地区1年1代，北京1年数代，均以成虫越冬。越冬场所在辽宁为枯枝落叶层；在北京则为树洞和树皮缝。在辽宁抚顺，越冬成虫于翌年5月中旬开始活动，待补充营养后于5月中、下旬交配、产卵。卵多产于当年生小枝顶端嫩叶背面，以中脉两侧较多。卵散产、裸露，每雌产卵66~310粒，平均268粒。卵期7~9天。5月下旬若虫孵化，多在叶背或嫩梢、嫩叶上刺吸危害，并在叶片上分泌大量黏液。若虫期18~22天。6月中旬出现成虫。成虫不交配，逐渐进入越冬状态。天敌有异色瓢虫 *Harmonia axyrids*、七星瓢虫 *Coccinella septempunctata*、龟纹瓢虫 *Propylaea* *japonica*和草蛉等。

15.4.3 木虱类的防治方法

(1) 加强植物检疫工作

严禁木虱随苗木的调运传入或传出。

(2) 园林技术防治

清理林下的杂草和枯枝落叶，破坏木虱的越冬场所，降低越冬虫口基数。

(3) 生物防治

注意保护天敌，在天敌数量多时少用或不用广谱性化学农药。

(4) 化学防治

在若虫发生期，可采用40%氧化乐果或50%杀螟松1 000倍液、10%敌虫菊酯3 000倍液、20%杀灭菊酯2 000～3 000倍液、25%敌百虫晶体800倍液喷雾，均有良好的防治效果。

15.5 蝉类（cicadas，leafhoppers，planthoppers）

15.5.1 概 述

属同翅目的头喙亚目。危害园林植物的主要种类有蝉科的蚱蝉，叶蝉科的大青叶蝉、棉叶蝉 *Amrasca biguttula*（Shiraki）、小绿叶蝉 *Empoasca flavescens*（Fabricius）、葡萄斑叶蝉 *Zygina apicalis*（Nawa）、桃一点叶蝉 *Singapora shinshana*（Matsumura），蜡蝉科的斑衣蜡蝉、白蛾蜡蝉 *Lawana imitata* Melichar、碧蛾蜡蝉 *Geisha distinctissima*（Walker）、八点广翅蜡蝉 *Ricania speculum* Walker 和柿广翅蜡蝉 *Ricania sublimbata* Jacobi 等。蝉类昆虫的生活史多样。蝉科多年发生1代，以卵和若虫越冬，若虫在根部吸食汁液，成虫产卵于枝条组织内。叶蝉1年发生多代，多以成虫越冬，少数（如大青叶蝉）以卵过冬。蜡蝉1年发生1～2代。

蝉类害虫除刺吸植物汁液对植物造成伤害外，某些种类产卵时切裂植物的枝干，有些种类能传播植物病毒病，其危害有时远甚于直接取食。此外，雄蝉善鸣，量大时可造成严重的噪音污染。

15.5.2 重要种类介绍

蚱蝉 *Cryptotympana atrata*（Fabricius）（图15-16）

分布全国，寄主很多，受害园林植物主要有樱花、蜡梅、白玉兰、广玉兰、紫玉兰、桂花、山茶花、海棠、木槿、女贞、凤凰木、碧桃等。

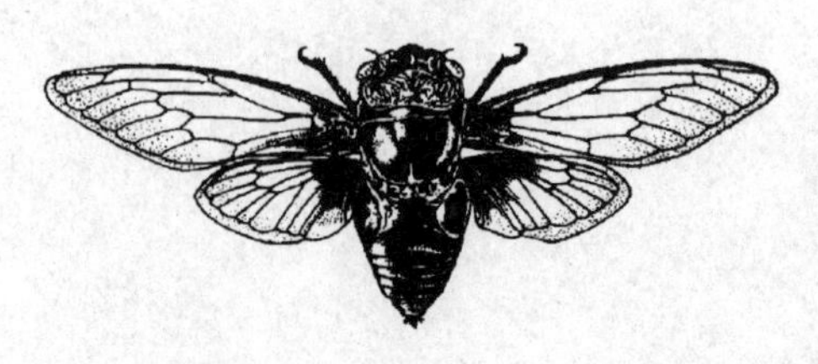

图15-16 蚱蝉(仿朱兴才)

形态特征

成虫 体长38～40mm，翅展116～120mm。黑色，密生淡黄色绒毛。复眼与触角间生有黄褐色斑纹。前胸背板中央有1黄褐色“X”形隆起。前、后翅透明，其基部1/3烟黑色。足黑色，有不规则黄褐色斑。腹部除第8、9节外，各节侧缘及后缘均为黄褐色。雄虫腹部第1、2节有发音器。

卵 梭形，稍弯曲，一端较钝圆，一端较尖削。乳白色。

若虫 共4龄。1龄若虫乳白色，密生黄褐色绒毛。前足明显开掘足。体呈虱形。腹部显著膨大，侧缘有1列疣状突起。2龄若虫前胸背板出现不明显的倒“M”形纹。3龄若虫前胸背板倒“M”形纹明显，前翅芽显现。4龄若虫棕褐色，翅芽前半部灰褐色，后半部黑褐色，脉纹明显。

生物学特性

在山西南部4年1代，以卵和若虫分别在被害枝木质部和土壤中越冬。老熟若虫于6月下旬出土羽化，7月上旬至8月上旬达到高峰。成虫于7月中旬开始产卵，8月中、下旬为盛期。卵期平均334天，越冬卵于7月上旬开始孵化，7月中旬达到高峰。若虫孵化后即坠地钻入土中，以刺吸植物根系养分为食。1、2龄若虫多附着在细根或须根上，而3、4龄若虫多附着在粗根上。若虫的平均发育历期为1127天。成虫羽化后，约经15～20天补充营养后，开始交尾产卵。产卵多选择当年萌发的、直径4～6mm的枝条。产卵时，先用产卵器刺破枝条木质部，然后把卵产在枝条髓心部分。卵槽多呈梭形。每雌平均产卵500～700粒。经产卵的枝条，产卵部位以上部分很快萎蔫。成虫具有一定的趋光性和趋火性，对后者更为明显，亦具群居性和群迁性。

大青叶蝉 *Cicadella viridis*（L.）（图15-17）

分布我国各地。寄主植物很多，据报道有39科102属166种，受害园林植物有杨、柳、槐、丁香、鸢尾、大丽花、翠菊、唐菖蒲、月季、樱花、茉莉花、木芙蓉、杜鹃、海棠等。以成虫、若虫刺吸寄主叶片汁液，造成褪色、卷缩；成虫产卵于树木皮层内，形成伤口，使枝梢失水抽干。

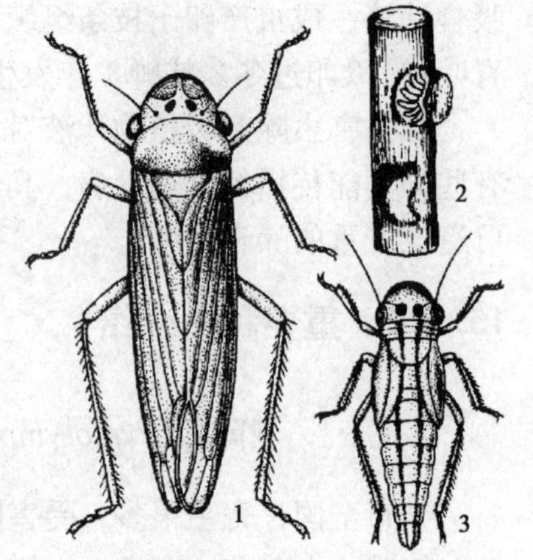

图15-17 大青叶蝉

1. 成虫 2. 卵 3. 若虫

形态特征

成虫 雌虫体长9.4～10.1mm，雄虫体长7.2～8.3mm。青绿色，头冠、前胸背板及小盾片淡黄绿色。头冠前半部左右各有1组淡褐色弯曲横纹，近后缘有1对不规则的黑斑。触角窝上方、两单眼间亦有1对黑斑。复眼绿色。前翅绿色带有青蓝色泽，前缘淡白，端部透明，边缘具有淡黑色的狭带，翅脉青黄色；后翅烟黑色，半透明。胸、腹部腹面及足橙黄色。

卵 白色微黄，香蕉状，一端稍细，中间微弯曲。表面光滑。

若虫 共5龄。1、2龄若虫体色灰白略带黄绿色，头冠部有2条黑色斑纹。3龄黄绿色，胸、腹部背面出现4条暗褐色条纹。4龄若虫亦黄绿色，并有翅芽出现。5龄若虫前、后翅翅芽等齐，超过腹部第2节。

生物学特性

甘肃、新疆、内蒙古、吉林1年发生2代，各代的发生期分别为4月下旬至7月中旬、6月中旬至11月上旬；河北以南各省份1年发生3代，各代的发生期分别为4月上旬至7月上旬、6月上旬至8月中旬、7月中旬至11月中旬，均以卵在阔叶树干和枝条的皮层内越冬。初孵若虫性喜群集，常栖息于叶背危害，以后逐渐分散到矮小植物和农作物上。成虫及若虫均善跳跃。成虫趋光性很强，喜潮湿背风处。一般需经1个多月的补充营养后才交尾产卵。交尾产卵均在白天进行。产卵时，雌成虫先用锯状产卵器刺破寄主植物的表皮形成月牙形的产卵痕，再将卵成排产于表皮下。每雌产卵3～10块，每块2～15粒。

斑衣蜡蝉 *Lycorma delicatula* White(图15-18)

国内分布于华北、西北、华东和华南等地，除主要危害臭椿外，还危害合欢、珍珠梅、海棠、女贞等花木。以成虫、若虫刺吸嫩叶、枝干汁液，受害嫩叶常造成穿孔，严重时叶片破裂。

形态特征

成虫 体长14～22mm，翅展40～52mm。触角鲜红色，锥状。前翅长卵形，基部2/3淡褐色，上有黑色斑点20余个；端部1/3黑色，脉纹白色；后翅扇状，基半部红色，上有黑色斑点6～7个，翅中部有倒三角形白色区，翅端黑色。

卵 长椭圆形，褐色，背面两侧有凹入线，中部成纵脊。整齐排列成块状，表面覆盖有一层灰色粉状蜡质。

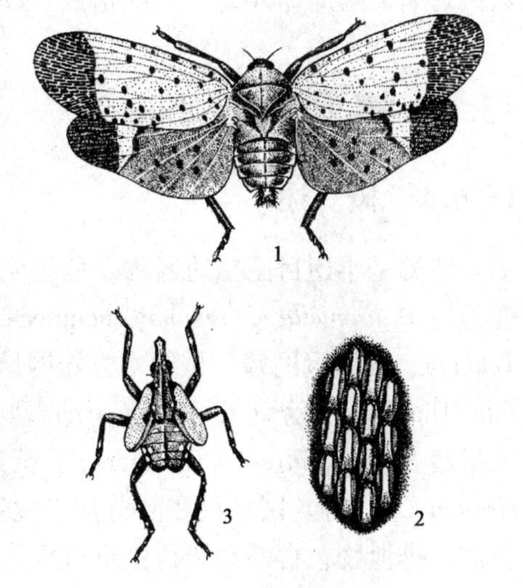

图15-18 斑衣蜡蝉

1. 成虫 2. 卵块 3. 若虫

若虫 共4龄。1龄若虫触角冠毛为全触角长的3倍；2龄若虫触角冠毛略长于触角；3龄若虫白色斑点显著，冠毛的长度与触角3节的和相等。4龄若虫体背淡红色。足黑色，有白色斑点。翅芽明显。

生物学特性

1年1代，以卵在树枝、干上或附近建筑物上越冬。在山东，翌年4月中旬越冬卵陆续孵化为若虫。若虫喜群集嫩茎和叶背危害，受惊扰即跳跃逃避，历期约60天。

6月中旬后羽化为成虫。成虫白天活动，多群集嫩叶和叶柄基部，受惊猛跃起飞，以跳助飞。8月中旬开始交配产卵。卵多产在枝干和分杈的阴面。成虫寿命长达4个月，危害至10月下旬陆续死亡。

15.5.3 蝉类的防治方法

(1) 园林技术防治

加强管理，清洁庭园，冬、春季清除杂草和枯枝落叶，并结合修剪，剪除产卵枝条或刮除卵块。

(2) 物理防治

于成虫发生期，设置黑光灯，诱杀成虫。

(3) 人工防治

于蚱蝉出土羽化期早晚捕捉出土若虫和刚羽化的成虫。

(4) 化学防治

发生严重时，于若虫发生期喷施下列药剂：20%叶蝉散乳油800倍液、10%吡虫啉可湿性粉剂2 500倍液、20%扑虱灵乳油1 000倍液、40%杀扑磷乳油1 500倍液、除虫菊酯类药剂2 500~3 000倍液、25%噻嗪酮可湿性粉剂1 000倍液等。

15.6 蝽类 (true bugs)

15.6.1 概 述

蝽类是半翅目昆虫的通称。危害园林植物的蝽类主要有盲蝽科的绿丽盲蝽、樟颈曼盲蝽 *Mansoniella cinnamomi* Zheng et Liu，网蝽科的梨冠网蝽 *Stephanitis nashi* Esaki et Takerya、杜鹃冠网蝽、悬铃木方翅网蝽 *Corythucha ciliate* Say，蝽科的麻皮蝽 *Erthesina fullo* Thunberg、荔蝽 *Tessaratoma papillosa*（Drury）、斑须蝽 *Dolycoris baccarum*（L.）、二星蝽 *Stollia guttiger*（Thunberg）、茶翅蝽 *Halyomorpha halys*（Stål）和稻绿蝽 *Nezara viridula*（L.）等。网蝽仅在叶背刺吸危害，被害叶正面呈现黄白色斑点，背面布满褐色胶质排泄物；盲蝽和蝽科昆虫可危害嫩叶、嫩茎、花蕾和果实，受害叶片和嫩茎出现黄褐色斑点，叶肉组织变暗，严重时叶片早落，嫩茎枯死。盲蝽和网蝽卵为香蕉形，产于植物组织中；蝽科昆虫卵为桶形，聚产在植物叶片表面。网蝽与蝽科昆虫以成虫在树洞、树皮裂缝和墙缝内、草丛中或枯枝落叶下越冬；盲蝽则以卵在植物组织内越冬。天敌有寄生蜂、草蛉、捕食性蜘蛛和蚂蚁等。

15.6.2 重要种类介绍

绿丽盲蝽 *Lygocoris lucorum*（Meyer-Dür.）（图15-19）

分布全国各地。寄主很多，其中园林植物主要有月季、大丽花、一串红、翠菊、

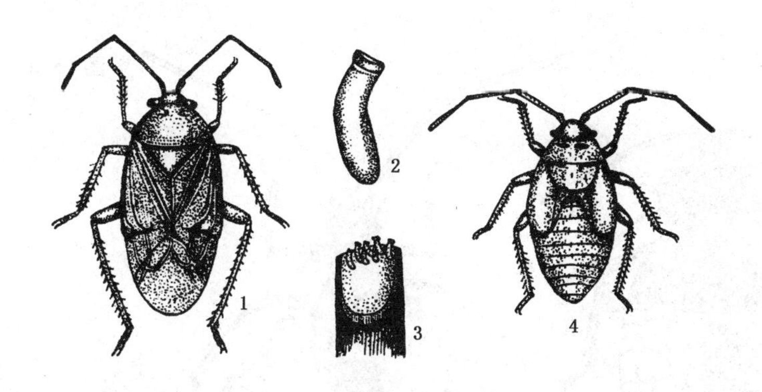

图 15-19　绿丽盲蝽

1. 成虫　2. 卵　3. 产在枯枝截面髓内的越冬卵　4. 若虫

山茶花、木槿、紫薇。

形态特征

成虫　体较扁平，绿色，约 5mm 长。触角 4 节，丝状，淡褐色，第 2 节长约为第 3、4 节长之和。前胸背板上有许多黑色小刻点。小盾片黄绿色，中央有一条浅纵纹。前翅革翅区绿色，膜质区暗灰色。

卵　长口袋形，长约 1mm，黄绿色。卵盖乳黄色，中央凹陷，两端较突起。

若虫　共 5 龄。形似成虫。初孵时短而粗，绿色；2 龄黄褐色；3 龄出现翅芽；4 龄翅芽超过第 1 腹节，5 龄时翅芽达腹部第 4 节。

生物学特性

北方 1 年发生 3～5 代，以卵在植物组织内越冬；南方 1 年 5～7 代，以卵在植物组织内或以成虫在杂草间越冬。在河南 5 代区，翌年 3 月底 4 月初越冬卵孵化，4 月中旬为若虫孵化盛期，5 月上旬羽化为成虫。第 2～5 代分别发生在 6、7、8、9 月份。成虫羽化 6～7 天后开始产卵，卵多产在植物嫩皮层组织中，卵盖外露。每雌平均产卵 100 粒左右，但越冬代可产卵 250～380 粒。成虫寿命长，产卵期 30～40 天，故有世代重叠现象。成虫、若虫白天潜伏，晚上爬至芽、叶上取食，以芽和嫩叶受害最重。由于成虫、若虫均不耐高温、干燥，所以每年春、秋两季危害较重。

杜鹃冠网蝽 *Stephanitis pyrioides*（Scott.）（图 15-20）

国内分布于广东、广西、浙江、江西、江苏、湖北、上海、福建、台湾、辽宁等地。寄主为杜鹃花和马醉木，是杜鹃花的主要害虫。

形态特征

成虫　体长 3.0～3.6mm。头部褐色，头刺 5 枚，灰黄色。触角 4 节，第 3 节色淡而细长，第 4 节略向内弯并被有半直立的毛。前胸背板褐色，有网纹，向前延伸盖住头部，向后延伸盖住小盾片。前翅透明，翅脉网纹状，两翅接合时可见 1 个黑褐色“X”形斑。雌虫腹部末端锥形；雄虫腹部末端平截。

卵　长约 0.5mm，宽 0.2mm，稍弯曲，乳白色。

若虫　共 5 龄。体暗褐色，头顶有 3 个等腰三角形排列的刺状突起，复眼旁有 1

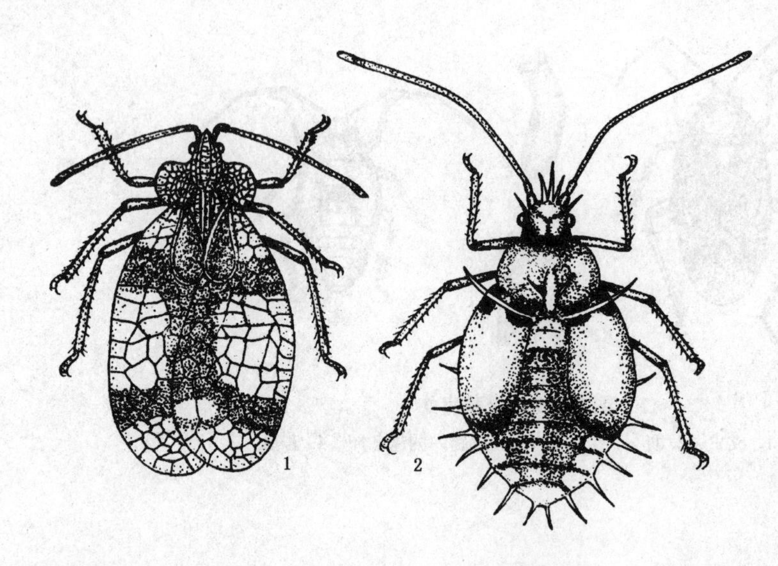

图 15-20　杜鹃冠网蝽
1. 成虫　2. 若虫

个；胸背 2 对，但 1 ~ 4 龄时仅 1 对明显；腹部第 2、4、5、7 节背板各有一个明显的刺状突起。

生物学特性

在广州 1 年发生约 10 代，世代重叠，以成虫和若虫越冬。成虫不善飞翔，多静伏于叶背刺吸叶液，受惊即飞。羽化后 2 天即可交尾，交配后不久即产卵于叶背主脉两侧的组织中，少数产于叶缘及主脉上，卵上覆盖有黑色胶状物。若虫群集性强，不大活动。高温和干旱适于该虫发生。

15. 6. 3　蝽类的防治方法

(1) 园林技术防治

冬季清除园内及其周围的杂草和枯枝落叶，以减少越冬虫源；发生季节，结合管理，摘除蝽科昆虫的卵块和群集的初孵若虫。

(2) 生物防治

保护和利用各种天敌，发挥自然控制能力。

(3) 化学防治

多在越冬成虫出蛰活动到第 1 代若虫孵化阶段进行。常用的药剂有：2. 5% 功夫乳油、20% 灭扫利乳油、2. 5% 敌杀死乳油 3 000 倍液、50% 马拉硫磷乳油1 000 ~ 1 500倍液、40% 氧化乐果乳油 1 500 ~ 2 000 倍液、20% 速灭杀丁乳油2 500倍液。

15. 7　蓟马类(thrips)

15. 7. 1　概　述

蓟马是缨翅目昆虫的通称。大多数种类为植食性，取食时以其锉吸式口器刮破植物表皮，将口针插入植物组织内吸收汁液，从而给植物造成伤害。叶片被害后被害处常呈现白、红、黄色斑点或块状斑纹，以至嫩芽、新叶凋萎，叶片皱缩、扭曲甚至全叶枯黄；花器受害后，花朵凋谢，果实脱落(图 15-21)。有的种类在取食的同时还可传播植物病毒。

图 15-21 蓟马的危害状

(仿 Lewis)

蓟马的生物学特性大致分为两类：在锥尾亚目(包括蓟马科和纹蓟马科)中，成虫通常用锯状产卵器将卵单个产在植物组织内，产卵处的表面略隆起。在植物上的产卵位置视蓟马的种类而定，有的种类产于叶背，如网蓟马属，有的种类则产于叶片两面。卵呈肾形，表面光滑柔软，黄色或白色。若虫 4 龄，第 1、2 龄若虫无翅芽，第 3 龄起出现外生翅芽，称为前蛹，第 4 龄称为蛹。前蛹多数能活动，但不取食，不排泄；蛹不食不动，只在受惊时徐徐爬行，触角向头及前胸背板后弯，翅芽较长。在管尾亚目(管蓟马科)中，成虫多将卵单个或成堆地产在植物表面或缝隙中，或树皮裂缝处。由于卵暴露在植物表面，容易干燥或被天敌捕食，因而卵的死亡率要远高于锥尾亚目。卵为长卵形，两侧对称，顶部稍缢缩，表面常有五边形或六边形的网状花纹，多为粉红色、黄色或深颜色。若虫 5 龄，第 3、4 龄称为前蛹，第 3 龄无外生翅芽，4 龄才出现外生翅芽，第 5 龄称为蛹。

蓟马的年发生代数因地区和种类而异，大多 1 年发生多代，以 5~7 代居多。干旱对其繁殖有利，常在短时间内形成灾害。天敌有花蝽、瓢虫、草蛉和食蚜蝇幼虫等。

在我国，危害园林植物的蓟马种类有 10 余种。主要有蓟马科的烟蓟马、唐菖蒲简蓟马 *Thrips simplex* (Morrison)、黄胸蓟马 *T. hawaiiensis* (Morgan)、亮蓟马 *T. flavus* Schrank、茶棍蓟马 *Dendrothrips minowai* Priesner、饰棍蓟马 *D. ornatus* (Jablonowski)、花蓟马 *Frankliniella intosa* (Trybom)、西花蓟马、红带滑胸针蓟马 *Selenothrips rubrocinctus* (Giard)、腹小头蓟马 *Microcephalothrips abdominalis* (Crawford)，管蓟马科的榕母管蓟马、中华简管蓟马 *Haplothrips chinensis* Priesner 等。

15.7.2 重要种类介绍

烟蓟马 *Thrips tabaci* Lindeman

分布于全国各省(自治区、直辖市)。寄主有菊花、瓜叶菊、金盏菊、大丽花、唐菖蒲、扶郎花、芍药、牡丹、月季、兰花和仙客来以及多种锦葵科植物等。

形态特征

雌成虫　体黄褐色至暗褐色。体长约1.1 mm。触角7节。头宽大于长，短于前胸。单眼间鬃较短，位于3个单眼中心连线外缘。前胸背板后角各具1对长鬃。前翅前缘鬃23根，上脉基鬃7~8根，端鬃4~6根，下脉鬃15~16根。腹部第2~8节背板前缘具1条栗褐色横带纹。

若虫　初龄若虫长约0.37mm，白色透明。第2龄若虫体长0.3~1.6mm，淡黄色。触角6节，第4节具3排微毛。

生物学特性

在我国华南地区1年发生20代以上，华中6~10代，华北3~4代。以成虫或若虫在杂草或土缝内越冬，但在华南地区无越冬现象。雌虫主要营孤雌生殖，每雌产卵21~178粒，卵产于嫩叶背面组织中。成虫多于早、晚或阴天取食。温度在24℃左右和相对湿度在60%以下时，有利于烟蓟马发生，高温高湿则对其不利。以4~5月危害最重。

榕母管蓟马 *Gynaikothrips ficorum* (Marchal)

在我国分布广，南方营露地生活，北方室内危害。以成虫、若虫锉吸榕树、杜鹃、无花果、龙船花等植物的嫩芽和嫩叶，受害叶片沿叶脉向叶面折叠呈饺子状，且布满红褐色斑点。

形态特征

成虫　雌成虫体长约2.6mm，黑色。触角8节，第1、2节棕黑色，第3~5节和第6节基部黄色。头顶单眼区呈锥状突起，有六角形网纹。前足腿节黄色，跗节内侧有小齿。翅无色。前翅很宽，边缘直，不在中部收缩。腹末管长为头部长度的1.2倍。雄成虫较小。

卵　肾形，乳白色。

若虫　外形似成虫。

生物学特性

贵阳1年发生8~9代，北方温室内常年发生。世代重叠现象严重。第1代出现在1月，第9代于11月发生，5月是其危害的高峰期。在日平均温度25℃时，该虫完成1代约需28~30天。成虫一般于羽化后5~7天开始产卵，卵分批产出，不规则。卵多产于成虫形成的饺子状虫瘿内，少数成虫钻出虫瘿将卵产在树皮裂缝内。单雌产卵25~80粒。天敌有小花蝽、横纹蓟马、华野姬猎蝽等。

西花蓟马 *Frankliniella occidentalis* (Pergande)

又名苜蓿蓟马。原产于北美洲，现已扩散至69个国家和地区，2003年6月在我国首次发现于北京市海淀区一大棚温室的辣椒上。目前已知寄主植物多达60余科240余种，主要有杏、桃、油桃、李、玫瑰、石竹花、番茄、辣椒、葫芦科植物等。成虫、若虫以锉吸式口器取食植株的叶、芽、花、果，造成嫩叶皱缩卷曲，甚至黄化、枯萎，花器出现白斑点或变成褐色，果实造成创痕，甚至形成疮疤。此外，该虫若虫还能传播包括凤仙坏死斑点病毒在内的多种病毒。

形态特征

成虫 雌成虫体长约2mm，浅黄色至褐黄色。触角8节。单眼三角区内的一对刚毛与复眼后方的一对刚毛等长。前翅透明，总具有2列完整连续的刚毛。后胸背板有钟状感觉器和网状纹。腹部背板中央有T形褐色块，第8腹节背板后缘具稀疏但完整的梳状毛。雄成虫体较小，色淡，腹部第6、7节腹板前方具有淡褐色椭圆形腺室，但第8节背板后缘无梳状毛。

卵 白色，肾形，长0.2mm。

若虫 1龄若虫透明，2龄若虫金黄色；前蛹(3龄若虫)白色，身体变短，出现翅芽，触角竖起；蛹(4龄若虫)白色，翅芽较长，超过腹部的一半，触角位于背面。

生物学特性

西花蓟马在户外主要以成虫在作物或杂草上越冬。在温室内可终年繁殖，每年发生12～15代。15℃下完成1代需要44天，30℃下15天即可。雌成虫在羽化后24h内相对安静，但成熟后极端活跃，72h后开始将卵产在叶、花、果实等器官的薄壁组织细胞内，每雌产卵20～40粒。卵期在27℃时约4天，15℃时可达13天。幼期4龄，前2龄活动取食，后2龄静止不取食。1龄若虫孵化后立即吸食，27℃时历期1～3天。2龄若虫属于贪食阶段，常在隐蔽的地方取食，历期27℃时3天，15℃时12天，近老熟时变得慵懒，离开植物进入土中，随后脱皮变为前蛹。前蛹期27℃时1天，15℃时4天。蛹期较长，在30天的生活周期中约占10天。亦可行孤雌生殖，未受精卵发育为雄虫。天敌有花蝽如 *Orius insidiosus* 及捕食螨如巴氏钝绥螨 *Amblyseius barkeri* (Hughes)。

15.7.3 蓟马类的防治方法

(1) 加强植物检疫措施

为了防止西花蓟马等检疫性种类随植物材料的运输而扩散蔓延，在调运植物苗木、果实、种子等植物材料时，应严格执行检疫法规，事先进行药剂熏蒸等处理。

(2) 园林技术防治

冬季彻底清除花圃内外的枯枝落叶和杂草，并集中销毁，是减少虫源的重要措施之一。及时喷水、灌水，或结合修剪，剪除被害枝，亦可降低虫口数量。

(3) 物理防治

在园林植物间悬挂蓝色粘虫板，能大量诱杀蓟马成虫。

(4) 生物防治

保护原有天敌，引进外来天敌。使用生物性农药1.8%齐螨素50mL对水200kg、2.5%莱喜胶悬剂50mL对水75kg、1.8%害极灭乳油50mL对水200~300kg喷雾防治。

(5) 化学防治

发生期可选用10%吡虫啉可湿性粉剂2 000~2 500倍液、1.8%爱福丁乳油3 000倍液、25%扑虱灵可湿性粉剂3 000~4 000倍液等进行防治，效果较好。

15.8 螨类(mites)

15.8.1 概 述

属蛛形纲的真螨目，其种类多，分布广，繁殖速度快，是园林植物上重要害虫类群之一。多数种类以成螨和若螨刺吸危害叶片，使叶片失绿，呈现斑点、斑块，或卷曲、皱缩，严重时整片叶子枯焦、脱落；或引起畸形或形成虫瘿(瘿螨)，少数种类危害球根状花卉的根部，造成根部腐烂，植株矮小，叶片发黄，严重时整株死亡。

螨类体很微小，肉眼不易发现。野外检查时最简便的方法，是在一张白纸上强力晃动有被害叶的枝条，如果纸上有微小的生物爬动，或将这类生物用纸挤压后出现红色污斑，则表明可能有螨危害。天敌有草蛉、粉蛉、食螨瓢虫、花蝽、蓟马、捕食性螨如植绥螨等。

在我国，危害园林植物的螨类主要有叶螨科的史氏始叶螨 *Eotetranychus smithi* Pritchard et Bader、六点始叶螨 *E. sexmaculatus* Riley、朱砂叶螨、神泽叶螨 *Tetranychus kanzawai* Kishida、山楂叶螨 *T. viennensis* Zacher、二点叶螨 *T. urticae* Koch.、针叶小爪螨 *Oligonychus ununguis* (Jacobi)、柏小爪螨 *O. perditus* Pritchard et Barker、云杉小爪螨 *O. piceae* (Reck)、咖啡小爪螨 *O. coffeae* (Niether)、酢浆草岩螨 *Petrobia harti* (Ewing)、柑橘全爪螨 *Panonychus citri* (Mcgregor)、苹果全爪螨 *P. ulmi* Koch.、原裂爪螨 *Schizotetranychus schizopus* (Zacher)、竹裂爪螨 *S. bambusae* Reck.，跗线螨科的白狭跗线螨 *Phytonemus pallidus* (Banks)、侧多食跗线螨，粉螨科的球根粉螨 *Rhizoglyphus echinopus* (Fumouze et Robin)，短须螨科的刘氏短须螨 *Brevipalpus lewisi* McGregor、卵形短须螨，瘿螨科的毛白杨瘿螨 *Eriophyes dispar* Nal. 等。

15.8.2 重要种类介绍

朱砂叶螨 *Tetranychus cinnabarinus* Boisduval(图15-22)

又名棉红蜘蛛。全国各地均有发生。危害牡丹、金银花、大丽花、月季、梅花、万寿菊、海棠、蜀葵、锦葵、一串红、山楂、碧桃、丁香、迎春、茉莉、羊蹄甲、无花果、芙蓉、木槿等。

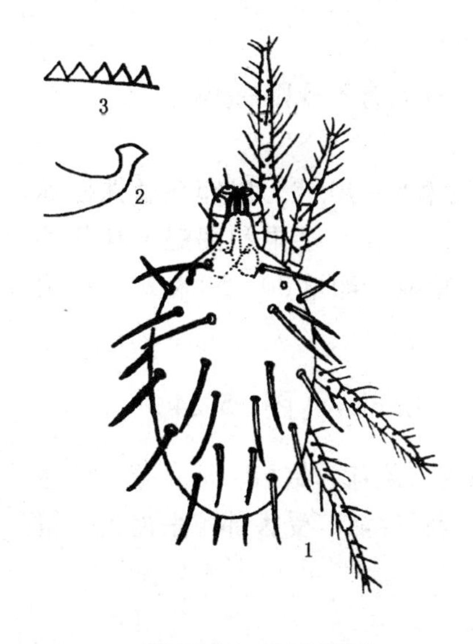

图 15-22 朱砂叶螨

1. 雌成螨背面 2. 阳具 3. 肤纹突

形态特征

成螨 雌成螨椭圆形，长约0.5mm，朱红或锈红色。气门沟末端呈“U”形弯曲。后半体背表皮纹成菱形图案。肤纹突呈三角形。背毛13对，其长超过横列间距。各足爪间突裂开为3对针状毛。雄成螨菱形，略小于雌螨，浅黄色。足Ⅰ跗节爪间突呈1对粗爪状，其背面具有粗壮的背距。阳具弯向背面形成端锤，其近侧突起尖利或稍圆，远侧突起尖利。

卵 球形，初产时无色透明，孵化前变为橙黄色。

幼螨 近圆形，半透明，取食后体色呈暗绿色，足3对。

若螨 椭圆形，体色较深，体背两侧有褐斑，足4对。

生物学特性

年发生代数因地而异，12~20代，从北向南逐渐递增，多以受精雌成螨在土缝、树皮裂缝、枯枝落叶层及杂草等处越冬。世代重叠现象严重。翌年春季开始繁殖、危害。7~8月高温干旱时，繁殖快，危害重，常暴发成灾，造成大量枯叶落叶。10月后进入越冬状态。卵多产于叶背，每雌可产卵50~110粒。卵期2~13天。幼螨和若螨历期5~11天，成螨寿命19~29天。一般先危害下部叶片，而后逐渐向上蔓延。有明显的吐丝结网习性。

卵形短须螨 *Brecipalpus obovatus* Donnadieu（图 15-23）

国内分布于长江以南和北方温室内。寄主包括多种菊花、兰花，以及金钟花、迎春花、月季、茶花、桃、扶桑和蔷薇等园林植物。以成螨和若螨群集于叶背主脉附近结网危害，使叶背产生紫褐色油渍状斑块，叶面出现灰白色斑点，严重时叶柄霉烂，叶片脱落。

形态特征

成螨 雌成螨近卵形，背腹扁平，背中部微隆。体长0.27~0.31mm，宽0.13~0.16mm。橙红色，背面有不规则的黑条斑。前足背毛3对，后足背侧毛5对，背中毛3对。雄成螨体长0.25~0.28mm。后半体被一条横缝分为后足体和末体。

卵 椭圆形，鲜红色，有光泽。

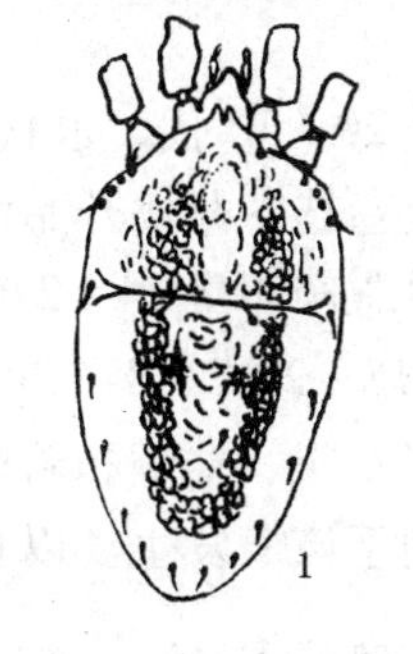

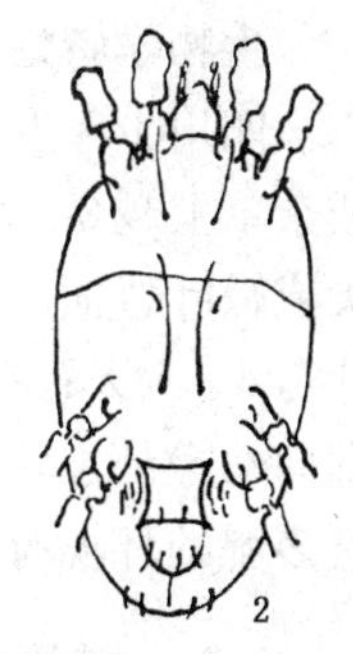

图 15-23 卵形短须螨

1. 雌螨背面观 2. 雌螨腹面观

幼螨　近圆形，体长 0. 12 ~ 0. 18mm，橘红色。

若螨　近卵形，体长 0. 23 ~ 0. 24mm，橙红色，体背上有不规则的黑斑。

生物学特性

长江以南 1 年发生 12 ~ 14 代，北方温室内 1 年发生 9 ~ 10 代。以卵在植株根际或叶背越冬。翌年 3 月越冬卵孵化。高温干燥有利于其发生，多雨和潮湿不利其发展。7 ~ 9 月是危害最严重时期。11 月进入越冬状态。单雌产卵量 30 ~ 50 粒。可行两性生殖和孤雌生殖。

侧多食跗线螨 *Polyphagotarsomemus latus* (Banks)(图 15-24)

分布于全国各地。寄主有大丽花、非洲菊、山茶花、茉莉、蜡梅、常春藤、仙客来、合欢等花木。以成螨和若螨聚集在寄主幼嫩部位刺吸汁液，受害部位呈褐色，扭曲、畸形。

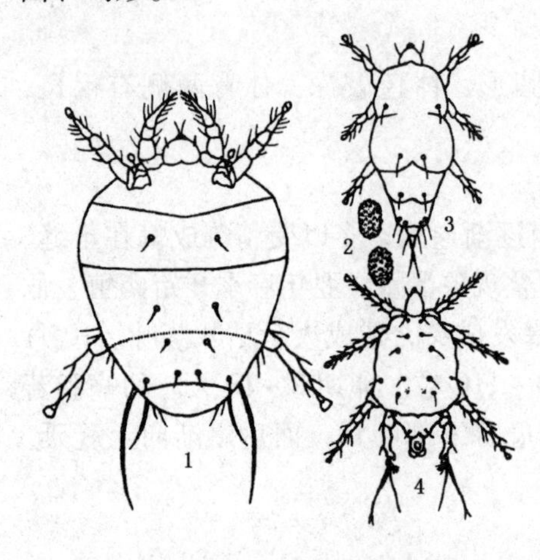

图 15-24　侧多食跗线螨

1. 雌成螨　2. 卵　3. 幼螨　4. 若螨

形态特征

成螨　雌成螨体椭圆形，半透明。体长 0. 17 ~ 0. 25 mm。淡黄色至橙黄色，背部有 1 条纵白带。背面隆起，腹面稍扁平。第 1 对足的爪发达。前足体背毛 2 对，后半体背毛 5 对；前足体腹毛 2 对，后半体腹毛 6 对。雄成螨体近菱形，长 0. 15 ~ 0. 19 mm。乳白色至淡黄色。第 1 对足无爪，第 4 对足纽扣状。前足体表背毛 4 对，后半体背毛 5 对；前足体腹毛 2 对；后足体腹毛 3 对。

卵　椭圆形，无色透明，表面有纵裂瘤状突起。

幼螨　足 3 对，体背有 1 白色纵带，腹部末端有 1 对刚毛。

若螨　长椭圆形，外面罩着幼螨的表皮。

生物学特性

四川 1 年发生 20 ~ 30 代，世代重叠，以雌成螨在被害卷叶内、芽鳞间、叶柄处或杂草上越冬。翌春越冬雌螨开始活动。雌螨交配后 1 ~ 2 天即可产卵。卵单产在芽尖或嫩叶背面。单雌产卵量 24 ~ 246 粒。有时也可营孤雌生殖。在 28 ~ 30℃，1 个世代需 4 ~ 5 天；在 18 ~ 20℃，1 个世代 7 ~ 10 天。成螨趋嫩性强，当取食部位变老时，即向幼嫩部位转移。卵、幼螨和若螨需要在相对湿度 80% 以上才能发育，因此，温暖多湿的环境有利于该螨发生。以 6 ~ 7 月危害最重。

15. 8. 3　螨类的防治方法

(1) 园林技术防治

冬季刮除粗皮、翘皮，剪除受害枝条，清除花圃地周围杂草及枯叶落叶或树干束草，诱集雌螨越冬，翌春收集销毁，以降低越冬虫口。

（2）生物防治

注意保护和利用病原微生物和捕食性天敌。

（3）化学防治

早春花木发芽前用晶体石硫合剂50～100倍液喷施，消灭越冬雌成螨和卵。发生期喷施杀螨剂防治，密度大时，每间隔10天喷1次，连喷2～4次。可选用的杀螨剂有：15%哒嗪酮乳油3 000～4 000倍液、1%灭虫灵乳油3 000～4 000倍液、20%复方浏阳霉素乳油1 000倍液、40%扫螨净乳油4 000倍液、73%克螨特乳油2 000倍液、0.8%齐螨素乳油2 500倍液。

复习思考题

1. 园林植物上的刺吸式害虫主要有哪些类群？其被害状表现为哪些形式？
2. 何为园林植物上的“五小”害虫？其发生有什么特点？
3. 蚧虫的个体发育史有什么特点？为什么实施化学防治主要在第1龄若虫期？
4. 在野外如何检查螨类？
5. 蚜虫的天敌主要有哪几类？如何利用它们进行生物防治？

推荐阅读书目

中国园林害虫. 徐公天，杨志华. 中国林业出版社，2007.
园林植物昆虫学. 蔡平，祝树德. 中国农业出版社，2003.
园林植物病虫害防治原色图谱. 徐公天. 中国农业出版社，2003.
华北经济树种主要蚧虫及其防治. 崔巍，高宝嘉. 中国林业出版社，1995.
山西林果蚧虫. 谢映平. 中国林业出版社，1998.
园艺昆虫学. 韩召军，杜相革，徐志宏. 中国农业大学出版社，2001.
园林昆虫学. 祝树德，陆自强. 中国农业出版社，1996.

第 16 章

食叶害虫

[**本章提要**] 食叶害虫是园林植物害虫中种类最多、危害最严重的一群。本章除对各类食叶害虫进行适当的概述外，重点介绍了代表性种类的分布、寄主、形态、生物学特性和防治方法。

园林植物的食叶害虫种类繁多，主要包括鳞翅目的刺蛾、毒蛾、尺蛾、枯叶蛾、舟蛾、蓑蛾、夜蛾、天蛾、螟蛾、卷蛾、粉蝶，膜翅目的叶蜂，鞘翅目的叶甲，直翅目的蝗虫，食叶动物的蛞蝓、蜗牛、鼠妇等，其中蛾类占多数。这类害虫的发生和危害特点是：

①以咀嚼式口器取食健康植株的叶片，造成缺刻、孔洞，甚至将整株叶片吃光。被害植物下的地面上往往布满虫粪、残叶，枝叶上还常挂有虫茧、丝幕等，既影响园林植物的生长，又破坏景观，污染环境。

②不同目的食叶害虫取食植物的虫态有可能不同，如鳞翅目和膜翅目的是幼虫，鞘翅目和直翅目的是成虫和幼(若)虫。

③食叶害虫大多营裸露生活(少数卷叶、营巢)，因此受气候和天敌因子的影响较大，表现为虫口消长明显。

④某些食叶害虫产卵集中，繁殖量大，并具有主动迁移和扩散的能力。如环境条件适合，往往能在短时间内暴发成灾。

⑤一些食叶害虫，如松毛虫、柳毒蛾等发生危害具有周期性，其种群数量常经历初始、增殖、猖獗和衰退 4 个阶段。

16.1 刺蛾类(slug caterpillar moths)

16.1.1 概　述

属鳞翅目刺蛾科。幼虫俗称洋辣子，蛞蝓形，体表具毒刺，触及皮肤，痒痛异常。初孵幼虫群集啃食叶片下表皮、叶肉，残留上表皮及叶脉；稍大时由叶缘向内残食，严重时将叶片吃光，仅剩少部分叶片和叶柄。蛹茧常光滑且坚硬。常见的种类有黄刺蛾、丽绿刺蛾、褐边绿刺蛾 *Latoia consocia* (Walker)、桑褐刺蛾 *Setora postornata*

Hampson、扁刺蛾 *Thosea sinensis* (Walker)等。

16.1.2 重要种类介绍

黄刺蛾 *Cnidocampa flavescens* (Walker)(图16-1)

分布很广，全国各省(自治区、直辖市)几乎均有发生。食性很杂，危害枫杨、重阳木、杨、柳、榆、刺槐、茶花、悬铃木、樱花、石榴、三角枫、紫荆、梅、海棠、蜡梅、月季、紫薇、日本晚樱、珊瑚树、桂花、大叶黄杨、花曲柳等90多种园林植物。

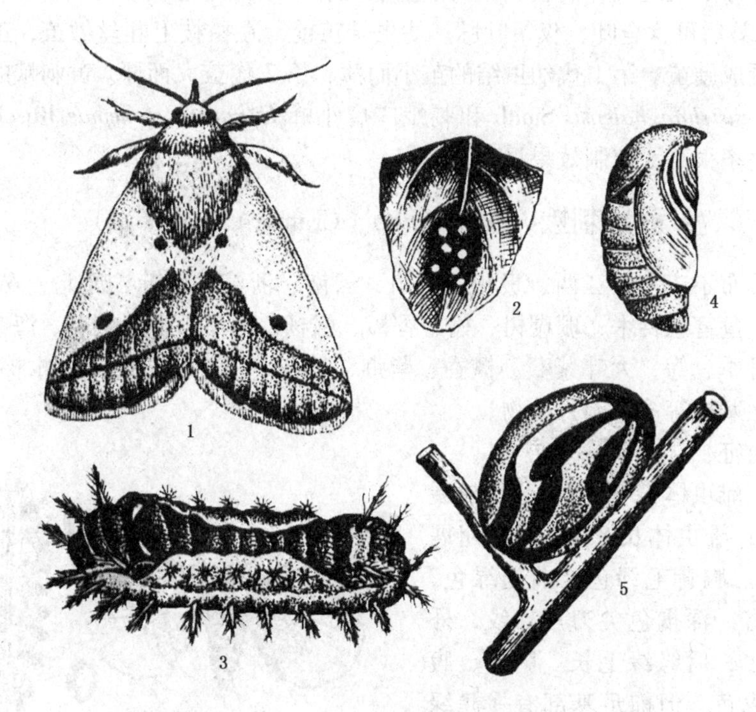

图16-1 黄刺蛾(仿朱白亭)

1. 成虫 2. 卵 3. 幼虫 4. 蛹 5. 茧

形态特征

成虫 体长13~16mm，翅展30~34mm，头和胸部黄色，腹背黄褐色。前翅内半部黄色，外半部褐色，有2条暗褐色斜线，在翅尖上汇合于一点，呈倒"V"形，内面一条伸到中室下角，为黄色与褐色分界线。

卵 扁平，椭圆形，黄绿色，长1.4~1.5mm。

幼虫 初龄时黄色，稍大后转为黄绿色。老熟幼虫体长19~25mm。头小，黄褐色，胸、腹部肥大，黄绿色。体背有1大形前后宽、中间细的紫褐色斑和许多突出枝刺。亚背线上的突起枝刺，以腹部第1节的最大，依次为腹部第7节，胸部第3节，腹部第3节，腹部第8节。

蛹　椭圆形，体长13~15mm，黄褐色。

茧　灰白色，质地坚硬，表面光滑，茧壳上有几道褐色长短不一的纵线，形似雀蛋。

生物学特性

此虫在辽宁、陕西、河北北部1年发生1代，北京、江苏、安徽、河北中部1年发生2代。以老熟幼虫在小枝分叉处、主侧枝以及树干的粗皮上结茧越冬。翌年4~5月间化蛹，5~6月出现成虫。成虫羽化多在傍晚，产卵多在叶背。卵散产或数粒产在一起，每雌产卵约49~67粒，卵期约7~10天。幼虫有7龄，初孵幼虫取食卵壳，而后取食叶片下表皮及叶肉组织，留下上表皮，形成圆形透明小斑；4龄时取食叶片成孔洞，5龄后可食全叶，仅留叶脉。幼虫结茧前，在树枝上吐丝做茧，茧开始时透明，后即凝成硬茧。第1代幼虫结的茧小而薄，第2代茧大而厚。黄刺蛾的天敌有上海青蜂 *Chrysis shanghaiensis* Smith 和刺蛾广肩小蜂 *Enrytoma monemae* Ruschka 等。上海青蜂寄生率很高，控制效果显著。

丽绿刺蛾 *Latoia lepida*（Cramer）（图16-2）

国内分布于广东、江西、贵州、四川、云南、浙江、江苏、河北、安徽、湖南、广西等地。危害悬铃木、珊瑚树、榆、香樟、枫杨、杨、石榴、樱花、海棠、茶、日本晚樱、月季、梅、大叶紫薇、枫香、紫荆、桂花、白兰、蝴蝶果、木棉、八宝树、法国梧桐、刺槐等多种园林植物。

形态特征

成虫　雌虫体长10~11mm，翅展22~23mm；雄虫体长8~9mm，翅展16~20mm。胸背毛绿色。前翅绿色，前缘基部有一深褐色尖刀形斑纹，外缘有褐色带，后缘缘毛长。胸部、腹部及足黄褐色，但前足基部有一簇绿色毛。

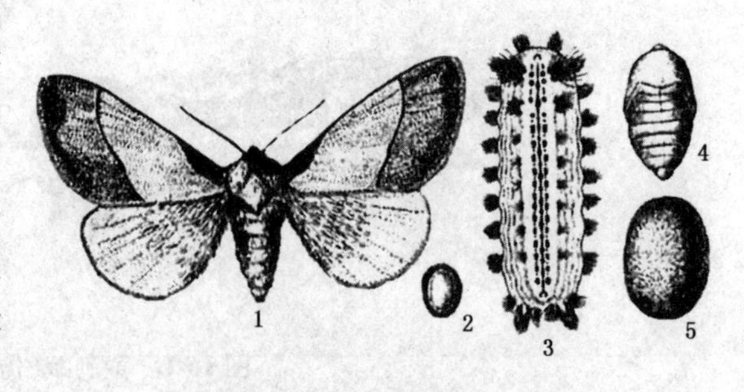

图16-2　丽绿刺蛾（仿张培义）

1. 成虫　2. 卵　3. 幼虫　4. 蛹　5. 茧

卵　椭圆形，扁平，米黄色，长约1mm，宽约0.8mm。数十粒成一块，鱼鳞状排列。

幼虫　初孵幼虫黄绿色，半透明。老熟幼虫体长24~25.5mm。头褐红色，体翠绿色。前胸背板黑色，中胸及腹部第8体节有1对蓝斑，后胸及腹部第1和第7节有蓝斑4个，腹部第2~6节在蓝灰基色上有蓝斑4个。背侧自中胸至第9腹节各着生枝刺1对，以后胸、腹部第1、7、8节枝刺为长，每个枝刺上着生黑色刺毛20余根；第8、9腹节腹侧枝刺基部各着生1对由黑色刺毛组成的绒毛球状毛丛。体侧有由蓝灰、白等线条组成的波状条纹。

蛹　长12~15mm，深褐色。

茧　扁椭圆形，长14~17mm，棕黄色，上覆灰白色丝状物。

生物学特性

广州地区1年发生2~3代，以老熟幼虫在树上结茧越冬。成虫于4月出现。卵多产于嫩叶叶背。初孵幼虫只取食叶片下表皮及叶肉组织，留下上表皮，至5龄后取食全叶。幼虫7龄，早期群集，后期分散取食。6~9月常出现流行病，是颗粒体病毒所致，这种流行病对抑制丽绿刺蛾的大发生起了很大作用。

16.1.3 刺蛾类的防治方法

(1) 物理防治

利用成虫的趋光性，设置黑光灯诱杀成虫。

(2) 园林技术措施

刺蛾以茧越冬，历时很长，可结合抚育、修枝、松土等园林技术措施，铲除越冬虫茧；初孵幼虫有群集性，被害叶片成透明枯斑，容易识别，可组织人力摘除虫叶，消灭幼虫。

(3) 生物防治

每公顷用2400mL苏云金杆菌(Bt)乳剂对水1200kg于低龄幼虫期喷雾。保护和利用天敌，如丽绿刺蛾有颗粒体病毒，通过收集罹病虫尸，研碎并用水稀释后喷洒，可收到一定的防治效果。此外应注意保护上海青蜂、刺蛾广肩小蜂、赤眼蜂、姬蜂等天敌。

(4) 化学防治

在幼虫危害期，最好在3龄前，可选用20%灭幼脲1号胶悬剂8 000倍液，2.5%溴氰菊酯或20%氰戊菊酯乳油3 000倍液，10%氯氰菊酯或20%速灭杀丁乳油2 000倍液，5%来福灵乳油4 000倍液，20%除虫脲5 000倍液，50%马拉硫磷乳油或5%甲维盐颗粒剂4 000倍液喷雾防治，均有较好效果。

16.2 毒蛾类(tussock moths)

16.2.1 概 述

属鳞翅目毒蛾科。幼虫被有毒长毛。有些种类是林业和园林上的重要害虫，常周期性大发生，严重时可将大面积花木的叶片吃光，形似火烧，影响树木生长；若连续危害，可使枝梢干枯，花木成片死亡。在园林植物上常见的种类有茸毒蛾 *Dasychira pudibunda*(L.)、松茸毒蛾 *D. axutha* Collenette、沁茸毒蛾 *D. mendosa* (Hübner)、黄毒蛾 *Euproctis flava* (Bremer)、榆黄足毒蛾 *Ivela ochropoda* (Eversmann)、舞毒蛾、木麻黄毒蛾 *Lymantria xylina* Swinhoe、落叶松毒蛾 *Orgyia antiqua* (L.)、棉古毒蛾 *O. postica* (Walker)、榕透翅毒蛾、刚竹毒蛾 *Pantana phyllostachysae* Chao、蜀柏毒蛾 *Parocneria orienta* Chao、侧柏毒蛾 *P. furva* (Leech)、双线盗毒蛾 *Porthesia scintillans* (Walker)、杨毒蛾 *Stilpnotia candida* Staudinger、柳毒蛾 *S. salicis* (L.)等。

16.2.2 重要种类介绍

舞毒蛾 *Lymantria dispar*（L.）（图16-3）

国内分布于黑龙江、吉林、辽宁、内蒙古、陕西、宁夏、甘肃、新疆、青海、江苏、四川、贵州、台湾、湖南、河南、河北、山西、山东等地。能取食几百种植物，其中以杨、柳、榆、桦、刺槐、悬铃木、紫藤、槭、云杉、栎、山楂、苹果、柿、杏等受害最重。

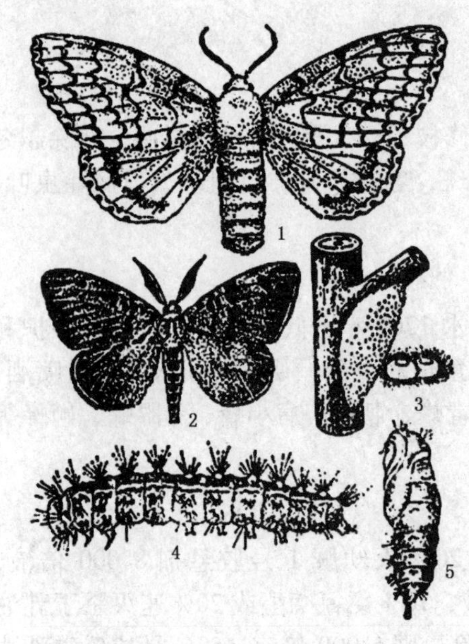

图16-3 舞毒蛾（仿朱兴才）

1. 雌成虫 2. 雄成虫 3. 卵及卵块 4. 幼虫 5. 蛹

形态特征

成虫 雌雄异型。雌蛾体长22～30mm，黄白色。前翅具4条锯齿状黑色横线，中室有1黑褐色点，端部具“<”形黑褐色纹，前后翅缘毛均黑白相间。腹部粗大，密被淡黄色毛，末端着生黄褐色毛丛。雄蛾体长16～21mm，腹末尖，体棕黑色，前翅翅面上具雌蛾同样斑纹。

卵 球形，两端略扁，直径0.8～1.3mm，初期杏黄色，后变为褐色。卵粒密集成卵块，上被黄褐色绒毛。

幼虫 老龄幼虫体长50～70mm，头部黄褐色，具“八”字形黑纹。体黑褐色。背线与亚背线黄褐色，第1～5节和第12节背瘤蓝色，第6～11节背瘤橘红色，体两侧有红色小瘤，足黄褐色。

蛹 体长19～34mm，红褐或黑褐色，被有锈黄色毛丛。无茧，仅有几根丝缚其蛹体与基物相连。

生物学特性

1年发生1代，以发育完全的幼虫在卵内越冬。翌年4月下旬至5月上旬孵化，6月中旬幼虫开始老熟，6月下旬至7月上旬化蛹，7月中、下旬为羽化盛期。初孵幼虫体轻毛长，初期群集将卵壳食光，后上树取食嫩芽和叶片，并可吐丝悬垂，靠风传播扩散。2龄后日间藏在落叶及树上枯枝内或树皮缝内，夜间出来危害。大龄幼虫食叶量大，且有较强的爬行能力，常转移危害，吃光树叶。幼虫雄5龄，雌6龄，老熟后于枝、叶间，树干裂缝及树洞等处化蛹。蛹期12～17天。雌蛾不大活动，常停留在树干上；雄蛾活跃，善飞翔，日间常在林内成群飞舞，故称“舞毒蛾”。卵产于树干或主枝上、树洞中、石块下、屋檐下等处，每雌产卵1块，300～600粒，最多达千粒，卵块上厚覆雌虫腹末体毛。成虫趋光性强。舞毒蛾繁殖的有利条件是温暖、干燥、稀疏的纯林。天敌有梳胫饰腹寄蝇 *Blepharipa schineri*、绒茧蜂 *Apabteles* spp.、舞毒蛾核型多角体病毒等多种。

榕透翅毒蛾 *Perina nuda*（Fabricius）（图 16-4）

国内分布于广东、广西、福建、台湾等地。主要危害榕树、黄葛榕、高山榕、菩提榕等榕属植物以及木波罗。

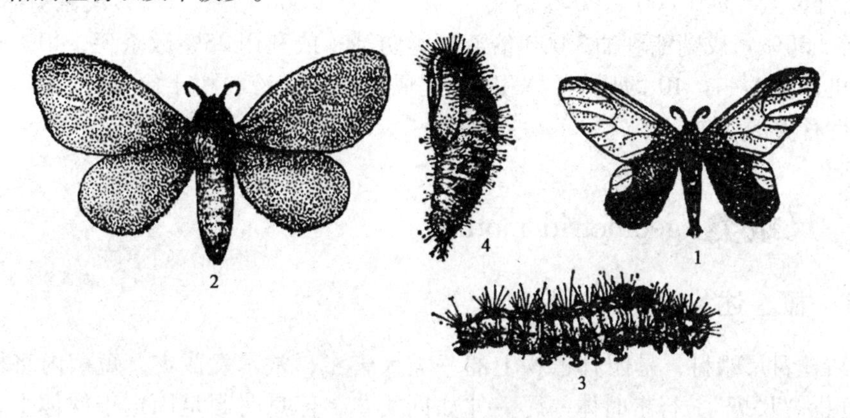

图 16-4 榕透翅毒蛾

1. 雄成虫 2. 雌成虫 3. 幼虫 4. 蛹

形态特征

成虫　雌成虫翅展 41～52mm，雄成虫翅展 30～38mm。雄蛾触角干棕色，栉齿黑褐色；下唇须、头部、前足胫节、胸部下面和肛毛簇橙黄色；胸部和腹部基部灰棕色；前胸灰棕色；腹部黑褐色，节间灰棕色。前翅透明，翅脉黑棕色，翅基部和后缘(不达臀角)黑褐色；后翅黑褐色，顶角透明，后缘色浅，灰棕色。雌蛾触角干淡黄色，栉齿灰棕黄色。头部、足和肛毛簇黄色。前后翅淡黄色，前翅中室后缘散布褐色鳞片。

卵　赤色，产于枝干及叶柄上。

幼虫　体长 21～36mm，色暗，第 1、2 腹节背面有茶褐色大毛丛，各节皆生有 3 对赤色肉质隆起，生于侧面的较大，其上皆丛生有长毛；背线很宽，黄色。老熟幼虫水青色，惟背线为暖黑色。

蛹　长 21mm，略呈纺锤形，头端粗圆，尾端尖，有红褐及黑褐色斑。

生物学特性

广州每年 5～10 月普遍发生，尤以 5～6 月最为多见。以幼虫咬食叶片，往往把叶子咬得残缺不全。但大发生时，幼虫常易感染核多角体病毒病，其危害被抑制。

16.2.3 毒蛾类的防治方法

(1) 园林技术及物理防治

秋、冬季刮除卵块或越冬幼虫，集中销毁。成虫发生期灯光诱杀成虫。

(2) 生物防治

幼虫期，可喷洒苏云金杆菌或青虫菌 6 号 500～1 000 倍液。春天湿度较大时，可喷施白僵菌粉剂。对舞毒蛾等在自然界中易感染病毒病的一些种类，可用病毒致死虫尸加水研磨、过滤，利用滤液和活虫生产病毒制剂，以控制它们的危害。

(3) 化学防治

于幼虫3龄前，可选用25%灭幼脲Ⅲ号胶悬剂或40%的毒死蜱乳剂1 000倍液、1.8%阿维菌素乳油1 000~2 000倍液，1%苦参素1 500倍液，2.5%溴氰菊酯乳油2 500倍液，20%氰戊菊酯乳油3 000倍液喷雾防治；或利用25%敌杀死、40%氧化乐果、废机油按1∶1∶10的比例(体积比)配成药油混合液在树干涂毒环，毒杀有上、下树习性种类的幼虫。

16.3 尺蛾类(geometrid moths)

16.3.1 概 述

属鳞翅目尺蛾科，是园林植物上的一类大害虫，常暴发成灾，短期内将树叶食光。幼虫称“尺蠖”，行走时体一屈一伸如同丈步，停息时腹足固定于树体上，体笔直斜伸，拟态如小枝条。大多数种类幼虫蚕食树叶，少数种类蛀食嫩芽。常见种类有油桐尺蛾 *Buzura suppressaria suppressaria*(Guenée)、丝棉木金星尺蛾 *Calospilos suspecta* Warren、木橑尺蛾、刺槐外斑埃尺蛾 *Ectropis excellens* Butler、刺槐眉尺蛾 *Meichihuo cihuai* Yang、女贞尺蛾 *Naxa seriaria* Motschulsky、柿星尺蛾 *Percnia giraffata* Guenée、槐尺蛾等。

16.3.2 重要种类介绍

槐尺蛾 *Semiothisa cinerearia* Bremer et Grey（图16-5）

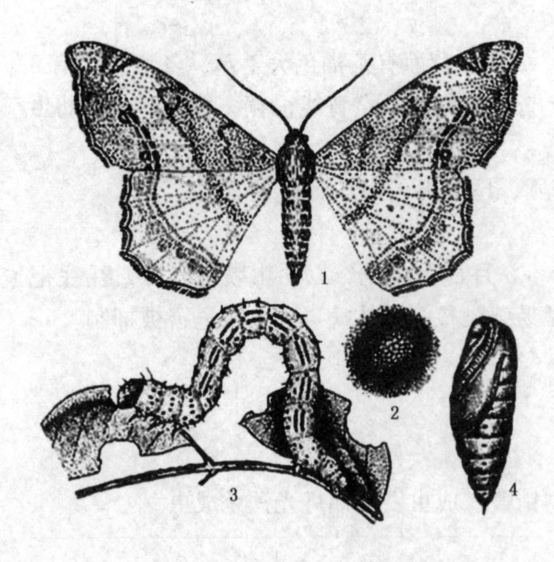

图16-5 槐尺蛾(仿张培义)
1. 成虫 2. 卵 3. 幼虫 4. 蛹

又名国槐尺蠖，俗称“吊死鬼”。分布于北京、河北、山东、陕西、浙江、江苏等地。危害槐树、龙爪槐。

形态特征

成虫　雌蛾体长12~15mm，翅展30~45mm；雄蛾体长14~17mm，翅展30~43mm。体褐色，触角丝状。前翅具3条深褐色波状横线，外横线上端有1个三角形深斑；后翅具2条横线，外缘凸出，并呈锯齿状缺刻；前后翅外横线以外色均较深。雌雄区别不明显，主要表现在：雄蛾后足胫节最宽处较腿节约大1.5倍，而雌蛾后足胫节与腿节大小约相等。

卵　钝椭圆形，长0.58～0.67mm，一端较平截，卵壳上具蜂窝状花纹。初产时绿色，孵化前灰黑色。

幼虫　有春型和秋型之分。春型老熟幼虫体长38～42mm，粉绿色，气门黑色，气门线以上密布黑色小点，有的气门线上有不连续的黑褐色带；秋型老熟幼虫体长45～55mm，头黑色，背线黑色，每节中央呈黑色"十"字形，亚背线与气门上线为间断的黑色纵条。胸部和腹末两节散布黑点，胸足黑色，腹足端部黑色。

蛹　长13～17mm，初为粉绿色，渐变为紫褐色。臀棘具钩刺2枚，雄蛹两钩刺平行，雌蛹两钩刺向外呈分叉状。

生物学特性

北京地区1年发生3～4代，以蛹越冬。越冬蛹于翌年4月下旬至5月中旬羽化，羽化时间多在夜间。第1代幼虫始见于5月上旬，各代幼虫危害盛期分别为5月下旬、7月中旬及8月下旬至9月上旬。成虫白天静伏于槐树及灌木丛中，夜间取食、交尾、产卵。卵散产于叶片、叶柄和小枝上，以树冠南面最多，平均产卵量为420粒。卵期4～10天。成虫寿命平均约10天。幼虫6龄，4龄以前食量较小，5龄后食量剧增，为整个幼虫期食量的93%左右。幼虫受惊有吐丝下垂习性。老熟后多在白天离树，吐丝或直接掉至地面，爬到干基及其周围松土中化蛹。

木　尺蛾 *Culcula panterinaria* Bremer et Grey（图16-6）

又称黄连木尺蛾。国内分布于河北、河南、山东、山西、四川、台湾等地。为多食性害虫，寄主有杨、柳、榆、槐、黄连木、核桃以及蝶形花科、菊科、葡萄科、蔷薇科、锦葵科等30余科170多种植物。

形态特征

成虫　体长18～20mm，翅展72mm。翅底白色，上有灰色和橙色斑点；在前翅和后翅的外线上各有1串橙色和深褐色圆斑；前翅基部有1大圆形橙色斑；前后翅中室有1灰色斑。

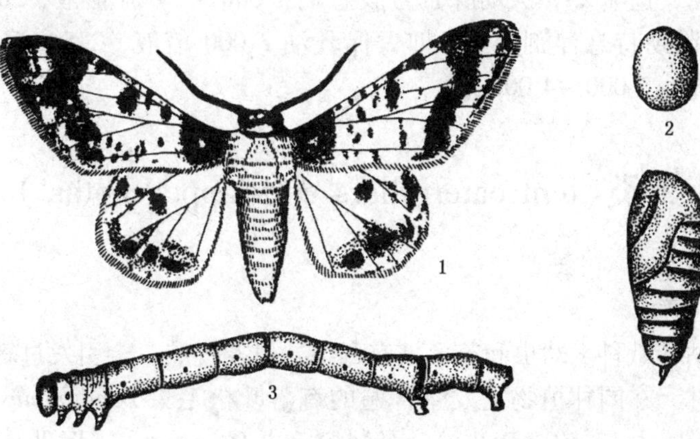

图16-6　木橑尺蛾(仿林焕章)

1. 成虫　2. 卵　3. 幼虫　4. 蛹

卵 椭圆形，长约1mm，翠绿色，孵化前变为暗绿色。

幼虫 老熟幼虫体长65～85mm，体色常随寄主而异，一般为黄绿、黄褐及黑褐色。体上散生颗粒状突起。头部密布粗颗粒，头顶两侧具峰状突起，头与前胸在腹面连接处具1黑斑。

蛹 长约30mm，纺锤形，黑褐色且有光泽。蛹体前端背面左右各有1耳状突起，肛孔与臀棘两侧各有3个峰状突起。

生物学特性

华北地区1年1代，以蛹在土中越冬。翌年6月初至8月下旬陆续羽化。成虫出土后2～3天开始产卵，卵期9～10天。幼虫共6龄，幼虫期约40天，老熟后坠地入土化蛹。幼虫发生盛期约在8月上旬。成虫晚间活动，产卵于寄主植物的皮缝里或石块上，块产，排列不规则并与腹末鳞毛相混杂。每一雌蛾可产卵1 000～1 500粒，最多达3 600粒。成虫趋光性强，白天静伏在树干、树叶、杂草等处，易被发现。

16.3.3 尺蛾类的防治方法

（1）人工防治

晚秋或早春，在树冠下及其周围松土中挖蛹，消灭越冬蛹，以降低虫口基数。利用幼虫吐丝下垂的习性，可在地面上铺以薄膜，摇动树干，将落下的幼虫消灭。对于雌蛾无翅的种类，可在树干基部绑5～7mm宽的塑料薄膜带，以阻止雌蛾上树。

（2）物理防治

设置黑光灯诱杀成虫。

（3）生物防治

可喷洒苏云金杆菌乳剂600倍液。

（4）化学防治

幼虫危害期，选喷25%灭幼脲Ⅲ号胶悬剂1 000～2 000倍液，50%杀螟松乳油500倍液，5%锐劲特悬浮剂或5%抑太保乳油2 000倍液，2.5%溴氰菊酯乳油或10%氯氰菊酯乳油3 000～4 000倍。

16.4 枯叶蛾类(tent caterpillars and lappet moths)

16.4.1 概　述

属鳞翅目枯叶蛾科。幼虫和茧上披有毒毛，触及皮肤，会引发过敏。该科的主要害虫多危害松林。在园林植物上发生普遍的有落叶松毛虫 *Dendrolimus superans* (Butler)、赤松毛虫 *D. spectabilis* (Butler)、马尾松毛虫 *D. punctatus* (Walker)、思茅松毛虫 *D. kikuchii* Matsumura、油松毛虫 *D. punctatus tabulaeformis* (Tsai et Liu)、侧柏松毛虫 *D. suffuscus* Lajonquiére、明纹柏松毛虫 *D. suffuscus illustratus* Lajonquiére、杨枯叶蛾 *Gastropacha populifolia* Esper、黄褐天幕毛虫、栎黄枯叶蛾 *Trabala vishnou gigantina*

Yang、栗黄枯叶蛾 *T. vishnou* Lefebure 等。

16.4.2 重要种类介绍

黄褐天幕毛虫 *Malacosoma neustria testacea* Motschulsky(图 16-7)

国内分布于东北、华北,陕西、四川、甘肃、湖北、江西、湖南、江苏、安徽、山东、河南。危害樱花、海棠、柳、榆、杨、槐、樟、刺槐、玫瑰等园林植物。

形态特征

成虫 雌雄色泽不同。雄蛾翅展 24~32mm,黄褐色,前翅中央有 2 条深褐色横线纹,线纹间颜色较深,呈褐色宽带,宽带内外侧均衬以淡色斑纹。前、后翅缘毛褐白相间。雌蛾翅展 29~39mm,体翅褐色,腹部颜色较深。前翅中央的 2 条横线纹淡黄褐色。

卵 椭圆形,灰白色,顶部中间凹下。产于小枝上,呈指环状。

幼虫 老熟幼虫体长 55mm,体侧有鲜艳的蓝灰色、黄色或黑色带。体背面有明显的白色带,两边也有橙黄色横线,气门黑色,体背各节具黑色长毛。腹面毛短。

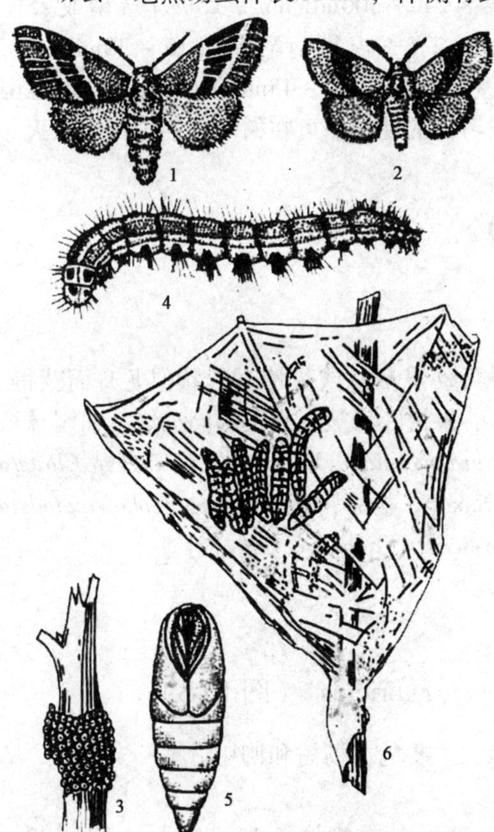

图 16-7 黄褐天幕毛虫(仿林焕章)
1. 雌成虫 2. 雄成虫 3. 卵 4. 幼虫 5. 蛹 6. 被害状

蛹 体长 13~20mm,黑褐色,有金黄色毛。茧灰白色。

生物学特性

1 年发生 1 代,以卵越冬。翌春树木萌芽时孵化。幼龄幼虫群集在卵块附近小枝上取食嫩叶,以后向树杈移动,吐丝结网。夜晚取食,白天群集潜伏于网巢内,呈天幕状,因而得名。幼虫脱皮在丝网上,近老熟时开始分散活动,白天往往群聚于树干下部或树桠处静伏,晚上爬向树冠上取食,易暴食成灾。在北京地区,一般 4 月上旬孵化,5 月中旬为幼虫老熟期,下树结茧化蛹,6 月羽化产卵。卵多产于被害树当年生小枝梢端。每雌产卵 1 块,少数 2 块,产卵量 200~400 粒。幼虫常感染一种核多角体病毒,感病的幼虫倒挂于枝条上死亡。天幕毛虫寄生蝇寄生率亦很高,对该虫大发生起到一定的抑制作用。

16.4.3 枯叶蛾类的防治方法

(1) 人工防治

人工摘除卵块，捕杀聚集在网幕内的幼虫等。

(2) 物理防治

黑光灯诱杀成虫。

(3) 生物防治

幼虫发生期，可喷洒 $1\times10^8\sim2\times10^8$ 孢子/mL 的苏云金杆菌或青虫菌6号药液。若在春季，可喷施白僵菌 $0.5\times10^8\sim2\times10^8$ 孢子/mL 水剂或 20×10^8 孢子/g 粉剂。对易感染病毒的种类，可研究利用其病毒。对松毛虫，卵期利用松毛虫赤眼蜂进行防治。

(4) 化学防治

幼虫危害期，选喷20%灭幼脲Ⅲ号胶悬剂240~300mL/hm²，25%辛硫磷或25%马拉硫磷或25%乐果3 000~3 750mL/hm²，2.5%溴氰菊酯乳油15~30mL/hm²，20%氰戊菊酯乳油30~60mL/hm²，20%氯氰菊酯乳油30~45mL/hm²，1.8%阿维菌素乳油3 000~5 000倍液。对于具有上下树习性的幼虫，可在树干上捆绑毒绳杀灭。

16.5 舟蛾类(notodontid moths)

16.5.1 概　述

属鳞翅目舟蛾科，该科名是因其多数种类幼虫栖息或受惊时形状似龙舟而获得。以幼虫取食树叶危害，严重时，大部分树木、果树叶片被吃光，形同火烧。在园林植物上常见种类有杨扇舟蛾、杨二尾舟蛾 *Cerura menciana* Moore、分月扇舟蛾 *Clostera anastomosis* L.、竹镂舟蛾 *Loudonta dispar* Kiriakoff、杨小舟蛾 *Micromelalopha troglodyta* (Graeser)、槐羽舟蛾、苹掌舟蛾 *Phalera flavescens* (Bremer et Grey)等。

16.5.2 重要种类介绍

杨扇舟蛾 *Clostera anachoreta* (Fabricius)(图16-8)

又名白杨天社蛾。广泛分布于我国各地。主要危害杨树和柳树。

形态特征

成虫　雌蛾体长15~20mm，翅展38~42mm；雄蛾体长13~17mm，翅展23~37mm。体灰褐色，前翅灰白色，顶角有1暗褐色扇形斑，斑下方有1个黑色圆点，翅面有灰白色波状横纹4条，后翅灰褐色。

卵　扁圆形，直径约1mm，初产时橙红色，近孵化时暗灰色。

幼虫　老熟幼虫体长32~40mm，头黑褐色，体具白色细毛。腹部背面两侧有灰

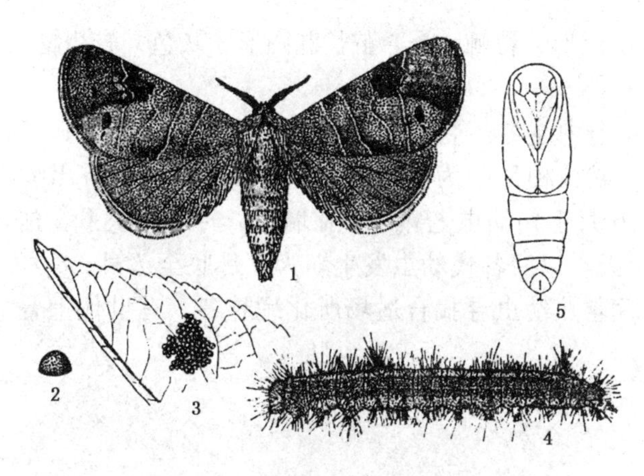

图 16-8 杨扇舟蛾(仿浙江农业大学)

1. 成虫 2. 卵 3. 卵块 4. 幼虫 5. 蛹

褐色宽带。体各节着生有环形排列的橙红色瘤 8 个，腹部第 1 和第 8 节背面中央有较大的红黑色毛瘤。

蛹 体长 13~18mm，褐色，尾端具分叉的臀棘。茧椭圆形，灰白色。

生物学特性

世代数因地而异，河南、河北 1 年 3~4 代，山东、陕西 4~5 代，浙江、江西、湖南 5~6 代，海南 8~9 代。均以蛹在落叶、枯卷叶、土块、墙缝、粗树皮下结薄茧越冬。北京地区，每年 3、4 月间越冬代成虫开始羽化、产卵，4 月下旬至 5 月上旬为第 1 代幼虫危害期，以后各代危害期约为 6~7 月、8 月、9~10 月。成虫白天不活动，夜晚交尾、产卵，越冬代成虫多产卵于枝干上，以后各代主要产于叶背面，块产，每雌可产卵 100~600 余粒。成虫具趋光性，故在灯光附近的杨树上产卵较多。初孵幼虫在卵块附近的叶片群集啃食叶肉，2 龄后分散吐丝缀叶，形成虫苞，夜间或阴天出来取食，3 龄以后食量骤增，取食全叶，仅剩叶柄，5 龄食量最大，占总食叶量的 70% 左右。幼虫共 5 龄。最后一代幼虫老熟后做黄白色丝茧化蛹过冬。

槐羽舟蛾 *Pterostoma sinicum* Moore（图 16-9）

又名槐天社蛾。国内分布于黑龙江、河北、河南、山东、陕西、四川、湖北、浙江等地。主要危害槐树、龙爪槐。

形态特征

成虫 体长约 30mm，翅展约 63mm。头、胸部灰黄褐色，腹背灰褐色。前翅后缘中央有 1 浅弧形缺刻，缺刻两侧缘毛密且较长，基线、内横线和亚外缘线呈微红褐色双锯齿状，外横线呈一松散的褐色带。雄蛾后翅色较深，呈暗灰褐色，雌蛾色较淡，隐约存在 1 条灰黄色外带。

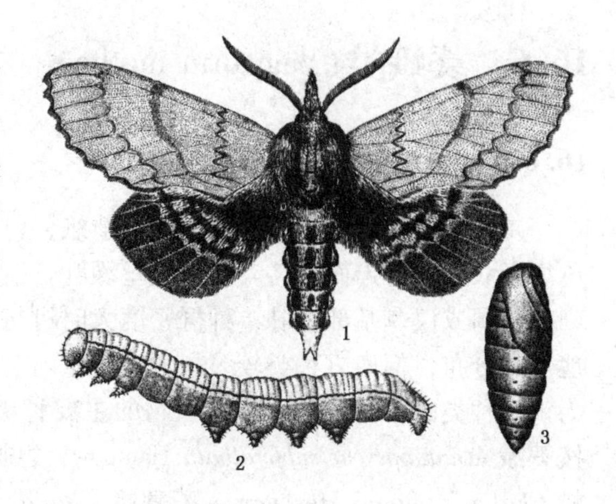

图 16-9 槐羽舟蛾

1. 成虫 2. 幼虫 3. 蛹

卵 淡黄绿色，圆形。

幼虫 体长约 55mm，光滑，圆筒形略扁。身体背面为粉绿色，腹面为绿色。气门线黄色，宽约1mm，气门上线黄色，较细。

蛹 体长约30mm，黑褐色，近纺锤形，臀棘4个。茧长椭圆形，灰色，较粗糙。

生物学特性

北京地区1年发生3代，以蛹在土中越冬。翌年5月上旬成虫羽化、交尾、产卵。卵散产在叶片上，尤以树冠顶部或枝梢顶端为多。5月中旬第1代幼虫孵出危害，严重时能吃光整枝或整株树叶。6月上旬幼虫老熟，多在墙根、砖头瓦块下、枯草及树根旁等处结茧化蛹。蛹期约7天。以后各代幼虫发生期为6月底至7月，8月中旬至9月，9月下旬至10月。其后老熟幼虫寻找合适场所化蛹越冬。有世代重叠现象。

16.5.3 舟蛾类的防治方法

(1) 人工防治

人工摘卵块或虫苞。槐羽舟蛾发生严重时，可通过挖蛹降低越冬虫口。

(2) 物理防治

设置黑光灯诱杀成虫。

(3) 生物防治

喷洒 6.6×10^8 孢子/mL的苏云金杆菌乳剂15倍液。若在春季，可喷施白僵菌。保护和利用天敌，如舟蛾赤眼蜂、伞裙追寄蝇、颗粒体病毒及白头翁等。

(4) 化学防治

幼虫3龄前，选喷0.2%阿维菌素2 000～3 000倍液、50%马拉硫磷乳剂、50%杀螟松乳油、40%乐果乳剂1 000～1 500倍液，25%杀灭菊酯乳油3 500～4 000倍液，25%灭幼脲Ⅲ号胶悬剂450～600g/hm^2。对高大树木可向树干注射20%吡虫啉可湿性粉剂或40%乐果乳油2倍液，每株树按其胸径1mL/cm药液进行注射。

16.6 蓑蛾类(bagworm moths)

16.6.1 概　述

属鳞翅目蓑蛾科。又称袋蛾或避债蛾，皆因其幼虫和雌成虫均在护囊内栖息并背负袋囊取食和行走而得名。幼虫吐丝缀叶营造护囊，且负囊取食叶片，使叶片形成缺刻、孔洞或仅剩基部叶脉，种群密度大时可将整株树叶全部吃光，成为秃枝。全国各地均有分布，但南方种类较多，危害较重。护囊的大小、形状和质地因种而异，可作为识别种类的依据。危害园林植物的主要种类有丝脉蓑蛾 *Amatissa snelleni* Heylaerts、桉蓑蛾 *Acanthopsyche subferalbata* Hampon、碧皑蓑蛾 *Acanthoecia bipars* Walker、蜡彩蓑蛾 *Chalia larminati* Heylaerts、茶蓑蛾 *Clania minuscula* Butler、大蓑蛾、普氏大蓑蛾 *Cryptothelea preyeri*(Leech)、白囊蓑蛾、黛蓑蛾 *Dappula tertia* Temploton 等。

16.6.2 重要种类介绍

大蓑蛾 *Clania variegata*（Snellen）（图 16-10）

又名大袋蛾或大避债蛾。国内分布于广东、福建、台湾、湖南、湖北、四川、贵州、云南、江西、浙江、江苏、安徽、山东、陕西、河南、海南；国外分布于日本、澳大利亚、印度、马来西亚、斯里兰卡。可危害月季、海棠、蔷薇、十姐妹、梅、牡丹、芍药、菊花、唐菖蒲、美人蕉、山茶、栀子花、悬铃木、银桦、侧柏、杜鹃花、桂花、重阳木等 200 多种园林植物。

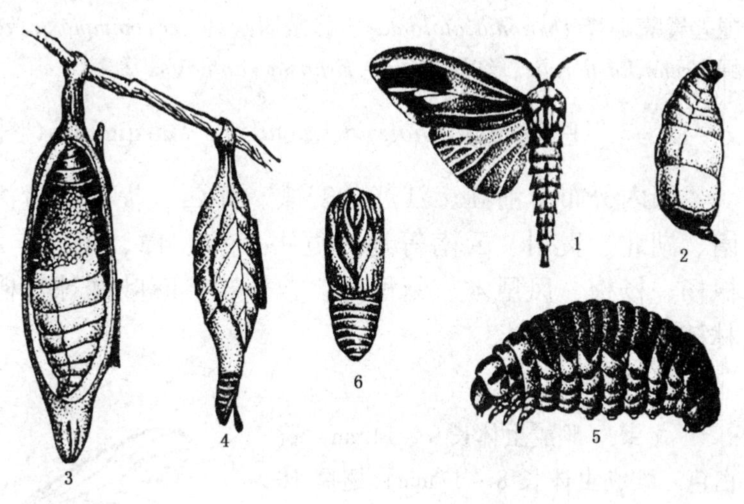

图 16-10　大蓑蛾
1. 雄成虫　2. 雌成虫
3. 雌护囊(示卵)　4. 雄护囊
5. 幼虫　6. 雄蛹

形态特征

成虫　雌雄异型。雄蛾体长 15 ~ 20mm，翅展 38 ~ 42mm，前翅宽与翅长之比为 0.4 ~ 0.44。体黑褐色。触角双栉齿状，40 节。前翅 2A 和 1A 脉在翅端 1/2 处合并，2A 脉与翅后缘间具数根小横脉；后翅 M_2 脉与 M_3 脉不共柄。雄性外生殖器抱器背缘中央具刺，抱器垫适中，具粗刺和微小刺群。雌成虫体长 22 ~ 30mm。足与翅均退化，体软，乳白色，表皮透明，腹内卵粒在体外可察见，腹部第 7 节有褐色丛毛环。

卵　椭圆形，直径 0.8 ~ 1.0mm。淡黄色，有光泽。

幼虫　雄性老熟幼虫体长 18 ~ 25mm，黄褐色；雌性老熟幼虫体长 18 ~ 38mm，红褐色。头部黑色，各缝线白色。胸部褐色，有乳白色斑。腹部淡黄褐色。胸足发达，黑褐色；腹足退化呈盘状，趾钩 15 ~ 24 个。

蛹　雄蛹黑褐色，有光泽，长 18 ~ 24mm。第 3 ~ 8 腹节背板前缘各具 1 横列刺突。雌蛹红褐色，长 25 ~ 30mm。

护囊　长纺锤形，长 50 ~ 80mm，丝质密实，外缀附大量枝叶。

生物学特性

我国大部分地区 1 年发生 1 代，华南区 1 年 2 代，均以老熟幼虫在护囊中越冬。1 代区，越冬幼虫一般在 5 月上、中旬化蛹，5 月中、下旬羽化，随即交尾产卵，

6月中、下旬为卵孵化期。在广州，越冬幼虫于2月下旬至4月下旬化蛹，3月中旬至4月下旬羽化，4月上旬至5月中旬为卵孵化盛期；第2代幼虫于6月下旬至7月上、中旬化蛹，7月中、下旬羽化，7月下旬至8月上旬幼虫孵化。雌虫羽化后，留在护囊内，雄蛾飞至囊上将腹部伸入护囊进行交尾。雌虫产卵于囊内，每雌产卵可高达5 877粒，一般3 500粒左右。产卵后雌体干缩死亡。幼虫共5龄。初孵幼虫在囊内取食卵壳，3～5天后蜂拥爬出，在枝叶上爬行或吐丝下垂，随风扩散，降落到适宜寄主上后，吐丝缀连碎叶片或少量枝梗营囊护身。幼虫匿于囊内，取食迁移时均负囊活动。幼虫喜光，故多聚集于树枝梢头危害。天敌主要有野蚕黑瘤姬蜂 *Coccygomimus luctuosus*、袋蛾大腿小蜂 *Brachymeria fiskei*、南京扁股小蜂 *Epiurus nankingensis*、脊腿匙鬃瘤姬蜂 *Therionia atalantae*、袋蛾瘤姬蜂 *Sericopimpla sagrae sauteri*、横带截尾寄蝇 *Nemorilla floralis*、红尾追寄蝇 *Exorista xanthaspis* 等。

白囊蓑蛾 *Chalioides kondonis* Matsumura（图16-11）

国内分布于浙江、江苏、安徽、江西、福建、台湾、广东、四川、湖南、湖北、贵州、云南等地。危害紫薇、樟、柏、羊蹄甲、刺槐、女贞、枫杨、杨梅、凤凰木、紫穗槐、金合欢、麻叶锈球、柳树、白兰等多种园林植物。

形态特征

成虫 雌成虫体长9～14mm，黄白色。雄成虫体长8～11mm，翅展18～20mm，体淡褐色，被有白色鳞毛，体末端黑色。前后翅均透明。

卵 椭圆形，米黄色。

幼虫 体红褐色，老熟幼虫体长约30mm。头褐色，有黑色点纹，中、后胸背板各分成两块，每块上都有深色点纹。腹部淡黄色，各节背面两侧都有暗褐色小点，呈规则排列。

蛹 赤褐色或黑褐色。雄蛹纺锤形，雌蛹长筒形。

护囊 护囊细长，纺锤形，雄囊长约30mm，雌囊长约38mm，灰白色，丝质，织结紧密，外表光滑，不附任何枝叶。

生物学特性

1年1代，以幼虫越冬，翌春继续危害。在广州地区，化蛹始于4月上

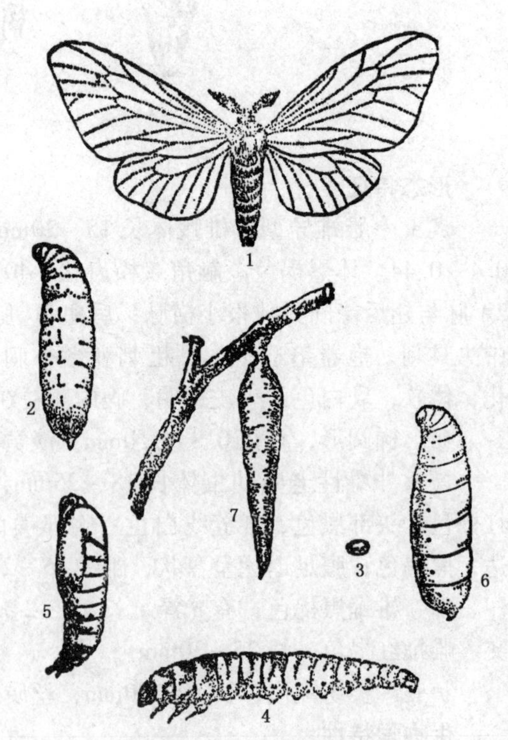

图16-11 白囊蓑蛾

1. 雄成虫 2. 雌成虫 3. 卵 4. 幼虫 5. 雄蛹 6. 雌蛹 7. 护囊

旬，盛期在4月中、下旬；成虫羽化始于4月下旬，盛期在5月中、下旬。雌成虫产卵于囊内，产卵后雌成虫体渐收缩，最后爬出囊外坠地而死。雄蛾较活泼，具趋光性。幼虫孵出后先在母囊内停留1~2天，咬食卵壳后爬出，稍后吐丝结囊护身，而后取食，护囊可随虫龄增大而增大。

16.6.3 蓑蛾类的防治方法

(1) 人工防治

人工摘除矮树上的护囊烧毁，或用网袋包装并挂回树上，以保护囊内天敌。

(2) 物理防治

设置黑光灯诱杀成虫。

(3) 生物防治

利用性外激素诱杀雄成虫。保护和利用天敌，包括鸟类、寄生蜂、寄生蝇及病毒等。喷洒 100×10^8 孢子/ml 的苏云金杆菌乳剂150~200倍液。

(4) 化学防治

掌握在幼龄(3龄前)期及时喷药。常用药剂有20%灭幼脲胶悬剂1 000~2 000倍液或50%杀螟松乳油或50%马拉硫磷乳油1 000~1 500倍液，2.5%溴氰菊酯乳油2 000倍液，鱼藤肥皂水1∶1∶200倍液。

16.7 夜蛾类(noctuid moths)

16.7.1 概 述

属鳞翅目夜蛾科。该科大部分种类以幼虫取食寄主叶片危害，少数种类蛀食植物的嫩芽、茎秆、果实或根部等。在园林植物上常见的食叶种类有银纹夜蛾 *Argyrogramma agnata* (Staudinger)、锐剑纹夜蛾 *Acronycta aceris* (L.)、臭椿夜蛾 *Eligma narcissus* (Cramer)、甜菜夜蛾 *Laphygma exigua* Hubner、黏虫、甘蓝夜蛾 *Mamestra brassicae* (L.)、凤凰木同纹夜蛾 *Pericyma cruegeri* Butler、淡剑袭夜蛾 *Sidemia depravata* (Butler)、斜纹夜蛾、禾灰翅夜蛾 *Spodoptera mauritia* (Butler)、梳灰翅夜蛾等。

16.7.2 重要种类介绍

斜纹夜蛾 *Spodoptera litura* (Fabricius)(图16-12)

又称莲纹夜蛾、莲纹夜盗蛾。我国各地均有分布，以长江流域和黄河流域各省危害严重。食性广，寄主植物达99科290多种，其中园林花木主要有荷花、睡莲、香石竹、九里香、大丽花、木槿、栀子花、菊花、瓜叶菊、牡丹、月季、扶桑、杧果、丁香、山茶花、菖兰、细叶结缕草等。近年来草坪草受害严重。

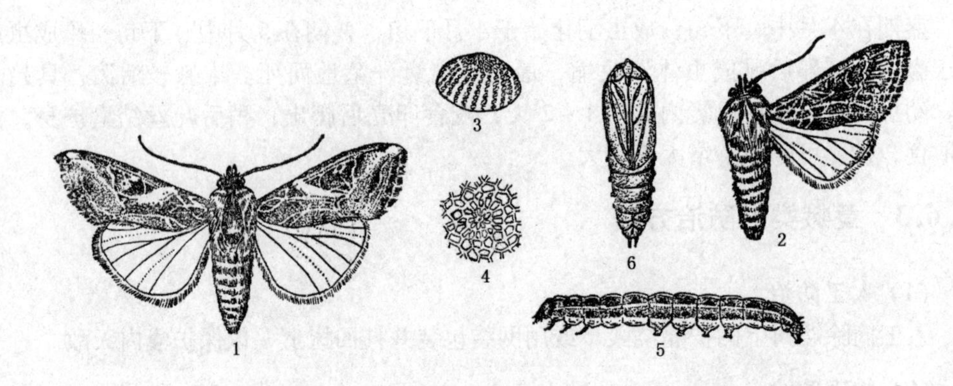

图16-12 斜纹夜蛾

1. 雌成虫 2. 雄成虫 3. 卵 4. 卵壳表面花纹 5. 幼虫 6. 蛹

形态特征

成虫 体长16~21mm，翅展37~42mm。体灰褐色。前翅黄褐色，多斑纹，从前缘中部到后缘有1灰白宽带状斜纹（雄蛾斜纹较粗）；后翅白色，仅翅脉及外缘暗褐色。

卵 半球形，直径约0.5mm，表面有纵横脊纹，黄白色，近孵化时暗灰色。卵成块，外面覆有黄白色绒毛。

幼虫 老熟幼虫体长38~51mm。体色因虫龄、食料、季节而异。初孵幼虫呈绿色，2~3龄时黄绿色，老熟时多数为暗绿色，背线和亚背线橘黄色，中胸至第9腹节亚背线内侧各有半月形或三角形黑斑1对，中、后胸黑斑外侧有枯黄色圆点。

蛹 长18~20mm，圆筒形，赤褐色，气门黑褐色。腹部第4~7节前缘密布圆形刻点，末端有臀棘1对。

生物学特性

东北、华北1年发生4~5代，华东、华中5~7代，华南7~9代。黄河流域多在8~9月大发生，长江流域多在7~8月大发生，在福建、广东和广西南部，一年四季都有危害，以6~7月危害荷花最为严重。在福建及广东北部主要以蛹越冬，也有少数幼虫在杂草间、土下过冬；在广州、南宁一带以南各地，冬季各虫态均有发生，没有明显的越冬现象。长江以北不能越冬，其虫源是由南方迁飞来的。

成虫白天不活动，常隐藏在植株茂密处、草丛及土壤缝隙内，傍晚出来活动，交尾产卵，以20：00~24：00时活动最盛。成虫对糖醋酒液及发酵的胡萝卜、麦芽、豆饼、牛粪等有趋性，对一般的灯光趋性不强，但对黑光灯趋性显著。每雌产卵8~17块，1 000~2 000粒，最多3 000多粒，卵块大多产在叶背。成虫寿命约7~15天，产卵历期5~7天，卵期为3~6天。幼虫6龄，少数7龄或8龄，发育历期12~27天。初孵幼虫群栖叶背取食叶肉，2龄后分散危害，4龄后进入暴食期，晴天躲在阴暗处很少活动，傍晚出来取食。幼虫老熟后在1~3cm表土内筑土室化蛹，土壤板结时可在枯叶下化蛹。蛹期为8~17天。斜纹夜蛾的发育适温较高(28~30℃)，因此各地严重危害时期皆在6~9月。此虫天敌较多，包括广赤眼蜂 *Trichogramma evanescens* Westwood、黑卵蜂 *Telenomus* sp.、螟岭绒茧蜂 *Apanteles reficrus* (Hal.)、家蚕追

寄蝇 *Exorista sorbillans* Wied. 和杆菌、病毒等。

黏虫 *Mythimna separata*(Walker)(图 16-13)

又称剃枝虫、行军虫。在我国分布极广，除新疆、西藏外，均有分布。是一种危害稻、麦、谷子、玉米、甘蔗等粮食作物和蟋蟀草、马唐草和狗尾草等牧草的多食性、迁移性、暴发性大害虫。大发生时可把作物叶片食光，而在暴发年份，幼虫成群结队迁移时，几乎所有绿色植物被掠食一空，造成大面积减产或绝收。近年来对草坪的危害日趋严重。

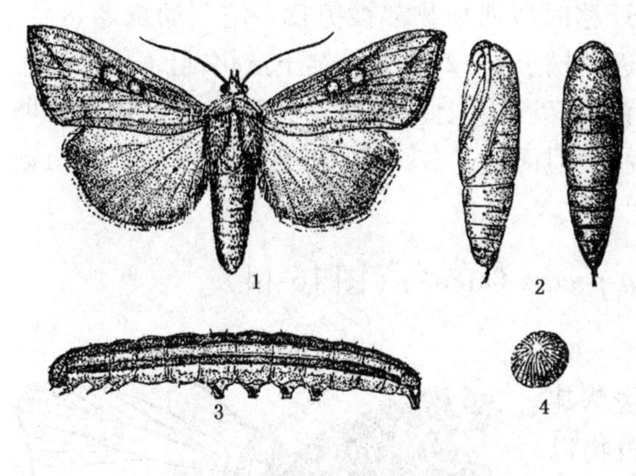

图 16-13　黏　虫(仿浙江农业大学)
1. 成虫　2. 蛹　3. 幼虫　4. 卵

形态特征

成虫　体长 15 ~ 17mm，翅展 36 ~ 40mm。头部与胸部灰褐色，腹部暗褐色。前翅灰黄褐色、黄色或橙色，翅中央近前缘有 2 个淡黄色圆斑，外侧圆斑较大，其下方有 1 个小白点，白点两侧各有 1 个小黑点，外横线为 1 列黑点，由翅尖斜向后伸有 1 条暗色纹；后翅暗褐色，向基部色渐淡。

卵　半球形，直径约 0.5mm。白至乳黄色。表面具六角形有规则的网状脊纹。卵粒单层排列成行，常产于叶鞘缝内，或枯卷叶内。在叶片尖端产卵时，则常成卵棒。

幼虫　老熟幼虫体长可达 38mm。体色变化很大，密度小时，4 龄以上幼虫多呈淡黄褐至黄绿色不等；密度大时，多为灰黑至黑色。头黄褐至红褐色，有暗色网纹，头部中央沿蜕裂线有 1"八"字形黑褐色纹。幼虫体表有许多纵行条纹，背中线白色，边缘有细黑线，两侧各有 2 条红褐色纵线条。两纵线间均有灰白色纵行细纹。腹面污黄色，腹足外侧有黑褐色斑。

蛹　红褐色，体长 19 ~ 23mm。腹部第 5、6、7 节背面近前缘处有横排的马蹄形刻点，腹末有尾刺 3 对。

生物学特性

我国从北到南 1 年可发生 2 ~ 8 代。黑龙江、吉林、辽宁、内蒙古等地每年发生 2 ~ 3 代，江苏、安徽、上海等地 4 ~ 5 代，广东及广西的东部、南部、西部和福建东部、南部以及台湾等地 6 ~ 8 代。成虫有迁飞特性，3、4 月间由长江以南向北迁飞至黄淮地区繁殖，4、5 月间危害麦类作物，5、6 月间先后化蛹、羽化为成虫后又迁往东北、西北和西南等地繁殖危害，6、7 月间危害小麦、玉米、水稻和牧草，7 月中下旬至 8 月上旬成虫向南迁往山东、河北、河南、苏北和皖北等地繁殖，危害玉米、水稻。在北纬 33°(1 月 0℃等温线)以南，幼虫及蛹可顺利越冬或继续危害，在此线以北地区不能越冬。成虫昼伏夜出，羽化后喜在桃、李、苹果、刺槐、柑橘、枇杷、大葱、油菜、小蓟、苜蓿等30余种蜜源植物上补充营养，然后交配、产卵。成虫对糖醋液、黑光灯的趋性很强。繁殖力强，每雌能产卵1 000～2 000粒，最多可产3 000粒。卵粒排列成行，由分泌的胶质物连结成块。每块卵粒数不等，多的可达200～300粒。幼虫共6龄。初孵幼虫先吃卵壳，群集在原处不动，一定时间后分散。幼虫昼伏夜出危害，有假死、群体迁移和潜土习性。1～2龄幼虫受惊动或生活环境不适宜时，即吐丝下垂，悬于半空，随风飘散，或仍沿丝爬回原处；3龄以上幼虫被惊动时，立即落地，身体卷曲不动，安静后再爬上作物，或就近钻到松土里；4龄以上幼虫常潜伏在作物根际附近的松土或土块下，深度1～2cm；4龄以上幼虫由于饥饿或感到环境不适时，能群集向外迁移，在迁移时所遇植物多被掠食一空。幼虫老熟后，停止取食，排尽粪便，钻到植物根标附近的松土1～2cm处，结土茧化蛹。

黏虫喜好潮湿而怕高温干旱，相对湿度75%以上，温度23～30℃利于成虫产卵和幼虫存活。适量的降雨对黏虫发育有利，但雨量过多，特别是遇暴风雨后，黏虫数量又显著下降。

梳灰翅夜蛾 *Spodoptera pecten* Guenée（图16-14）

又名拟小稻叶夜蛾。国内分布于广东、广西、福建、台湾等地。危害细叶结缕草甚烈。此外，还危害其他庭园的禾本科植物以及小麦、水稻等作物，是一种食性较广泛的害虫。幼虫咬食细叶结缕草的茎基部分，引起成片枯死。特别是土壤肥沃或施肥过多的绿地，地上部分徒长成球丛状，受害更为严重。

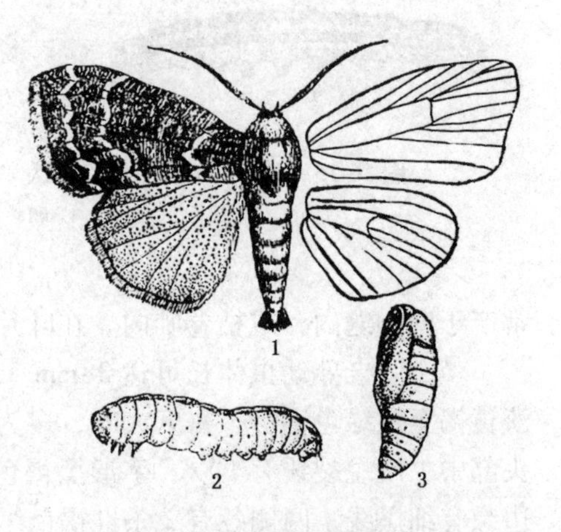

图16-14　梳灰翅夜蛾
1. 成虫　2. 幼虫　3. 蛹

形态特征

成虫　体长12mm左右，翅展31～33mm。头部褐色，触角黑色。雄虫触角双栉齿状，下唇须第1节有黑斑，第2节外侧大部分黑色。额外侧有黑纹，颈板中部有黑线。跗节微黑，有白环。腹面淡褐色。前翅灰褐色，内线及外线均为双线锯齿形，环纹斜，具黑边，肾纹较黑，亚端线微白，内侧有1列暗纹；后翅白色，端区带有褐色。雌蛾肾纹褐色，亚端线内侧微褐。

幼虫　老熟幼虫体长约25mm，头宽约2.2mm。头部红褐色，体色暗褐，气门黑色明显。体背各节有2个纵向棕黑色斑块，由这些斑块组成2条明显的贯穿体躯的纵带。

生物学特性

广州1年发生6代，以老熟幼虫在表土中越冬。翌年3月中、下旬出现成虫，4月上旬发现幼虫危害，5～6月是该虫的严重危害期。1～2龄幼虫常群集于茎叶，3龄后白天静伏于草簇茎基部，夜间活动，大量取食细叶结缕草的叶片和根部。细叶结缕草被害后，往往呈丝状枯死，草下可看到许多虫粪，据此可以在根际附近找到幼虫。幼虫于草根际附近浅土中化蛹。成虫夜间活动。

16.7.3　夜蛾类的防治方法

(1) 园林技术防治

结合园林管理措施，人工摘除或通过修剪剪除卵块和集中危害的幼虫，可降低虫口密度。

(2) 物理防治

利用成虫趋光性和趋化性，用黑光灯、糖醋酒液(即用糖2份、酒1份、水2份、醋2份，调匀后加少量敌百虫制成)等诱杀成虫。

(3) 生物防治

喷洒苏云金杆菌(100×10^8 活芽孢/g)乳剂500倍液，或白僵菌普通粉剂(100×10^8 活孢子/g)500~600倍液。

(4) 化学防治

在幼虫3龄以前，选喷48%乐斯本乳油、5%除虫脲乳油1 000倍液，5%卡死克乳油或5%功夫乳油1 500倍液，20%速灭杀丁乳油1 500~2 000倍液，10%除尽悬乳剂2 000倍液，5%抑太保乳油2 500~3 000倍液，灭幼脲Ⅲ号2 500倍液。

16.8　天蛾类(sphinx moths)

16.8.1　概　述

属鳞翅目天蛾科。以幼虫取食叶片危害，大发生时可使不少枝条光秃，地面碎叶狼藉，虫粪满地。危害园林植物的种类有芝麻鬼脸天蛾 *Acherontia lachesis* Fabricius、豆天蛾 *Clanis bilineata bilineata*(Walker)、咖啡透翅天蛾 *Cephonodes hylas* (L.)、大背天蛾 *Meganoton analis* (Felder)、旋花天蛾 *Herse convolvuli* (L.)、霜天蛾、蓝目天蛾 *Smerinthus planus* Walker、黑胸木蜂天蛾 *Sataspes tagalica chinensis* Clark、南方芋双线天蛾 *Theretra oldenlandiae* Fabricius 等。

16.8.2　重要种类介绍

霜天蛾 *Psilogramma menephron* (Cramer) (图16-15)

又名泡桐灰天蛾。国内分布于华南、华东、华中、华北、西南各地。危害茉莉、栀子花、猫尾木、梧桐、女贞、丁香、泡桐、悬铃木、樟、柳、白蜡、桂花等园林花木。

形态特征

成虫　体长45~50mm，翅展90~130mm。体暗灰色，混杂霜状白粉。胸部背板有棕黑色似半圆的纵条纹，腹部背面中央及两侧各有1条灰黑色纵纹。前翅中部有

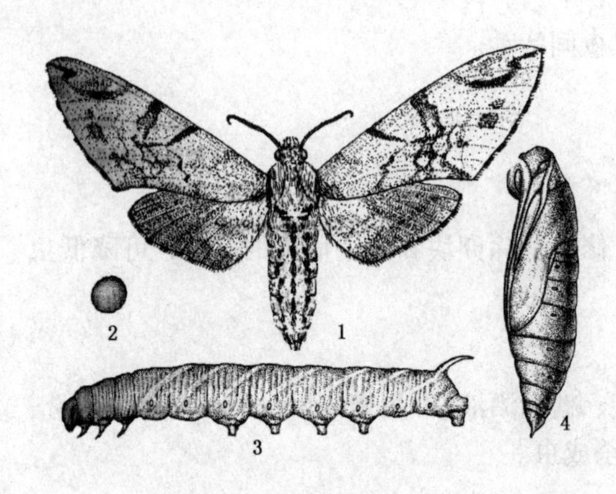

图16-15 霜天蛾

1. 成虫 2. 卵 3. 幼虫 4. 蛹

2条棕黑色波状横线，中室下方有2条黑色纵纹，下面1条较短，翅顶有1黑色曲线；后翅棕黑色，后角有灰白色斑；前后翅外缘均由黑白相间的小长方块斑连成。

卵 球形，初产时绿色，渐变淡黄色。

幼虫 老熟幼虫体长75～96mm。头部淡绿色；胸部绿色，背面有横排的白色颗粒8～9排；腹部黄绿色，体侧有白色斜带7条；尾角褐绿，上面有紫褐色颗粒，长12～13mm。气门黑色，围气门片黄色，胸足黄褐色，腹足绿色。

蛹 长50～60mm，红褐色。

生物学特性

每年发生1～3代，1代地区成虫6～7月间出现（北京），2代地区成虫7月、10月出现(河南)，3代地区成虫4～5月、8月和11月上旬出现（江西南昌），各地均以蛹在土中越冬。在广州地区，越冬蛹期长达4～5个月，于翌年3月始见羽化成虫。成虫夜间活动，趋光性较强。卵多产于寄主叶背，散产，每处1粒。幼虫孵化后，先啃食叶表皮，稍长大后蚕食叶片，咬成缺刻或孔洞，危害猖獗时地面可见大块碎叶及虫粪。老熟幼虫入土化蛹。

16.8.3 天蛾类的防治方法

(1) 园林技术防治

冬季结合抚育、翻土杀死越冬蛹。

(2) 物理防治

利用成虫趋光性，用黑光灯诱杀成虫；利用幼虫受惊易掉落习性，击落幼虫并集中销毁。

(3) 生物防治

保护或释放螳螂等天敌；喷洒苏云金杆菌乳剂500～800倍液。

(4) 化学防治

可喷洒1.2%苦参碱烟碱乳油1 000倍液，或24%米满1 000～2 000倍液，或2.5%溴氰菊酯乳油3 000倍液。

16.9 螟蛾类(pyralid moths)

16.9.1 概 述

属鳞翅目螟蛾科。该科除少数种类蛀食植物的嫩芽、嫩梢外，大多种类的幼虫常将叶片卷成圆筒状的虫苞，匿居其中取食叶片，轻者使花木失去观赏价值，重者将叶片吃光，造成植株枯萎。园林植物上常见的种类有竹织叶野螟 *Algedonia coclesalis* Walker、黄翅缀叶野螟、绿翅绢野螟 *Diaphania angustalis* (Snellen)、黄杨绢野螟 *D. perspectalis* (Walker)、缀叶丛螟 *Locastra muscosalis* Walker、草地螟 *Loxostege sticticalis* L.、樟巢螟 *Orthaga achatina* (Butler)、棉卷叶野螟等。

16.9.2 重要种类介绍

棉卷叶野螟 *Sylepia derogate* Fabricius (图16-16)

又名棉大卷叶螟。国内分布于广东、广西、福建、台湾、湖南、湖北、江西、江苏、浙江、安徽、四川、河南、河北、辽宁、陕西、贵州等地。主要危害大红花、吊灯花、木芙蓉、木槿、木棉、梧桐、海棠、栀子花、杨、女贞等园林花木。

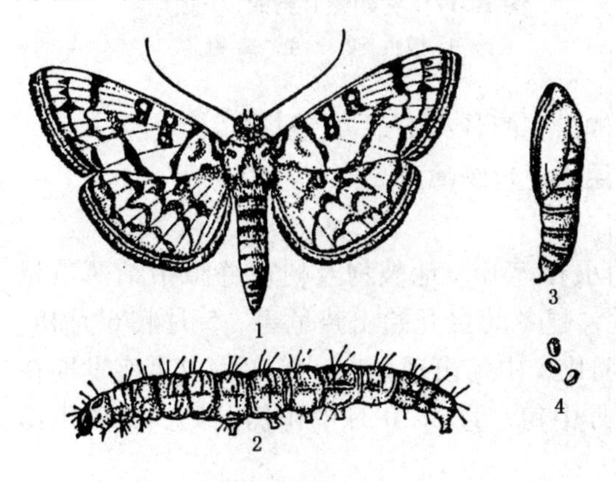

图16-16 棉卷叶野螟(仿河北农业大学)
1. 成虫 2. 幼虫 3. 蛹 4. 卵

形态特征

成虫　体长10~14mm，翅展22~30mm。全体黄白色，有闪光。胸背有12个棕黑色小点排成4排，每1排中有1毛块。雄蛾尾端基部有1黑色横纹，雌蛾的黑色横纹则在第8腹节的后缘。前后翅的外缘线、亚外缘线、外横线、内横线均为褐色波状纹，前翅中央近前缘处有似“OR”形的褐色斑纹，为其鉴别特征。

卵　椭圆形，略扁，长约0.12mm，初产时乳白色，后变为淡绿色。

幼虫　成长幼虫体长约25mm，全体青绿色，老熟时变为桃红色。

蛹　长13~14mm，呈竹笋状，红棕色，从腹部第9节到尾端有刺状突起。

生物学特性

在辽宁和陕西1年发生3代，黄河流域4代，长江流域4~5代，华南5~6代。以末龄幼虫在落叶、树皮缝、树桩孔洞、田间杂草根际处越冬。越冬幼虫于翌年4月初开始化蛹，4月下旬羽化为成虫，4月底至5月初为羽化盛期。成虫多在夜间羽化，趋光性强。产卵前期2~9天。卵散产于叶背的叶脉边缘。产卵期3~12天。每雌产卵185~256粒。初孵幼虫聚集取食，3龄后分散并吐丝缀叶成叶苞，匿居叶苞内取食。幼虫有吐丝下垂随风飘移的习性，共5～6龄，历期约10～11天，老熟后于卷叶虫苞内化蛹，蛹期约6天。

植物生长茂密的地块，多雨年份发生多。幼虫的天敌有螟蛉绒茧蜂 *Apanteles ruficrus*、广黑点瘤姬蜂 *Xanthopimpla punctata* 和玉米螟大腿小蜂 *Brachymeria euploeae* 等。

黄翅缀叶野螟 *Botyodes diniasalis* Walker（图16-17）

又名杨黄卷叶螟。国内分布于东北，河南、山西、河北、山东、上海、广东、四川、湖北、陕西、安徽、台湾等地。主要寄主植物有杨、柳等。

形态特征

成虫　体长约13mm，翅展约30mm。头部褐色，两侧有白条。胸、腹部背面淡黄褐色。下唇须向前伸，末节向下，下面白色，其余褐色。前、后翅均金黄色，散布波状褐纹，外缘有褐色带；前翅中室端部有褐色环状纹，环心白色。

卵　扁圆形，乳白色，近孵化时黄白色。

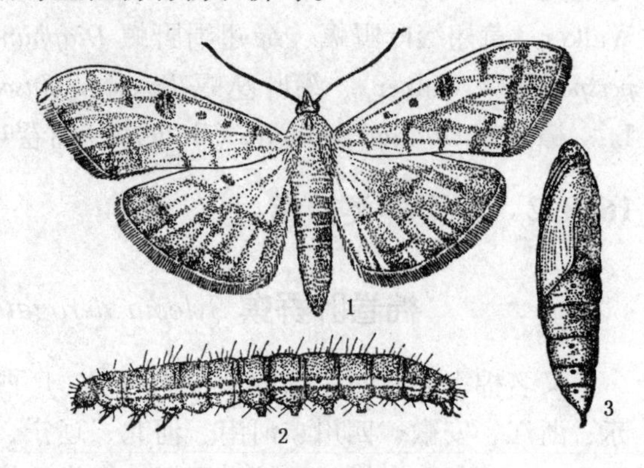

图16-17　黄翅缀叶野螟(仿张翔)
1. 成虫　2. 幼虫　3. 蛹

幼虫　体长15～22mm，黄绿色。头两侧近后缘有1黑褐色斑点与胸部两侧的黑褐色斑相连，形成1条纵纹；体两侧沿气门各有1条黄色纵带。

蛹　长约15mm，淡黄褐色，外披一层白色丝织薄茧。

生物学特性

在河南郑州每年发生4代，以初龄幼虫在落叶、地被物及树皮缝隙中结薄茧越冬。翌年4月初，杨树和柳树发芽展叶后，越冬幼虫开始出蛰危害，5月底6月初，幼虫先后老熟化蛹。6月上旬，成虫开始羽化，中旬出现盛期。第2代成虫盛发期在7月中旬，第3代在8月中旬，第4代9月中旬，直到10月中旬仍可见少数成虫出现。

成虫白天隐蔽在各种作物或灌木丛中，夜间才出来活动，有强烈趋光性。卵产于叶背，以中脉两侧最多。卵排列成鱼鳞状，成块或长条形，每块有卵50～100余粒。幼虫孵化后分散啃食叶表皮，随后吐丝缀嫩叶呈饺子状，或在叶缘吐丝将叶折叠，藏在其中取食；幼虫长大后，群集顶梢吐丝缀叶取食，多雨季节危害猖獗，3～5天内即把嫩叶吃光，形成秃梢。幼虫极活泼，稍受惊扰，即从卷叶内弹跳逃跑或吐丝下垂。老熟幼虫在卷叶内吐丝结白色稀疏薄茧化蛹。

16.9.3　螟蛾类的防治方法

(1) 园林技术防治

将寄主附近可以隐藏幼虫的枯枝落叶清扫烧毁，消灭越冬幼虫。翻耕树冠下的土壤，消灭越冬虫茧。幼虫卷叶结包时捏包灭虫。

(2) 物理防治

成虫发生期，设置黑光灯诱杀成虫。

(3) 生物防治

低龄幼虫期，喷洒 100×10^8 孢子/g 含量的青虫菌或杀螟杆菌 600~800 倍液。

(4) 化学防治

产卵盛期至卵孵化盛期喷洒 50% 杀螟松乳油 1 000 倍液，或 40% 乐果乳油或 50% 二溴磷乳油 1 500 倍液，5% 抑太保乳油 1 500~2 000 倍液，2.5% 溴氰菊酯乳油或 20% 氰戊菊酯乳油或 10% 氯氰菊酯乳油或 2.5% 三氟氯氰菊酯乳油或 5% 锐劲特悬浮剂 2 000~3 000倍液，1.2% 烟碱乳油 800~1 000 倍液。

16.10 卷蛾类(leafroller moths)

16.10.1 概 述

属鳞翅目卷蛾科。其幼虫常缀叶成包或钻蛀嫩芽、嫩梢，匿居其中取食危害。在园林植物上常见的种类有拟小黄卷叶蛾 *Adoxophyes cyrtosema* Meyrick、茶长卷蛾 *Homona magnanim* Diakmoff、褐带长卷蛾 *H. coffearia* Meyrick、苹褐卷蛾、桉小卷蛾 *Strepsicrates coriariae* Oku 等。

16.10.2 重要种类介绍

苹褐卷蛾 *Pandemis heparana* Schiffer-Müller（图 16-18）

又名褐带卷蛾。国内分布于东北、华北、西北、华中及华东等地区；国外分布于日本、朝鲜、俄罗斯、印度及欧洲一些国家。危害绣线菊、榆、柳、海棠、蔷薇、大丽花、月季、小叶女贞、七姊妹、万寿菊等园林植物以及苹果、桃等多种果树。

形态特征

成虫　体长 8~11mm，翅展16~25mm。体及前翅褐色，前翅前缘稍呈弧形拱起(雄蛾较明显)，外缘较直，顶角不突出。雄蛾无前缘褶。翅面具网状细纹，基斑、中带和端纹均为深褐色；中带下半部增宽，其内侧中部呈角状突出，外侧略弯曲；后翅灰褐色。下唇须前伸，腹面光滑，第 2 节最长。

卵　扁椭圆形，淡黄绿色，近孵化时褐色。卵块鱼鳞状。

幼虫　老熟幼虫体长 18~22mm，头近似方形，体绿色，头及前胸背板淡绿色，大多数个体前胸背板后缘两侧各有 1 黑斑。毛片色较淡。

蛹　体长 9~11mm，头、胸部背面深褐色，腹面稍带绿色。腹部第 2 节背面有 2 横列分别靠近前后节间的刺突，各列刺突均较小；腹部第 3~7 节背面亦有 2 列刺突，第 1 列刺突大而稀，靠近节间，第 2 列刺突小而密，在节之中部或稍偏下部。

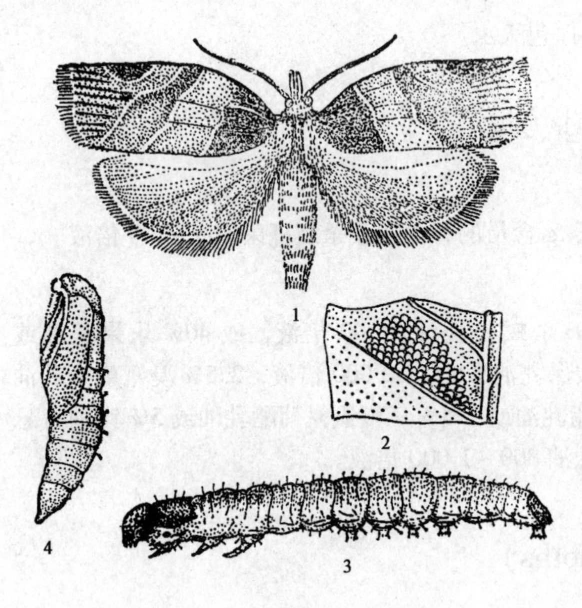

图16-18 苹褐卷蛾(仿北京农业大学)
1. 成虫 2. 卵块 3. 幼虫 4. 蛹

生物学特性

在辽宁1年2代，河北、山东、陕西1年3代。以幼龄幼虫在皮缝、翘皮等处结小白茧越冬。在山东，越冬代成虫于6月初至6月下旬羽化，第1代7月中旬至8月上旬羽化，第2代8月下旬至9月中旬羽化。成虫对糖醋液有趋化性，并有较弱趋光性。白天隐蔽在叶背或草丛中，夜间出来活动、交尾、产卵。卵多产在叶面上，每雌平均产卵120~150粒。卵期7~9天。刚孵化的幼虫多群栖在叶背面主脉两侧或前一代幼虫化蛹的卷叶内危害，稍大后分散卷叶危害。幼虫活泼，如遇惊扰，就离开卷叶，吐丝下垂，随风飘移至他枝危害。幼龄幼虫于10月上旬开始进入越冬状态。

16.10.3 卷蛾类的防治方法

(1) 园林技术防治

在秋冬季，刮除树体粗皮、翘皮、剪锯口周围死皮，及时清理枯枝落叶，消灭越冬幼虫。发生期人工摘除虫苞。

(2) 物理防治

树冠内挂糖醋液(配比为糖:酒:醋:水=1:1:4:16)诱盆诱杀成虫。

(3) 生物防治

对苹褐卷蛾释放赤眼蜂，发生期隔株或隔行放蜂，每代放蜂3~4次，间隔5天，每株放有效蜂1 000~2 000头。

(4) 化学防治

越冬幼虫出蛰盛期及第1代卵孵化盛期是施药的关键时期，可选用48%乐斯本乳油或25%喹硫磷或50%杀螟松或50%马拉硫磷乳油1 000倍液，2.5%功夫乳油或2.5%敌杀死乳油或20%速灭杀丁乳油3 000~3 500倍液，10%天王星乳油4 000倍液。

16.11 其他食叶蛾类

16.11.1 概　述

园林植物上的蛾类害虫很多。除了以上介绍的10类害虫外，常见的还有灯蛾科的美国白蛾、人纹污灯蛾 *Spilarctia subcarnea* (Walker)，斑蛾科的朱红毛斑蛾、重阳木锦斑蛾 *Histia rhodope* Cramer、竹小斑蛾 *Artona fumeralis* Butler，大蚕蛾科的绿尾大蚕蛾 *Actias selene ningpoana* Felder、银杏大蚕蛾 *Dictyoploca japonica* Butler、樗蚕蛾 *Philosamia cynthia* Walker et Felder，燕蛾科的榆燕蛾 *Epicopeia mencia* Moore，网蛾科的叉斜线网蛾 *Striglina bifida* Chu et Wang，木蛾科的乌桕木蛾 *Odites xenophaea* Meyrick，织蛾科的椰子织蛾 *Opisina arenosella* Walker，细蛾科的元宝枫细蛾 *Caloptilia dentata* Liu et Yuan 等，它们也是园林植物上的重要害虫。

16.11.2 重要种类介绍

美国白蛾 *Hyphantria cunea* Drury（图16-19）

又名秋幕毛虫。属鳞翅目灯蛾科。原产北美，是我国进境植物检疫对象和国内森林植物检疫对象。国外分布于美国、加拿大、墨西哥、匈牙利、捷克、斯洛伐克、前南斯拉夫、罗马尼亚、奥地利、俄罗斯、波兰、法国、意大利、土耳其、希腊、日本、朝鲜、韩国；国内于1979年在辽宁省丹东市首先发现，现分布于辽宁、河北、山东、陕西、天津、上海、北京、河南等8个省(直辖市)。寄主植物有糖槭、元宝枫、三球悬铃木、桑、榆、杨、刺槐、毛泡桐、美国白蜡、水曲柳、柳、臭椿、香椿、丁香、向日葵和菊花等300多种。幼龄幼虫吐丝结网并群居其间啃食叶肉，受害叶片残留表皮呈白膜状，5龄后幼虫爬出网幕分散取食，受害叶片呈缺刻或网孔状。

形态特征

成虫　体白色，雄蛾体长9～13mm，翅展25～42mm，触角双栉齿状，前翅具淡褐色斑点；雌蛾体长9.5～17mm，翅展30～46mm，触角锯齿状，前翅斑点少，越夏代多数无斑点。复眼黑褐色，下唇须小，侧面黑色。前翅的 R_1 脉由中室端单独发出，R_2～R_5 脉共柄，M_1 脉由中室前端伸出；后翅 $Sc+R_1$ 由中室前缘中部伸出，Rs、M_1 由中室前角伸出，M_2 与 M_3 有一段很短的共柄。

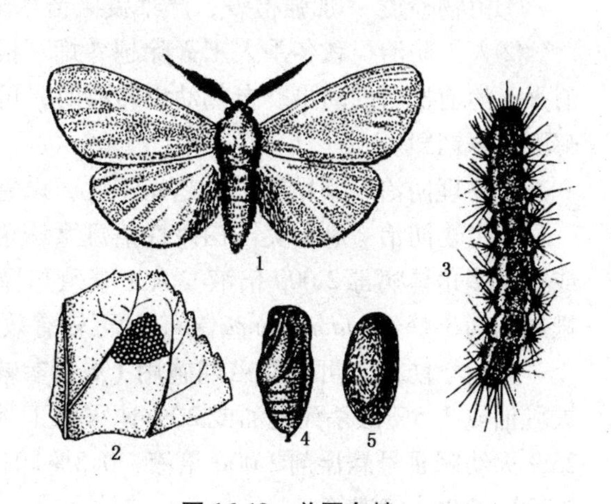

图16-19　美国白蛾

1. 成虫　2. 卵　3. 幼虫　4. 蛹　5. 茧

卵　圆球形，直径0.4～0.5mm，

初产时黄绿色，孵化前灰黑色，卵面多凹陷刻纹。

幼虫　可分为黑头型和红头型2个类型，我国仅有黑头型。老熟幼虫体长约30～40mm，沿背中央有1条深色宽纵带，两侧各有1排黑色毛瘤，毛瘤上有白色长毛丛，杂有黑毛。

蛹　长8～15mm，暗红褐色。臀棘8～17根，末端膨大呈盘状。茧灰色，很薄，披稀疏丝毛组成的网状物。

生物学特性

在辽宁1年2代，在河北和天津市有不完整的3代或完整的3代，以滞育蛹在墙缝、7～8cm浅土层内、枯枝落叶层等处越冬。翌年4月初至5月底越冬蛹羽化，4月中旬至6月上旬为卵期；4月下旬至7月下旬为幼虫期，6月上旬至7月下旬为蛹期。第2代成虫出现于6月中旬至8月上旬，幼虫6月下旬至9月中旬，8月上旬开始下树化蛹，大多数以蛹越冬，少数羽化。第3代成虫8月下旬至9月下旬发生，9月初出现幼虫，但到4～5龄时因不能化蛹越冬而死亡。幼虫共6龄或7龄，历期分别为35天和42天；预蛹期2～3天，越冬代蛹期8～9个月，其他世代的蛹期9～20天；成虫寿命4～8天。

成虫一般远飞约1km，在海边借助风力可扩散20～22km，有较弱的趋光性和较强趋化性。雌蛾一般只交尾1次，平均每雌产卵500～800粒，最高达2 000粒。卵多产于叶背，块状排列，覆盖白毛(鳞片)。幼虫食性杂，尤喜食糖槭、桑、榆、白蜡、臭椿、山楂、杏、梨等。但是，当喜食树木被吃光时，便转移到其他林木、农作物、蔬菜及杂草上继续危害。幼虫孵出数小时后开始吐丝结网，3～4龄时的网幕直径可达1m以上。幼龄幼虫群集网幕中取食，5龄后爬出网幕外继续取食危害，老熟后爬至老树皮下、树洞、树下表土层、房屋周围砖瓦堆、柴垛和其他物品的缝隙内化蛹。

美国白蛾喜生活在阳光充足的地方，因此在道路两旁、田园周围等绿化树上容易发生，而郁闭度大的林分则相对较少。

防治方法

①植物检疫　加强检疫，严禁疫区苗木未经处理外运。

②人工防治　秋冬季人工灭除越冬蛹。根据幼虫吐丝结网的习性，人工剪除网幕消灭4龄前群居的幼虫。老熟幼虫转移时，可在树干周围束草诱集其前来化蛹，然后解下束草销毁。

③物理防治　利用成虫的趋光特性，设置诱虫灯诱杀成虫。

④生物防治　利用美国白蛾性信息素诱杀雄成虫。喷洒苏云金杆菌乳剂800倍液或核型多角体病毒2 000倍液。人工繁殖和释放寄生蜂，如在美国白蛾的蛹期释放白蛾周氏啮小蜂 *Chouioia cunea* Yang，可较有效地控制美国白蛾。

⑤化学防治　可在幼虫期施用1%苦参碱可溶性液剂800～1 000倍液，2.5%功夫乳油或2.5%敌杀死乳油或20%速灭杀丁乳油等菊酯类杀虫剂3 000～5 000倍液，25%灭幼脲Ⅲ号悬浮剂2 000倍液，0.3%印楝素乳油500倍液，1.8%阿维菌素乳油3 000～5 000倍液等。

朱红毛斑蛾 *Phauda flammans* Walker（图 16-20）

又名火红斑蛾、榕树斑蛾。属鳞翅目斑蛾科。国内分布于广东、云南等地。危害花叶橡胶榕、榕树、气达榕、青果榕、高山榕、印度橡胶榕、美丽枕果榕、菩提榕等各种榕属庭园树木。

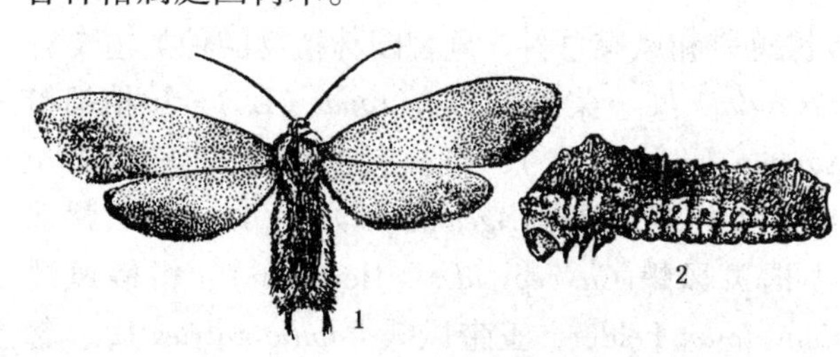

图 16-20　朱红毛斑蛾

1. 成虫　2. 幼虫

形态特征

成虫　雌虫体长 13.5mm，翅展 34mm，触角双栉齿状，黑色，端部灰白色。复眼黑色，体及翅红色。前翅和后翅的臀区各有 1 个深蓝色大斑。胸部背面及腹部两侧有较长的红色体毛。胸、腹部的腹面体毛为黑色。足的转节与腿节内侧披有灰白毛。雄虫体型较雌虫略小，体长 13mm，翅展 31mm，复眼后面有白色绒毛包围，胸、腹部腹面的体毛灰白色，腹部末端有 1 对长缨毛，很似燕尾。其余特征与雌虫同。

卵　扁椭圆形，长 1.4～1.6mm，平铺块状，鱼鳞状排列，表面有透明胶质覆盖。初产时淡黄色，孵化前深黄色。

幼虫　初孵幼虫米黄色，以后体背逐渐变为褐色。老熟幼虫体长 17～19mm。头小，常缩在前胸盾下。体背赤褐色，两侧浅黄色，每体节有 4 个白色毛突，每个毛突着生 1 根棕色毛。气门上线与基线白色，气门筛浅黄色，围气门片黄褐色。体上能分泌出一种黏液而使其体表黏稠。

蛹　长 11～12mm，纺锤形，腹部背面黑褐色，其余均呈淡黄色，翅芽达第 5 腹节，腹末缺臀棘。茧扁椭圆形，长 16～18mm。

生物学特性

在广州 1 年发生 2 代，以老熟幼虫结茧越冬。翌年 3 月初开始化蛹，3 月中、下旬为盛期；成虫 4 月初开始羽化，4 月上、中旬为盛期；第 1 代幼虫危害出现在 4 月下旬至 6 月下旬，成虫于 6 月下旬至 7 月中旬羽化；第 2 代幼虫危害在 7 月中旬至 10 月中旬，9 月下旬便开始陆续结茧过冬。成虫多在白天 8：00～12：00时羽化，羽化后 3～4 天进行交尾，次日产卵，卵喜产在树冠顶部的枝条叶片上，以叶正面接近叶尖处为多，块产，每块 7～42 粒，卵期 13～14 天。初孵幼虫啃食叶表皮，随虫龄增大，将叶片吃成孔洞或缺刻，发生严重时植株叶片全部被吃光，仅剩光秃枝干。老熟幼虫沿树干下地，在树干基部附近杂草石缝或树根间隙结茧化蛹。寄生天敌有绒茧蜂 *Apanteles* sp. 和花胸姬蜂 *Gotra octocincta*（Ashmead）。

防治方法

①园林技术防治　结合庭园树木管理，松土除茧灭蛹。

②生物防治　保护天敌，当天敌数量处于高峰时，不宜喷药。

③化学防治　见美国白蛾。

16.12 蝶类(butterflies)

16.12.1 概 述

属鳞翅目有喙亚目双孔次目的弄蝶总科和凤蝶总科。危害园林植物的种类主要有粉蝶科的铁刀木粉蝶、檀香粉蝶 *Delias aglaia* L.、菜粉蝶 *Pieris rapae*(L.)、山楂绢粉蝶 *Aporia crataegi* L.、宽边黄粉蝶 *Eurema hecabe*(L.),斑蝶科的榕紫斑蝶 *Euploëa amymone* Godt.,弄蝶科的蕉弄蝶,凤蝶科的宽尾凤蝶 *Agehana elwesi*(Leech)、臀珠斑凤蝶 *Chilasa slateri*(Hewitson)、小褐斑凤蝶 *Ch. epycides*(Hewitson)、柑橘凤蝶 *Papilio xuthus* L.、麻斑樟凤蝶 *Graphium doson* Felder、玉带凤蝶 *Papilio polytes* L.、潺槁凤蝶 *Chilasa clytia* L.、黎氏青凤蝶 *Graphium leechi*(Rothschild),眼蝶科的翠袖锯眼蝶海南亚种 *Elymnias hypermnestra hainana* Moore,蛱蝶科的茶褐樟蛱蝶 *Charaxes bernardus*(Fabricius)、窄斑凤尾蛱蝶 *Polyura athamas*(Drury)、离斑带蛱蝶 *Athyma ranga* Moore、桂花蛱蝶 *Kironga ranga* Moore 等。

16.12.2 重要种类介绍

铁刀木粉蝶 *Catopsilia pomona* Fabricius(图16-21)

国内分布于广东、广西、云南、海南、福建、台湾及湖南南部。危害铁刀木、腊肠树等,严重影响树木的正常生长发育。

形态特征

成虫 翅、体色有变异,分有纹型和无纹型2种类型。有纹型雌雄蝶体长和翅展一般比无纹型稍大。雄蝶前后翅基半部黄色,外半部白色,分界较明显。前翅反面中室端有1眼形斑纹,后翅反面中室端附近有2个眼形斑纹。触角桃红色。雌蝶翅正面鲜黄色,前翅外缘黑带不甚发达,在后翅外缘上则成为一列黑点,呈模糊黑带状,翅反面比正面色深,褐黄色至深黄色。眼形斑纹同雄蝶,有的后翅反面在眼形斑纹处有褐色大型斑纹。

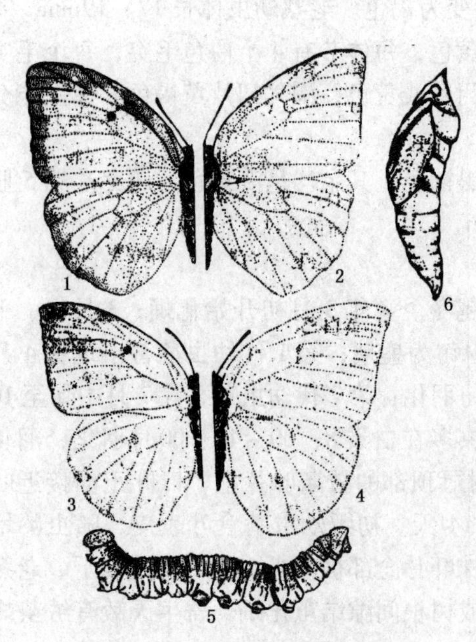

图16-21 铁刀木粉蝶(仿胡兴平)

1. 无纹型雌成虫 2. 无纹型雄成虫
3. 有纹型雌成虫 4. 有纹型雄成虫
5. 幼虫 6. 蛹

无纹型雄蝶体长18~24mm,翅展43~63mm。前后翅基半部为黄色,外半部为白色;前翅反面后缘基半部有1列黄色长毛;后翅正面中室上部Rs脉上有1略呈月牙形的黄白色斑纹。触角黑色。雌蝶体长18～23mm，翅展43～63mm。翅正面白色或黄白色，前翅前缘至外缘及后翅前缘呈黑带状，在前、后翅亚外缘部有1列黑斑，前翅中室端部有黑色圆点1个；反面在中室端部有眼形斑纹的痕迹。

卵　纺锤形，长约1.4mm。壳表面有约14条纵向隆起线，纵线之间又有横隔多条。初产时乳白色，后渐变为淡黄至深黄色。

幼虫　老熟幼虫体长41～55mm，黄绿色。腹部各节有5条横皱纹，皱纹上有黑或金属蓝色疣突，气门线上附近的特大，外观形成1条黑带。有的虫体黑带不明显。

蛹　长约30mm，纺锤形，头端尖突长约2～3mm，浅绿色，侧线和背线黄色。

生物学特性

在海南1年发生13～14代，世代重叠，全年发生，以4～7月危害最重。在广州也常年可见，除1月外，其他月份均能见到4种虫态。成虫大多在5：00～10：00羽化，交尾活动于7：00～8：00和11：00～14：00为高峰期，9：00～11：00为产卵高峰。卵多产于嫩叶叶背。成虫取食花蜜补充营养，旱天喜在砂质的湿地上饮水。幼虫多栖息叶背，老熟幼虫受惊时会弹跳落地。化蛹场所以叶背为多，化蛹前先吐丝做垫，然后用臀足钩在垫上，吐丝环绕中腰后化蛹。主要天敌有广腹螳螂 *Hierodula patellifera* Serville、鸟类及无包涵体病毒。

蕉弄蝶 *Erionota torus* Evans（图16-22）

又名黄斑蕉弄蝶、蕉苞虫。国内分布于贵州、福建、湖南、云南、广东、广西、海南、台湾等地。主要危害美人蕉、芭蕉、香蕉、棕榈、椰子、蒲葵、竹等植物。幼虫卷叶成苞，食害叶片。危害严重时，叶苞累累，叶片残缺，影响植株生长，降低观赏价值。

形态特征

成虫　雌体长28～31mm，翅展64～80mm。雄体长24～27mm，翅展55～70mm。体黑褐色或茶褐色。头部和胸部密被灰褐色鳞毛。前、后翅均为黑褐色，缘毛白色。

卵　馒头形，红色，横径约2mm。卵壳表面有放射状白色线纹。

幼虫　末龄幼虫体长50～64mm。体被白色蜡粉。头部三角形，黑色。

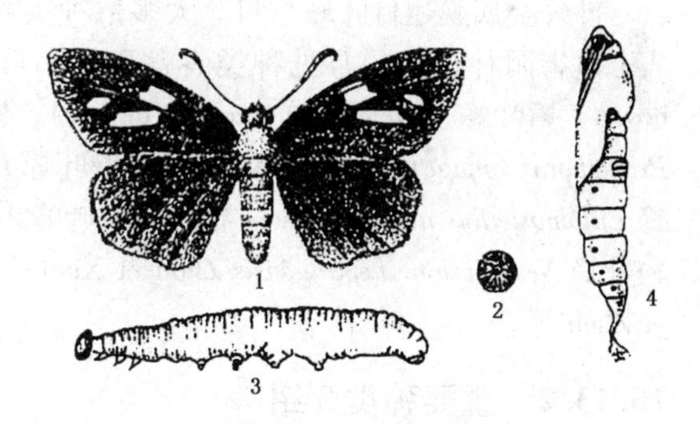

图16-22　蕉弄蝶

1. 成虫　2. 卵　3. 幼虫　4. 蛹

蛹　略呈圆筒形，淡黄白色，体长35～41mm。体被白粉。喙长，达到或超出腹部末端，后部与蛹体分离。

生物学特性

1年发生4代，以老熟幼虫在叶苞内越冬。翌年越冬代成虫于3月中、下旬出现。1、2、3代成虫分别于6月中、下旬，8月上、中旬，9月中旬至10月上旬羽化。各代幼虫大量孵化期分别在5月至6月中旬、7月、8月中旬至9月上旬和10月。11月幼虫开始越冬。夏、秋卵期5天左右，幼虫历期约25天，蛹期10天左右。

幼虫孵化后爬至叶缘咬食成缺刻，随即吐丝粘卷叶片成圆筒形的苞，虫体栖居其中，早晚探身苞外，取食附近的叶片。

16.12.3 蝶类的防治方法

(1) 园林技术防治

冬季清除枯叶残株和剪除有虫枝叶，以减少越冬虫数，降低翌年的虫口基数。

(2) 人工防治

害虫不多时，人工捕捉幼虫和蛹。

(3) 生物防治

在幼虫期，喷洒 100×10^8 孢子/g 的苏云金杆菌 500 ~ 1 000 倍液；或在湿度大的春季喷洒 1×10^8 孢子/mL 的白僵菌孢子悬浮液，或 50×10^8 孢子/g 白僵菌孢子粉。

(4) 化学防治

在幼虫为害期，选喷50%杀螟松乳油或50%马拉硫磷乳油1 000 倍液，0. 3%印楝素乳油500 倍液，1. 8%阿维菌素乳油 3 000 ~ 5 000 倍液，20%速灭杀丁乳油 3 000 ~ 5 000倍液，2. 5%敌杀死乳油 5 000 ~ 10 000 倍液。

16.13 叶蜂类(sawflies)

16.13.1 概　述

叶蜂类属膜翅目叶蜂总科。大多数种类裸露危害，少数种类通过结巢或潜叶危害。危害园林植物的常见种类有蔷薇三节叶蜂、杜鹃三节叶蜂 *Arge similis* Vollenhoven、樟叶蜂 *Mesoneura rufonota*（Rohwer）、桂花叶蜂 *Tomostethus* sp.、杨黄褐锉叶蜂 *Pristiphora conjugata*（Dahlbom）、柳厚壁叶蜂 *Pontania bridgmannii* Cameron、毛竹黑叶蜂 *Eutomostethus nigritus* Xiao、柏木丽松叶蜂 *Augomonoctenus smithi* Xiao et Wu、浙江黑松叶蜂 *Nesodiprion zhejiangensis* Zhou et Xiao、云杉阿扁叶蜂 *Acantholyda piceacola* Xiao et Zhou 等。

16.13.2 重要种类介绍

蔷薇三节叶蜂 *Arge pagana* Panzer（图 16-23）

又名田舍三节叶蜂、月季叶蜂，是月季的一种重要害虫。其幼虫取食月季嫩叶，大发生时每株多达数十头乃至百余头，常将嫩叶吃光或仅剩粗叶脉，严重影响月季的生长及花的观赏价值。寄主除月季外，还有蔷薇、粉团蔷薇、十姐妹、黄刺玫等。国内分布于北京、河南、江苏、浙江、重庆、福建、广东等地。

形态特征

成虫　雌虫体长 7. 5 ~ 8. 6mm，翅展 17 ~ 19mm。头、胸黑色，无蓝色反光。触

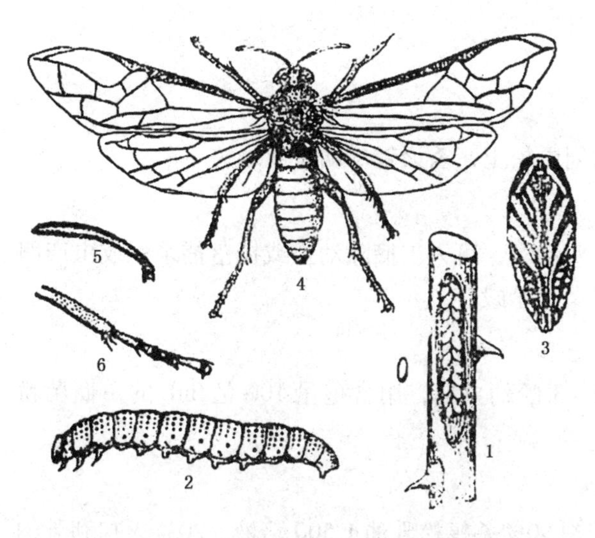

图 16-23　蔷薇三节叶蜂(仿杨可四)

1. 卵及卵粒排列形状　2. 幼虫　3. 蛹　4. 雌成虫　5. 触角放大　6. 跗节放大

角第 3 节向端部加粗。唇基黑褐色，其前缘中央呈弧形凹陷。胸部背面、腹面及胸足均为黑色，腹部红黄色，腹部第 1 ~ 2 及第 4 节背中央有褐色横纹。雄虫体长 5.5 ~ 7.5mm，翅展 12.5 ~ 15.0mm。触角第 3 节长于胸部。腹部第 1 ~ 3 及第 7 节背面中央有褐色横纹。

卵　金黄色，长椭圆形，长约 1.1 ~ 1.3mm。

幼虫　1 ~ 4 龄幼虫体绿色，头、胸足黑色。老熟幼虫体长 21 ~ 23mm，黄绿色，头部黄色，被有金黄色绒毛。单眼 1 对，黑色。臀板黑色。第 2 胸节至第 8 腹节各有 3 排黑褐色突起，每排 6 个，明显排列成 6 纵行；胸部和腹部前 8 节体两侧气门下方各有 1 个较大的黑色毛瘤。腹足 6 对，着生在腹部第 2 ~ 6 及第 10 腹节上。

蛹　浅黄色，复眼黑色，至近羽化时除腹部外为黑色。雌蛹长 7.9 ~ 10.3mm；雄蛹长 6.0 ~ 8.5mm。茧淡黄色，卵圆形，丝质，分二层，内层为薄丝质，外层为网丝质。

生物学特性

北京 1 年发生 2 代，山东 2 ~ 3 代，河南 3 代，南京 5 ~ 6 代，福建和广东7 ~ 8 代，均以幼虫在寄主树冠下的土中结茧越冬。在北京地区，6 月发生第 1 代幼虫，8 月发生第 2 代幼虫，9 月底，幼虫入土做茧越冬。在广州地区，各代幼虫开始出现时间分别为 3 月中旬、4 月下旬、5 月下旬、6 月中旬、7 月中旬、8 月中旬、9 月中旬、10 月上旬、11 月中旬，11 月下旬幼虫入土结茧越冬。翌年 3 ~ 5 月羽化为成虫。成虫白天羽化，次日交配。雌虫一生仅交尾 1 次，雄虫可交尾多次。成虫寿命约 5 天。雌蜂交尾后即将卵产于新梢或嫩枝内，呈“八”字形双行排列。产卵时雌虫用镰刀状的产卵器锯开半木质化的枝条皮层，将卵产于其中，通常产卵可深至木质部，每处产卵几粒至十多粒；产卵痕长 2cm 左右，呈线状。产卵切痕约经 3 ~ 5 天后纵裂，卵粒外露，明显可见。一个嫩梢上一般产卵 10 ~ 30 粒，多达 64 粒，平均产卵量为 39 粒。成虫白天活动，夜间静伏不动。活动时以有嫩梢的寄主植物为中心，一般喜栖息于寄主植物枝梢或叶上。烈日或雨天不太活动。可行两性生殖或孤雌生殖。经交配后产生的子代为雌雄两性，孤雌生殖的子代则全为雄性。雌成虫对雄成虫有强烈的性引诱力。幼虫共 6 龄，喜群集，昼夜均取食，有互相残杀习性和假死性。成虫较笨拙，产卵时，即使遇惊扰也不在乎，仍继续产卵。

16.13.3 叶蜂类的防治方法

(1) 园林技术防治

冬、春季结合抚育，在寄主植物周围松土，杀灭越冬幼虫或蛹。

(2) 人工防治

对幼虫群集危害或有假死性的一些种类，可人工摘除幼虫或振落捕杀；成虫产卵期，发现有纵裂产卵痕的嫩梢，及时剪除销毁。

(3) 生物防治

注意保护和利用自然天敌。在 2 ~ 3 龄幼虫期，用含孢量 100 亿/mL 的白僵菌粉剂喷洒，每公顷 22.5kg。

(4) 化学防治

应在低龄幼虫阶段进行。所选药剂 50% 杀螟松乳油 1 500 倍液，20% 灭扫利乳油或 20% 速灭杀丁乳油或 2.5% 敌杀死乳油或 10% 氯氰菊酯乳油或 25% 灭幼脲Ⅲ号悬浮剂2 000 ~ 3 000 倍液。

16.14 甲虫类(beetles)

16.14.1 概 述

属鞘翅目。种类很多，食性杂。同为植食性昆虫，有些种类的成虫和幼虫均取食叶片，如叶甲的大多数种类；而有些种类则不同，如一些金龟甲的成虫和幼虫则分别取食植物叶片和根部。因此，对它们的防治方法会有较大差异。园林植物上的常见种类有叶甲科的椰心叶甲、水椰八角铁甲 *Octodonta nipae* Maulik、榆紫叶甲 *Ambrostoma quadriimpressum* Motschulsky、泡桐龟甲 *Basiprionota bisignata* (Boheman)、杨梢叶甲 *Parnops glasunowi* Jacobson、黄栌胫跳甲 *Ophrida xanthospilota*(Baly)、榆毛胸萤叶甲、黑肩毛胸萤叶甲 *Pyrrhalta maculicollis* (Motschulsky)、白杨叶甲 *Chrysomela populi* L.、柑橘台龟甲 *Taiwania obtusata* (Boheman)，金龟甲总科的痣鳞鳃金龟 *Lepidiota stigma* Fabricius、铜绿丽金龟 *Anomala corpulenta* Motschulsky、东方绢金龟 *Maladera orientalis* (Motschulsky)、白星花金龟 *Potosia brevitarsis* (Lewis)、小青花金龟 *Oxycetonia jucunda* Faldermann 等。

16.14.2 重要种类介绍

榆毛胸萤叶甲 *Pyrrhalta aenescens* (Fairm.)(图 16-24)

又名榆绿毛萤叶甲、榆绿叶甲、榆蓝金花虫。国内分布于河北、河南、湖南、山东、山西、甘肃、辽宁、吉林、黑龙江以及内蒙古等地。成虫及幼虫均危害榆树叶片成穿孔状，严重时树冠一片枯黄。

形态特征

成虫　体长7.0～8.5mm，近长方形，黄褐色，鞘翅绿色，有金属光泽。头部小，头顶有1钝三角形黑纹。前胸背板宽度为其长度的1倍，前端稍窄，在中央凹陷部有1倒葫芦形黑纹，两侧各有1卵形黑纹。鞘翅宽于前胸背板，后半部稍膨大；两翅上各具明显的隆起线2条。

卵　黄色，长椭圆形，顶端尖细，长1.1mm。

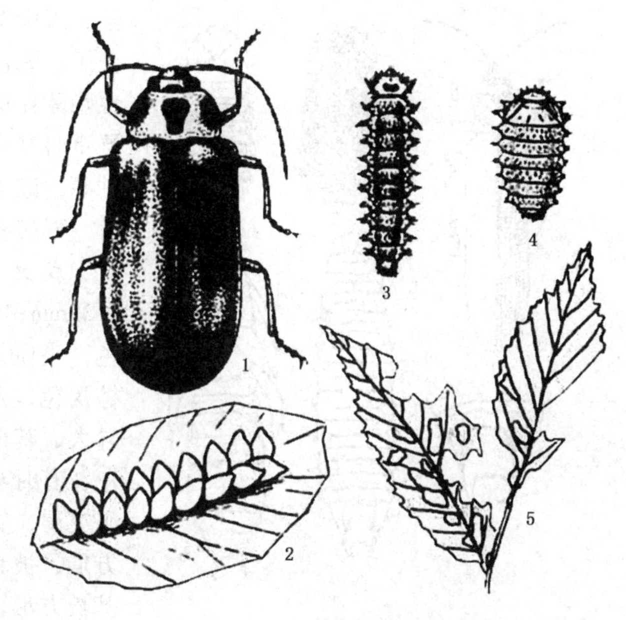

图16-24　榆毛胸萤叶甲(仿邵玉华)

1. 成虫　2. 卵　3. 幼虫　4. 蛹　5. 被害状

幼虫　末龄幼虫体长11mm。虫体长形微扁平，深黄色，中、后胸及腹部第1～8节背面漆黑色。头部、胸足及胴部所有毛瘤均呈漆黑色。头部较小，表面疏生白色长毛。前胸背板近中央后方有1近四方形的黑斑。中、后胸背面各分前后两小节，前小节有4个毛瘤，两侧各有2个毛瘤；腹部第1～8节背面也多分为2小节，前小节有4个毛瘤，后小节有6个毛瘤，两侧各有3个毛瘤。臀板深黄色，上面疏生刚毛。

蛹　长约7.5mm，乌黄色，椭圆形，背面生有黑褐色刚毛。

生物学特性

在辽宁1年发生2代，河北、山东则发生3代，均以成虫在屋檐、墙缝、土内、砖石块下、杂草间等处越冬。在辽宁，越冬成虫于翌年5月中旬开始活动，相继交配与产卵。卵产于叶背，成块，每雌平均产卵800～900粒。卵期5～8天，5月下旬开始孵化。初龄幼虫取食叶肉，残留下表皮，被害处呈网眼状，逐渐变成褐色。2龄以后，将叶片吃成孔洞。老熟幼虫于6月下旬开始下树，爬到树干枝杈的下面或树洞、裂皮缝等隐蔽场所，群集化蛹。幼虫发生期可延至8月下旬。7月上旬出现第1代成虫，7月中旬为羽化盛期，9月上旬结束。成虫取食时，一般在叶背剥食叶肉，残留表皮，以后常造成穿孔。7月中旬开始产卵，越冬代幼虫7月下旬开始孵化，8月中旬开始下树化蛹，8月下旬至10月上旬为成虫发生期。

椰心叶甲 *Brontispa longissima* (Gestro)(图16-25)

又名可可椰子红胸叶虫、椰叶铁甲、椰子叶甲、椰心潜甲。为我国林业检疫对象之一。国外分布于印度尼西亚、澳大利亚、越南、马尔代夫等；国内分布于广东、广西、海南、福建、香港、台湾等地。寄主植物有大王椰子、假槟榔、三药槟榔、金山葵、蒲葵、棕榈、棍棒椰子、中东椰子、华盛顿椰子、三角椰子、圣诞椰子、酒瓶椰

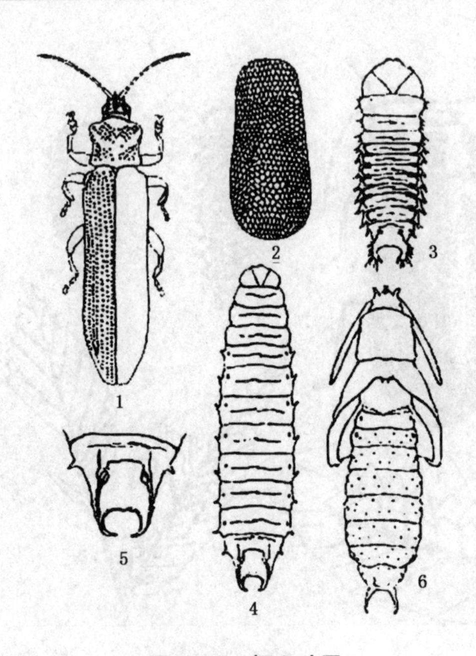

图16-25 椰心叶甲
1. 成虫 2. 卵块 3. 1龄幼虫 4. 老熟幼虫
5. 末龄幼虫骨盘 6. 蛹

子、海南椰子等棕榈科植物，其中华盛顿椰子、海南椰子受害最为严重。成虫和幼虫隐藏在棕榈树未开放的心叶部取食危害，严重时叶子卷曲皱缩呈灼伤状，有时叶片枯萎、破碎或仅余下叶脉。

形态特征

成虫 体长6.0～9.5mm，宽2.0～2.25mm；体狭长型，扁平。背、腹面棕红色，头顶、前胸背板前缘中央黑色，触角棕褐色，足棕红色至棕褐色。鞘翅颜色变异大，基部常棕色，其后黑色，有时全黑色，有时自小盾片处具1黑色纵条纹。复眼突出，宽卵圆形，小眼面细；头顶宽阔，方形，被粗刻点，中央有1条纵沟；额唇基长方形，较平坦，被有细刻点及毛。触角较细，第1节长，为第2节的3倍。前胸背板近方形，平坦有粗刻点；前缘中部向前拱出，呈圆弧形，前角宽圆，侧缘较直，向后微扩，前端两侧略向内凹，后缘微后拱，后角钝圆。

卵 长1.5mm，宽1.0mm。长形，两端宽圆，卵壳表面有细网纹。

幼虫 白色至灰白色。1龄幼虫体长1.5mm，宽0.70mm，老熟幼虫长8.0～9.0mm，宽2.25mm。体稍扁，侧缘近于平行并具小突起。头、胸、腹3体段分明。头壳发达，宽圆稍隆。前胸骨化较长，中央有1条纵线。胸足短，端部有1个单爪及肉质垫。腹部9节，第8、9腹节合并，形成骨化盘，末端具1对尾叉。

蛹 长10.50mm，宽2.50mm。背面观，头部具有1个突起，中央具1条纵沟；腹部第2～7节具8个小刺突，分别排成2横列。骨盘上的尾叉比幼虫的细而长，末龄幼虫的蜕总是贴附在尾叉上。

生物学特性

1年发生3～6代，世代重叠。完成一个世代约需52天。成虫选择心叶的基部产卵，单个产下或排成短纵行，卵粒以一端粘附在叶片边缘，其周围一般有成虫的排泄物及植物的残渣。卵期4～5天。幼虫有4～5个龄期，历经30～40天。蛹期5～7天。成虫羽化后约经12天才发育成熟。每雌产卵100余粒，寿命2～3个月。成虫、幼虫喜危害4～5年生的幼树，只钻在尚未开放的心叶中取食或躲藏在心叶的夹层中啃食。它们沿纵脉食去叶表，留下与叶脉平行的狭长条纹。成虫、幼虫将心叶食尽或在心叶全部开放后，又转向别处心叶危害。一个未开放心叶中可能有多达几十头幼虫。

成虫爬行缓慢，飞翔能力差，但可借助风力在短距离内扩散。各虫态随寄主种苗、幼树、大树调运是椰心叶甲的主要传播途径。

16.14.3 甲虫类的防治方法

（1）检疫防治

在调运海南椰子等椰心叶甲的寄主植物时，要仔细剥查心叶处，严防椰心叶甲随寄主植物的调运而扩散。

（2）园林技术防治

园林绿化的树种配置尽量多样化，从害虫食料上阻隔或吸引更多的天敌栖息来减少害虫的种群数量，此措施对食性单一的害虫种类尤其重要。对在土层越冬的害虫，冬季结合抚育，在寄主植物周围松土，杀灭越冬虫体。

（3）人工防治

利用成虫的假死性，人工振落捕杀；对幼虫群聚于树干上化蛹的种类，可扫集烧毁。

（4）生物防治

注意保护和利用天敌。如利用蠋蝽 *Arma chinensis*、叶甲异赤眼蜂 *Asynacta* sp. 防治榆紫叶甲；人工繁殖和释放从台湾引进的椰扁甲啮小蜂 *Tetrastichus brontispae* 和从越南引进的椰甲截脉姬小蜂 *Asecodes hispinarum*，或喷洒绿僵菌 *Metarhizium anisopliae* var. *anisopliae* 防治椰心叶甲。

（5）化学防治

在幼虫发生期，可选喷50%马拉硫磷乳油1 000～1500倍液，2.5%敌杀死乳油或10%吡虫啉可湿性粉剂3 000倍液。对椰心叶甲，可选用10%氯氰菊酯乳油+48%乐斯本乳油1 000倍液，10%氯氰菊酯乳油500倍液，16%虫线清乳油200倍液喷洒树新叶，每隔7～10天喷1次，连续喷2次(喷药前须先剪除被害新叶和未展开的新叶)；或45%椰甲清粉剂(杀虫单和啶虫脒复配剂)挂包法，即用棉纱布制成70mm×40mm小袋包装药粉，每袋药重10g，用棉纱线将2个药包固定在每棵树未展开的新叶基部，可收到良好防效。

16.15 蝗虫类(locusts)

16.15.1 概　述

属直翅目蝗总科。成虫及若虫均取食植物叶片，使叶片残缺不全；大发生时寄主植物叶片被食光，致使寄主植物生长不良，甚至枯死。多数种类1年发生1代，卵成块产于土中，外有卵囊保护。危害园林植物的常见种类有黄脊竹蝗、青脊竹蝗 *Ceracris nigricornis nigricornis* Walker、短额负蝗 *Atractomorpha sinensis* Bolivar、异岐蔗蝗 *Hieroglyphus tonkinensis* I. Bolivar、棉蝗 *Chondracris rosea* De Geer 等。

16.15.2 重要种类介绍

黄脊竹蝗 *Rammeacris kiangsu*（Tsai）（图 16-26）

又名黄脊阮蝗，是竹蝗中最主要的种类。国内分布于华东、华中、华南和西南。已知寄主有竹子、玉米、水稻、棕榈等近百种植物，其中毛竹为其首选寄主。

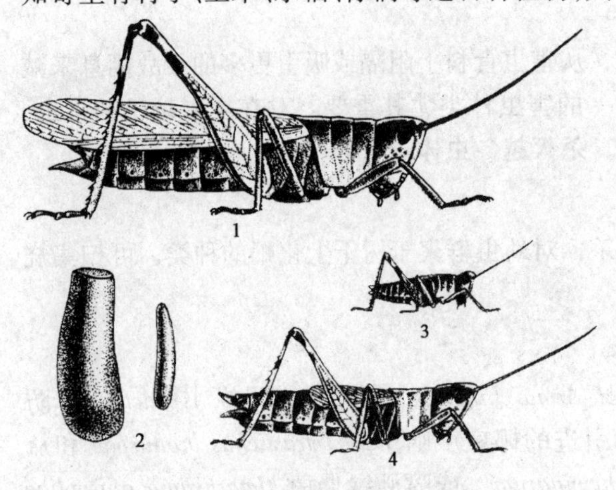

图 16-26 黄脊竹蝗（仿张培义）
1. 成虫 2. 卵及卵囊 3. 1 龄跳蝻 4. 5 龄跳蝻

形态特征

成虫 体绿色或黄绿色，雌虫体长 31 ~ 40mm；雄虫 28 ~ 35mm。由头顶到前胸背板中央有一显著的黄色纵纹，越向后越宽大。前胸背板缺侧隆线（青脊竹蝗前胸背板具侧隆线），其后横沟明显位于中部之后，沟前区远远长于沟后区。后足腿节近胫节处有 2 个明显的蓝黑环；胫节有刺 2 排，外排 14 个，内排 15 个。

卵 赭黄色，长椭圆形，稍弯曲，一端稍尖，长 6 ~ 8mm；卵壳上有网状纹。卵囊圆筒形，下端稍粗，长 19 ~ 20mm，土褐色。

若虫 又称跳蝻，共 5 龄。1 龄跳蝻体长 9.8 ~ 10.9mm，翅芽不明显，仅中、后胸背板两侧后缘微向后突出。2 龄跳蝻体长 11 ~ 15mm，翅芽向后突出较明显，在放大镜下可隐约看出数条翅脉。3 龄跳蝻体长 14.9 ~ 18mm，翅芽显而易见，前翅芽狭长，后翅芽三角形，翅脉易看清，翅芽不翻折于背面。4 龄跳蝻体长 20 ~ 24mm，前后翅芽翻折于背面，翅脉明显可见，伸至腹部第 2 节末。5 龄跳蝻体长 20.8 ~ 30mm，翅芽较 4 龄时更大，已伸至腹部第 3 节末而将听器盖住。

生物学特性

1 年发生 1 代，以卵（卵囊）在土表 1 ~ 2cm 深处越冬。在湖南，越冬卵于翌年 5 月初开始孵化，5 月中旬至 6 月初为盛期，6 月下旬为末期。1 龄跳蝻盛见于 5 月中旬，2 龄 5 月下旬，3 龄 6 月上旬，4 龄 6 月中旬，5 龄 6 月下旬。成虫于 7 月初开始羽化，7 月下旬为盛期；7 月中旬开始交尾，7 月底 8 月初为盛期。8 月中旬为产卵盛期，在湖南耒阳地区产卵期可拖延至 10 月底或 11 月初。跳蝻期46 ~ 67 天。成虫寿命雌虫 50 ~ 84 天，雄虫 54 ~ 56 天。

卵多在 14：00 ~ 16：00 孵化，孵化期可长达 30 天以上。跳蝻孵出后多群集于小竹及禾本科杂草上取食，时间多在 5：00 ~ 8：00 及 18：00 ~ 22：00。上竹时虫龄多为 1 龄末 2 龄初，3 龄以后全部上竹。成虫羽化以 8：00 ~ 10：00 最盛。一雌一生能产卵 6 块，平均一块有卵 14.5 ~ 22.3 粒。卵多产于柴草稀少、土质较松、坐北向阳的竹山或山窝斜坡上。产卵时，成虫先分泌胶状物并粘土形成圆筒形卵囊,然后产卵其中,并分泌胶状的卵盖封口。跳蝻与成虫有嗜好咸味和人尿的习性。已知天敌有黑卵蜂 *Teienomus* spp.、寄生蝇、红头芫菁 *Epicauta ruficeps* 等。

16.15.3 蝗虫类的防治方法

(1) 做好预测预报

①查卵。卵块一般产在向阳、杂草较少、土壤疏松的地方，产卵场所一般有母蝗的遗骸残留以及红头芫菁活动(因红头芫菁的幼虫取食蝗卵)。通过挖卵，一可了解越冬基数，二可观察卵的孵化进度。②查蝻。监视跳蝻活动和了解孵化数量，一般从发现跳蝻孵出之日起数天内必须施药，否则跳蝻上了大竹后，防治就比较困难。

(2) 园林技术防治

在小满前后结合竹林冬耕松土挖除卵块。

(3) 毒饵诱杀

在尿液中加入2.5%溴氰菊酯乳油，把玉米芯、稻草等浸在尿液中，经过半天左右时间后，将浸渍物放在竹蝗群集的竹林下或将这种尿液装入竹槽置于林间诱杀成虫。

(4) 生物防治

在林间可栽植泡桐树，引诱天敌红头芫菁。也可在蝗卵地施放白僵菌粉剂，使跳蝻刚出土就感染死亡。

(5) 化学防治

在跳蝻出土10天内，趁晨露未干前，喷洒2.5%敌百虫粉剂或2.5%马拉硫磷粉剂，50%马拉硫磷乳油800~1 000倍液，2.5%溴氢菊酯乳油6 000倍液，25%灭幼脲Ⅲ号粉剂对50~75倍滑石粉。当跳蝻已上竹后，可用阿维菌素烟剂或2.5%溴氰菊酯与0号柴油按1∶15配制，用喷烟机喷烟防治。

16.16 食叶动物(leaf-feeding animals)

危害园林植物的食叶动物主要包括蛞蝓、蜗牛和鼠妇。

16.16.1 蛞蝓和蜗牛(slugs and snails)

16.16.1.1 概　述

皆属软体动物门腹足纲柄眼目。蛞蝓属蛞蝓科，蜗牛属巴蜗牛科。分布广，我国各地均有发生。食性杂，可危害多种农作物、果树、花卉等，以成贝和幼贝刮食植物的芽、叶、花等，喜食含水量多、幼嫩的组织，造成不规则缺刻、孔洞，严重时将幼苗吃掉或成片植株叶片被食光。凡是被它们爬过的寄主表面，都留有银白色发光的黏液带和排出的粪便，不但影响植物的光合作用，而且极易诱发菌类侵染，导致腐烂。

常见种类有野蛞蝓、黄蛞蝓 *Limax flavus* L. 和双线嗜黏液蛞蝓 *Phiolomycus bilineatus* Bonson、灰巴蜗牛和同型巴蜗牛 *Bradybaena similaris*（Ferussac）等。

16.16.1.2 重要种类介绍

野蛞蝓 *Agriolimax agrestis* L.（图16-27）

国内分布普遍，南方可露地生活，北方在温室、大棚危害。寄主很多，受害花卉有菊花、瓜叶菊、月季、唐菖蒲、兰花、君子兰、一串红、鸢尾、大丽花、凤仙花、鸡冠花、牡丹、芍药、扶桑、金橘、马蹄莲、美人蕉等。成贝、幼贝刮食叶片，使叶片腐烂。大发生时，叶片被吃光，仅剩叶脉。严重时可导致植株枯死。

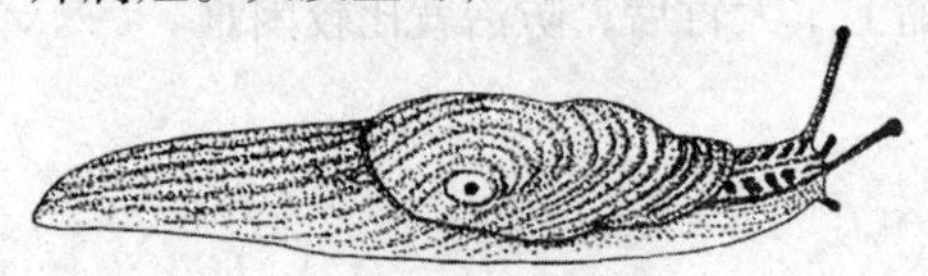

图16-27 野蛞蝓
（仿浙江农业大学）

形态特征

成贝 纺锤形，无外壳，光滑柔软。长20～25mm，爬行时体长30～60mm，宽4～6mm。体暗灰色、黄白色或灰红色，少数有不明显的斑点或暗带。触角2对，暗黑色，眼在后触角顶端。体背前端具外套膜，为体长的1/3，内有退化的贝壳，外套膜边缘卷起，上有明显的同心圆生长线。

卵 椭圆形，长2.0～2.5mm，白色透明，聚集成块。

幼贝 体似成贝，淡褐色，初孵时体长2～2.5mm。

生物学特性

1年发生2～6代，世代重叠。以成贝或幼贝在土缝、土块和石块下等潮湿处越冬。雌雄同体，异体受精；也可同体受精繁殖。成贝平均产卵400余粒。卵多产在土中，每处产卵数粒至十余粒，多粘在一起成串。每隔1～2天产卵一次，产卵期长达160天。卵期16～17天，自卵孵化至成贝性成熟为50～55天。耐饥、抗寒能力较强，能承受－7℃的低温，遇不良环境可休眠1～2年。畏光、怕热，一般为昼伏夜出，喜欢阴湿有遮荫的环境，白天多匿藏在潮湿阴暗的场所，夜间出来活动取食，阴雨后地面潮湿或夜晚有露水时，活动最频繁。其生长的适宜温度为15～25℃。

灰巴蜗牛 *Bradybaena ravida*（Benson）（图16-28）

在我国从东北向南到广东等地均有分布。食性杂，受害花卉主要有菊花、大丽花、鸡冠花、牡丹、芍药、兰花、仙客来、朱顶红、月季、美人蕉、一串红、长春花等。

形态特征

成贝 贝壳圆球形，壳顶尖，壳高19mm，宽21mm，有5.5～6个螺层。壳面黄褐色或琥珀色，具有细致而稠密的生长线和螺纹。壳口椭圆形。脐孔狭小，呈缝隙状。个体大小和颜色变异较大。

卵 圆球形，直径1.0～1.5mm，乳白色，有光泽，孵化前变暗成土黄色。卵壳石灰质，硬而脆，暴露在日光或空气中即会爆裂。

幼贝　初孵时体长2mm，背壳淡褐色。4个月后，螺壳增加3层。8个月后逐渐变为成贝，螺层增至5.5～6层。

生物学特性

1～1.5年发生1代，以成贝和幼贝在落叶下或浅土层中越冬，壳口封有一层白膜。3月中旬开始活动，4月中旬开始产卵，4月下旬至6月上旬出现第1次产卵高峰。卵多产于植物根部附近疏松的土层中，每处产约57粒，集合成块。卵期约18天。4月底后卵陆续孵化，初孵幼贝生长迅速，4螺层前，增加一螺层约需27天；4螺层以后，每增加一螺层约需64天。5月中旬至7月上旬种群数量最大，危害最重，7月中旬以后种群数量急剧减少。受高温影响，高龄蜗牛休眠越夏，3螺层以下幼贝大量死亡。9月初，越夏蜗牛逐渐恢复活动，9月中下旬出现第二次产卵高峰，10月中、下旬，当气温降低后陆续入土休眠，开始越冬，幼贝历期5～7个月，成贝历期5～10个月。

图16-28　灰巴蜗牛(仿林焕章)

1、2. 螺壳　3. 成贝　4. 被害状

白天藏于草丛或土缝中，晚间出来危害。性喜阴湿，在阴雨天可整天活动取食。初孵的幼贝群集危害，后逐渐分散活动。地势低湿和阴雨天以及水沟边的花卉受害严重。天气干燥则潜伏入土，壳口有分泌物封住。遇雨复出危害。

16.16.1.3　蛞蝓和蜗牛的防治方法

(1) 园林技术防治

清除种植地的杂草和杂物，破坏蛞蝓的栖息地和产卵场所；秋季深翻土地，杀死部分越冬成贝和幼贝，并使部分卵暴露于土表而被晒炸。

(2) 人工防治

用树叶、杂草、菜叶等堆放田间，诱集蛞蝓，天亮前集中捕杀；在蛞蝓经常出没活动的地方和被害植株周围撒生石灰粉作保护带，每公顷用生石灰75～110kg。

(3) 生物防治

在不破坏园林植物生长的前提下，于清晨、傍晚或阴雨天的蛞蝓活动时间，驱赶鸭子到田间啄食。

(4) 化学防治

用杂草、菜叶等堆放田间，每100kg喷上1kg90%晶体敌百虫原药(加适量水稀释)，诱杀成贝和幼贝；用蜗牛敌(多聚乙醛)配制成含有效成分为2.5%～6.0%的豆饼或玉米粉等毒饵，或2%灭旱螺饵剂，于傍晚撒于田间垄上诱杀。傍晚撒施8%灭蜗灵颗粒剂(30kg/hm^2)、6%密达(四聚乙醛)颗粒剂(9kg/hm^2)、或50%杀螺胺乙醇胺粉剂(1.2kg/hm²)，或凌晨蛞蝓尚未潜回匿藏地点时喷洒8%灭蜗灵800~1 000倍液；用1份油茶枯粉加10份清水浸泡一昼夜，经过滤后再加20~50份清水淋浇苗床或喷雾。

16.16.2 鼠　妇(pillworms)

16.16.2.1 概　述

属节肢动物门甲壳纲等足目鼠妇科。俗称潮虫、西瓜虫、蒲鞋底虫。主要啃食花木的叶、根和茎部，导致花卉叶和茎部缺刻和溃烂。常见种类有卷球鼠妇。

16.16.2.2 重要种类介绍

卷球鼠妇 *Armadillidium vulgare* (Latreille)(图16-29)

国内分布于南方露地和北方温室。危害君子兰、紫罗兰、仙客来、扶桑、铁线蕨、凤尾蕨、含笑、苏铁、茶花、仙人掌、仙人球、水仙、松叶菊等。

形态特征

成体　长约10mm，扁椭圆形，背面灰褐色或紫蓝色，腹面色较浅。体有13节。第1胸节与颈愈合，第8、9体节明显缢缩，末节三角形。触角2对，一长一短。足7对。腹部小，尾端有小突起1对。

幼体　与成虫相似，仅较小，色泽较淡。初孵时乳白色，足6对。2龄后有足7对。

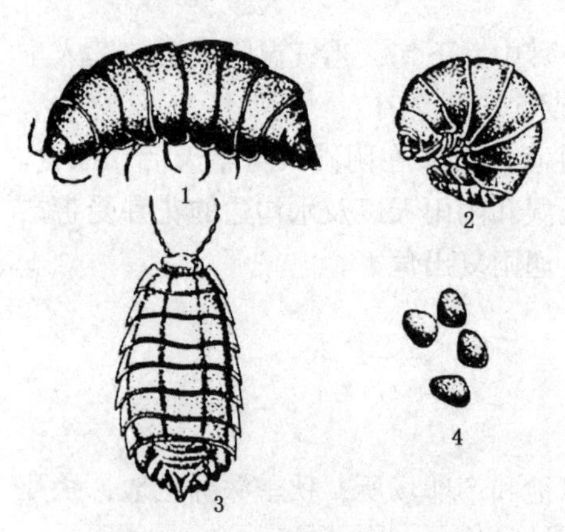

图16-29　卷球鼠妇(仿林焕章)

1~3. 成虫　4. 卵

生物学特性

1年1代，以成体、幼体在土层和裂缝中越冬。4月中、下旬是雌雄交配盛期，雌体于4月下旬开始产卵，每雌产卵20~68粒，卵产于胸部腹面的育儿室内。卵经10~15天孵化为幼体后，爬出育儿室，离开母体活动、取食，经多次脱皮后变为成体。该鼠妇再生能力强，如触角、足等短损，可通过脱皮长出新触角、足等。性喜潮湿、阴暗，不耐干旱，白天多潜伏在花盆底部排水孔处取食嫩根，晚间出来活动危害。此虫爬行很快，但假死性很强，受触动后身体立刻卷缩呈球状。

16.16.2.3 鼠妇的防治方法

(1)园林技术防治

保持盆花场地清洁，清除多余的砖块、杂草及各种废弃杂物。在花盆周围撒些生石灰粉。

(2) 人工防治

白天移动花盆，捕杀在底部潜藏的鼠妇。

(3) 化学防治

危害严重时，可选用50% 西维因可湿性粉剂500 倍液，或50% 辛硫磷乳油800 倍液，2.5% 溴氰菊酯2 000 倍液，20% 杀灭菊酯乳油1 800 倍液，喷洒花盆、地面、花架及潮湿的墙面、墙角。若施药后在地面盖上草帘或其他覆盖物，因虫怕光躲蔽其内而易被毒杀。

复习思考题

1. 食叶害虫有哪几大类？它们各有何危害特点？
2. 在游人活动频繁的森林公园，一旦大面积发生蛾类危害林木，应如何控制？
3. 请列出本章中出现的检疫害虫，它们发生、危害及防治有何特点？
4. 食叶害虫周期性大发生的原因有哪些？

推荐阅读书目

中国园林害虫．徐公天，杨志华．中国林业出版社，2007.
园林植物昆虫学．蔡平，祝树德．中国农业出版社，2003.
园林植物病虫害防治．徐明慧．中国林业出版社，1993.
森林昆虫学．李成德．中国林业出版社，2004.
中国森林昆虫(第2版)．萧刚柔．中国林业出版社，1992.
景观植物病虫害防治．岑炳沾，苏星．广东科学技术出版社，2003.
花卉病虫害防治手册．林焕章，张能唐．中国农业出版社，1999.
农业昆虫学(上册、下册)．浙江农业大学．上海科学技术出版社，1987.

第 17 章 钻蛀性害虫

[本章提要] 钻蛀性害虫是园林植物的重要害虫类群之一。其生活方式隐蔽，难于防治，常给园林植物造成毁灭性伤害。本章介绍其主要类群及其代表性种类的危害、分布、寄主、形态、生物学特性及防治方法。

钻蛀性害虫是指一类在树体内进行危害的害虫，包括蛀干、蛀茎、蛀新梢、蛀食花蕾、果实和种子，以及潜食叶片的种类，如鞘翅目的天牛、小蠹虫、吉丁甲、象甲，鳞翅目的木蠹蛾、透翅蛾、螟蛾、潜蛾，膜翅目的茎蜂、树蜂，双翅目的潜叶蝇等。其主要虫期在树木组织内度过，能以咀嚼式口器取食韧皮部、木质部和形成层，并蛀食形成虫道，破坏树木养分、水分的输导和分生组织，轻则使树木长势衰弱，重则能使其迅速死亡。多寄生衰弱树木，为次期性害虫。由于这类害虫在虫道内长期营隐蔽性生活，受气候变化的影响小，天敌种类少且寄生率、捕食率低，因而存活率高，种群相对稳定，防治难度较大，且树木一旦受害，很难恢复，是一类最具毁灭性的园林植物害虫。

17.1 天牛类（longhorned beetles）

17.1.1 概 述

属鞘翅目天牛科。是危害园林植物的重要蛀茎、干害虫，几乎所有针叶树和阔叶树都不同程度的受害，能引起树木枯死或降低木材质量和观赏价值。主要以幼虫钻蛀植株树干、枝条及根部，常在韧皮部和木质部形成蛀道，在树干上可见产卵刻痕、侵入孔和羽化孔，有的种类还有排粪孔；成虫取食植物的嫩枝、叶片、花或树皮补充营养，从而造成次要危害。

天牛的生活史因种类、气候和食料条件的不同而有差异，有的 1 年 1 代或 2 年 1 代，有的 2 ~3 年甚至 4 ~5 年 1 代，一般以幼虫在蛀道内越冬。成虫是惟一裸露的虫期，羽化后，有的需要补充营养，取食嫩枝、叶片、树皮、树汁或果实；有的则不需要。成虫产卵方式因种而异，有些先咬刻槽，然后产卵于韧皮部和木质部之间；有些直接将卵产于光滑的树干上或树皮缝内；有些则产卵于土中。大多幼虫最初在树皮下取食，虫龄增大后即蛀入木质部危害，形成向下或向上的蛀道。幼虫在枝干内蛀食时，在一定距离内的树皮上开口，作为排粪孔，向外排出粪便和木屑；老熟幼虫构筑较宽的蛹室，两端以木纤维和蛀屑堵塞，化蛹其中。

危害园林植物的天牛种类很多，如锈色粒肩天牛、双条杉天牛、光肩星天牛、星天牛 *Anoplophora chinensis* Forster、菊天牛 *Phytoecia rufiventris* Gautier、双条合欢天牛 *Xystrocera globosa*（Olivier）、松墨天牛 *Monochamus alternatus* Hope、桃红颈天牛 *Aromia bungii*（Faldman.）、青杨楔天牛 *Saperda populnea* L. 等。其中前 3 种危害较重，作为重点介绍。

17.1.2 重要种类介绍

锈色粒肩天牛 *Apriona swainsoni*（Hope）（图 17-1）

锈色粒肩天牛是我国重要的检疫对象。分布于北京、内蒙古、河南、山东、四川、广西、贵州、福建等地，以幼虫危害槐树、柳、黄檀、云实、紫铆、三叉蕨等植物。

形态特征

成虫　雄虫体长 28～33mm，体宽 9～11mm；雌虫体长 33～39mm，体宽 11～13mm。体黑褐色，密被锈色短绒毛。前胸背板具不规则的粗皱突起，侧刺突发达尖锐。鞘翅表面散布许多不规则且大小不等的白色毛斑和细刻点，鞘翅基部 1/4 处密布黑色小颗粒。两鞘翅末端呈截形，缝角和缘角均具有小刺，缝角小刺长而尖。雄虫臀部背面呈“W”形缺口。

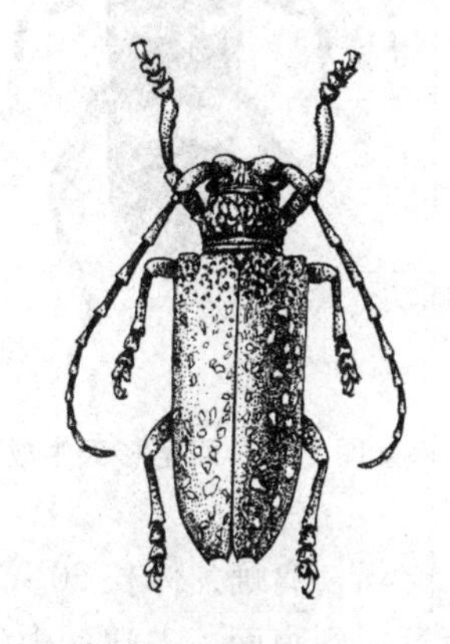

图 17-1　锈色粒肩天牛成虫

卵　长椭圆形，黄白色，长径 2.0～2.2mm，短径 0.5～0.6mm。

幼虫　老熟幼虫体长 42～60mm，扁圆筒形，黄白色。前胸背板黄褐色，近前端有棕红色“V”形斑纹 2 个，后缘散生许多褐色颗粒，并有尖叶状白色刻纹 1 对。中、后胸及腹部第 1～7 节背面各有“回”字形步泡突 1 个。

蛹　纺锤形，长 35～42mm，黄褐色。翅贴于腹面，达第 2 腹节；触角贴于体两侧，达后胸，其末端弯曲。腹部背面各节均有 1 排倒刺。

生物学特性

山东 2 年发生 1 代，以幼虫在被害枝干虫道内越冬。翌年 4 月中、下旬开始活动。5 月上旬开始化蛹，中旬为化蛹盛期。成虫始见于 6 月上旬，6 月中、下旬为羽化盛期。产卵及幼虫孵化期从 6 月下旬开始持续到 9 月上旬。成虫啃食新梢嫩皮补充营养，其飞翔能力弱，受到震动极易落地。产卵前在树干上寻找适宜的树皮裂缝，将臀部插入后，排出草绿色分泌物，产卵于其中，然后再用分泌物覆盖，散产。其一生交尾多次并多次产卵，单雌产卵量为 43～133 粒。

幼虫孵化后垂直蛀入韧皮部，并从卵覆盖物下端咬 1 小孔，不断排出粪便，粪便条久悬不掉。初龄幼虫蛀入木质部深约0.5cm时，即沿最外年轮的春材部分横向蛀食，再向内蛀入。幼虫来回活动，并蛀食扩大蛀入处的木质部表面。幼虫蛀入时向内渐渐接近髓心，老熟时又转向韧皮部蛀食，咬一小羽化孔通向外界，整个虫道呈"S"形。老熟幼虫化蛹前将虫道的上、下两端用粪便或木丝堵实，做成蛹室，在其中化蛹。幼虫期历时22个月，蛀食危害期长达13个月。

双条杉天牛 *Semanotus bifasciatus* (Motschulsky)（图17-2）

国内分布于东北，北京、河北、河南、山东、山西、安徽、陕西、内蒙古、江苏、浙江、湖北等地；国外分布于朝鲜、日本。主要以幼虫危害侧柏、圆柏、扁柏、罗汉松、红豆杉等树种的衰弱木、枯立木及新伐倒木，偏嗜新修枝和新采伐的柏树枝干和伐根，是庭院绿化、古老柏树的主要害虫，也是我国重要的检疫对象。

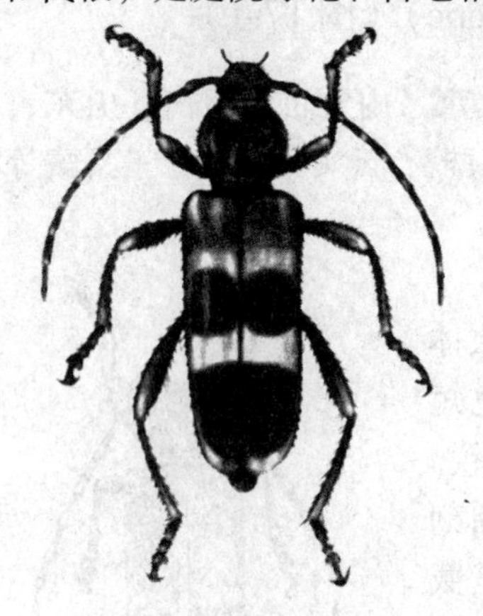

图17-2 双条杉天牛成虫

形态特征

成虫 体扁，长9～15mm，宽2.9～5.5mm，黑褐色。前胸两侧弧形，具有淡黄色长毛，背板中央有5个光滑的排列成梅花状的瘤突（前2个圆形，后3个尖叶型）。鞘翅中部及末端各有1条黑色宽横带，同棕黄色或驼色横带相间；鞘翅末端圆形。腹部密被黄毛，末端微露于鞘翅外。

卵 长椭圆形，长2～3mm，宽0.8～1mm。乳白色至淡黄色，半透明，具光泽。

幼虫 初龄幼虫淡红色，老熟后乳白色，体长达22mm。前胸扁平，生有密毛，黄褐色。气门为椭圆形，褐色，中胸气门最大。

蛹 离蛹，体长20～25mm，淡黄色。头部下倾于前胸下，口器向后；触角自胸背迂回到腹面，末端达中足腿节中部。

生物学特性

山东、陕西1年1代，以成虫在被害木枝干内越冬。越冬成虫于翌年3～5月陆续咬一个扁圆形羽化孔钻出树干，3月中旬至4月上旬为出孔盛期。3月中旬开始产卵，3月下旬幼虫开始孵化，5月中旬开始蛀入木质部。8月下旬幼虫在木质部化蛹，9月上旬羽化为成虫，当年不外出即转入越冬。

成虫羽化后不需补充营养，能连续多次交配，并可边交配边产卵。卵多产于地面以上1m之内主干的树皮裂缝和伤疤处，卵期7～14天。初孵幼虫先在树干上觅食，1～2天后蛀入韧皮部危害，此时被害部位常有树液流出，并有少量的细木屑排出。6月幼虫老熟，食量大，蛀道内塞满木屑及虫粪，树皮和边材上的蛀道从下向上呈不规则的"L"形。8月下旬幼虫老熟后咬一个椭圆形蛹室化蛹，蛹期约10天。

光肩星天牛 *Anoplophora glabripennis* (Motschulsky)（图17-3）

国内分布于辽宁、河北、山东、河南、江苏、浙江、福建、安徽、山西、陕西、甘肃、四川、广西等地；国外分布于朝鲜、日本。主要危害杨、柳、元宝枫、榆、苦楝、桑等树种，被害树木木质部被蛀成隧道，常遭风折或枯死。

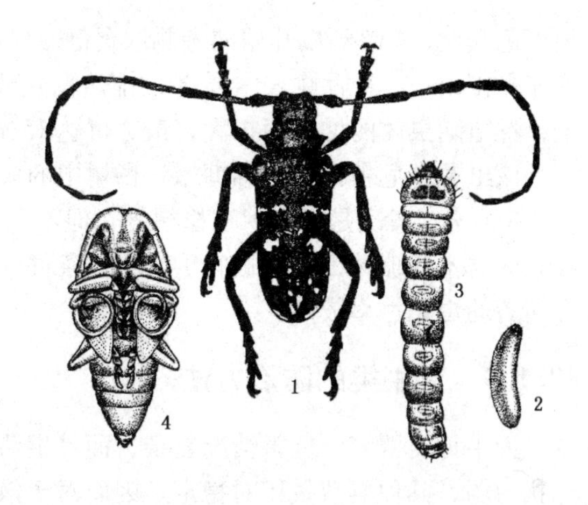

图 17-3　光肩星天牛

1. 成虫　2. 卵　3. 幼虫　4. 蛹

形态特征

成虫　雌体长 22～35mm，宽 8～12mm；雄体长 20～29mm，宽 7～10mm，亮黑色。头比前胸略小，后头经头顶至唇基具 1 纵沟。触角 12 节，第 1 节端部膨大，第 2 节最小，第 3 节最长，以后各节逐渐短小。自第 3 节开始各节基部呈灰蓝色。雌虫触角平均长 38mm，约为体长的 1.3 倍，最后 1 节末端为灰白色；雄虫触角长 50mm，约为体长的 2.5 倍，最后 1 节末端为黑色。前胸两侧各有 1 刺状突起，鞘翅上有白色绒毛组成的大小不同的斑纹 20 个左右，鞘翅基部光滑无小突起，此点可与星天牛相区别。身体腹面、腿节、胫节中部及跗节背面均生有蓝灰色绒毛。

卵　长椭圆形，两端略弯曲，长 5.5～7mm。乳白色，将孵化时，变为黄色。

幼虫　初孵幼虫为乳白色，取食后呈淡红色。老熟幼虫身体淡黄色，长约 50mm，头宽约 5mm。头部褐色，头壳 1/2 缩入胸腔中，其前端为黑褐色。前胸大而长，背板后半部色较深，呈"凸"字形，其前沿无深色细边；中、后胸背腹面各具泡突 1 个，泡突中央均有 1 横沟。腹部背面可见 9 节，第 1～7 腹节背腹面各有泡突 1 个，背面的泡突中央具横沟 2 条，腹面的为 1 条。

蛹　乳白色至黄白色。体长 30～37mm，宽约 11mm，附肢颜色较浅，触角前端卷曲呈环形。前胸背板两侧各有侧刺突 1 个，背面中央有 1 条压痕。翅尖端达腹部第 4 节前缘，各具 1 块由黄褐色绒毛形成的毛斑。第 8 节背板上有 1 个向上生的棘状突起；腹面呈尾足状，有若干黑褐色小刺。

生物学特性

1 年 1 代或 2 年 1 代，以幼虫或卵越冬。越冬幼虫 3 月下旬开始活动取食，4 月底至 5 月初开始在隧道上部作略向树干外倾斜的椭圆形蛹室化蛹，6 月中、下旬为化蛹盛期。成虫羽化后在蛹室停留 6～15 天，6 月上旬开始在侵入孔上方咬直径约 10mm 的羽化孔飞出，6 月中旬至 7 月上旬为羽化盛期，10 月上旬还可见成虫活动。6 月中旬至 7 月下旬产卵，卵期约 11 天；在 9～10 月产的卵直到第 2 年才能孵化。有的幼虫孵出后，在卵壳内越冬。

成虫白天活动，飞翔力弱，以 8：00～12：00 最为活跃。阴天栖于树冠，33℃以上时静伏于阴凉处，取食杨、柳叶柄、叶片和直径 18mm 以下的嫩枝皮层补充营养，嫩枝受害后易受风折或枯死。补充营养后 2～3 天交尾，可交尾数次。产卵刻槽椭圆形，每槽有卵 1 粒，产卵后分泌胶状物堵塞刻槽。幼虫孵出后取食腐坏的韧皮部，排出褐色粪便；2龄幼虫开始向旁侧取食健康的树皮和木质部，并将褐色粪便及蛀屑从产卵孔排出；3龄后蛀入木质部，排出白色木丝。起初隧道横向稍有弯曲，然后向上，隧道随虫体的增大而扩大，最宽可达15cm。

该虫最喜危害杨、柳和糖槭，杨树中的大官杨、加杨和美杨受害最重，株被害率可达100%；其次是元宝枫、榆树等，但不危害毛白杨和苹果树。同种林木则喜食多枝条的立木和疏林，林缘被害重。立地条件好，林木生长旺盛的林分受害轻，其上卵和初龄幼虫死亡率较高。

17.1.3 天牛类的防治方法

天牛种类繁多，危害情况复杂，而且生活周期较长，生活方式隐蔽，自然因素的干扰力弱，其种群数量相对稳定。因而对于该类害虫的防治应重视林业措施，加强林木管理，促进林木健壮生长，增强对害虫的抵抗力。同时充分发挥树种和林分的抗虫性，及时掌握种群动态，适时运用各种有效措施控制天牛类害虫的危害。

（1）加强苗木检疫

严格执行检疫制度，对有可能携带危险性天牛的调运苗木、种条、幼树、原木、木材实行检疫。检验是否有天牛的卵、入侵孔、羽化孔、虫瘿、虫道和活虫体等，并按检疫法规进行处理。绿化栽种时严格把关，不栽带虫苗木。

（2）园林技术措施

选择适合于当地气候、土壤条件的适宜树种进行绿化，并应选用抗虫树种和抗性品系（如毛白杨、白蜡、刺槐、臭椿等），同时注意多种树木混栽，合理布局。

加强幼林水肥的养护管理，以增强树势。或栽植一定数量的天牛嗜食树种作为诱虫饵木以减轻对主栽树种的危害，但切记必须及时清除饵木上的天牛。如可以栽植羽叶槭、糖槭引诱光肩星天牛，栽植桑树引诱桑天牛 *Apriona germari*，栽植核桃、白蜡和蔷薇科树种引诱云斑白条天牛 *Batocera lineolata*。

注意清除林地周围的被害木并及时销毁；由冬季修枝改为夏季修枝，以提高干皮温度，降低相对湿度，改变卵的孵化条件，提高初孵幼虫的自然死亡率。在光肩星天牛产卵期间及时施肥浇水，促使树木旺盛生长，也可使刻槽内的卵和初孵幼虫大量死亡。定时清除树干上的萌生枝叶，保持树干光滑，改善林地通风透光状况，阻止成虫产卵。

（3）保护和利用天敌

啄木鸟对光肩星天牛和桑天牛的危害具有明显的控制作用。可按照15～20hm^2林地设4～5段人工巢招引啄木鸟定居，巢木间距约100m，每年秋季清扫维修一次。在天牛幼虫期释放管氏肿腿蜂 *Scleroderma guani*，林内放蜂量与天牛幼虫数量比为3∶1时，对双条杉天牛、青杨楔天牛等小型天牛及大型天牛的小幼虫有良好的控制效果。花绒寄甲 *Dastarcus helophoroides* 在我国天牛发生区几乎均有分布，可寄生星天牛属、松墨天牛、云斑白条天牛等大型天牛的幼虫和蛹，自然寄生率达40%～80%，具有比其他天敌长得多的成虫存活期及搜寻寄主产卵的能力，是控制该类天牛的有效天敌。在光肩星天牛幼虫生长期，气温在20℃以上时，可使用麦秆蘸取少许菌粉（白僵菌或绿僵菌）与西维因的混合粉剂插入虫孔，或用 1.6×10^8 孢子/mL 菌液喷侵入孔。另外，亦可利用线虫防治光肩星天牛、桃红颈天牛等，其效果达70%以上。

（4）人工物理防治

组织人工捕杀成虫。成虫产卵盛期锤击产卵刻槽或刮除卵块，杀死其中的卵和小幼虫。在天牛幼虫尚未蛀入木质部或仅在木质部表层危害，或蛀道不深时，可用钢丝钩杀幼虫。在树干2m以下涂白或缠草绳，防止双条杉天牛、云斑天牛等成虫产卵，涂白剂的配方为石灰10kg＋硫黄1kg＋食盐10g＋水30kg；用沥青、清漆等涂桑树剪口、锯口，防止桑天牛产卵；将直径10cm、长20cm的新伐侧柏，5根一堆立于地面引诱双条杉天牛产卵，5月下旬后用水浸淹以杀死其中的卵。

（5）化学防治

对于新定植的大苗，可选用8%氯氰菊酯微囊悬浮液150～300倍液，50%杀螟松乳油200～300倍液，20%灭蛀磷乳油200～400倍液在成虫产卵期及幼虫孵化期向树干喷药，每周1次，连续喷3～4次。3～4月双条杉天牛成虫出孔期喷施20%康福多浓可溶剂6 000倍液，或25%阿克泰颗粒剂4 000倍液封杀成虫和卵，加入千分之二平平加（化工商品）渗透剂可提高防治效果。尤其对新移植的柏树要进行药剂封干，避免害虫借树木缓复之机侵入。

幼虫活动期间用40%氧化乐果乳油、50%久效磷乳油、蛀虫灵Ⅱ号、80%敌敌畏乳油5～10倍液由排粪孔注入，或用新型高压注射器向干内注射内吸性药剂（如20%吡虫啉、护树宝、果树宝等药剂），并用黄泥堵孔；或用磷化锌毒签插入并堵孔，均可取得较好的防效。

17.2 吉丁甲类（metallic wood-boring beetles）

17.2.1 概 述

俗称爆皮虫、串皮虫、溜皮虫。属鞘翅目吉丁甲科。主要以幼虫在树木皮层下、枝干或根内钻蛀危害，形成的蛀道较宽扁，内充斥蛀屑，蛀道底部常啮成云纹状，羽化孔圆形。被害处有流胶，危害严重时树皮爆裂，故名“爆皮虫”。常造成被害树木干枝死亡，树叶枯黄脱落，树势衰弱，严重时可使树木整株死亡。一般1年发生1代，以幼虫在枝干或根部越冬。成虫喜光，飞翔力弱，取食叶片、叶柄、嫩枝树皮补充营养，常产卵于树干或树皮裂缝。初孵幼虫在韧皮部取食，随龄期增大蛀入木质部危害，老熟后在蛀道末端化蛹。

危害园林植物的吉丁甲主要有合欢窄吉丁、白蜡窄吉丁、柑橘爆皮虫 *Agrilus auriventris* Saunders、苹果窄吉丁 *A. mali* Matsumara、杨锦纹吉丁 *Poecilonota variolosa* (Payk.)、杨十斑吉丁 *Melanophila decastigma* Fabr. 等。其中前2种发生较重，进行详细介绍。

17.2.2 重要种类介绍

合欢窄吉丁 *Agrilus chrysoderes* Obenberger（图 17-4）

国内分布于华北、华东等地。以幼虫蛀食合欢的树干皮层，形成不规则的虫道，排泄物不排出树外，被害处常有流胶。

形态特征

成虫　体黑色，有铜绿色金属光泽。体长约 4～6mm，雄虫较雌虫瘦小。头横宽，前胸近方形，略宽于头部。复眼肾形。鞘翅、头部、前胸背板及虫体腹面密布刻点和绒毛。雌虫触角 11 节，锯齿状。前胸背板后缘与鞘翅连接处呈波状，中胸小盾片很小，呈倒三角形。中胸及腹部中央有 1 纵沟。鞘翅基部凹陷，两肩略隆起。腹部可见 5 节，第 1、2 节较宽。

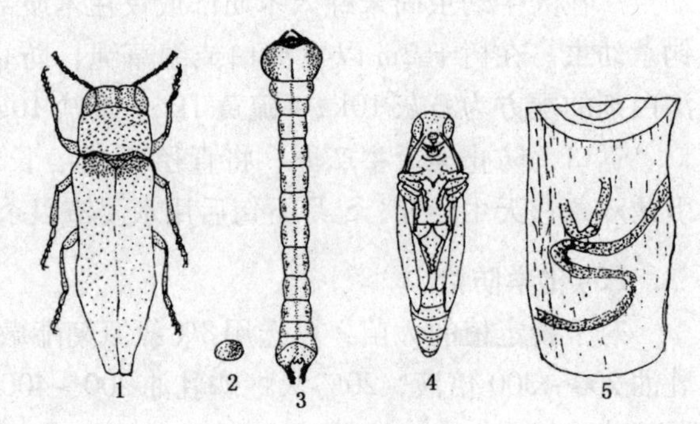

图 17-4　合欢吉丁
1. 成虫　2. 卵　3. 幼虫　4. 蛹　5. 被害状

卵　椭圆形，略扁平，初产时乳白色，后变为黑褐色，长约 0.6～0.8mm，宽 0.5～0.6mm。

幼虫　初孵幼虫乳白色，老熟幼虫黄白色，体细长，约 10～15mm。头小，缩入前胸，仅口器外露。前胸略膨大，背面隆起，其背面中央有 1 条明显的黄褐色纵沟，约为前胸背板中线长的 2/3。老熟幼虫前胸体内具有明显的黄褐色“火”字形花纹。腹部 10 节，较细，大小基本一致；腹末有 1 对褐色尾铗，内侧锯齿状，具 2 齿。

蛹　体长 4～6mm，初为乳白色，近羽化时黑褐色，并有铜绿色金属光泽。

生物学特性

在河北、山东泰安 1 年发生 1 代，以不同龄期的幼虫在被害树干内越冬。在山东泰安地区，老熟幼虫翌年在木质部蛹室内化蛹，成虫于 4 月中旬开始羽化。羽化后成虫在蛹室内停留 10 余天后，咬一圆形羽化孔飞出，5 月上、中旬为羽化盛期。成虫常在树干上爬行，喜啃食嫩梢补充营养，具有假死习性，寿命约 10 天。卵散产于向阳面的枝干上，每处产卵 1 粒，卵期约 1 天。幼虫孵化后潜入树皮下，在韧皮部和木质部边材串食危害，被害处症状不大明显，揭开树皮后，可见大量木屑和虫粪。9 月间被害处流出大量黑褐色胶体。10 月随着气温下降幼虫在蛀道内越冬。

花曲柳窄吉丁 *Agrilus marcopoli* Obenberger（图 17-5）

又名白蜡窄吉丁、花曲柳串皮虫、梣小吉丁虫。国内分布于黑龙江、吉林、辽宁、山东、河北、内蒙古、台湾；国外分布于朝鲜、蒙古、日本、俄罗斯远东地区。危害木犀科梣属树木，其中以大叶白蜡受害最重。

形态特征

成虫　体狭长，楔形。体长 8.5 ~ 13mm，蓝绿色具金属光泽。头横阔，头顶有纵皱。复眼肾形，褐色，后缘两侧深凹。前胸横长方形，略宽于头部，和鞘翅前缘等宽。鞘翅狭长，密被点刻和灰绿色短毛，肩部隆起，翅端圆形，边缘具小齿突。

卵　椭圆形，长径 1mm，短径 0.6mm，浅米黄色。底部扁平，中央微凸，向边缘有放射状褶皱。

幼虫　老熟时体长 26 ~ 32mm，乳白色，体扁平，带状。头小，褐色，缩于前胸内，仅现口器。前胸背板横阔，点状突起区中央有一似倒"Y"字纹，中、后胸及腹部各节小。腹末有 1 对暗褐色的骨化棘突。

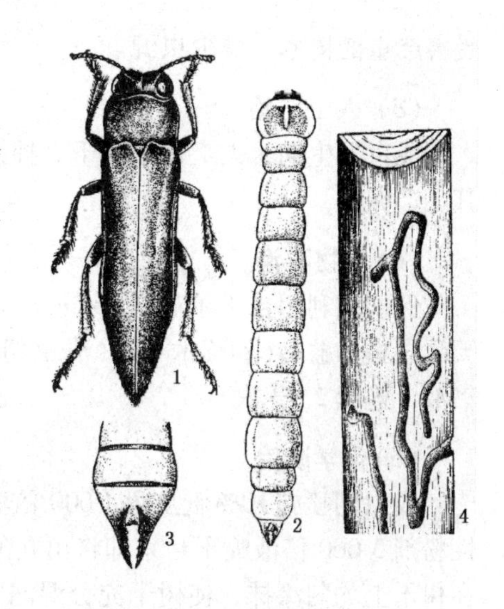

图 17-5　花曲柳窄吉丁

1. 成虫　2. 幼虫　3. 幼虫的臀部　4. 边材上的坑道

蛹　裸蛹，体长 10 ~ 14mm，乳白色，羽化前为深铜绿色。触角向后伸至翅基，腹末数节略向腹面弯曲。

生物学特性

在辽宁 1 年发生 1 代，多以老熟幼虫在树干木质部表层内越冬，少数在皮层内越冬。在黑龙江哈尔滨地区 2 年 1 代，以不同虫龄的幼虫在虫道内越冬。幼虫经 2 次越冬后，于第 3 年 4 月上、中旬开始活动，并取食危害，4 月下旬开始化蛹，5 月中旬为化蛹盛期。成虫于 5 月中旬开始羽化，6 月下旬为羽化盛期，羽化孔半圆形，直径约 2mm。卵出现于 6 月中旬至 7 月中旬。幼虫于 6 月下旬开始孵化后，即陆续蛀入韧皮部及边材上危害，10 月中旬进入越冬状态。

成虫具有明显的喜光和喜暖习性，喜取食白蜡等植物的叶片补充营养，将被害叶片咬成不规则的缺刻。卵多散产于干基裂口及阳光照射的皮缝处，每处 1 粒。初孵幼虫在韧皮部表层取食，方向不定，虫体稍大后即钻蛀到韧皮部与木质部表层危害，形成不规则封闭蛀道，蛀道内充满虫粪。虫道多集中在干基部至 1.8m 高度范围内。该虫多在日照良好，尚未郁闭，主干皮层开裂的 8 年生以上的大叶白蜡林分中猖獗发生，树木受害 1 ~ 2 年后，树皮作斑块状脱落，以致边材上虫道密布，遍体鳞伤，严重时全林毁灭。

17.2.3　吉丁甲类的防治方法

(1) 加强检疫

在绿化美化时，对于调运苗木要加强检疫，发现虫株及时处理。

(2) 园林技术措施

栽植混交林。加强营林措施，增加造林地的土壤肥力，以提高树势。伐除并烧毁受害严重的树木，减少虫源。

(3) 人工防治

成虫发生期，人工振动树干，捕杀落地成虫。5月在树干上涂白，防止吉丁虫在其上产卵。

(4)生物防治

保护和利用吉丁矛茧蜂 *Spathius* sp.、椤小吉丁柄腹茧蜂 *S. agrili* Yang et Pang 等天敌昆虫和益鸟(如啄木鸟)。成虫羽化期喷洒植物性杀虫剂1.2%烟参碱乳油1 000倍液，连续2~3次。

(5)化学防治

成虫期喷施10%吡虫啉1 000倍液毒杀成虫；成虫即将羽化时用10%吡虫啉可湿性粉剂3 000倍液喷干封杀即将出孔的成虫；成虫羽化盛期，用板刷将稀释后的药剂在树干上均匀涂抹，使树干充分湿润、药剂不往下流为度，涂药后用40cm宽的塑料薄膜从下往上绕树干密封，15天后拆除塑料薄膜。幼虫孵化期用40%氧化乐果50倍液，或25%阿克台3 000倍液涂刷枝干，毒杀幼虫和卵；危害期根灌无公害内吸性药剂杀灭幼虫。

17.3 小蠹类(bark beetles)

17.3.1 概 述

属鞘翅目小蠹科。以成虫和幼虫群集植株内，终生蛀食树皮及边材，也有的蛀入木质部危害，形成各种形状的坑道系统。其大多数种类仅侵害衰弱木、濒死木，少数种类危害健康的活立木。该类害虫的危害常加速树木干枯，对于林木的危害性很大。

一般1年1代，仅少数种类或在南部地区才发生2代以上，多以成虫越冬，少数以幼虫或蛹越冬。雌虫一生可多次产卵，因而虫态重叠现象普遍，世代易混淆。小蠹虫表现特殊的"配偶"和繁殖方式，有1雄1雌和1雄多雌2种类型。前者，由雌虫先蛀孔侵入寄主，咬蛀母坑道，再招致雄虫进入繁殖；后者，则先由雄虫咬出交配室，再诱多头雌虫交配，然后每雌虫自交配室分别蛀1条母坑道，在其两侧产卵。幼虫孵出后，咬蛀子坑道，向外扩展，老熟后在子坑道末端化蛹，羽化后咬羽化孔飞出。一个完整的坑道系统常包括侵入孔、交配室、母坑、卵室、子坑、蛹室及羽化孔和通气孔。虫种不同，坑道各异。小蠹虫的生活史一般包括寄主选择和定植、新一代个体发育及扩散3个阶段。

严重危害林木的小蠹虫有10余种，其中危害园林植物的主要有柏肤小蠹、纵坑切梢小蠹、横坑切梢小蠹 *Tomicus minor* Harf.、松六齿小蠹 *Ips acuminatus* Gyll. 红脂大小蠹 *Dendroctonus valens* LeConte，以及近年在北京白皮松上发现的品穴星坑小蠹 *Pityogenes scitus* Blandford 等。

17.3.2 重要种类介绍

柏肤小蠹 *Phloeosinus aubei* Perris（图 17-6）

又名侧柏小蠹。国内分布于山东、江西、河北、河南、山西、陕西、四川、台湾等地。主要危害侧柏、圆柏、柳杉等。

形态特征

成虫　体长 2.1～3.0mm，赤褐色或黑褐色，无光泽。头部小，藏于前胸下。前胸背板宽大于长，前缘呈圆形，体密被刻点和灰色细毛。鞘翅上各具 9 条纵纹，鞘翅斜面具凹面。雄虫鞘翅斜面有栉齿状突起。

卵　白色，圆球形。

幼虫　老熟幼虫体长 2.5～3.5mm，乳白色，体弯曲。

蛹　乳白色，体长 2.5～3.0mm。

坑道　为单纵坑，长约 2～5cm，子坑长 3～4cm。坑道位于韧皮部与边材之间，侵入孔位于母坑中部，子坑自母坑两侧水平伸出，然后向左右扩展，蛹室位于子坑末端。

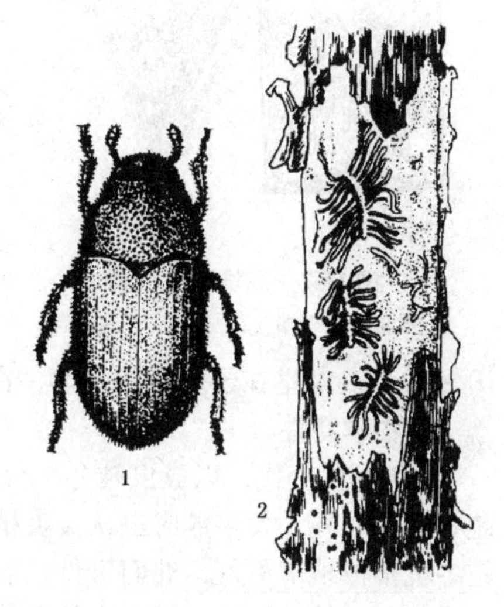

图 17-6　柏肤小蠹
1. 成虫　2. 被害状

生物学特性

1 年发生 1 代，以成虫在柏树枝梢内越冬。翌年 3～4 月越冬成虫陆续飞出，雌虫寻找生长势弱的寄主咬一圆形侵入孔侵入，雄虫跟踪进入，共同筑造不规则的交配室，交配后雌虫向上咬筑，形成单纵母坑道，并产卵，此间雄虫负责推出木屑。成虫一生产卵 26～104 粒，卵期 7 天。4 月中旬出现初孵幼虫，幼虫发育期 45～60 天，形成的子坑道细长而弯曲。5 月中、下旬老熟幼虫在子坑道末端咬 1 圆筒形蛹室化蛹，蛹期约 10 天。6 月上旬成虫开始出现，6 月中、下旬为成虫羽化盛期。成虫羽化后飞至健康柏树及其他寄主咬蛀新梢补充营养，至 10 月中旬开始越冬。

该虫的主要危害特点是补充营养期危害直径约 2mm 左右的枝梢，常将枝梢蛀空，遇风吹即折断，影响树形、树势；繁殖期危害林木干、枝，造成枯枝和树木死亡。对被侵害的柏树有一定的选择性，主要侵害生长势衰弱或新移植后生长势尚未恢复的柏树。

纵坑切梢小蠹 *Tomicus piniperda* L.（图 17-7）

分布于我国南北各地，危害马尾松、油松、赤松、黑松、樟子松等。成虫蛀害松树嫩梢，遇风被害梢头即枯萎、脱落，如同切梢一般，故而得名。

形态特征

成虫　体长 3.5～4.7mm，椭圆形，黑褐色或黑色，有光泽。触角和跗节黄褐

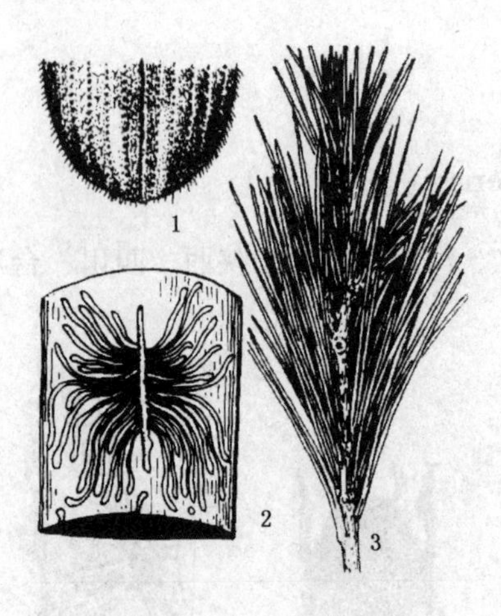

图 17-7 纵坑切梢小蠹

1. 成虫鞘翅末端 2、3. 干、枝被害状

色。前胸背板近梯形，前窄后宽。鞘翅长度约等于宽度的3倍，其上有点刻组成的明显行列6条，行列间有颗粒状突起。鞘翅端部褐色，从内缘起第一与第二点列间粒状突起和绒毛消失，并向下凹陷，雄虫较雌虫显著。

卵 直径约1mm，淡白色，椭圆形。

幼虫 体长5～6mm，乳白色，粗而多皱纹，微弯曲；头黄色，口器褐色。

蛹 体长约4.5mm，白色。腹部末端有1对针状刺突，向两侧伸出。

坑道 为单纵坑，在树皮下层，微微触及边材，坑道长一般为5～6cm，子坑道在母坑道两侧，与母坑道略呈垂直，长而弯曲，通常10～15条。蛹室在子坑道的末端，在树皮层中。

生物学特性

1年发生1代，以成虫越冬，南北方越冬场所各异。在南方，成虫在被害枝梢内越冬；在北方，大多数成虫从被害梢转移到树干基部开凿很短的越冬坑越冬，干基部越冬坑常被枯草覆盖，外面可见蛀屑。在辽宁、山东，越冬成虫于翌年3月下旬到4月中旬离开越冬场所，侵入去年生枝条补充营养，然后再侵入衰弱木或新伐倒木。入侵时，先由雌成虫咬侵入孔，继而雄虫跟入交尾。交尾后，雌成虫咬蛀与树干平行的母坑道，卵密集产于母坑道两侧。在杭州，卵于4月中旬孵化，幼虫期约1个月，5月中旬化蛹，5月下旬到6月上旬出现新成虫。新成虫蛀食当年生枝梢补充营养，成虫在新梢上蛀入一定距离后随即退出，另蛀新孔，在1条枝梢上蛀入孔可达14个。10月上、中旬转移至干基，由下向上蛀食一越冬坑越冬。

17.3.3 小蠹类的防治方法

对于小蠹类的防治，应采取预防为主，系统地进行预防性的卫生措施并采用相应的林业经营管理措施，实行综合防治。

(1) 园林技术措施

加强抚育管理，适时、合理的修枝、间伐，改善林木的生理状况，以增强树势，提高其防御虫害的能力。及时伐除虫害木，当树下有成堆被咬折断的枝梢时，是柏肤小蠹危害并严重发生的症状，应在3月下旬害虫发生前伐除，并进行剥皮处理。当越冬成虫及新羽化成虫进行补充营养造成枝梢枯萎时，应及时剪除被害枝梢并销毁。

(2) 饵木诱杀

小蠹类成虫喜将卵产于衰弱木、濒死木及新伐倒不久的木段上。据此习性，我们可在越冬成虫活动前的一两周内，采用带枝条原木，设置饵木诱杀。

(3) 生物防治

异色郭公虫能够很好地控制柏肤小蠹的种群数量，可加以保护利用。设置性信息素或植物源引诱剂诱捕器诱杀成虫。

(4)化学防治

成虫出蛰前，利用8%氯氰菊酯微囊悬浮剂200～400倍液或40%氧化乐果100～200倍液喷洒虫源木，杀灭成虫。为害期可利用40%氧化乐果如有5倍液等虫孔注药防治。

17.4　象甲类（weevils）

17.4.1　概　述

俗称象鼻虫。属鞘翅目象甲科。以幼虫蛀食树木枝干、根部的韧皮部和木质部，切断树木的输导组织，影响其生长和材质，轻者造成枝条干枯，重者整株死亡。成虫啃食树皮造成次要危害。多数1年1代，有些生活史长达2年。大多以成虫或幼虫越冬，有些以卵或初孵幼虫在木栓层越冬(如杨干象在北方的越冬虫态)。成虫具有假死习性，取食叶片、嫩枝补充营养，产卵于树木叶痕、树皮裂缝或主干上。

危害园林植物的象甲种类较多，如臭椿沟眶象、沟眶象、杨干象 *Cryptorrhynchus lapathi* L.、竹一字象虫 *Otidognathus davidis* Fair.、大灰象 *Sympiezomias velatus* Chevrolat 等。

17.4.2　重要种类介绍

臭椿沟眶象 *Eucryptorrhynchus brandti*（Harold）和沟眶象 *Eucryptorrhynchus chinensis*（Olivier）（图17-8）

二者为同一属的2个近缘种，前者又名椿小象，后者又名椿大象，往往混合发生，其分布、寄主、危害情况、生活习性等极为相似，故列在一起介绍。2种皆分布于东北、华北、华中、华东、西北等地。危害千头椿、臭椿。

形态特征

成虫　　成虫体长约11.5mm，宽约4.6mm，额部窄，中间无凹陷，头部刻点小而浅，前胸背板及鞘翅上密被粗大刻点。前胸背板几乎全部白色。鞘翅坚厚，左右紧密相合，肩部及端部1/4(翅瘤以后的部分)布有白色鳞片形成的大斑，其余部分则散生白色小点，稀疏地掺杂红黄色鳞片，鳞片叶状。鞘翅肩部略向外突出。　　成虫体长13.5～18mm，宽约6.6～9.3mm，额部较宽，中

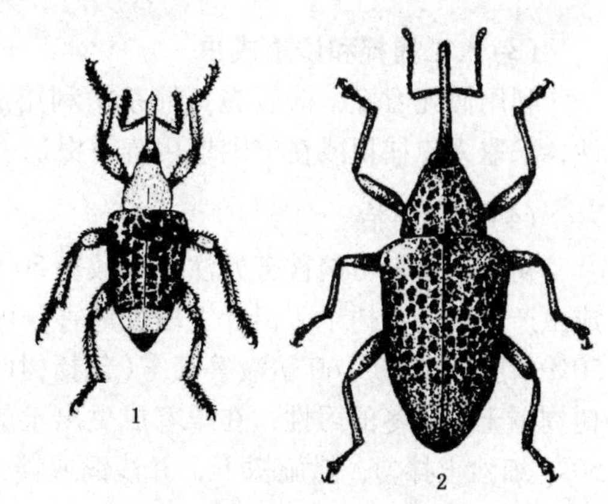

图17-8　2种椿树象甲

1. 臭椿沟眶象　2. 沟眶象

间有深窝。胸部背面、鞘翅基部及端部1/3处密被白色鳞片，并杂有较多红褐色鳞片，鳞片细长。鞘翅肩角特别向外突出，中部花纹似龟纹。

卵　长圆形，黄白色。

幼虫　乳白色，圆形，长约10～15mm，头部黄褐色，每节背面两侧多皱纹。

蛹　裸蛹，黄白色，体长10～12mm。

生物学特性

沟眶象在北京地区1年1代，以不同龄期的幼虫和成虫分别在根内或土壤内越冬，深度在20～30cm。越冬成虫出土时间在4月中旬，这时椿树正吐芽，4月下旬至5月中旬为盛期，产卵高峰期在5月下旬末，幼虫一龄期在6月上旬，之后幼虫取食为害，至9月化蛹、羽化。以成虫越冬者，成虫的历期约120天。以幼虫越冬者，其发育的成虫，出土时间为7月中旬，盛发期7月下旬至8月中旬，产卵高峰期在8月下旬末。1龄幼虫期在8月底或9月初，幼虫为害至10月，在原为害部位越冬，第二年继续为害至5月化蛹、羽化。成虫产卵于根部皮下组织内，产卵期约19天，卵期9.3天。幼虫共6龄，历期约80天，幼虫龄期越长，为害根系越重，蛹期平均约18.5天。

臭椿沟眶象与沟眶象发生规律基本相似，但成虫产卵于树干上，幼虫主要钻蛀危害树干。

2种象甲常混合发生，稀疏或林相残破的林分、人工林和行道树受害较重。

17.4.3　象甲类的防治方法

(1)严格检疫

勿调运和栽植带虫苗木。

(2)园林技术措施

及时伐除受害严重的植株，减少虫源。春季成虫出土阶段适期灌水，使成虫出土量和出土时间相对集中，有利于对成虫的防治。

(3)人工捕捉和诱杀成虫

利用假死习性，清晨震落捕杀；利用成虫从树上转移到根际产卵的习性和群集性，采取人工捕捉或在苗圃地用椿树根诱杀成虫。

(4)化学防治

初孵幼虫期可向被害处注入敌敌畏50倍液，并用药液与黄土和泥涂抹于被害处。成虫产卵前期在树干、树叶上取食危害，可用40%氧化乐果乳油、50%杀螟松乳油、50%磷胺乳油40～60倍液等喷雾(包括树叶、树干、地面)，杀死成虫。利用成虫在树周围土中越冬的习性，在早春成虫出土前，每667m^2(=1亩)用75%辛硫磷1kg+50kg细沙土拌匀，撒施树下，并浅锄或耧耙，以杀死成虫。

17.5 木蠹蛾类(carpenter moths, leopard-moths)

17.5.1 概 述

属鳞翅目木蠹蛾科。主要以幼虫蛀食阔叶树树干及根部，常常几十乃至几百头群集在蛀道内危害，造成千疮百孔。木蠹蛾蛀道相通，蛀孔外面有用丝连接的球形虫粪，此点与天牛危害状明显不同(天牛1蛀道1虫，排粪为锯木屑状)。轻者造成风折枝干，重者树皮环剥，全株死亡，严重影响城市绿化美化效果。

生活周期较长，1~4年完成1代，以幼虫在被害枝干内越冬。成虫白天潜伏不动，夜间活动，具趋光性。幼虫有群集性，先取食卵壳，后蛀食韧皮部，3龄后分散向木质部钻蛀。多在枝干或土壤中化蛹。成虫羽化后蛹壳半露羽化孔外，较长时间不脱落。

危害园林植物的木蠹蛾主要有小线角木蠹蛾、咖啡豹蠹蛾、芳香木蠹蛾东方亚种 *Cossus cossus orientalis* Gaede、柳干木蠹蛾 *Holcocerus vicarius* Walker、相思拟木蠹蛾 *Arbela bailbarana* Mats.、榆木蠹蛾 *Holcocerus vicarius*(Walker)等。

17.5.2 重要种类介绍

小线角木蠹蛾 *Holcocerus insularis* Staudinger (图17-9)

又名小褐木蠹蛾、小木蠹蛾。全国分布。危害白蜡、槐树、龙爪槐、银杏、榆、樱桃、元宝枫、丁香、山楂、海棠、悬铃木、柽柳、冬青和栾树等。

形态特征

成虫 体长约24mm，翅展约48mm，雄蛾较小。体灰褐色，触角线状，前胸后缘具深褐色毛丛线纹。翅面密布黑色短线纹，前翅中室至前缘为深褐色。

卵 椭圆形，黑褐色，表面有网状纹。

幼虫 老熟时体长约40mm，体背鲜红色，腹部节间乳黄色，前胸背板黄褐色，其上有斜"B"形黑褐色斑。

蛹 被蛹，初期黄褐色，渐变为深褐色，略弯曲，腹背有刺列，腹尾有臀棘。

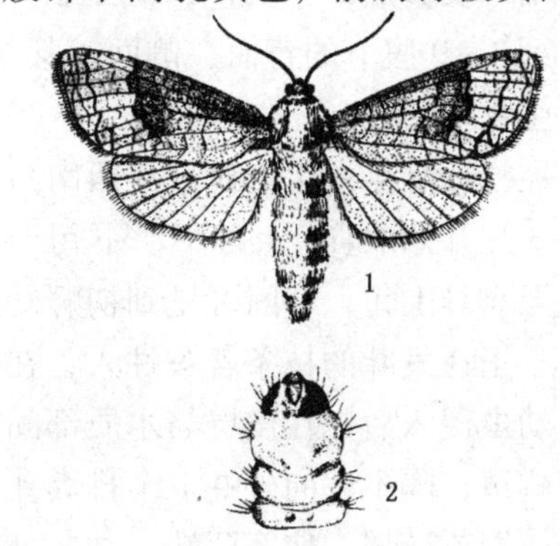

图17-9 小线角木蠹蛾

1. 成虫 2. 幼虫的头及前胸

生物学特性

2年发生1代(跨3个年度)，以幼虫在枝干蛀道内越冬。翌年3月越冬幼虫活动危害。幼虫化蛹时间极不整齐，5月下旬至8月上旬为化蛹期，蛹期20天左右。6~9月为成虫发生期，羽化时将蛹壳半露在羽化孔外。成虫有趋光性，昼伏夜出，产卵在树皮裂缝或各种伤疤处，卵呈块状，粒数不等，卵期约 15 天。幼虫共 12 龄。幼虫孵化后先蛀食韧皮部，蛀食一段时间后蛀入木质部，危害至 11 月(未见新粪排出)，以幼龄幼虫在蛀道内越冬。第 2 年 3 月活动危害至 11 月以大龄幼虫在枝干蛀道内越冬。第 3 年 3 月复苏危害至 5 月，新一代化蛹开始。每年 3～11 月是幼虫危害期，由于该虫世代不整齐，所以不论是危害期，还是越冬期，各种龄期的幼虫均有。

咖啡豹蠹蛾 *Zeuzera coffeae* Nietner（图 17-10）

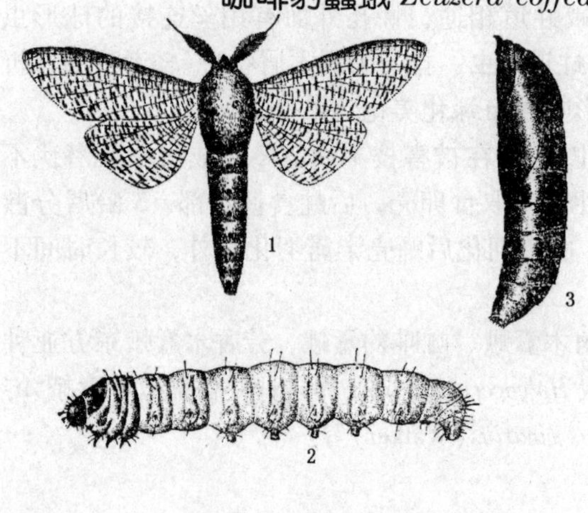

图 17-10　咖啡木蠹蛾

1. 成虫　2. 幼虫　3. 蛹

又名棉茎木蠹蛾、小豹纹木蠹蛾、豹纹木蠹蛾等。国内分布于广东、广西、福建、台湾、江西、江苏、浙江、湖南、四川、河南等地。寄主植物很广，为果树及园林植物的重要害虫。

形态特征

成虫　雌体长 12～26mm，翅展 13～18mm；雄体长 11～20mm，翅展 10～14mm。体灰白色，雌蛾触角丝状，雄蛾触角基半部羽状，端半部丝状。在中胸背板两侧，有 3 对由青蓝色鳞毛组成的圆斑。翅灰白色，在翅脉间密布大小不等的青蓝色斑点，翅的外缘与翅脉交接处有 8 个近圆形的青蓝色斑。腹部各节背面和两侧也有青蓝色斑。

卵　椭圆形，长约 0.9mm，淡黄色，表面无饰纹，呈块状紧密粘结于枯枝虫道内。

幼虫　老熟幼虫体长 30mm 左右，红褐色，体上多白色细毛。头部淡褐色，前胸背板黄褐色，略呈梯形，前缘有 4 个小缺刻，背面中央有 1 条浅色纵纹。腹部的背面、侧面为淡橙红色。

蛹　长筒形，赤褐色，雌蛹长 16～27mm，雄蛹长 14～19mm。头端有 1 尖状突起，第 3～9 腹节的背面、侧面，甚至腹面均有小刺列，腹末有 6 对臀棘。

生物学特性

在江苏 1 年发生 1 代，江西南昌 1～2 代。1 年 1 代的以幼虫在被害枝条内越冬，翌年 3 月开始取食，4 月中、下旬至 6 月中、下旬化蛹，5 月中旬可见成虫羽化，5 月底至 6 月上旬，林间可见到初孵幼虫。越冬后的幼虫在被害枯枝内继续取食或转枝危害，正在发叶的枝条若被蛀入，在侵入孔以上的新叶很快枯萎。侵入孔多在枝条基部，幼虫侵入后先在皮层与木质部间围绕枝条环状咬食，然后沿髓心向上蛀食成 1 条纵直隧道，隔不远向外蛀 1 个排粪孔，并经常将粪粒排出孔外。幼虫老熟后，在蛀道内吐丝缀连碎屑，堵塞两端，并向外咬 1 个羽化孔，然后化蛹。成虫羽化后，蛹壳一半露出孔外，长期不掉。卵多产在羽化孔或羽化孔下方的枯枝虫道内，每雌产卵量一般为 600 粒左右，呈块状。幼虫孵化时将卵壳咬成不规则的圆孔而孵出，2～3 天扩散，吐丝随风飘迁。飘迁落树的幼虫，多从新梢上部芽腋蛀入，沿髓部向上蛀食成隧道，被害新梢3~5天即枯萎；之后钻出向下不远处重新蛀入，经多次转蛀，当年新抽枝梢可全部枯死。10月下旬至11月初幼虫停食、越冬。越冬后的幼虫，常发现被小茧蜂、姬蜂、串珠镰刀菌、病毒和鸟类等寄生或捕食。

17.5.3 木蠹蛾类的防治方法

（1）加强检疫

绿化时调运苗木要严格检疫，以免扩大危害。

（2）人工防治

用新型高压黑光灯或性信息素诱捕器（已商品化）诱杀成虫，连续诱杀效果更为显著。及时剪除被害枝梢。钩杀主干和较大枝条虫道内的幼虫和蛹。

（3）种植诱虫树

咖啡木蠹蛾喜嗜黄皮，可在一些果园、林地有计划地间植少量黄皮树，以引诱其幼虫取食，便于集中歼灭和保护其他树木不受危害。

（4）保护和利用天敌

木蠹蛾的天敌较多，有姬蜂、寄生蝇、蜥蜴、燕、啄木鸟、白僵菌和病原线虫等，对该类害虫的危害和蔓延有一定的自然控制力，可加以保护和利用。如在春天（4月上旬）和6月喷洒白僵菌乳剂于树干、树杈等处或通过排粪孔注射白僵菌防治小线角木蠹蛾幼虫；利用咖啡木蠹蛾3龄以前幼虫暴露在外，有转枝危害的习性，可在5月下旬至7月上旬，使用2×10^{8}孢子/mL的白僵菌或Bt乳剂进行防治。

（5）化学防治

于3~5月、9~10月幼虫危害期，可采用内吸性药液注射、熏蒸药片堵孔、毒签插孔等方法防治蛀道内的幼虫。3m以下花木被害，可在排粪孔内插入毒签防治。若危害主干，可在被害处注射氯胺磷、马拉硫磷、杀螟松等农药。

17.6 透翅蛾类（clear-wing moths）

17.6.1 概　述

属鳞翅目透翅蛾科。以幼虫钻蛀木本植物的主干、枝条、根部或草本植物的茎和根。侵入初期在木质部与韧皮部之间围绕枝、干蛀食，致使被害处组织增生，形成瘤状虫瘿，后期蛀入髓部危害。植株受害处枯萎下垂、易遭风折，或抑制顶芽生长而徒生侧枝，形成秃梢。

一般1~2年完成1代，以幼虫在被害枝干内越冬。成虫羽化时蛹壳1/2外露，白天活动，羽化当天即可交配、产卵于叶片、叶柄、树皮裂缝等处。幼虫孵化后从幼嫩组织处蛀入，在韧皮部与木质部之间绕食，老熟后在坑道末端作蛹室化蛹。

危害园林树木的种类有白杨透翅蛾、杨干透翅蛾 *Sphecia siningensis* Hsu、葡萄透翅蛾 *Sciapteron regale* Butler、苹果小透翅蛾 *Conopia hector* Butler 等。

17.6.2 重要种类介绍

白杨透翅蛾 *Parathrene tabaniformis* Rottenberg（图17-11）

国内分布于河北、河南、北京、山东、山西、江苏、浙江、内蒙古等地。主要危害杨、柳等树木，以银白杨、毛白杨被害最重。以幼虫钻蛀枝、干及顶芽，苗木被害处形成虫瘿。

形态特征

成虫　体长11～21mm，翅展23～39mm，青黑色，形似胡蜂。头胸间有1圈橙黄色鳞片，头顶有1束黄褐色毛簇。触角近棍棒状，端部稍弯曲。前翅狭长，覆盖赭色鳞片，中室与后缘略透明；后翅透明，缘毛灰褐色。腹部圆筒形，黑色，有5条橙黄色环带。雌蛾腹部末节有黄褐色鳞毛1簇，两侧各镶有1簇橙黄色鳞毛；雄蛾腹部末节全为青黑色粗糙的鳞毛覆盖。

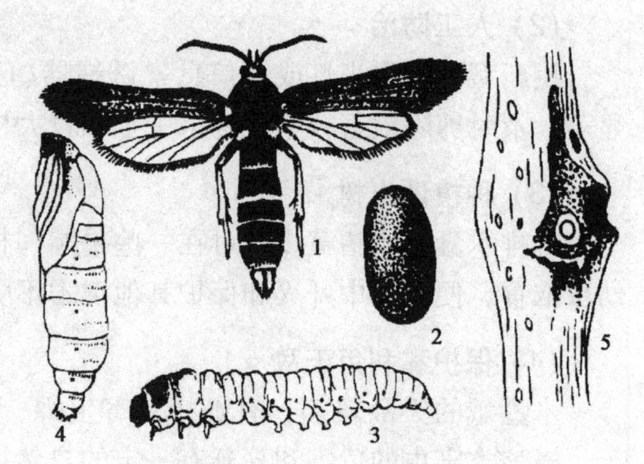

图17-11　白杨透翅蛾
1. 成虫　2. 卵　3. 幼虫　4. 蛹　5. 被害状

卵　椭圆形，长径0.62～0.95mm，黑色，上有灰白色不规则多角形刻纹。

幼虫　末龄幼虫体长30mm左右，圆筒形。初孵幼虫淡红色，老龄幼虫黄白色。臀节略骨化，背面有2个深褐色略向上前方翘起的刺。

蛹　体长20mm左右，褐色，纺锤形。腹部第3～7节背面各生有横列的倒刺2排，第9、10节背面生有横列的倒刺1排。腹部末端周围有14个大小不等的臀刺。

生物学特性

1年1代，以幼虫在坑道内越冬。翌年4月中旬开始活动，5月下旬成虫开始出现，并交尾产卵。成虫羽化前借蛹体反复的摇动，约将蛹体2/3伸出孔外，蛹体与树干垂直，腹面向上。成虫羽化后，蛹壳仍留于羽化孔处。成虫产卵于叶腋、柄基、旧羽化孔、伤口、树皮裂缝处，散产。6月上旬新孵化的幼虫爬行迅速，寻找适宜的侵入部位。幼虫侵入树体后，先在韧皮部与木质部之间绕枝干蛀食，使苗木上部叶片由白绿色变成褐红绿色，被害处逐渐膨大形成瘤状虫瘿，随着树木的生长虫瘿增大。

17.6.3 透翅蛾类的防治方法

（1）加强苗木检疫工作

对于引进或输出的杨树苗木和枝条，要经过严格检验。及时剪除虫瘿，防止白杨透翅蛾传播。

(2) 人工防治

幼虫危害后形成虫瘿，目标明显，可结合修剪，剪除虫枝消火其中的幼虫。成虫集中羽化期，在树干上静息或爬行，可趁机捕杀。

(3) 生物防治

根据白杨透翅蛾一生只交配1次和未交配的雌成虫释放性信息素求偶的习性，可利用合成的信息素诱捕雄蛾，以降低虫口密度。在成虫羽化初期和末期及虫源较少时，诱杀效果显著。当虫口密度大时，需采用诱捕和化学防治相结合的方法，如可加喷2次持效期较长的触杀剂，以达到更好的防治效果。

(4) 化学防治

幼虫刚蛀入后，用50%杀螟松乳油20~60倍液等药剂，在被害处1~2cm范围内涂抹药带，以毒杀幼虫。成虫羽化期，喷洒40%氧化乐果800倍液，50%杀螟松乳油1 000~1 500倍液，杀灭成虫，兼杀初孵幼虫。危害严重时，于成虫产卵盛期和幼虫初孵期，喷施10%赛乐收(乙氰菊酯)1 500倍液，或10%安绿宝(氯氰菊酯)3 000倍液防治，及时压低虫口密度。

17.7 茎蜂类(stem sawflies)

17.7.1 概　述

属膜翅目茎蜂科。以幼虫蛀食花卉的新梢、花梗，致其萎蔫、下垂、枯死，影响花卉生长与开花，甚至导致整株死亡，降低观赏价值和切花生产效益。剖开枯枝，可见沿髓心的虫道堵满虫粪，下端或上端可见白色虫体。1年1代，以幼虫在被害枝条内越冬。成虫交尾后，产卵于当年生嫩梢或花梗的皮层和木质部之间，幼虫孵化后，钻入枝条的髓部向下或向上危害，虫道内塞满虫粪和木屑，无排粪孔，入冬前在蛀道下端作薄茧越冬。

危害园林植物的主要有月季茎蜂、白蜡哈氏茎蜂 *Hartigia riator*(Smith)和梨茎蜂 *Janus piri* Okamoto et Muramatsa。

17.7.2 重要种类介绍

月季茎蜂 *Neosyrista similis* Moscary (图17-12)

又名玫瑰茎蜂、蔷薇茎蜂。国内分布于陕西、甘肃、北京、河北、天津、辽宁、江苏、浙江、安徽、上海等地。危害玫瑰、月季、蔷薇、十姊妹等。

形态特征

成虫　体长约16mm(不含产卵管)，翅展约25mm。体黑色，有光泽，第3~5腹节和第6腹节基半部均为赤褐色，第1~2腹节背板两侧黄色。雌虫触角丝状，黑色；雄虫触角基半部羽毛状，端半部丝状。两复眼间有2个黄绿色小点。翅深茶色，半透

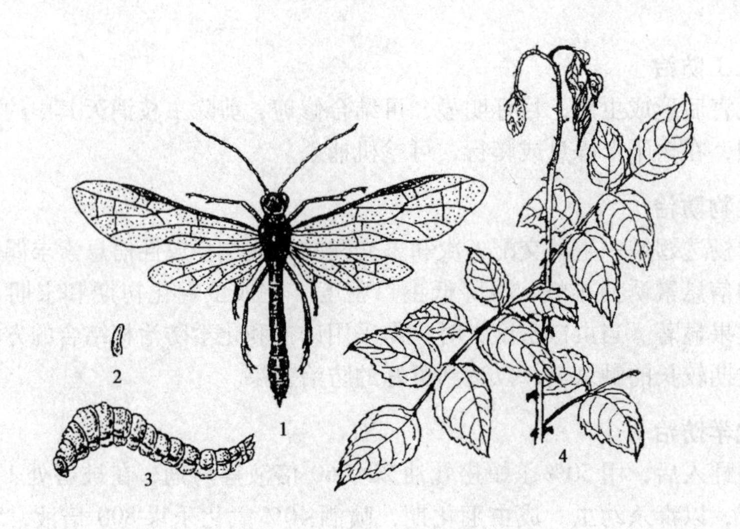

图 17-12 月季茎蜂

1. 成虫 2. 卵 3. 幼虫 4. 被害状

明，常有紫色闪光。前翅外缘有 8 个近圆形较大的蓝黑色斑点；后翅外缘有 1 个较大蓝黑色斑，中部有 1 个较大蓝黑色斑。雌虫腹部末端有 3 根尾刺，1 长 2 短；雄虫腹部细长。

卵　椭圆形，长径 1mm 左右，淡黄白色。

幼虫　老熟幼虫体长约 20mm，乳白色，头部淡黄色，胸足退化。尾端有褐色尾刺 1 根。

蛹　纺锤形，初为白色，渐变为棕红色。

生物学特性

1 年 1 代，以幼虫在被害枝条内越冬。在河北石家庄地区，翌年 4 月初越冬幼虫开始活动，其后在原被害枝条内化蛹。4 月中旬成虫出现。成虫交尾后，产卵于当年生嫩梢或花梗的皮层和木质部之间，尤喜产卵于自基部萌蘖的粗壮嫩梢上，在其上割"人"字形伤痕产卵，一般每个嫩梢产卵 1 粒，每雌产卵 500 粒以上，卵期约 10 天。4 月底幼虫孵化后，钻入枝条的髓部向下或向上危害，将髓部蛀空，虫道内塞满棕色粒状虫粪和木屑，整个隧道无排粪孔。受害枝条嫩梢最初萎蔫下垂，后发黑枯干。5 月上旬露地花圃可见月季萎蔫下垂的新梢和花梗，有的已发黑，并可见到卵。整个夏季和入秋后幼虫沿枝条髓部继续钻蛀，有的钻至较粗的上年生枝条髓部，入冬前在蛀道下端作薄茧越冬，越冬部位一般距地面 10 ~ 20cm。

17.7.3 茎蜂类的防治方法

（1）园林技术措施

选育抗虫品种如重瓣丰花月季等。结合冬季修剪，消灭越冬幼虫。4 ~ 5 月经常检查，发现萎蔫下垂或已发黑的嫩梢、花梗及时剪除，要剪至茎髓部无虫道为止，将其集中深埋，这是防治该类害虫最有效最根本的办法。

(2) 生物防治

保护利用天敌。金小蜂为月季茎蜂蛹和幼虫期的寄生蜂，可于蛹期剪下带虫枝，置于天敌保护器内，让金小蜂顺利羽化飞出，寻找寄主寄生，从而降低下一代的虫口数量。

(3) 化学防治

在幼虫危害期，可在盆栽月季盆内埋施内吸性颗粒剂；5月幼虫孵化盛期，喷施灭蚌磷200倍液防治。大面积严重发生时，可于成虫羽化初期和卵孵化盛期喷布40%氧化乐果乳油1 000倍液，20%菊杀乳油1 500倍液等。

17.8 潜叶类(leaf miners)

潜叶类害虫是指以幼虫潜入叶内、蛀食组织、残留表皮进行危害的种类，主要包括鳞翅目的潜叶蛾类、双翅目的潜叶蝇类、鞘翅目的潜叶跳象和膜翅目的潜叶叶蜂等。该类害虫的特点是体型微小，生活周期短，繁殖力强，危害隐蔽，早期不易被发现，能在较短时期内造成危害，不易防治。严重发生时，植物叶面虫道密布，使叶片早期枯死或脱落，影响园林植物的观赏价值。

17.8.1 潜叶蛾类(leaf miner moths)

17.8.1.1 概 述

属鳞翅目微蛾类。幼虫在叶组织内串食叶肉，形成灰白色弯曲的隧道，并将粪粒充塞其中。叶片的表皮不破裂，由叶面透视，清晰可见，最后致叶片干枯破碎而脱落。严重时，虫斑相连，影响叶片光合作用，造成叶片早期大量脱落。1年多代，以成虫在树木附近的杂草丛中、树皮裂缝或落叶层下越冬。成虫夜晚活动，有较强的趋光性，将卵产在叶表皮内，在叶背或枝干上结茧化蛹。危害园林植物的种类主要有潜叶蛾科的桃潜叶蛾、杨白纹潜蛾 *Leucoptera susinella* Herrich – Schaffer、银纹潜叶蛾 *Lyonetia prunifoliella* Huner、旋纹潜叶蛾 *Leucoptera malifoliella* Costa，以及细蛾科的金纹细蛾 *Lithocolletis ringoniella* Mats. 等。

17.8.1.2 重要种类介绍

桃潜叶蛾 *Lyonetia clerkella* L.（图17-13）

国内分布于东北、华北、西北、华东、西南及台湾，以河北、山西、山东、河南等地危害较重。寄主有碧桃、桃、山桃、红叶李、樱桃、李、苹果和梨等。

形态特征

成虫　体银白色，长约3mm，翅展约7mm。前翅银白色，狭长，有长缘毛，中室有一椭圆形黄褐色斑，翅顶角有黑色条纹数条；后翅细长，缘毛灰色。

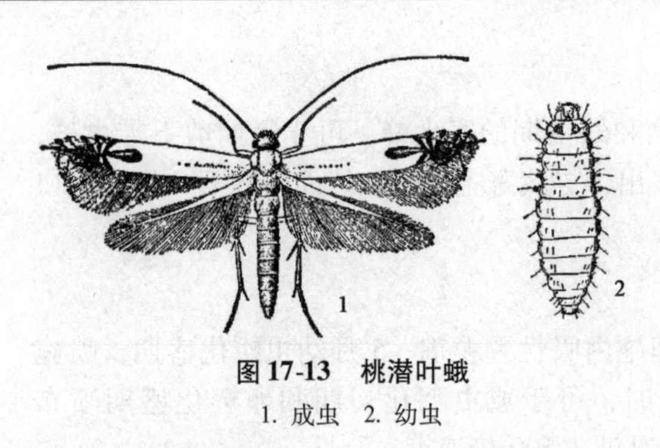

图17-13 桃潜叶蛾
1. 成虫 2. 幼虫

卵 扁椭圆形，乳白色，长约0.33mm，宽0.26mm。

幼虫 老熟时体长约6mm，长筒形，略扁。体浅绿色，有黑褐色胸足3对。

蛹 近梭形。茧为扁枣核形，白色，两端有条长丝，悬挂于叶背或枝、干表皮。

生物学特性

在北京平谷县1年发生6代，以成虫在树木附近的杂草丛中、树皮裂缝或落叶层下越冬。翌年4月植株展叶后越冬成虫开始活动，4月下旬至5月中旬为第1代幼虫危害期，叶片出现表皮不破裂的不规则的弯曲潜道。第1代成虫期为5月中旬至6月上旬，盛期在5月下旬。第2代幼虫危害期为5月底至6月中旬，第2代成虫期为6月中旬至7月上旬，盛期在6月下旬。第3代成虫发生始期为7月中旬。第3代成虫以后，出现世代重叠。第4代成虫发生始期为8月上旬。第5代成虫发生始期为8月下旬。第6代(越冬代)发生始期为9月下旬，10月下旬陆续越冬。成虫白天静伏不动，有较强的趋光性，将卵产在叶表皮内，叶背有卵处呈黄色小包，卵期5~6天。生长季节幼虫老熟后即脱皮多在叶背作茧化蛹，晚秋则多在枝干上结茧化蛹。树木严重受害时引起红叶、枯叶和落叶。

17.8.1.3 潜叶蛾类的防治方法

(1) 人工防治

秋、冬两季，在越冬代成虫羽化前，彻底清理寄主周围的杂草和枯枝落叶，集中烧毁，以消灭越冬蛹或成虫。第1代及最后1代多在枝干上结茧化蛹，可用细铁刷刮除蛹茧。虫株较少、受害较轻的花圃，人工摘除虫叶，集中深埋。

(2) 生物防治

桃潜叶蛾性信息素对雄虫具有较强的诱集效果，而且残效期长，可选用1mg剂量的红色诱芯[S-(+)-14-甲基-1-十八碳烯]进行诱杀。

(3) 化学防治

在每代成虫高峰期、幼虫危害始期，选用25%灭幼脲Ⅲ号悬浮剂1 000~1 500倍液，20%杀灭菊酯2 000倍液，2.5%溴氰菊酯乳油3 000倍液，20%灭扫利乳油4 000倍液等。严重时喷施24.5%爱福丁3 000倍液防治。

17.8.2 潜叶蝇类(leaf miner flies)

17.8.2.1 概 述

属双翅目潜蝇科。多食性害虫。主要以幼虫潜在叶片和叶柄危害，取食叶肉而残留上下表皮，使叶片正面出现弯弯曲曲的条状白色潜道。潜道蛇形，紧密盘绕并有一定的规律，附带有橘黑和干棕色的斑块区。潜道长达30~50mm，宽约3mm，且随幼虫的成熟逐渐变宽。其成虫也能危害，雌成虫刺伤寄主叶片，形成白色刻点状刺孔，并通过刻点刺吸汁液和产卵。伤斑和潜道不仅破坏植株的叶绿素，影响光合作用，而且降低寄主的观赏价值。受害严重时常导致大量叶片枯萎脱落，植株早衰，甚至死亡。此外，虫体的活动还能传播植物病毒病。1年发生数代，世代重叠现象严重，在温室内世代更加混乱。幼虫3龄。成虫白天活动。影响其发生的因子主要是温度、湿度和食料。

危害园林植物的种类有美洲斑潜蝇、南美斑潜蝇 *Liriomyza huidobrensis* (Blanchard)、番茄斑潜蝇 *L. bryoniae* (Kaltenbach)等。其中前2种是近几年从国外传入我国的检疫性害虫，在国内蔓延迅速，造成了严重的经济损失。

17.8.2.2 重要种类介绍

美洲斑潜蝇 *Liriomyza sativae* Blanchard(图17-14)

俗称蔬菜斑潜蝇、蛇形斑潜蝇、甘蓝斑潜蝇等，是一种国际性检疫害虫。原分布于美洲，1993年传入我国海南，之后迅速蔓延，现已分布我国29个省、自治区、直辖市。寄主植物较多，已记载24科120余种，除危害葫芦科、豆科、茄科、十字花科等蔬菜外，还可危害菊花、满天星、香石竹、非洲菊、大丽花、旱金莲等花卉。

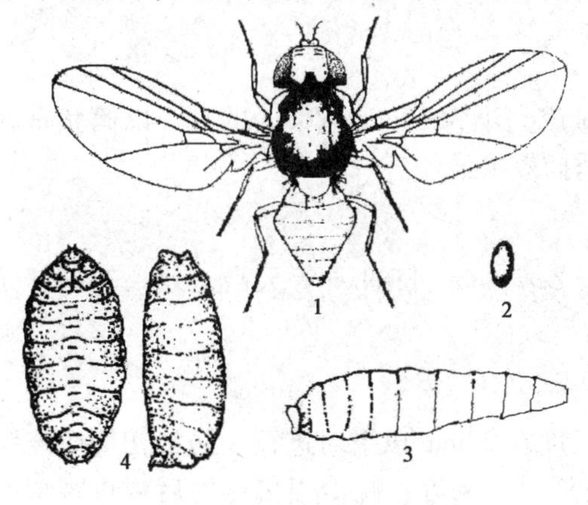

图17-14 美洲斑潜蝇

1. 成虫 2. 卵 3. 幼虫 4. 蛹

形态特征

成虫 体型小，体长1.3~2.3mm，雌虫体稍大，浅灰黑色。前胸背板亮黑色，中胸背板及腹面黄色，外顶鬃(黑色)着生于黑色区域，内顶鬃(黄色)着生于黑色和黄色区域交界处。足的基节和腿节鲜黄色，胫节和跗节色深，前足棕黄色，后足棕黑色。

卵 长0.2~0.3mm，乳白色，椭圆形，半透明。

幼虫 蛆状。老熟幼虫体长达3mm。初孵幼虫无色透明，后渐变为淡橙黄色，后期变为橙黄色，后气门呈圆锥状突起，顶端分三叉，各具1个开口。

蛹 长1.3~2.3mm，椭圆形，腹面稍扁平，橙黄色。

生物学特性

因地区、温度和寄主不同，发生代数有异，1年发生几代至十几代(广西14~17代)，世代重叠。北方地区以蛹在土里越冬，在南方及北方温室全年均可发生，未发现有明显越冬现象。以成虫、幼虫危害。成虫白天活动，取食、交配、产卵、羽化均在上午进行，夜伏于叶背面。有趋黄性。雌成虫刺伤植物的叶片作为取食汁液或产卵的场所。卵经2~5天孵化，幼虫期4~7天，幼虫潜入叶片危害，使之形成不规则弯曲的白色隧道。隧道两侧边缘具有交替排列的粪便形成的黑色条纹，虫道中有橙黄色“虫包”(幼虫)。老熟幼虫在叶表皮隧道开口处或土表下化蛹，蛹经7~14天羽化为成虫。夏季每世代2~4周，冬季6~8周。成虫自然扩散能力不强，主要靠卵和幼虫随寄主植物或产品远距离传播。另外，降雨和高湿均对蛹的发育不利，使虫口密度降低，故夏季发生较轻，春秋季危害严重。

17.8.2.3 潜叶蝇类的防治方法

该类害虫寄主范围广，危害隐蔽，繁殖力强，发育周期短，世代重叠，发生量大，易于对化学农药产生抗药性，防治较为困难。在防治策略上应采取以园林技术措施为基础的综合防治。

(1) 检疫防治

在花木的调运过程中，应严格检疫，杜绝虫源，防止扩散。

(2) 园林技术措施

及时清除温室内的杂草、杂物等，对防治潜叶蝇极为有益。前茬作物收获后，彻底将植株的残枝败叶清除掉，集中处理，以消灭虫源。在进行下一轮种植之前，用蒸汽或烟雾熏蒸的方法在温室内进行消毒。发现零星叶片受害时，及时摘除带虫叶片，集中深埋或烧毁，切忌乱扔。深翻土地，将蛹埋至土壤深处。大水漫灌，造成田间积水或增加土壤湿度，提高蛹的死亡率。

(3) 物理防治

采用黄色黏胶板诱杀成虫。选择黄板做成大小为15cm×20cm的卡，以筒状垂直方式置于花木顶部，密度约为1卡/m^2时诱捕效果最佳。

(4) 生物防治

幼虫危害期可释放黄腹潜蝇茧蜂 *Opius caricivorae* Fischer 等天敌，效果较好，尤其在夏季，寄生蜂的控制力很强。

(5) 化学防治

防治适期宜在幼虫2龄前或多数虫道长度在20mm以下时进行。防治初期应连续喷药2次，用药间隔期3~5天，以尽快压低虫口密度，减少损失，之后视虫害情况每7~10天防治一次。喷药时，以早晨露水干后8：00~11：00为宜(此时为幼虫的脱叶高峰和成虫、幼虫活动盛期)，顺着植株从上往下喷，以防成虫逃跑。可选用的药剂有25%斑潜净乳油1 500倍液，1.8%爱福丁乳油3 000倍液，40%绿菜宝乳油1 000倍液，1.5%阿巴丁乳油3 000倍液，20%康福多浓可溶剂4 000倍液等。幼虫危害严重时，可根灌40%氧化乐果等内吸性药剂。

17.9 其他钻蛀性害虫

危害园林植物的钻蛀性害虫除以上几大类外，危害严重的还有以下几种。

大丽花螟蛾 *Ostrinia furnacalis*（Guenée）（图 17-15）

又名亚洲玉米螟、钻心虫。属鳞翅目螟蛾科。国内分布于东北、华北、华中、华东及西北，以幼虫钻蛀在大丽花、菊花等茎部危害。危害严重时，植株几乎不能开花，甚至凋萎枯死或折断。

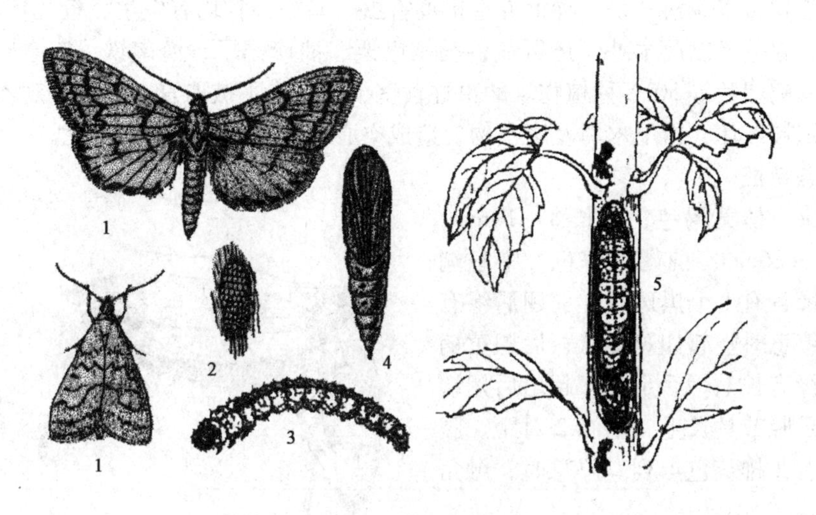

图 17-15　大丽花螟蛾

1. 成虫　2. 卵块　3. 幼虫　4. 蛹　5. 被害状

形态特征

成虫　黄褐色，体长 13～15mm，翅展 25～35mm。雌蛾体粗壮，前翅鲜黄，具 2 条明显波纹；雄蛾体瘦削，翅色较雌蛾稍深，翅面波纹暗褐色。后翅灰白或灰褐色，具 2 条不甚明显波纹。

卵　扁平，椭圆形，初产时乳白色，后变黄色。卵块内卵呈鱼鳞状排列。

幼虫　老熟幼虫体长约 20mm，圆筒形，头红褐色，体背面淡红褐色，具暗色纵条纹 3 条。

蛹　纺锤形，黄褐色或赤褐色，长约 14mm，腹末具钩状臀棘 6 根。

生物学特性

山东济南 1 年发生 3 代，以老熟幼虫在大丽花茎秆内或玉米等粮食作物秸秆内越冬。翌年 5 月下旬幼虫化蛹，5 月底羽化为成虫，在花芽及叶基部产卵，卵期 4～5 天。6 月上、中旬幼虫孵化，从花芽和叶柄基部钻入茎内危害，蛀孔呈黑色，孔外粘有黑色虫粪，受害植株上部萎蔫而死。第 2、3 代幼虫分别在 7 月中、下旬和 8 月中、下旬发生。9 月后，幼虫开始越冬。成虫昼伏夜出，有趋光性，飞翔力强。幼虫 5 龄，有趋糖、趋触、趋温及背光 4 种特性，4 龄前为潜藏，4 龄后为钻蛀。

防治方法

①人工防治　冬季剪除并销毁大丽花和菊花茎秆，杀死茎秆内幼虫，以减少翌年的虫源。

②物理防治　成虫期设置黑光灯诱杀虫蛾。

③化学防治　幼虫孵化期喷90% 敌百虫800 倍液，50% 杀螟松乳剂800 倍液，或50% 西维因400 倍液，毒杀初孵幼虫。用注射器注入80% 敌敌畏乳油500 倍液，蛀孔用泥土封住，毒杀茎秆内幼虫。

蔗扁蛾 *Opogona sacchari*（Bojer）（图 17-16）

属鳞翅目谷蛾科。是一种世界性检疫害虫。南方各省均有发生，近几年迅速向北方蔓延。除危害巴西木外，还可危害马拉巴栗、袖珍椰子、海南铁、鹅掌柴、棕竹、喜林芋、鹤望兰等50 多种植物。幼虫蛀食茎干，树皮不被取食，所以外观不易辨认。输导组织被破坏，留下木屑及腐殖物，造成空心、叶片发黄或整株死亡。

形态特征

成虫　体黄褐色，体长 8 ~ 10mm，翅展22 ~ 26mm。前翅深棕色，中室端部和后缘各有1 个黑斑点。前翅后缘有毛束，停息时竖起如鸡尾状；后翅黄褐色，后缘有长毛。后足长，超出后翅端部，后足胫节具长毛，上有2 对距。腹部腹面有2 排灰色点列。停息时，触角前伸。

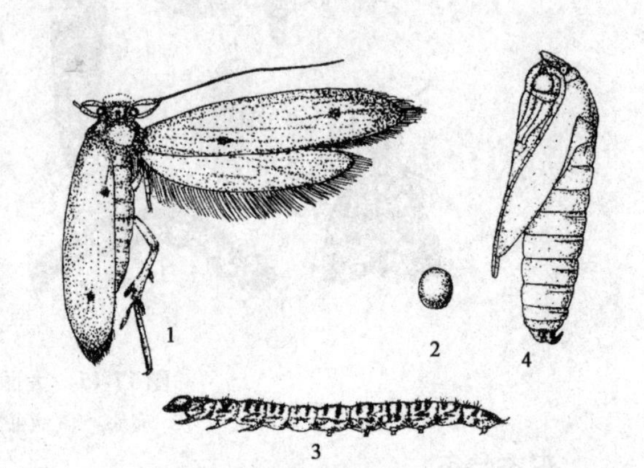

图 17-16　蔗扁蛾

1. 成虫　2. 卵　3. 幼虫　4. 蛹

卵　淡黄色，卵圆形，长0.5 ~ 0.7mm，宽0.3 ~0.4mm。

幼虫　老熟幼虫长约30mm，乳白色，近透明。头部红褐色，体背有成排短形斑，体侧有毛片。

蛹　棕色，触角、翅芽及后足紧紧贴在一起，但与蛹体相离。

生物学特性

南方每年发生5 ~6 代，北方3 ~4 代，以幼虫在温室盆栽花卉的盆土里越冬。翌年春幼虫爬到花木上危害，在皮层迂回蛀食。幼虫7 龄，虫期约45 天，老熟幼虫吐丝作茧、化蛹，生长季节常在树干顶部危害，秋后多在土中结茧化蛹。蛹期约15 天。

成虫羽化前先破茧顶出树干表皮，蛹体半露，羽化后蛹壳仍矗立其上，特征明显。有补充营养和趋糖习性，趋光性不强。成虫爬行速度快，并可做短距离跳跃。卵多产于巴西木未完全展开的叶片或发财树生长衰弱枝条的交叉处，散产或集中呈块状，卵期约4 天。初孵幼虫吐丝下垂，随风扩散，并很快钻入树皮或从裂缝、伤口处蛀入髓心，并向四周蛀食，很少暴露在寄主之外，可通过受害植株表面的虫粪查到。幼虫取食时将皮层及部分木质部蛀空，仅剩外表皮，用指按压呈面包状。

防治方法

①加强虫情监测及检疫管理　目测和手摸植株是否有受害状，如有，则剥查幼虫做最后的确定；或利用糖水诱集的方法进行成虫的监测。另外，在巴西木等的调运过程中，加强检疫，以减少该虫的传播和蔓延。

②加强栽培管理措施　首先避免蔗扁蛾最嗜食寄主如巴西木、发财树等在同一温室内种植，避免寄主间的交叉危害。在巴西木的栽培过程中，注意做好对锯口的处理，封蜡要严实，封好后再刷一遍杀虫剂，防止成虫在此产卵。其次，做好常查常治，将危害控制在初级阶段。另外，加强肥水管理，控制好温室内的温湿度，增强植株的抗虫能力。

③生物防治　在春季或秋季利用线虫防治，可用注射器注射斯氏线虫 A_{24} 100 倍液至受害空隙间；或用泰山 1 号线虫以 80 ~ 640 条/头的剂量进行注射。

④化学防治　对巴西木新树桩，可用 10% 速灭杀丁乳油2 500倍液浸泡 5min 后晒干再植于土中，以预防该虫的发生。已在温室内定殖的蔗扁蛾，于花卉生长季节喷施 40% 氧化乐果 1 000 倍液，每10 ~ 15 天喷施 1 次；或采用 2.5% 溴氢菊酯乳油2 500倍液喷雾 4 周，每周 2 ~ 3 次。可在越冬季节用 90% 敌百虫粉剂 1:200 与沙土混匀，撒在盆土表面，共 2 ~ 3 次；或浇灌 50% 辛硫磷 100 倍液，均可取得较好的防治效果。如要进行彻底杀灭，除对植株进行彻底清除外，还需对土壤进行杀蛹处理。另外，用磷化铝在密闭的温室、大棚中进行熏蒸处理也能杀死幼虫和成虫。

棉铃虫 *Helicoverpa armigera*（Hübner）（图 17-17）

属鳞翅目夜蛾科。除青海、西藏外，分布于全国各地。危害大华秋葵、菊花、万寿菊、月季、木槿、向日葵、美人蕉、大丽花等多种园林植物。

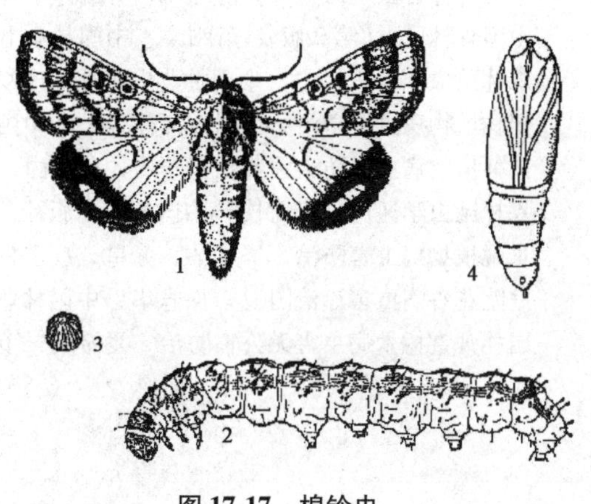

图 17-17　棉铃虫

1. 成虫　2. 幼虫　3. 卵　4. 蛹

形态特征

成虫　体长 15 ~ 17mm，体色多变，灰黄、灰褐、黄褐、绿褐及赤褐色均有。前翅多为暗黄色，有褐色肾形纹和环形纹，后翅黄白色，端区黑色或深褐色。

卵　半球形，初产时白色，渐变淡绿色。

幼虫　老熟时体长 40 ~ 45mm，头黄绿色，具不规则的黄褐色网状纹，体色变化大，有淡红、黄白、淡绿和绿色等 4 个类型。

蛹　纺锤形。

生物学特性

发生代数由北向南递增，华北、西北地区 1 年发生 2 ~ 3 代，华南、西南地区 6 ~ 7 代，以蛹在土中越冬。温度达 15℃ 以上开始羽化，可产卵千粒。1、2 龄幼虫有吐丝下垂的习性，危害嫩叶及小花蕾，3、4 龄幼虫有在 9：00 前爬至叶面静止的习性，钻入嫩蕾、花朵中取食，导致花、蕾死亡。幼虫具有相互残杀的习性。

防治方法

①人工防治　少量危害时，人工捕捉幼虫或剪除有虫花蕾；蛹期可人工挖蛹。

②生物防治　用性诱剂诱杀成虫。

③化学防治　幼虫量大时喷洒Bt乳剂500倍液防治。

复习思考题

1. 危害园林植物的钻蛀性害虫有哪几类？试举例说明。
2. 举例说明危害园林植物的天牛种类，试述其发生特点，并提出综合治理措施。
3. 举例说明危害园林植物的木蠹蛾种类，试述其发生特点，并提出综合治理措施。
4. 美洲斑潜蝇的发生和危害有何特点？如何进行该种害虫的综合防治，在防治技术上应注意什么？
5. 试述蔗扁蛾的识别特征、危害症状、发生规律以及综合治理措施。

推荐阅读书目

中国园林害虫．徐公天，杨志华．中国林业出版社，2007.
中国森林昆虫(第2版)．萧刚柔．中国林业出版社，1991.
森林昆虫学．张执中．中国林业出版社，1997.
园林植物病虫害防治原色图谱．徐公天．中国农业出版社，2002.
园林植物病虫害防治图鉴．杨子琦，曹华国．中国林业出版社，2002.
森林昆虫学通论．李孟楼．中国林业出版社，2003.
景观植物病虫害防治．岑炳沾，苏星．广东科学技术出版社，2003.
庭院花卉病虫害诊治图说．徐志华．中国林业出版社，2004.
园林观赏树木病虫害无公害防治．夏希纳，丁梦然．中国农业出版社，2004.

第 18 章
地下害虫

[本章提要] 地下害虫由于长期生活于土壤中，形成了一些不同于其他害虫的发生危害特点，因而防治时应采取相应的策略。本章介绍了蛴螬、蝼蛄、金针虫、地老虎、根蛆、蟋蟀和白蚁等 7 类主要地下害虫的分布、寄主、形态、生物学特性和防治方法。

地下害虫是指危害虫态或大部分时间在土壤中生活，主要危害植物的地下部分或近地面部分的一类害虫，亦称土壤害虫。地下害虫种类多，适应性强，分布广，危害重，是园林植物，特别是苗圃和草坪的一类重要害虫，倍受世界各国的普遍重视。我国地下害虫的种类较多，已记载的达 320 余种，分属昆虫纲 9 目 38 科，主要包括蝼蛄、蛴螬、金针虫、地老虎、拟地甲、根蛆、土蝽、根蚜、根象甲、根叶甲、根天牛、根蚧、白蚁、蟋蟀及弹尾虫等 10 多类，在园林生产中，尤以蛴螬、蝼蛄、金针虫、地老虎、根蛆等最为重要。

地下害虫长期生活于土壤中，受环境条件的影响和制约，在长期适应进化的过程中，形成了一些不同于其他害虫的发生危害特点：

①寄主范围广　各种花木、果树、林木、农作物、草坪等的幼苗和播下的种子都可受害。

②生活周期长　主要地下害虫如蛴螬、金针虫、拟地甲、蝼蛄等，一般少则 1 年 1 代，多数种类 2 ~ 3 年发生 1 代。

③与土壤关系密切　土壤为地下害虫提供了栖居、庇护、食物、温度、空气、通路等必不可少的生活环境，因此土壤的理化性状对地下害虫的分布和生命活动有直接的影响，是地下害虫种群数量消长的决定性因素之一。

④危害时间长，防治比较困难　地下害虫从春季到秋季，危害期贯穿整个植物生长季节，加之其在土壤中潜伏危害，不易及时发现，因而增加了防治上的困难。

基于上述特点，对地下害虫的治理必须采用地下地上联合治、成虫幼虫结合治、圃内圃外选择治的防治策略。

18.1 蛴螬类（white grubs）

18.1.1 概　述

蛴螬是鞘翅目金龟甲总科幼虫的总称，静止时常呈“C”字形，别名“白土蚕”，其成虫通称金龟子或金龟甲，俗名“瞎碰”、“铜克螂”等。危害花木和草坪地下部分的蛴螬种类很多，其中属于鳃金龟科的主要有华北大黑鳃金龟、暗黑鳃金龟 *Holotrichia parallela* Motschulsky、东方绢金龟 *Serica orientalis* Motschulsuky、鲜黄鳃金龟 *Metabolus tumidifrons* Fairm. 等；丽金龟科的主要有铜绿(异)丽金龟、黄褐异丽金龟 *Anomala exoleta* Faldermann、红脚异丽金龟、苹毛丽金龟 *Proagopertha lucidula* Fald.、中华弧丽金龟 *Popillia quadriguttata*（Fabricius)等；花金龟科的主要有小青花金龟 *Oxycetonia jucunda* Fald.、白星花金龟 *Protaetia*(*Liocola*)*brevitarsis*(Lewis)等。由于各地气候、土壤、环境条件的不同，主要危害种类也有差异。同一地区，甚至同一地块往往也有多种混合发生。

蛴螬食性很杂，可危害多种植物的地下部分，还可食害萌发的种子，咬断幼苗的根茎，造成花木幼苗枯死。蛴螬危害，其断口整齐，与蝼蛄及金针虫的危害状有明显不同。

除幼虫在地下危害外，许多种类的成虫如白星花金龟、铜绿丽金龟等还危害园林植物的叶、花等器官，直接影响其观赏价值。

18.1.2 重要种类介绍

华北大黑鳃金龟 *Holotrichia oblita*（Faldermann)(图 18-1)

分布于我国东北、西北、华北和华中地区。成虫可食叶成缺刻状；幼虫在土中咬食植物根部，可使苗木致死，为重要地下害虫之一。寄主很多，包括农作物、牧草和花卉林木幼苗，受害花木主要有月季、枫杨、丁香、玫瑰、女贞、菊花等。

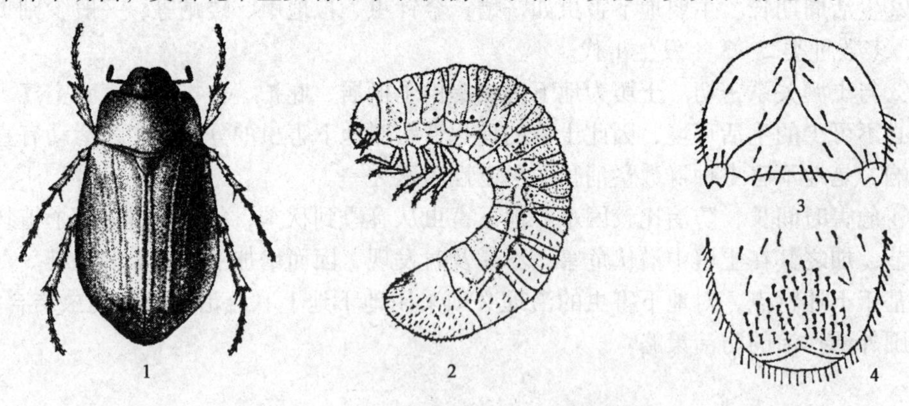

图 18-1　华北大黑鳃金龟(仿沈阳农学院等)

1. 成虫　2. 幼虫　3. 幼虫头部正面上部　4. 幼虫肛腹片

形态特征

成虫　体长16～22mm，宽8～11 mm。黑色或黑褐色，具光泽。触角10节，鳃叶状。鞘翅长椭圆形，每侧有4条明显的纵肋。前足胫节外齿3个，内侧端距1枚；中、后足胫节末端有距2枚。臀节外露，背板向腹下包卷，与腹板相会合于腹面。雄性前臀节腹板中间具明显的三角形凹坑，雌性前臀节腹板中间无三角形凹坑，但具1横向的枣红色棱形隆起骨片。

卵　初产时长椭圆形，长约2.5mm，宽约1.5mm，白色略带黄绿色光泽；发育后期圆球形，长约2.7mm，宽约2.2mm，洁白色有光泽。

幼虫　体肥胖弯曲，通常为白色至淡黄褐色，具有3对胸足，腹部末端膨大。3龄幼虫体长35～45mm，头宽4.9～5.3mm。头部前顶刚毛每侧3根，其中冠缝侧2根，额缝上方近中部1根。臀节腹面覆毛区无刺毛列，只有钩状毛散乱排列，多为70～80根。

蛹　体长21～23mm，宽9.0～11.5mm。蛹化初期为白色，后变为黄褐色至红褐色。

生物学特性

华北地区2年1代，以幼虫、成虫隔年交替在土中越冬。一般以幼虫越冬的年份，翌春危害重，而夏季则减轻；以成虫越冬的年份，翌春危害较轻，而夏秋季危害严重，有的地区还有“幼虫隔年危害严重”的现象。因此，在成虫盛发于春季的年份应着重消灭成虫于产卵之前；在幼虫春季大量危害的年份，则应重点防治幼虫。越冬成虫于4月底5月初开始出土，盛期在5月中下旬至6月初。

成虫昼伏夜出，有假死习性和较强趋光性，并对未腐熟的厩肥表现出强烈趋性。卵一般散产于表土中，每雌平均产卵百粒左右。卵期15～22天。孵化盛期在7月中下旬。幼虫3龄，均有相互残杀的习性，发育历期340～400天。其活动与土壤温度关系密切，当10cm深土温上升至5℃时开始上移至土表危害，13～18℃时活动最盛，危害最烈；23℃以上或2℃以下时则下潜深土层越夏或越冬。幼虫老熟后，在深20cm土中构筑土室化蛹，预蛹期约23天，蛹期15～22天。

铜绿异丽金龟 *Anomala corpulenta* Motschulsky（图18-2）

我国除西藏、新疆外的各地均有发生。食性杂、寄主多。成虫取食杨、柳、樱花、梅花、海棠、蜡梅、金银木、月季等植物叶片，幼虫危害植物地下根、茎，是我国草坪上最重要的地下害虫。

形态特征

成虫　体长19～21mm，宽10～11.3mm。背面铜绿色，有金属光泽。唇基前缘、前胸背板两侧呈淡黄褐色。翅鞘两侧具不明显的纵肋4条，肩部具疣突。臀板三角形，黄褐色，基部有一倒正三角形大黑斑，两侧各有一小椭圆形黑斑。

卵　初产时椭圆形，长1.65～1.93mm，宽1.30～1.45mm，乳白色；孵化前呈圆球形，长2.4～2.6mm，宽2.1～2.3mm，卵壳表面光滑。

幼虫　3龄幼虫体长30～33mm，头宽4.9～5.3mm。头部前顶刚毛每侧6～8根，排成1纵列。臀节腹面覆毛区刺毛列由长针状刺毛组成，每侧多为15～18根，两列刺毛尖端大多彼此相遇或交叉，刺毛列的前端远没有达到钩状刚毛群的前部边缘。

蛹 体长约18～22mm，宽9.6～10.3mm。体稍弯曲。臀节腹面雄蛹有四裂的疣状突起，雌蛹较平坦，无疣状突起。

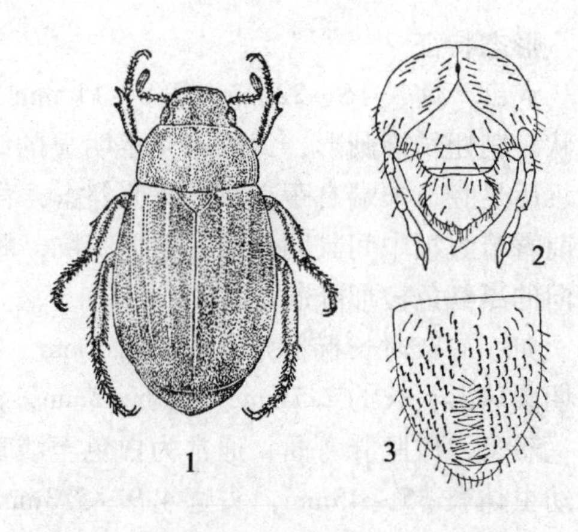

图18-2 铜绿异丽金龟(仿沈阳农学院等)

1. 成虫 2. 幼虫头部正面 3. 幼虫肛腹板

生物学特性

1年1代，以幼虫在土中越冬。在山西，翌春随着气温的回升，越冬幼虫开始移至土表活动，5月化蛹，蛹期7～11天。成虫于5月下旬出现，6、7月最多，白天潜伏在土层、杂草丛下，黄昏时出土活动，以19：00～20：00活动最盛，群集树冠交尾、蚕食叶片。成虫趋光性强，具假死性。卵散产于疏松土层中，每雌平均产卵40粒左右。卵期11～12天，于7月下旬至8月上旬孵化为幼虫。幼虫在土中咬食苗木、花卉近地面的侧根、主根及根颈，造成植株黄萎以至死亡。9月下旬，幼虫大部分进入3龄，潜入深土层中过冬。

红脚异丽金龟 *Anomala cupripes* Hope(图18-3)

国内分布于广东、广西、海南、福建、台湾、浙江、云南等地。成虫取食凤凰木、梅花、白兰、紫荆、羊蹄甲、菊花、月季、茶花、米兰、玫瑰、阳桃、重阳木、大叶榕、小叶榕等多种园林植物和果树的叶片；幼虫危害幼苗根部。

形态特征

成虫 椭圆形，体长18～26mm，宽11mm。体背绿色，腹部紫红色，具金属光泽。触角鳃片状，鳃片3节。鞘翅布满小刻点，鞘翅中央处隐约可见由小刻点排列所成的纵线4～6条，边缘稍向上卷起，且带紫红色光泽，末端各有1小突起。腹部背腹面均可见6节。雄性臀板稍向前弯曲和隆起，尖端稍钝，第6腹节后缘具1黑褐色带状膜；雌性臀板稍尖，向后斜突出，无黑褐色带状膜。

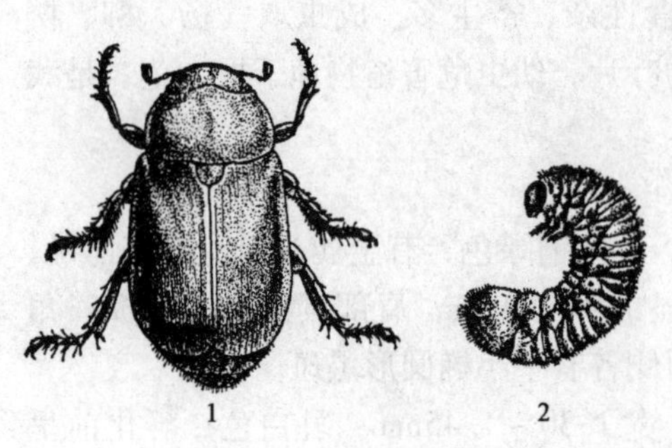

图18-3 红脚异丽金龟

1. 成虫 2. 幼虫

卵 乳白色，椭圆形，长约2mm，宽1.5mm。

幼虫 乳白色，头部黄褐色，体长40～50mm。臀节腹面覆毛区的刺毛列由2种毛组成，前段为尖端微向中央弯曲的短锥状刺毛，每列11～16根；后段为长针状刺毛，每列13～19根，长针状刺毛列中常夹有极少短锥状刺毛。刺毛列前段稍靠近，后段略宽，但长针状刺毛的尖端相遇或交叉。刺毛列的前端超出钩状刚毛群的前部边缘。

蛹　裸蛹，长椭圆形，长约20～30mm，宽10～13mm。初化蛹时淡黄色，以后渐变黄，将羽化时黄褐色。

生物学特性

广东1年1代，以老熟幼虫在土壤中越冬。翌年3～4月在土中筑蛹室化蛹，4月底5月初成虫羽化出土，6～7月为出土盛期，9～10月成虫极少见到。成虫出土后，昼夜均可取食，在烈日下则静伏于浓密的寄主叶丛内。成虫产卵于土中，卵散产，一生产卵60～80粒，最喜产于新腐熟堆肥中。成虫有假死现象，有一定趋光性。

18.1.3　蛴螬类的防治方法

（1）园林技术措施

深耕多耙、轮作倒茬，有条件的地方实行水旱轮作。中耕除草。不施未经腐熟的有机肥。消灭地边、荒坡、沟渠等处的蛴螬及其栖息繁殖场所。

（2）化学防治

可兼治其他地下害虫。方法如下：

①施毒土　将一定量的药剂加水拌细土制成毒土，撒于种苗穴中，注意种苗与毒土隔开，免生药害。常用药剂有50%辛硫磷乳油、25%辛硫磷微胶囊缓释剂。每公顷毒土用量为：药剂1.5kg＋水7.5kg＋细土300kg。

②药液灌根　在幼虫发生量较大的地块，用上述药剂灌根效果也较好。用量为：每公顷用药3～3.75kg，加水6 000～7 500kg。

③防治成虫　在成虫发生季节，对苗圃周围的树木叶片喷施90%敌百虫晶体1 500倍液，可收到较好的防治效果。防治暗黑鳃金龟和铜绿丽金龟还可采用新鲜的榆、杨等树枝，截成长50～100cm，浸于40%乐果乳油50倍液中或90%敌百虫200倍液中，浸10h余，傍晚插于田间，当成虫盛期时，诱杀效果最好。1次药液可浸枝3次，隔日插枝。

（3）物理防治

有条件的地区，可设置黑光灯诱杀趋光性强的金龟甲成虫。对铜绿丽金龟，用黑绿单管黑光灯(发出一半绿光一半黑光)的诱杀效果比普通黑光灯为好。

（4）人工防治

春秋耕翻苗圃时，组织人力随犁拾虫。苗圃定植后如田间发现有蛴螬危害，可逐株检查，捕杀幼虫。成虫发生时，利用金龟子的假死性，人工振落捕杀成虫。

（5）生物防治

利用广东省昆虫研究所研制的昆虫病原线虫制剂——绿草宝，或新线虫DD-136制剂，用量为22.2×10^{9}头/hm^2；或用卵孢白僵菌处理土壤，用量为$10^{7}\sim10^{8}$孢子/mL；或用金龟子芽孢杆菌防治蛴螬，均有良好防效。

18.2 蝼蛄 (mole crickets)

18.2.1 概 述

俗名“拉拉蛄”、“土狗”等。属直翅目蝼蛄科。喜居于温暖、潮湿、腐殖质含量多的壤土或砂土内，常以成虫和若虫在土中咬食刚播下的种子，特别是刚发芽的种子；取食植物根部，受害部位呈乱麻状，是其危害特征。土壤湿度较大时，还在土表穿行，形成许多地表隆起的隧道，使幼苗和土壤分离，失水干枯而死，形成更大的危害。国内主要有华北蝼蛄和东方蝼蛄2种。

18.2.2 重要种类介绍

华北蝼蛄 *Gryllotalpa unispina* Saussure 和
东方蝼蛄 *Gryllotalpa orientalis* Burmeister(图18-4)

华北蝼蛄，又名单刺蝼蛄，分布于长江以北各地直至新疆、内蒙古、黑龙江；东方蝼蛄分布普遍，从南到北均有发生，以南方各地危害较重。蝼蛄食性极杂，寄主有花木、果树、水稻、杂粮、棉、麻、甜菜、烟草等多种植物。

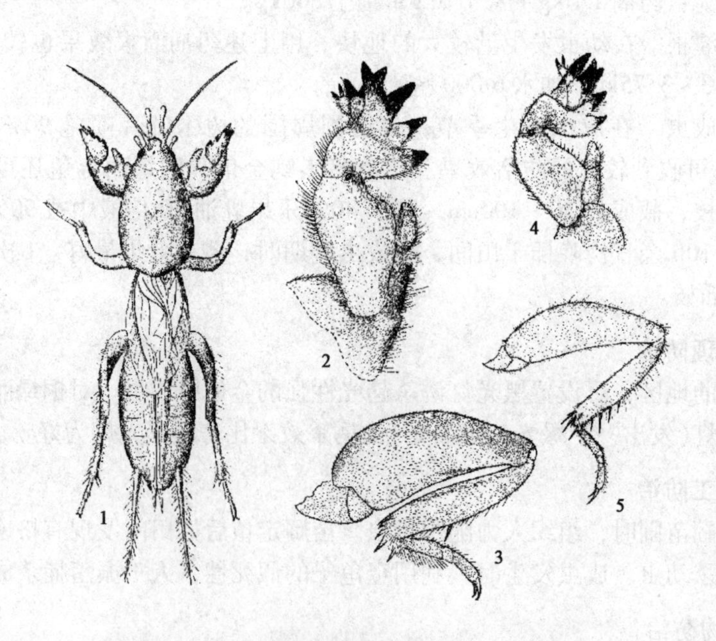

图18-4 华北蝼蛄与东方蝼蛄(仿西北农学院)

1. 华北蝼蛄成虫 2、3. 华北蝼蛄前足与后足 4、5. 东方蝼蛄前足与后足

形态特征

华北蝼蛄　成虫体型粗壮，长36～55mm，黄褐色或黑褐色，腹部色较浅。头呈卵圆形。触角丝状。前胸背板特别发达，盾形，中央有1凹陷不明显的暗红色心脏形坑斑。前翅鳞片状，黄褐色，长14～16mm，覆盖腹部不到1/3；后翅扇形，纵卷成尾状，长30～35mm，长过腹部末端。前足特化为开掘足，腿节内侧外缘缺刻明显；后足胫节背侧内缘有刺1～2个或消失。卵椭圆形，初产时乳白色有光泽，后变黄褐色，孵化前暗灰色。若虫共13龄。初孵若虫头胸特别细，腹部肥大，全体乳白色；以后变浅黄到土黄色，5～6龄后与成虫体色近似。

东方蝼蛄　与华北蝼蛄形态特征相似。其主要区别为：东方蝼蛄成虫体型较小，浅黄褐色；从背面看前胸背板呈卵圆形，中央有1凹陷明显的长心脏形的坑斑；前翅灰褐色，长约12mm，能覆盖腹部的1/2；前足腿节内侧外缘缺刻不明显，后足胫节背侧内缘有刺3～4根。

生物学特性

华北蝼蛄完成1代约需3年，其中卵期20天左右，若虫期2年左右，成虫期1年以上。翌年3、4月气温转暖时，蝼蛄从深土层移至地表开始活动、取食，常将表土层窜成许多隆起隧道。4、5月为危害盛期。成虫于6月交尾、产卵。卵产在成虫于土中所筑的土室内，分3～9批产，每雌平均产卵288～368粒。若虫于7月孵化，取食危害到10～11月，逐渐钻入深土层越冬。当年以8～9龄若虫越冬，第2年以12～13龄若虫越冬，第3年以成虫越冬。

东方蝼蛄在北方地区2年1代，南方地区1年1代，以成虫或若虫在土中越冬。翌年4月开始活动，5月中旬交尾产卵。每雌产卵60～80粒。若虫于6月大量孵化，危害至10月中旬后，陆续钻入深土层中过冬。若虫共6龄。

受温度的影响，一年中蝼蛄在土中有2次上升和下移的过程，从而出现2次危害高峰，即5月上旬至6月中旬和9月上旬至9月下旬。一般情况下，春季气温达8℃时开始外出活动；秋季气温低于8℃时停止活动。秋季和冬季耕作层土温过低及夏季土温过高，均潜入深土层；春、秋表土层温度适宜，上升取食危害。在一天中，蝼蛄的活动也受温度影响，夜出活动多以21：00～23：00为高峰。

蝼蛄对产卵地点有选择，华北蝼蛄多在轻盐碱地的干燥向阳、地埂畦堰附近和松软油渍的土壤中产卵。产卵前先筑产卵室，产卵室呈螺旋形向下，内分3室：上部为活动室，中间为椭圆形的卵室，下面是供雌虫产卵后栖居之用的隐蔽室，分别距地表约11cm、16cm、24cm。东方蝼蛄更喜潮湿，多集中于沿河两岸及沟渠附近腐殖质较多的地方，适于产卵的土壤pH 6.8～8.1，土壤湿度约为22%。产卵前先在5～10cm深处作一个扁圆形卵室，并在卵室周围33cm左右土中另作隐蔽室。

蝼蛄除具有趋湿、趋光习性外，还对香、甜等物质和未腐烂的有机质表现强烈趋性。

18.2.3 蝼蛄类的防治方法

（1）园林技术措施

精耕细作，翻耕土壤，使用腐熟厩肥或用碳酸氢铵和氨水作基肥，适当灌溉以及适当调整播种期等，既有利于花木生长，又可减轻蝼蛄的危害。

（2）诱杀防治

利用蝼蛄的趋光性和趋化性，或在成虫发生期设置黑光灯诱杀成虫，或在苗圃步道间每隔20m左右挖一小坑，将马粪或带水的鲜草放入坑内诱集，翌日清晨到坑内集中捕杀；或用炒香的麦麸5kg，加90%敌百虫50g，再加上适量水配成毒饵，于傍晚撒在林行间诱杀防治。

（3）生物防治

招引和保护红脚隼、戴胜、喜鹊、红尾伯劳和黑枕黄鹂等蝼蛄的食虫鸟天敌。

（4）化学防治

危害期在花卉根部灌药防治。常用的药液有50%辛硫磷1 000倍液和20%甲基异硫磷2 000倍液。

18.3 金针虫（wireworms）

18.3.1 概 述

金针虫是鞘翅目叩头甲科幼虫的通称，俗称“铁丝棍虫”。可危害种子刚发出的芽、幼苗的根部和嫩茎，造成成片的缺苗现象。受害幼苗主根一般很少被咬断，被害部不整齐或形成与体形适应的细小孔洞。园林植物上常见的种类有4种，即沟金针虫 *Pleonomus canaliculatus*（Faldermann）、细胸金针虫和褐纹金针虫 *Melanotus caudex* Leweis、宽背金针虫 *Selatosomus latus* Faldermann，以前2种发生普遍且危害严重。

18.3.2 重要种类介绍

细胸金针虫 *Agriotes subvittatus* Motschulsky（图18-5）

国内分布于华北、东北，江苏、山东、河南、湖北、甘肃、陕西、宁夏。寄主很杂。

形态特征

成虫　体长8～9mm，暗褐色，密被灰色短毛。触角红褐色，第2节球形。前胸背板略呈圆形，长大于宽。鞘翅长约为头胸部的2倍，上有9条纵列的刻点。足赤褐色。

卵　乳白色，近圆形，直径0.5～1.0mm。

幼虫　体长23mm，圆筒形，淡黄色，有光泽。臀节的末端不分叉，呈圆锥形，背面有4条褐色纵纹，近基部的两侧各有1个褐色圆斑，顶端有1圆形突起。

生物学特性

北方2~3年1代，以幼虫和成虫在土中越冬。翌年5~6月成虫出土。成虫活动力强，昼伏夜出，对刚腐烂的禾草有趋性。6月下旬至7月下旬为产卵期，卵产在3~9cm深的表土内。卵期15~18天。幼虫老熟后，一般于6~8月化蛹，蛹期10天。适宜于湿度较大的土壤环境。

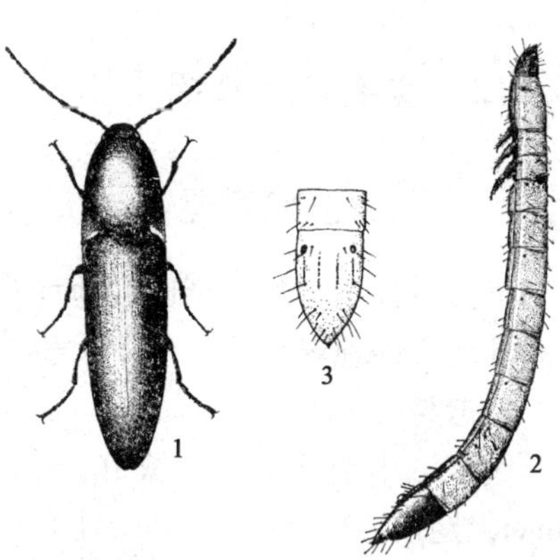

图18-5 细胸金针虫

1. 成虫 2. 幼虫 3. 幼虫腹部末端

18.3.3 金针虫类的防治方法

(1) 园林技术措施

加强苗圃和草坪管理，不使用未腐熟的草粪，避免诱集成虫产卵；适当灌水，控制土壤湿度，创造不利于金针虫发生的土壤环境，减轻金针虫的危害。

(2) 诱杀防治

利用金针虫对刚腐烂的禾草具趋性的特点，可在苗圃或草坪周边堆草诱杀，草堆面积40~50cm^2，高10~16cm，并在草堆内撒触杀性药剂，毒杀成虫。

(3) 化学防治

用5%辛硫磷颗粒剂撒施，每公顷30~45kg；或用40%乐果乳剂或50%辛硫磷乳剂1 000~1 500倍液灌根，灌根前最好对草坪或苗床打孔通气，以便药液渗入土中。

18.4 地老虎类(cutworms)

18.4.1 概 述

属鳞翅目夜蛾科，俗称切根虫、地蚕、土蚕等。以幼虫危害，傍晚和夜间切断近地面的茎秆或咬食未出土的幼苗，使整株死亡，亦能啃食叶片成孔洞或缺刻。发生数量大时，常造成缺苗断行，是一类危害严重的地下害虫。危害园林苗木和草坪的地老虎主要有小地老虎、黄地老虎 *Agrotis segetum* (Danis et Schiffer-Müller)、大地老虎 *A. tokionis* Butler、八字地老虎 *Amathes c-nigrum* (L.)、白边地老虎 *Euxoa oberthuri* (Leech)等。

18.4.2 重要种类介绍

小地老虎 *Agrotis ypsilon* (Rottemberg)(图 18-6)

属世界性大害虫。全国各地均有发生，以雨量充沛、气候湿润的长江流域、东南沿海及北方的地势低洼、地下水位较高的地区发生严重。寄主很多，有百余种。

形态特征

成虫 中型蛾子，体长 16 ~ 23mm，翅展 42 ~ 54mm。头、胸部暗褐色，腹部灰褐色。前翅前缘黑褐色，并具有 6 个白色小点；肾状纹、环状纹及棒状纹周围具黑边；在肾状纹外侧有一尖端向外的黑色楔形斑，与亚外缘线上 2 个尖端向内黑色楔形斑相对；外缘及缘毛上各有 1 列(约 8 个)黑色小点。后翅灰白色，翅脉及近外缘茶褐色，缘毛白色，有淡茶褐色线 1 条。

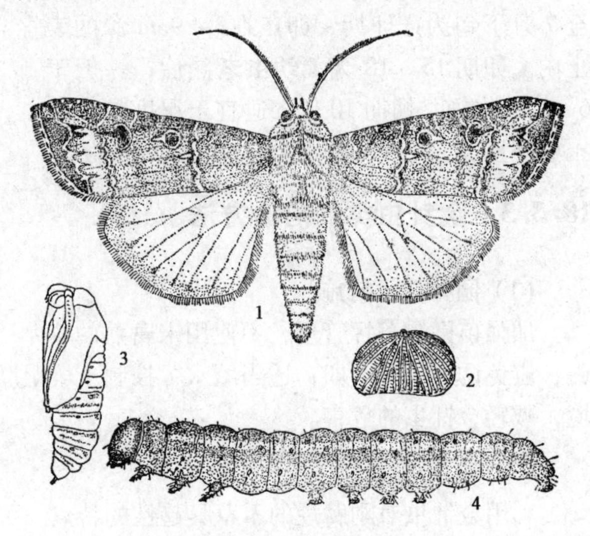

图 18-6 小地老虎(仿沈阳农学院)

1. 成虫 2. 卵 3. 蛹 4. 幼虫

卵 半球形，直径约 0.5mm，表面有纵棱和横道。初产时乳白色，孵化前为淡灰褐色。

幼虫 老熟幼虫体长 37 ~ 47mm，长圆柱形，略扁。黄褐色至黑褐色，无光泽。体表粗糙，密布大小颗粒，背面中央有 2 条淡褐色纵带。第 1 ~ 8 腹节背面各节各有前、后毛片 2 个，后 2 个比前 2 个大 1 倍以上。臀板黄褐色，上有 2 条深褐色纵带。

蛹 红褐色。第 4 ~ 7 腹节基部有 1 圈刻点。臀棘 1 对。

生物学特性

小地老虎是迁飞性害虫，在我国东部由北向南 1 年 2 ~ 7 代，淮河以北地区不能越冬。在各地都以第 1 代数量最多，其他各代发生数量较少，因而春播苗圃、苗床及草坪被害较重。北京地区每年发生 3 ~ 4 代，3 月下旬成虫出现，第 1 代幼虫危害盛期在 5 月上、中旬。

成虫昼伏夜出，尤以 19：00 ~ 22：00 最盛。对糖醋酒等发酵物质及枯萎的杨树枝有强烈趋性；第 1 代成虫还喜群集于女贞及扁柏上栖息和取食树上的蚜露；有趋光性。卵多产于枯草和土缝中，也有产在地势低洼、生长幼嫩茂密的杂草及花木幼根或根茬的。幼虫一般 6 龄，少数 7 ~ 8 龄。初龄幼虫昼夜活动，常群集在土表或花木心叶和其他幼嫩部分取食叶肉，残留表皮，被害叶呈半透明白斑；3 龄后夜间外出危害，将叶部吃成孔洞或缺刻；4 龄后咬断幼苗基部嫩茎，甚至将断苗拖入洞内，造成缺苗断垄；如果植株茎部硬化，还可爬至茎上咬断幼嫩部分；危害番茄、辣椒等时，还能钻入果内或球茎内食害。幼虫有假死性、迁移性和自残性，老熟后钻入3～6cm深的上中化蛹。

18.4.3 地老虎类的防治方法

地老虎的防治，应根据各地发生危害时期，因地制宜进行。一般以第1代为重点，采取栽培防治和药剂防治相结合的综合措施。

(1) 园林技术措施

春播前，进行春耕、细耙，消灭部分虫卵和杂草。在花木苗期或幼虫1～2龄时结合松土清除杂草，也可消灭大量虫、卵。

(2) 物理和生物防治

在成虫发生期，利用黑光灯、糖醋酒液或性诱剂诱杀成虫。糖醋酒液的配方为红糖6份、米醋3份、白酒1份、清水2份，再加少量敌百虫，放在小盆或大碗里，天黑前放在林间，天亮后收回。为保持诱液的原味和量，可每晚加半份白酒，每5～7天更换一次诱液。

(3) 人工防治

对高龄幼虫，可于每天清晨到田间扒开新被害植株周围或畦边阳坡表土，捕杀幼虫。或用泡桐叶诱杀。

(4)化学防治

掌握在幼虫3龄前施药防治，效果最好。当花木定苗前平均每平方米有幼虫1～1.5头，定苗后有幼虫0.1～0.3头时，应立即用药，并在第1次防治后隔7天左右再施药1次，连续2～3次。对1～2龄幼虫可喷雾或撒施毒土；对高龄幼虫可撒施毒饵或灌根，用药种类和方法如下：

①喷雾　选用2.5%溴氰菊酯乳油或40%氯氰菊酯乳油1 500～2 000倍液，50%辛硫磷乳油1 000倍液，每667m^2用药液50～60kg均匀喷洒于幼苗或田边杂草上。

②施毒土　75%辛硫磷乳油0.5kg，加少量水，喷拌细土125～175kg，每667m^2施毒土20kg，傍晚顺垄撒施于苗根附近，形成宽6cm左右的药带。

③灌根　用50%辛硫磷乳油2 000倍液浇灌在幼苗根际周围，每667m^2用药液400～500kg。

④施毒饵　将90%敌百虫晶体0.5kg，加水2.5～5kg，喷拌铡碎的鲜草、菜叶30～35kg或碾碎炒香的饼肥50kg。每667m^2用鲜草毒饵15～20kg或饼肥毒饵4～5kg于傍晚撒在行间苗根附近，隔3m左右放一小堆。

18.5 根蛆(maggots)

18.5.1 概　述

又称地蛆。属双翅目花蝇科。可危害播种后的种子、幼根、地下茎和花木插条的愈伤组织。种子受害后不能发芽；危害地下幼茎时，常钻入茎内向上蛀食，以致幼苗不能出土或幼苗整苗枯死。花圃、盆花均有发生。我国园林植物上常见的种类为灰地种蝇。

18.5.2 重要种类介绍

灰地种蝇 *Dalia platura*（Meigen）（图 18-7）

分布全国各地，可危害多种花木幼苗。

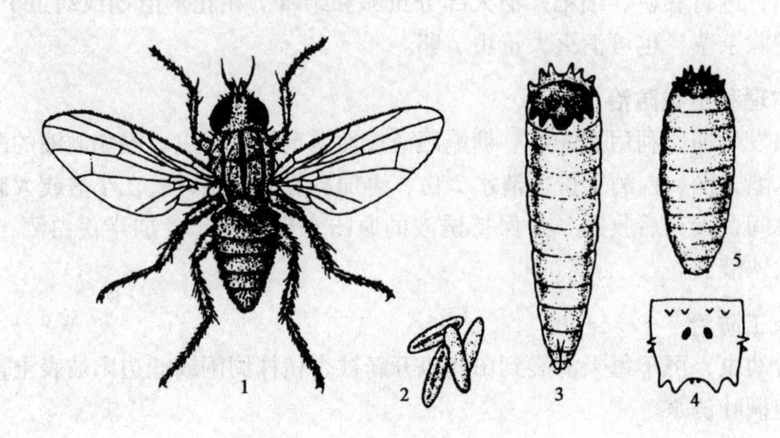

图 18-7 灰地种蝇（仿刘绍友）

1. 成虫 2. 卵 3. 幼虫 4. 幼虫腹部末端 5. 蛹

形态特征

成虫 雌虫体长约5mm。灰至灰黄色。两复眼间的距离约为头宽的1/3。额暗红褐色，有时下半部橙黄色。胸部前翅基背毛短，其长度不及盾间沟后背中毛的1/2，中足胫节外侧上方只有1根刚毛，腹部背面中央第2～4节直至第5节的前半部有1条隐约的褐色纵纹。雄虫体较雌虫略小，暗褐色，两复眼几乎相接连。胸部背面有8条明显的黑色纵纹。前翅基背毛似雌虫。后足胫节的内下方密生1列短毛(几乎占胫节的全长)。腹部背面中央全长有1黑色纵纹，各腹节间均有1黑色横纹。

卵 长椭圆形，长约1.6mm，稍弯，弯内有纵沟陷。乳白色，表面有网状纹。

幼虫 长8～10mm，乳白色略带黄色。头部小。腹部末端有7对分叉的肉质突起，第1对与第2对突起等高，第5对与第6对几乎等长。

蛹 长4～5mm，圆筒形，黄褐色，两端略带黑色。前端稍扁平，后端圆形并有7对突起。

生物学特性

1年发生2～6代，自北向南代数递增。北方通常以蛹在土中越冬，温暖的南方地区则各虫态均可过冬，无滞育现象。北京地区每年发生3代。成虫于3～4月间羽化，一年有3个盛发期，即4月中旬至5月中下旬、6月上旬和9月上中旬。幼虫孵出后即危害花木等种子或幼苗。在华北地区，以3～5月的第1代幼虫危害最严重。

幼虫共3龄，活动性强，能在土中转换寄主危害，老熟后在土中化蛹。成虫喜欢在干燥晴天活动，晚上静止，在较阴凉的阴天或多风天气，大多躲在土块缝隙或其他隐蔽场所。常聚集在肥料堆上或田间地表的人畜粪上，并在那里产卵。喜欢生活在腐败或发酸的环境中，对蜜露、腐烂有机质、糖醋的发酵酸味有趋性。

18.5.3 地蛆类的防治方法

(1) 园林技术措施

①施用充分腐熟的粪肥和饼肥。施肥时做到均匀、深施，种肥隔离。也可在施肥后立即覆土或在粪肥中拌入一定量具有触杀和熏蒸作用的药剂。

②选用无虫苗木扦插，实生苗育苗时在播种前进行催芽处理，减轻危害。在根蛆发生的地块，必要时大水浸灌，抑制根蛆活动。

(2) 物理防治

利用糖醋液诱杀成虫。糖醋液的配方为红糖2份、醋2份、水6份，再加适量敌百虫。

(3) 化学防治

在播种或定植前，每667m^{2}用1.5～2kg的2.5%敌百虫粉剂，或3%米乐尔颗粒剂，或5%益舒宝颗粒剂，拌细土15～20kg，撒于播种沟内，然后播种，以防止危害。成虫发生初期开始，每8～10天在植株周围的土面和植株上喷施40%乐斯本乳油1 000倍液，或90%敌百虫晶体1 000倍液，连喷2～8次。在幼虫危害盛期，用25%杀虫双水剂300倍液或90%敌百虫晶体、40%乐斯本乳油，或50%辛硫磷2 000倍液灌根，效果良好。

18.6 蟋蟀类(crickets)

18.6.1 概　述

别名油葫芦、促织，北方俗称蛐蛐。属直翅目蟋蟀科。以成虫、若虫危害果树、林木及花卉，在土中危害各类植物的根部，在地面食害小苗，切断嫩茎，也会咬食寄主植物的茎叶、花和果实。危害园林植物苗木的种类主要有大蟋蟀和黄脸油葫芦2种。

18.6.2 重要种类介绍

黄脸油葫芦 *Teleogryllus emma* (Ohmachi et Matsmura)(图18-8：1)

以前多以油葫芦 *Gryllus testaceus* Walker记载。在我国分布较广，河北、北京、山西、陕西、山东、江苏、安徽、上海、浙江、湖北、湖南、广东、香港、海南、广西、四川、贵州、云南均有分布。危害园林植物的幼苗和球根花卉。

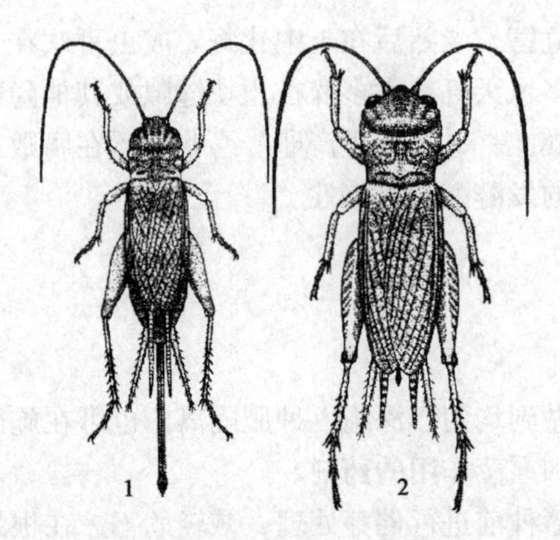

图 18-8 黄脸油葫芦和大蟋蟀(仿浙江农业大学)

1. 黄脸油葫芦 2. 大蟋蟀

形态特征

成虫 体长22~25mm。体背黑褐色，有光泽。腹面为黄褐色。头顶黑色，复眼周围及颜面土黄色。前胸背板黑褐色，隐约可见1对深褐色月牙形纹。中胸腹板后缘中央有小切口。前翅淡褐色，有光泽，后翅端部纵折露出腹末很长，形如尾须。后足胫节具刺6对，距6个。雌虫产卵器细长，褐色，微曲。

卵 长2.5~4 mm，略呈长筒形，两端微尖，乳白色略带黄，表面光滑。

若虫 共6龄。成长若虫长21~22mm。体背面深褐，前胸背板月牙形明显。雌若虫产卵管较长，露出尾端。

生物学特性

1年1代，以卵在土中越冬。在山东、河北、陕西等地，越冬卵从4月底或5月初开始孵化，5月为若虫出土盛期，6月中、下旬进入3龄盛期，立秋后进入成虫盛期，9月至10月上、中旬为产卵盛期，10月中、下旬以后，成虫陆续死亡。安徽淮北一带越冬卵于5月中旬孵化，9月上、中旬为成虫发生盛期，9月中旬左右成虫开始产卵；江苏常州、无锡8~9月发生严重。

成虫白天隐伏，夜间外出觅食、交配，尤以午夜前后活动最盛。趋光性强，对萎蔫的杨树枝叶、泡桐叶等亦有较强趋性。性好斗，相聚时常互相残杀。有多次交配习性。卵多产在成虫经常活动的场所，以杂草郁闭的地头、田埂等处落卵量多；在没有植被覆盖的裸地很少产卵。产下的卵不结块，常4~5粒成堆，入土深度2~3cm。低龄若虫昼夜均能活动，4龄后白天隐藏，夜间危害。成虫、若虫均喜群栖。

大蟋蟀 *Tarbinskiellus portentosus* (Lichtenstein)(图18-8：2)

国内分布于青海、北京、江西、福建、台湾、广东、广西、海南、云南、西藏等地。食性很杂，主要危害木麻黄、桉树、大叶相思等绿化树种的幼苗，是重要的苗圃害虫。

形态特征

成虫 体长30~40mm，暗褐色或棕褐色。头部半圆形，较前胸宽。复眼间具“丫”形纵沟。触角丝状，约与身体等长。前胸背板前方膨大，尤以雄虫为甚，背板中央有1细纵沟，其两侧各有1个颜色稍浅的横向圆锥形斑纹。后足腿节粗壮，胫节背方有粗刺2列，每列有刺4~5枚。腹部尾须长。雌虫产卵管短于尾须。

卵 长约4.5mm，近圆筒形，稍有弯曲，两端钝圆，表面光滑，浅黄色。

若虫 共7龄，外形与成虫相似，但体色较浅，随龄期增长体色逐渐变深。2龄后出现翅芽，体长与翅芽随龄期而增长。

生物学特性

1年1代，以3~5龄若虫在土穴内越冬。越冬若虫于翌年3月开始大量活动，3~5月危害幼苗，5~6月成虫陆续出现，7月为成虫羽化盛期，9月为产卵盛期，10~11月若虫常出土危害，12月初若虫开始越冬。

为穴居性害虫。喜欢在疏松地营造土穴生活，除交配期和初孵若虫外，多独居，一穴一虫。雌虫产卵于穴底，常30~40粒一堆。每头雌虫约产卵500粒以上。卵经15~30天孵化，初孵若虫群栖于母穴中，取食母虫预贮的食料，数日后分散营造洞穴独居。昼伏夜出，天黑后出外咬食近地面的植物幼嫩部分，并拖回穴内嚼食，平均每5~7天出穴1次，以晴天雨后出穴最盛。雄虫性好斗，常于黄昏时振翅高鸣求偶。性喜干燥，多发生于砂壤土或砂土、植被疏松或裸露、阳光充足的地方，潮湿壤土或黏土很少发生。

18.6.3 蟋蟀类的防治方法

(1) 园林技术措施

秋季深耕30cm，冬、春灌水一般能降低黄脸油葫芦越冬卵孵化率85%以上。

(2) 物理防治

利用蟋蟀成虫的趋光性，用黑光灯诱杀；利用蟋蟀喜栖于薄层草堆下的习性，将厚度为10~20cm的小草堆按5m一行、3m一堆均匀地摆放在田间，翌日揭草集中捕杀，若在草堆下放些毒饵效果会更好。

(3) 化学防治

①毒饵诱杀　用90%晶体敌百虫50g，加水5kg，拌入炒香的棉籽饼或麦麸5kg配成毒饵，于闷热的傍晚顺垄撒施。

②施毒土　每公顷用50%辛硫磷乳油750~900mL，拌细土1125kg，撒入田中。

③喷雾　每公顷可用20%氰戊菊酯乳油450mL。用药时宜采用封锁式，即从田块四周开始，向田中心推进，使外逃的蟋蟀也能触药而死。药剂防治的重点应放在幼苗期。

18.7 白蚁类(termites)

18.7.1 概　述

等翅目昆虫的通称。分土栖、木栖和土木栖3大类，国内主要分布在长江以南及西南各省。白蚁除了危害房屋、桥梁、枕木、船只、仓库、堤坝等之外，还是园林树木的重要害虫。危害苗圃苗木的白蚁主要有黑翅土白蚁、黄翅大白蚁 *Macrotermes barneyi* Light 和家白蚁等。

18.7.2 重要种类介绍

黑翅土白蚁 *Odontotermes formosanus*（Shiraki）（图 18-9）

国内分布于华南、华中和华东地区。根据全国初步普查，受害的园林植物达 90 余种，此外，还危及堤坝安全。营巢于土中，取食苗木的根、茎，并在树木上修筑泥被，啃食树皮，亦能从伤口侵入木质部危害。苗木被害后生长不良或整株枯死。

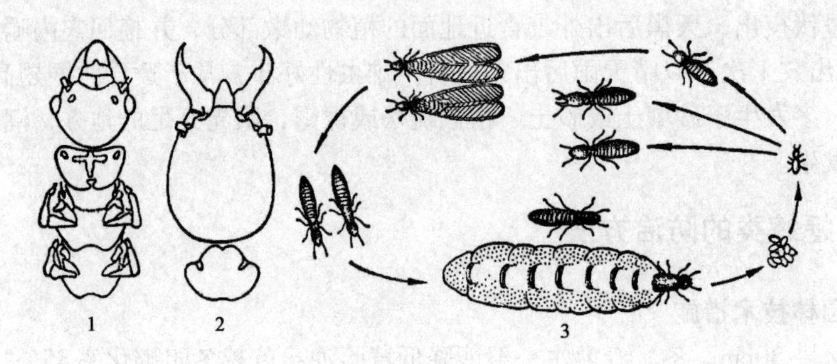

图 18-9 黑翅土白蚁(仿杨可四)

1. 有翅成虫头部 2. 兵蚁头部 3. 生活史示意图

形态特征

有翅成虫 体长 12 ~ 14mm，翅展 45 ~ 50mm。背面黑褐色，腹面棕黄色，翅黑褐色，全身覆有浓密的毛。触角 19 节。前胸背板略狭于头，前宽后狭，前缘中央无明显的缺刻，后缘中部向前凹入，中央有 1 淡色的"+"字形纹，纹的两侧前方各有 1 椭圆形的淡色点，纹的后方中央有带分枝的淡色点。前翅鳞大于后翅鳞。

兵蚁 体长 5 ~ 6mm。头暗深黄色，被有稀毛。胸、腹部淡黄至灰白色，被有较密集的毛。头部背面为卵形，长大于宽，最宽处在头的中段，向前略狭窄。上颚镰刀形，左上颚中点的前方有一枚显著的齿，右上颚内缘的相当部位有一枚微齿，小而不明显。

工蚁 体长 4.6 ~ 4.9mm；头黄色，胸、腹部灰白色。

蚁后 无翅，腹部特别膨大。

蚁王 头淡红色，全身色泽较深，胸部残留翅鳞。

卵 长椭圆形，长约 0.8mm，白色。

生物学特性

栖息于生有杂草的地下。有翅成虫于 3 月初出现于蚁巢内，4 ~ 6 月间在靠近蚁巢附近的地面出现成群的分群孔。分群孔圆锥形，数量很多，可达 100 个以上，一般距主巢 2m 左右，也有远至 3 ~ 5m 的。在气温达 22℃以上，相对湿度达 95% 以上的闷热天气或雨前，有翅成虫于 19：00 前后爬出羽化孔。经过群飞和脱翅的成虫，雌雄配对钻入地下建新巢，成为新巢的蚁王和蚁后。

蚁巢位于地下 0.3 ~ 2m 处。初建新蚁巢是一个小腔，随着蚁巢不断发展，蚁巢腔室由小到大，由少到多，结构和位置也发生变动，结构由简单到复杂，位置由靠近地面的地方逐渐移向深处。在一个大巢群内，成长工蚁和兵蚁以及幼蚁的数量可达到200万头以上。兵蚁保卫蚁巢，每遇外敌即以强大的上颚进攻，并能分泌一种黄褐色液体；工蚁数量是全巢最多的，巢内的一切主要工作，如筑巢、修路、抚育幼蚁、寻找食物等，皆由工蚁负担。工蚁采食时，在食料上做泥被或泥线，如在树木上取食，泥被、泥线可由地面高达数米，有时泥被环绕整个树干，形成泥套。

家白蚁 *Coptotermes formosanus* Shiraki

国内分布于广东、广西、福建、江西、湖北、湖南、四川、安徽、浙江、江苏及台湾等地。主要危害房屋、桥梁、电杆及绿化树种。危害树木时，多从根部蛀入而延伸到树干。

形态特征

有翅成虫　体长13.5~15mm，头背面深黄色，胸、腹背面黄褐色，腹部腹面黄色。翅淡黄色，前翅鳞明显大于后翅鳞，翅面密布细小短毛。

兵蚁　体长5.3~5.9mm。头与触角浅黄色，上颚黑褐色。腹部乳白色。头部椭圆形，最宽处在头的中段。囟近于圆形，大而显著。上颚镰刀形，左上颚基部有1深凹刻，其前另有4个小突起，额面的其他部分光滑无齿。前胸背板平坦，较头狭窄，前缘及后缘中央有缺刻。

生物学特性

土、木两栖，营群体生活，性喜阴暗潮湿。在室内或野外筑巢，巢的位置大多在树干内、夹墙内、屋梁上或猪圈内、锅灶下，也可筑巢于地下1.3~2m深的土壤内。主要取食木材、木材加工品及树木。在木材上顺木纹穿行，呈平行排列的构纹，通常沿墙角、门框边缘蔓延。蚁道的标志是：墙上有水湿痕迹，木材上油漆变色，沿途有一些针尖大小的透气孔，或木材表面有泥被。一般情况下找到透气孔即已接近蚁巢。巢有主巢和副巢，主巢体积较大，为蚁王、蚁后所栖居。一个庞大的巢群可以包括几十万头白蚁个体。繁殖飞翔季节为4~6月，多在傍晚成群飞翔，尤其是在大雨前后闷热时更为显著。有翅成虫有强烈趋光性，此时可用灯光诱杀。

捕食白蚁的天敌有蝙蝠、青蛙、壁虎、蚂蚁等。在南方潮湿地区，家白蚁巢中常有一些螨类寄生在白蚁身上，另外有些真菌、细菌也寄生于白蚁而导致白蚁死亡。

18.7.3　白蚁类的防治方法

(1) 物理防治

利用有翅成虫的趋光性，设置黑光灯诱杀。

(2) 人工防治

根据泥被、蚁路、地形、分群孔等特征寻找蚁巢，可在冬季白蚁集中巢内时挖巢。另外，在6~8月间寻找鸡纵菌，凡是地面上有鸡纵菌的地方，地下常有蚁巢，据此，可以判断蚁巢位置。

(3) 化学防治

①喷粉灭蚁。目前常用的有灭蚁灵(Mirex，有效成分70%)。最好在主巢或白蚁很多的副巢施药，在白蚁严重危害部位，群飞孔或主蚁道施药亦可。

②苗木生长期受害，可用50%辛硫磷800～1 000倍液淋根保苗。

③压烟灭蚁。找到通向蚁巢的主道口，将压烟筒的出烟管插入主道，用泥封住道口，以防烟雾外逸，再把杀虫烟剂(可用敌敌畏插管烟剂)放入筒内点燃，扭紧上盖，烟便自然沿蚁道压入蚁巢，杀虫效果很好。

④毒饵诱杀。在经常发生白蚁危害的圃地周围，投放白蚁喜食的饲料，如松木、蔗渣、桉树皮、木薯茎等作饵料，放在30cm^{2}的诱杀坑或诱杀箱中，并用洗米水淋湿，诱杀防治。也可用甘蔗渣渣粉、食糖、灭蚁灵粉按4∶1∶1的比例拌匀后，在白蚁的活动路线或分飞孔上投放。

复习思考题

1. 当地的地下害虫主要有哪几类？如何根据被害状判别地下害虫的种类？
2. 为什么蛴螬有季节性和周期性发生规律？
3. 蝼蛄有何习性能在防治中加以利用，如何防治？
4. 金针虫的发生危害特点有哪些，如何在防治中加以利用？
5. 如何根据当地主要地下害虫发生特点制定综合防治措施？

推荐阅读书目

中国地下害虫．魏鸿钧，张治良，王荫长．上海科学技术出版社，1989.

园林植物病虫害防治．徐明慧．中国林业出版社，1993.

园艺昆虫学．韩召军，杜相革，徐志宏．中国农业大学出版社，2001.

参 考 文 献

DAVID V AIFORD. A Color of Pests of Ornamental Trees, Shrubs and Flowers[M]. Portland: Timber Press, 448.

AGRIOS, G. N. Plant Pathology, Academic Press, 2008.

包春泉，张敏，余雪棋，等.2009. 樟树新害虫——樟颈曼盲蝽[J]. 浙江林业科技，29(3)：94-98.

北京农业大学.1993. 昆虫学通论上、下册.2版[M]. 北京：中国农业出版社.

彩万志，庞雄飞，花保祯等.2001. 普通昆虫学[M]. 北京：中国农业大学出版社.

蔡平，王滨.2001. 园林害虫的持续控制[J]. 中国园林，17(6)：68－70.

蔡平，祝树德.2003. 园林植物昆虫学[M]. 北京：中国农业出版社.

陈岭伟，黄少彬，等. 2002. 园林植物病虫害防治[M]. 北京：高等教育出版社.

迟德富，严善春.2001. 城市绿地植物虫害及其防治[M]. 北京：中国林业出版社.

杜建一. 2002. 花卉病虫害防治[M]. 北京：科学普及出版社.

高步衢.1998. 森林植物检疫[M]. 北京：中国科学技术出版社.

葛春华，周威君，郑祖强，等.1997. 园艺昆虫学[M]. 南京：江苏科学技术出版社.

关继东等. 2002. 森林植物病虫害防治[M]. 北京：高等教育出版社.

胡敦孝，吴杏霞.2001. 烟粉虱和温室白粉虱的区别[J]. 植物保护，27(5)：15－18.

黄少彬，孙丹萍，朱承美.2000. 园林植物病虫害防治[M]. 北京：中国林业出版社.

雷增普.2002. 花卉病虫害诊治图谱[M]. 福州：福建科学技术出版社.

李成德. 2004. 森林昆虫学[M]. 北京：中国林业出版社.

李传仁，夏文胜，王福莲，2007. 悬铃木方翅网蝽在中国的首次发现[J]. 动物分类学报，32(4)：944-946.

李怀芳，刘凤权，郭小密.园艺植物病理学[M]. 中国农业大学出版社，2001.

李孟楼. 2002. 森林昆虫学通论[M]. 北京：中国林业出版社.

林焕章，张能唐.1999. 花卉病虫害防治手册[M]. 北京：中国农业出版社.

林业部野生动物和森林保护司，林业部森林病虫害防治总站.1996. 中国森林植物检疫对象[M]. 北京：中国林业出版社.

刘广瑞，章有为，王瑞.1997. 中国北方常见金龟子彩色图鉴[M]. 北京：中国林业出版社.

刘乾开，等. 1999. 新编农药使用手册[M]. 上海：上海科学技术出版社.

刘荣堂.2004. 草坪有害生物及其防治[M]. 北京：中国农业出版社.

刘绍友.1990. 农业昆虫学(北方本)[M]. 杨凌：天则出版社.

刘悦秋，江幸福，赵和文. 2001. 园林植物病虫害[M]. 北京：气象出版社.

卢希平. 2004. 园林植物病虫害防治[M]. 上海：上海交通大学出版社.

陆自强.1995. 观赏植物害虫[M]. 北京：中国农业出版社.

罗晨，张芝利. 2000. 烟粉虱 *Bemisia tabaci*(Gennadius)研究概述[J]. 北京农业科学(增刊)，4－13.

南开大学，中山大学，北京大学，等. 1980. 昆虫学(上、下册)[M]. 北京：高等教育出版社.

农业部农药鉴定所. 1998. 新编农药手册(续集)[M]. 北京：中国农业出版社.

商鸿生，王凤葵，等. 1996. 草坪病虫害及其防治[M]. 北京：中国农业出版社.

沈阳农学院. 1980. 蔬菜昆虫学[M]. 北京：农业出版社.

石奇光. 1987. 昆虫信息素防治害虫技术[M]. 上海：上海科学技术出版社.

首都绿化委员会办公室. 2000. 观赏植物病虫草害[M]. 北京：中国林业出版社.

宋建英. 2005. 园林植物病虫害防治[M]. 北京：中国林业出版社.

宋瑞清，董爱荣. 2000. 城市绿地植物病害及其防治[M]. 北京：中国林业出版社.

苏星，岑炳沾. 1985. 花木病虫害防治[M]. 广州：广东科学技术出版社.

谭永钦，张国安，周兴苗. 2001. 我国草坪害虫防治研究进展[J]. 湖北植保，(2)：33－35.

王福莲，李传仁，刘万学，等. 2008. 新入侵物种悬铃木方翅网蝽的生物学特性及防治新技术研究进展[J]. 林业科学，44(6)：137-142.

王瑞灿，孙企农. 1999. 园林花卉病虫害防治手册[M]. 上海：上海科学技术出版社.

韦德卫，王助引，周至红. 2001. 一种不可忽视的茉莉花害虫——高氏瘤粉虱[J]. 广西植保，14(2)：17－18.

武三安，张润志. 2009. 威胁棉花生产的外来入侵新害虫——扶桑绵粉蚧[J]. 昆虫知识，46(1)：159-162.

肖娱玉，王凤，鞠瑞亭，等. 2010. 上海地区悬铃木方翅网蝽的生活史及发生情况[J]. 昆虫知识，47(2)，404-408.

谢联辉. 2006. 普通植物病理学[M]. 北京：科学出版社.

徐公天，杨志华，2007. 中国园林害虫. 北京：中国林业出版社.

许志刚. 2009. 普通植物病理学. 4 版. 北京：高等教育出版社.

虞国跃，王合，冯术快，等. 2015. 白皮松新害虫——品穴星坑小蠹及其防治策略[J]. 昆虫学报，58(1)：99-102.

虞国跃，王合. 2014. 中国新记录种——长足大蚜 Chinara cedri Mimeur. [J]. 环境昆虫学报，36(2)：260-264.

魏鸿钧，张治良，王荫长. 1989. 中国地下害虫[M]. 上海：上海科技出版社.

西北农学院. 1977. 农业昆虫学(上、下册)[M]. 北京：人民教育出版社.

夏宝池，赵云琴，沈百炎. 1992. 中国园林植物保护[M]. 南京：江苏科学技术出版社.

夏希纳，丁梦然. 2004. 园林观赏树木病虫害无公害防治[M]. 北京：中国农业出版社.

萧刚柔. 1992. 中国森林昆虫，2 版[M]. 北京：中国林业出版社.

忻介六. 1988. 农业螨类学[M]. 北京：农业出版社.

徐公天. 2003. 园林植物病虫害防治原色图谱[M]. 北京：中国农业出版社.

徐公天，陆庆轩. 1999. 花卉病虫害防治图册[M]. 沈阳：辽宁科学技术出版社.

徐公天，庞建军，戴秋惠. 2003. 园林绿色植保技术[M]. 北京：中国农业出版社.

徐明慧. 1998. 花卉病虫害防治(修订版)[M]. 北京：金盾出版社.

徐明慧. 1993. 园林植物病虫害防治[M]. 北京：中国林业出版社.

徐志华. 2004. 庭院花卉病虫害诊治图说[M]. 北京：中国林业出版社.

阎凤鸣，李大建. 2000. 粉虱分类的基本概况和我国常见种的识别[J]. 北京农业科学(增刊)，20－30.

杨小波，吴庆书，邹伟等．2000．城市生态学[M]．北京：科学出版社．

殷海生，刘宪伟．1995．中国蟋蟀总科和蝼蛄总科分类概要[M]．上海：上海科学技术文献出版社．

袁锋．1996．昆虫分类学[M]．北京：中国农业出版社．

曾大鹏．1998．中国进境森林植物检疫对象及危险性病虫[M]．北京：中国林业出版社．

张随榜．2001．园林植物保护[M]．北京：中国农业出版社．

张兴，王兴林，冯纪年．1992．西北地区农作物病虫草害药剂防治技术指南[M]．西安：陕西科学技术出版社．

张芝利，罗晨．2001．我国烟粉虱的发生为害与防治对策[J]．植物保护，27(2)：25－30．

张执中．1997．森林昆虫学[M]．北京：中国林业出版社．

赵怀谦，赵宏儒，杨志华．1994．园林植物病虫害防治手册[M]．北京：中国农业出版社．

郑进，孙丹萍．2003．园林植物病虫害防治[M]．北京：中国科学技术出版社．

周仲铭．1990．林木病理学．2 版[M]．北京：中国林业出版社．

祝树德，陆自强．1996．园林昆虫学[M]．北京：中国农业出版社．

邹德靖．1995．森林病虫害防治学[M]．北京：中国农业出版社．

索　引

中文名索引

（按拼音顺序排列）

病　害

害 虫

拉丁学名索引

（按字母顺序排列）

病 害

害 虫

附录　中国市树市花重要病虫害名单

B

八仙花(琼花)(江苏扬州市市花)

病害:竹节蓼白粉病 *Erysiphe polygoni* DC.

八仙花炭疽病 *Colletotrichum hydrangeae* Saw.

八仙花叶斑病 *Phyllosticta hydrangeae* Ell. et Ev.

一品红灰霉病 *Botrytis cinenia* Pers.

四季报春灰霉病 *Botrytis cinerea* Pers. ex Fr.

鹤望兰灰霉病 *Botrytis* sp.

四季报春花叶病 Cucumber Mosaic Virus

虫害:考氏白盾蚧 *Pseudaulacaspis cockerelli* (Coo-ley)

白蜡(天津市、新疆石河子市、辽宁盘锦市、安徽芜湖市市树)

病害:紫纹羽病 *Helicobasidium purpureum* (Tul.) Pat.

虫害:桑刺尺蛾 *Zamacra excavata* Dyar

褐边绿刺蛾 *Latoia consocia* (Walker)

霜天蛾 *Psilogramma menephron* (Cramer)

云斑天牛 *Batocera horsfieldi* (Hope)

薄翅天牛 *Megopis sinica* (White)

小褐木蠹蛾 *Holcocerus insularis* Staudinger

日本双刺长蠹 *Sinoxylon anale* Lesne

草履蚧 *Drosicha corpulenta* (Kuwana)

水木坚蚧 *Parthenolecanium corni*(Bouche)

白兰(广东佛山市和广东肇庆市市树)

病害:二乔玉兰炭疽病 *Glomerella cingulata* (Stonem) Spauld et Schrenk.

白兰花炭疽病 *Glomerella cingulata* (Stonem.) Spauld et Schrenk

米兰煤污病 *Meliola* spp.

虫害:丽绿刺蛾 *Latoia lepida* (Cramer)

桑褐刺蛾 *Setora postornata* (Hampson)

扁刺蛾 *Thosea sinensis*(Walker)

茶褐樟蛱蝶 *Charoxes bernardus* Fabricius

樟青凤蝶 *Graphium sarpedon* L.

白囊袋蛾 *Chalioides kondonis* Matsumura.

东方绢金龟 *Serica orientalis* (Motschulsky)

咖啡木蠹蛾 *Zeuzera coffeae* Nietner

日本龟蜡蚧 *Ceroplastes japonicus* Green

考氏白盾蚧 *Pseudaulacaspis cockerelli* (Cooley)

橘刺粉虱 *Aleurocanthus spiniferus* Quaintance

白玉兰(浙江省省花,上海市,江西九江市、鹰潭市、新余市,江苏南通市,广东东莞市,云南东川市,台湾嘉义市市花)

病害:山茶藻斑病 *Cephaleuros virescens* Kunze.

虫害:红蜡蚧 *Ceroplastes rubens* Maskell

黑蚱蝉 *Cryptotympana atrata* Fabricius

吹绵蚧 *Icerya purchasi* Maskell

百合(陕西省省花)

病害:百合炭疽病 *Colletotrichum lilii* Pladideas

百合叶枯病 *Botrytis liliorum* Hino

麝香百合灰霉病 *Botrytis elliptica* (Berk.) Cooke

菊花叶线虫病 *Aphelenchoides rotzemabbosi* (Schwartz) Steiner.

仙人掌细菌性软腐病 *Erwinia carotovora* Jones

四季报春花叶病 Cucumber Mosaic Virus

郁金香碎色病 Tulip Breaking Virus

虫害:斜纹夜蛾 *Prodenia litura* Fabricius

报春花(西藏自治区区花)

病害:四季报春叶斑病 *Ascohyta primulae* Trail

C

侧柏(北京市和拉萨市市树)

虫害:油桐尺蛾 *Buzura suppressaria* Guenee.
侧柏毒蛾 *Parocneria furva* Leech.
大蓑蛾 *Cryptothelea variegata* Snellen
双条杉天牛 *Semanotus bifasiatus* Motschlsky
柏肤小蠹 *Phloeosinus aubei* Perris
柏蚜 *Cinara tujafilina* (del Guercio)
桃一点叶蝉 *Singapora shinshana* (Matsumura)
柏小爪螨 *Oligonychus perditus* Pritchard et Baker
松叶螨 *Oligonychus umunguis* Jacobi.

赤松(长白赤松为吉林延边市市树)

病害:五针松落针病 *Lophodermium pinastri* (Schrad) Chev.

虫害:油松毛虫 *Dendrolimus tabulaeformis* Tsai et Liu
松梢斑螟 *Dioryctria splendidella* Herrich-Schäffer
日本松干蚧 *Matsucoccus matsumurae*(Kuwana)

垂柳(吉林省吉林市、延吉市,江苏扬州市,安徽芜湖市,陕西咸阳市,河南漯河市,辽宁本溪市和营口市市树)

虫害:柳闪紫蛱蝶 *Apatura ilia* Denis et Schiffermüller
星天牛 *Anoplophora chinensis* (Forster)
桃红颈天牛 *Aromia bungii* Faldermann
云斑天牛 *Batocera horsfieldi* (Hope)
刺角天牛 *Trirachys orientalis* Hope
杨柳始叶螨 *Eotetranychus populi* (Koch)

刺桐(福建泉州市市树)

虫害:扁刺蛾 *Thosea sinensis*(Walker)
刺桐姬小蜂 *Quadrastichus erythrinae* Kim

翠菊(拉萨市市花)

病害:翠菊叶枯病 *Septoria callistephi* Gloyer.
菊花番茄斑萎病 *Tomato Spotted* Wilt Virus
紫荆枯萎病 *Fusarium* sp.
立枯病 *Rhizoctonia solani* Kuehn
菊花叶线虫病 *Aphelenchoides rotzemabbosi* (Schwartz) Steiner.

虫害:绿丽盲蝽 *Lygocoris lucorum* (Meyer-Dür)

D

大丽花(河北张家口市和辽宁辽阳市市花)

病害:竹节蓼白粉病 *Erysiphe polygoni* DC.
大丽花褐斑病 *Alternaria alternata* (Fr.) Keissl.
大丽菊斑点病 *Phyllosticta dahliecola* Brunaud.
一品红灰霉病 *Botrytis cinenia* Pers.
四季报春灰霉病 *Botrytis cinerea* Pers. ex Fr.
天竺葵灰霉病 *Botrytis cinerea* Pers. ex Fr.
大丽花灰霉病 *Botrytis cinerea* Pers.; *B. narcissicda* Rleb.
仙客来灰霉病 *Botrytis cinerea* Pers. ex Fr.
鹤望兰灰霉病 *Botrytis* sp.
瓜叶菊灰霉病 *Stachybotrys dichroa* Grove
菊花叶线虫病 *Aphelenchoides rotzemabbosi* (Schwartz) Steiner.
菊花番茄斑萎病 Tomato Spotted Wilt Virus
金鸡菊花叶病 Dahlia Mosaic Virus
大丽花茎枯病 *Choetospermum chaetosprum* Pat. Smith
黄栌黄萎病 *Verticillium dahliae* Kleb.
立枯病 *Rhizoctonia solani* Kuehn

虫害:银纹夜蛾 *Argyrogramma agnata* Staudinger
斜纹夜蛾 *Prodenia litura* Fabricius
桑褐刺蛾 *Setora postornata* (Hampson)
棉大卷叶螟 *Sylepta derogata* Fabricius
小青花金龟 *Oxycetonia jucunda* (Faldermann)

短额负蝗 *Atractomorpha sinensis* Bolivar
棉蝗 *Chondracris rosea rosea*（De Geer）
大丽菊螟 *Ostrinia furnacalis*（Guenée）
棉蚜 *Aphis gossypii* Glover
桃蚜 *Myzus persicae*(Sulzer)
绿丽盲蝽 *Lygocoris lucorum*（Meyer-Dür）
温室白粉虱 *Trialeurodes vaporariorum*（Westwood）
侧多食跗线螨 *Polyphagotarsonemus latus*（Bank）

丁香（内蒙古呼和浩特市、黑龙江哈尔滨市、青海西宁市、新疆乌鲁木齐市市花）

虫害：霜天蛾 *Psilogramma menephron*（Gramer）
小黄卷叶蛾 *Adoxophyes fasciata* Wals
小青花金龟 *Oxycetonia jucunda*（Faldermann）
小褐木蠹蛾 *Holcocerus insularis* Staudinger
考氏白盾蚧 *Pseudaulacaspis cockerelli*（Cooley）
桑白盾蚧 *Pseudaulacaspis pentagona*（Targioni-Tozzetti）
梨圆盾蚧 *Quadraspidiotus perniciosus* Comstock
矢尖盾蚧 *Unaspis yanonensis*（Kuwana）
大青叶蝉 *Cicadella viridis*（L.）
茶翅蝽 *Halyomorpha picus*（Fabricius）
柑橘粉虱 *Dialeurodes citri*(Ashmead)
丁香蓟马 *Dendrothrips ornatus* Jablonowsky

杜鹃花（贵州省、江西省省花；内蒙古赤峰市，辽宁丹东市，吉林延边市，江苏无锡市，浙江余姚市、嘉兴市，安徽马鞍山市、巢湖市，福建三明市，江西九江市、井冈山市，山东荣城市，湖南韶关市、长沙市，云南大理市，台湾台北市、新竹市市花）

病害：山茶斑点病 *Monochaetia kansensis* Sacc.
大丽花灰霉病 *Botrytis cinerea* Pers.；*B. narcissicda* Rleb.
杜鹃花腐病 *Botrytis cinerea* Pers.

虫害：灰斑古毒蛾 *Orgyia ericae* Germar
大蓑蛾 *Cryptothelea variegata* Snellen
咖啡木蠹蛾 *Zeuzera coffeae* Nietner
藤圆盾蚧 *Aspidofus nerii* Bouche
山茶片盾蚧 *Parlatoria camelliae* Comstock
考氏白盾蚧 *Pseudaulacaspis cockerelli*（Cooley）
蛇眼蚧 *Pseudaonidia duplex*（Cockerell）
大青叶蝉 *Cicadella viridis*（L.）
梨冠网蝽 *Stephanitis nashi* Esaki et Takeya
杜鹃冠网蝽 *Stephanitis typica*（Distant）
温室白粉虱 *Trialeurodes vaporariorum*（Westwood）

凤凰木（福建厦门市、广东汕头市、台湾台南市市树）

虫害：茶蓑蛾 *Cryptothelea minuscula* Butler
白囊袋蛾 *Chalioides kondonis* Matsumura.
东方绢金龟 *Serica orientalis*（Motschulsky）

扶桑（广西南宁市、云南玉溪市、台湾高雄市市树）

病害：朱蕉炭疽病 *Colletotrichum gloeosporioides* Penz.
洒金珊瑚炭疽病 *Colletotrichum glosoporioide*（Penz.）
扶桑炭疽病 *Colletotrichun gloeosporioides* Penz.
兰花炭疽病 *Colletotrichum orchidearum* Allesch.
扶桑叶斑病 *Phyllosticta* sp.
立枯病 *Rhizoctonia solani* Kuehn

虫害：铜绿丽金龟 *Anomala corpulenta* Motschulsky
吹绵蚧 *Icerya purchasi* Maskell
短额负蝗 *Atractomorpha sinensis* Bolivar
棉蚜 *Aphis gossypii* Glover
棉叶蝉 *Empoasca biguttula*（Shiraki）
绿丽盲蝽 *Lygocoris lucorum*（Meyer-Dür）
温室白粉虱 *Trialeurodes vaporariorum*（Westwood）
扶桑绵粉蚧 *Phenacoccus solenopsis* Tinsley

G

柑橘(湖北宜昌市市树)

病害:柑橘炭疽病 *Colletotrichum gloeosporioides* Penz.

金边瑞香煤污病 *Meliola* spp.

栀子花煤污病 *Capnodium* spp.

山茶藻斑病 *Cephaleuros virescens* Kunze.

柑橘溃疡病 *Xanthomonas citri* (Hasse) Dowson

虫害:枯叶夜蛾 *Adris tyrannus* (Guenée)

嘴壶夜蛾 *Oraesia emarginata*(Fabricius)

旋目夜蛾 *Speiredonia retorta* L.

鸟嘴壶夜蛾 *Oraesia excavate* (Butler)

丽黄刺蛾 *Narosa* sp.

扁刺蛾 *Thosea sinensis*(Walker)

乌桕黄毒蛾 *Euproctis bipunctapex* (Hampson)

茶毛虫 *Euproctis pseudoconspersa* Strand

小黄卷叶蛾 *Adoxophyes fasciata* Wals

后黄卷叶蛾 *Cacoecia asiatica* Walsinghum

樟青凤蝶 *Graphium sarpedon* L.

碧凤蝶 *Papilio bianor* Cramer

玉斑凤蝶 *Papilio helenus* L.

蓝凤蝶 *Papilio protenor* Cramer.

柑橘凤蝶 *Papilio xuthus* L.

美凤蝶 *Papilio memnon* L.

玉带凤蝶 *Papilio polytes* L.

八点灰灯蛾 *Creatonotus transiens* (Walker)

橘潜叶甲 *Podagricomela nigricollis* Chen.

枸橘潜叶甲(枸杞潜跳甲)*Podagricomela weisei* Heikertinger

绒绿象甲 *Hypomeces squamosus* Fabricius

泥翅象甲(柑橘灰象)*Sympiezomias citri* Chao

铜绿丽金龟 *Anomala corpulenta* Motschulsky

大绿丽金龟 *Anomala cupripes* Hope

黄斑短突花金龟 *Glycyphana fulvistemma* (Motschulsky)

白星花金龟 *Potosia brevitarsis* Lewis

小青花金龟 *Oxycetonia jucunda* (Faldermann)

棉蝗 *Chondracris rosea rosea* (De Geer)

柑橘潜叶蛾 *Phyllocnistis citrella* (Stainton)

桑天牛 *Apriona germari* Hope

瘤胸天牛 *Aristobia hispida* (Saunders)

橘绿枝天牛 *Chelidonium argentatum* Dalman

橘褐天牛 *Nadezhdiella cantori* (Hope)

柑橘爆皮虫 *Agrilus auriventries* Saunders

六星吉丁虫 *Chrysobothris succedanea* Saunders

咖啡木蠹蛾 *Zeuzera coffeae* Nietner

花蕾蛆 *Contarinia citri* Barnes

纺织娘 *Mecopoda elongata* L.

红圆蚧 *Aonidiella aurantii* (Maskell)

伪角蜡蚧 *Ceroplastes pseudoceriferus* Green

红蜡蚧 *Ceroplastes rubens* Maskell

褐软蜡蚧 *Coccus hesperidum* (L.)

吹绵蚧 *Icerya purchasi* Maskell

糠片盾蚧 *Parlatoria pergandei* Comstock

山茶片盾蚧 *Parlatoria camelliae* Comstock

黑点盾蚧 *Parlatoria ziziphi* (Lucas)

桑白盾蚧 *Pseudaulacaspis pentagona* (Targioni-Tozzetti)

蛇眼蚧 *Pseudaonidia duplex* (Cockerell)

梨圆盾蚧 *Comstockaspis perniciosa* (Comstock)

矢尖盾蚧 *Unaspis yanonensis* (Kuwana)

桃蚜 *Myzus persicae*(Sulzer)

褐橘声蚜 *Toxoptera citricidus* (Kirkaldy)

黑蚱蝉 *Cryptotympana atrata* Fabricius

大青叶蝉 *Cicadella viridis* (L.)

桃一点叶蝉 *Singapora shinshana* (Matsumura)

碧蛾蜡蝉 *Geisha distinctissima*(Walker)

眼纹广翅蜡蝉 *Euricania ocelllas*(Walker)

青蛾蜡蝉(褐缘蛾蜡蝉)*Salurnis marginellua* (Guèrin)

麻皮蝽 *Erthesina fullo*（Thunberg）
茶翅蝽 *Halyomorpha picus*（Fabricius）
柑橘木虱 *Diaphorina citri* Kuwayama
橘刺粉虱 *Aleurocanthus spiniferus* Quaintance
柑橘粉虱 *Dialeurodes citri*（Ashmead）
黑翅土白蚁 *Odontotermes formosanus* Shiraki
柑橘全爪螨 *Panonychus citri* McGregor
柑橘锈壁虱 *Phyllocoptruta oleivora*（Ashmead）

枸杞（宁夏回族自治区区花）
虫害：茄廿八星瓢虫 *Epilachna sparsa* Orientalis Diek
褐软蜡蚧 *Coccus hesperidum*（L.）
桃蚜 *Myzus persicae*（Sulzer）

广玉兰（安徽合肥市，江苏常州市、南通市、镇江市，湖北沙市、十堰市市树）
病害：广玉兰炭疽病 *Colletotrichum* sp.
虫害：扁刺蛾 *Thosea sinensis*（Walker）
大蓑蛾 *Cryptothelea variegata* Snellen
咖啡木蠹蛾 *Zeuzera coffeae* Nietner
藤圆盾蚧 *Aspidofus nerii* Bouche
日本龟蜡蚧 *Ceroplastes japonicus* Green
褐软蜡蚧 *Coccus hesperidum*（L.）
考氏白盾蚧 *Pseudaulacaspis cockerelli*（Cooley）

桂花（广西壮族自治区区花；江苏苏州市，浙江杭州市，安徽合肥市、马鞍山市，江西新余市，河南南阳市、信阳市，湖北老河口市，广西桂林市，四川泸州市和广元市市花）
病害：洒金珊瑚炭疽病 *Colletotrichum glosoporioide*（Penz.）
扶桑炭疽病 *Colletotrichun gloeosporioides* Penz.
桂花炭疽病 *Colletotrichum ploeosporioides* Penz.
兰花炭疽病 *Colletotrichum orchidearum* Allesch.
金边瑞香煤污病 *Meliola* spp.
栀子花煤污病 *Capnodium* spp.
山茶藻斑病 *Cephaleuros virescens* Kunze.
虫害：黄刺蛾 *Cnidocampa flavescens*（Walker）
丽绿刺蛾 *Latoia lepida*（Cramer）
桑褐刺蛾 *Setora postornata*（Hampson）
扁刺蛾 *Thosea sinensis*（Walker）
霜天蛾 *Psilogramma menephron*（Gramer）
茶蓑蛾 *Cryptothelea minuscula* Butler
大蓑蛾 *Cryptothelea variegata* Snellen
红圆蚧 *Aonidiella aurantii*（Maskell）
藤圆盾蚧 *Aspidofus nerii* Bouche
红蜡蚧 *Ceroplastes rubens* Maskell
褐软蜡蚧 *Coccus hesperidum*（L.）
吹绵蚧 *Icerya purchasi* Maskell
考氏白盾蚧 *Pseudaulacaspis cockerelli*（Cooley）
糠片盾蚧 *Parlatoria pergandei* Comstock
蛇眼蚧 *Pseudaonidia duplex*（Cockerell）
矢尖盾蚧 *Unaspis yanonensis*（Kuwana）
黑蚱蝉 *Cryptotympana atrata* Fabricius
八点广翅蜡蝉 *Ricania speculum* Walker
非洲粉虱 *Dialeurodes citri*（Ashmead）
柑橘全爪螨 *Panonychus citri* McGregor
朱砂叶螨 *Tetranychus cinnabarinus*（Boisduval）

H

含笑（福建永安市市花）
病害：山茶藻斑病 *Cephaleuros virescens* Kunze.
深山含笑茎腐病 *Fusarium* sp.
立枯病 *Rhizoctonia solani* Kuehn
樟青凤蝶 *Graphium sarpedon* L.
茶蓑蛾 *Cryptothelea minuscula* Butler
樗蚕 *Philosamia cynthia* Walkeri
日本龟蜡蚧 *Ceroplastes japonicus* Green
吹绵蚧 *Icerya purchasi* Maskell
考氏白盾蚧 *Phenacaspis cockerelli*（Cooley）
蛇眼蚧 *Pseudaonidia duplex*（Cockerell）

荷花（湖南省省花和澳门特别行政区区花；山东

济南市、济宁市,河南许昌市,广东肇庆市和台湾花莲市市花)

病害:荷花褐纹病 *Cercospora nelumbonis* Tharp; *C. nymplaeacea* Cke. et Ell.

睡莲黑斑病 *Alternaria nelumbii* (Ell. et Ev.) Enlow et Rand

萍蓬草褐斑病 *Cercospora nymphaeaceae* Cooke et Ell.

睡莲褐斑病 *Cercospora nymphaeaceae* Cooke et Ell.

虫害:斜纹夜蛾 *Prodenia litura* Fabricius

豆毒蛾 *Cifuna locuples* Walker.

考氏白盾蚧 *Pseadaulacaspis cockerelli* (Cooley)

莲缢管蚜 *Rhopalosiphum nymphaeae*(L.)

鹤望兰(辽宁盘锦市市花)

病害:鹤望兰灰霉病 *Botrytis* sp.

虫害:考氏白盾蚧 *Pseadaulacaspis cockerelli* (Cooley)

黑松(辽宁沈阳市市树)

病害:五针松落针病 *Lophodermium pinastri* (Schrad) Chev.

虫害:松茸毒蛾 *Dasychira axntha* Collenette

油松毛虫 *Dendrolimus tabulaeformis* Tsai et Liu

马尾松毛虫 *Dendrolimus punctatus* Walker

浙江黑松叶蜂 *Nesodiprion zhejiangensis* Zhou et Xiao

薄翅锯天牛 *Megopis sinica* (White)

松墨天牛 *Monochamus alternatus* Hope

(微红)松梢斑螟 *Dioryctria splendidella* Herrich-Schäffer

日本松干蚧 *Matsucoccus matsumurae* (Kuwana)

松叶螨(针叶小爪螨) *Oligonychus umunguis* Jacobi.

红松(黑龙江伊春市市树)

病害:五针松落针病 *Lophodermium pinastri* (Schrad) Chev.

虫害:云杉黄卷蛾 *Archips oporanus* (L.)

松大蚜 *Cinara pinitabulaeformis* Zhang et Zhang

槐树(山西省省树;北京市,河北石家庄市、承德市、保定市、张家口市,山西太原市、长治市,山东泰安市,陕西西安市、咸阳市、汉中市,甘肃兰州市、天水市,河南三门峡市、漯河市,安徽淮北市、蚌埠市,辽宁辽阳市、鞍山市、盘锦市、济宁市市树)

病害:槐树烂皮病 *Fusarium tricinctum* (Corda) Sacc.; *Dothiorella ribis* Gross et Du

立枯病 *Rhizoctonia solani* Kuehn

虫害:银纹夜蛾 *Argyrogramma agnata* Staudinger

国槐尺蛾 *Semiothisa cinerearia* Bremer et Grey

木橑尺蛾 *Culcula panterinaria* Bremer et Grey

扁刺蛾 *Thosea sinensis*(Walker)

国槐羽舟蛾 *Peerostoma sinicum* Moore

大灰象甲 *Sympiezomias velatus* (Chevrolat)

白星花金龟 *Potosia brevitarsis* Lewis

小青花金龟 *Oxycetonia jucunda* (Faldermann)

国槐潜叶蛾 *Phyllonorycter acaciella* Mn.

刺角天牛 *Trirachys orientalis* Hope.

小褐木蠹蛾 *Holcocerus insularis* Staudinger

国槐小卷蛾 *Cydia trasias* (Meyrick)

日本双刺长蠹 *Sinoxylon anale* Lesne.

草履蚧 *Drosicha corpulenta* (Kuwana)

水木坚蚧 *Parthenolecanium corni* (Bouché)

桑白盾蚧 *Pseudaulacaspis pentagona* (Targioni-Tozzetti)

黑蚱蝉 *Cryptotympana atrata* Fabricius

神泽氏叶螨 *Tetranychus kanzawai* Kishida

国槐叶螨 *Tetranychus truncatus* Ehara.

黄刺玫(辽宁阜新市市花)

病害：月季黑斑病 *Actinonema rosae*（Lib.）Fr.
虫害：蔷薇三节叶蜂 *Arge pagana* Panzer
月季茎蜂 *Neosyrista similis* Moscary
梨圆盾蚧 *Comstockaspis perniciosa*（Comstock）

黄山松（安徽省省树）
病害：五针松落针病 *Lophodermium pinastri*（Schrad）Chev.
虫害：日本松干蚧 *Matsucoccus matsumurae*（Kuwana）

J

鸡蛋花（广东肇庆市市花）
病害：鸡冠花炭疽病 *Colletotrichum gloeosporioides* Penz.
鸡冠花褐斑病 *Cercospora celosiae* Syd.
文殊兰叶斑病 *Macrophomina phaseoli*（Maub.）Ashby
立枯病 *Rhizoctonia solani* Kuehn
虫害：白星花金龟 *Potosia brevitarsis* Lewis
短额负蝗 *Atractomorpha sinensis* Bolivar
棉蚜 *Aphis gossypii* Glover
小地老虎 *Agrotis ypsilon* Rottemberg
朱砂叶螨 *Tetranychus cinnabarinus*（Boisduval）

金边瑞香（江西南昌市、瑞金市市花）
病害：金边瑞香炭疽病 *Gloeosporium mezeri*
金边瑞香叶斑病 *Marssonina daphnes*
金边瑞香煤污病 *Meliola* spp.
虫害：红圆蚧 *Aonidiella aurantii*（Maskell）
褐盔蜡蚧 *Parthenolecanium corni*（Bouché）

金银花（辽宁鞍山市市花）
病害：竹节蓼白粉病 *Erysiphe polygoni* DC.
虫害：卫矛矢尖盾蚧 *Unaspis euonymi*（Comstock）

菊花（北京市，河北保定市，山西太原市，江苏张家港市、南通市，安徽芜湖市，河南开封市，湖南湘潭市，广东中山市，台湾彰化市市花）
病害：菊花灰斑病 *Cercospora chrysanthemi* Heald et Wolf
菊花黑斑病 *Septoria chrysanthemella* Sacc.
金鸡菊黑斑病 *Septoria chrysanthemella* Sacc.
一品红灰霉病 *Botrytis cinenia* Pers.
四季报春灰霉病 *Botrytis cinerea* Pers. ex Fr.
石竹灰霉病 *Botrytis cinerea* Pers.
仙客来灰霉病 *Botrytis cinerea* Pers. ex Fr.
瓜叶菊灰霉病 *Stachybotrys dichroa* Grove
Botrytis cinerea Pers.
鹤望兰灰霉病 *Botrytis* sp.
菊花叶线虫病 *Aphelenchoides rotzemabbosi*（Schwartz）Steiner.
菊花脉斑驳病 Chrysanthemum Vein Mottle Virus
菊花番茄斑萎病 Tomato Spotted Wilt Virus
黄栌黄萎病 *Verticillium dahliae* Kleb.
紫荆枯萎病 *Fusarium* sp.
幼苗猝倒病 *Pythium* spp.
菊花斑点病 *Phyllosticta chrysanthemi* Ell. et Dear.
菟丝子害 *Cuscuta* spp.
虫害：银纹夜蛾 *Argyrogramma agnata* Staudinger
斜纹夜蛾 *Prodenia litura* Fabricius
棉大造桥虫 *Ascotis selenaria*（Denis et Schaffmuller）
大红蛱蝶 *Vanessa imdica*（Herbst）
红缘灯蛾 *Amsacta lactinea* Cramer
人纹污灯蛾 *Spilarctia subcarnea*（Walker）
褐足角胸叶甲 *Basilepta fulvipes*（Motschulsky）
东方绢金龟 *Serica orientalis*（Motschulsky）
小青花金龟 *Oxycetonia jucunda*（Faldermann）
短额负蝗 *Atractomorpha sinensis* Bolivar

棉蝗 *Chondracris rosea rosea* (De Geer)
黄体鹿蛾 *Amata grotei* Moore
菊小筒天牛 *Phytoecia rufiventris* Gautier des Cottes
大丽菊螟 *Ostrinia furnacalis* (Guenée)
棉铃虫 *Helicoverpa armigera* (Hübner)
褐软蜡蚧 *Coccus hesperidum* (L.)
棉蚜 *Aphis gossypii* Glover
菊姬长管蚜 *Macrosiphoniella sanborni* (Gillette)
小地老虎 *Agrotis ypsilon* Rottemberg
大地老虎 *Agrotis tokionis* Butler
朱砂叶螨 *Tetranychus cinnabarinus* (Boisduval)
神泽氏叶螨 *Tetranychus kanzawai* Kishida

榉树(江苏金坛市市树)
虫害:豆毒蛾 *Cifuna locuples* Walker.
大红蛱蝶 *Vanessa imdica* (Herbst)

君子兰(吉林省省花,长春市市花)
病害:君子兰炭疽病 *Colletotrichum* sp.
水仙大褐斑病 *Stagonospora curtissi* (Berk.) Sacc.
仙人掌细菌性软腐病 *Erwinia carotovora* Jones
虫害:红圆蚧 *Aonidiella aurantii* (Maskell)
考氏白盾蚧 *Pseudaulacaspis cockerelli* (Cooley)

L

蜡梅(河南省省花,江苏镇江市、河南鄢陵市、安徽淮北市市花)
病害:蜡梅炭疽病 *Gloeosporium theae-sinensis* Miyake
蜡梅黑斑病 *Alternaria calycanthi* (Car.) Joly.
天竺葵叶斑病 *Alternaria pelargonii* Ell. et Ev.
虫害:黄刺蛾 *Cnidocampa flavescens* (Walker)
桑褐刺蛾 *Setora postornata* (Hampson)
日本龟蜡蚧 *Ceroplastes japonicus* Green
黑蚱蝉 *Cryptotympana atrata* Fabricius
八点广翅蜡蝉 *Ricania speculum* Walker

兰花(四川省省花,河北保定市、云南保山市、贵州贵阳市、浙江绍兴市、福建龙岩市、台湾宜兰市市花)
病害:朱蕉炭疽病 *Colletotrichum gloeosporioides* Penz.
扶桑炭疽病 *Colletotrichum gloeosporioides* Penz.
洒金珊瑚炭疽病 *Colletotrichum glosoporioide* Penz.
兰花炭疽病 *Colletotrichum orchidearum* Allesch.
仙人掌细菌性软腐病 *Erwinia carotovora* Jones
兰花叶斑病 *Coniothyrium concentricum* (Desm) Sacc.
虫害:棉蚜 *Aphis gossypii* Glover
桃蚜 *Myzus persicae* (Sulzer)

荔枝(广东深圳市、东莞市市树)
虫害:小黄卷叶蛾 *Adoxophyes fasciata* Wals
泥翅象甲(柑橘灰象) *Sympiezomias citri* Chao
咖啡木蠹蛾 *Zeuzera coffeae* Nietner
桃蛀螟 *Dichocrocis punctiferalis* Guenée

连翘(辽宁盘锦市市花)
病害:连翘叶斑病 *Phyllosticta forsythiae* Sacc.

莲花(澳门特别行政区区花)
虫害:莲缢管蚜 *Rhopalosiphum nymphaeae* L.
潜叶摇蚊 *Stenochironomus nelumbus* Tokunaga et Kuroda
斜纹夜蛾 *Spodoptera litura* (Fabricius)

柳(青海西宁市市树)
病害:杨柳褐斑病 *Septoria populicola* Peck.
杨柳腐烂病 *Valsa sordida* Nit.
菟丝子害 *Cuscuta* spp.
紫纹羽病 *Helicobasidium purpureum*

(Tul.) Pat.

虫害:梨剑纹夜蛾 *Acronicta rumicis* (L.)

桃剑纹夜蛾 *Acronicta intermedia* Marren

丝棉木金星尺蛾 *Calospilos suspecta* (Warren)

木橑尺蛾 *Culcula panterinaria* Bremer et Grey

黄刺蛾 *Cnidocampa flavescens* (Walker)

褐边绿刺蛾 *Latoia consocia* Walker

桑褐刺蛾 *Setora postornata* (Hampson)

扁刺蛾 *Thosea sinensis*(Walker)

豆毒蛾 *Cifuna locuples* Walker

黄尾毒蛾 *Euproctis similis* Füeessly

灰斑古毒蛾 *Orgyia ericae* Germar

柳毒蛾 *Stilpnotia salicis* (L.)

杨扇舟蛾 *Clostera anachoreta* (Fabricius)

杨二尾舟蛾 *Cerura menciana* Moore

分月扇舟蛾 *Clostera anastomosis* (L.)

苹掌舟蛾 *Phalera flavescens* (Bremer et Grey)

霜天蛾 *Psilogramma menephron* (Gramer)

蓝目天蛾 *Smerinthus planus* Walker

褐带卷叶蛾 *Pandemis heparana* (Schiffermüller)

小蓑蛾 *Acanthopsyche* sp.

白囊袋蛾 *Chalioides kondonis* Matsumura

茶蓑蛾 *Cryptothelea minuscula* Butler

绿尾大蚕蛾 *Actias selene ningpoana* Felder

乌桕大蚕蛾 *Attacus atlas* (L.)

银杏大蚕蛾 *Dictyoploca japonica* Moore

八点灰灯蛾 *Creatonotus transiens* (Walker)

天幕毛虫 *Malacosoma neustria testacea* Motschulsky

柳蓝叶甲 *Plagiodera versicolora*(Laicharting)

大灰象甲 *Sympiezomias velatus* (Chevrolat)

斑点喙丽金龟 *Adoretus tenuimaculatus* Waterhouse

铜绿丽金龟 *Anomala corpulenta* Motschulsky

黄斑短突花金龟 *Glycyphana fulvistemma* (Motschulsky)

大绿丽金龟 *Anomala cupripes* Hope

东方绢金龟 *Serica orientalis* (Motschulsky)

暗黑鳃金龟 *Holotrichia parallela* Motschulsky

苹毛丽金龟 *Proagopertha lucidula* Faldermann.

小青花金龟 *Oxycetonia jucunda* (Faldermann)

星天牛 *Anoplophora chinensis* (Forster)

光肩星天牛 *Anoplophora glabripennis* (Motschulsky)

桑天牛 *Apriona germari* Hope

薄翅锯天牛 *Megopis sinica* (White)

六星吉丁虫 *Chrysobothris succedanea* Saunders

松大象 *Hyposipatus gigas* Fabricius

芳香木蠹蛾 *Cossus cossus orientalis* Gaede.

日本龟蜡蚧 *Ceroplastes japonicus* Green

褐软蜡蚧 *Coccus hesperidum* (L.)

草履蚧 *Drosicha corpulenta* (Kuwana)

梨圆盾蚧 *Comstockaspis perniciosa* (Comstock)

大青叶蝉 *Cicadella viridis* (L.)

八点广翅蜡蝉 *Ricania speculum* Walker

东方蝼蛄 *Gryllotalpa orientalis* Burmeister

华北蝼蛄 *Gryllotalpa unispina* Saussure

神泽氏叶螨 *Tetranychus kanzawai* Kishida

龙柏(辽宁大连市市树)

病害:圆柏胶锈病 *Gymnosporangium haraeanum* Syd.

圆柏-梨锈病 *Gymnosporangium haraeanum* Syd.

虫害:双条杉天牛 *Semanotus bifasiatus* Motschlsky

桃一点叶蝉 *Singapora shinshana* (Matsumura)

东方蝼蛄 *Gryllotalpa orientalis* Burmeister

柏小爪螨 *Oligonychus perditus* Pritchard et Baker

龙眼(四川泸州市市树)

虫害:泥翅象甲(柑橘灰象)*Sympiezomias citri* Chao

铜绿丽金龟 *Anomala corpulenta* Motschulsky

咖啡木蠹蛾 *Zeuzera coffeae* Nietner

桃蛀螟 *Dichocrocis punctiferalis* Guenée

麻皮蝽 *Erthesina fullo* (Thunberg)

黄翅大白蚁 *Macrotermes barneyi* Light

M

玫瑰(河北承德市,辽宁沈阳市、抚顺市,吉林吉林市、延吉市,黑龙江佳木斯市,广东佛山市,西藏拉萨市,宁夏银川市,甘肃兰州市,新疆乌鲁木齐市、奎屯市市花)

病害:凤仙花白粉病 *Oidium* sp.

金鸡菊白粉病 *Sphaerotheca fulignea* (Schlecht) Poll

玫瑰锈病 *Phragmidium rosae-rugosae* Kasai; *P. Musronatum* (Pers.) Schlecht.; *Phragmidium rosae-multiflorae* Diet.

虫害:玫瑰巾夜蛾 *Parallelia arctotaenia* (Guenée)

灰斑古毒蛾 *Orgyia ericae* Germar

黄斑短突花金龟 *Glycyphana fulvistemma* (Motschulsky)

东方绢金龟 *Serica orientalis* (Motschulsky)

小青花金龟 *Oxycetonia jucunda* (Faldermann)

蔷薇三节叶蜂 *Arge pagana* Panzer

月季茎蜂 *Neosyrista similis* Moscary

黑蜕白轮蚧 *Aulacaspis rosarum* Borchsenius

吹绵蚧 *Icerya purchasi* Maskell

棉蚜 *Aphis gossypii* Glover

八点广翅蜡蝉 *Ricania speculum* Walker

橘刺粉虱 *Aleurocanthus spiniferus* Quaintance

梅花(湖北省省花,江苏南京市、无锡市,湖北武汉市、丹江口市、鄂州市,广东梅州市、台湾南投市市花)

病害:樱花褐斑穿孔病 *Cercospora circumscissa* Sacc.

山茶灰斑病 *Pestalotia guepini* Desm

桃流胶病(生理病害)

虫害:梨剑纹夜蛾 *Acronicta rumicis* (L.)

褐边绿刺蛾 *Latoia consocia* Walker

桃六点天蛾 *Marumba gaschkewitschi* (Bremer et Grey)

蓝目天蛾 *Smerinthus planus* Walker

东方绢金龟 *Serica orientalis* (Motschulsky)

白星花金龟 *Potosia brevitarsis* Lewis

桃红颈天牛 *Aromia bungii* Faldermann

六星吉丁虫 *Chrysobothris succedanea* Saunders

朝鲜球坚蚧 *Didesmococcus koreanus* Borchs

糠片盾蚧 *Parlatoria pergandei* Comstock

桑白盾蚧 *Pseudaulacaspis pentagona* (Targioni-Tozzetti)

梨圆盾蚧 *Comstockaspis perniciosa* (Comstock)

棉蚜 *Aphis gossypii* Glover

桃瘤蚜 *Myzus momonis* Matsnmura

黑蚱蝉 *Cryptotympana atrata* Fabricius

桃一点叶蝉 *Singapora shinshana* (Matsumura)

八点广翅蜡蝉 *Ricania speculum* Walker

梨冠网蝽 *Stephanitis nashi* Esaki et Takeya

茉莉花(福建福州市市花)

病害:洒金珊瑚炭疽病 *Colletotrichum glosoporioide* Penz.

扶桑炭疽病 *Colletotrichum gloeosporioides* Penz.

茉莉炭疽病 *Colletotrichum jasminicola* Tilak

金边瑞香煤污病 *Meliola* spp.

米兰煤污病 *Meliola* spp.
栀子花煤污病 *Capnodium* spp.
虫害：霜天蛾 *Psilogramma menephron* (Gramer)
后黄卷叶蛾 *Cacoecia asiatica* Walsinghum
泥翅象甲（柑橘灰象）*Sympiezomias citri* Chao
短额负蝗 *Atractomorpha sinensis* Bolivar
红圆蚧 *Aonidiella aurantii* (Maskell)
糠片盾蚧 *Parlatoria pergandei* Comstock
山茶片盾蚧 *Parlatoria camelliae* Comstock
蛇眼蚧 *Pseudaonidia duplex* (Cockerell)
柑橘粉虱 *Dialeurodes citri* (Ashmead)
温室白粉虱 *Trialeurodes vaporariorum* (Westwood)
侧多食跗线螨 *Polyphagotarsonemus latus* (Bank)
朱砂叶螨 *Tetranychus cinnabarinus* (Boisduval)

牡丹（河南省和山东省省花，山东菏泽市，江苏盐城市，河南洛阳市市花）
病害：竹节蓼白粉病 *Erysiphe polygoni* DC.
芍药炭疽病 *Gloeosporium* sp.
芍药轮纹病 *Ceucospora variicolor* Wint.
芍药红斑病 *Clodosporium paeoniae* Pass.
牡丹灰霉病 *Botrytis paeoniae* Oudem
芍药灰霉病 *Botrytis paeoniae* Oudem; *Botrytis cinerea* Pers.
欧洲菊灰霉病 *Botrytis* sp.
菊花番茄斑萎病 Tomato Spotted Wilt Virus
牡丹根结线虫病 *Meloidogyne hapla* Chitwood
虫害：桑褐刺蛾 *Setora postornata* (Hampson)
扁刺蛾 *Thosea sinensis* (Walker)
褐带卷叶蛾 *Pandemis heparana* (Schiffermüller)
茶蓑蛾 *Cryptothelea minuscula* Butler
大蓑蛾 *Cryptothelea variegata* Snellen
日本龟蜡蚧 *Ceroplastes japonicus* Green
吹绵蚧 *Icerya purchasi* Maskell
棉蚜 *Aphis gossypii* Glover
夹竹桃蚜 *Aphis nerii* Boyer de Fonscolombe
柑橘粉虱 *Dialeurodes citri* (Ashmead)

木芙蓉（四川成都市市花）
病害：凤仙花白粉病 *Oidium* sp.
虫害：犁纹丽夜蛾 *Acontia transversa* Guenée
棉大卷叶螟 *Sylepta derogata* Fabricius
小青花金龟 *Oxycetonia jucunda* (Faldermann)
桑白盾蚧 *Pseudaulacaspis pentagona* (Targioni-Tozzetti)
大青叶蝉 *Cicadella viridis* (L.)
棉叶蝉 *Empoasca biguttula* (Shiraki)
朱砂叶螨 *Tetranychus cinnabarinus* (Boisduval)

木兰（天女木兰为辽宁本溪市市树）
虫害：日本龟蜡蚧 *Ceroplastes japonicus* Green
伪角蜡蚧 *Ceroplastes pseudoceriferus* Green
褐软蜡蚧 *Coccus hesperidum* (L.)
水木坚蚧 *Parthenolecanium corni* (Bouche)
考氏白盾蚧 *Phenacaspis cockerelli* (Cooley)

木棉（广东省省花，广东广州市，四川攀枝花市，台湾台中市市花）
虫害：丽绿刺蛾 *Latoia lepida* (Cramer)
棉大卷叶螟 *Sylepta derogata* Fabricius
红蜡蚧 *Ceroplastes rubens* Maskell
棉叶蝉 *Empoasca biguttula* (Shiraki)

N

女贞（湖北襄樊市，江苏盐城市树）
病害：酒金珊瑚炭疽病 *Colletotrichum glosoporioide* Penz.
扶桑炭疽病 *Colletotrichum gloeosporioides* Penz.
虫害：霜天蛾 *Psilogramma menephron* (Cramer)
棉大卷叶螟 *Sylepta derogata* Fabricius

核桃缀叶螟 *Locastra muscosalis* Walker
白囊蓑蛾 *Chalioides kondonis* Matsumura
铜绿丽金龟 *Anomala corpulenta* Motschulsky
云斑天牛 *Batocera horsfieldi* (Hope)
日本龟蜡蚧 *Ceroplastes japonicus* Green
白蜡虫 *Ericerus pela* Chatavannes
青蛾蜡蝉 *Salurnis marginellua* (Guèrin)
柑橘粉虱 *Dialeurodes citri*(Ashmead)
女贞叶刺瘿螨 *Phyllocoptes ligustri* Keifer

R

榕树(福建福州市、浙江温州市和台湾台北市市树)(黄葛树为重庆市市树)

虫害:扁刺蛾 *Thosea sinensis*(Walker)
云斑天牛 *Batocera horsfieldi* (Hope)
橘刺粉虱 *Aleurocanthus spiniferus* Quaintance
朱红毛斑蛾 *Phauda flammans* Walker
灰白蚕蛾 *Ocinara varians* Walker
榕管蓟马 *Gynaikothrips uzeli* Zimm
榕透翅毒蛾 *Perina nuda* (Fabricius)

S

三角花(广东深圳市、珠海市、江门市、惠州市,海南三亚市,福建厦门市、三明市,台湾屏东市市花)

病害:文殊兰叶斑病 *Macrophomina phaseoli* (Maub.) Ashby

山茶(云南省省花;重庆市,万州市,浙江宁波市、温州市、金华市,福建龙岩市,江西景德镇市,湖南衡阳市,云南昆明市和黑龙江大庆市市花)

病害:山茶炭疽病 *Gloeosporium theaesinensis* Miyake
山茶斑点病 *Monochaetia kansensis* Sacc.
山茶灰斑病 *Pestalotia guepini* Desm
山茶褐斑病 *Phyllosticta camelliaecola* Brun
金边瑞香煤污病 *Meliola* spp.
米兰煤污病 *Meliola* spp.
栀子花煤污病 *Capnodium* spp.
山茶藻斑病 *Cephaleuros virescens* Kunze.
菟丝子害 *Cuscuta* spp.

虫害:斜纹夜蛾 *Prodenia litura* Fabricius
桑褐刺蛾 *Setora postornata* (Hampson)
扁刺蛾 *Thosea sinensis*(Walker)
小黄卷叶蛾 *Adoxophyes fasciata* Wals
褐带卷叶蛾 *Pandemis heparana* (Schiffermüller)
小蓑蛾 *Acanthopsyche* sp.
大蓑蛾 *Cryptothelea variegata* Snellen
淡绿丽纹象甲 *Myllocerinus vossi* (Lona)
泥翅象甲(柑橘灰象) *Sympiezomias citri* Chao
黄体鹿蛾 *Amata grotei* Moore
茶梢尖蛾 *Parametriates theae* Kusnetzov
茶籽象甲 *Curculio chinensis* Chevrolat
咖啡木蠹蛾 *Zeuzera coffeae* Nietner
茶枝镰蛾 *Casmara patrona* Meyrick
红圆蚧 *Aonidiella aurantii* (Maskell)
日本龟蜡蚧 *Ceroplastes japonicus* Green
红蜡蚧 *Ceroplastes rubens* Maskell
伪角蜡蚧 *Ceroplastes pseudoceriferus* Green
褐软蜡蚧 *Coccus hesperidum* (L.)
吹绵蚧 *Icerya purchasi* Maskell
山茶片盾蚧 *Parlatoria camelliae* Comstock
糠片盾蚧 *Parlatoria pergandei* Comstock
蛇眼蚧 *Pseudaonidia duplex* (Cockerell)
桑白盾蚧 *Pseudaulacaspis pentagona* (Targioni-Tozzetti)
矢尖盾蚧 *Unaspis yanonensis* (Kuwana)
桃一点叶蝉 *Singapora shinshana* (Matsumura)
眼纹广翅蜡蝉 *Euricania ocelllas*(Walker)
绿丽盲蝽 *Lygocoris lucorum* (Meyer-Dür)
橘刺粉虱 *Aleurocanthus spiniferus* Quaintance
侧多食跗线螨 *Polyphagotarsonemus latus* (Bank)

芍药(江苏省省花)

病害:芍药炭疽病 *Gloeosporium* sp.

芍药轮纹病 *Ceucospora variicolor* Wint.

芍药红斑病 *Clodosporium paeoniae* Pass.

仙客来灰霉病 *Botrytis cinerea* Pers. ex Fr.

牡丹灰霉病 *Botrytis paeoniae* Oudem

芍药灰霉病 *Botrytis paeoniae* Oudem;*Botrytis cinerea* Pers.

菊花番茄斑萎病 Tomato Spotted Wilt Virus

牡丹根结线虫病 *Meloidogyne hapla* Chitwood

虫害:桑褐刺蛾 *Setora postornata* (Hampson)

扁刺蛾 *Thosea sinensis*(Walker)

茶蓑蛾 *Cryptothelea minuscula* Butler

大蓑蛾 *Cryptothelea variegata* Snellen

红缘灯蛾 *Amsacta lactinea* Cramer

人纹污灯蛾 *Spilarctia subcarnea* (Walker)

日本龟蜡蚧 *Ceroplastes japonicus* Green

矢尖盾蚧 *Unaspis yanonensis* (Kuwana)

桃蚜 *Myzus persicae*(Sulzer)

棉叶蝉 *Empoasca biguttula* (Shiraki)

二星叶蝉 *Erythroneura apicalis* Nawa.

石榴(山东枣庄市,安徽合肥市和湖北十堰市市树;江苏连云港市,浙江嘉兴市,河南新乡市、驻马店市,湖北黄石市、荆门市和陕西西安市市花)

病害:石榴炭疽病 *Colletotrichum* sp.

石榴角斑病 *Cercospora punicae* P. Henn

石榴果腐病 *Zythia versomiand* Sacc.

虫害:黄刺蛾 *Cnidocampa flavescens* (Walker)

丽绿刺蛾 *Latoia lepida* (Cramer)

后黄卷叶蛾 *Cacoecia asiatica* Walsinghum

乌桕大蚕蛾 *Attacus atlas* (L.)

咖啡木蠹蛾 *Zeuzera coffeae* Nietner

桃蛀螟 *Dichocrocis punctiferalis* Guenée

红蜡蚧 *Ceroplastes rubens* Maskell

伪角蜡蚧 *Ceroplastes pseudoceriferus* Green

吹绵蚧 *Icerya purchasi* Maskell

紫薇毡蚧 *Eriococcus lagerstroemiae* Kuwana

橘棘粉蚧 *Pseudococcus cryptus* Hempel

棉蚜 *Aphis gossypii* Glover

桃蚜 *Myzus persicae*(Sulzer)

茶翅蝽 *Halyomorpha picus* (Fabricius)

绿丽盲蝽 *Lygocoris lucorum* (Meyer-Dür)

柑橘粉虱 *Dialeurodes citri*(Ashmead)

水杉(湖北武汉市市树)

病害:水杉赤枯病 *Cercospora sequoiae* Ell. et Er.

虫害:木橑尺蛾 *Culcula panterinaria* Bremer et Grey

大蓑蛾 *Cryptothelea variegata* Snellen

水仙(福建省省花,福建漳州市市花)

病害:水仙大褐斑病 *Stagonospora curtissi* (Berk.)Sacc.

风信子灰霉病 *Botrytis hyacinthi*

四季报春花叶病 Cucumber Mosaic Virus

T

塔柏(四川广元市市树)

病害:圆柏-梨锈病 *Gymnosporangium haraeanum* Syd.

太平花(河北省省花)

虫害:桑刺尺蛾 *Zamacra excavata* Dyar

贴梗海棠(四川乐山市市花)

病害:圆柏胶锈病 *Gymnosporangium haraeanum* Syd.

圆柏-梨锈病 *Gymnosporangium haraeanum* Syd.

虫害:咖啡木蠹蛾 *Zeuzera coffeae* Nietner

日本龟蜡蚧 *Ceroplastes japonicus* Green

梨冠网蝽 *Stephanitis nashi* Esaki et Takeya

山楂叶螨 *Tetranychus viennensis* Zacher

桃花(台湾桃园市市花)

病害:桃褐锈病 *Tranzschelia pruni-spinosae* (Pers.) Diet.

李炭疽病 *Gloeosporium laeticolor* Berk

樱花褐斑穿孔病 *Cercospora circumscissa* Sacc.

李轮纹病 *Macrophoma kuwatsukai* Hara.

李细菌性黑斑病(果实),细菌性穿孔病(叶片) *Xanthononas campestris* Pv. Pruni

李褐腐病 *Monilinia fructicola* (Wint) Rehm.

桃流胶病(生理性病害)

虫害:梨剑纹夜蛾 *Acronicta rumicis* (L.)

嘴壶夜蛾 *Oraesia emarginata*(Fabricius)

旋目夜蛾 *Speiredonia retorta* L.

木橑尺蛾 *Culcula panterinaria* Bremer et Grey

枣刺蛾 *Iragoides conjuncta* (Walker)

褐边绿刺蛾 *Latoia consocia* Walker

眉刺蛾 *Narosa* sp.

乌柏黄毒蛾 *Euproctis bipunctapex* (Hampson)

苹掌舟蛾 *Phalera flavescens* (Bremer et Grey)

桃六点天蛾 *Marumba gaschkewitschi* (Bremer et Grey)

蓝目天蛾 *Smerinthus planus* Walker

褐带卷叶蛾 *Pandemis heparana* (Schiffermüller)

天幕毛虫 *Malacosoma neustria testacea* Motschulsky

绒绿象甲 *Hypomeces squamosus* Fabricius

淡绿丽纹象甲 *Myllocerinus vossi* (Lona)

泥翅象甲(柑橘灰象) *Sympiezomias citri* Chao

铜绿丽金龟 *Anomala corpulenta* Motschulsky

黄斑短突花金龟 *Glycyphana fulvistemma* (Motschulsky)

东方绢金龟 *Serica orientalis* (Motschulsky)

曲带弧丽金龟 *Popillia pustulata* Fairmaire

白星花金龟 *Potosia brevitarsis* Lewis

苹毛丽金龟 *Proagopertha lucidula* Faldermann.

小青花金龟 *Oxycetonia jucunda* (Faldermann)

桃红颈天牛 *Aromia bungii* Faldermann

顶斑筒天牛 *Linda fraterna* (Chevrolat)

梨眼天牛 *Chreonoma fortunei* (Thomson)

六星吉丁虫 *Chrysobothris succedanea* Saun-ders

四黄斑吉丁虫 *Ptosima chinensis* Marseul

桃虎(印度虎象) *Rhynchites contristatus* Voss

梨虎 *Rhynchites foveipennis* Fairmaire

咖啡木蠹蛾 *Zeuzera coffeae* Nietner

桃蛀螟 *Dichocrocis punctiferalis* Guenée

梨小食心虫 *Grapholitha molesta* (Busck)

纺织娘 *Mecopoda elongata* L.

褐软蜡蚧 *Coccus hesperidum* (L.)

水木坚蚧 *Parthenolecanium corni* (Bouché)

桑白盾蚧 *Pseudaulacaspis pentagona* (Targioni Tozzetti)

橘棘粉蚧 *Pseudococcus cryptus* Hempel

梨圆盾蚧 *Comstockaspis perniciosa* (Comstock)

桃粉蚜 *Hyalopterus arundimis* (Fabricius)

桃蚜 *Myzus persicae*(Sulzer)

莲缢管蚜 *Rhopalosiphum nymphaeae*(L.)

褐橘声蚜 *Toxoptera citricidus* (Kirkaldy)

黑蚱蝉 *Cryptotympana atrata* Fabricius

二星叶蝉 *Erythroneura apicalis* Nawa.

桃一点叶蝉 *Singapora shinshana* (Matsumura)

碧蛾蜡蝉 *Geisha distinctissima*(Walker)

八点广翅蜡蝉 *Ricania speculum* Walker

麻皮蝽 *Erthesina fullo* (Thunberg)

茶翅蝽 *Halyomorpha picus* (Fabricius)

绿丽盲蝽 *Lygocoris lucorum* (Meyer-Dür)

梨冠网蝽 *Stephanitis nashi* Esaki et Takeya

朱砂叶螨 *Tetranychus cinnabarinus* (Boisduval)

山楂叶螨 *Tetranychus viennensis* Zacher

W

五角枫(辽宁铁岭市市树)

虫害:六星吉丁虫 *Chrysobothris succedanea* Saunders

X

香樟(福建省省树;江苏苏州市、张家港市、无锡市,浙江杭州市、宁波市、嘉兴市、金华市,湖南长沙市、湘潭市、株洲市、衡阳市、邵阳市,贵州贵阳市,四川自贡市、德阳市,福建永安市、龙岩市,安徽安庆市、马鞍山市、黄山市、芜湖市,江西景德镇市、新余市,湖北黄石市、十堰市,云南东川市市树)

虫害:丽绿刺蛾 *Latoia lepida* (Cramer)
迹斑绿刺蛾 *Latoia pastoralis* Butler
桑褐刺蛾 *Setora postornata* (Hampson)
茶褐樟蛱蝶 *Charoxes bernardus* Fabricius
茶蓑蛾 *Cryptothelea minuscula* Butler
银杏大蚕蛾 *Dictyoploca japonica* Moore
樗蚕 *Philosamia cynthia* Walkeri
铜绿丽金龟 *Anomala corpulenta* Motschulsky

杏(辽宁抚顺市市树)

病害:李炭疽病 *Gloeosporium laeticolor* Berk
樱花褐斑穿孔病 *Cercospora circumscissa* Sacc.
李轮纹病 *Macrophoma kuwatsukai* Hara.
李细菌性黑斑病 *Xanthononas campestris* pv. pruni
李褐腐病 *Monilinia fructicola* (Wint) Rehm.
桃流胶病(生理病害)

虫害:桃剑纹夜蛾 *Acronicta intermedia* Marren
枣刺蛾 *Iragoides conjuncta* (Walker)
黄尾毒蛾 *Euproctis similis* Füeessly
苹掌舟蛾 *Phalera flavescens* (Bremer et Grey)
桃六点天蛾 *Marumba gaschkewitschi* (Bremer et Grey)
褐带卷叶蛾 *Pandemis heparana* (Schiffermüller)
小蓑蛾 *Acanthopsyche* sp.
天幕毛虫 *Malacosoma neustria testacea* Motschulsky
铜绿丽金龟 *Anomala corpulenta* Motschulsky
白星花金龟 *Potosia brevitarsis* Lewis
苹毛丽金龟 *Proagopertha lucidula* Faldermann
桃红颈天牛 *Aromia bungii* Faldermann
梨眼天牛 *Chreonoma fortunei* (Thomson)
顶斑筒天牛 *Linda fraterna* (Chevrolat)
桃虎(印度虎象) *Rhynchites contristatus* Voss
梨虎 *Rhynchites foveipennis* Fairmaire
梨小食心虫 *Grapholitha molesta* (Busck)
纺织娘 *Mecopoda elongata* L.
褐软蜡蚧 *Coccus hesperidum* (L.)
朝鲜球坚蚧 *Didesmococcus koreanus* Borchs
水木坚蚧 *Parthenolecanium corni* (Bouché)
桑白盾蚧 *Pseudaulacaspis pentagona* (Targioni-Tozzetti)
橘棘粉蚧 *Pseudococcus cryptus* Hempel
桃粉蚜 *Hyalopterus arundimis* (Fabricius)
桃蚜 *Myzus persicae* (Sulzer)
黑蚱蝉 *Cryptotympana atrata* Fabricius
麻皮蝽 *Erthesina fullo* (Thunberg)
山楂叶螨 *Tetranychus viennensis* Zacher

悬铃木(安徽淮南市市树)

虫害:黄刺蛾 *Cnidocampa flavescens* (Walker)
褐边绿刺蛾 *Latoia consocia* Walker
丽绿刺蛾 *Latoia lepida* (Cramer)
桑褐刺蛾 *Setora postornata* (Hampson)
扁刺蛾 *Thosea sinensis* (Walker)
霜天蛾 *Psilogramma menephron* (Gramer)
棉大卷叶螟 *Sylepta derogata* Fabricius
小蓑蛾 *Acanthopsyche* sp.
茶蓑蛾 *Cryptothelea minuscula* Butler
大蓑蛾 *Cryptothelea variegata* Snellen

樗蚕 *Philosamia cynthia* Walkeri
小青花金龟 *Oxycetonia jucunda* (Faldermann)
星天牛 *Anoplophora chinensis* (Forster)
云斑天牛 *Batocera horsfieldi* (Hope)
六星吉丁虫 *Chrysobothris succedanea* Saunders
咖啡木蠹蛾 *Zeuzera coffeae* Nietner
日本龟蜡蚧 *Ceroplastes japonicus* Green
水木坚蚧 *Parthenolecanium corni* (Bouché)
麻皮蝽 *Erthesina fullo* (Thunberg)
东方蝼蛄 *Gryllotalpa orientalis* Burmeister
华北蝼蛄 *Gryllotalpa unispina* Saussure
悬铃木方翅网蝽 *Corythucha ciliata*(Say)

雪松(江苏南京市、淮阴市,安徽的蚌埠市,山东青岛市市树)
虫害:梨剑纹夜蛾 *Acronicta rumicis* (L.)
松茸毒蛾 *Dasychira axntha* Collenette
大蓑蛾 *Cryptothelea variegata* Snellen
白星花金龟 *Potosia brevitarsis* Lewis
薄翅锯天牛 *Megopis sinica* (White)
松墨天牛 *Monochamus alternatus* Hope
日本龟蜡蚧 *Ceroplastes japonicus* Green
东方蝼蛄 *Gryllotalpa orientalis* Burmeister
雪松长足大蚜 *Cinara cedri* Mimeur

Y

红花羊蹄甲(紫荆花)(香港特别行政区区花,广西南宁市、广东湛江市、福建三明市市花)
虫害:白囊蓑蛾 *Chalioides kondonis* Matsumura.
茶蓑蛾 *Cryptothelea minuscula* Butler

椰子(海南海口市市树)
虫害:黑点盾蚧 *Parlatoria ziziphi* (Lucas)

叶子花(广东深圳市、惠安市市花)
病害:文殊兰叶斑病 *Macrophomina phaseoli* (Maub.) Ashby

阴香(广东韶关市市树)
虫害:樟青凤蝶 *Graphium sarpedon* L.

银杏(四川成都市,辽宁丹东市、锦州市,山东临沂市,湖北鄂州市,江苏连云港市、扬州市、盐城市市树)
病害:文殊兰叶斑病 *Macrophomina phaseoli* (Maub.) Ashby
银杏叶斑病 *Pestalotia ginkgo* Hori.
立枯病 *Rhizoctonia solani* Kuehn
幼苗猝倒病 *Pythium* spp.
虫害:后黄卷叶蛾 *Cacoecia asiatica* Walsinghum
银杏大蚕蛾 *Dictyoploca japonica* Moore
樟蚕 *Eriogyna pyretorum* (Westwood)
小褐木蠹蛾 *Holcocerus insularis* Staudinger
桑白盾蚧 *Pseudaulacaspis pentagona* (Targioni-Tozzetti)
侧多食跗线螨 *Polyphagotarsonemus latus* (Bank)

迎春花(河南鹤壁市、福建三明市市花)
病害:迎春花黑霉病 *Cladosporium herbarum* (Pers) Link ex S. F. Gray
虫害:红圆蚧 *Aonidiella aurantii* (Maskell)
八点广翅蜡蝉 *Ricania speculum* Walker

柚子(江西萍乡市市树)
病害:柑橘溃疡病 *Xanthomonas citri* (Hasse) Dowson
柑橘炭疽病 *Colletorichum gloeosporioides* Penz.
虫害:玉带凤蝶 *Papilio polytes* L.
柑橘凤蝶 *Papilio xuthus* L.
葡萄十星叶甲 *Oides decempunctatus* (Billbery)
小青花金龟 *Oxycetonia jucunda* (Faldermann)
橘褐天牛 *Nadezhdiella cantori* (Hope)
褐软蜡蚧 *Coccus hesperidum* (L.)
桑白盾蚧 *Pseudaulacaspis pentagona* (Targioni-Tozzetti)

柑橘木虱 *Diaphorina citri* Kuwayama
柑橘锈壁虱 *Phyllocoptruta oleivora* (Ashmead)

油松(辽宁沈阳市,内蒙古呼和浩特市,山西大同市市树)

病害:五针松落针病 *Lophodermium pinastri* (Schrad) Chev.

虫害:油松毛虫 *Dendrolimus tabulaeformis* Tsai et Liu
松梢斑螟 *Dioryctria splendidella* Herrich-Schäffer
日本松干蚧 *Matsucoccus matsumurae* (Kuwana)
松大蚜 *Cinara pinitabulaeformis* Zhang et Zhang
松叶螨(针叶小爪螨) *Oligonychus umunguis* Jacobi.

榆树(西藏拉萨市,黑龙江哈尔滨市市树)

病害:菟丝子害 *Cuscuta* spp.

虫害:丝棉木金星尺蛾 *Calospilos suspecta* (Warren)
木橑尺蛾 *Culcula panterinaria* Bremer et Grey
黄刺蛾 *Cnidocampa flavescens* (Walker)
扁刺蛾 *Thosea sinensis*(Walker)
豆毒蛾 *Cifuna locuples* Walker.
榆毒蛾 *Ivela ochropoda* (Eversmann)
苹掌舟蛾 *Phalera flavescens* (Bremer et Grey)
褐带卷叶蛾 *Pandemis heparana* (Schiffermüller)
大红蛱蝶 *Vanessa imdica* (Herbst)
小蓑蛾 *Acanthopsyche* sp.
绿尾大蚕蛾 *Actias selene ningpoana* Felder
天幕毛虫 *Malacosoma neustria testacea* Motschulsky
榆绿叶甲 *Galerucella aenescens* Fairm.
斑点喙丽金龟 *Adoretus tenuimaculatus* Waterhouse
铜绿丽金龟 *Anomala corpulenta* Motschulsky
暗黑鳃金龟 *Holotrichia parallela* Motschulsky
东方绢金龟 *Serica orientalis* (Motschulsky)
白星花金龟 *Potosia brevitarsis* Lewis
苹毛丽金龟 *Proagopertha lucidula* Faldermann.
小青花金龟 *Oxycetonia jucunda* (Faldermann)
星天牛 *Anoplophora chinensis* (Forster)
光肩星天牛 *Anoplophora glabripennis* (Motschulsky)
桑天牛 *Apriona germari* Hope
云斑天牛 *Batocera horsfieldi* (Hope)
刺角天牛 *Trirachys orientalis* Hope
松大象 *Hyposipatus gigas* Fabricius
芳香木蠹蛾 *Cossus cossus orientalis* Gaede.
褐盔蜡蚧 *Parthenolecanium corni* (Bouché)
秋四脉绵蚜 *Tetraneura akinire* Sasaki
碧蛾蜡蝉 *Geisha distinctissima*(Walker)
麻皮蝽 *Erthesina fullo* (Thunberg)
茶翅蝽 *Halyomorpha picus* (Fabricius)

榆叶梅(山西省省花,新疆石河子、安徽芜湖市市花)

虫害:桃粉蚜 *Hyalopterus arundimis* (Fabricius)
桃瘤蚜 *Myzus momonis* Matsnmura
莲缢管蚜 *Rhopalosiphum nymphaeae*(L.)
山楂叶螨 *Tetranychus viennensis* Zacher

月季(北京市,天津市,河北石家庄市、邯郸市、邢台市、保定市、沧州市、廊坊市,山西阳泉市,辽宁大连市、锦州市,江苏淮阴市、常州市、泰州市、宿迁市,安徽淮南市、淮北市、芜湖市、蚌埠市、安庆市、阜阳市,江西新余市、鹰潭市、吉安市,山东青岛市、烟台市、威海市,河南郑州市、平顶山市、焦作市、新乡市、漯河市、三门峡市、商丘市、信阳市、驻马店市，湖北十堰市、荆州市、宜昌市、随州市、恩施市、沙市，湖南衡阳市、邵阳市、娄底市，广东佛山市，广西柳州市，四川德阳市、西昌市，陕西咸阳市市花）

病害：月季白粉病 *Sphaerotheca pannosa* (Wallr. Fr.) Lev

月季黑斑病 *Actinonema rosae* (Lib.) Fr.

月季灰霉病 *Botrytis cinerea* Pers.

月季枝枯病 *Conicthyrium fuckelii* Sacc.

虫害：玫瑰巾夜蛾 *Parallelia arctotaenia* (Guenée)

斜纹夜蛾 *Prodenia litura* Fabricius

棉大造桥虫 *Ascotis selenaria* (Denis et Schaffmuller)

黄刺蛾 *Cnidocampa flavescens* (Walker)

褐边绿刺蛾 *Latoia consocia* Walker

丽绿刺蛾 *Latoia lepida* (Cramer)

桑褐刺蛾 *Setora postornata* (Hampson)

扁刺蛾 *Thosea sinensis*(Walker)

豆毒蛾 *Cifuna locuples* Walker

茶蓑蛾 *Cryptothelea minuscula* Butler

大蓑蛾 *Cryptothelea variegata* Snellen

红缘灯蛾 *Amsacta lactinea* Cramer

人纹污灯蛾 *Spilarctia subcarnea* (Walker)

铜绿丽金龟 *Anomala corpulenta* Motschulsky

黄斑短突花金龟 *Glycyphana fulvistemma* (Motschulsky)

东方绢金龟 *Serica orientalis* (Motschulsky)

白星花金龟 *Potosia brevitarsis* Lewis

小青花金龟 *Oxycetonia jucunda* (Faldermann)

蔷薇三节叶蜂 *Arge pagana* Panzer

短额负蝗 *Atractomorpha sinensis* Bolivar

棉铃虫 *Helicoverpa armigera* (Hübner)

月季茎蜂 *Neosyrista similis* Moscary

黑蜕白轮蚧 *Aulacaspis rosarum* Borchsenius

日本龟蜡蚧 *Ceroplastes japonicus* Green

红蜡蚧 *Ceroplastes rubens* Maskell

褐软蜡蚧 *Coccus hesperidum* (L.)

吹绵蚧 *Icerya purchasi* Maskell

糠片盾蚧 *Parlatoria pergandei* Comstock

蛇眼蚧 *Pseudaonidia duplex* (Cockerell)

月季长管蚜 *Macrosiphum rosivorum* Zhang

桃蚜 *Myzus persicae*(Sulzer)

大青叶蝉 *Cicadella viridis* (L.)

桃一点叶蝉 *Singapora shinshana* (Matsumura)

眼纹广翅蜡蝉 *Euricania ocelllas*(Walker)

绿丽盲蝽 *Lygocoris lucorum* (Meyer-Dür)

梨冠网蝽 *Stephanitis nashi* Esaki et Takeya

橘刺粉虱 *Aleurocanthus spiniferus* Quaintance

大地老虎 *Agrotis tokionis* Butler

朱砂叶螨 *Tetranychus cinnabarinus* (Boisduval)

云杉（内蒙古包头市市树）

虫害：云杉黄卷蛾 *Archips oporanus* (L.)

薄翅锯天牛 *Megopis sinica* (White)

松梢斑螟 *Dioryctria splendidella* Herrich-Schäffer

松叶螨（针叶小爪螨）*Oligonychus ununguis* Jacobi.

Z

樟树（福建省省树；江苏苏州市、张家港市、无锡市，浙江杭州市、宁波市、嘉兴市、金华市，湖南长沙市、湘潭市、株洲市、衡阳市、邵阳市，贵州贵阳市，四川自贡市、德阳市，福建永安市、龙岩市，安徽安庆市、马鞍山市、黄山市、芜湖市，江西景德镇市、吉安市、新余市，湖北黄石市、十堰市、鄂州市，云南东川市市树）

病害：樟树炭疽病 *Glomerella cingulata* (Stonem.) Spauld et Schrenk

虫害：樟三角尺蛾 *Trigonoptila latimarginaria* (Leech)

扁刺蛾 *Thosea sinensis*(Walker)

乌桕黄毒蛾 *Euproctis bipunctapex* (Hampson)

霜天蛾 *Psilogramma menephron* (Gramer)
中国宽尾凤蝶 *Agehana elwesi* (Leech)
茶褐樟蛱蝶 *Charoxes bernardus* Fabricius
小黑斑凤蝶 *Chilasa epycides* (Hewitson)
樟青凤蝶 *Graphium sarpedon* L.
玉带凤蝶 *Papilio polytes* L.
瓜绢野螟 *Diaphania indica* (Saunders)
樟叶瘤丛螟 *Orthaga achatina* Butler
白囊蓑蛾 *Chalioides kondonis* Matsumura.
绿尾大蚕蛾 *Actias selene ningpoana* Felder
乌桕大蚕蛾 *Attacus atlas* (L.)
樟蚕 *Eriogyna pyretorum* (Westwood)
泡桐龟甲 *Basiprionota bisignata* (Boheman)
绒绿象甲 *Hypomeces squamosus* Fabricius
樟叶蜂 *Mesoneura rufonota* Rohwer
吉安筒天牛 *Oberea jiana* Chang
黑蜕白轮蚧 *Aulacaspis rosarum* Borchsenius
褐软蜡蚧 *Coccus hesperidum* (L.)
蛇眼蚧 *Pseudaonidia duplex* (Cockerell)
碧蛾蜡蝉 *Geisha distinctissima*(Walker)
麻皮蝽 *Erthesina fullo* (Thunberg)
茶翅蝽 *Halyomorpha picus* (Fabricius)
樟脊冠网蝽 *Stephanitis macaona* Drake
樟木虱 *Trioza camphorae* Sasaki
橘刺粉虱 *Aleurocanthus spiniferus* Quaintance
家白蚁 *Coptotermes formosanus* Shiraki
樟颈曼盲蝽 *Mansoniella cinnamomi* (Zheng el Liu)

樟子松(黑龙江佳木斯市、呼伦贝尔市,辽宁阜新市市树)

病害:马尾松枯梢病 *Diplodia pinea* (Desm) Kickx.
五针松落针病 *Lophodermium pinastri* (Schrad) Chev.

栀子花(湖南岳阳市,江苏常德市,四川内江市,陕西汉中市市花)

病害:栀子花煤污病 *Capnodium* spp.
金边瑞香煤污病 *Meliola* spp.

虫害:扁刺蛾 *Thosea sinensis*(Walker)
咖啡透翅天蛾 *Cephonodes hylas* (L.)
霜天蛾 *Psilogramma menephron* (Gramer)
棉大卷叶螟 *Sylepta derogata* Fabricius
大蓑蛾 *Cryptothelea variegata* Snellen
短额负蝗 *Atractomorpha sinensis* Bolivar
日本龟蜡蚧 *Ceroplastes japonicus* Green
红蜡蚧 *Ceroplastes rubens* Maskell
柑橘粉虱 *Dialeurodes citri*(Ashmead)
神泽氏叶螨 *Tetranychus kanzawai* Kishida

紫丁香(黑龙江哈尔滨市、内蒙古呼和浩特市市花)

虫害:卫矛矢尖盾蚧 *Unaspis euonymi* (Comstock)

紫薇(江苏徐州市、金坛市、盐城市,河南安阳市、信阳市,山东泰安市,湖北襄樊市,四川自贡市,贵州贵阳市,陕西咸阳市,台湾基隆市市花)

病害:紫薇白粉病 *Oidium* sp.
金边瑞香煤污病 *Meliola* spp.

虫害:黄刺蛾 *Cnidocampa flavescens* (Walker)
桑褐刺蛾 *Setora postornata* (Hampson)
扁刺蛾 *Thosea sinensis*(Walker)
茶蓑蛾 *Cryptothelea minuscula* Butler
白囊蓑蛾 *Chalioides kondonis* Matsumura.
紫薇洛瘤蛾 *Meganola major* (Hampson)
星天牛 *Anoplophora chinensis* (Forster)
云斑天牛 *Batocera horsfieldi* (Hope)
日本龟蜡蚧 *Ceroplastes japonicus* Green
紫薇毡蚧 *Eriococcus lagerstroemiae* Kuwana
糠片盾蚧 *Parlatoria pergandei* Comstock
紫薇长斑蚜 *Tinocallis kahawaluokalani* (Kirkaldy)
叉茎叶蝉 *Dryadomorpha pallida* Kirkaldy
绿丽盲蝽 *Lygocoris lucorum* (Meyer-Dür)
鬼脸天蛾 *Acherontia lachesis* (Fabricius)